CATIA를 활용한

기계제도

김영석 · 이종길 공저

普 文 堂

머리말

CATIA(Computer=Gtaphics Aided Three-Dimensional Interactive Application)는 솔리드 모델링(Solid modelling)과 곡면 모델링(Surface modelling)을 필요로 하는 항공기, 선박 및 자동차의 설계 및 각종 산업분야에서 설계/제작/공학기술(CAD/CAM/CAE) 소프트웨어로, 1969년 프랑스의 다쏘항공(Dassault Aviation)의 독립 자회사인 다쏘 시스템즈((Dassault Systems)에서 처음 개발하였고, 1981년 11월 다쏘 시스템즈는 IBM과 판매, 지원업무 계약을 체결하고 CATIA Version 1을 발표하였고, 1999년에는 CATIA Version 5를 발표하여 지금까지 많은 발전을 해왔다.

본서는 CATIA를 배우기 위한 기초단계에서부터 활용할 수 있는 단계에까지 수많은 명령어들을 정리하고 따라하기에 의해 쉽게 접근할 수 있도록 하였다. 그리하여 CATIA를 배우려는 사람들에게 많은 도움이 될 수 있기를 바라며, 아울러 부족한 부분에 대하여 많은 조언을 주실 것을 기대합니다.

본서는 2005년 9월에 발행한 "CATIA를 활용한 기계제도"를 수정 보완하여 다시 집필하였으나 아직도 부족한 부분이 많이 있어 독자 여러분의 의견과 질문에 성심껏 답변해 드리겠습니다.

김영석 e-mail: ysakim@chosun.ac.kr
이종길 e-mail: jklee@kunsan.ac.kr

2008년 7월 저자 씀

차 례

1장 CATIA의 기초

1.1 CATIA의 개요

CATIA는 기계, 자동차, 항공기, 선박, 전기・전자 그리고 일반 산업 분야에서 컴퓨터를 활용하여 관련 부품들을 모델링하여 2차원의 투상도로 도면화하고, 다시 이 부품들을 모아 조립하여 간섭(Interference)을 검사하고, 운동학적・동역학적 해석과 시뮬레이션(Simulation) 및 합리적인 설계해석과 응력해석, 생산기술 그리고 품질관리 등, 설계에서 제작까지의 전 과정을 관리하고 분석하고 수정할 수 있는 CAD/CAM/CAE(컴퓨터를 이용한 설계/제작/공학) 소프트웨어이다.

CATIA는 2D(2 Dimension)의 스케치(Sketch)에 치수, 각도, 구속관계 등을 주어 기본피처(basic feature)를 그리고 이 기본피처에 두께를 주거나 회전축을 중심으로 회전시켜 3D(3 Dimension)의 솔리드를 만들어, 다시 여기에 포켓(Pocket)을 내거나 구멍을 뚫거나 기타 마무리 작업으로 부품을 모델링해 나가는 것이다.

CATIA는 치수, 각도, 구속관계 등을 변경하면 2D 스케치나 3D 모델이 변경되어 재구성되는 유연성을 가지고 있는 데 이것을 패러메트릭(Parametric) 기법이라 한다.

표 1.1 CATIA 작업 흐름도

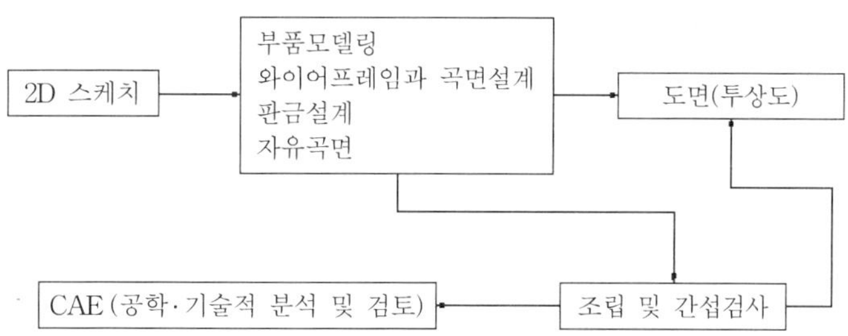

CATIA의 기본적인 작업의 흐름도는 표 1.1에서 보여주는 바와 같이, 평면 스케치를 그리고 이것을 바탕으로 3D의 모델로 형상화하여 부품도를 만들고, 이 부품도를 가지

고 투상도를 생성하며, 조립과 공학·기술적인 해석을 하게 된다.

1.2 CATIA에 들어가기

CATIA에 들어가기 위해서는 마이크로소프트사의 윈도우(Window) 바탕화면에서 그림 1.1(a)의 CATIA P3 V5 R14 아이콘(icon)을 더블클릭(double click)하여 들어가거나, (b)에서 보여 주는 바와 같이 바탕화면의 시작 버튼 시작을 눌러 나오는 팝업(popup) 메뉴창에서 CATIA P3▸CATIA P3 V5 R16 메뉴를 눌러 (c)와 같이 전에 작업했던 모우드에 들어가게 된다.

(a)

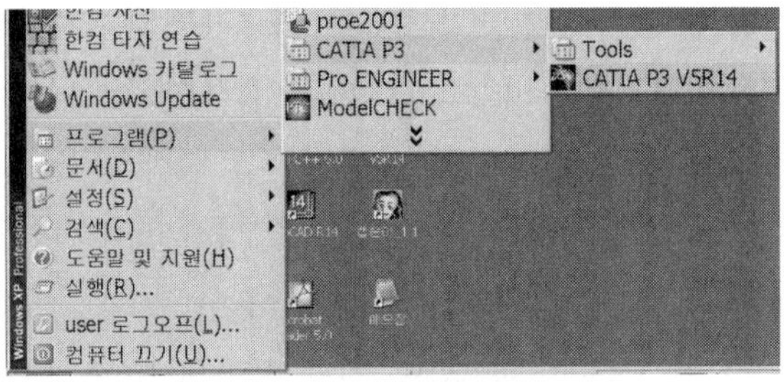

(b)

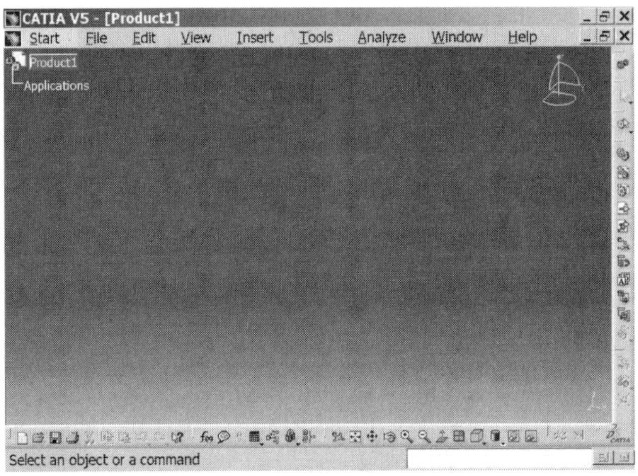

(c)

그림 1.1

또한 다른 작업 모우드로 작업하고자 할 때에는 오른쪽 상단의 아래 ×를 눌러 빠져나와서 그림 1.2에서와 같이 풀다운 메뉴(Pull down menu)의 시작(Start)을 눌러서 필요한 작업대를 선택하여 들어간다.

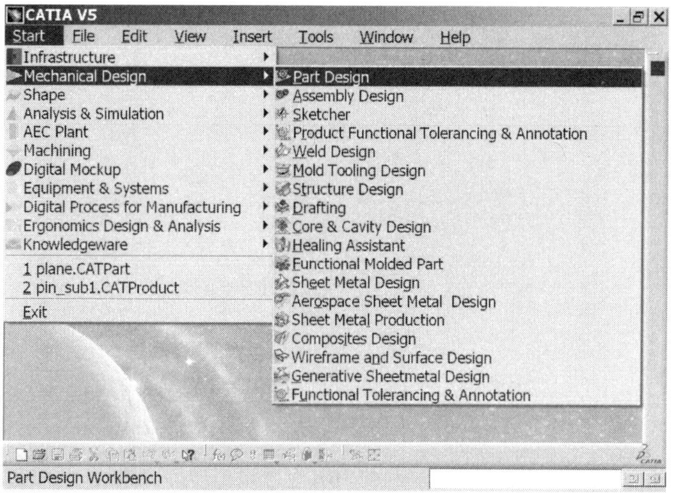

그림 1.2

1.3 작업대의 사용자화

그림 1.3(a) 또는 (b)에서와 같이 실행하면 (c)의 사용자 정의(Customize) 대화창이 나타나게 되는 데, 여기에서 시작메뉴(Start Menu)를 눌러 왼쪽 란에서 자주 사용하는 작업대(Workbench)를 선택하여 ⟹를 눌러 오른쪽 란으로 복사하여 두면, (d)와 같이 Welcome to CATIA V5 대화창에 추가되고, 또 (e)와 같이 시작(Start) 메뉴의 윗부분에 추가된다.

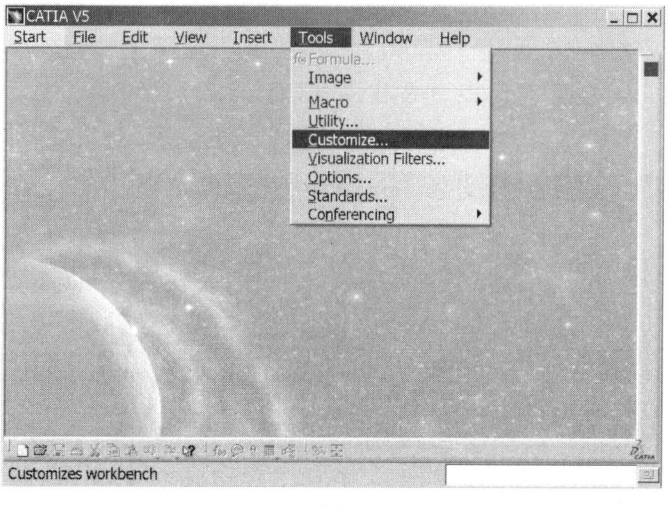

(a)

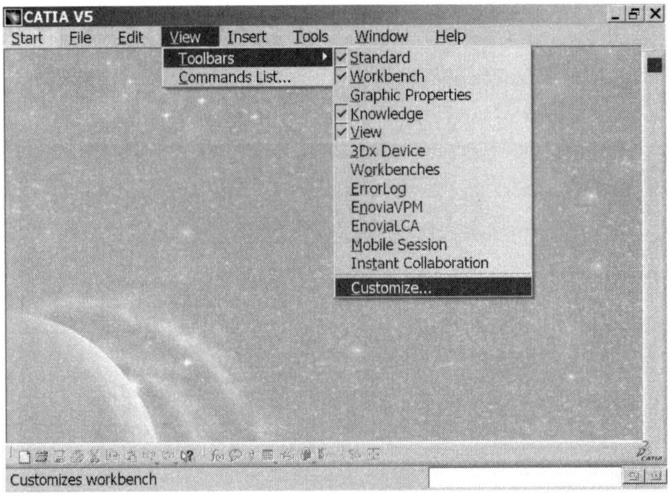

(b)

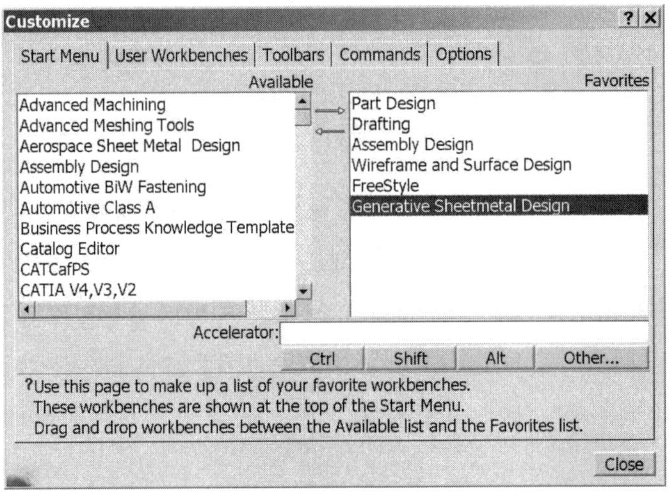

(c) 사용자 정의(Customize)

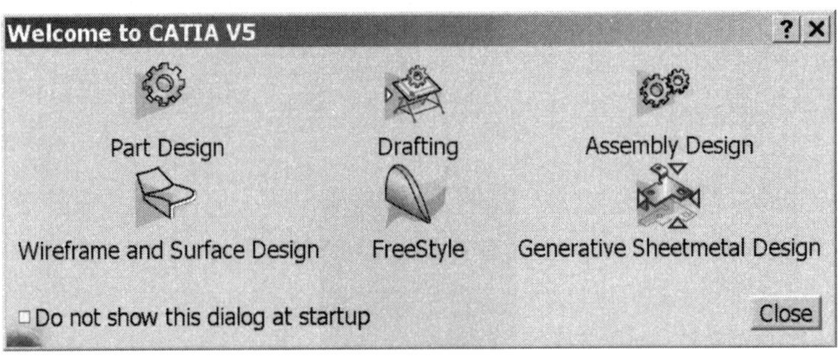

(d) 각종 작업대

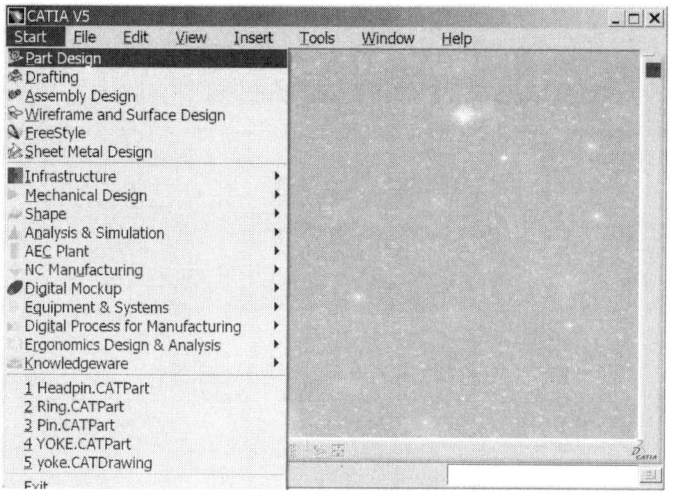

(e)

그림 1.3

또, 도구막대(Tool bars)를 원래의 위치로 복원하기 위해서는 그림 1.4(a)의 사용자 정의(Customize) 대화창에서 도구막대(Tool bars)를 누르고 다시 (b)와 같이 모든 내용 복원(Restore all contents...)을 누르면 모든 도구막대가 원래의 위치에 서게 된다. 또 (c)에서 보여주는 바와 같이 메뉴의 View ▸ Toolbars ▸ 의 하위 메뉴에 있는 항목을 마우스로 선택하면 ☑ 표시가 되면서 작업창 주위에 도구막대가 나타난다.

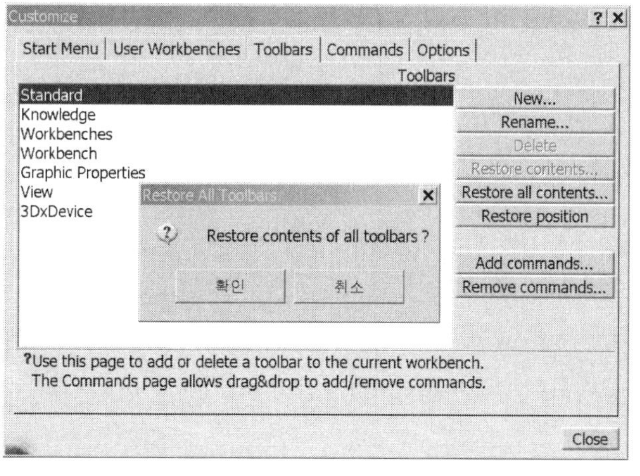

(a) 도구막대 내용복원

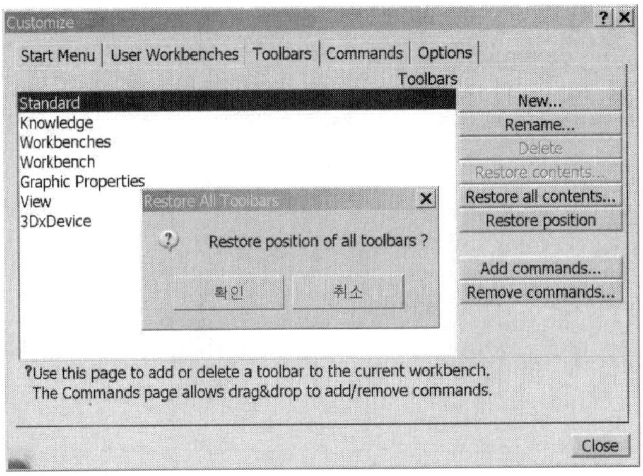

(b) 도구막대 위치복원

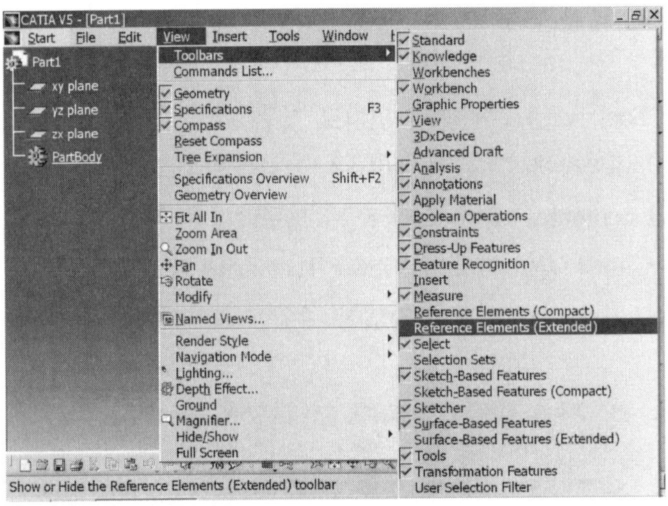

(c)

그림 1.4

또, 지금까지의 부품작업을 종료하고 새로운 부품작업을 시작하려고 하면 그림 1.5(a)와 같이 메뉴에서 File▸New를 눌러 New(새 작업대) 대화창에서 Part(부품)을 선택하거나 이것을 더블클릭하여 새 부품에 들어간다.

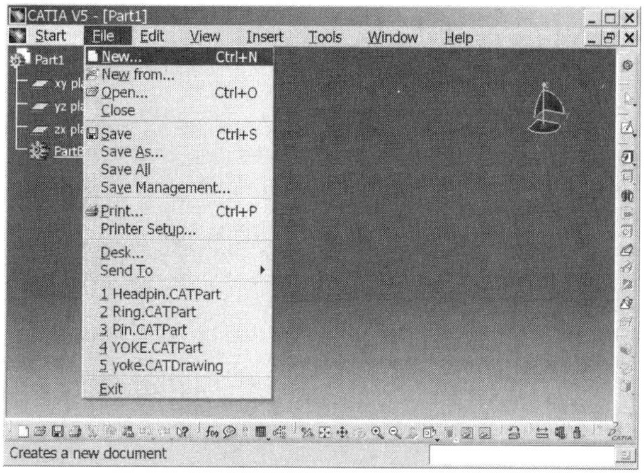
CATIA V5 - [Part1]
Start File Edit View Insert Tools Window Help
Part1
New... Ctrl+N
New from...
Open... Ctrl+O
Close
Save Ctrl+S
Save As...
Save All
Save Management...
Print... Ctrl+P
Printer Setup...
Desk...
Send To
1 Headpin.CATPart
2 Ring.CATPart
3 Pin.CATPart
4 YOKE.CATPart
5 yoke.CATDrawing
Exit
Creates a new document

(a)

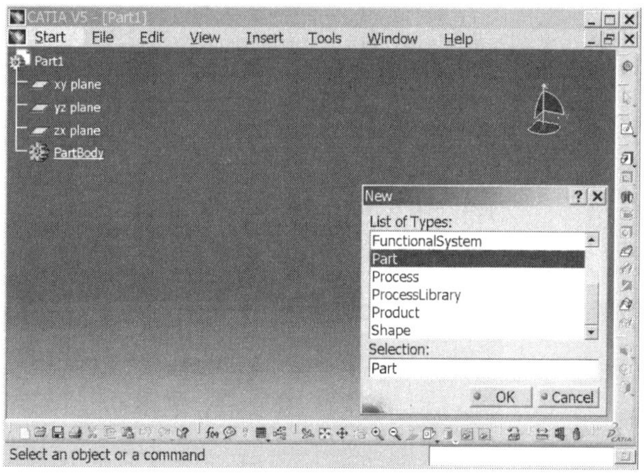
CATIA V5 - [Part1]
Start File Edit View Insert Tools Window Help
Part1
xy plane
yz plane
zx plane
PartBody
New
List of Types:
FunctionalSystem
Part
Process
ProcessLibrary
Product
Shape
Selection:
Part
OK
Cancel
Select an object or a command

(b)

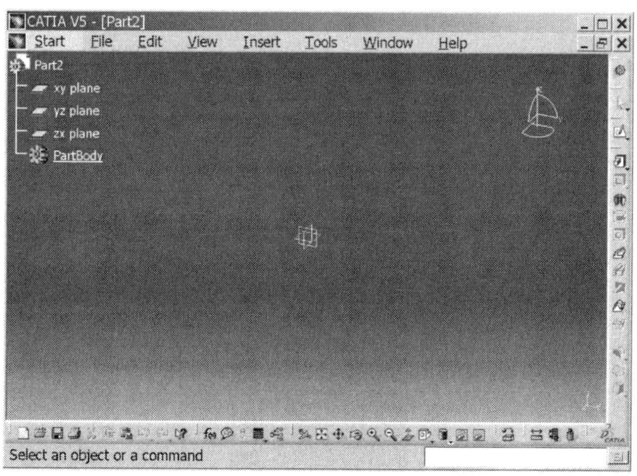
CATIA V5 - [Part2]
Start File Edit View Insert Tools Window Help
Part2
xy plane
yz plane
zx plane
PartBody
Select an object or a command

(c)

그림 1.5

1.4 CATIA의 작업창 구성

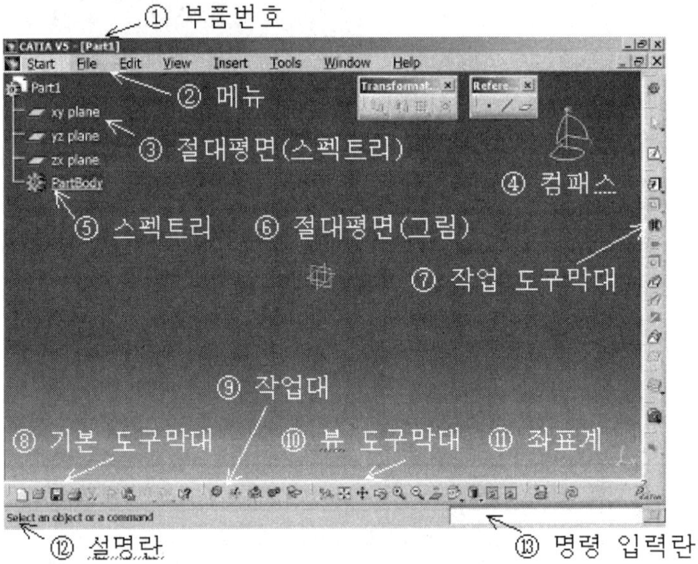

그림 1.6 CATIA의 작업창 구성

CATIA의 부품설계(Part Design)를 실행시키면 작업대에 따라 여러 가지 다른 작업창 구성을 나타내는 데 그림 1.6은 부품설계(Part Design) 작업창을 나타내고 있다. 그림 4.1의 부품설계 작업창을 보면 작업창 맨 상단에 부품명을 표시하고 있고, 그 아래에 메뉴, 그리고 왼쪽 상단에 작업내용과 입력요소 및 구속조건을 순서대로 기술하는 **스펙트리**(Specification Tree)가 있고, 작업창의 오른쪽 상단에는 좌표계의 방향을 표시하는 **컴패스**(Compass)가 있다.

그림 1.7의 컴패스의 윤곽선을 마우스 왼쪽 키로 눌러 이동시키면 작업창의 그림이 마우스를 따라서 이동하고, 원호를 눌러 움직이면 작업창의 그림이 마우스를 따라서 회전한다. 그리고 컴패스의 윤곽내의 녹색면을 눌러 움직이면 작업창의 그림이 그 평면내에서 마우스를 따라 이동한다.

그림 1.7 컴패스

CATIA 작업창 오른쪽 하단의 ⑬명령 입력란에서 C:SKETCHER 와 같이 C: 다음에 명령어를 직접 키보드에서 입력하여 Enter(Enter 키)를 눌러 실행할 수 있다.

명령어(Command)를 입력하는 방법은 작업창 주위에 작업 아이콘들이 있는 데, 이것을 마우스로 클릭 하여 사용하거나, 메뉴에서 다음과 같이 선택하면 그림 1.8과 같이 명령어 목록(Commands List) 대화창이 나타나는 데 여기에서 명령어를 선택하여 실행한다.

메뉴: View ▸ command list...

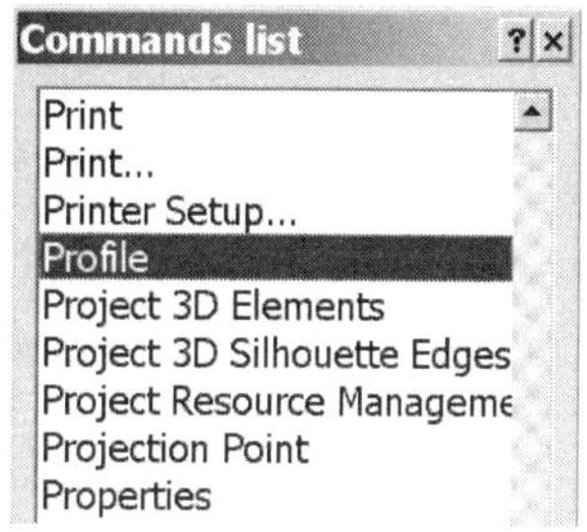

그림 1.8 명령어 리스트

1.5 CATIA 작업 기본 명령어

CATIA작업의 기본적인 명령어에는 다음 표 1.2의 기본(Standard) 명령어와 표 1.3의 뷰(View) 명령어들이 있다.

표 1.2 기본 도구막대

	명 령 어	단축키	설 명
	New(새 작업대)	Ctrl+N	새로운 작업대를 선택
	Open(열기)	Ctrl+O	기존의 파일을 연다.
	Save(저장)	Ctrl+S	현재 파일이름으로 저장
	Print(인쇄)	Ctrl+P	인쇄
	Cut(잘라내기)	Ctrl+X	잘라내기(복사할 수 있음)
	Copy(복사)	Ctrl+C	복사
	Paste(붙여 넣기)	Ctrl+V	다른 작업대에 붙여 넣기
	Undo(취소)	Ctrl+Z	마지막 명령을 취소
	Redo(재생)	Ctrl+Y	마지막 취소 명령을 다시 살린다.
	What's This	Shift+F1	아이콘에 마우스를 대면 설명이 나온다.

※파일 확장자에 대한 설명

확 장 자	설　　　명
.CATPart	CATIA V5 부품설계 문서
.CATDrawing	CATIA V5 생성도면 문서
.CATProduct	CATIA V5 조립설계 문서
.CATAnalysis	CATIA V5 해석문서
.CATProcess	CATIA V5 NC 가공문서
.CATNCode	CATIA V5 NC 코드문서

표 1.3 뷰 도구막대

	명 령 어	설　　　명
	Fly Mode (비행 모우드로 전환)	현재 뷰 도구막대의 검사 모우드에서 비행 모우드로 전환
	Fit All In(최적맞춤)	작업창내에 최적의 상태로 맞추어 준다.
	Rotate(회전)	마우스로 눌러 밀어 회전시킨다.
	Pan(이동)	마우스로 눌러 밀어 이동시킨다.
	Zoom Out(확대)	확대
	Zoom In(축소)	축소
	등각투상(Isometric)	등각투상으로 전환
	Normal View(수직 뷰)	물체를 지정한 평면에 수직으로 보여준다.
	Shading(음영)	물체에 음영을 준다.

1.6 마우스 사용법

[1] 마우스 왼쪽 버튼 사용법

① 메뉴, 명령 아이콘 및 입력요소를 마우스 왼쪽 버튼으로 한번 클릭하여 선택하거나, 메뉴나 명령 아이콘을 한번 클릭하여 한번 실행할 수 있다.

② 명령 아이콘을 마우스 왼쪽 버튼으로 두 번 클릭하면 그 명령을 연속 실행할 수 있다.

③ 스펙트리에서 마우스 왼쪽 버튼으로 작업요소를 선택하여 키보드에서 Delete(Delete key)를 누르면 삭제할 수 있다.

[2] 마우스 중간 버튼 사용법

① 작업창에서 마우스 중간 버튼을 누른 상태에서 마우스를 움직이면 그림이 따라 이동한다. 이동(Pan) 기능과 같다.

② 마우스 중간 버튼을 누른 상태에서 왼쪽 버튼을 누르고 마우스를 회전시키면 그림이 회전한다. 회전(Rotate) 기능과 같다.

③ 마우스 중간 버튼을 누른 상태에서 왼쪽 버튼을 눌렀다가 떼고 마우스를 움직이면 그림이 축소 또는 확대된다. 이것은 축소(Zoom In) 및 확대(Zoom Out) 기능과 같다.

[3] 마우스 오른쪽 버튼 사용법

물체나 스펙트리상에서 마우스 오른쪽 버튼을 누르면 팝업 메뉴(popup menu)가 나타나서 필요한 명령을 선택하여 명령을 실행할 수 있다.

1.7 선택사항(Options)

[1] 작업창과 요소들의 색상

CATIA의 작업창과 작업내용에 따른 요소들의 색상을 바꾸고자 할 때에는 메뉴에서 Tools ▸ Options을 선택하여 그림 1.9의 선택(Options)창에서 Display ▸ Visualization ▸ Graduated color background의 각종 툴팁(Tooltip)▾을 눌러 나타나는 색상을 선택하면 된다.

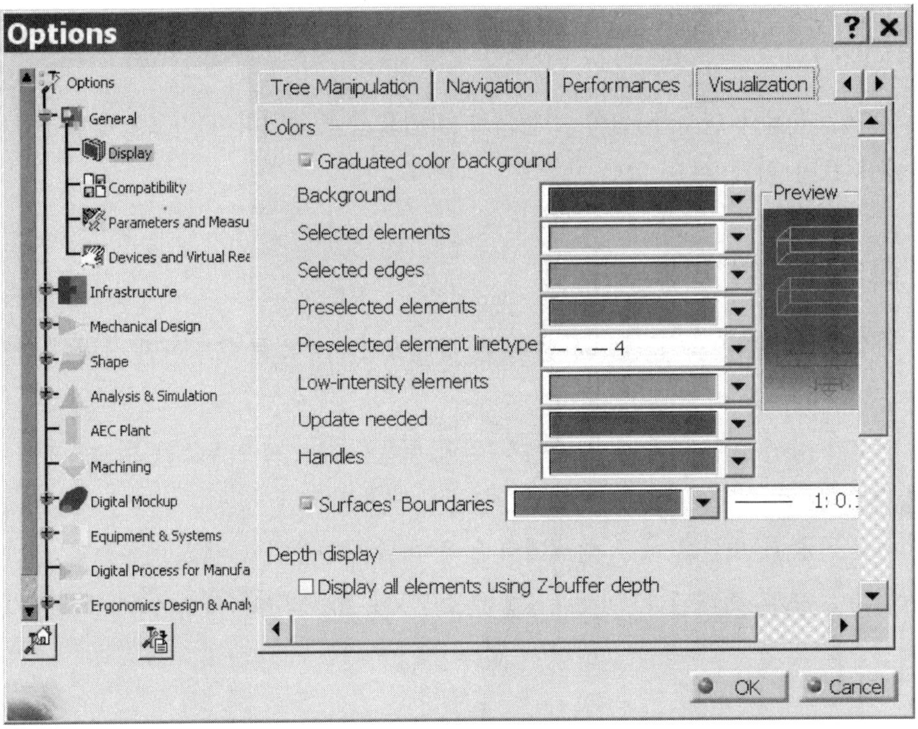

그림 1.9

[2] 스케치 요소의 색상

스케치 요소의 색상을 바꾸고자 할 때에는 메뉴에서 Tools ▸ Options을 선택하여 선택(Options)창에서 Mechanical Design ▸ Sketcher ▸ Colors에서 다음 그림 1.10의 Default color of the elements의 툴팁(Tooltip) ▾을 눌러 나타나는 색상을 선택하면 된다. 또 바로 아래의 진단의 시각화(Visualization of diagnosis)의 Colors ...를 눌러 스케치 요소의 구속상태를 진단할 수 있다.

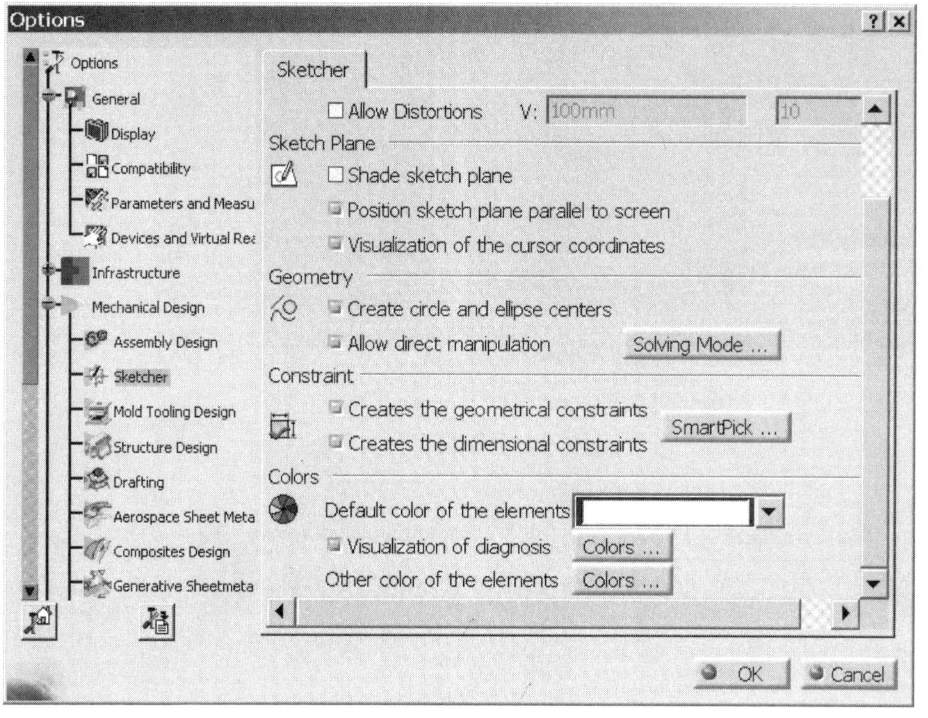
Options
Options
General
Display
Compatibility
Parameters and Measu
Devices and Virtual Rea
Infrastructure
Mechanical Design
Assembly Design
Sketcher
Mold Tooling Design
Structure Design
Drafting
Aerospace Sheet Meta
Composites Design
Generative Sheetmeta
Sketcher
Allow Distortions
V: 100mm
10
Sketch Plane
Shade sketch plane
Position sketch plane parallel to screen
Visualization of the cursor coordinates
Geometry
Create circle and ellipse centers
Allow direct manipulation
Solving Mode ...
Constraint
Creates the geometrical constraints
Creates the dimensional constraints
SmartPick ...
Colors
Default color of the elements
Visualization of diagnosis
Colors ...
Other color of the elements
Colors ...
OK
Cancel

그림 1.10

2장 부품설계

2.1 부품설계의 개요

하나의 제품(Product)은 여러 개의 부품(Part)으로 되어 있어서 **기계설계**(Mechanical Design) 모우드에서 각각의 **부품설계**(Part Design) 작업을 하게 된다. 부품설계(Part Design)는 스케처(Sketcher) 모우드에서 작성한 평면 스케치를 기본으로 돌출(Pad), 포켓(Pocket), 회전(Shaft) 등의 스케치 기준 피처(Sketch-Based Feature)의 명령들을 이용하여 3D 물체(3D Solid body)를 모델링하는 것이다.

2.2 부품설계 작업 들어가기

CATIA에서 부품설계 작업을 하기 위해서는 다음과 같은 여러 가지 방법으로 부품설계(Part Design) 작업대에 들어간다.

① CATIA를 띠우게 되면 앞서의 작업 모우드에 들어가게 된다. 그러므로 앞서 작업한 작업대가 부품설계(Part Design)이었다면 그림 2.1(a)에서와 같이 부품설계 모우드의 Product1(제품1)에 들어가게 된다. 그리하여 (b)에서와 같이 File▸New를 클릭하여 (c)의 New(새 작업) 대화창에서 Part(부품)를 선택하면 (d)와 같이 바로 Part1의 작업대에 들어가게 된다.

또한, Part1의 작업을 종료하고 제2의 부품작업에 들어갈 때에는 (e)와 같이 다시 File▸New를 클릭하여 (f)의 New(새 작업) 대화창에서 Part(부품)를 선택하면 Part2의 작업대에 들어가게 된다.

또한 제2의 제품 모우드에 들어가기 위해서는 (g)와 같이 다시 File▸New를 클릭하여 (h)의 New(새 작업) 대화창에서 Product(제품)를 선택하면 (i)와 같이 Product2(제품2)의 작업대에 들어가게 된다.

File ▶ New [(a), (b)의 New(새 작업) 대화창에서 Product(제품)를 선택한다.]

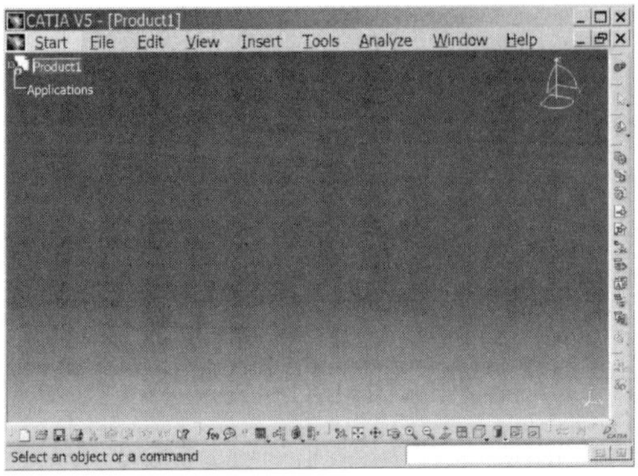

(a)

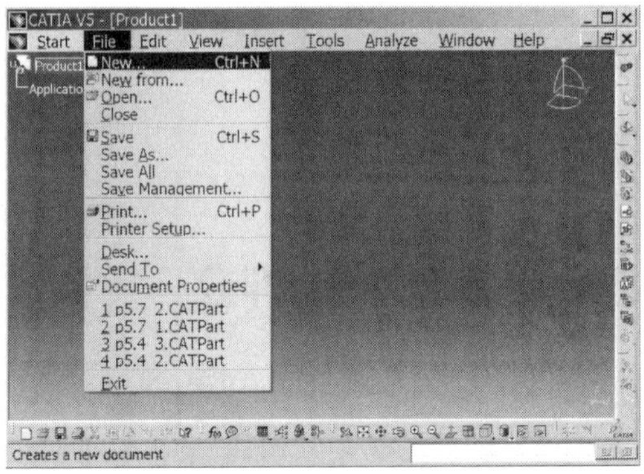

(b)

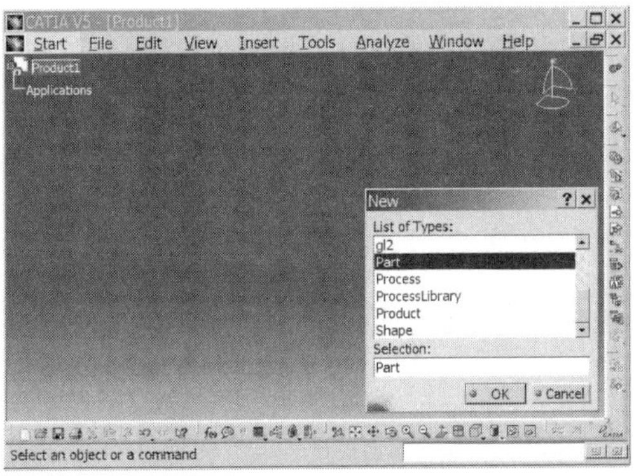

(c)

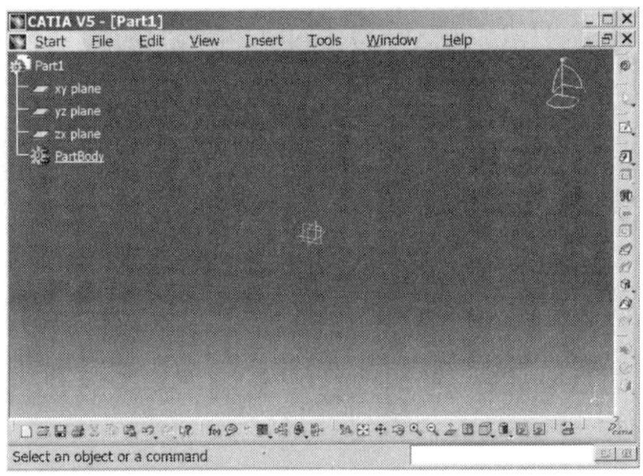

(d)

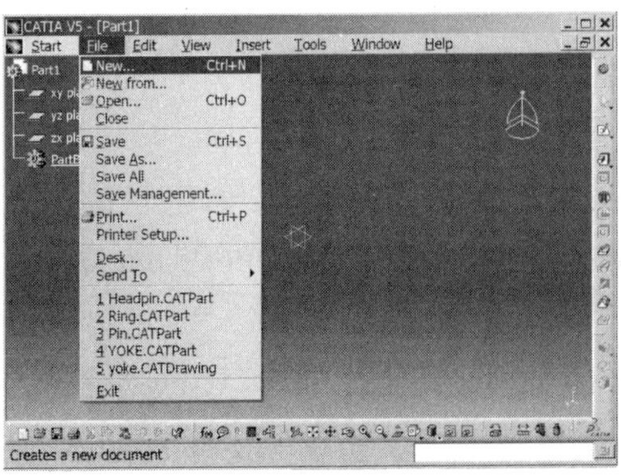

(e)

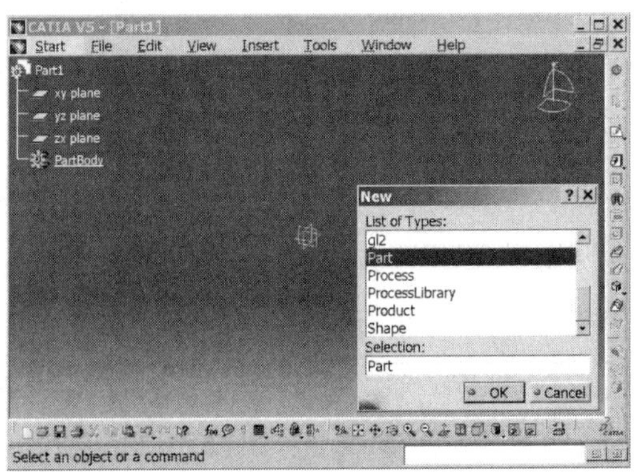

(f)

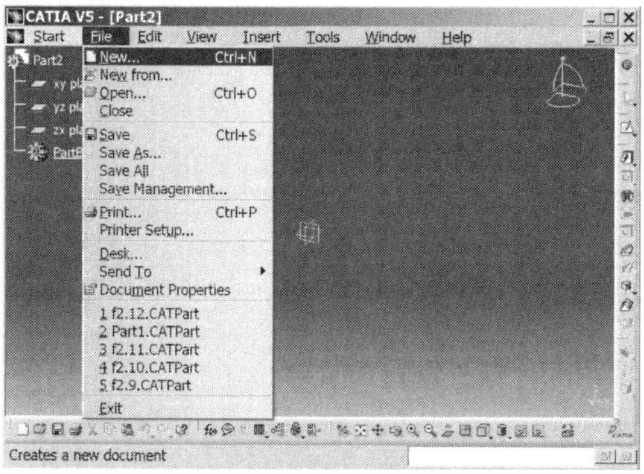

(g)

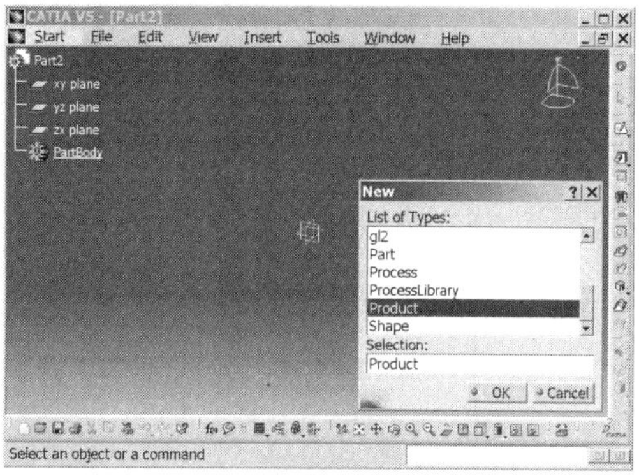

(h)

그림 2.1

② 앞서 작업한 것이 부품설계(Part Design) 작업대가 아닌 다른 모우드에서 작업하였다면 화면 오른쪽 상단의 작업창 ×를 눌러 빠져나와서 그림 2.2(a) 또는 (b)에서와 같이 메뉴에서 다음과 같이 선택한다.

Start ▸ Mechanical Design ▸ Part Design [그림 2.1(a)] Start ▸ Part Design [(b)]

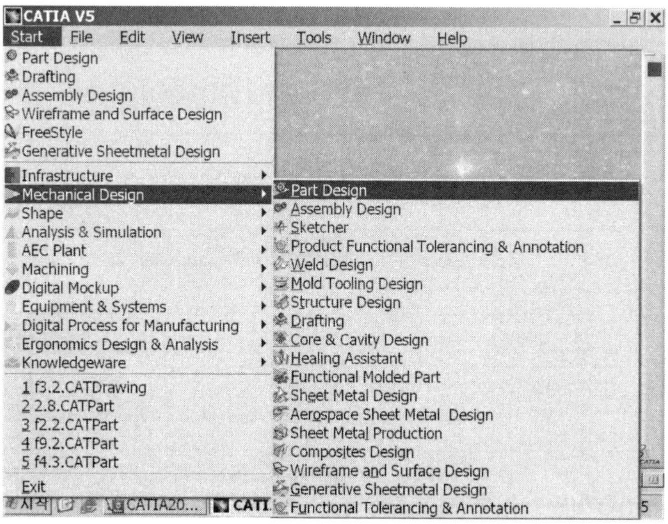

(a)

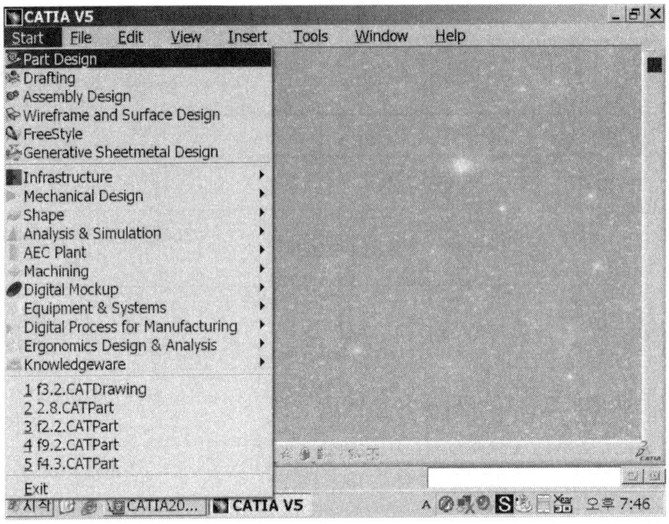

(b)

그림 2.2

③ 그림 2.3에서와 같이 작업대(Workbench) 아이콘 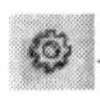 을 클릭하여 Welcome to CATIA V5 대화창이 뜨면 부품작업(Part Design) 

아이콘을 눌러 부품설계 작업대에 들어갈 수 있다.

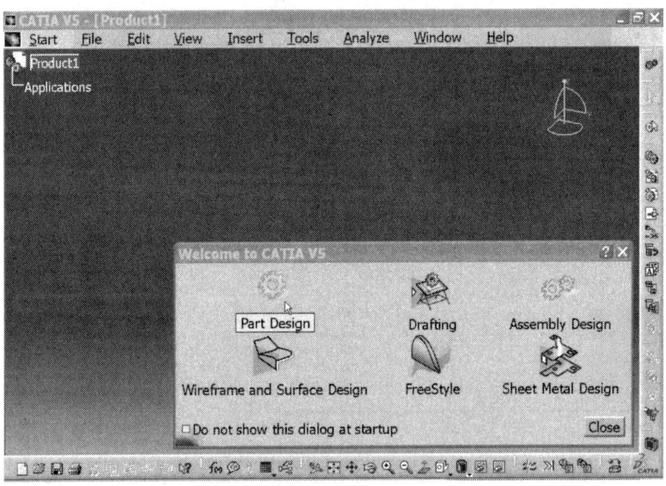

그림 2.3

2.3 스케처 작업

스케처(Sketcher) 작업은 2D의 스케치 평면에 각종 스케치 도구들을 이용하여 개 윤곽이나 폐 윤곽을 그리는 것으로, 부품 모델링의 기본 과정이다.

스케처 모우드에 들어가기 위해서는 작업창 왼쪽 상단에 있는 스펙트리(Specification Tree)의 xy plane, yz plane, zx plane의 3개의 절대평면(Absolute plane)중 하나를 선택하거나, 작업창 중앙의 그림으로 표시된 절대평면(Absolute plane)중 하나를 마우스로 선택하여 스케처 아이콘 을 마우스로 눌러 (b)와 같이 스케처 평면에 들어간다.

[스케치] Insert ▶ Sketcher ▶ Sketcher [그림 2.4(a) 절대평면 클릭] Start ▶ Mechanical Design ▶ Sketcher [절대평면 클릭]

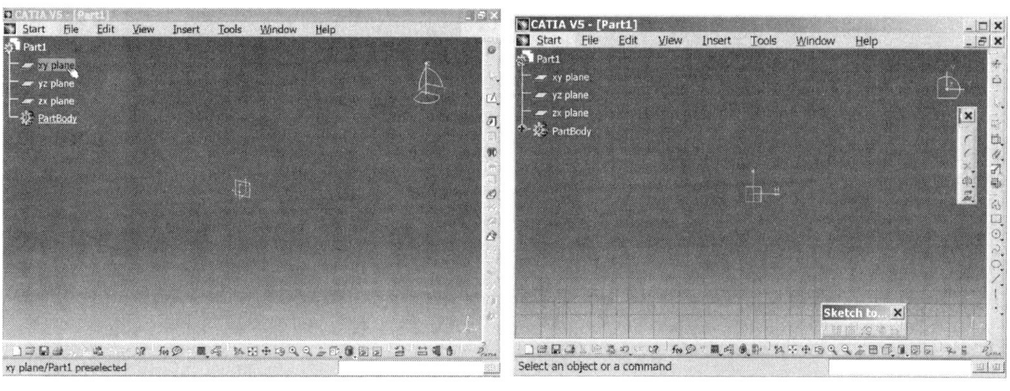

(a) (b)

그림 2.4

2.4 윤곽 스케치 작업

스케처(Sketcher) 모우드에 들어가서 윤곽(Profile) 아이콘을 클릭하면 스케치 도구(Sketch Tools)가 확장되어 나타나는 데 필요한 도구를 선택하여 윤곽을 스케치해 나간다.

[1] 윤곽 스케치

스케처(Sketcher) 모우드에서 2D 윤곽을 그리는 스케치 아이콘에는 표 2.1에서 보여주는 바와 같이 여러 가지 종류가 있다. 그리고 아이콘의 오른쪽 하단의 툴팁(Tool tip) ▾기호를 마우스의 화살표(↕)로 누르면 원하는 조건을 가진 아이콘을 선택하여 스케치를 할 수 있다.

표 2.1 윤곽(Profile)과 정의된 윤곽(Predefined Profile):

	명 령 어	설 명
	Profile(윤곽)	직선과 원호를 가지고 윤곽을 그린다.
	Rectangle(사각형)	대각선의 두 점을 찍어 사각형을 그린다.
	Oriented Rectangle (방향성 사각형)	한 변과 그에 수직인 변으로 그린다.
	Parallelogram(평행사변형)	평행사변형의 두 변으로 그린다.
	Elongated Hole (직선형 신장 원호)	반원으로 나누어 직선을 따라 늘린다.
	Cylindrical Elongated Hole (원통형 신장 원호)	반원으로 나누어 원호를 따라 늘린다.
	Keyhole Profile(키홀 윤곽)	키홀의 폭과 원호의 크기를 그린다.
	Hexagon(6각형)	6각형의 중심과 내접원의 반경으로 그린다.

표 2.2 원(Circle)과 호(Arc):

	명 령 어	설 명
	Circle (원)	원의 중심과 반경으로 원을 그린다.
	Three Point Circle(3점 원)	세 점을 정의하여 원을 그린다.
	Circle using Coordinates (좌표계를 사용한 원)	절대좌표와 반경 또는 극좌표와 반경으로 원을 그린다.
	Tri-tangent Circle(3 접선 원)	세 개의 선(직선 또는 곡선)에 접하는 원을 그린다.

	Three Point Arc(3점 호)	세 점으로 호를 그린다.
	Three Point Arc Starting with Limits(제한된 3점 호)	2점과 반경에 의해 제한된 호
	Arc (호)	중심점과 반경 그리고 호의 끝점으로 호를 그린다.

표 2.3 타원(Ellipse)과 원뿔(Conic)

	명 령 어	설 명
	Spline(스플라인)	스플라인 곡선을 그린다.
	Connect(연결)	두 직선 또는 직선과 곡선에 접하는 곡선을 그린다.
	Ellipse(타원)	타원의 장축과 단축으로 타원을 그린다.
	Parabola by Focus (초점 포물선)	초점거리와 2점에 의한 포물선을 그린다.
	Hyperbola by Focus (초점 쌍곡선)	초점거리와 2점에 의한 쌍곡선을 그린다.
	Creates a Conic (원뿔 생성)	5개의 점으로 원 뿔을 생성한다.

표 2.4 직선(Line)

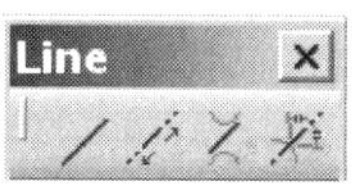

	명 령 어	설 명
	Line(직선)	두 점으로 하나의 직선을 그린다.
	Infinite Line(무한직선)	무한한 직선을 그린다. 이 무한 직선을 더블클릭하여 수직선이나 각도를 갖는 직선을 그릴 수 있다.
	Bi-Tangent Line(접선)	두 곡선에 접하는 직선
	Bisecting Line(양분선)	두 직선의 교점에서 동일한 각도로 양분하는 직선을 그린다.
	Axis(축)	회전축을 그린다.

표 2.5 점(Point)

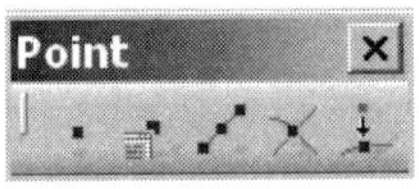

	명 령 어	설 명
	Point(점)	위치를 표시하는 점을 마우스로 찍는다.
	Point by Coordinates (좌표계 점)	좌표계로 점을 찍는다.
	Equidistant Point (동일거리 점)	직선이나 곡선을 동일거리로 등분하여 점을 찍는다.
	Intersection Point (교차점)	두 선(직선이나 곡선)의 교차점에 점을 찍는다.
	Projection Point (투영점)	점을 선(직선이나 곡선)에 수직 투영점을 찍는다.

[2] 스케치 도구

스케치 도구(Sketch Tools)는 윤곽 스케치 작업을 할 때 부수적인 제약 조건을 가지고 윤곽을 그릴 수 있도록 도와주고 좌표값이나 필요한 위치정보를 나타내 주는 것으로 스케처 모우드에서 표 2.6과 같은 의미를 가지고 있다.

표 2.6 스케치 도구(Sketch Tools)

	명 령 어	설 명
	Snap to Point(점 스냅)	스케처 작업에서 그리드의 가장 가까운 교차점에 스냅(Snap)하거나 해제한다.
	Construction/Standard Element(구성요소/기본요소)	구성요소와 기본요소를 전환한다.
	Geometrical Constraints (기하구속)	스케치할 때 기하구속이나 내부구속을 주거나 해제한다.
	Dimensional Constraints (치수구속)	스케치할 때 치수구속을 표시하거나 해제한다.

[3] 윤곽 스케치 작업 방법

윤곽 스케치 작업을 하기 위하여 각종 윤곽(Profile) 아이콘 을 선택하면 그림 2.5

(a)와 같은 스케치 도구(Sketch Tools)가 확장되어 나타나는 데, 선(Line)이나 접선 원호(Tangent arc), 그리고 3점호(Three Point Arc)중 하나를 선택하여 스케치해 나간다. 그리고 확장 스케치 도구의 수평축 H, 수직축 V의 수치는 각각의 좌표값을 나타내고, R(Radius)은 반경값을 표시한다. 또 (b)와 같이 스케치 중에는 마우스 끝단의 위치가 절대좌표로 나타난다. (c)는 각종 스케치 작업을 보여주고 있다.

(a)

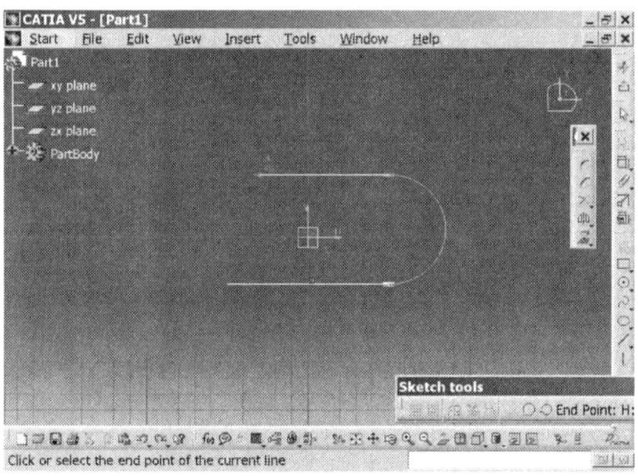

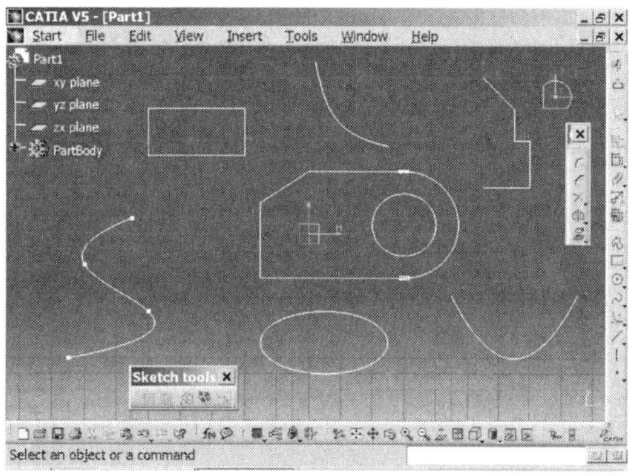

(b) (c)

그림 2.5 스케치 작업

2.5 입력요소의 선택과 삭제

스케처 모우드에서 입력요소를 선택하여 삭제하는 방법은 다음과 같이 여러 가지 방법이 있다.

① 스케치 모우드에서 윤곽(Profile) 명령으로 스케치를 완료하면 그림 2.6(a)와 같이 황색으로 나타나는 데, 이것을 전부 삭제하려면 키보드에서 Delete키를 눌러 삭제한다. 입력요소의 황색 상태를 해제하려면 작업창을 마우스로 작업창의 임의의 곳을 클릭하면 된다.

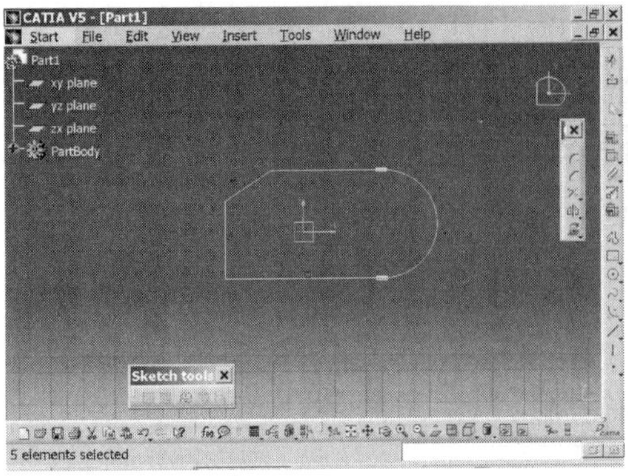

(a)

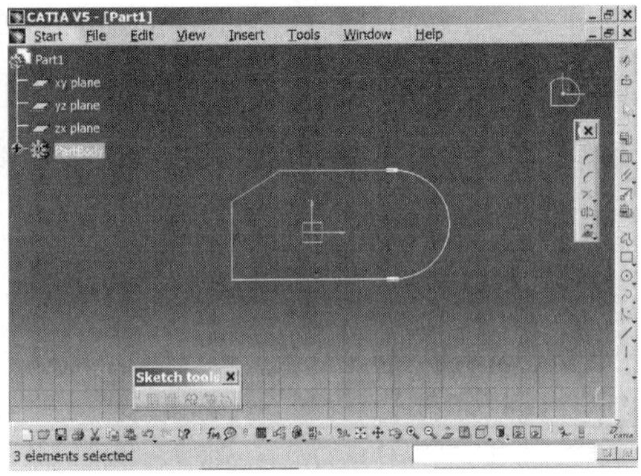

(b)

② 입력요소 하나를 지우고자 할 때에는 (b)에서와 같이 마우스로 요소를 하나 선택하면 황색으로 변하는 데 키보드에서 Delete키를 눌러 삭제할 수 있다. 또 입력요소를 여러 개 선택하여 삭제하고자 할 때에는 Ctrl키를 누른 채 마우스로 요소를 하나씩 선택하면 황색으로 변하면서 선택이 되는 데 같은 방법으로 Delete키를 눌러 삭제할 수 있다.

③ (c)에서와 같이 스케치 도중에 Undo(Ctrl+Z) 명령을 사용하여 요소를 스케치한 역순으로 하나씩 삭제할 수 있다.

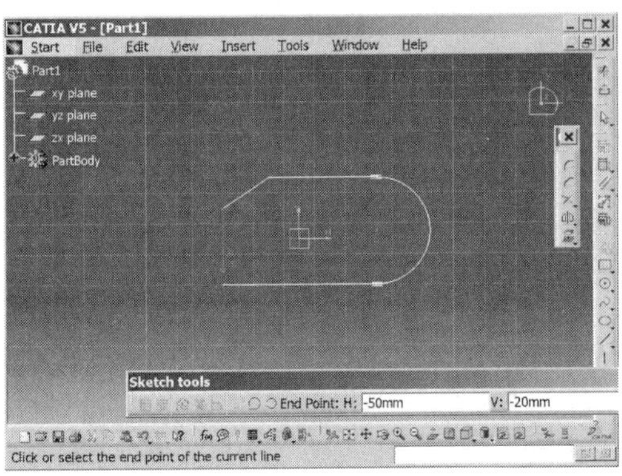

(c)

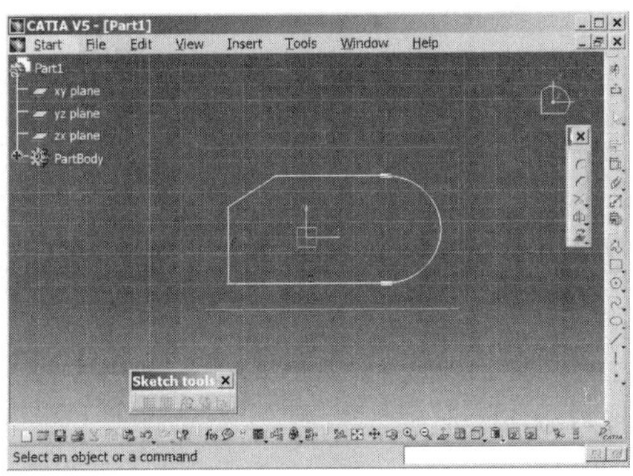

(d)

④ (d)에서와 같이 완성된 스케치는 마우스를 두 점을 눌러 끌어(Drag and drop) 요소들이 그 사각형 안에 들어가도록 하면 황색으로 변하는 데 키보드에서 Delete키를 눌러 삭제할 수 있다.

⑤ 작업내용을 보려고 할 때에는 **스펙트리**(Specification Tree)의 ⊞ 기호를 마우스로 누르면 ⊟로 바뀌면서 (e)에서와 같이 하위 리스트(list)가 나타난다. 입력요소를 스펙트리에서 삭제하고자 할 때에는 ⊟Geometry(기하도형)에서 Ctrl키를 누른 체 요소이름을 마우스로 눌러 선택하여 Delete키를 눌러 삭제하거나, (f)에서와 같이 ⊟ Geometry(기하도형)의 요소이름에 마우스 오른쪽 버튼을 눌러 메뉴에서 Cut(잘라내기)나 Delete(삭제)를 선택하여 하나씩 삭제할 수 있다.

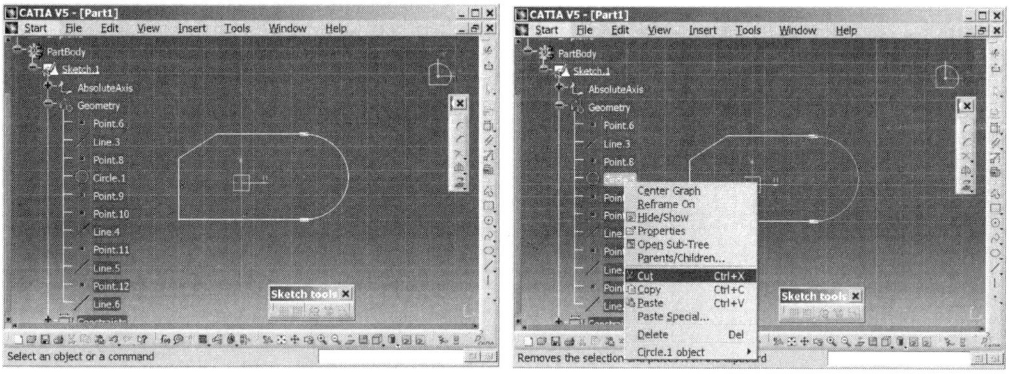

(e) (f)

그림 2.6

⑥ 입력요소를 **선택도구**(Selection Tool)에 의해 선택할 때에는 「2.6 **입력요소의 선택**」에서 취급한다.

2.6 입력요소 선택

원하는 입력요소를 한꺼번에 선택하고자 할 때에는 다음과 같이 표 2.7의 아이콘을 활성화시켜 선택한다. 또한 선택된 입력요소를 취소하려고 할 때에는 작업창의 아무데서나 마우스 왼쪽 버튼을 눌러주면 된다.

표 2.7 선택(Select)

	명 령 어	설 명
	Select(선택)	하나의 요소를 마우스로 선택한다. 이 아이콘을 누르지 않아도 마우스만으로 선택이 가능하다. 키보드의 Ctrl키를 누르고 마우스로 선택하면 여러 개를 선택할 수 있다.
	Selection Trap (사각형 트랩)	마우스로 두 점을 찍어 사각형 트랩(trap)안에 완전히 들어가는 것만 선택된다.
	Intersecting Trap (걸치기 사각형 트랩)	마우스로 두 점을 찍어 사각형 트랩(trap)안에 들어가는 것과 걸치는 것 모두가 선택된다.
	Polygon Trap (다각형 트랩)	마우스로 점을 찍어 나가면 다각형을 형성하는 데 다각형 내에 완전히 들어가는 것만 선택된다.
	Point Stroke Selection (점 경로 선택)	마우스가 그리는 경로에 걸치는 것만 모두 선택된다.

2.7 스케치 편집

스케치 편집(Sketch Operation)은 2D 스케치를 자르기, 복사, 이동하는 작업이다. 스케치 편집작업은 스케치 도구(Sketch Tools)의 확장 도구와 함께 사용하여 편집작업의 스케치 도구에 조건을 부여하여 필요한 작업을 할 수 있다.

표 2.8 편집(Operation)

	명 령 어	설 명
	Corner(모깎기)	두 직선을 클릭하여 모깎기 한다.
	Chamfer(모따기)	두 직선을 클릭하여 모따기 한다.

위 스케치 편집은 스케치 도구(Sketch Tools)의 확장도구의 선택에 따라 작업결과가 다음과 같이 달라진다.

(1) 모깎기(Corner)의 스케치 도구

	명 령 어	설 명
	Trim All Elements (모든 요소 자르기)	선택한 두 요소를 모두 모깎기 한다.
	Trim the First Elements (첫 번째 요소 자르기)	첫 번째 선택한 요소는 남기고 모깎기 한다.
	No Trim(자르기 없음)	선택한 두 요소를 모두 남기고 모깎기 한다.
	Standard Lines Trim (표준 선 자르기)	선택한 두 요소를 모두 남기고 모깎기 한다.
	Construction Lines Trim (구성선 자르기)	선택한 두 요소를 모두 구성선으로 남기고 모깎기 한다.
	Construction Lines No Trim (구성선 자르기 없음)	선택한 두 요소를 모두 구성선으로 남기고 모깎기 한다.

(2) 모따기(Chamfer)의 스케치 도구

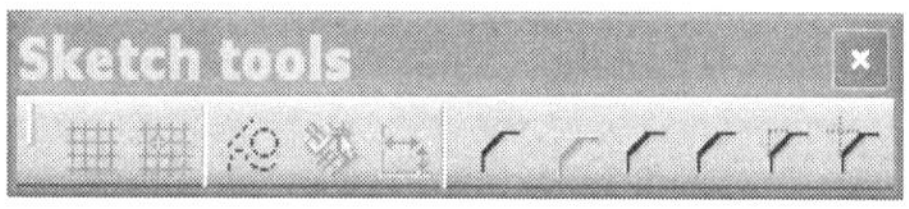

	명 령 어	설 명
	Trim All Elements (모든 요소 자르기)	선택한 두 요소를 모두 자르기 하면서 모따기 한다.
	Trim the First Elements (첫 번째 요소만 자르기)	선택한 두 요소 중 하나만 자르기 하면서 모따기 한다.
	No trim (자르기 없음)	선택한 두 요소를 모두 자르지 않고 모따기 한다.
	Standard Lines Trim (표준 선 자르기)	선택한 두 요소를 모두 남기고 모따기 한다.
	Construction Lines Trim (구성선 자르기)	선택한 두 요소를 모두 구성선으로 남기고 모따기 한다.
	Construction Lines No Trim (구성선 자르기 없음)	선택한 두 요소를 모두 구성선으로 남기고 모따기 한다.

표 2.9 수정(Relimitation)

	명 령 어	설 명
	Trim(자르기)	요소의 일부를 잘라낸다.
	Break(끊기)	첫 번째 선택한 요소를 두 번째 선택한 요소와의 교차점만 절단하여 2개의 요소로 나눈다.
	Quick Trim(빠른 자르기)	교차점 사이의 지정한 요소를 잘라낸다.

위 수정작업은 스케치 도구(Sketch Tools)의 확장도구의 선택에 따라 작업결과가 다음과 같이 달라진다.

(1) 자르기(Trim) 및 연장의 스케치 도구

	명 령 어	설 명
	Trim All Elements (두 요소 자르기 및 연장)	두 요소의 교차점에서 선택한 부분을 남겨 두고 모두 잘라낸다. 또 첫 번째 클릭한 선을 두 번째 클릭한 선까지 연장시키고 두 번째 클릭한 선은 교차점에서 지정한 곳을 남기고 자르기 한다.
	Trim the First Elements (첫 번째 요소 자르기 및 연장)	첫 번째 선택한 요소를 두 번째 선택한 요소에 이해 잘라 내거나, 첫 번째 선택한 요소를 두 번째 선택한 요소까지 연장시켜 준다.

(2) 빠른 자르기(Quick Trim)의 스케치 도구

	명 령 어	설 명
	Break and Rubber In (선택 요소 잘라내기)	가장 가까운 교차점(들)을 기준으로 선택한 부분만 잘라낸다.
	Break and Rubber Out (선택외 요소 잘라내기)	가장 가까운 교차점(들)을 기준으로 선택한 부분만 남겨 두고 나머지는 모두 잘라낸다.
	Break and Keep (교차점으로 나누어 두기)	선택한 요소를 교차점에서 절단하여 둘로 나누고 그대로 둔다.

표 2.10 2D 피처 변환(Transformation)

	명 령 어	설 명
	Symmetry(대칭)	선택된 요소들을 직선, 구성선 또는 축선에 대하여 대칭으로 배열한다.
	Rotate(회전)	선택된 요소들을 기준점에 대해 회전하거나 회전배열한다.
	Translate(이동)	선택된 요소들을 직선 이동 또는 직선 배열한다.
	Scale(축척)	선택된 요소들을 축소 또는 확대한다.
	Offset(옵셋)	선택된 요소들을 간격 띄우기 한다.

앞의 수정작업은 스케치 도구(Sketch Tools)의 확장도구의 선택에 따라 또는 대화창 내의 선택에 따라 작업결과가 다음과 같이 달라진다.

[1] 간격 띄우기(Offset)

표 2.11 간격 띄우기(Offset)의 스케치 도구

	명 령 어	설 명
	No Propagation (전달 없음)	선택한 요소만 옵셋 한다.
	Tangent Propagation (접선 전달)	접선으로 연결된 요소들을 모두 옵셋 한다.
	Point Propagation (모두 전달)	연결된 요소들을 모두 옵셋 한다.
	Both side offset (양쪽 옵셋)	위의 어느 하나와 연계하여 양쪽으로 옵셋 한다.

[2] 이동(Translation) 및 복사

선택한 요소들을 그림 2.7의 이동 정의(Translation Definition) 대화창에서 (a)와 같이 복사 모우드(□ Duplicate mode)를 해제하여 이동하거나, (b)와 같이 복사 모우드(☑ Duplicate mode)를 선택하여 1개 이상 복사할 수 있다.

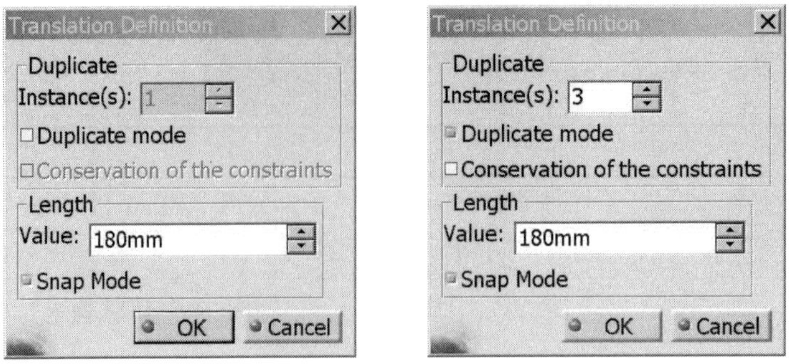

(a) 이동　　　　　　　　(b) 복사

그림 2.7 이동과 복사

[3] 회전(Rotation)

선택한 요소들을 그림 2.8(a)의 회전 정의(Rotation Definition) 대화창에서 복사 모우드(□ Duplicate mode)를 해제하여 회전하거나, (b)와 같이 복사 모우드(▣ Duplicate mode)를 선택하여 1개 이상 원형으로 배열할 수 있다.

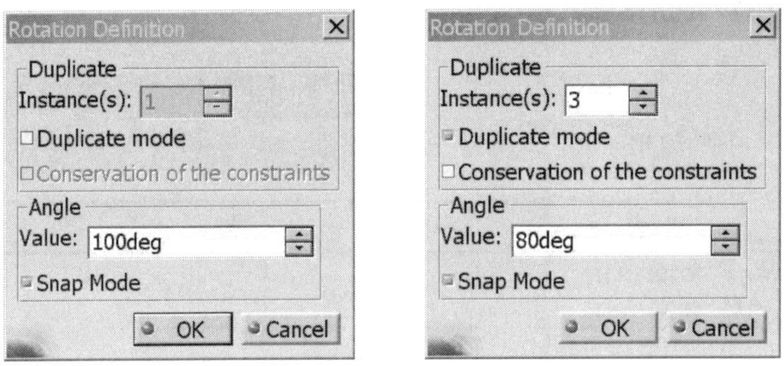

(a) 회전　　　　　　　　(b) 회전 배열

그림 2.8 회전(Rotation)

[4] 축척(Scale)

선택한 요소들을 그림 2.9(a)의 축척 정의(Scale Definition) 대화창에서 복사 모우드(□ Duplicate mode)를 해제하여 축척 값(Scale value)을 주어 축척하거나, (b)와 같이 복사 모우드(▣ Duplicate mode)를 선택하여 축척 값(Scale value)을 주어 원래의 요소를 그대로 두고 1개를 복사하여 축척한다.

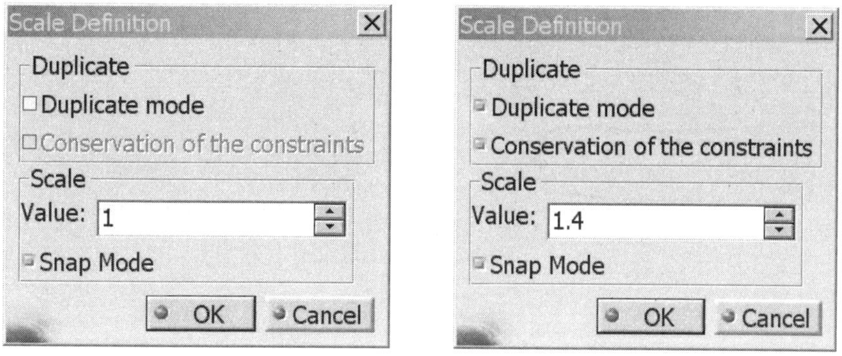

(a) 축척(원형 제거) (b) 복사 축척(원형 보존)

그림 2.9 축척(Scale)

예제 2.1 스케치 편집

스펙트리(Specification Tree)의 절대평면 xy plane 선택

Insert ▸ Sketcher ▸ Sketcher

[직선] Insert ▸ Profile ▸ Line [그림 2.10(a)]

[이동] Insert ▸ Operation ▸ Transformation ▸ Translate [(b)에서 Duplicate mode(복사 모우드), Instances(복사 개수) 3, 기준점 클릭, 거리 및 방향 클릭]

[직선] Insert ▸ Profile ▸ Line [(c)]

[이동] Insert ▸ Operation ▸ Transformation ▸ Translate [(d)에서 Duplicate mode(복사 모우드), Instances(복사 개수) 2, 기준점 클릭, 거리 및 방향 클릭]

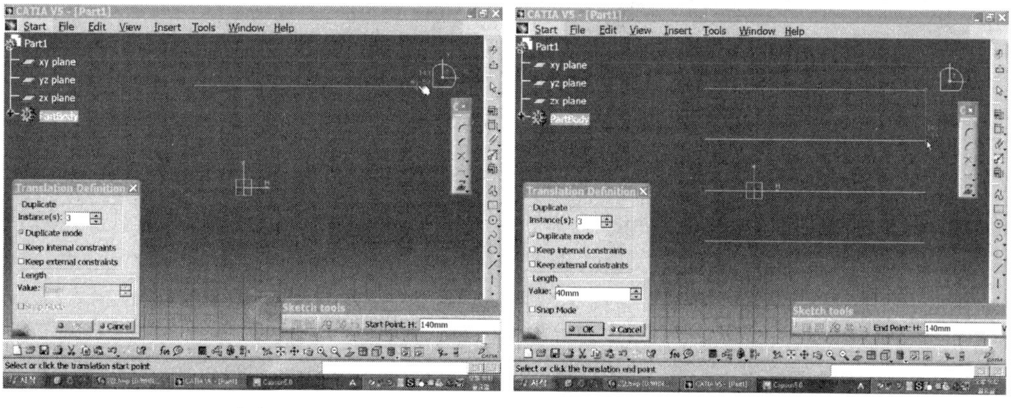

(a) (b)

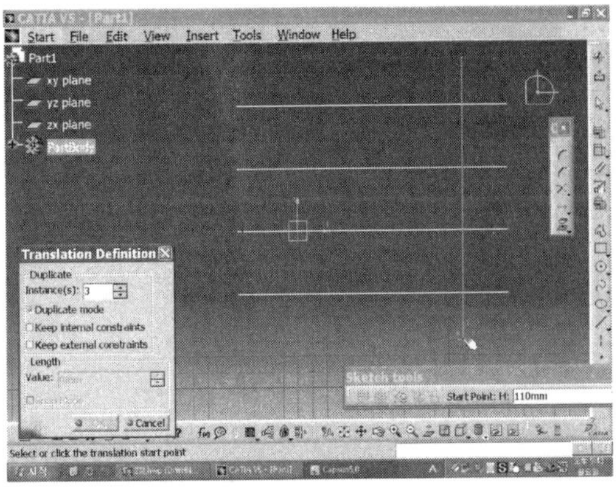

(c)

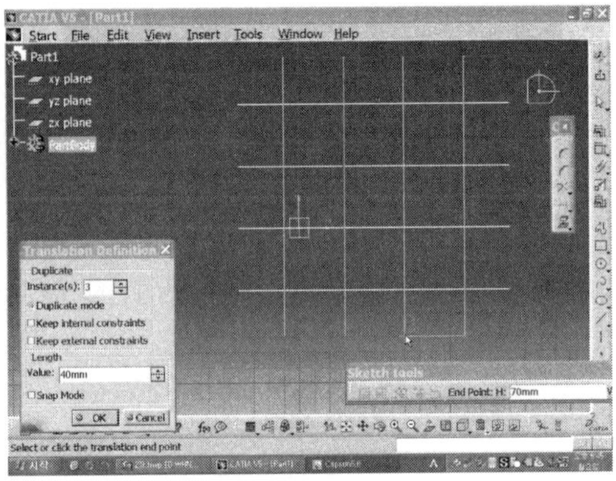

(d)

Insert ▸ Operation ▸ Relimitation ▸ Trim [(e), (f)에서 

클릭, 지정한 두 선의 교차점에서 모두 자르기 한다.]

Insert ▸ Operation ▸ Relimitation ▸ Trim [(g), (h)에서 

클릭, 첫 번째 지정한 선을 두 번째 지정한 선에서 자르기 한다.]

[끊기] Insert ▸ Operation ▸ Relimitation ▸ Break [(i), (j)에서 첫 번째 지정한 선을 두 번째 지정한 선에서 둘로 나눈다. 마우스를 갖다 대면 둘로 나누어져 있는 것을 확인할 수 있다.]

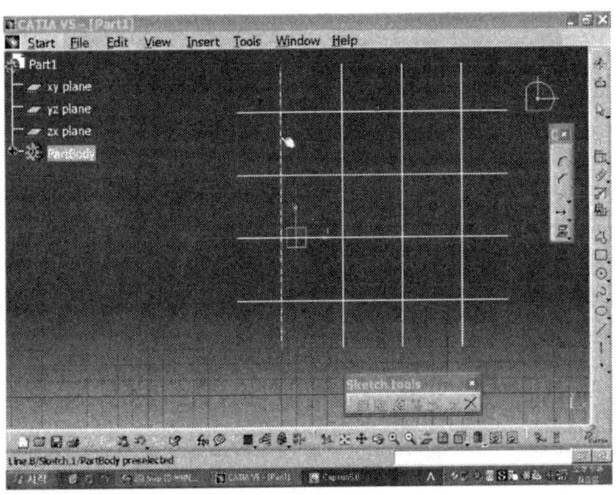

(e)

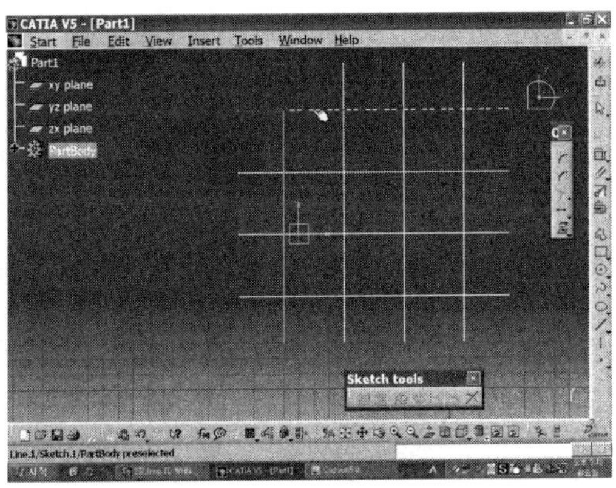

(f)

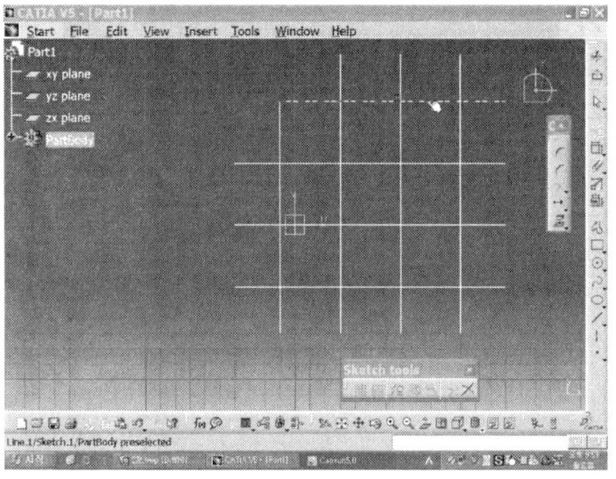

(g)

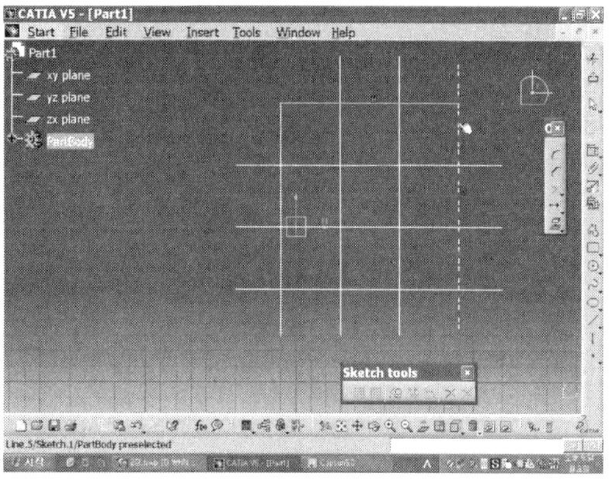

(h)

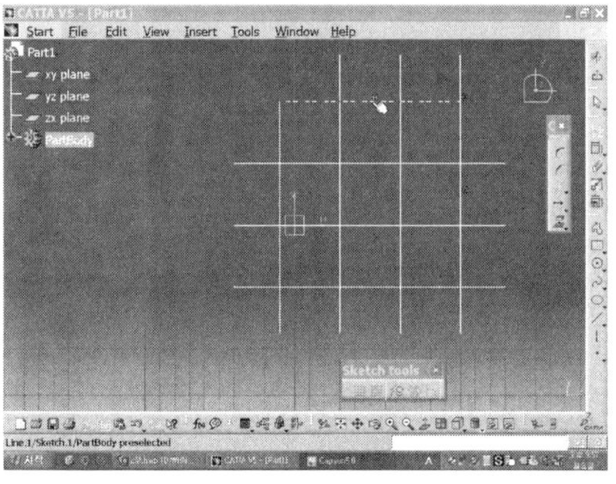

(i)

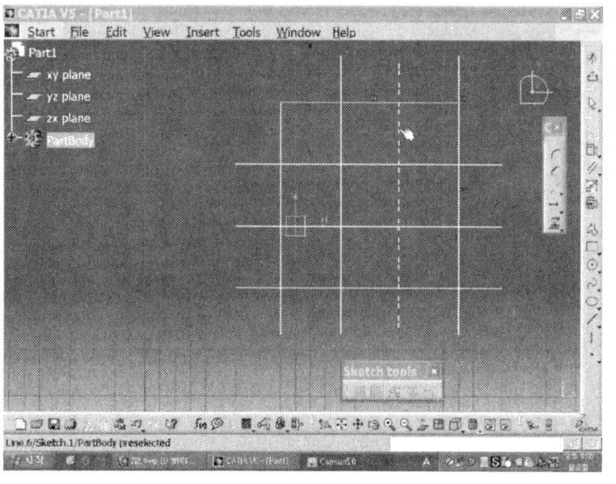

(j)

Insert ▸ Operation ▸ Relimitation ▸ Quick Trim [(k)에서  클릭, 지정한 부분만 지워진다.]

Insert ▸ Operation ▸ Relimitation ▸ Quick Trim [(l)에서 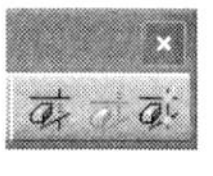 클릭, 지정한 부분만 남는다.]

Insert ▸ Operation ▸ Relimitation ▸ Quick Trim [(m)에서  클릭, 선들의 교차점에서 끊어진다. (n)에서 마우스를 갖다 대면 끊어져 있는 것을 확인할 수 있다.]

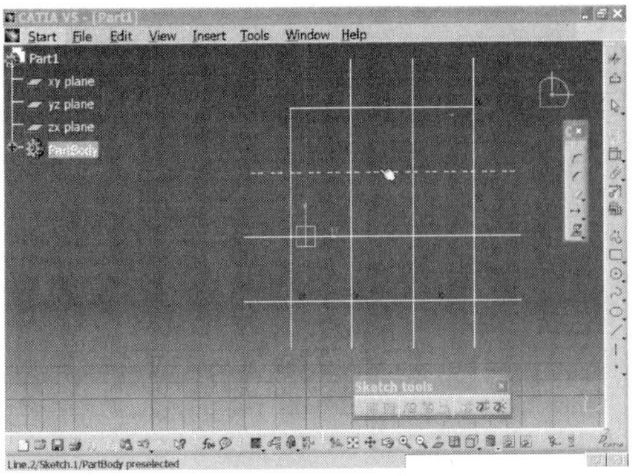

(k)

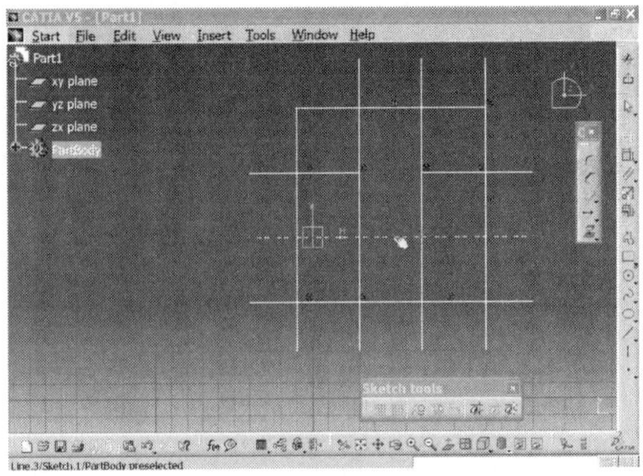

(l)

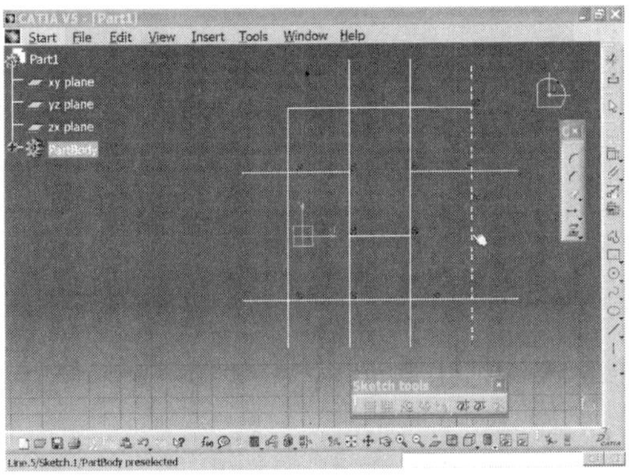

(m)

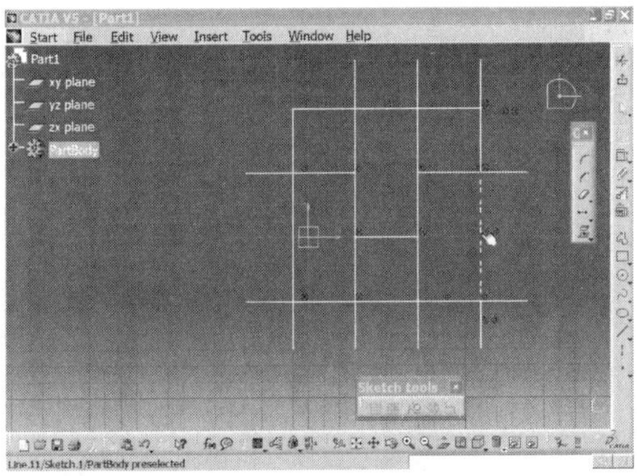

(n)

Insert ▸ Operation ▸ Relimitation ▸ Trim 

[(o)에서 첫 번째 클릭한 선을 (r)의 두 번째 클릭한 선까지 연장시키고 두 번째 클릭한 선은 교차점에서 지정한 곳을 남기고 자르기한다.]

Insert ▸ Operation ▸ Relimitation ▸ Trim 

[(p)에서 첫 번째 클릭한 선을 (t)의 두 번째 클릭한 선까지 연장시켜 준다. 두 번째 클릭한 선은 자르기하지 않는다.]

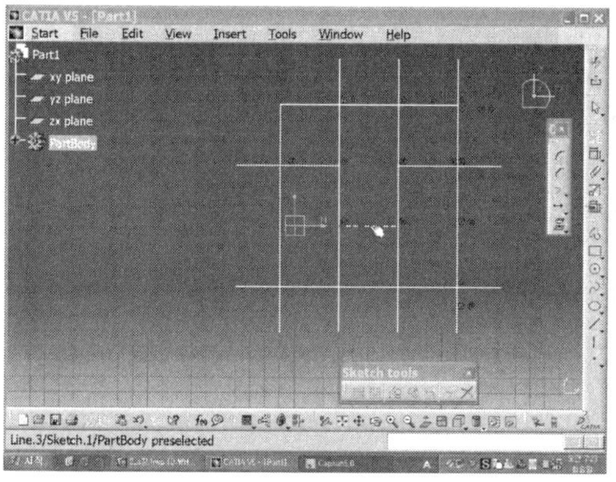

(o)

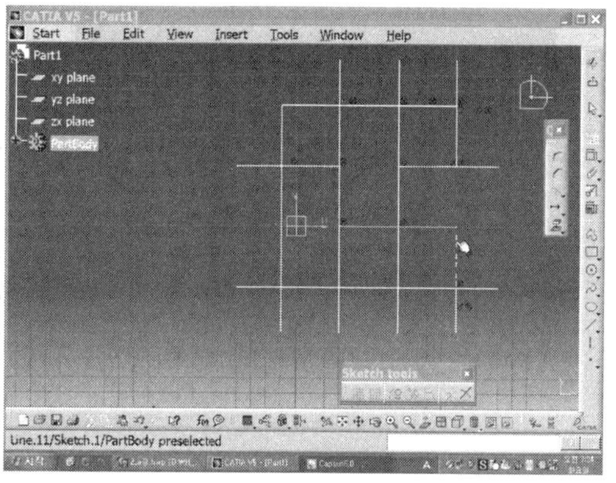

(p)

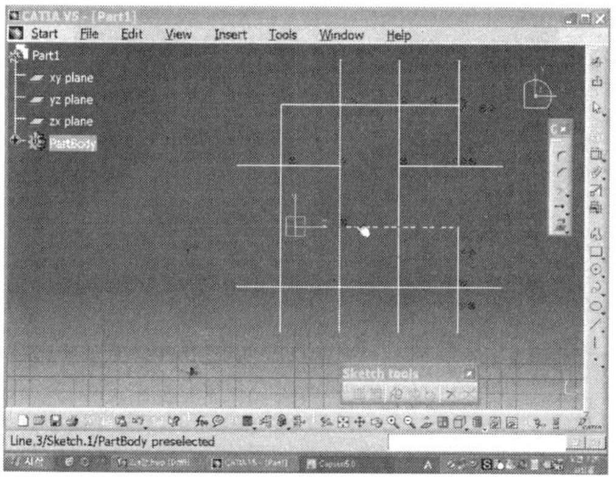

(q)

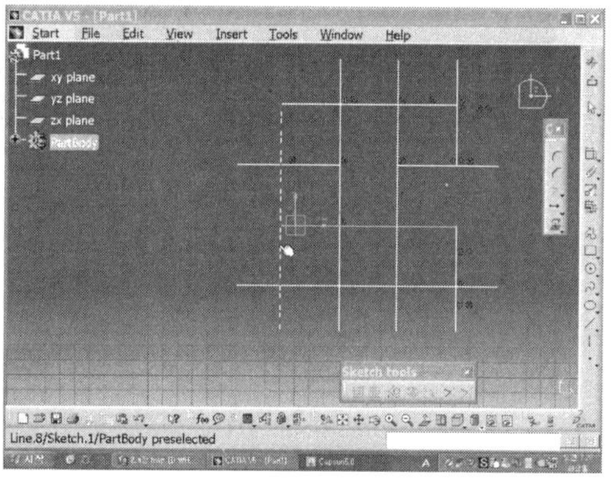

(r)

그림 2.10

예제 2.2 여러 요소의 자르기 작업

그림 2.11(a)에서와 같이 여러 개의 선을 하나의 수직선으로 자르기 할 때 자르기할 전체 요소(수평선 4개)를 점긋기(Point stroke selection)에 의해 선택해 놓고 자르기(Trim)를 눌러 스케치 도구(Sketch Tools)의  첫 번째 요소 자르기(Trim the first elements)를 눌러 (c)에서 자르기할 경계 요소(수직선)를 선택한 다음, 남겨 둘 부분(수직선 왼쪽)을 클릭하면 (d)와 같이 일괄적으로 자르기가 된다.

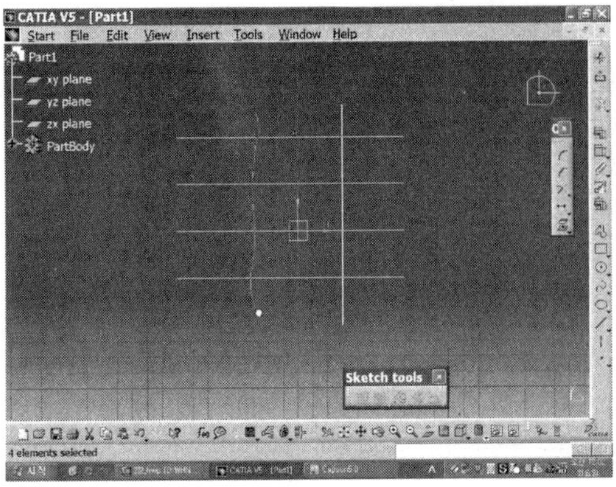

(a)

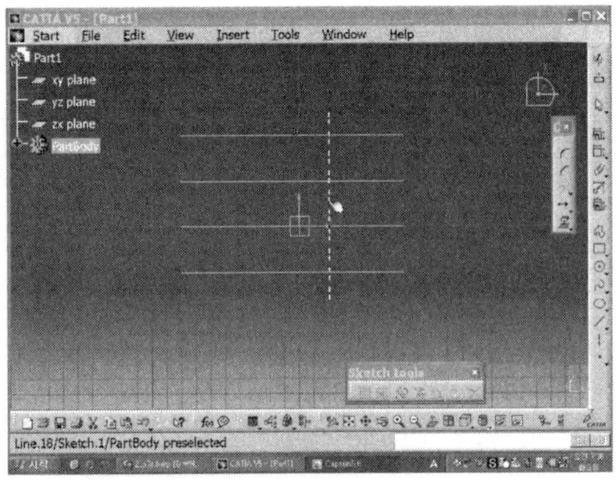

(b)

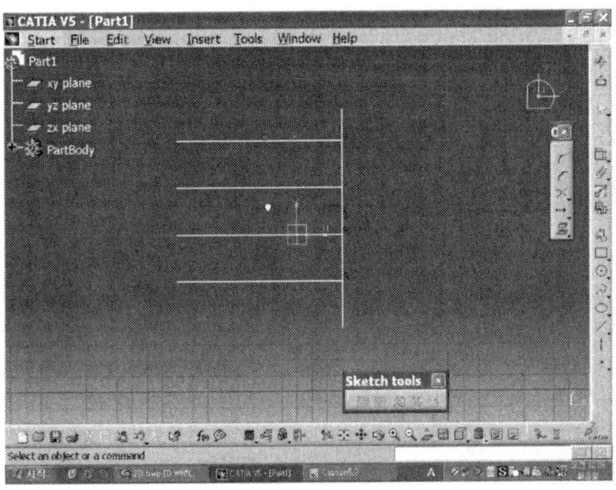

(c)

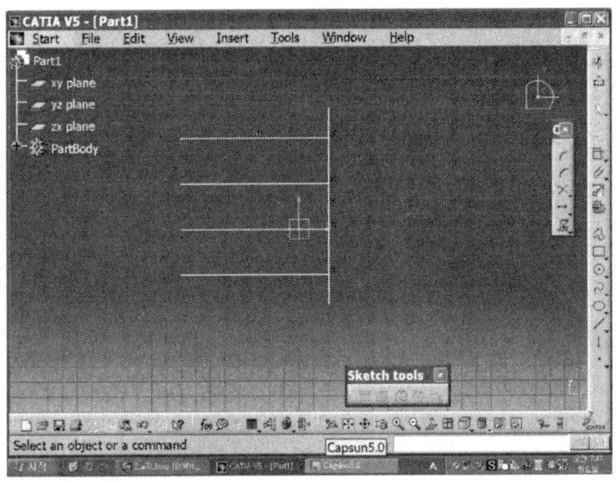

(d)

그림 2.11

2.8 구속

스케처 모우드에서 **구속**(Constraint)은 하나의 요소의 치수에 의한 구속이나 기하적인 구속관계를 정의하는 것이다.

표 2.12 구속(Constraint) 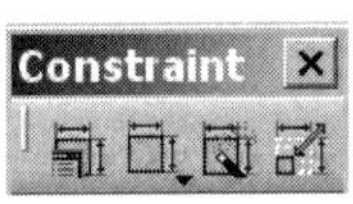

	명 령 어	설 명
	Constraints defined in dialog box(기하구속)	하나의 요소 또는 두개의 요소를 선택하여 구속 정의 대화창에서 필요한 기하구속 조건을 부여한다.

	Constraint(치수구속)	하나의 요소 또는 두개의 요소 또는 하나의 점과 요소를 선택하여 치수를 정의한다.
	Auto Constraint (자동 치수구속)	선택한 모든 요소의 치수를 기입한다.
	Animate Constraint (가변 치수구속)	기입되어 있는 치수를 누르면 대화창에 입력한 두 치수로 그림을 변화시킨다.

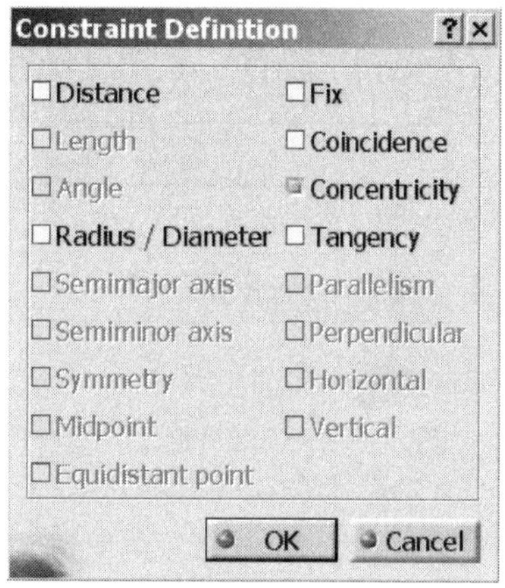

표 2.13 구속 정의(Constraints Definition)의 기호와 의미

구속 정의	기호와 의미	구속 정의	기호와 의미
Distance	두 요소의 거리	Fix	고정
Length	한 요소의 길이	Coincidence	일치
Angle	각도	Concentricity	동심
Radius/Diameter	호의 반경/ 원의 직경	Tangency	접선
Semimajor axis	타원의 장축	Parallelism	평행
Semiminor axis	타원의 단축	Perpendicular	직각
Symmetry	대칭	Horizontal	수평
Midpoint	중간점	Vertical	수직
Equidistant point	세 점의 동일거리		

※치수선과 치수의 위치 조정 방법

치수선을 마우스 왼쪽 버튼으로 눌러 필요한 위치로 밀어 놓으면 치수선 위치를 옮길 수 있다. 또한 치수를 마우스 왼쪽 버튼으로 눌러 필요한 위치로 밀어 놓으면 치수 위치를 옮길 수 있다.

2.9 스케치 기준 피처

2D 스케치에 두께를 주거나 회전시켜 3D 피처를 형성하고, 이 피처에 여러 가지 가공을 하여 부품을 완성하는 것과 같이 **스케치 기준 피처**(Sketch-Based Features)에는 다음과 같은 작업들이 있다.

표 2.14 스케치 기준 피처

	명 령 어	설 명
	Pad(패드)	폐 윤곽에 두께를 준다.
	Pocket(포켓)	3D 피처에 포켓을 낸다.
	Shaft(축)	직선, 구성선 또는 축을 기준으로 회전시켜 3D 피처를 생성한다.
	Groove(그루브)	3D 피처에서 폐 윤곽을 축을 중심으로 회전시켜 절단해 낸다.
	Hole(구멍)	3D 피처에서 구멍 형식과 직경, 깊이, 위치 등을 정의하여 구멍을 낸다. 구멍 대화창의 위치결정(Positioning) 아이콘을 클릭하여 구멍 위치를 치수로 정의한다.
	Rib(리브)	3D 피처에서 리브의 경로곡선을 그리고 끝점에 평면을 정의하여 폐 스케치 단면의 리브를 댄다.
	Slot(슬롯)	3D 피처에서 홈의 경로곡선을 그리고 끝점에 평면을 정의하여 폐 스케치 단면의 홈을 판다.
	Stiffener(보강대)	3D 피처에서 보강대의 위치에 평면을 정의하여 개곡선을 그리고 두께를 정의하여 보강대를 댄다.
	Multisections Solid Definition(다단면 솔리드 정의)	3D 피처에서 두 개 이상의 평면에 각각 두 개 이상의 폐곡선의 단면을 가진 물체를 형성한다.
	Removed Multisections Solid Definition(제거 다단면 솔리드 정의)	3D 피처에서 두 개 이상의 평면에 각각 두 개 이상의 폐곡선의 단면을 가진 홈을 낸다.

표 2.15의 패드 정의(Pad Definition)와 포켓 정의(Pocket Definition) 대화창에서 첫 번째 제한형식(First Limit Type)은 표 2.16과 같은 기능을 가지고 있어서 필요에 따라 선택하여 사용한다.

표 2.15 패드 정의(Pad Definition), 포켓 정의(Pocket Definition)

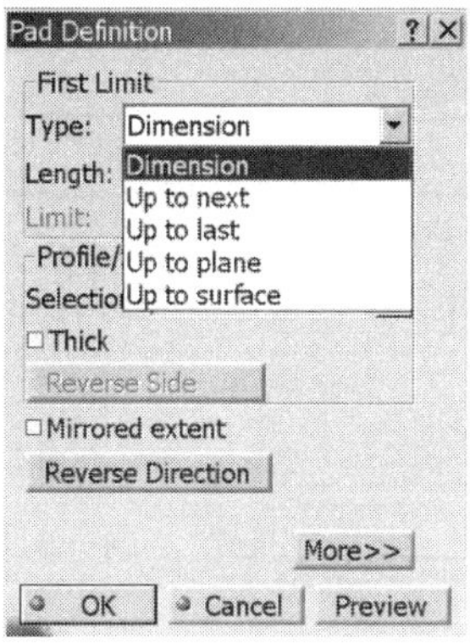

(a) 패드 정의(Pad Definition)

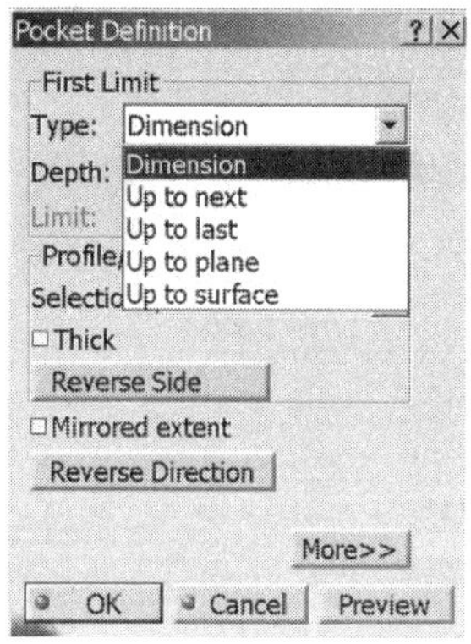

(b) 포켓(Pocket Definition)

표 2.16 패드(Pad), 포켓(Pocket)의 제한 형식

제한 형식	설 명
Dimension(치수)	입력 치수로 제한
Up to next(다음 면까지)	솔리드 뒷면(평면 또는 곡면)까지, 옵셋 가능
Up to last(끝까지)	솔리드의 마지막 끝까지, 옵셋 가능
Up to plane(지정한 평면까지)	지정한 평면까지, 옵셋 가능
Up to Surface(지정한 곡면까지)	지정한 곡면까지, 옵셋 가능

표 2.17 구멍 정의(Hole Definition)

① 확장(Extension)

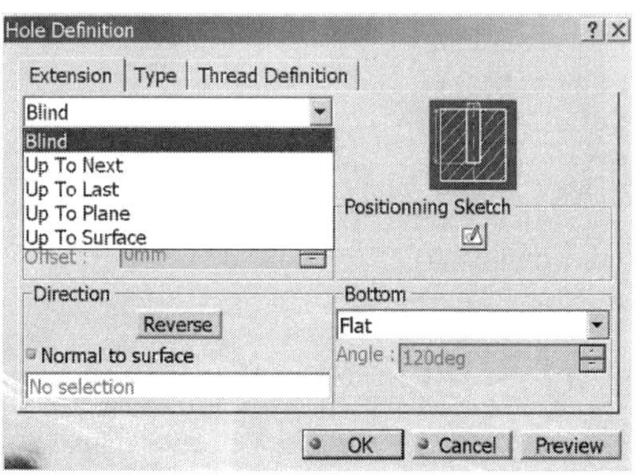

확 장	설 명
Blind	치수로 제한
Up to Next	다음 면까지
Up to Last	마지막 면까지
Up to Plane	지정한 평면까지
Up to Surface	지정한 곡면까지

② 형식(Type)

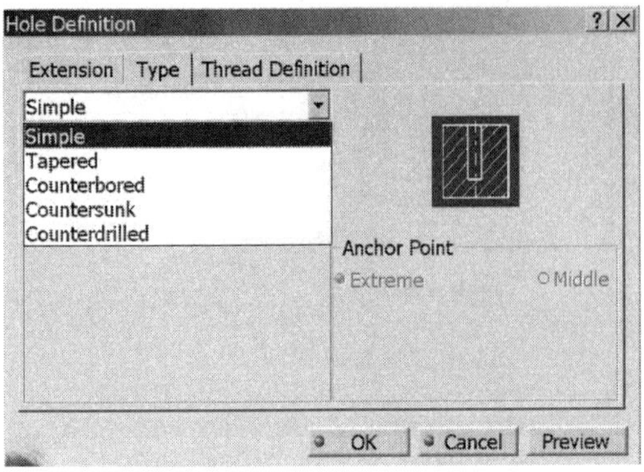

형 식	설 명
Simple	일정 직경
Tapered	테이퍼
Counterbored	카운터 보어
Countersunk	카운터 싱크
Counterdrilled	카운터 드릴

③ 나사 정의(Thread Definition)

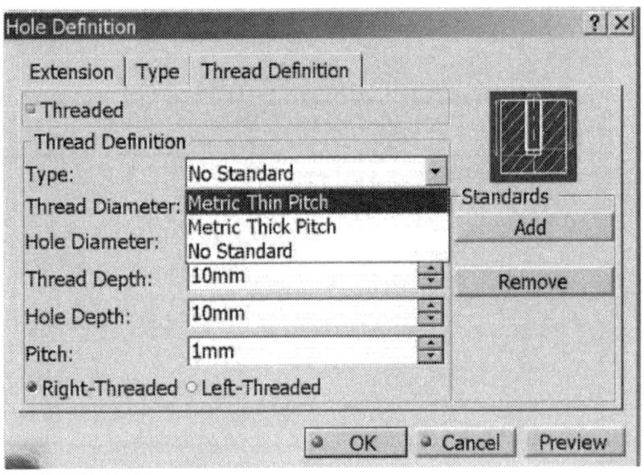

나사 정의	설 명
No standard	비 표준 나사
Metric Thin Pitch	미터 가는 나사
Metric Thick Pitch	미터 보통 나사

예제 2.3 패드, 포켓의 제한형식

xy plane, [그림 2.12(a)]

Insert ▸ Profile ▸ Profile

Exit workbench를 클릭하여 3D 모우드로 들어간다.

Insert ▸ Sketch-Based Features ▸ Pad... [(b) Length: 40]

View ▸ Rotate [(c)]

Offset Plane [(d) 지정한 면 선택, Offset: 20]

(d)에서 지정한 면 클릭

Insert ▸ Sketcher ▸ Sketcher

Insert ▸ Profile ▸ Circle [(e)]

Insert ▸ Sketch-Based Features ▸ Pad... [(f) Dimension, 20]

(g)에서 지정한 평면 클릭

Insert ▸ Sketcher ▸ Sketcher

Insert ▸ Profile ▸ Circle [(h)]

Insert ▸ Sketch-Based Features ▸ Pocket... [(i) Up to next]

(j)에서 지정한 평면 클릭

Insert ▸ Sketcher ▸ Sketcher

Insert ▸ Profile ▸ Circle [(k)]

Insert ▸ Sketch-Based Feature ▸ Pad... [(l) Up to last]

(m)에서 지정한 평면 클릭

Insert ▸ Sketcher ▸ Sketcher

Insert ▸ Profile ▸ Circle [(n)]

Insert ▸ Sketch-Based Features ▸ Pad... [(o) Up to plane, 옵셋평면 클릭]

(p)에서 지정한 평면 클릭

Insert ▸ Sketcher ▸ Sketcher

Insert ▸ Profile ▸ Circle [(q)]

Insert ▸ Sketch-Based Features ▸ Pad... [(r) Up to Surface, 지정한 곡면 클릭]

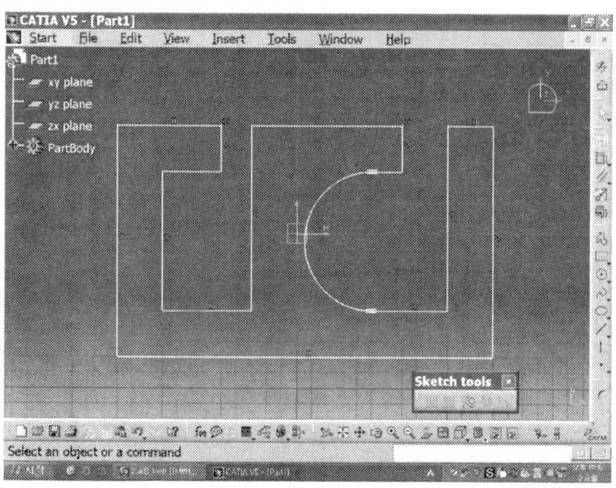

(a)

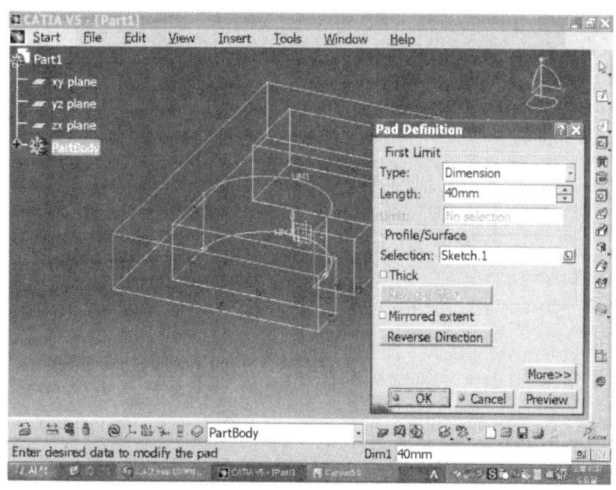

(b)

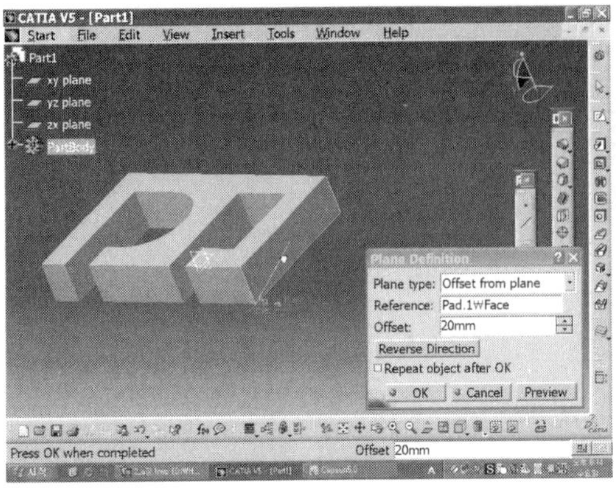
CATIA V5 - [Part1]
Start File Edit View Insert Tools Window Help
Part1
xy plane
yz plane
zx plane
PartBody
Plane Definition
Plane type: Offset from plane
Reference: Pad.1₩Face
Offset: 20mm
Reverse Direction
Repeat object after OK
OK Cancel Preview
Press OK when completed
Offset 20mm

(c)

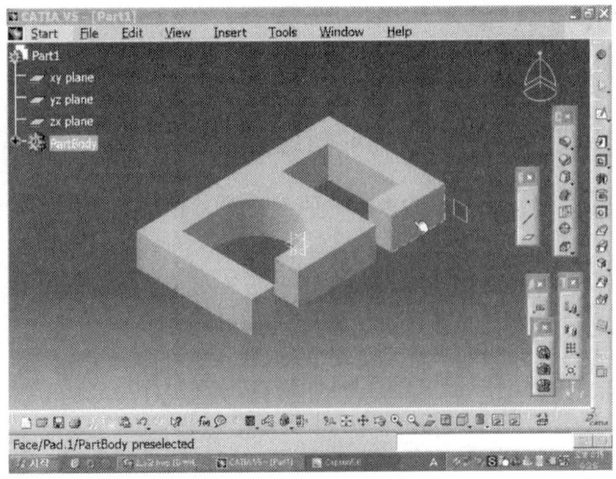
CATIA V5 - [Part1]
Start File Edit View Insert Tools Window Help
Part1
xy plane
yz plane
zx plane
PartBody
Face/Pad.1/PartBody preselected

(d)

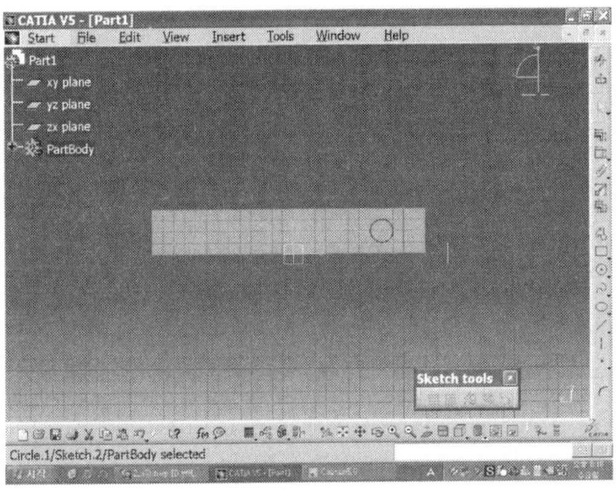
CATIA V5 - [Part1]
Start File Edit View Insert Tools Window Help
Part1
xy plane
yz plane
zx plane
PartBody
Sketch tools
Circle.1/Sketch.2/PartBody selected

(e)

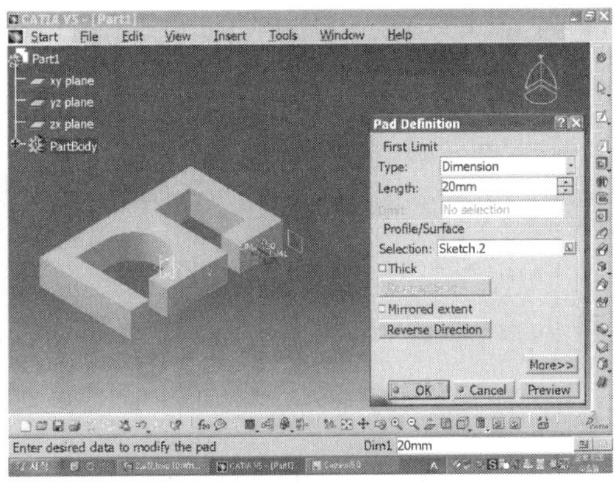
CATIA V5 - [Part1]
Start File Edit View Insert Tools Window Help
Part1
xy plane
yz plane
zx plane
PartBody
Pad Definition
First Limit
Type: Dimension
Length: 20mm
No selection
Profile/Surface
Selection: Sketch.2
Thick
Mirrored extent
Reverse Direction
More>>
OK Cancel Preview
Enter desired data to modify the pad
Dim1 20mm

(f)

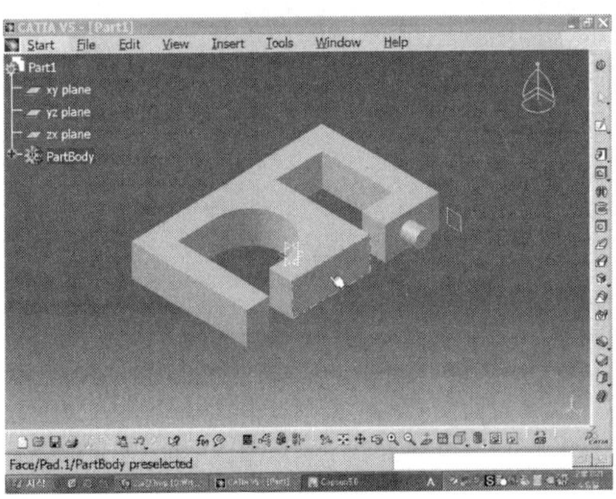
CATIA V5 - [Part1]
Start File Edit View Insert Tools Window Help
Part1
xy plane
yz plane
zx plane
PartBody
Face/Pad.1/PartBody preselected

(g)

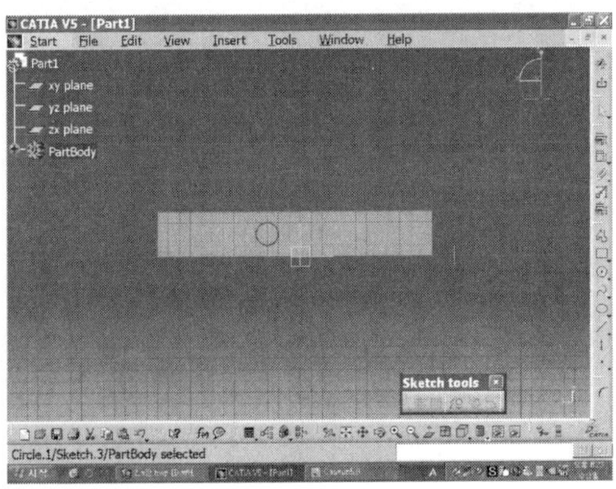
CATIA V5 - [Part1]
Start File Edit View Insert Tools Window Help
Part1
xy plane
yz plane
zx plane
PartBody
Sketch tools
Circle.1/Sketch.3/PartBody selected

(h)

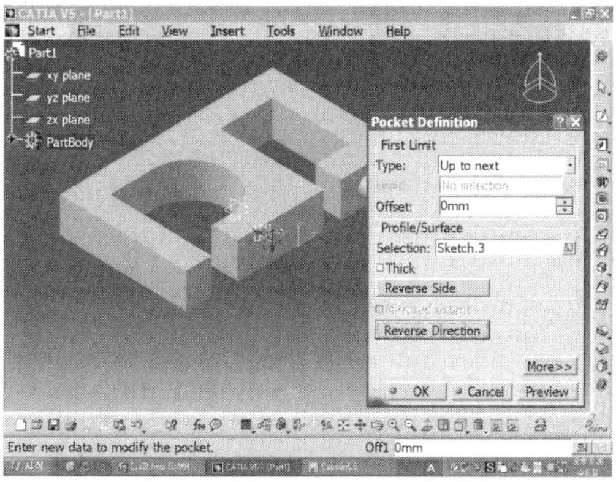
CATIA V5 - [Part1]
Start File Edit View Insert Tools Window Help
Part1
xy plane
yz plane
zx plane
PartBody
Pocket Definition
First Limit
Type: Up to next
Limit: No selection
Offset: 0mm
Profile/Surface
Selection: Sketch.3
Thick
Reverse Side
Mirrored extent
Reverse Direction
More>>
OK Cancel Preview
Enter new data to modify the pocket.
Off1 0mm

(i)

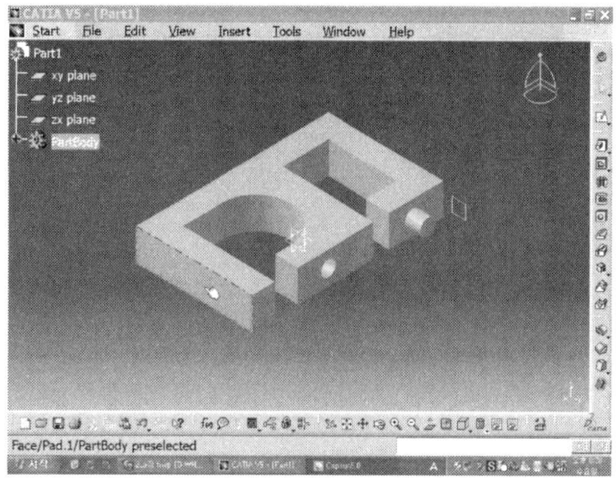
CATIA V5 - [Part1]
Start File Edit View Insert Tools Window Help
Part1
xy plane
yz plane
zx plane
PartBody
Face/Pad.1/PartBody preselected

(j)

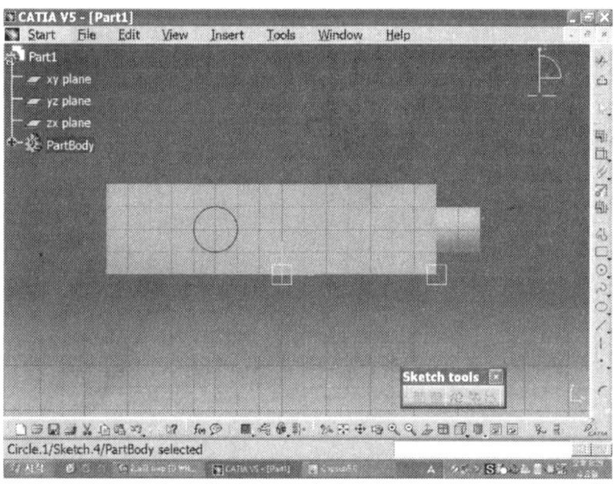
CATIA V5 - [Part1]
Start File Edit View Insert Tools Window Help
Part1
xy plane
yz plane
zx plane
PartBody
Sketch tools
Circle.1/Sketch.4/PartBody selected

(k)

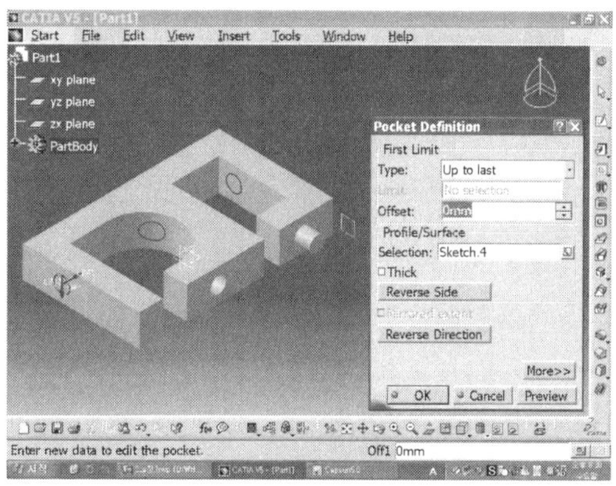
CATIA V5 - [Part1]
Start File Edit View Insert Tools Window Help
Part1
xy plane
yz plane
zx plane
PartBody
Pocket Definition
First Limit
Type: Up to last
Limit: No selection
Offset: 0mm
Profile/Surface
Selection: Sketch.4
Thick
Reverse Side
Mirrored extent
Reverse Direction
More>>
OK Cancel Preview
Enter new data to edit the pocket.
Off1 0mm

(l)

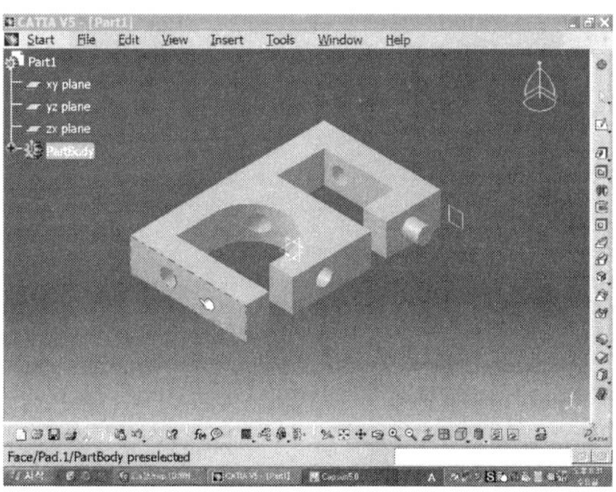
CATIA V5 - [Part1]
Start File Edit View Insert Tools Window Help
Part1
xy plane
yz plane
zx plane
PartBody
Face/Pad.1/PartBody preselected

(m)

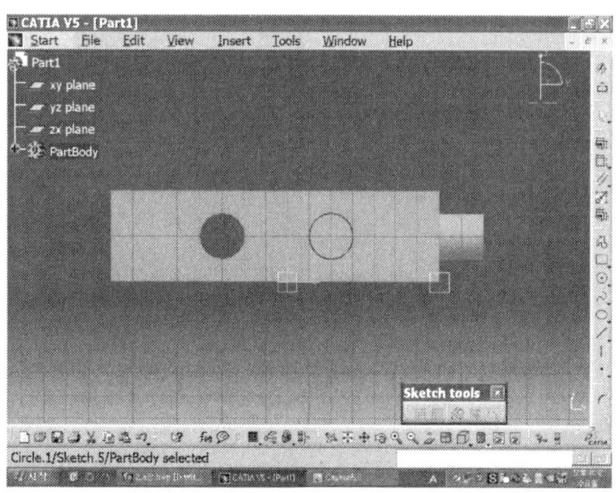
CATIA V5 - [Part1]
Start File Edit View Insert Tools Window Help
Part1
xy plane
yz plane
zx plane
PartBody
Sketch tools
Circle.1/Sketch.5/PartBody selected

(n)

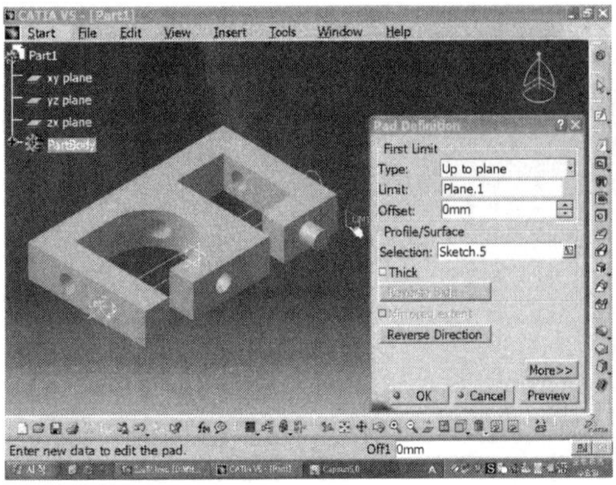
CATIA V5 - [Part1]
Start File Edit View Insert Tools Window Help
Part1
xy plane
yz plane
zx plane
PartBody
Pad Definition
First Limit
Type: Up to plane
Limit: Plane.1
Offset: 0mm
Profile/Surface
Selection: Sketch.5
Thick
Reverse Direction
More>>
OK
Cancel
Preview
Enter new data to edit the pad.

(o)

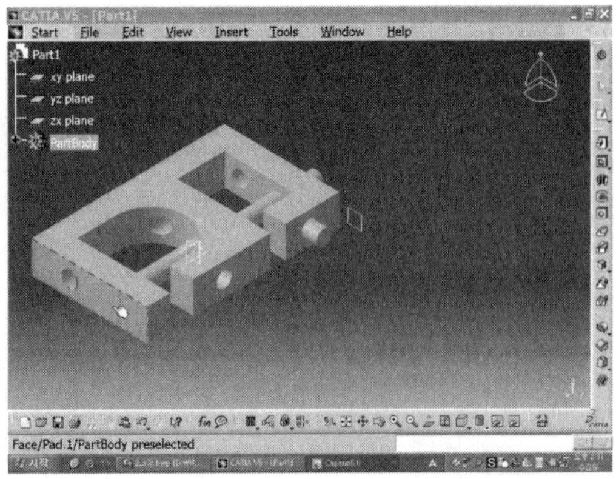
CATIA V5 - [Part1]
Start File Edit View Insert Tools Window Help
Part1
xy plane
yz plane
zx plane
PartBody
Face/Pad.1/PartBody preselected

(p)

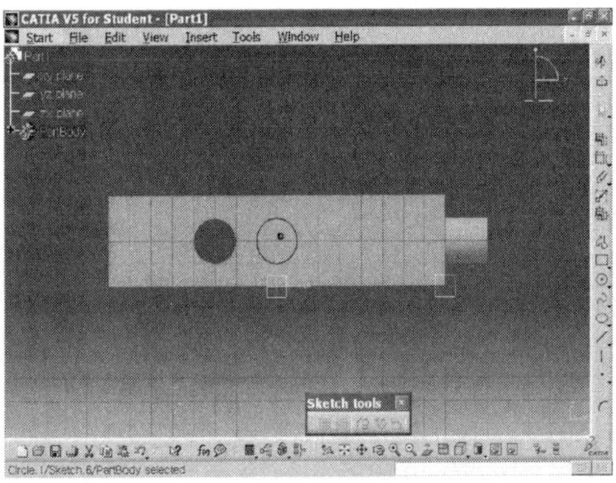
CATIA V5 for Student - [Part1]
Start File Edit View Insert Tools Window Help
Sketch tools

(q)

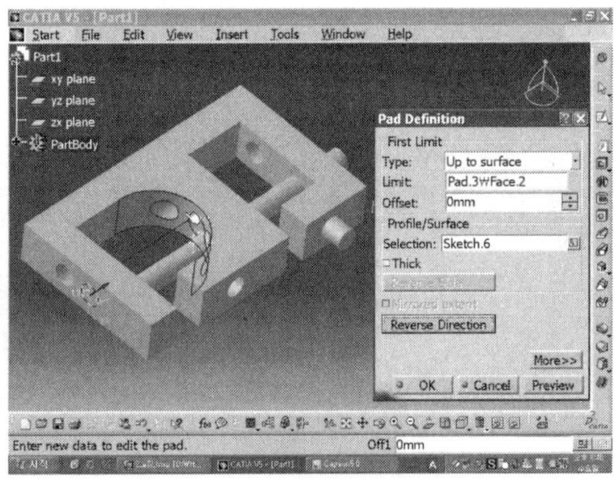
CATIA V5 - [Part1]
Start File Edit View Insert Tools Window Help
Part1
xy plane
yz plane
zx plane
PartBody
Pad Definition
First Limit
Type: Up to surface
Limit: Pad.3\Face.2
Offset: 0mm
Profile/Surface
Selection: Sketch.6
Thick
Reverse Direction
More>>
OK
Cancel
Preview
Enter new data to edit the pad.

(r)

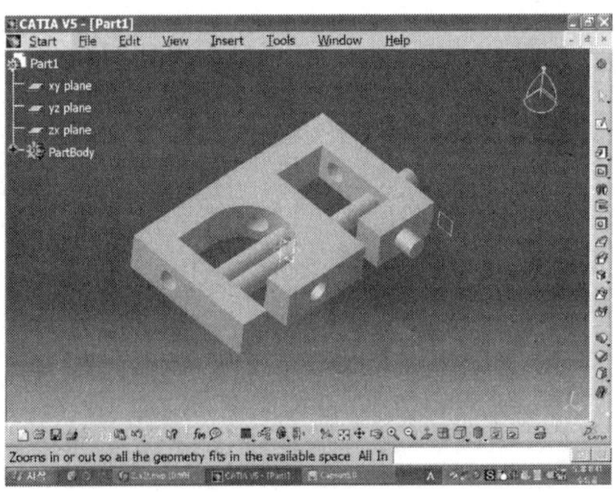
CATIA V5 - [Part1]
Start File Edit View Insert Tools Window Help
Part1
xy plane
yz plane
zx plane
PartBody
Zooms in or out so all the geometry fits in the available space All In

(s)

그림 2.12

예제 2.4 스케치 기준 피처

스펙트리(Specification Tree)의 절대평면 xy plane 선택

Insert ▸ Sketcher ▸ Sketcher

Insert ▸ Profile ▸ Profile [그림 2.13(a) 스케치 도구(Sketch Tools)에서 , 을 전환하면서 스케치를 해 나간다.]

Insert ▸ Profile ▸ Circle [(b)]

Insert ▸ Constraint ▸ Constraint... [Ctrl키를 누르고 원과 호를 클릭하여 구속 정의(Constraints Definition) 대화창에서 Concentricity(동심)를 클릭한다.]

Insert ▸ Constraint ▸ Constraint Creation ▸ Constraint [(c) 원, 호, 점과 직선, 직선과 원의 중심 등을 선택하여 치수 위치를 정한다.]

Insert ▸ operations ▸ Corner [(d) 두 직선을 클릭, 치수를 더블클릭하여 수정한다.

Exit workbench를 클릭하여 3D 모우드로 들어간다.

Insert ▸ Sketch-Based Feature ▸ Pad... [(e) Dimension 40]

물체의 위 평면 클릭 [(f)]

Insert ▸ Sketcher ▸ Sketcher

Insert ▸ Profile ▸ Prdefined Profile ▸ Rectangle [(g)]

Exit workbench를 클릭하여 3D 모우드로 들어간다.

[포켓] Insert ▸ Sketch-Based Features ▸ Pocket... [(h) Dimension 20]

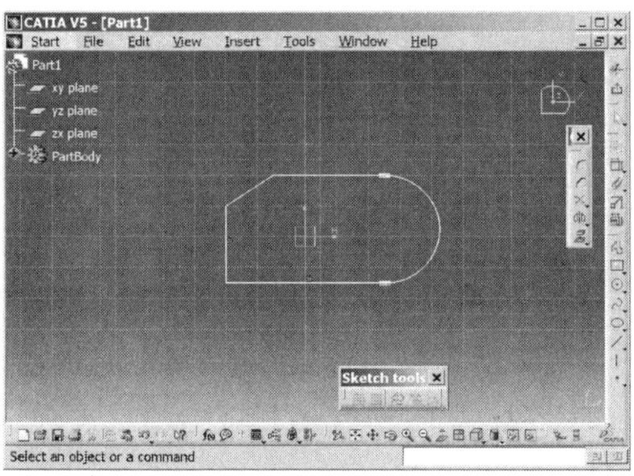

(a)

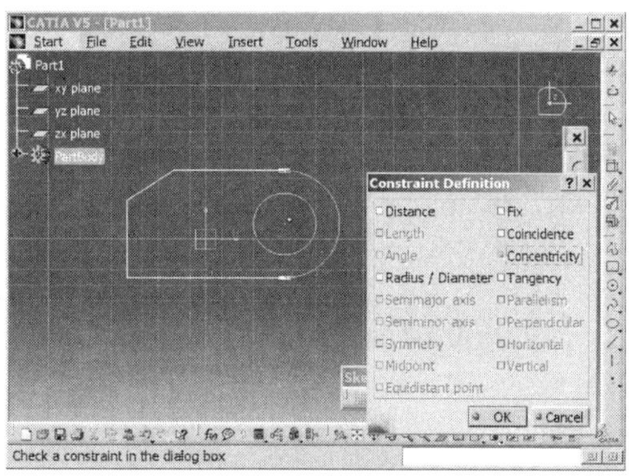

(b)

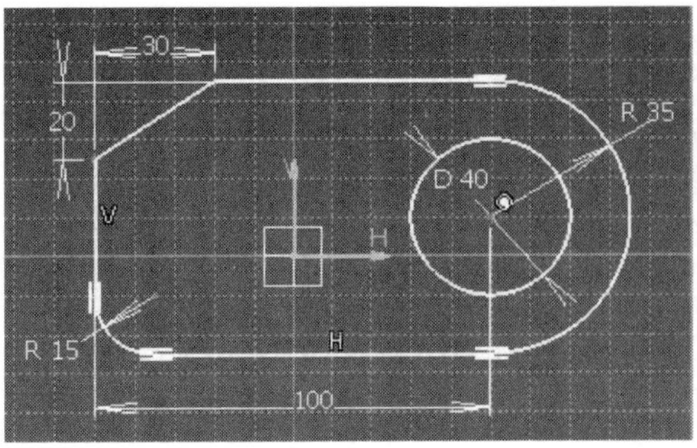
30
20
R 35
D 40
V
H
R 15
100

(c)

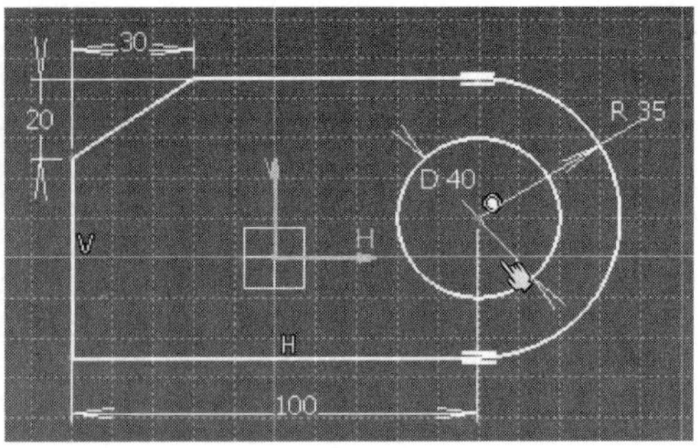
30
20
R 35
D 40
V
H
100

(d)

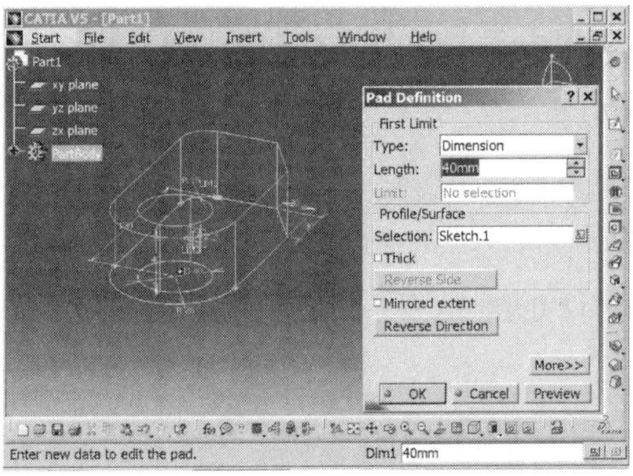
CATIA V5 - [Part1]
Start File Edit View Insert Tools Window Help
Part1
xy plane
yz plane
zx plane
PartBody
Pad Definition
First Limit
Type: Dimension
Length: 40mm
Limit: No selection
Profile/Surface
Selection: Sketch.1
Thick
Reverse Side
Mirrored extent
Reverse Direction
More>>
OK
Cancel
Preview
Enter new data to edit the pad.
Dim1 40mm

(e)

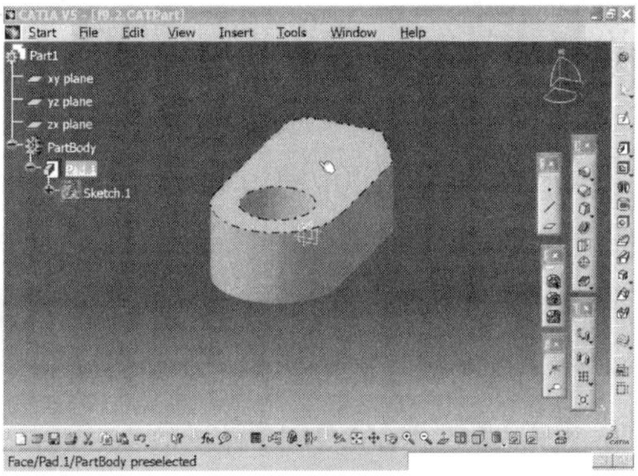
Start File Edit View Insert Tools Window Help
Part1
xy plane
yz plane
zx plane
PartBody
Pad.1
Sketch.1
Face/Pad.1/PartBody preselected

(f)

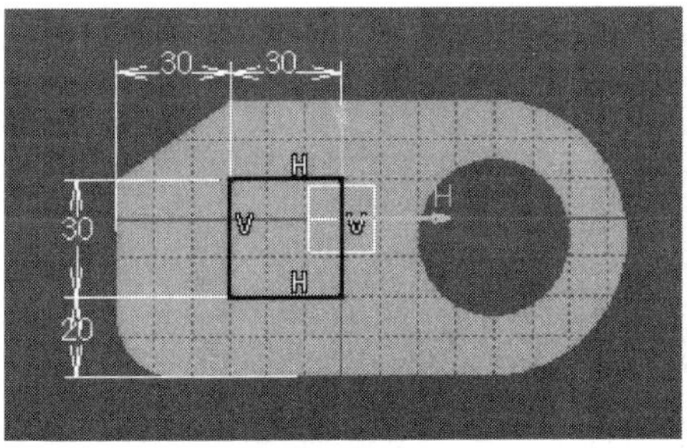
30
30
H
V
30
20

(g)

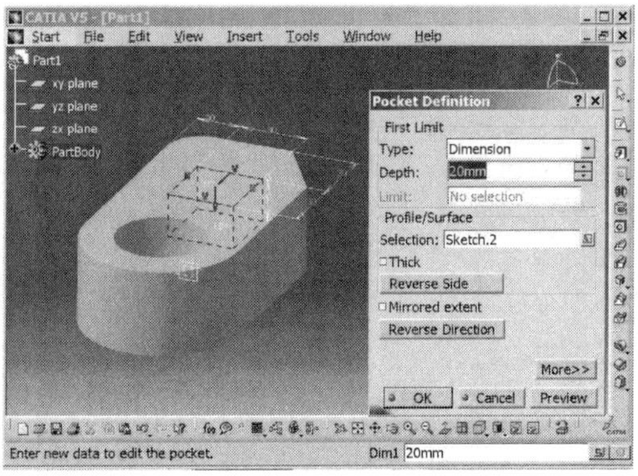
CATIA V5 - [Part1]
Start File Edit View Insert Tools Window Help
Part1
xy plane
yz plane
zx plane
PartBody
Pocket Definition
First Limit
Type: Dimension
Depth: 20mm
Limit: No selection
Profile/Surface
Selection: Sketch.2
Thick
Reverse Side
Mirrored extent
Reverse Direction
More>>
OK
Cancel
Preview
Enter new data to edit the pocket.
Dim1 20mm

(h)

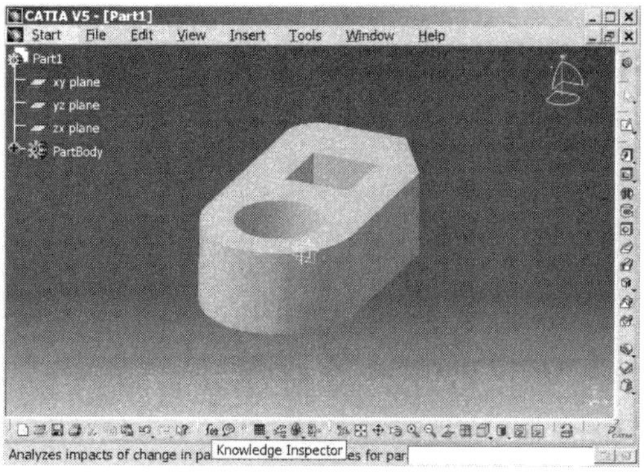

(i)

그림 2.13

2.10 마무리 피처

마무리 피처(Dress-up Feature)는 스케치 기준 피처에 마무리 작업을 하는 것으로 다음 표 2.18에서 보여주는 바와 같은 작업 내용들이 있다.

표 2.18 마무리 피처(Dress-up Feature)

	명 령 어	설 명
	모깎기(Edge Fillet)	3D 물체의 모서리를 선택하여 반경 값으로 모깎기 한다.
	모따기(Chamfer)	3D 물체의 모서리를 선택하여 길이 값으로 모따기 한다.
	면 기울기 (Draft Angle)	기울기면(Draft element)과 중립면(Neutral element)을 선택하여 주형에서 목형을 빼내기 쉽도록 경사지게 한다.
	쉘(Shell)	선택한 면을 터서 다른 모든 면의 두께를 입력한 두께로 쉘을 만든다.
	두께(Thickness)	선택한 면이나 곡면을 입력한 두께만큼 더 크게 한다.
	나사/탭 (Thread/Tap)	구멍 또는 원통에 나사/탭 가공을 한다.

2.11 3D 피처의 변환

3D 피처는 다음 표 2.19와 같이 위치를 이동하거나 회전 또는 배열하여 변형할 수 있다.

표 2.19 3D 피처의 변형(Transformation)

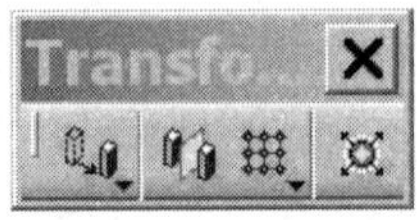

	명 령 어	설 명
	Translation(위치 이동)	평면, 모서리 등을 선택하여 3D 피처의 위치이동
	Rotation(회전이동)	지정한 모서리에 대하여 3D 피처의 회전이동
	Symmetry(대칭이동)	지정한 평면에 대하여 3D 피처의 대칭이동
	Mirror(대칭배열)	지정한 평면에 대하여 3D 피처의 대칭배열
	Rectangular Pattern (사각형 배열)	지정한 평면에 대하여 3D 피처의 사각형 배열
	Circular Pattern (원형 배열)	지정한 평면 또는 모서리에 대하여 3D 피처의 원형 배열
	Scaling(축척)	지정한 꼭짓점에 대하여 3D 피처의 확대, 축소

2.12 예제 따라하기

지금까지 부품 모델링에서 나온 명령들을 이용하여 스케치와 3D 부품 모델링을 연습해 보자.

예제 2.5 구멍(Hole) 작업

스펙트리(Specification Tree)의 절대평면 xy plane 선택, [그림 2.14(a)]

Insert ▸ Sketcher ▸ Sketcher

Insert ▸ Profile ▸ Predefined Profile ▸ Rectangle [작업창에 두 점을 선택한다.]

Insert ▸ Constraint ▸ Constraint Creation ▸ Constraint [여러 개의 치수를 넣기 위하여 를 더블클릭하여 선을 클릭하고 치수위치를 정한다. 80, 100]

Exit workbench를 클릭하여 3D 모우드로 들어간다.

Insert ▸ Sketch-Based Features ▸ Pad... [(b) Length: 30]

Insert ▸ Sketch-Based Features ▸ Hole... [(c)에서 직육면체 윗면 클릭, Type 클릭, Countersunk, 5, 90, (d)에서 Extension 클릭, Blind, Diameter: 10, Depth: 10, Positioning Sketch 클릭, (e)에서 구멍 중심점 위치 치수 넣기 치수를 더블클릭하여 수정 20, 20]

Exit workbench를 클릭하여 3D 모우드로 들어간다.

Insert ▸ Transformation features ▸ Rectangular pattern... [(f)에서 First Direction 클릭, 2, 60, 상자 윗면 클릭, Reverse 클릭, (g)에서 Second Direction, 2, 40]

Insert ▸ Dress-up features ▸ Edge fillet... [(h) 지정한 모서리 클릭]

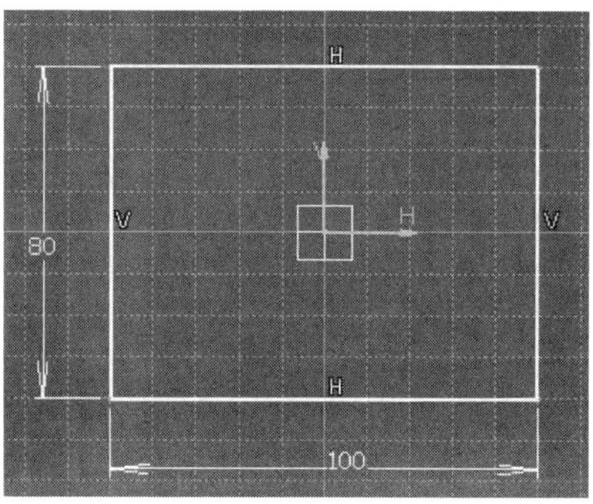

(a)

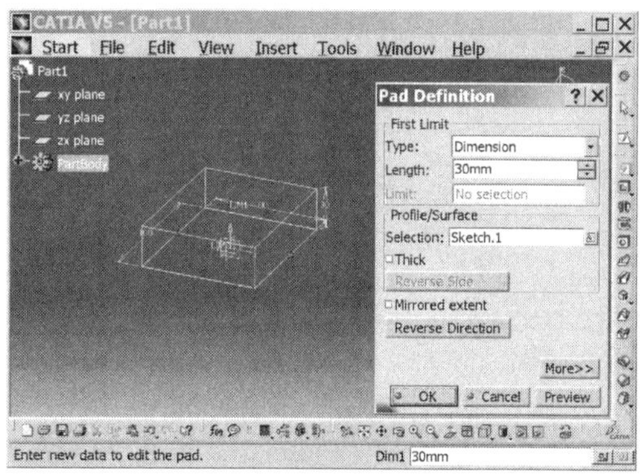

(b)

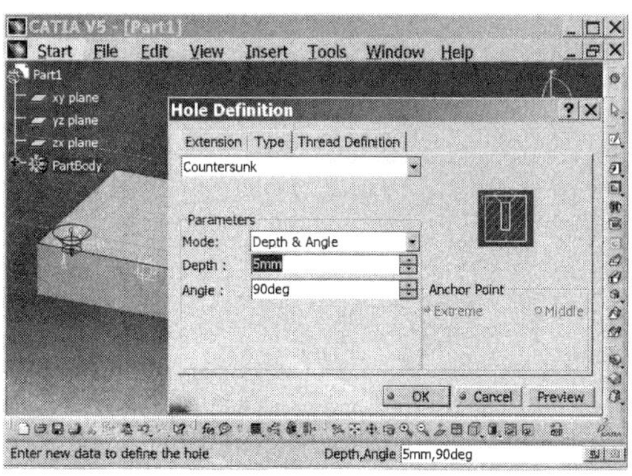

(c)

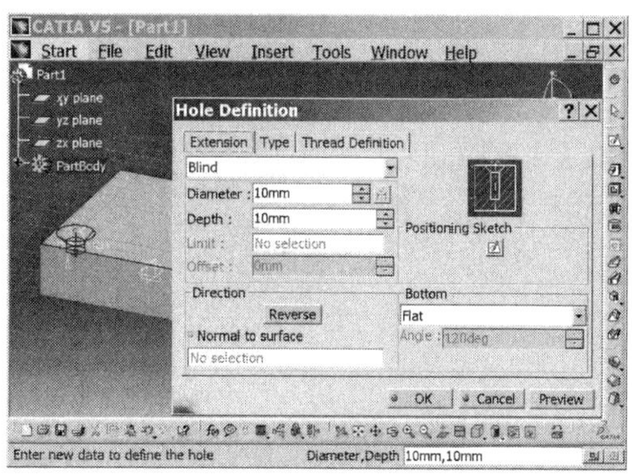

(d)

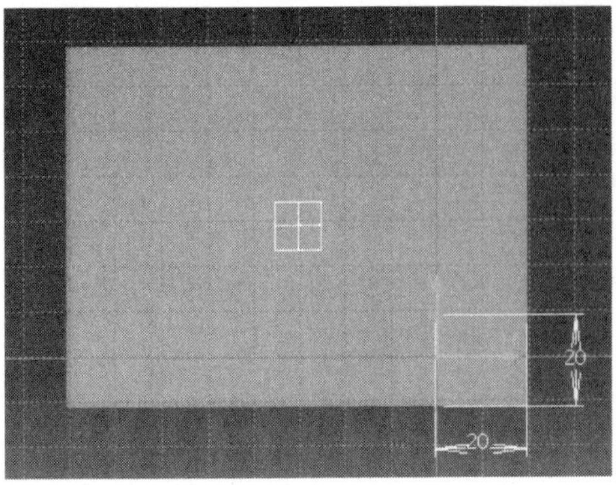
20
20

(e)

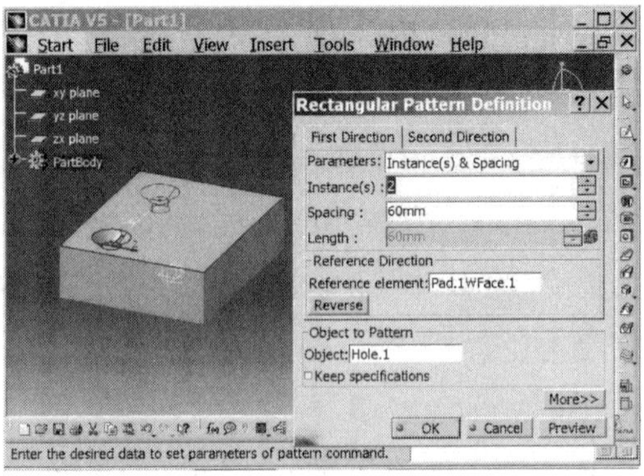
CATIA V5 - [Part1]
Start File Edit View Insert Tools Window Help
Rectangular Pattern Definition
First Direction
Second Direction
Parameters: Instance(s) & Spacing
Instance(s) : 2
Spacing : 60mm
Length : 60mm
Reference Direction
Reference element: Pad.1\Face.1
Reverse
Object to Pattern
Object: Hole.1
Keep specifications
More>>
OK
Cancel
Preview
Enter the desired data to set parameters of pattern command.

(f)

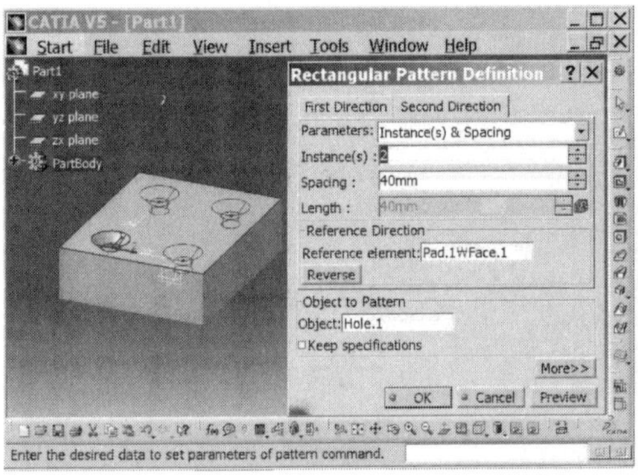
CATIA V5 - [Part1]
Start File Edit View Insert Tools Window Help
Rectangular Pattern Definition
First Direction
Second Direction
Parameters: Instance(s) & Spacing
Instance(s) : 2
Spacing : 40mm
Length : 40mm
Reference Direction
Reference element: Pad.1\Face.1
Reverse
Object to Pattern
Object: Hole.1
Keep specifications
More>>
OK
Cancel
Preview
Enter the desired data to set parameters of pattern command.

(g)

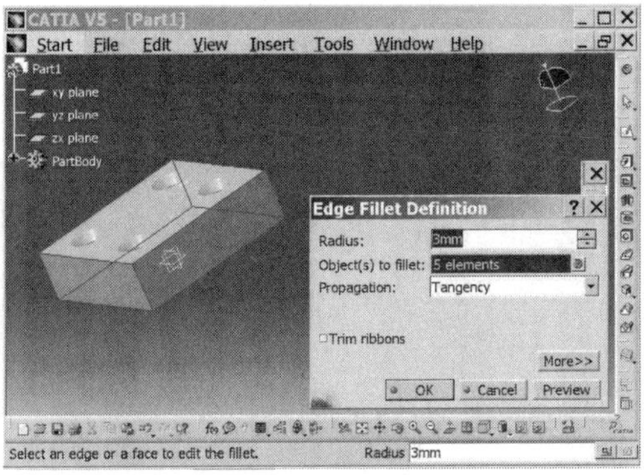
CATIA V5 - [Part1]
Start File Edit View Insert Tools Window Help
Edge Fillet Definition
Radius: 3mm
Object(s) to fillet: 5 elements
Propagation: Tangency
Trim ribbons
More>>
OK
Cancel
Preview
Select an edge or a face to edit the fillet.
Radius 3mm

(h)

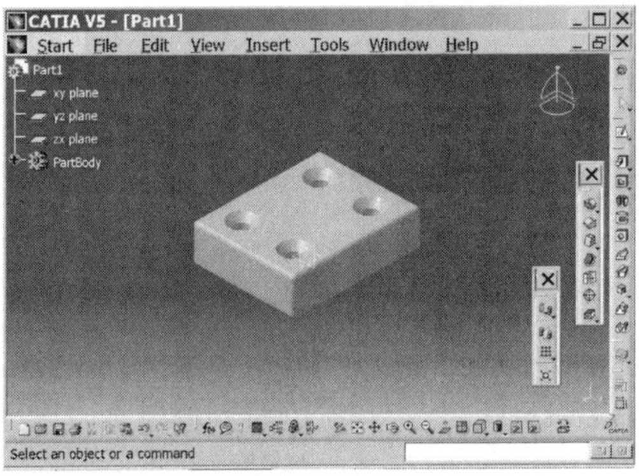
CATIA V5 - [Part1]
Start File Edit View Insert Tools Window Help
Part1
xy plane
yz plane
zx plane
PartBody
Select an object or a command

(i)

그림 2.14

예제 2.6 축(Shaft) 작업

zx plane, [그림 2.15(a)]

Insert ▶ Profile ▶ Profile [열린 윤곽의 시작점과 끝점은 수평축(H축)과 구속조건에 의해 일치(Coincidence)되어야 한다. 또 이것은 폐윤곽으로 그려서 밑변을 회전축으로 해도 된다.]

Insert ▶ Constraint ▶ Constraint Creation ▶ Constraint [치수 넣기, 치수 20은 Ctrl키와 마우스 왼쪽 키를 동시에 누르고 점과 직선을 차례로 클릭하여 넣는다.]

Exit workbench를 클릭하여 3D 모우드로 들어간다.

Insert ▶ Sketch-Based Features ▶ Shaft... [(b)에서 H축을 클릭, 360]

Insert ▶ Dress-up features ▶ Thread/Tap... [(c) 왼쪽 원통면 클릭, 단면 클릭, Metric thick pitch(미터 보통나사), M20, 10, 2.5]

Insert ▶ Dress-up features ▶ Thread/Tap... [(d) 오른쪽 원통면 클릭, Metric thin pitch (미터 가는나사), M20×1.5, 10]

Insert ▶ Dress-up features ▶ Edge Fillet... [(e) 지정한 모서리 클릭]

Insert ▶ Dress-up features ▶ Chamfer... [(f) 지정한 모서리 클릭]

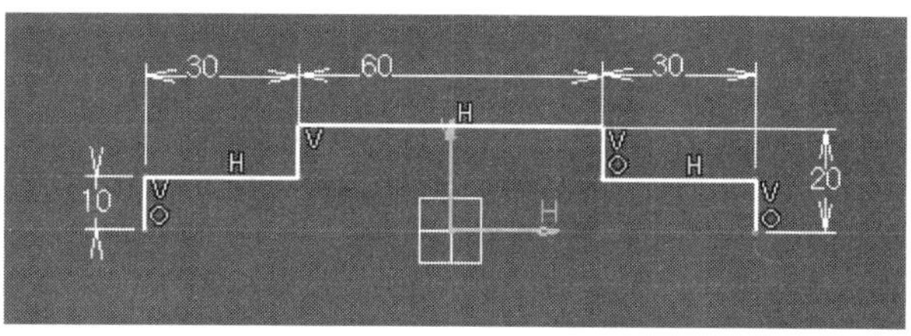

(a)

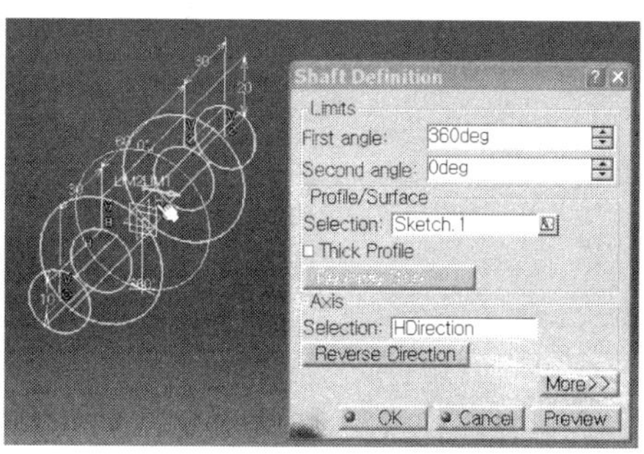

(b)

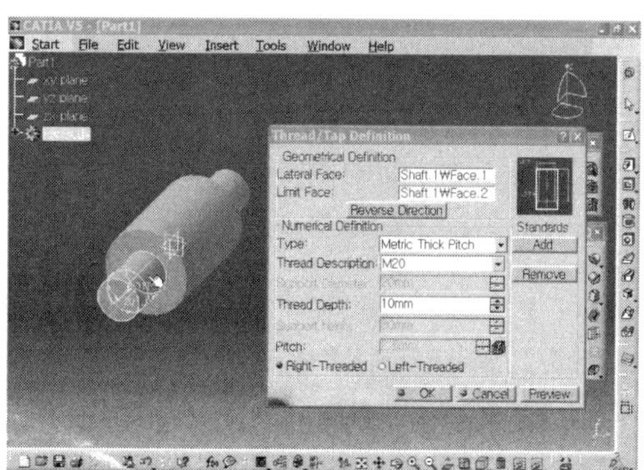

(c)

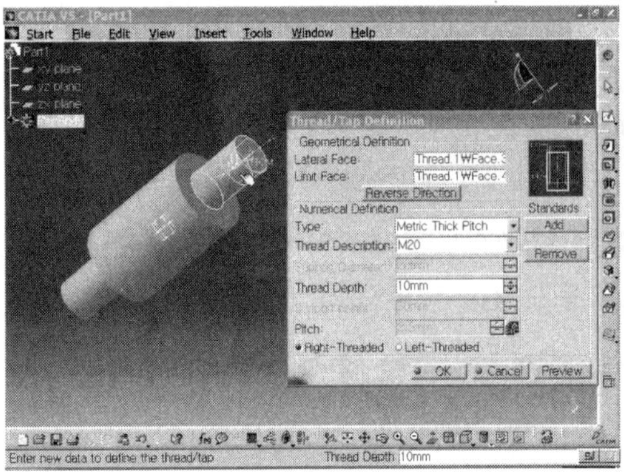

(d)

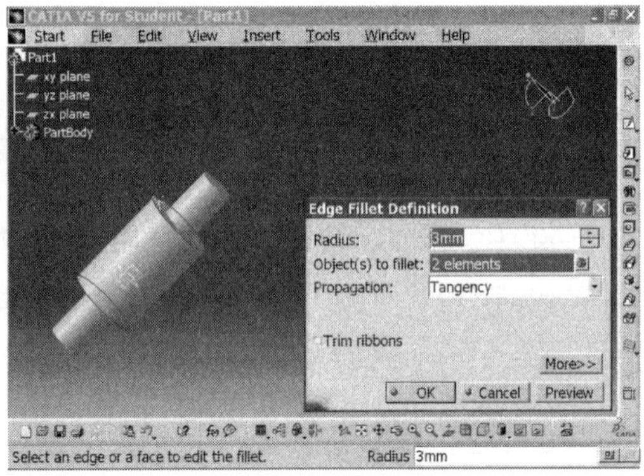

(e)

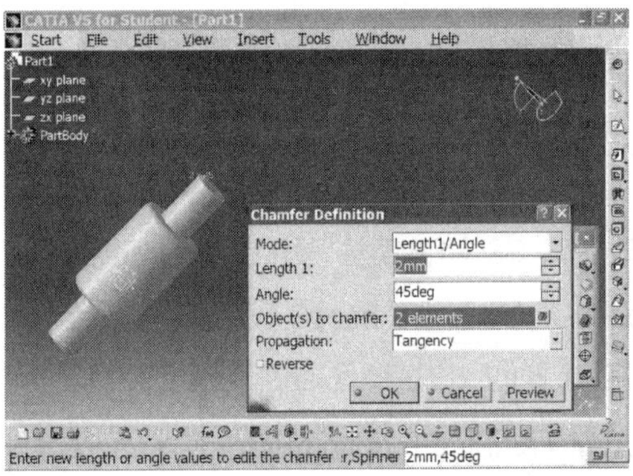

(f)

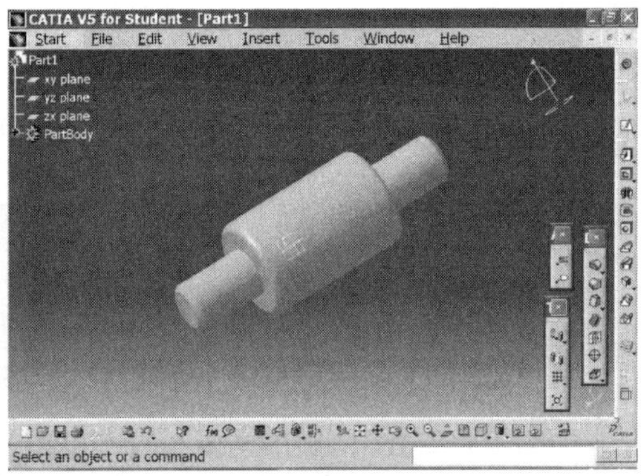

(g)

그림 2.15

예제 2.7 홈(Groove) 작업

스펙트리(Specification Tree)의 절대평면 xy plane 선택 [그림 2.16(a)]

Insert ▸ Sketcher ▸ Sketcher

Insert ▸ Profile ▸ Predefined Profile ▸ Hexagon [(b) 5각형의 중심점과 한변의 위치를 클릭, 외접원(구성선)의 직경 100]

Exit workbench를 클릭하여 3D 모우드로 들어간다.

Insert ▸ Sketch-Based Features ▸ Pad... [Length: 100]

스펙트리(Specification Tree)의 yz plane 선택

Insert ▸ Sketcher ▸ Sketcher [(c)]

Insert ▸ Profile ▸ Circle [(d)에서 원의 중심점과 5각기둥의 측면 선택, Coincidence (일치)]

Insert ▶ Sketch-Based Features ▶ Groove [(e)에서 회전축: V축, 360°]

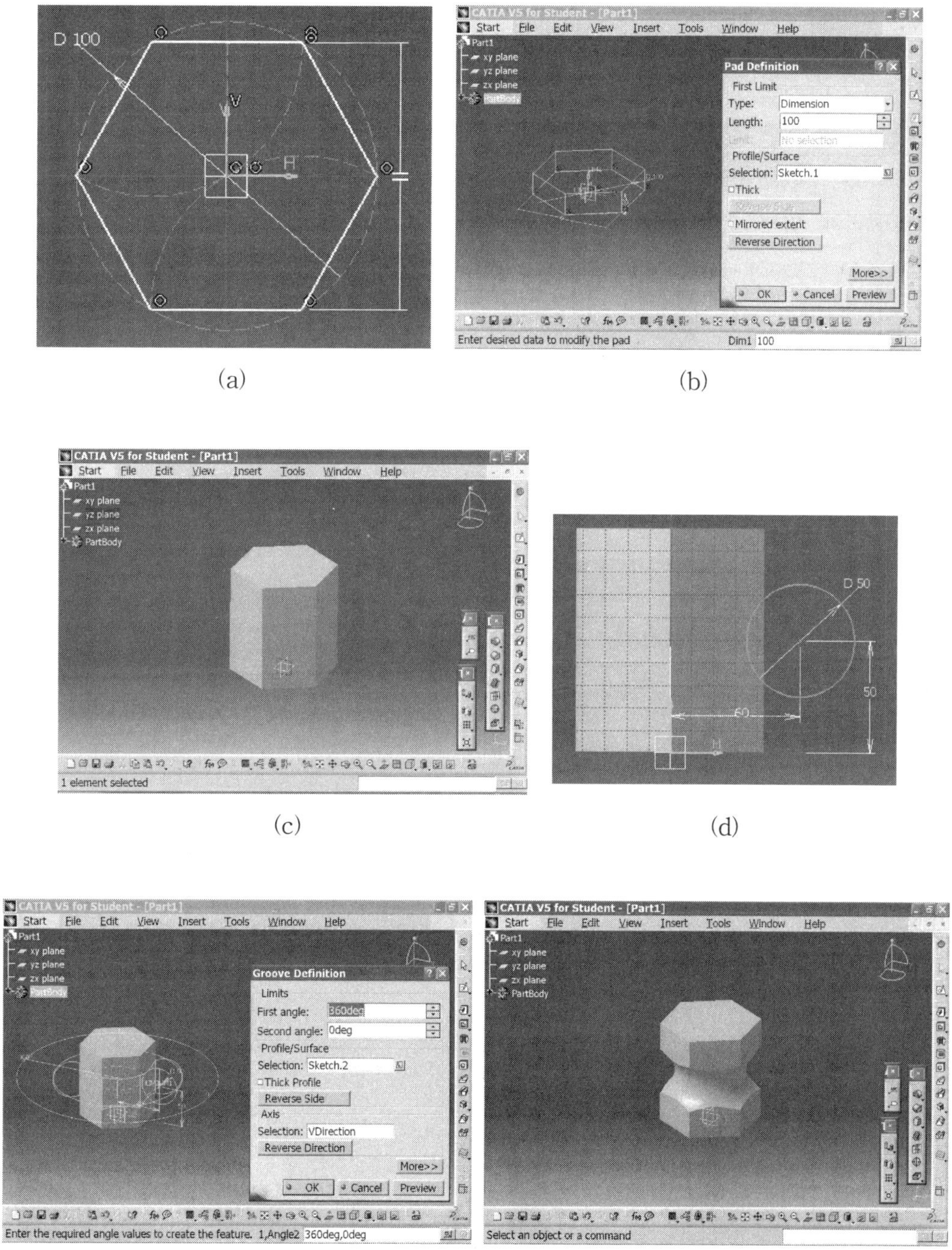

(a) (b)

(c) (d)

(e) (f)

그림 2.16

예제 2.8 보강대(Stiffener) 작업

스펙트리(Specification Tree)의 절대평면 xy plane 선택, [그림 2.17(a)]

Insert ▸ Sketcher ▸ Sketcher

Insert ▸ Profile ▸ Predefined Profile ▸ Rectangle [직사각형 130, 80]

Exit workbench를 클릭하여 3D 모우드로 들어간다.

Insert ▸ Sketch-Based Features ▸ Pad... [(b)에서 Length: 10]

(c) 직육면체 윗면 클릭 Sketcher

Insert ▸ Profile ▸ Predefined Profile ▸ Rectangle [(d) 직사각형 80, 10]

Insert ▸ Sketch-Based Features ▸ Pad... [(e)에서 Length: 80]

Exit workbench를 클릭하여 3D 모우드로 들어간다.

Offset from plane(옵셋평면) [(f)에서 지정한 평면 클릭, Offset 40]

새로 생성된 옵셋평면을 클릭 Sketcher [(g)]

Insert ▸ Profile ▸ Profile [(h)]

Exit workbench를 클릭하여 3D 모우드로 들어간다.

Insert ▸ Sketch-Based Features ▸ Stiffener... [(i)]

Offset from plane(옵셋평면) [(j)에서 지정한 평면에서 5, Reverse Direction]

Insert ▸ Transformation Features ▸ Mirror... [(k)의 스펙트리에서 보강대(Stiffener.1) 클릭, 마지막 옵셋평면 클릭]

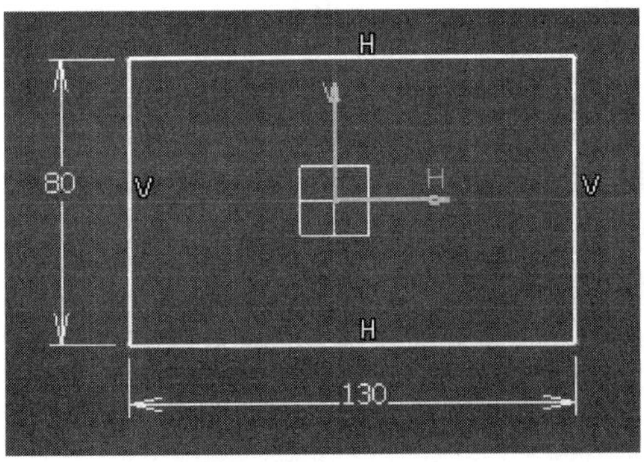

(a)

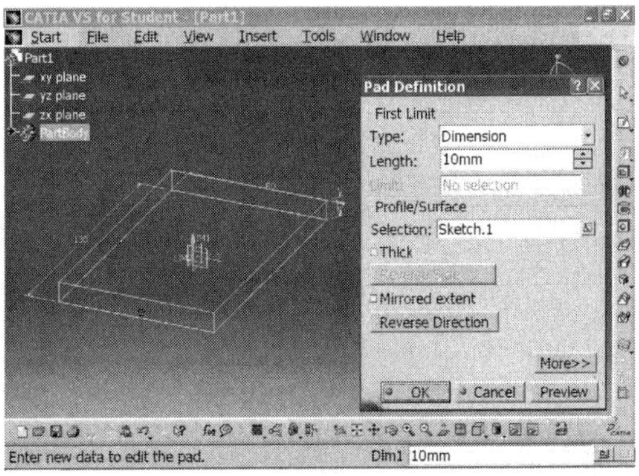

(b)

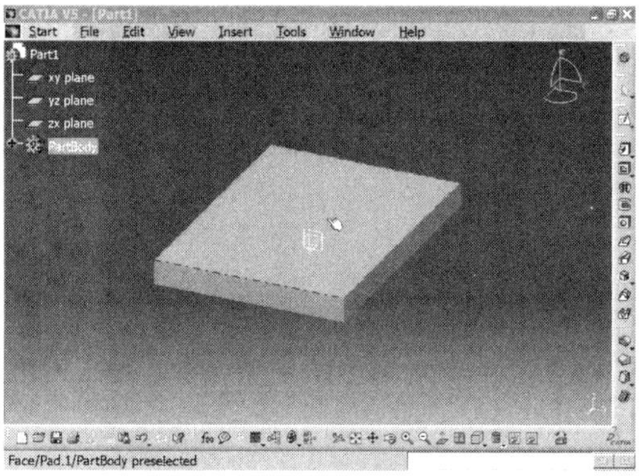
CATIA V5 - [Part1]
Start File Edit View Insert Tools Window Help
Part1
xy plane
yz plane
zx plane
PartBody
Face/Pad.1/PartBody preselected

(c)

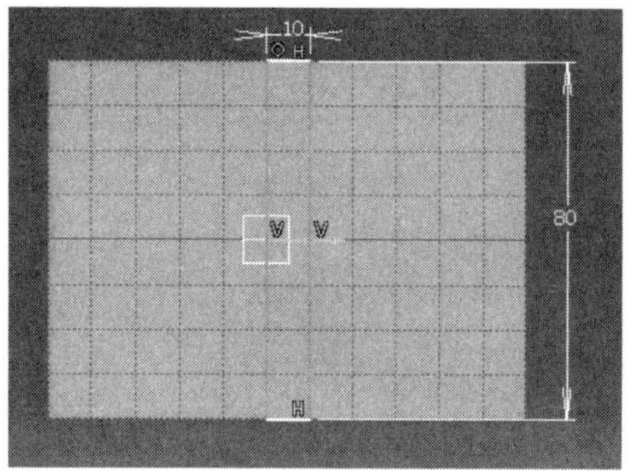
10
80

(d)

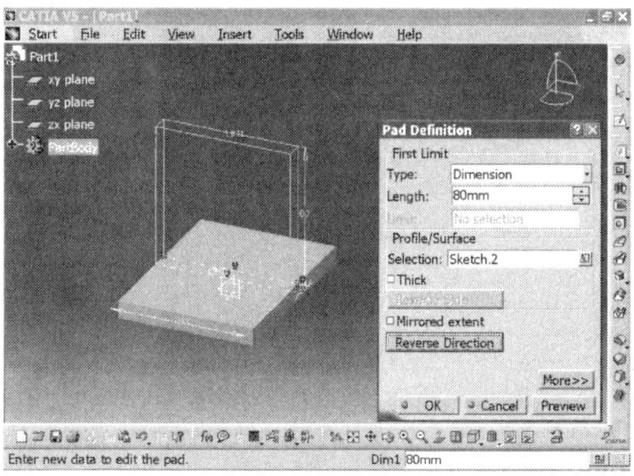
CATIA V5 - [Part1]
Start File Edit View Insert Tools Window Help
Part1
xy plane
yz plane
zx plane
PartBody
Pad Definition
First Limit
Type: Dimension
Length: 80mm
Limit: No selection
Profile/Surface
Selection: Sketch.2
Thick
Mirrored extent
Reverse Direction
More>>
OK
Cancel
Preview
Enter new data to edit the pad.
Dim1 80mm

(e)

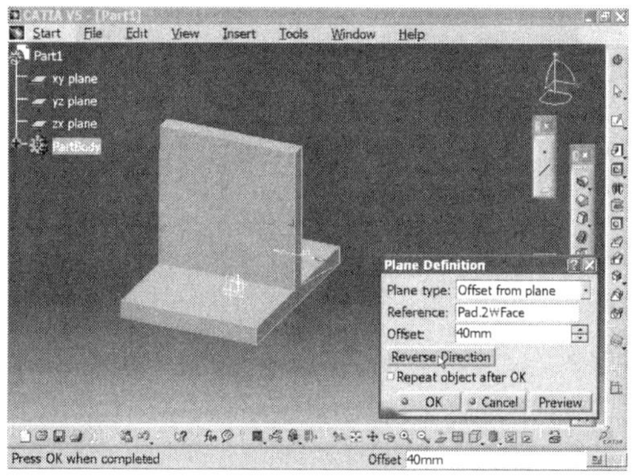
CATIA V5 - [Part1]
Start File Edit View Insert Tools Window Help
Part1
xy plane
yz plane
zx plane
PartBody
Plane Definition
Plane type: Offset from plane
Reference: Pad.2\Face
Offset: 40mm
Reverse Direction
Repeat object after OK
OK
Cancel
Preview
Press OK when completed
Offset 40mm

(f)

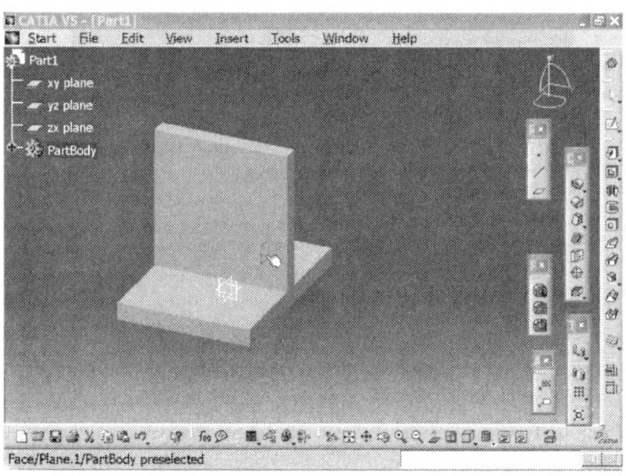
CATIA V5 - [Part1]
Start File Edit View Insert Tools Window Help
Part1
xy plane
yz plane
zx plane
PartBody
Face/Plane.1/PartBody preselected

(g)

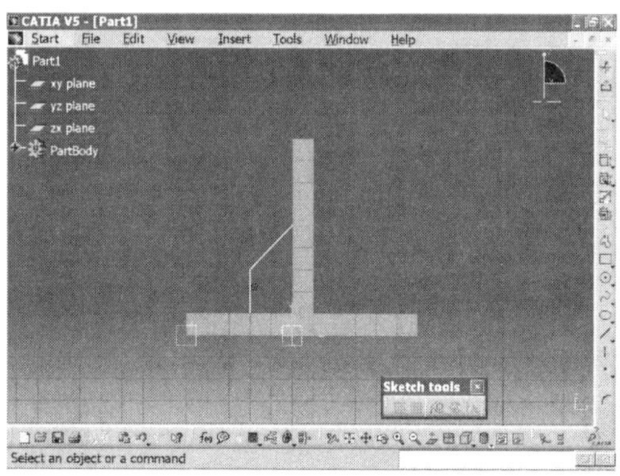
CATIA V5 - [Part1]
Start File Edit View Insert Tools Window Help
Part1
xy plane
yz plane
zx plane
PartBody
Sketch tools
Select an object or a command

(h)

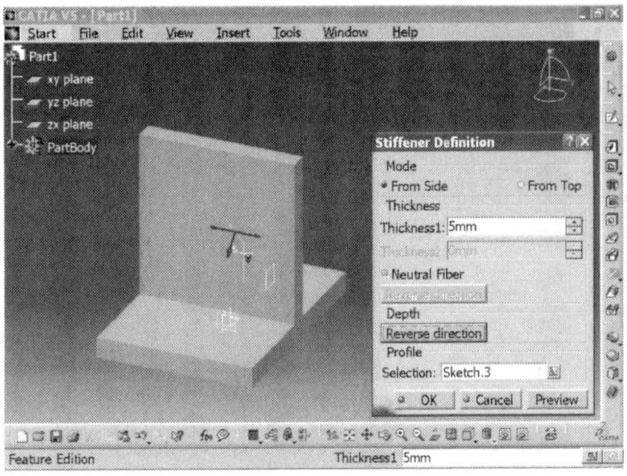

(i)

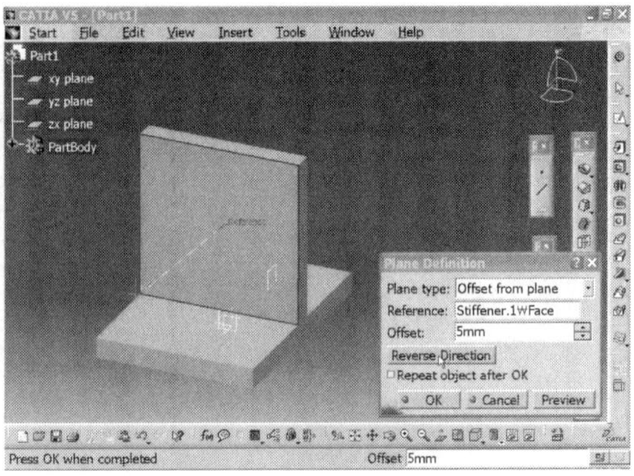

(j)

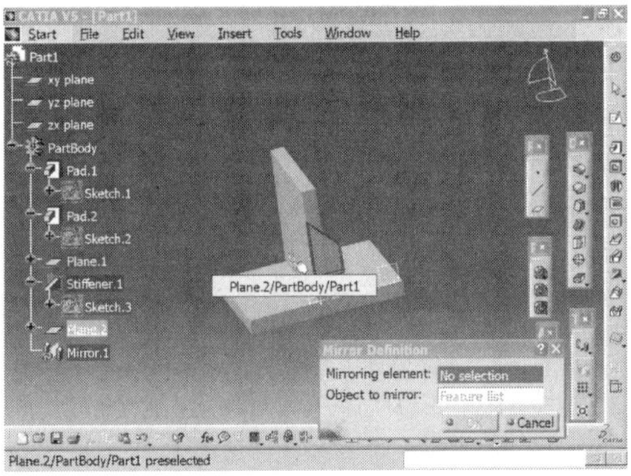

(k)

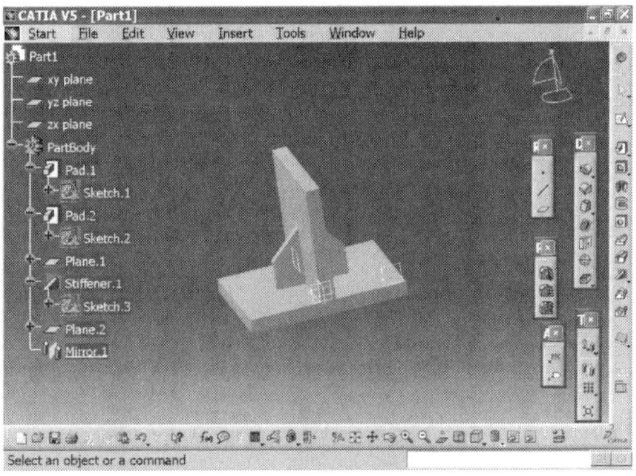

(l)

그림 2.17

예제 2.9 슬롯(Slot) 작업

스펙트리(Specification Tree)의 절대평면 xy plane 선택, [그림 2.18(a)]

Insert ▸ Sketcher ▸ Sketcher

Insert ▸ Profile ▸ Predefined Profile ▸ Rectangle [직사각형 80, 60]

Exit workbench를 클릭하여 3D 모우드로 들어간다.

Insert ▸ Sketch-Based Features ▸ Pad... [(b) Length: 40]

(c)에서 상자 윗면 클릭

Insert ▸ Sketcher ▸ Sketcher

Insert ▸ Profile ▸ Predefined Profile ▸ Spline [(d)]

(Plane) [(e)에서 스플라인 클릭, 스플라인의 끝점 클릭, 생성된 평면 클릭

Insert ▸ Sketcher ▸ Sketcher

⊙ Insert ▸ Profile ▸ Circle[(g) 원의 지름 20]

Exit workbench를 클릭하여 3D 모우드로 들어간다.

Insert ▸ Sketch-Based Features ▸ Slot... [(h)에서 Profile Sketch.1, Center Curve Sketch.3]

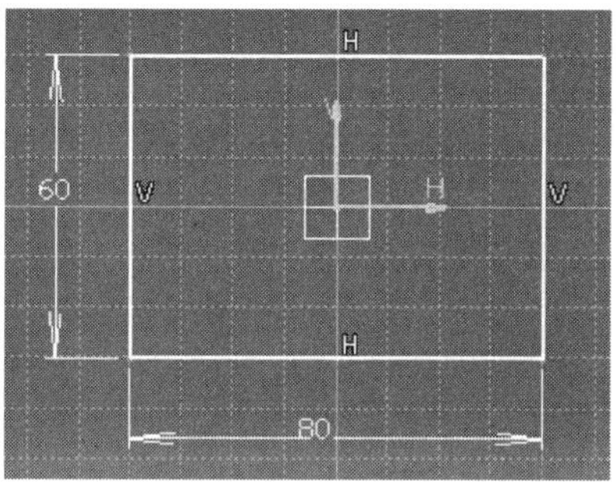

(a)

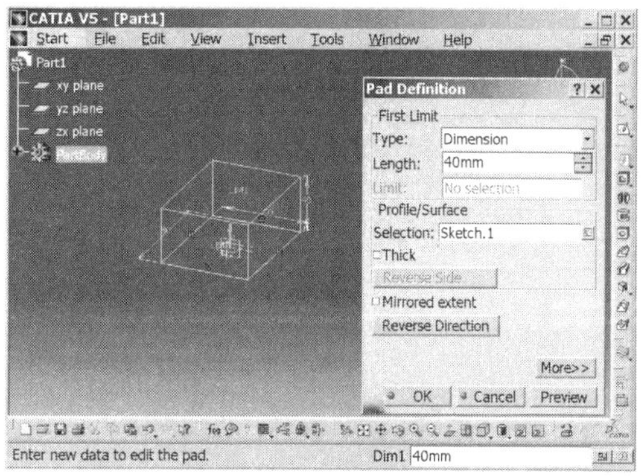

(b)

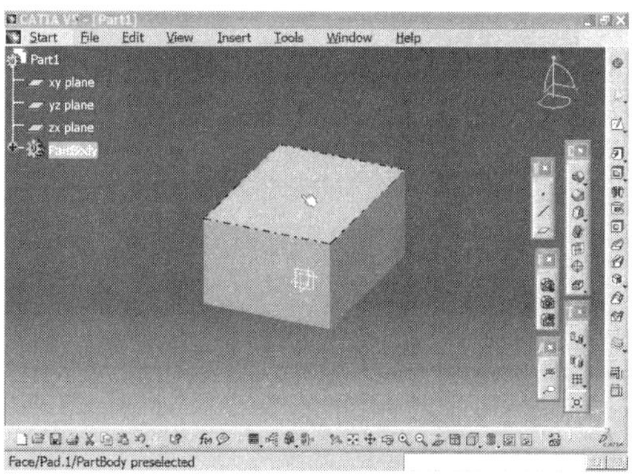

(c)

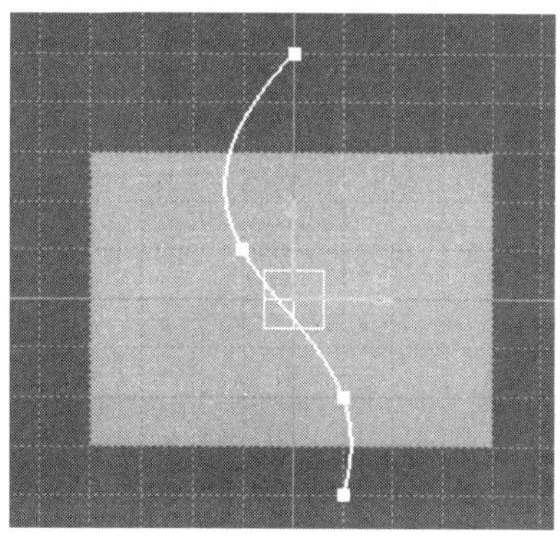

(d)

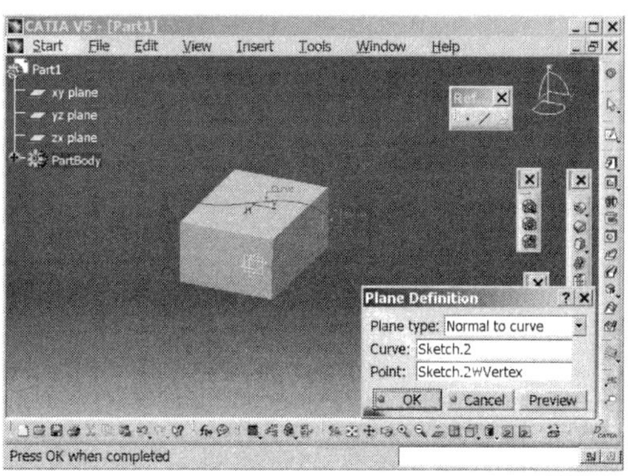

(e)

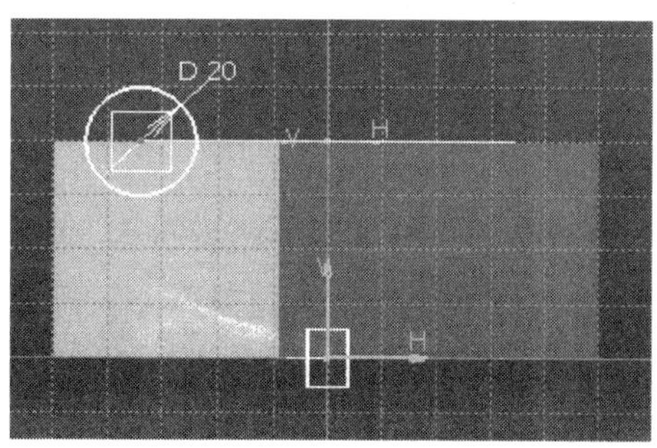

(f)

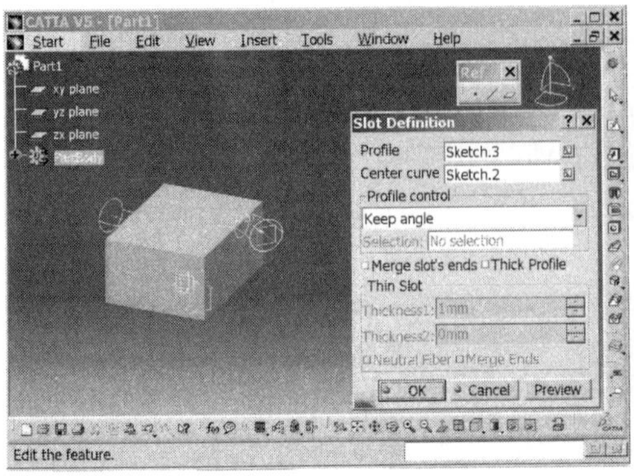

(g)

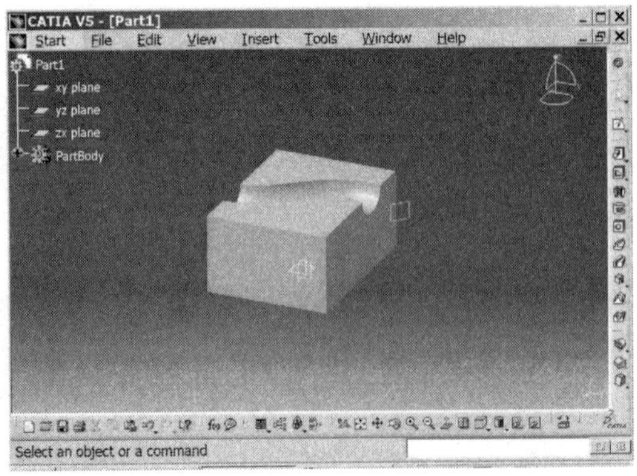

(h)

그림 2.18

예제 2.10 커플링(Coupling)을 이용한 다단면 솔리드 정의(Multi-sections Solid Definition)

2개의 서로 다른 평면에 있는 폐 윤곽을 커플링을 따라 정의하는 것으로 커플링은 폐 윤곽에 접해 있어야 한다.

절대평면 xy plane 선택, [그림 2.19(a)]

Insert ▸ Sketcher ▸ Sketcher

Insert ▸ Profile ▸ Predefined Profile ▸ Spline

Exit workbench를 클릭하여 3D 모우드로 들어간다.

[(b)에서 스플라인 선택, 스플라인의 끝점 클릭, 생성된 법선평면 클릭]

Insert ▸ Sketcher ▸ Sketcher

Insert ▸ Profile ▸ Predefined Profile ▸ Ellipse [(c)]

Insert ▸ Constraint ▸ Constraint... [(d)에서 타원과 스플라인의 끝점 클릭, Coincidence]

[(e)에서 스플라인 선택, 스플라인의 끝점 클릭, 생성된 법선평면 클릭]

Insert ▸ Sketcher ▸ Sketcher

Insert ▸ Profile ▸ Predefined Profile ▸ Circle (f)

Insert ▸ Constraint ▸ Constraint... (g)에서 원과 끝점 클릭, Coincidence]

Exit workbench를 클릭하여 3D 모우드로 들어간다.

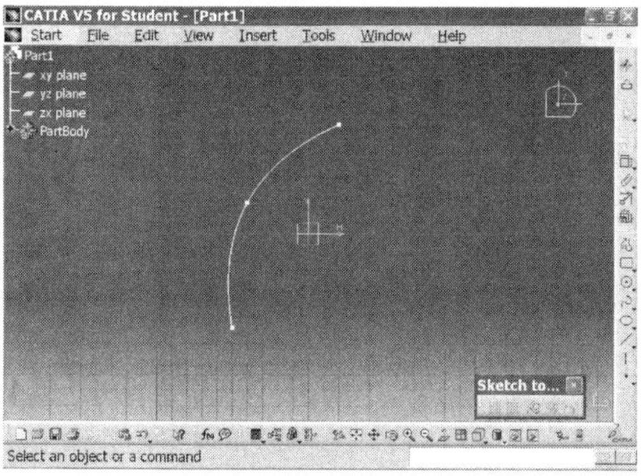

(a)

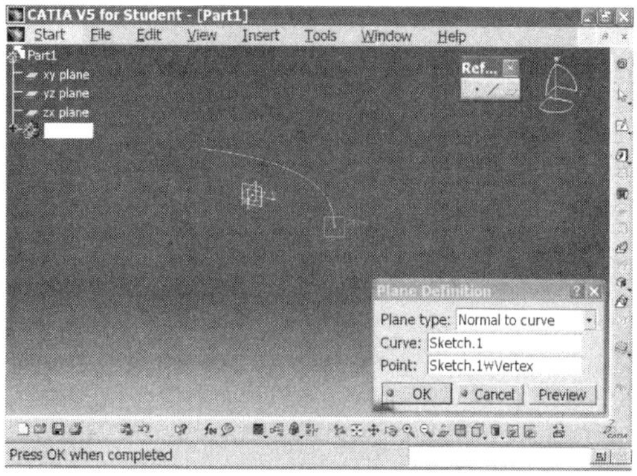

(b)

[다단면 솔리드 정의] Insert ▸ Sketch-Based Features ▸ Multi-sections Solid Definition... [(h)에서 Section: Sketch.2, Sketch.3 클릭, Spine, Sketch1 클릭]

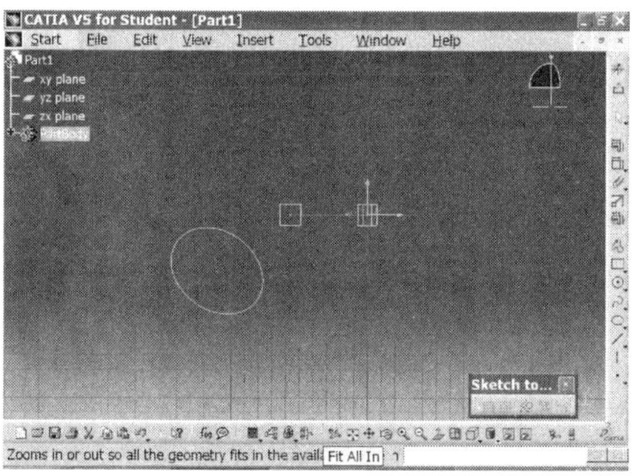

(c)

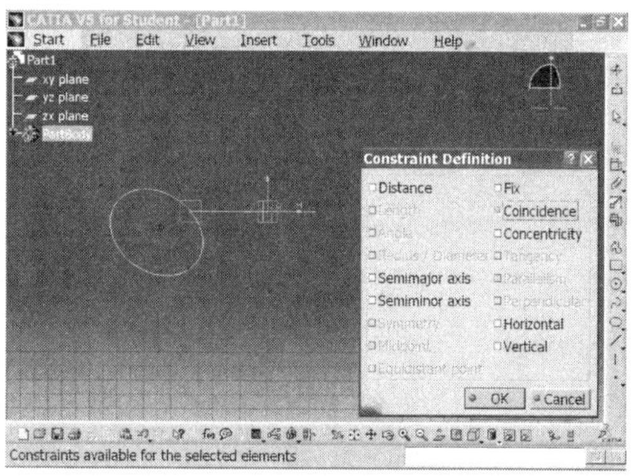

(d)

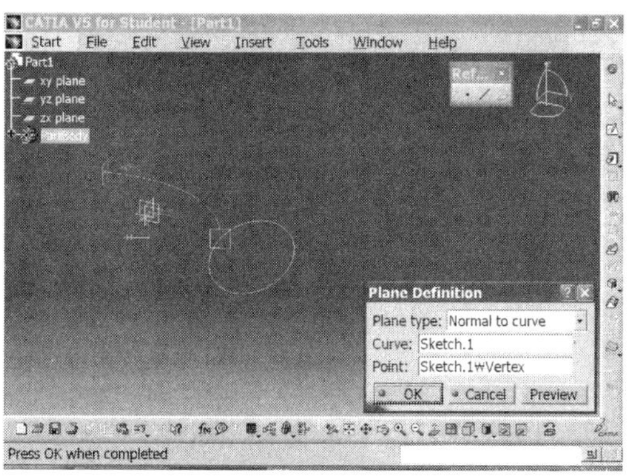

(e)

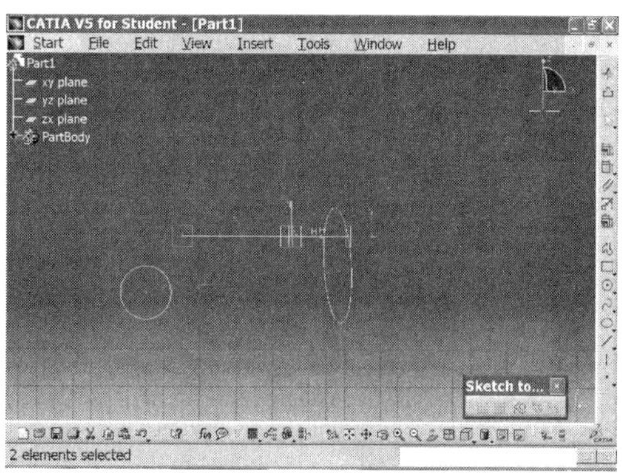

(f)

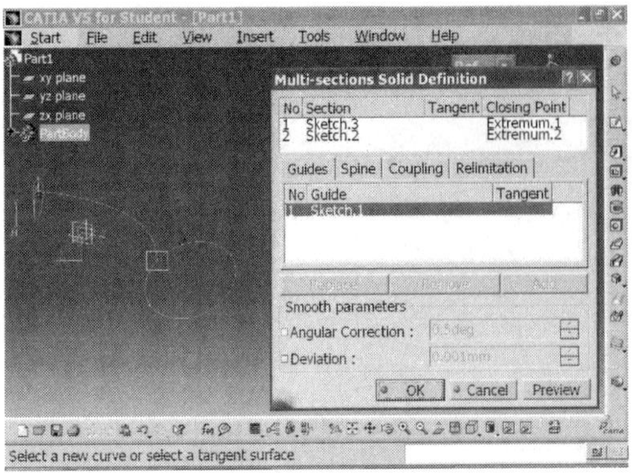

(g)

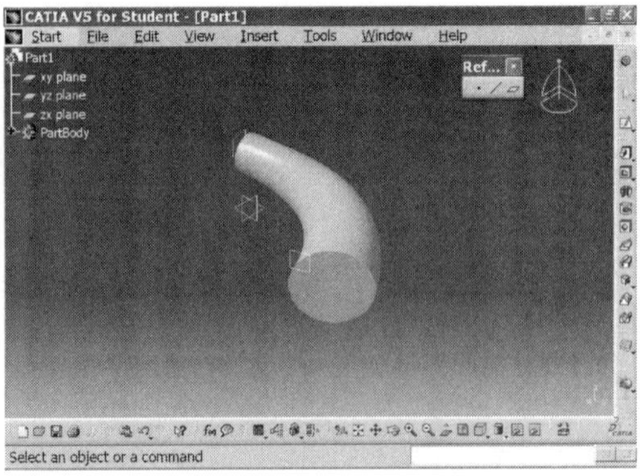

(h)

그림 2.19

예제 2.11 척추(Spine)를 이용한 다단면 솔리드 정의(Multi-sections Solid Definition)

절대평면 xy plane 선택, [그림 2.20(a)]

Insert ▸ Sketcher ▸ Sketcher

Insert ▸ Profile ▸ Predefined Profile ▸ Spline

Exit workbench를 클릭하여 3D 모우드로 들어간다.

[(b)에서 스플라인 선택, 스플라인의 끝점 클릭, 생성된 법선평면 클릭]

Insert ▸ Sketcher ▸ Sketcher

Insert ▸ Profile ▸ Predefined Profile ▸ Ellipse [(c)]

Exit workbench를 클릭하여 3D 모우드로 들어간다.

[(d)에서 스플라인 선택, 스플라인의 끝점 클릭, 생성된 법선평면 클릭]

Insert ▸ Sketcher ▸ Sketcher

Insert ▸ Profile ▸ Predefined Profile ▸ Circle [(e)]

Exit workbench를 클릭하여 3D 모우드로 들어간다.

Sketch-Based Features ▸ Multi-sections Solid Definition... [(f)에서 Section: Sketch.3, Sketch.2 클릭, Spine: Spine내의 ... 클릭, Sketch.1 클릭]

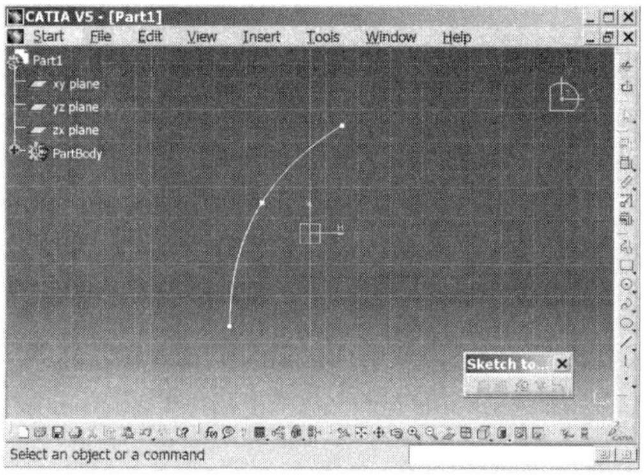
CATIA V5 - [Part1]
Start File Edit View Insert Tools Window Help
Part1
xy plane
yz plane
zx plane
PartBody
Sketch to...
Select an object or a command

(a)

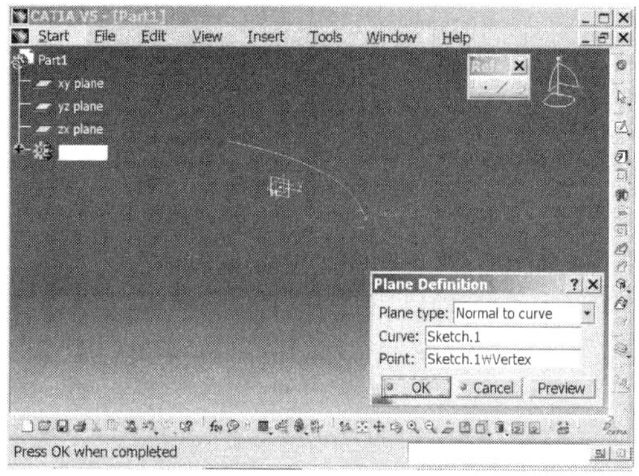
CATIA V5 - [Part1]
Start File Edit View Insert Tools Window Help
Part1
xy plane
yz plane
zx plane
Plane Definition
Plane type: Normal to curve
Curve: Sketch.1
Point: Sketch.1\Vertex
OK
Cancel
Preview
Press OK when completed

(b)

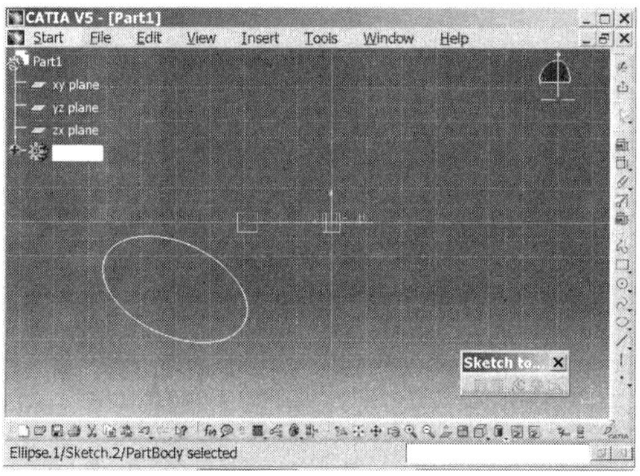
CATIA V5 - [Part1]
Start File Edit View Insert Tools Window Help
Part1
xy plane
yz plane
zx plane
Sketch to...
Ellipse.1/Sketch.2/PartBody selected

(c)

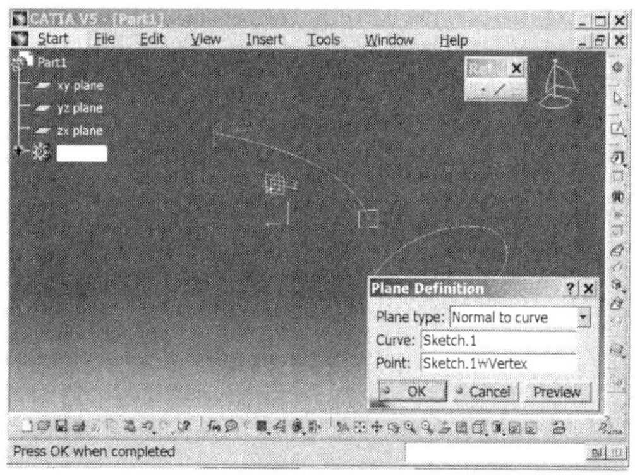
CATIA V5 - [Part1]
Start File Edit View Insert Tools Window Help
Part1
xy plane
yz plane
zx plane
Plane Definition
Plane type: Normal to curve
Curve: Sketch.1
Point: Sketch.1\Vertex
OK
Cancel
Preview
Press OK when completed

(d)

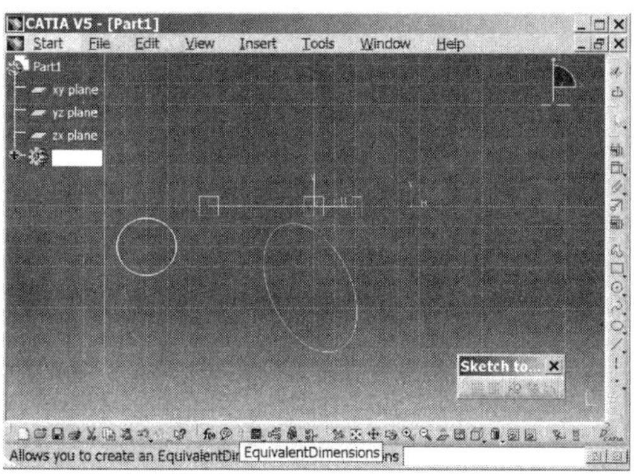
CATIA V5 - [Part1]
Start File Edit View Insert Tools Window Help
Part1
xy plane
yz plane
zx plane
Sketch to...
EquivalentDimensions

(e)

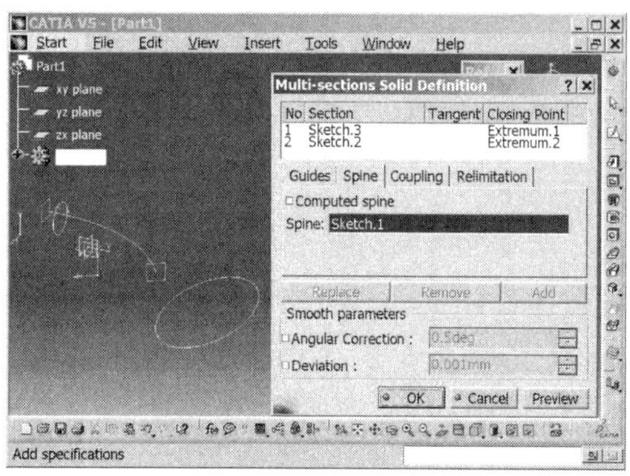
CATIA V5 - [Part1]
Start File Edit View Insert Tools Window Help
Part1
xy plane
yz plane
zx plane
Multi-sections Solid Definition
No Section Tangent Closing Point
1 Sketch.3 Extremum.1
2 Sketch.2 Extremum.2
Guides Spine Coupling Relimitation
Computed spine
Spine: Sketch.1
Replace Remove Add
Smooth parameters
Angular Correction : 0.5deg
Deviation : 0.001mm
OK
Cancel
Preview
Add specifications

(f)

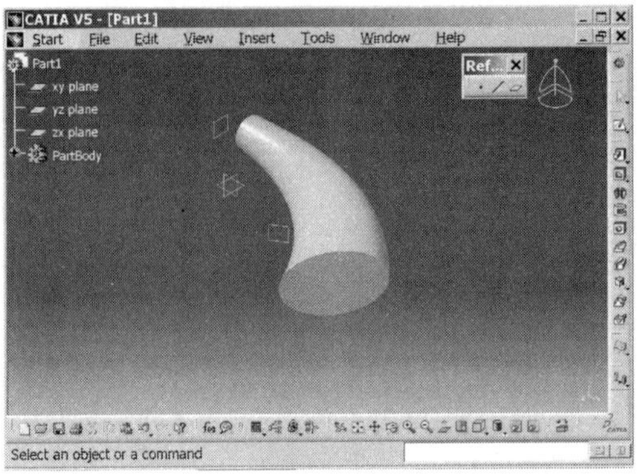

(g)

그림 2.20

예제 2.12 커플링(Coupling)을 이용한 다단면 솔리드 정의(Multi-sections Solid Definition)

2개 이상의 폐 윤곽을 꼭짓점이나 점(Point)을 선택하여 생성한 선(커플링)에 의해 연결하여 솔리드를 만드는 것이다.

절대평면 yz plane선택, [그림 2.21(a)]

Insert ▸ Sketcher ▸ Sketcher

Insert ▸ Profile ▸ Predefined Profile ▸ Rectangle

Exit workbench를 클릭하여 3D 모우드로 들어간다.

Insert ▸ Wireframe ▸ Plane... [(b) Offset from plane, yz plane 클릭, 70, 옵셋평면 클릭]

Insert ▸ Sketcher ▸ Sketcher

Insert ▸ Profile ▸ Predefined Profile ▸ Rectangle [(c)]

Exit workbench를 클릭하여 3D 모우드로 들어간다.

Insert ▸ Wireframe ▸ Plane... [(d) Offset from plane, 옵셋평면 클릭, 90, 제2옵셋평면 클릭]

Insert ▸ Sketcher ▸ Sketcher

Insert ▸ Profile ▸ Predefined Profile ▸ Rectangle [(e)]

Exit workbench를 클릭하여 3D 모우드로 들어간다.

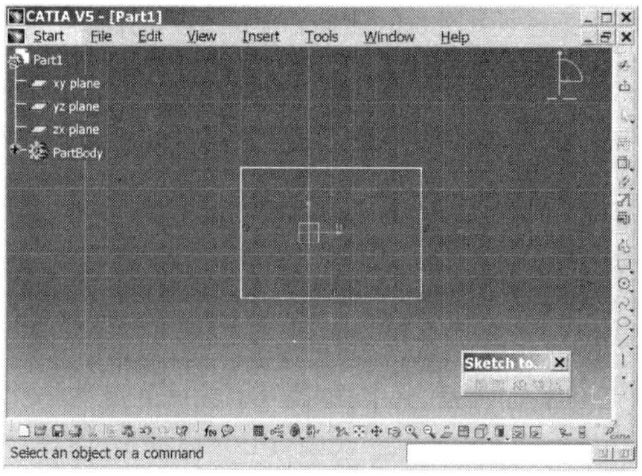

(a)

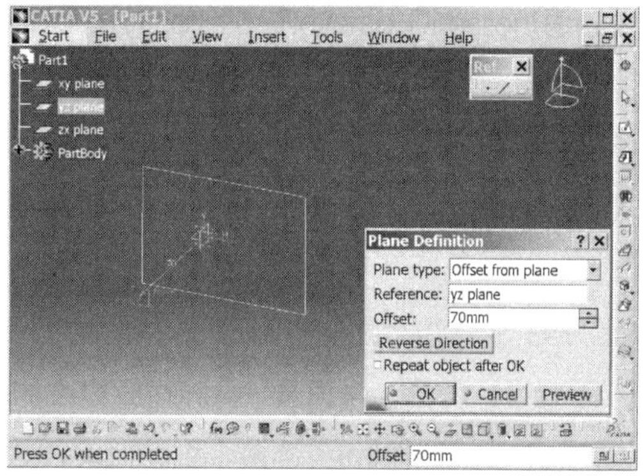

(b)

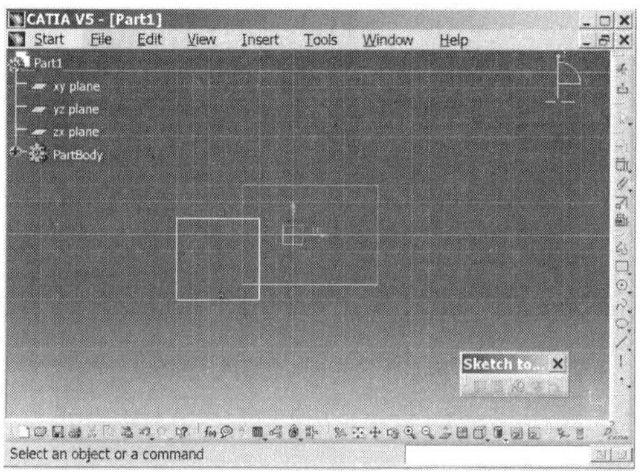

(c)

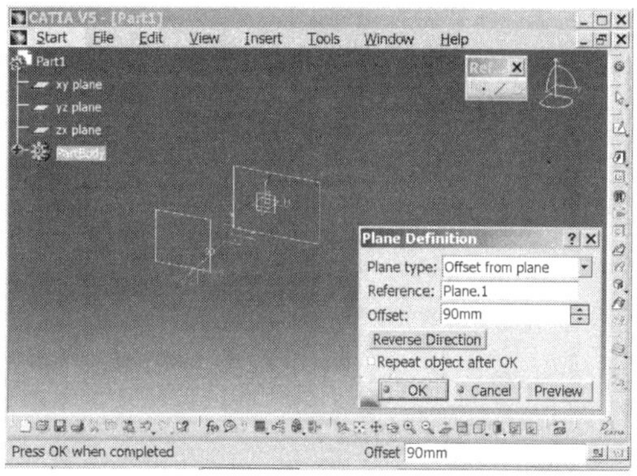

(d)

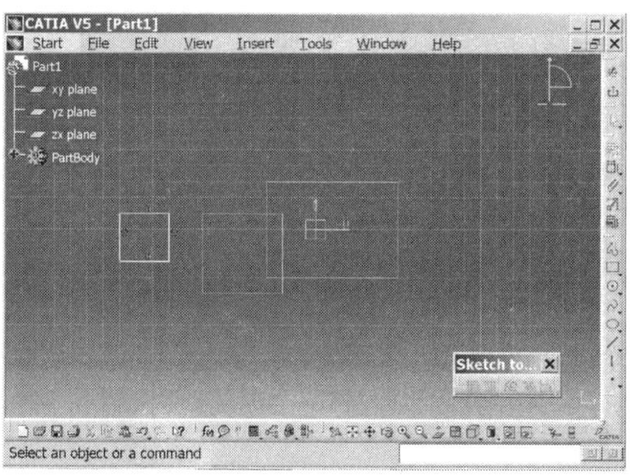

(e)

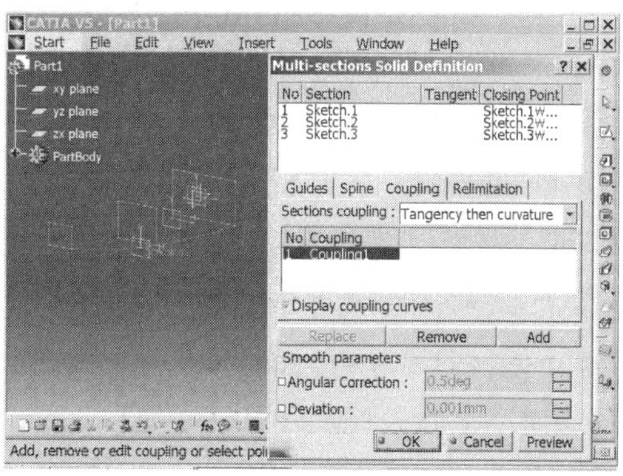

(f)

Insert ▸ Sketch-Based Features ▸ Loft... [(f), (g)에서 Section, Sketch.1, Sketch.2, Sketch.3 클릭, Coupling 클릭, ... 클릭, Add, 3개의 점을 클릭하여 녹색의 선(Coupling)

을 4개 생성, Coupling1을 클릭하여 Add가 활성화되도록 한다.]

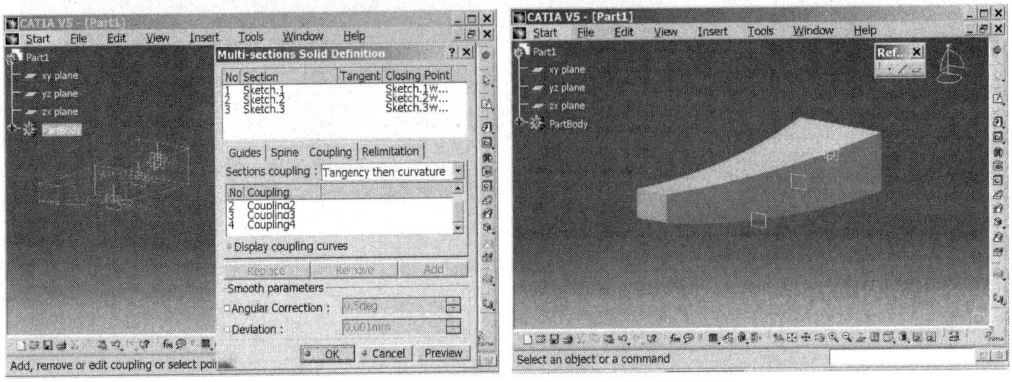

(g) (h)

그림 2.21

예제 2.13 커플링(Coupling)을 이용한 제거 다단면 솔리드 정의(Removed Multi-sections Solid Definition)

2개 이상의 폐 윤곽을 꼭짓점이나 점(Point)을 선택하여 생성한 선(커플링)에 의해 연결하여 솔리드에서 제거하는 것이다.

절대평면 xy plane 선택, [그림 2.22(a)]

Insert ▸ Sketcher ▸ Sketcher

Insert ▸ Profile ▸ Predefined Profile ▸ Rectangle [200, 120]

Exit workbench를 클릭하여 3D 모우드로 들어간다.

Insert ▸ Sketch-Based Features ▸ Pad... [(b) Length: 90]

Insert ▸ Wireframe ▸ Plane [(c) 지정한 평면에서 Offset: 20, Reverse Direction 클릭] (d)에서 옵셋평면 클릭]

Insert ▸ Sketcher ▸ Sketcher

Insert ▸ Profile ▸ Predefined Profile ▸ Rectangle [(e)]

Exit workbench를 클릭하여 3D 모우드로 들어간다.

Insert ▸ Wireframe ▸ Plane... [(f) 옵셋평면 클릭, Offset: 90, Reverse Direction 클릭, (g)에서 옵셋평면 클릭]

Insert ▸ Sketcher ▸ Sketcher

Insert ▸ Profile ▸ Predefined Profile ▸ Rectangle [(h)]

Exit workbench를 클릭하여 3D 모우드로 들어간다.

Insert ▸ Wireframe ▸ Plane... [(i) 옵셋평면 클릭, Offset: 70, Reverse Direction(방향전환), (j)에서 제2 옵셋평면 클릭]

Insert ▸ Sketcher ▸ Sketcher

Insert ▸ Profile ▸ Predefined Profile ▸ Rectangle [(k)]

Exit workbench를 클릭하여 3D 모우드로 들어간다.

Insert ▸ Sketch-Based Features ▸ Removed Multi-sections Solid... [(l)에서 Section: Sketch.2, Sketch.3, Sketch.4 클릭, 대화상자에서 Coupling을 클릭, ... 클릭, Add, 직사각형의 3개의 모서리점을 클릭하여 커플링(Coupling)을 생성, (m)에서 대화상자의 Coupling i(i=1,2,3,4)를 클릭하여 Add를 눌러 Coupling을 모두 4개 생성한다.]

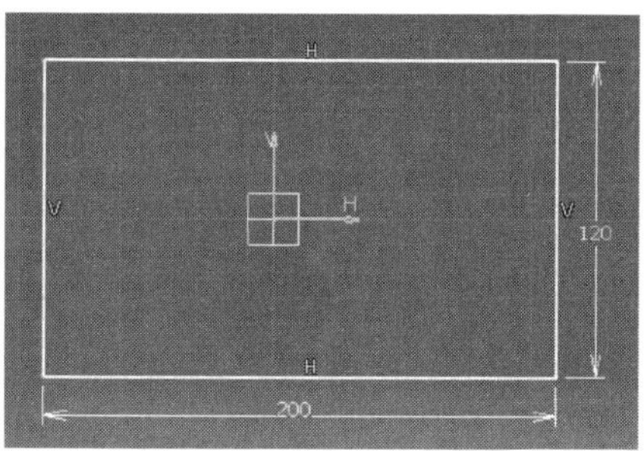

(a)

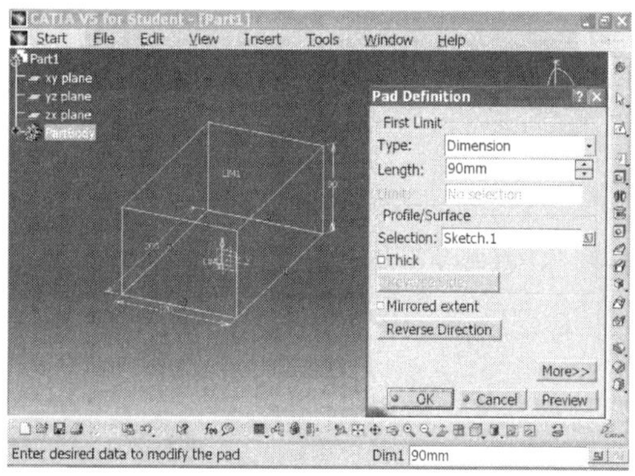

(b)

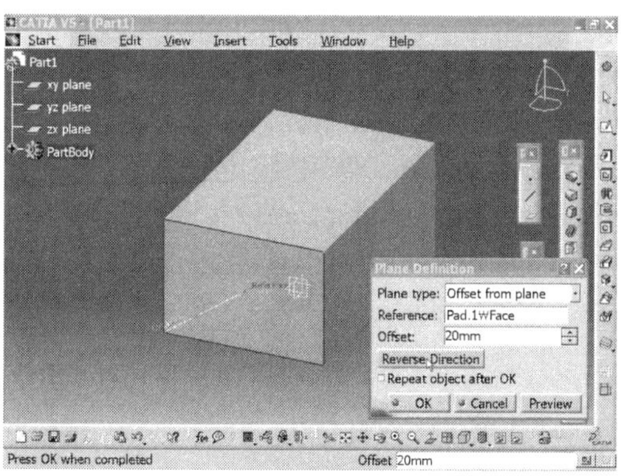

(c)

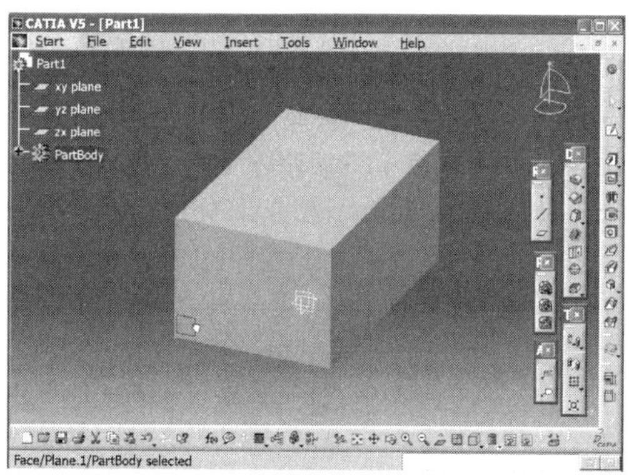

(d)

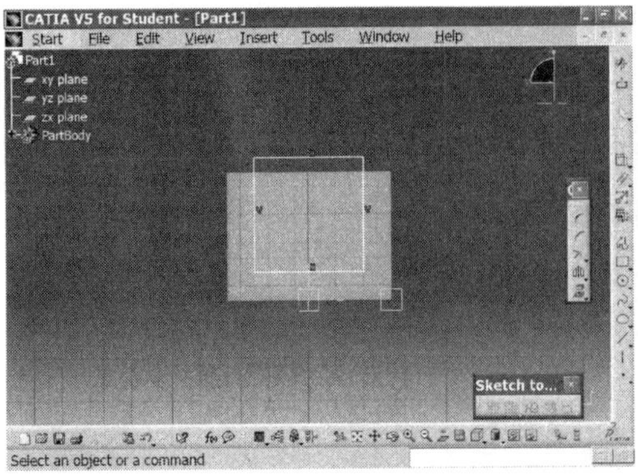
CATIA V5 for Student - [Part1]
Start File Edit View Insert Tools Window Help
Part1
xy plane
yz plane
zx plane
PartBody
Sketch to...
Select an object or a command

(e)

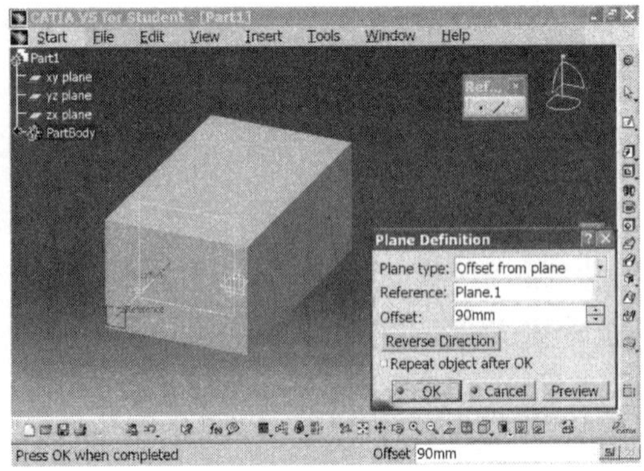
CATIA V5 for Student - [Part1]
Start File Edit View Insert Tools Window Help
Part1
xy plane
yz plane
zx plane
PartBody
Plane Definition
Plane type: Offset from plane
Reference: Plane.1
Offset: 90mm
Reverse Direction
Repeat object after OK
OK Cancel Preview
Press OK when completed
Offset 90mm

(f)

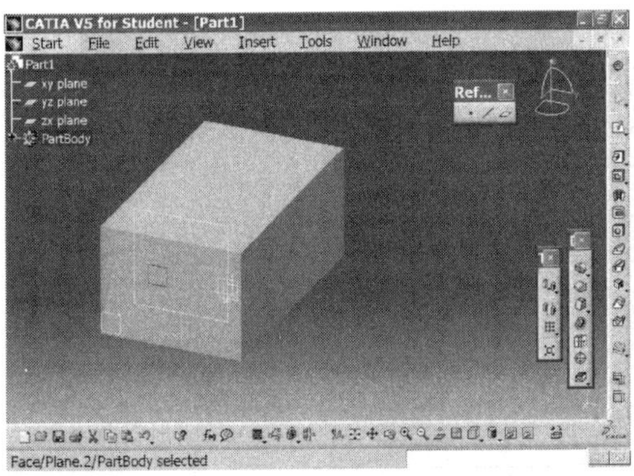
CATIA V5 for Student - [Part1]
Start File Edit View Insert Tools Window Help
Part1
xy plane
yz plane
zx plane
PartBody
Ref...
Face/Plane.2/PartBody selected

(g)

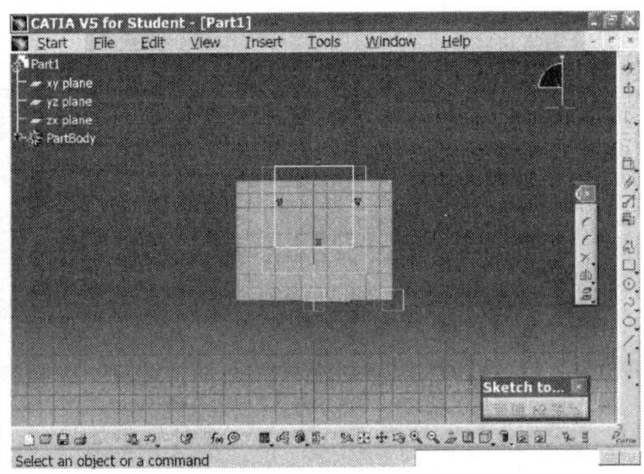
CATIA V5 for Student - [Part1]
Start File Edit View Insert Tools Window Help
Part1
xy plane
yz plane
zx plane
PartBody
Sketch to...
Select an object or a command

(h)

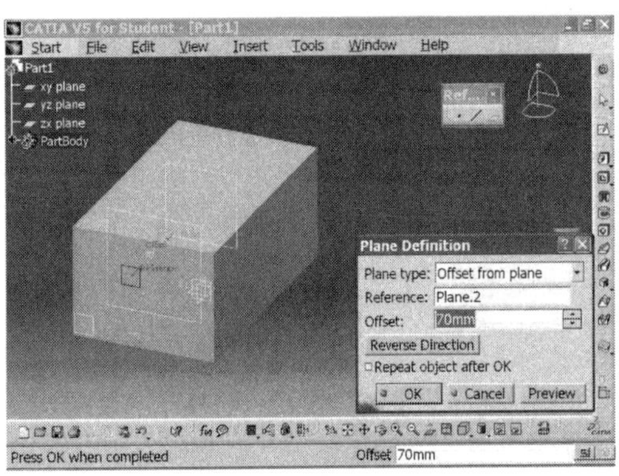
CATIA V5 for Student - [Part1]
Start File Edit View Insert Tools Window Help
Part1
xy plane
yz plane
zx plane
PartBody
Plane Definition
Plane type: Offset from plane
Reference: Plane.2
Offset: 70mm
Reverse Direction
Repeat object after OK
OK Cancel Preview
Press OK when completed
Offset 70mm

(i)

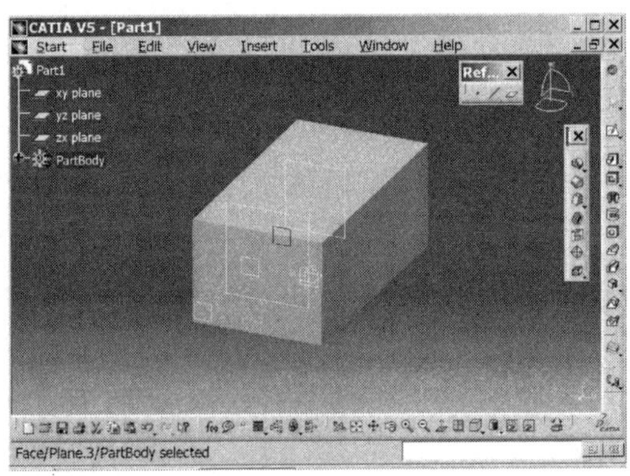
CATIA V5 - [Part1]
Start File Edit View Insert Tools Window Help
Part1
xy plane
yz plane
zx plane
PartBody
Ref...
Face/Plane.3/PartBody selected

(j)

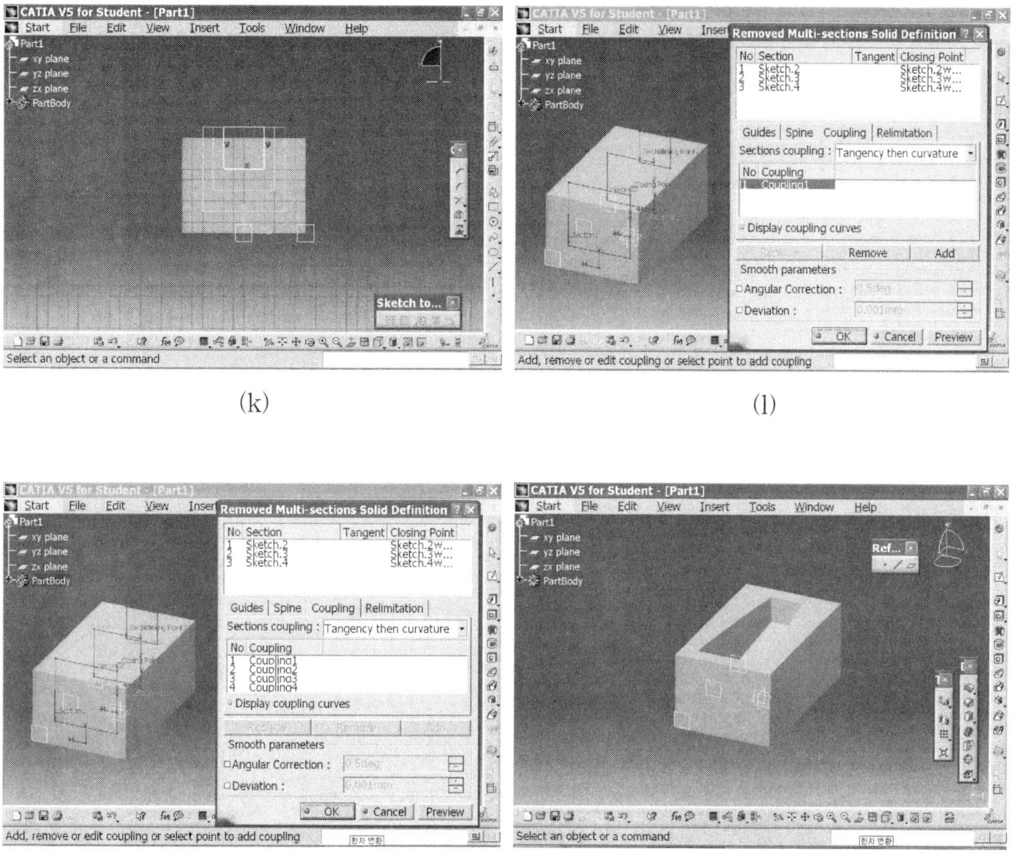

CATIA V5 for Student - [Part1]
Start File Edit View Insert Tools Window Help
Part1
xy plane
yz plane
zx plane
PartBody
Sketch to...
Select an object or a command
Removed Multi-sections Solid Definition
No Section Tangent Closing Point
1 Sketch.2 Sketch.2w...
2 Sketch.3 Sketch.3w...
3 Sketch.4 Sketch.4w...
Guides Spine Coupling Relimitation
Sections coupling : Tangency then curvature
No Coupling
1 Coupling1
Display coupling curves
Remove Add
Smooth parameters
Angular Correction :
Deviation :
OK Cancel Preview
Add, remove or edit coupling or select point to add coupling
1 Coupling1
2 Coupling2
3 Coupling3
4 Coupling4
Ref...

(k) (l)

(m) (n)

그림 2.22

3장 도면작업

3.1 도면작업 개요

도면작업(Drafting, or Drawing)은 모델링한 3D의 부품이나 조립품을 2D의 투상도로 도면화하는 작업이다. 그리고 2D의 도면에 치수 넣기와 주석달기 그리고 각종 기호 삽입 등의 작업을 한다.

도면작업은 크게 두 가지 방법이 있는 데, 하나는 모델링한 3D의 부품이나 조립품에서 뷰 작업에 의해 투상도의 도면을 생성하는 **생성식 도면작업**(Generative Drafting)과 모델링한 3D의 부품이나 조립품을 그리지 않고 직접 투상도의 도면을 직접 그리는 **대화식 도면작업**(Interactive Drafting)이 있다.

3.2 뷰 작업

생성 도면작업 방법은 다음과 같이 여러 가지 **뷰**(Views) **작업** 기법에 의해 도면을 생성해 나간다. 뷰(Views) 작업은 정면도나 평면도, 좌측면도와 우측면도, 저면도 그리고 등각투상도 등이 있고 물체를 좀 더 자세히 나타내기 위하여 보조투상도, 단면도, 상세도, 단축도 그리고 전개도 등이 있다.

표 3.1 투상도(Projections) 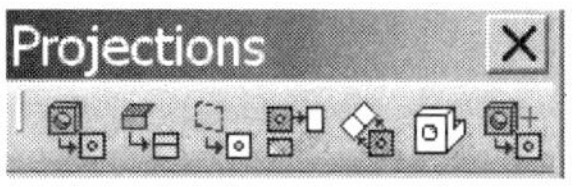

	명 령 어	설 명
	Front View	정면도
	Unfolded View	전개도
	Projection View	투상도

	View From 3D	3D로부터 뷰
	Auxiliary View	보조투상도
	Isometric View	등각투상도

표 3.2 단면도(Sections) 

	명 령 어	설 명
	Offset Section View	단면도
	Offset Section Cut	절단면
	Aligned Section View	경사 단면도
	Aligned Section Cut	경사 절단면

표 3.3 상세도(Details) 

	명 령 어	설 명
	Detail View	상세도(원으로 지정한 부분의 도형만 표시한다.)
	Detail View Profile	영역상세도(영역으로 지정한 부분의 도형만 표시한다.)
	Quick Detail View	상세도(원으로 지정한 부분을 모두 표시한다.)
	Quick Detail View Profile	영역상세도(영역으로 지정한 부분을 모두 표시한다.)

표 3.4 부분도(Clipping Views) 

, 단축도(Broken) 

	명 령 어	설 명
	Clipping View	부분도(원으로 지정한 부분만 남기고 모두 제거)
	Clipping View Profile	영역부분도(영역으로 지정한 부분만 남기고 모두 제거)
	Broken View	단축도
	Breakout View	부분단면도

표 3.5 마법사(Wizard) 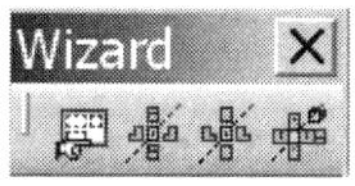

	명 령 어	설 명
	View Creation Wizard	뷰 생성 마법사
	Front, Top, Left	정면도, 평면도, 좌측면도
	Front, Bottom, Right	정면도, 저면도, 우측면도
	All Views	모든 뷰

[1] 도면작업 선택사항

도면작업을 하기 전에 다음과 같은 선택사항(Options)을 활성화하거나 해제해야 원하는 도면작업을 행할 수 있다.

도면작업 선택사항(Options)은 다음과 같이 메뉴에서 ①항의 경로로 들어가 필요한 항목들을 클릭하여 황색(▣)으로 활성화시키거나 해제한다. ②항의 Length(길이)에서 Millimeter(mm) 또는 Inch(in.) 등 필요한 단위를 선택한다. 그러나 Reset... 를 누르면 선택사항(Options) 일부 또는 전부를 초기화할 수 있다.

Tools ▸ Options...

① Mechanical Design ▸ Drafting ▸ View ▸ Geometry Generation/Dress up [그림 3.1 (a)에서 ▣Generate axis(축 생성) □Generate threads(나사 생성) ▣Generate center lines(중심선 생성) ▣Generate hidden lines(숨은선) 등을 선택하거나 해제한다.]

② General ▸ Parameters and Measurement ▸ Units [(b)에서 Length(길이)를 클릭, 다시 아래 ▾를 눌러 Millimeter(mm) 또는 Inch(in.) 등을 선택한다.]

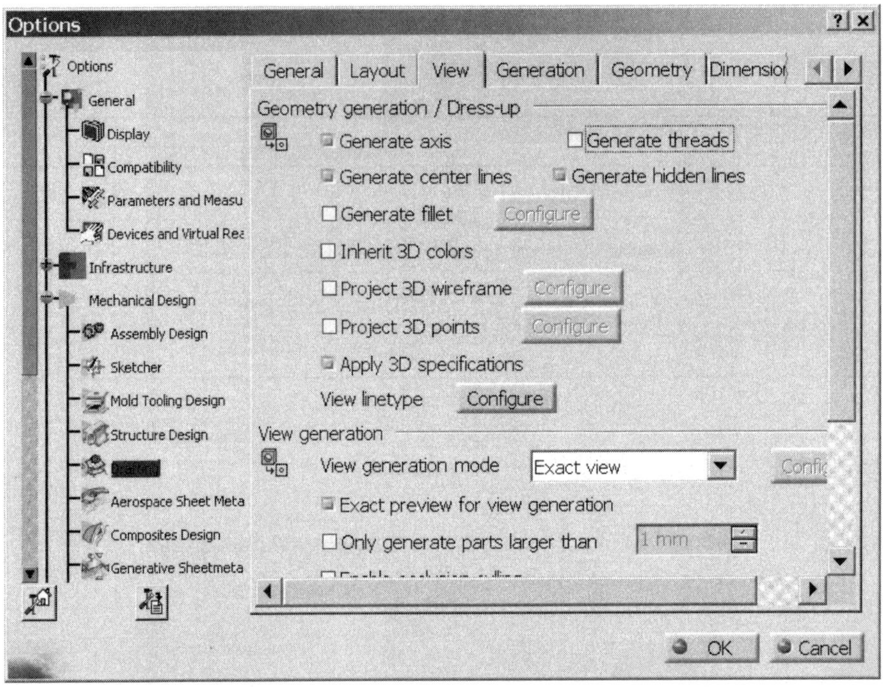
Options
Options
General
Display
Compatibility
Parameters and Measu
Devices and Virtual Rea
Infrastructure
Mechanical Design
Assembly Design
Sketcher
Mold Tooling Design
Structure Design
Aerospace Sheet Meta
Composites Design
Generative Sheetmeta
General
Layout
View
Generation
Geometry
Dimensior
Geometry generation / Dress-up
Generate axis
Generate threads
Generate center lines
Generate hidden lines
Generate fillet
Configure
Inherit 3D colors
Project 3D wireframe
Configure
Project 3D points
Configure
Apply 3D specifications
View linetype
Configure
View generation
View generation mode
Exact view
Exact preview for view generation
Only generate parts larger than
1 mm
OK
Cancel

(a)

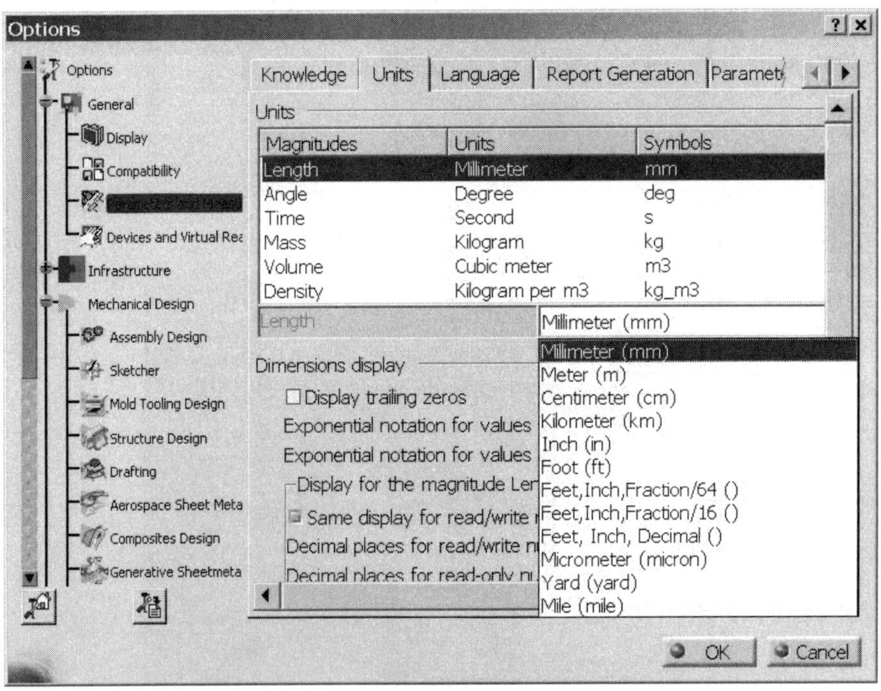
Options
Options
General
Display
Compatibility
Devices and Virtual Rea
Infrastructure
Mechanical Design
Assembly Design
Sketcher
Mold Tooling Design
Structure Design
Drafting
Aerospace Sheet Meta
Composites Design
Generative Sheetmeta
Knowledge
Units
Language
Report Generation
Paramet
Units
Magnitudes
Units
Symbols
Length
Millimeter
mm
Angle
Degree
deg
Time
Second
s
Mass
Kilogram
kg
Volume
Cubic meter
m3
Density
Kilogram per m3
kg_m3
Length
Millimeter (mm)
Millimeter (mm)
Meter (m)
Centimeter (cm)
Kilometer (km)
Inch (in)
Foot (ft)
Feet,Inch,Fraction/64 ()
Feet,Inch,Fraction/16 ()
Feet, Inch, Decimal ()
Micrometer (micron)
Yard (yard)
Mile (mile)
Dimensions display
Display trailing zeros
Exponential notation for values
Exponential notation for values
Display for the magnitude Ler
Same display for read/write
Decimal places for read/write n
OK
Cancel

(b)

그림 3.1

문제 3.1 다음 물체의 도면을 보고 부품도를 완성하라.

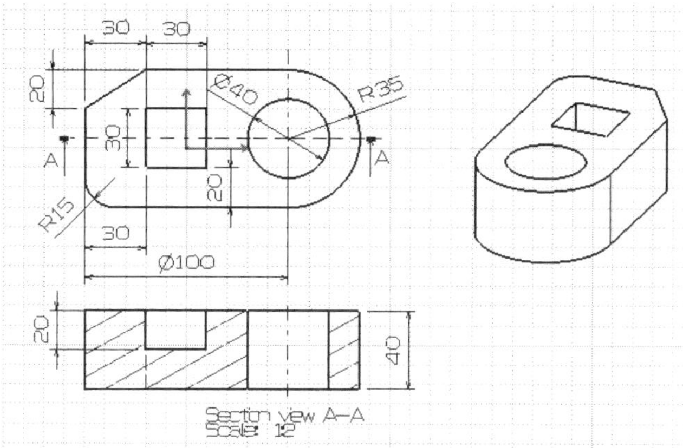

그림 3.2

[2] 뷰 작업

뷰 작업은 다음과 같이 두 가지 방법으로 들어간다.

(1) 그림 3.3(a)와 같이 3D 부품 모델링 도면(문제 3.1의 부품도)을 열어 놓고, (b) 또는 (c)의 시작(Start) 메뉴에서 다음과 같이 선택하면 (d)와 같은 **새 도면 생성**(New Drawing Creation) 대화창이 뜨게 되는 데, 확인(OK)하면 (f)의 도면창이 뜨게 된다. 또한, 여기에서 수정 Modify... 을 누르면 새 도면(New Drawing) 대화창이 동시에 나타난다. 이 대화창에서 기본(Standard), 형식(Format), 도면방향(Orientation)과 축척(Scale) 등을 지정한다.

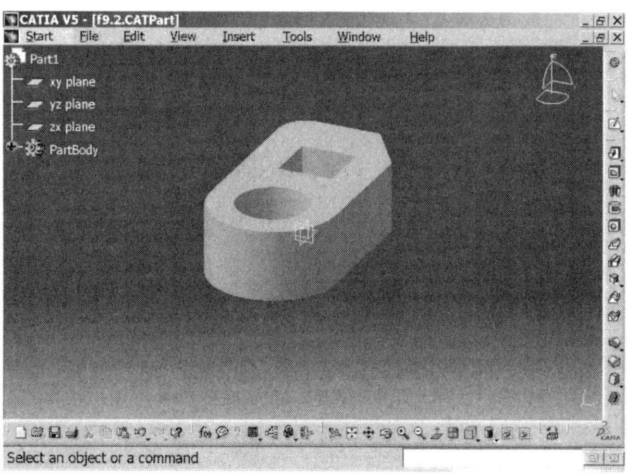

(a)

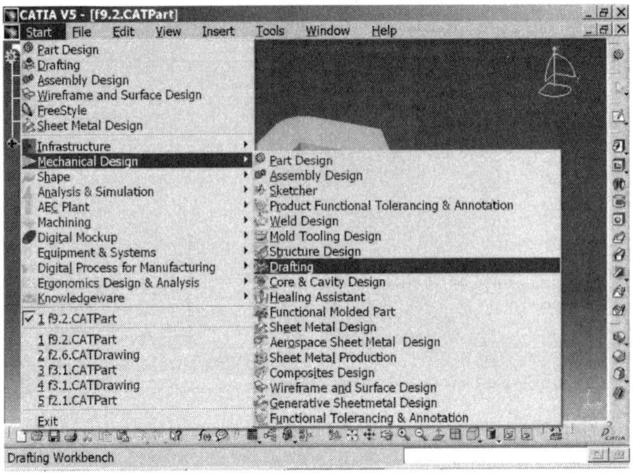
CATIA V5 - [f9.2.CATPart]
Start File Edit View Insert Tools Window Help
Part Design
Drafting
Assembly Design
Wireframe and Surface Design
FreeStyle
Sheet Metal Design
Infrastructure
Mechanical Design
Shape
Analysis & Simulation
AEC Plant
Machining
Digital Mockup
Equipment & Systems
Digital Process for Manufacturing
Ergonomics Design & Analysis
Knowledgeware
1 f9.2.CATPart
1 f9.2.CATPart
2 f2.6.CATDrawing
3 f3.1.CATPart
4 f3.1.CATDrawing
5 f2.1.CATPart
Exit
Part Design
Assembly Design
Sketcher
Product Functional Tolerancing & Annotation
Weld Design
Mold Tooling Design
Structure Design
Drafting
Core & Cavity Design
Healing Assistant
Functional Molded Part
Sheet Metal Design
Aerospace Sheet Metal Design
Sheet Metal Production
Composites Design
Wireframe and Surface Design
Generative Sheetmetal Design
Functional Tolerancing & Annotation
Drafting Workbench

(b)

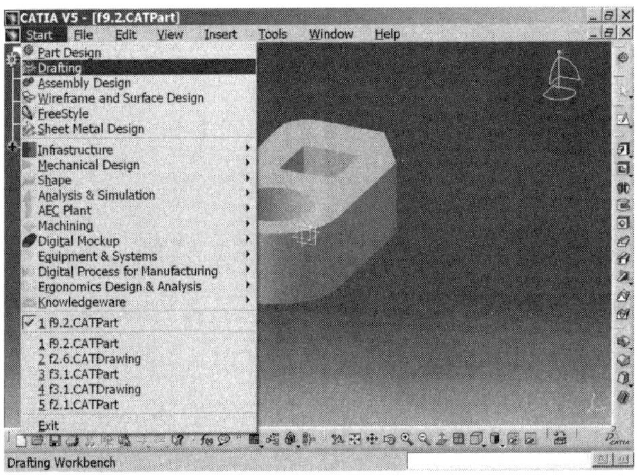
CATIA V5 - [f9.2.CATPart]
Start File Edit View Insert Tools Window Help
Part Design
Drafting
Assembly Design
Wireframe and Surface Design
FreeStyle
Sheet Metal Design
Infrastructure
Mechanical Design
Shape
Analysis & Simulation
AEC Plant
Machining
Digital Mockup
Equipment & Systems
Digital Process for Manufacturing
Ergonomics Design & Analysis
Knowledgeware
1 f9.2.CATPart
1 f9.2.CATPart
2 f2.6.CATDrawing
3 f3.1.CATPart
4 f3.1.CATDrawing
5 f2.1.CATPart
Exit
Drafting Workbench

(c)

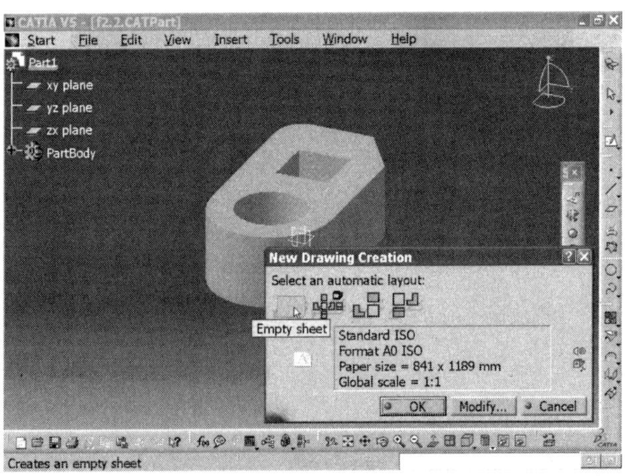
CATIA V5 - [f2.2.CATPart]
Start File Edit View Insert Tools Window Help
Part1
xy plane
yz plane
zx plane
PartBody
New Drawing Creation
Select an automatic layout:
Empty sheet
Standard ISO
Format A0 ISO
Paper size = 841 x 1189 mm
Global scale = 1:1
OK
Modify...
Cancel
Creates an empty sheet

(d)

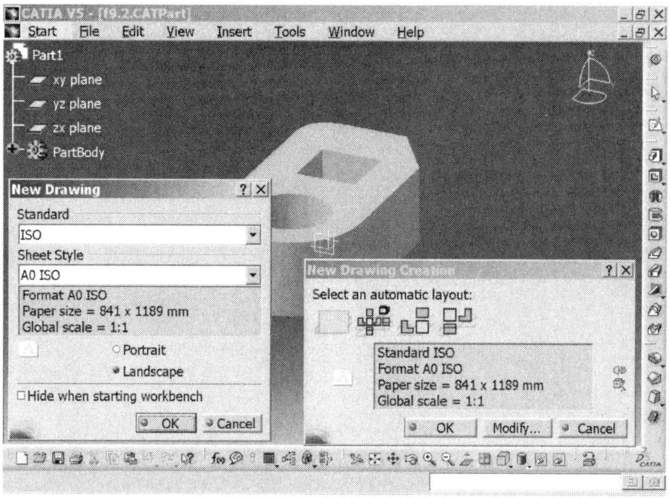

(e)

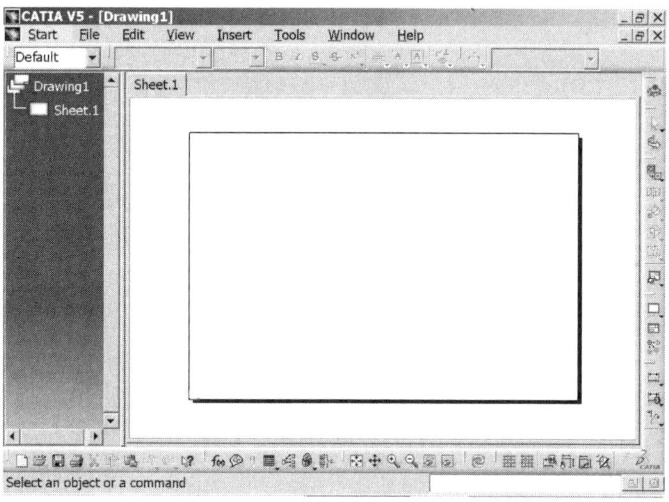

(f)

(2) 도면창을 여는 또 다른 방법은 부품 모델링 도면을 열어 놓고 그림 3.3(g)와 같이 메뉴에서 다음과 같이 선택하면 (h)에서와 같이 New(새 작업) 대화창이 뜨는 데, 여기에서 Drawing을 더블클릭하거나 선택하면 (i)의 새 도면(New Drawing) 대화창이 나타난다. 이 대화창에서 기본(Standard), 형식(Format), 도면방향(Orientation)과 축척(Scale) 등을 지정하고, 확인(OK)하면 투상도를 그릴 수 있는 빈 도면 모우드에 들어가게 된다.

Start ▶ File ▶ New [(d)의 New(새 작업) 대화창에서 Drawing을 더블클릭 하거나 선택한다.]

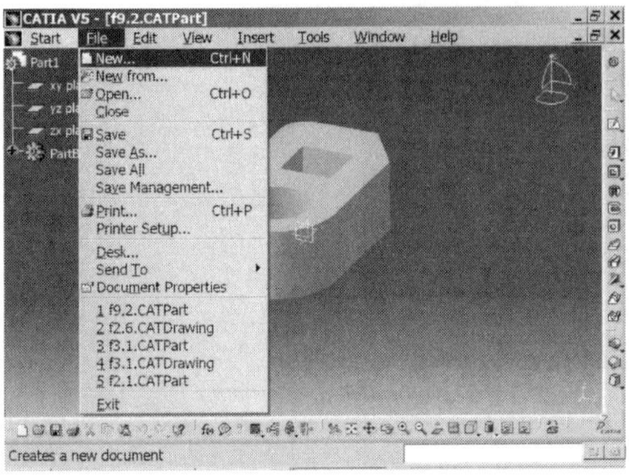

(g)

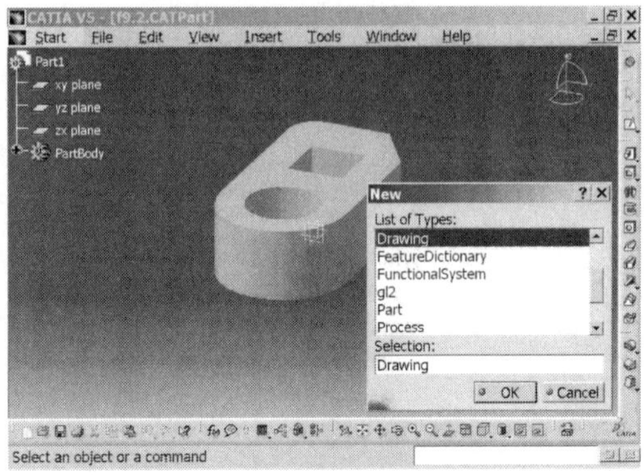

(h)

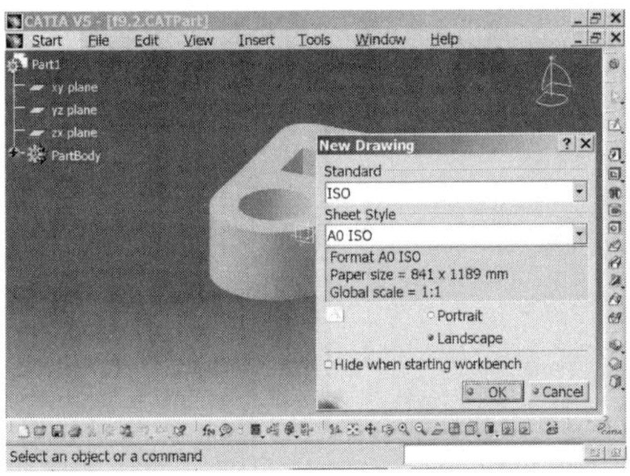

(i)

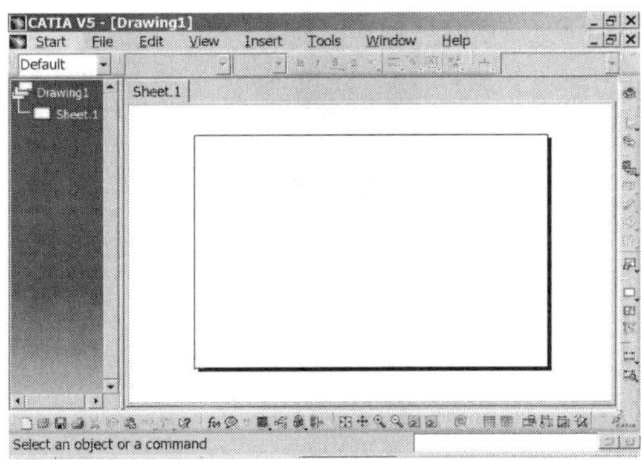

(j)

(4) (k)에서 다음과 같이 선택하면 (l)에서와 같이 부품창과 도면창이 동시에 나타난다.

Window ▶ Tile Horizontally [(k)]

(5) (l)에서 빈 도면의 왼쪽 상단 스펙트리의 Sheet.1(도면.1)에 마우스 오른쪽 버튼을 누르면 메뉴가 나타나는 데, 여기에서 특성(Properties)을 선택하면 (m), (n)과 같이 **특성(Properties)** 대화창이 나타난다. 이 특성 대화창에서 전체 축척(Global Scale)을 수

정하고, 투상법(Projection Method)으로 **1각법**(First angle standard) 또는 **3각법**(Third angle standard)을 선택한다.

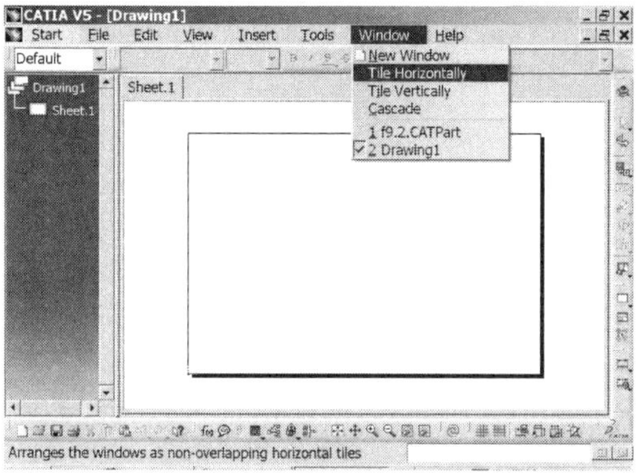

(k)

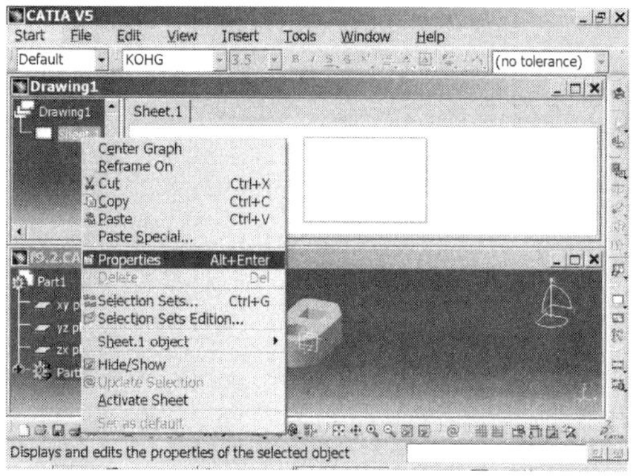

(l)

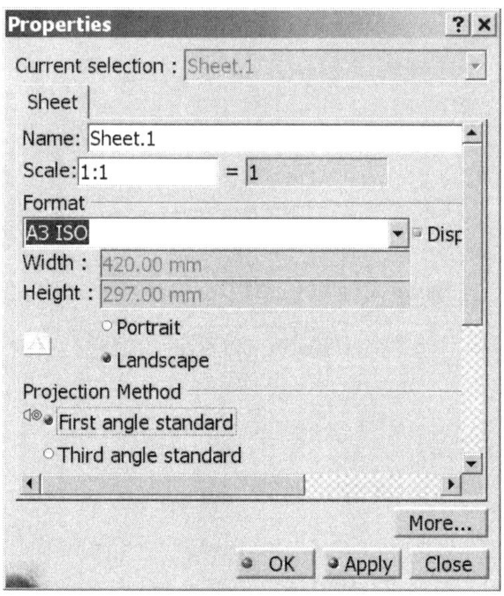

(m) 1각법의 선택

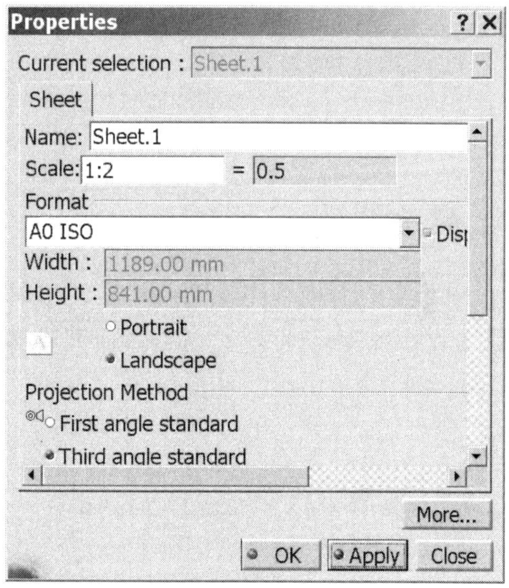

(n) 3각법의 선택

그림 3.3

[3] 투상도

(1) 정면도(Front View)

정면도(Front View)는 도면창(View window)의 메뉴에서 다음과 같이 선택하고 부품창(Part window)에서 정면도로 절대평면을 클릭하거나 부품의 면을 직접 선택하여 정면도를 클릭한다.

Insert ▶ Views ▶ Projections ▶ Front View

(2) 투영 뷰(Projection View)

투영 뷰(Projection View)는 정면도로부터 이끌어 내는 평면도, 좌측면도, 우측면도 그리고 저면도 등으로 뷰의 위치를 클릭하면 된다.

Insert ▶ Views ▶ Projections ▶ Projection

(3) 등각 투상도(Isometric View)

등각 투상도(Isometric View)는 부품창에서 임의의 절대평면을 지정하면 얻어진다.

Insert ▶ Views ▶ Projections ▶ Isometric View

[4] 뷰 마법사

도면창의 메뉴에서 다음과 같이 선택하면 **뷰 마법사**(View Wizard)창이 나타나는데, 필요한 투상도를 왼쪽 아이콘에서 선택하여 미리보기(Preview)창에 위치를 정하여 필요한 투상도를 그릴 수 있다.

Insert ▶ View ▶ Wizard ▶ Wizard

(1) 그림 3.4(a)에서와 같이 뷰 마법사 창(단계 1/2)[View wizard (Step 1/2)]: Predefined Configurations(미리 정의된 뷰)에서 부품의 특성을 잘 나타낼 수 있는 배치도를 왼쪽 아이콘 중에서 찾아 클릭하면 미리보기(Preview)창에 배치도가 나타나면 다음(Next)을 눌러 (b)에서 마침(Finish)을 누른다. 다음 (c)에서와 같이 부품창에서 xy plane 또는 물체의 윗면을 클릭하고 다시 도면창에서 정면도를 클릭하여 도면을 확장하면 (d)와 같이 된다.

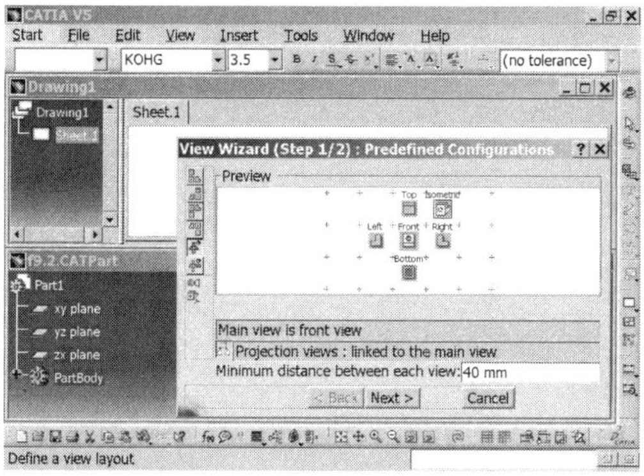

(a)

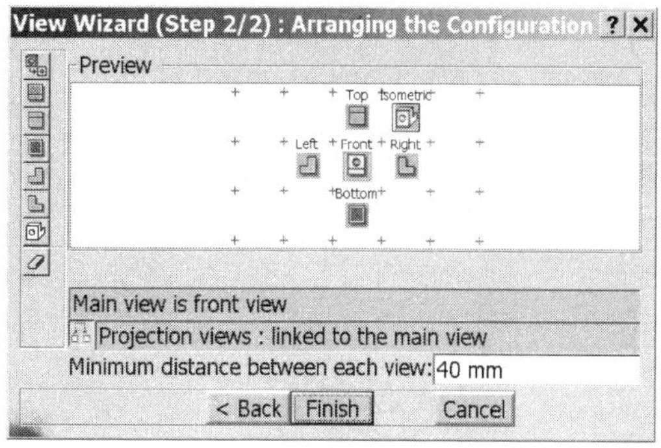

(b)

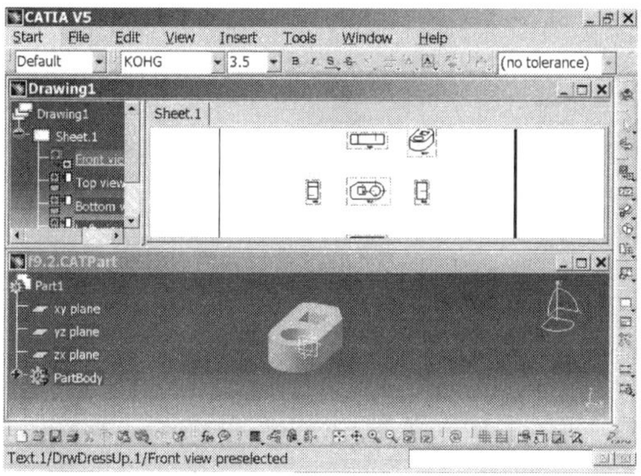

(c)

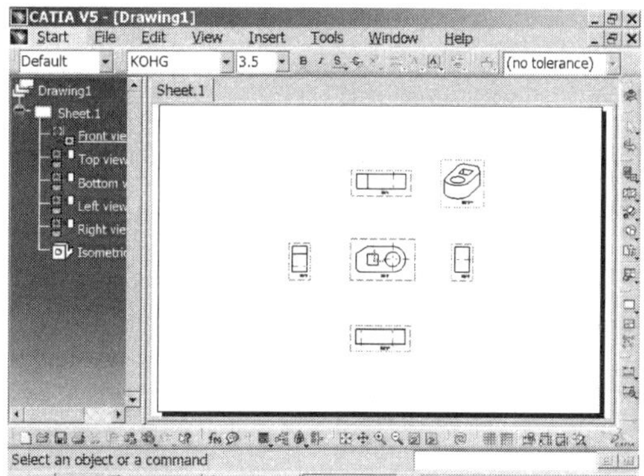

(d)

(2) 뷰 배치의 또 다른 방법은 (View Wizard)를 실행하여 그림 3.4(e)에서 다음(Next)을 눌러 View wizard (Step 2/2)에서 부품의 특성을 잘 나타낼 수 있는 뷰를 왼쪽 아이콘 중에서 하나씩 클릭하여 미리보기(Preview)창에 위치를 지정하고 마침(Finish)을 누른다. 다음 부품창에서 xy plane 또는 물체의 윗면을 클릭하고 다시 도면창에서 정면도를 클릭하면 된다.

(3) 뷰 배치 전체를 지우고 다시 배치하고자 할 때에는 (e)에서 View wizard(Step 2/2)의 미리보기 지우기(Clear Preview)를 누르면 모든 뷰 배치가 지워지고 미리보기(Preview)의 왼쪽 아이콘을 선택하여 뷰 배치를 하나씩 설정하여 배치할 수 있다.

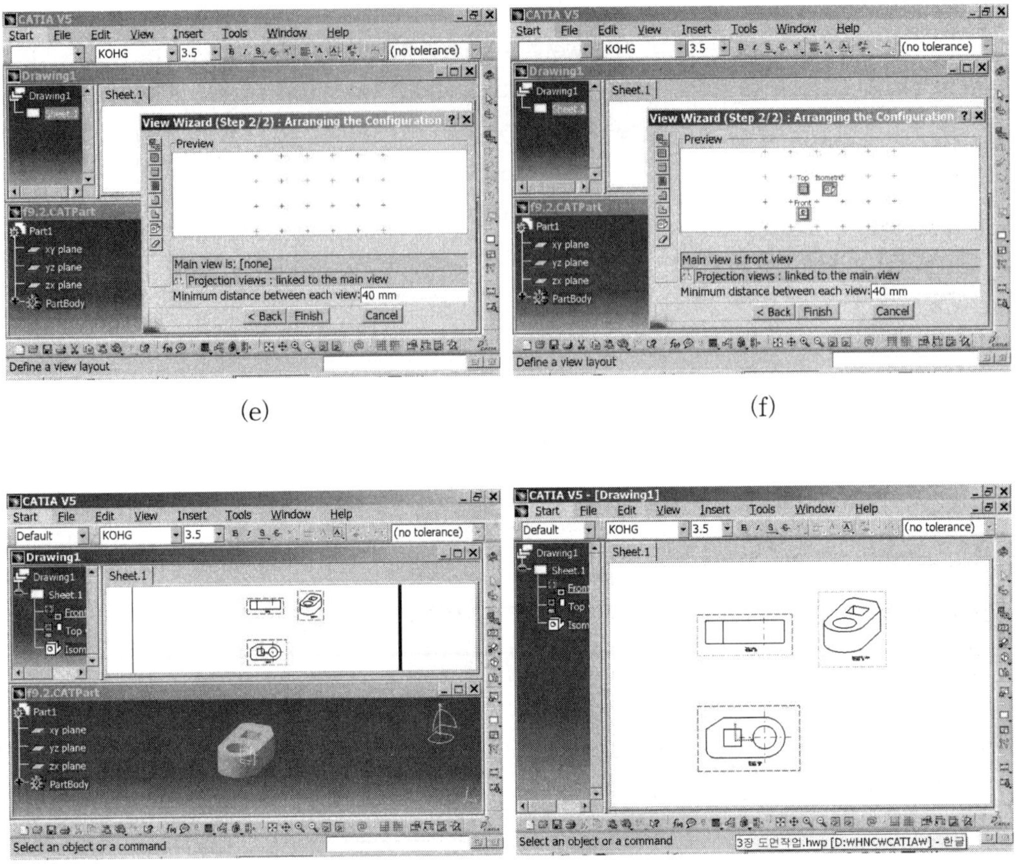

(e) (f) (g) (h)

그림 3.4

[5] 뷰 삭제 및 이동

생성된 도면 뷰 중에서 필요 없는 뷰를 삭제하고자 할 때에는 다음과 같은 방법들이 있다.

그림 3.5(a)에서와 같이 도면 뷰에서 생성된 개개의 뷰를 지우고자 할 때에는 뷰의 테두리선을 마우스 왼쪽 버튼으로 눌러 뷰 그림이 황색으로 변했을 때 키보드의 삭제키 Delete를 눌러 지운다. 또, (b)에서와 같이 스펙트리의 뷰 이름에 마우스 오른쪽 버튼을 눌러 대고 메뉴에서 Cut(잘라내기) 또는 Delete(삭제)를 선택하여 지운다. 또 (c)에서와 같이 뷰의 테두리선에 마우스 오른쪽 버튼을 눌러 대고 메뉴에서 Cut(잘라내기) 또는 Delete(삭제)를 선택하여 지운다. 여기에서 Cut(잘라내기)는 다시 Ctrl+V에 의해 다시 붙일 수 있으나 Delete(삭제)는 영구히 삭제된다.

그리고 (d)에서와 같이 뷰의 테두리선에 마우스 오른쪽 버튼을 눌러 대고 끌면 뷰를 이동시킬 수 있다.

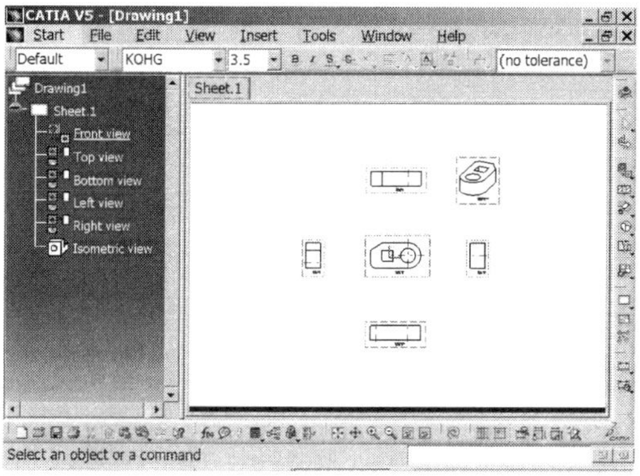

(a)

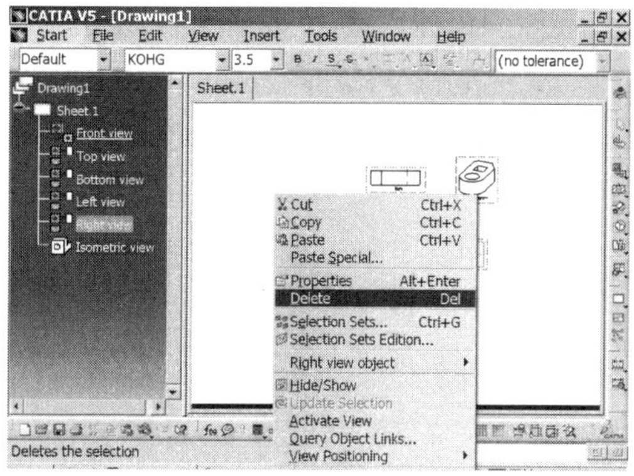

(b)

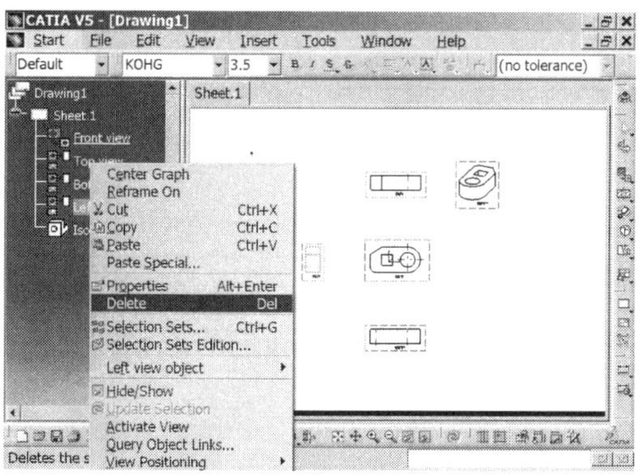

(c)

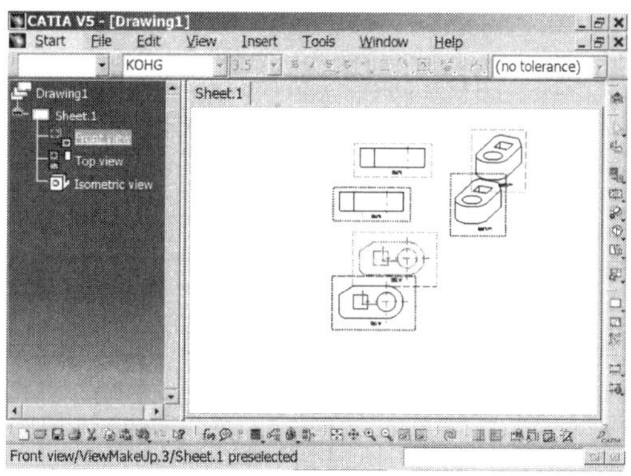

(d)

그림 3.5

[6] 보조투상도와 단축도 및 상세도

보조 투상도,단면도, 계단 단면도, 회전 단면도, 상세도 그리고 단축도 등은 정면도로부터 다음과 같은 방법으로 얻을 수 있다.

단면도 및 계단 단면도, 회전 단면도 등은 절단선을 그리고 마지막 점에서 더블클릭하여 그 위치를 지정한다. 상세도는 경계원의 중심과 반경을 지정하고, 단축도는 절단할 부분을 마우스로 설정하여 더블클릭하여 위치를 지정한다.

Insert ▶ Views ▶ Projections ▶ Auxiliary View(보조 투상도)
Insert ▶ Views ▶ Sections ▶ Offset section View(계단 단면도)
Insert ▶ Views ▶ Sections ▶ Aligned section View(보조 단면도)
Insert ▶ Views ▶ Details ▶ Detail(상세도)
Insert ▶ Views ▶ Break View ▶ Broken View(단축도)

[7] 치수, 기호, 문자 넣기

치수와 기호, 문자 등은 다음 표들과 표 3.6의 도구를 이용하여 필요에 따라 선택하여 넣는다.

표 3.6 치수(Dimensions)

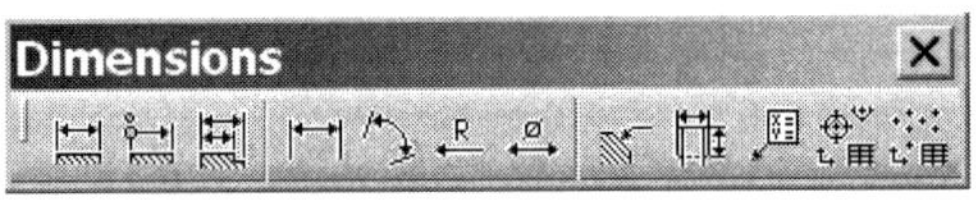

	명 령 어	설 명
	Dimensions	일반 치수
	Cumulated Dimensions	누적 치수
	Stacked Dimensions	병렬 치수
	Length/Distance Dimensions	길이/거리 치수
	Angle Dimensions	각도 치수
	Radius Dimensions	반경 치수
	Diameter Dimensions	직경 치수
	Chamfer Dimensions	모따기 치수

표 3.7 기하공차(Tolerance)

	명 령 어	설 명
	Datum Feature	데이텀
	Geometrical Tolerance	기하공차

표 3.8 주석, 문자, 기호

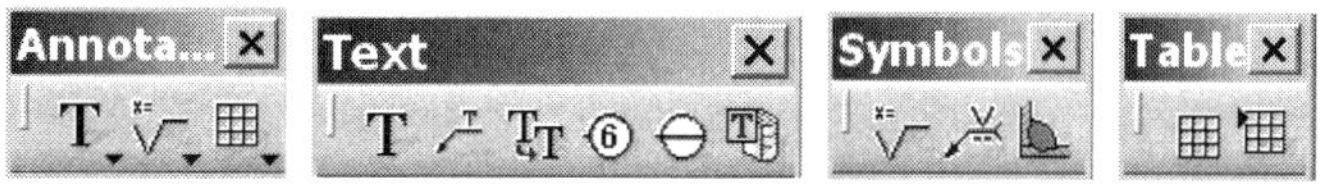

	명 령 어	설 명
	Text	문자
	Text with Leader	지시선을 갖는 문자
	Balloon	풍선기호
	Datum Target	데이텀 표적
	Roughness Symbol	거칠기 기호
	Welding Symbol	용접기호
	Weld	용접
	Table	테이블

표 3.9 도구(Tools)

	명 령 어	설 명
	Sketcher Grid	스케처 그리드
	Snap to Point	그리드 교차점에 스냅
	Analysis Display Mode	치수의 상태를 색깔로 구분한다.
	Show Constraints	구속조건 보이기
	Create Detected Constraints	제도시 감지된 구속조건 생성
	Filter Generated Elements	3D로 생성된 도면을 흐리게 표시

표 3.10 도구 펠릿(Tools palette)

	명 령 어	설 명
	Projected Dimension	투영된 치수(수평, 수직 치수)
	Force Dimension on Element	요소에 나란한 치수
	Force Horizontal Dimension in View	수평 치수
	Force Vertical Dimension in View	수직 치수
	True Length Dimension	실제 길이 치수
	Intersection Point Detection	교차점 찾기

표 3.11 마무리(Dress-up) 

	명 령 어	설 명
	Center Line	중심선
	Center Line with Reference	기준을 갖는 중심선
	Thread	나사
	Thread with Reference	기준을 갖는 나사
	Axis Line	축선
	Axis Line and Center Line	축선과 중심선
	Area Fill	면 채우기

표 3.12 제도 특성 

제도 특성(Graphic Properties)은 도면작업 시에 사용할 선의 종류나 굵기, 색상 등을 지정한다. 그리고 제도 특성의 맨 오른쪽 해칭선의 툴팁 을 누르면 아래와 같은 여러 가지 패턴이 나타나는 데 여기에서 하나를 선택하여 사용한다.

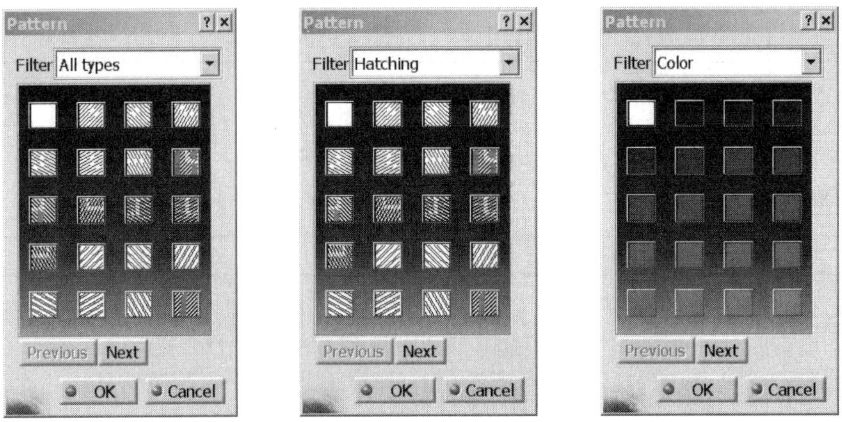

(a) (b) (c)

그림 3.6

치수 특성은 치수 및 치수공차의 형태를 지정하며 아래와 같은 의미를 가지고 있다.

표 3.13 치수 특성

(1) 공차 표시 않는 치수:

① ② ③ ④ ⑤

①치수 위치 ②공차표시 않음 ③사용 않음 ④치수 형태 ⑤소수점 이하 정밀도

(2) 공차 표시 치수:

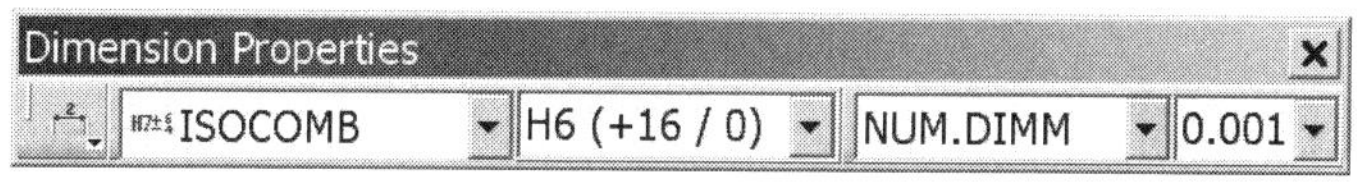

① ② ③ ④ ⑤

①치수 위치 ②공차표시 양식 ③공차 범위 ④치수 형태 ⑤소수점 이하 정밀도

표 3.14 문자 특성

① ② ③ ④ ⑤ ⑥ ⑦

①문자 형식 ②문자 크기 ③문자 모양 ④정렬 방식 ⑤기준점 ⑥문자 틀 ⑦기호

표 3.15 치수 생성(Generating Dimensions)

	명 령 어	설 명
	치수 생성(Generating Dimensions)	일괄 자동 치수 생성
	단계적 치수 생성(Generating Dimensions step by sep)	
	품번 기호(Generate Balloons)	

[8] 표제란과 외형선

도면작업에는 도면을 작성하고 편집하는 **작업 뷰**(Working Views)와 외형선과 표제란을 작성하고 편집하는 **배경 뷰**(Background View)가 있다.

표제란은 배경 뷰에서 도명(Title), 투상법, 작성자, 작성일자, 검도자, 승인자 등이 기재되는 곳으로, 메뉴에서 다음 ①과 같이 배경 뷰에 들어가 ②와 같이 실행한다.

① Edit ▸ Background
② Insert ▸ Drawing ▸ Frame and Title Block

표 3.16 표제란 작성

	명 령 어	설 명
	Frame Creation	표제란 작성
	Insert Bill of Material	재료 명세서

[9] 재료 명세서

재료 명세서(Bill of Material)는 부품의 재료에 관한 정보를 도면에 나타내어 준다. 그러나 이 명령은 그림 3.7(a)와 같이 Product1의 조립도에서 (b)와 같이 도면작업을 행하여, (c)와 같이 도면 뷰의 **배경**(Background) **모우드**에 들어가서 다음과 같이 실행해야 한다.

> Edit ▶ Background [(c)]
> Insert ▶ Drawing ▶ Frame and Title Block [(d)]
> Insert ▶ Drawing ▶ Bill of Material [(e)에서 마우스로 부품창의 Product1을 누르고 도면창에 재료명세서의 삽입 위치를 지정]

또, (f)에서와 같이 도표 내에서 마우스 왼쪽 버튼을 더블클릭하여 마우스의 ⇩(화살표)나 +(십자커서)로 까맣게 덧칠하여 글자체와 크기를 조절할 수 있고, 테두리선의 ▬를 마우스로 눌러 옮겨 각각의 셀(cell)의 크기를 조절할 수 있다. 또한 셀 내에서 마우스의 +(십자커서)를 더블클릭하여 내용을 수정할 수 있다.

(a) (b)

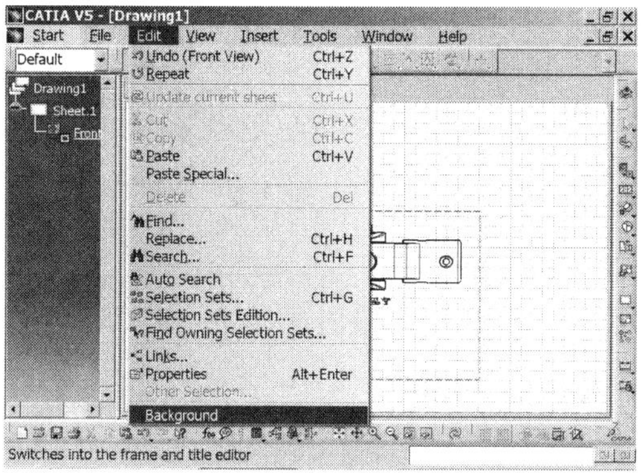
CATIA V5 - [Drawing1]
Start File Edit View Insert Tools Window Help
Undo (Front View) Ctrl+Z
Repeat Ctrl+Y
Update current sheet Ctrl+U
Cut Ctrl+X
Copy Ctrl+C
Paste Ctrl+V
Paste Special...
Delete Del
Find...
Replace... Ctrl+H
Search... Ctrl+F
Auto Search
Selection Sets... Ctrl+G
Selection Sets Edition...
Find Owning Selection Sets...
Links...
Properties Alt+Enter
Other Selection...
Background
Switches into the frame and title editor

(c)

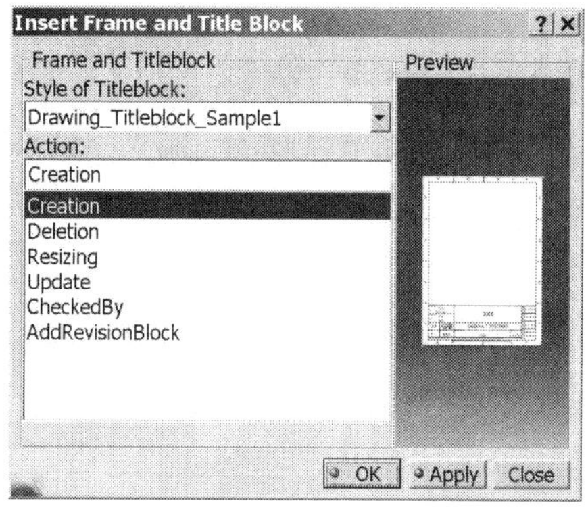
Insert Frame and Title Block
Frame and Titleblock
Style of Titleblock:
Drawing_Titleblock_Sample1
Action:
Creation
Creation
Deletion
Resizing
Update
CheckedBy
AddRevisionBlock
Preview
OK
Apply
Close

(d)

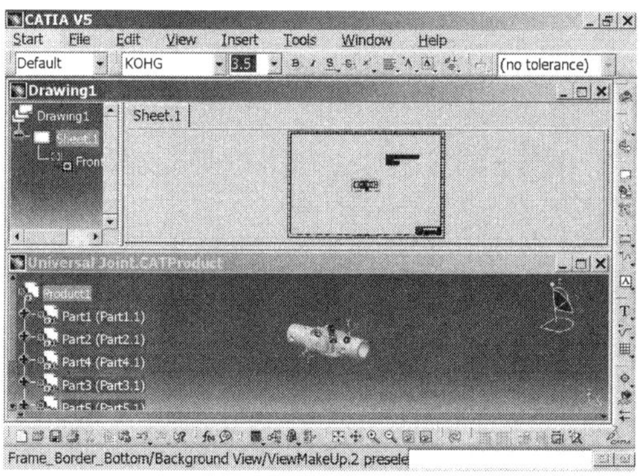
CATIA V5
Start File Edit View Insert Tools Window Help
Default
KOHG
3.5
(no tolerance)
Drawing1
Sheet.1
Universal Joint.CATProduct
Product1
Part1 (Part1.1)
Part2 (Part2.1)
Part4 (Part4.1)
Part3 (Part3.1)
Frame_Border_Bottom/Background View/ViewMakeUp.2 presele

(e)

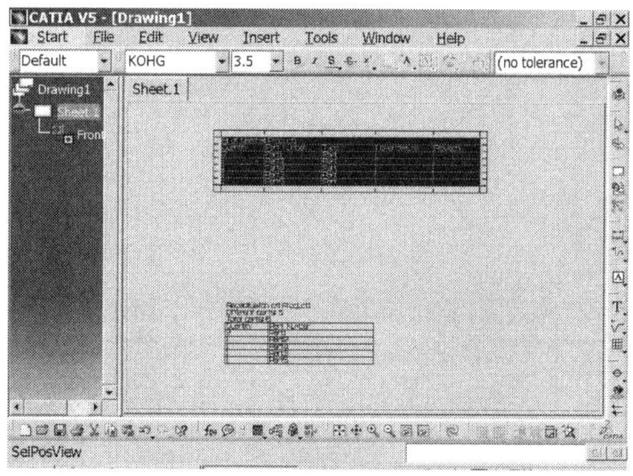
CATIA V5 - [Drawing1]
Start File Edit View Insert Tools Window Help
Default
KOHG
3.5
(no tolerance)
Drawing1
Sheet.1
SelPosView

(f)

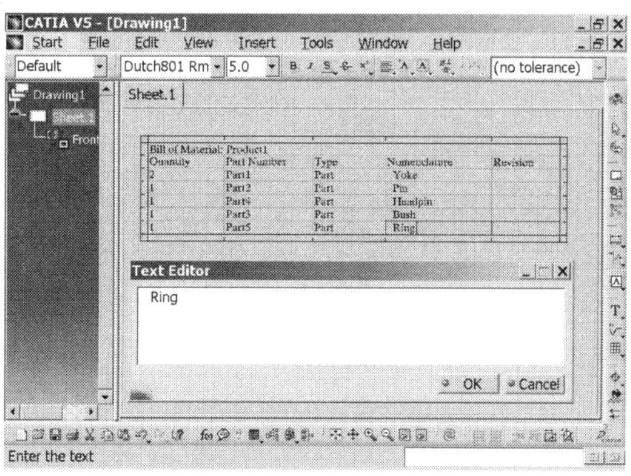
CATIA V5 - [Drawing1]
Start File Edit View Insert Tools Window Help
Default
Dutch801 Rm
5.0
(no tolerance)
Drawing1
Sheet.1
Bill of Material: Product1
Quantity Part Number Type Nomenclature Revision
2 Part1 Part Yoke
1 Part2 Part Pin
1 Part4 Part Headpin
1 Part3 Part Bush
1 Part5 Part Ring
Text Editor
Ring
OK
Cancel
Enter the text

(g)

그림 3.7

[10] 테이블

테이블(Table)은 필요한 사항을 표로 만들 필요가 있을 때 사용한다. 재료명세서를 새로 만들 때에 응용할 수 있다. 그림 3.8의 테이블 편집자(Table Editor)가 나오면 행(Columns)과 열(Rows)의 수를 지정하고 화면창에서 테이블의 위치를 지정하여 삽입한다. 테이블의 간격을 조절하고자 할 때에는 테이블내의 임의의 곳을 더블클릭하여 (c)의 테두리선의 를 마우스로 눌러 옮겨 조절한다. 수정방법은 위의 [9] **재료명세서**에서 설명한 것과 같은 방법이다.

Insert ▶ Annotations ▶ Table ▶ Table

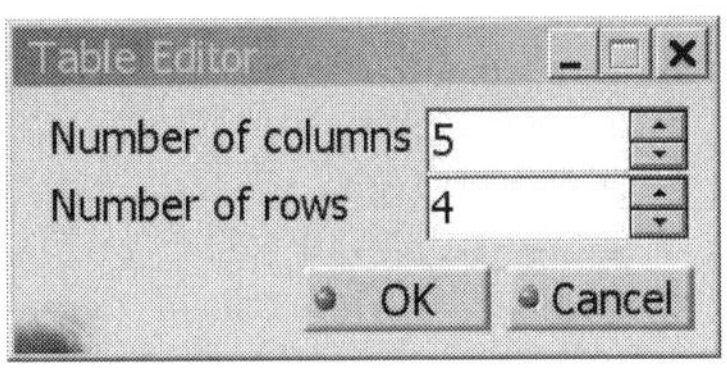

(a)

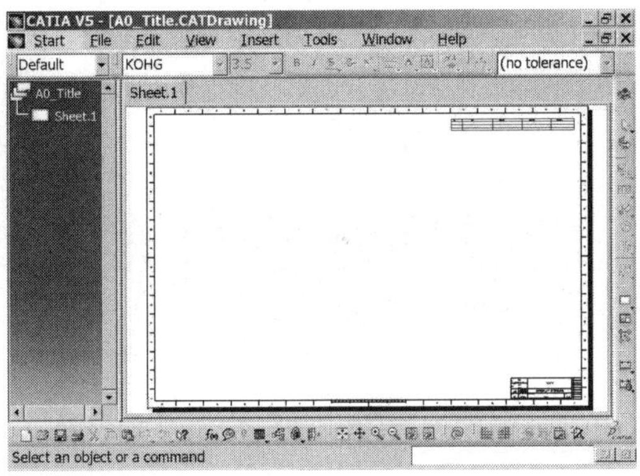

(b)

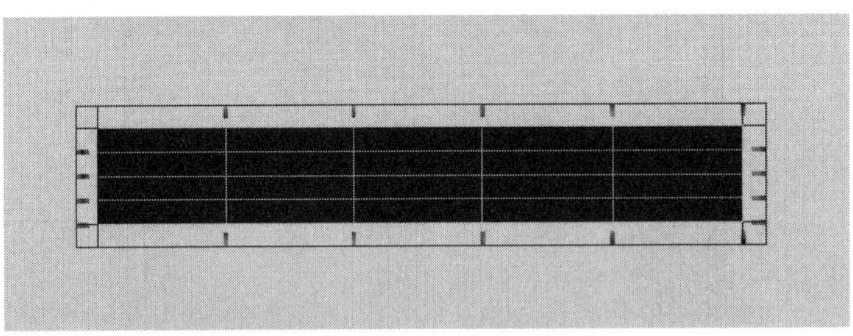

(c)

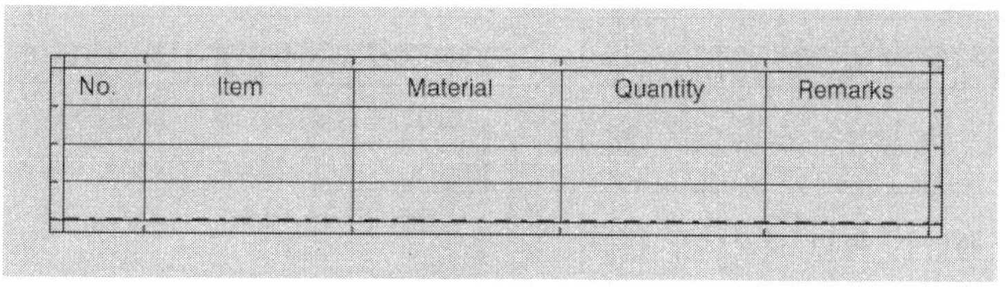

No.	Item	Material	Quantity	Remarks

(d)

그림 3.8

[11] 배경 뷰의 저장 및 삽입

표제란이나 자주 사용하는 내용의 밑그림은 한번 만들어서 저장해 두고 계속 불러서 사용할 수 있다.

① 그림 3.9(a)에서 만들어진 배경 뷰의 이름을 붙여 (b)에서와 같이 저장한다.

② (c)의 새 뷰(New Drawing)를 띄워 놓고 배경 뷰에 들어가서 다음과 같이 실행한다.

> Edit ▸ Background [(c)]
> File ▸ Page Setup... [(d)]

③ (d)와 같이 셋업 불러오기(Page Setup)를 눌러 (e)의 대화창에서 배경 뷰 입력(Insert Background View)을 누르면 (f)의 대화창이 나타나는 데, 여기에서 Browse...를 눌러 저장된 배경 뷰를 찾아 (g)에서 열기하여 (h)에서 삽입(Insert)한다. 이 내용은 반드시 배경(Background) 모우드에서만 수정할 수 있다.

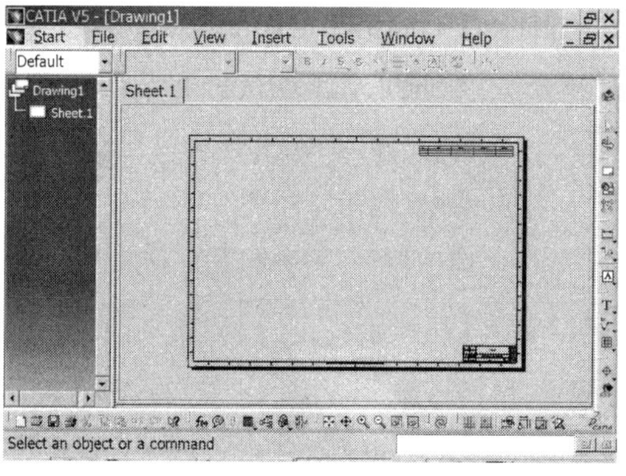

(a)

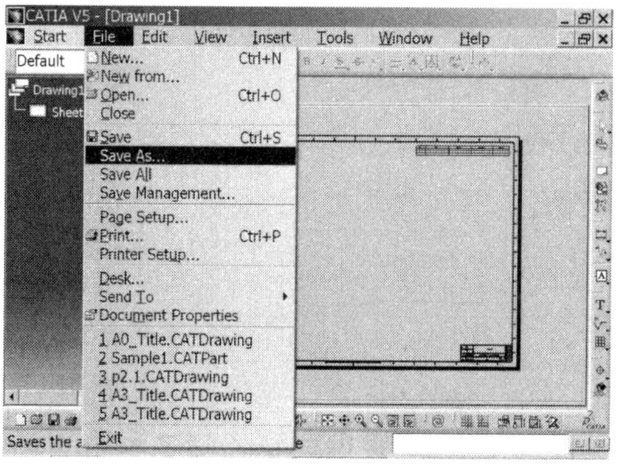

(b)

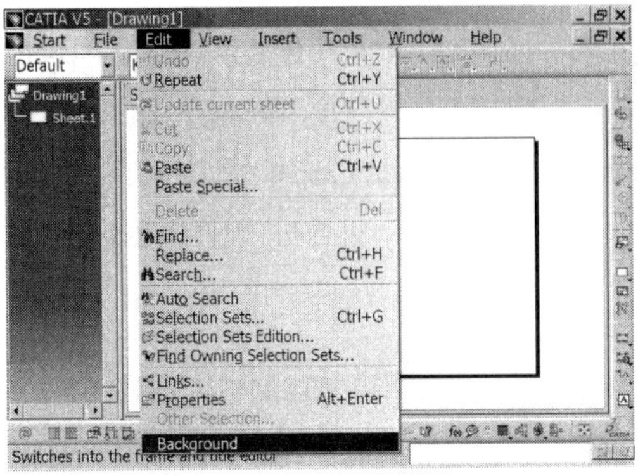
CATIA V5 - [Drawing1]
Start File Edit View Insert Tools Window Help
Default
Undo Ctrl+Z
Repeat Ctrl+Y
Update current sheet Ctrl+U
Cut Ctrl+X
Copy Ctrl+C
Paste Ctrl+V
Paste Special...
Delete Del
Find...
Replace... Ctrl+H
Search... Ctrl+F
Auto Search
Selection Sets... Ctrl+G
Selection Sets Edition...
Find Owning Selection Sets...
Links...
Properties Alt+Enter
Other Selection...
Background
Switches into the frame and title editor

(c)

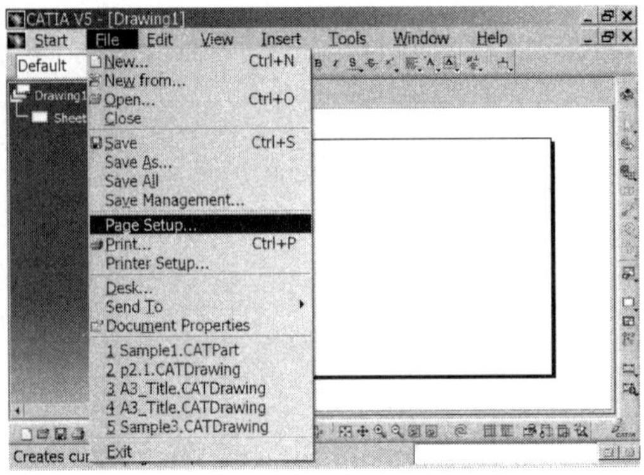
CATIA V5 - [Drawing1]
Start File Edit View Insert Tools Window Help
Default
New... Ctrl+N
New from...
Open... Ctrl+O
Close
Save Ctrl+S
Save As...
Save All
Save Management...
Page Setup...
Print... Ctrl+P
Printer Setup...
Desk...
Send To
Document Properties
1 Sample1.CATPart
2 p2.1.CATDrawing
3 A3_Title.CATDrawing
4 A3_Title.CATDrawing
5 Sample3.CATDrawing
Exit

(d)

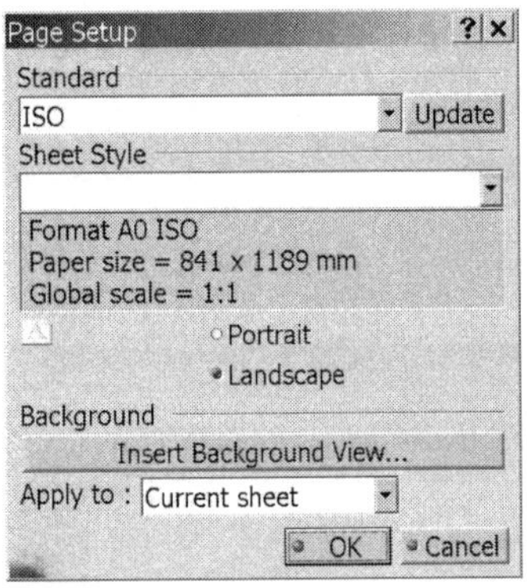
Page Setup
Standard
ISO
Update
Sheet Style
Format A0 ISO
Paper size = 841 x 1189 mm
Global scale = 1:1
Portrait
Landscape
Background
Insert Background View...
Apply to : Current sheet
OK
Cancel

(e)

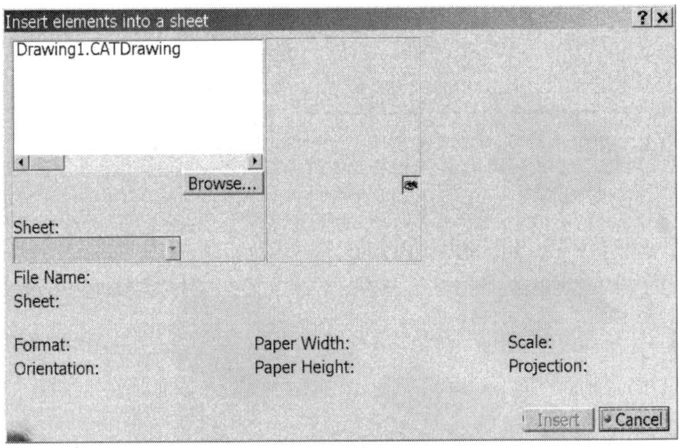
Insert elements into a sheet
Drawing1.CATDrawing
Browse...
Sheet:
File Name:
Sheet:
Format:
Orientation:
Paper Width:
Paper Height:
Scale:
Projection:
Insert
Cancel

(f)

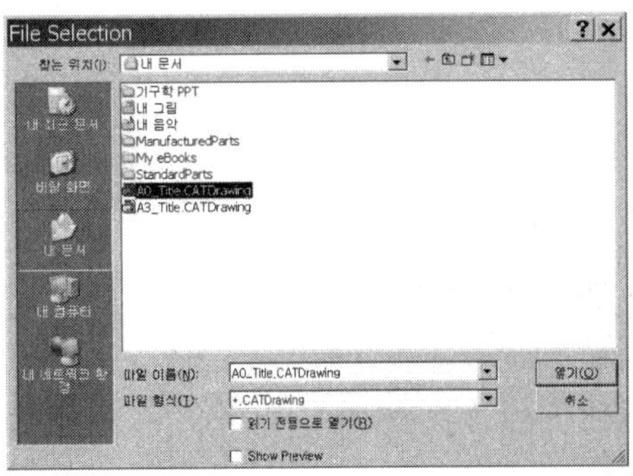
File Selection
내 문서
ManufacturedParts
My eBooks
StandardParts
A0_Title.CATDrawing
A3_Title.CATDrawing
A0_Title.CATDrawing
*.CATDrawing
Show Preview

(g)

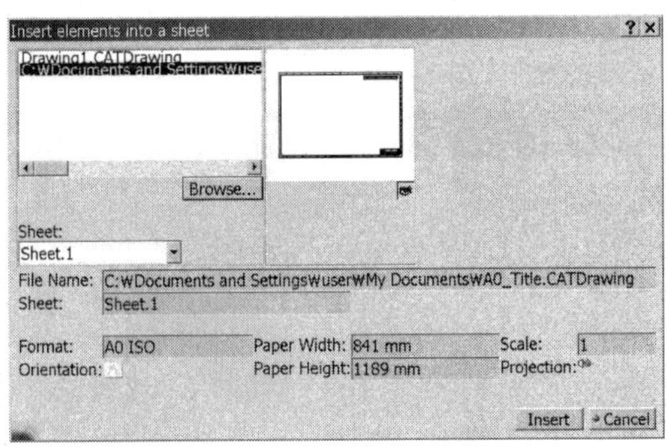
Insert elements into a sheet
Drawing1.CATDrawing
Browse...
Sheet:
Sheet.1
File Name: C:\Documents and Settings\user\My Documents\A0_Title.CATDrawing
Sheet: Sheet.1
Format: A0 ISO
Orientation:
Paper Width: 841 mm
Paper Height: 1189 mm
Scale: 1
Projection:
Insert
Cancel

(h)

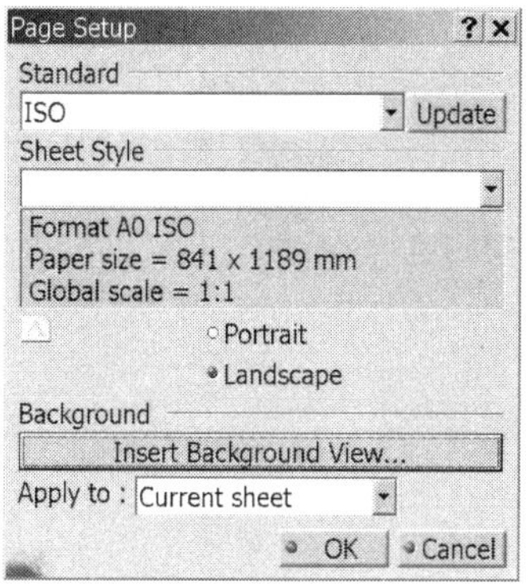

(i)

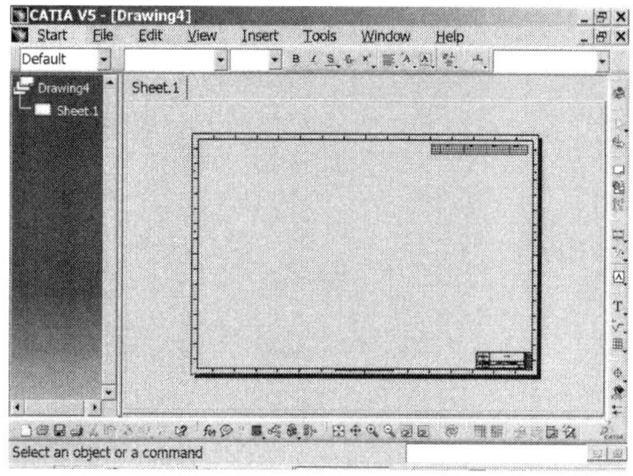

(j)

그림 3.9

3.3 대화식 도면작업

대화식 도면작업은 3D 부품 모델이 없이 바로 투상도를 그리는 것으로 도면 작업창은 생성식 도면 작업창과 같다. 또한 생성식 도면작업을 하다가 필요한 경우에 대화식 도면작업을 실행하여 보조적인 작업을 할 수 있다. 그러므로 대화식 도면 작업창을 여는 방법은 다음 그림 3.10과 같다.

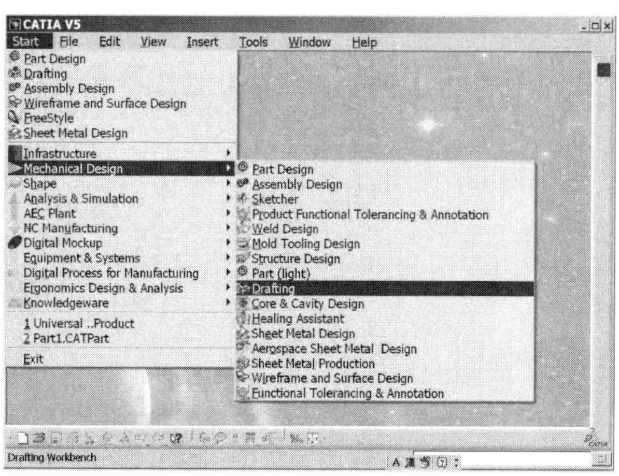

(a)

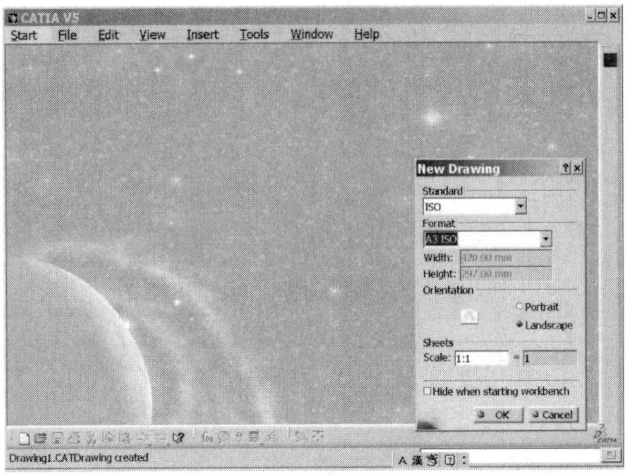

(b)

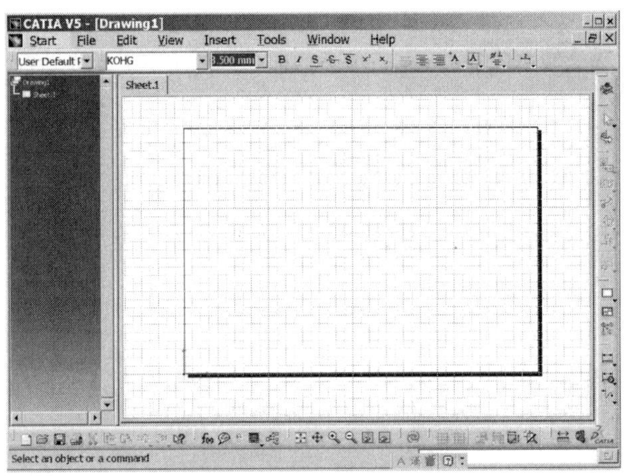

(c)

그림 3.10

[1] 제도(Drawing)

새 도면, 새 상세도 및 새 뷰(New View)를 만든다.

표 3.17 새 도면(Sheet), 제도(Drawing)

	명 령 어	설 명
	New Sheet(새 도면)	새 도면을 생성
	New Detail Sheet(새 상세도)	새 상세도를 생성

	New View(새 뷰)	새 뷰
	Instantiate 2D Component (상세도 붙이기)	새 상세도에서 생성한 보조도면이나 기호를 도면에 붙여준다.

표 3.18 도구(Tools)

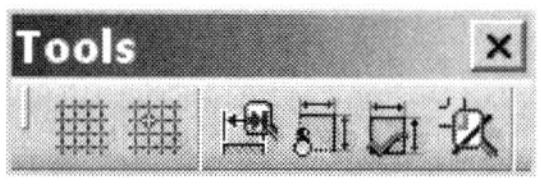

	명 령 어	설 명
	Sketcher Grid(스케치용 격자)	스케처 그리드 표시
	Snap to Point(교차점에 스냅)	그리드 교차점에 스냅
	Analysis Display Mode (분석 표시 모우드)	치수의 상태를 색깔로 구분한다.
	Show Constraint(구속조건 보이기)	에서 생성된 구속조건을 표시
	Create Detected Constraint	제도시 감지된 구속조건 생성
	Filter Generated Elements	3D로 생성된 도면을 흐리게 표시

[2] 치수의 상태

그림 3.11(a)와 같이 선택(Options) 대화창에서 다음과 같이 Types and colors...를 클릭하면 치수의 상태(Analysis Display Mode)를 (b)와 같은 색으로 표시됨을 확인할 수 있다.

> Tool ▸ Options... [Mechanical Design ▸ Drafting ▸ Dimension ▸ Analysis Display Mode ▸ Types and colors... 클릭]

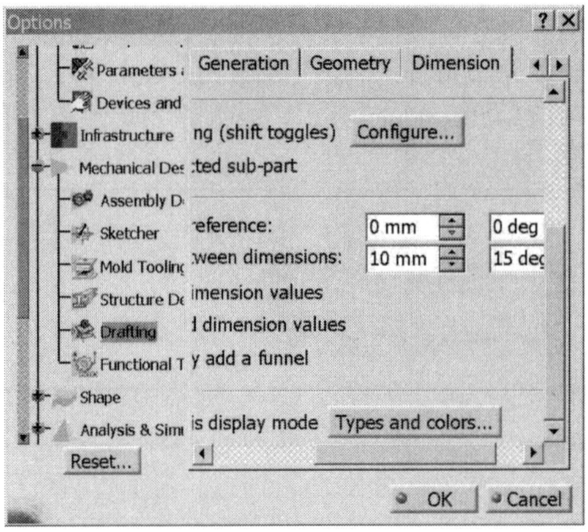

(a)

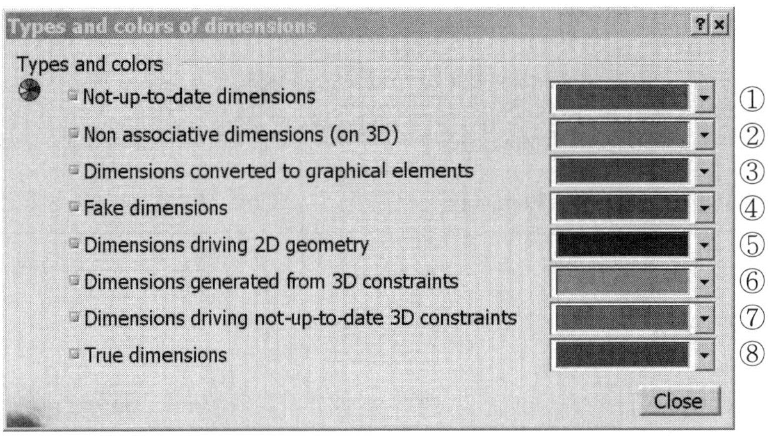

(b)

그림 3.11

표 3.19는 그림 3.11(b)의 치수의 형식과 색상(Types and colors of dimensions)의 번호에 해당하는 각각의 의미를 설명한 것이다.

표 3.19 치수상태의 표시(Analysis Display Mode) 

순서	명 령 어	설 명
①	Non up-to-date Dimensions	업데이트 하지 않은 치수
②	Non Associative Dimensions (on 3D)	3D 솔리드와 연계되지 않은 치수
③	Dimensions Converted to Graphical Elements	3D 솔리드로 전환된 치수
④	Fake Dimensions	잘못된 치수

⑤	Dimensions Driving 2D Geometry	2D 기하로 변환 가능한 치수
⑥	Dimensions Generated from 3D Constraints	3D 구속에서 생성된 치수
⑦	Dimensions not-up-to-date 3D Constraints	3D 구속으로 변환 가능한 치수
⑧	True Dimensions	3D 솔리드에서 주어진 실 치수(변환 불가)

표 3.20 마무리(Dressup), 축과 나사

순서	명 령 어	설 명
	Center Line	중심선
	Center Line with Reference	기준을 갖는 중심선
	Thread	나사 및 중심선
	Thread with Reference	나사 및 기준을 갖는 중심선
	Axis Line	축선
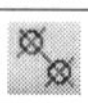	Axis Line and Center Line	축선과 중심선
	Area Fill	면 채우기(해칭)

3.4 도면작업 따라하기

예제 3.1 문제 3.1 부품도의 도면 작성

Start ▸ Mechanical Design ▸ Drafting [그림 3.12(a) 빈 도면(Empty Sheet) 선택]
Window ▸ Tile Horizontaly [(b)]
(c)의 스펙트리의 Sheet.1에 마우스 오른쪽 버튼을 누르고 메뉴에서 특성(Properties) 선택, (d)의 특성창(Properties)에서 축척(Global scale)을 조정하고 3각법 (● Third angle standard)을 선택한다.

Insert ▸ Views ▸ Projections ▸ Front View [(e)의 부품창 스펙트리의 xy plane 또는 물체의 윗면을 클릭, (f)의 도면창에서 정면도를 클릭]

Insert ▸ Views ▸ Projections ▸ Isometric View [(g) 부품창 스펙트리의 임의의 절대평면 또는 물체를 클릭, (h)의 도면창에서 등각 투상도를 클릭]

(i)에서 정면도의 테두리선에 마우스 오른쪽버튼을 누르고 메뉴에서 특성(Properties) 선택, (j)의 특성창(Properties)에서 축척(Global scale)을 조정하고 Hidden Lines, Center Line, Axis를 선택하고 Fillets을 해제한다.

Insert ▶ Views ▶ Sections ▶ Offset Section [(k)에서 절단선(A-A)을 그어 마지막 점에서 더블클릭하여 단면도 위치 클릭]

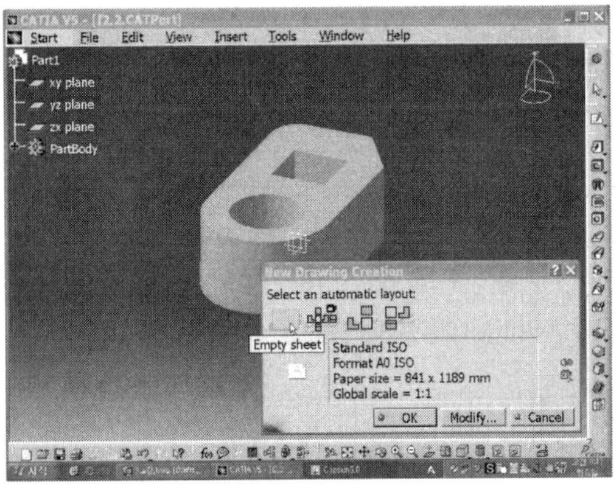

(a)

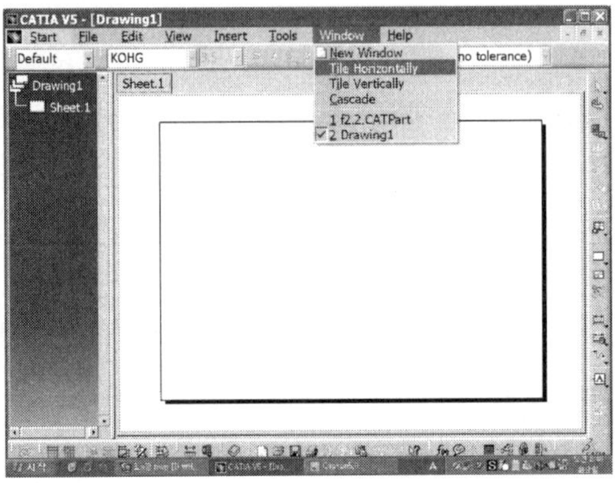

(b)

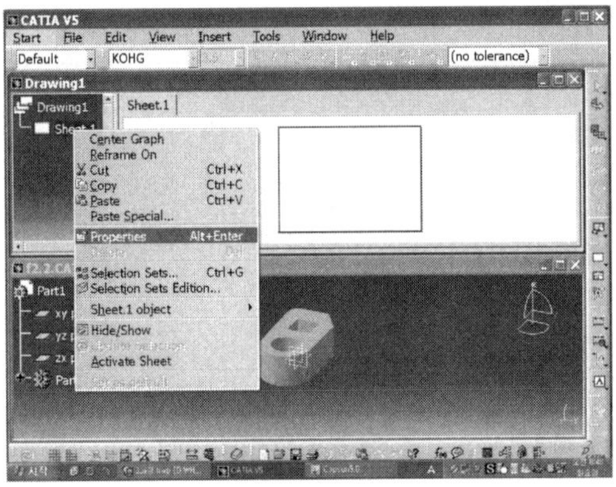

(c)

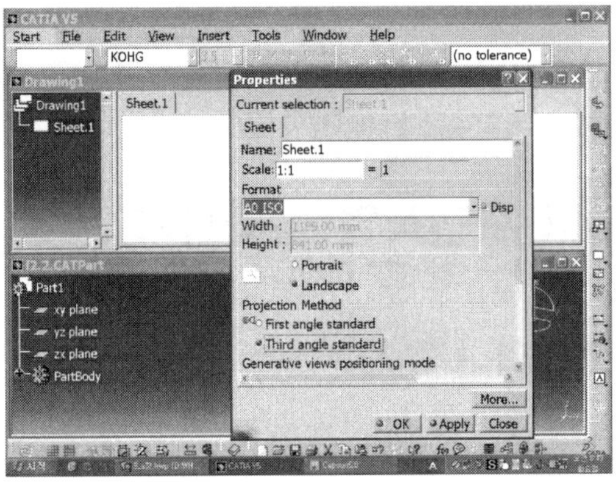

(d)

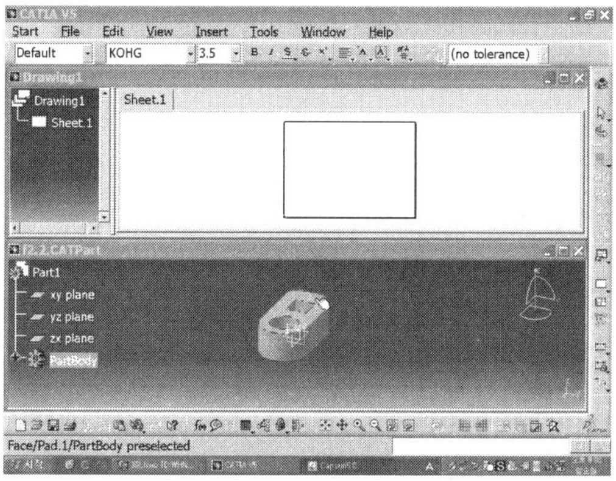
CATIA V5
Start File Edit View Insert Tools Window Help
Drawing1
Sheet.1
Part1
xy plane
yz plane
zx plane
PartBody
Face/Pad.1/PartBody preselected

(e)

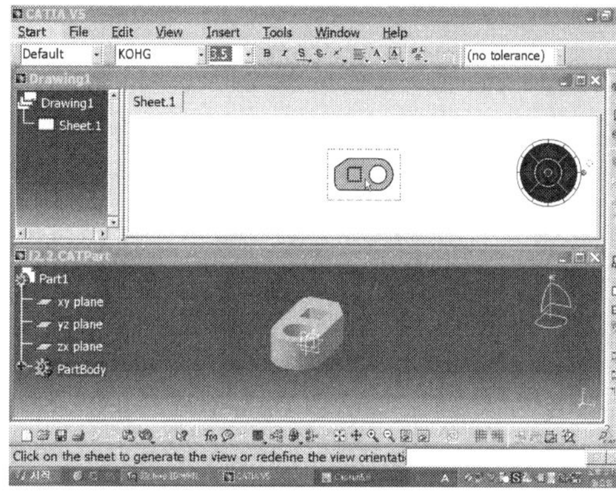
CATIA V5
Start File Edit View Insert Tools Window Help
Drawing1
Sheet.1
Part1
xy plane
yz plane
zx plane
PartBody
Click on the sheet to generate the view or redefine the view orientati

(f)

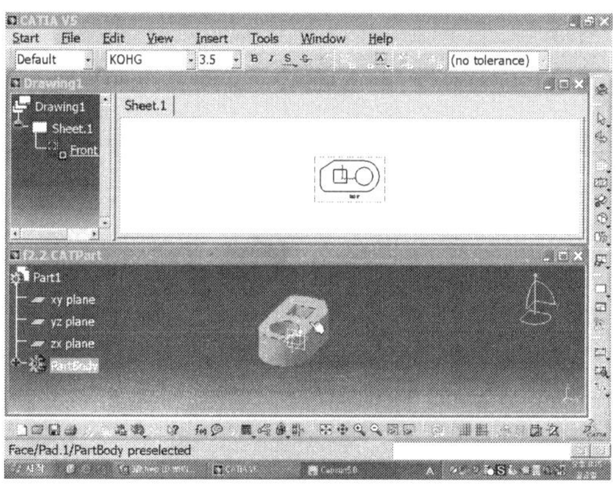
CATIA V5
Start File Edit View Insert Tools Window Help
Drawing1
Sheet.1
Front
Part1
xy plane
yz plane
zx plane
PartBody
Face/Pad.1/PartBody preselected

(g)

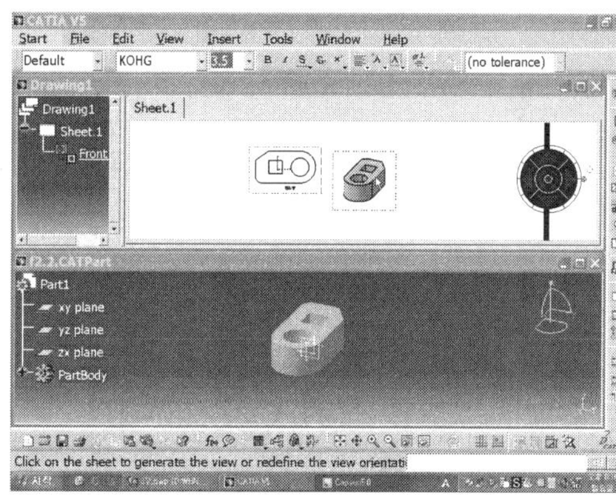
CATIA V5
Start File Edit View Insert Tools Window Help
Drawing1
Sheet.1
Front
Part1
xy plane
yz plane
zx plane
PartBody
Click on the sheet to generate the view or redefine the view orientati

(h)

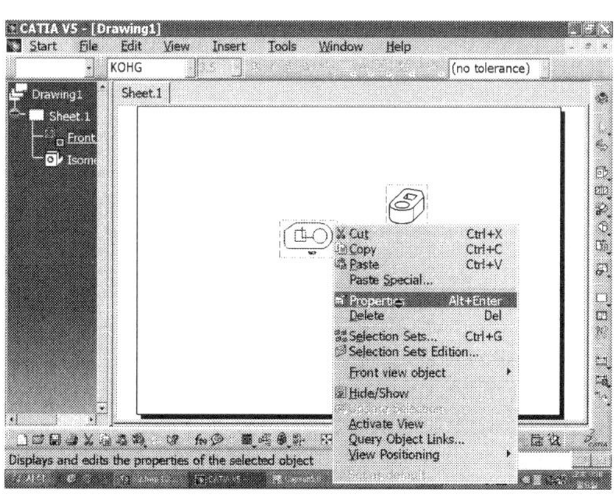
CATIA V5 - [Drawing1]
Start File Edit View Insert Tools Window Help
Drawing1
Sheet.1
Front
Isome
Cut Ctrl+X
Copy Ctrl+C
Paste Ctrl+V
Paste Special...
Properties Alt+Enter
Delete Del
Selection Sets... Ctrl+G
Selection Sets Edition...
Front view object
Hide/Show
Activate View
Query Object Links...
View Positioning
Displays and edits the properties of the selected object

(i)

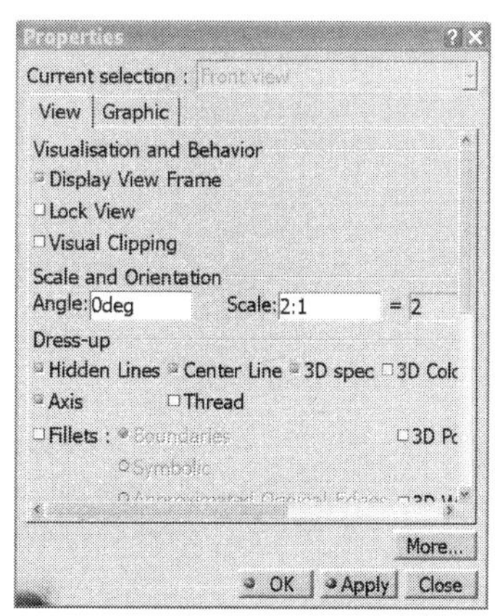
Properties
Current selection : Front view
View
Graphic
Visualisation and Behavior
Display View Frame
Lock View
Visual Clipping
Scale and Orientation
Angle: 0deg
Scale: 2:1
= 2
Dress-up
Hidden Lines
Center Line
3D spec
Axis
Thread
Fillets :
Boundaries
Symbolic
More...
OK
Apply
Close

(j)

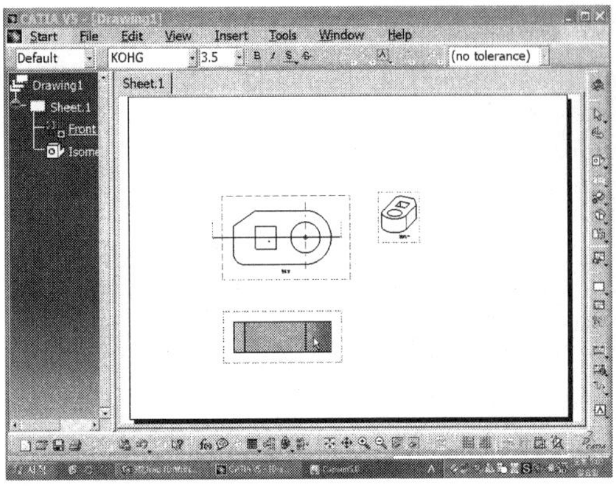

(k)

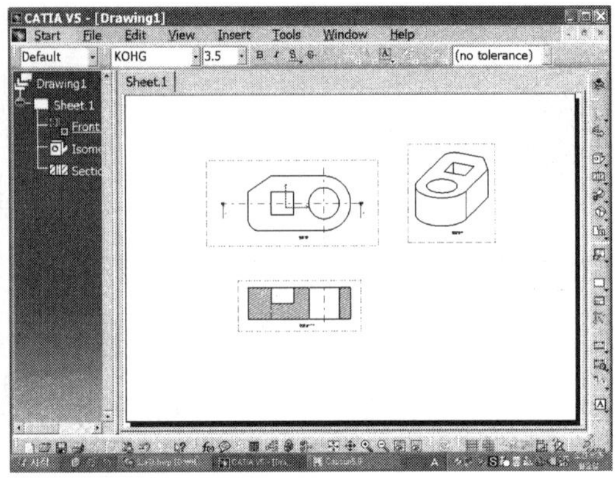

(l)

(m)에서 치수 넣기, 치수를 모두 클릭하여 치수크기 조정

(n)의 도면 뷰에서 메뉴: Edit ▸ Background를 선택

메뉴: Insert ▸ Drawing ▸ Frame and Title Block [(o)에서 블록의 형태(Style of Block), Creation(생성)을 선택]

(p)의 표제란의 문자를 더블클릭하여 문자내용을 수정 (q)에서 메뉴: Edit ▸ Working Views

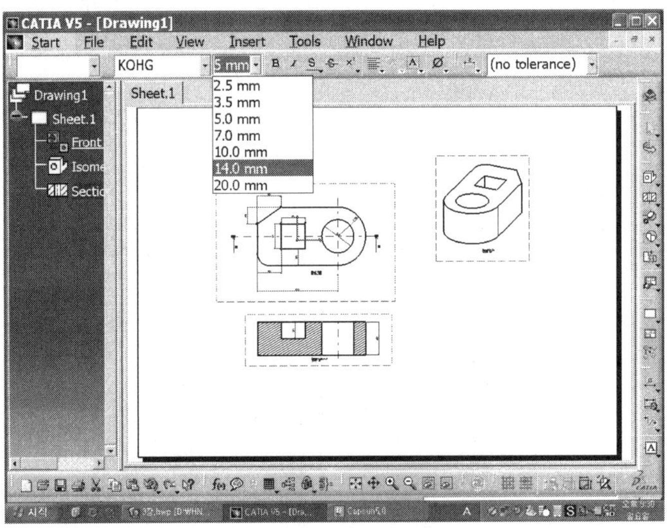

(m)

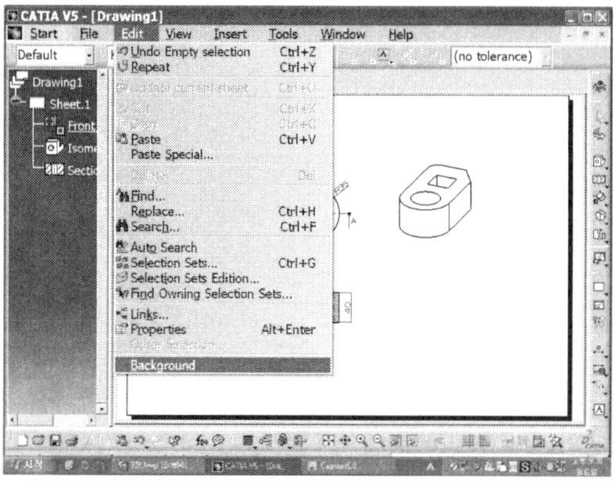
CATIA V5 - [Drawing1]
Start File Edit View Insert Tools Window Help
Undo Empty selection Ctrl+Z
Repeat Ctrl+Y
Paste Ctrl+V
Paste Special...
Find...
Replace... Ctrl+H
Search... Ctrl+F
Auto Search
Selection Sets... Ctrl+G
Selection Sets Edition...
Find Owning Selection Sets...
Links...
Properties Alt+Enter
Background

(n)

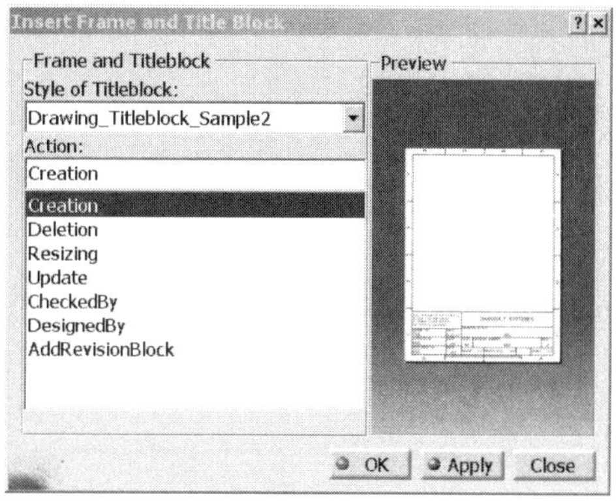
Insert Frame and Title Block
Frame and Titleblock
Style of Titleblock:
Drawing_Titleblock_Sample2
Action:
Creation
Creation
Deletion
Resizing
Update
CheckedBy
DesignedBy
AddRevisionBlock
Preview
OK
Apply
Close

(o)

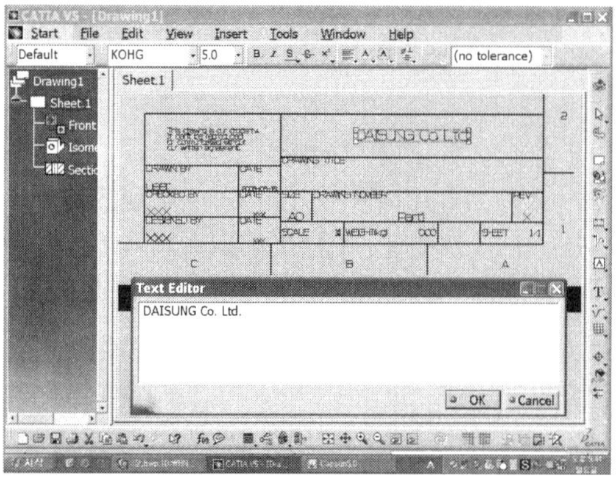
Text Editor
DAISUNG Co. Ltd.
OK
Cancel

(p)

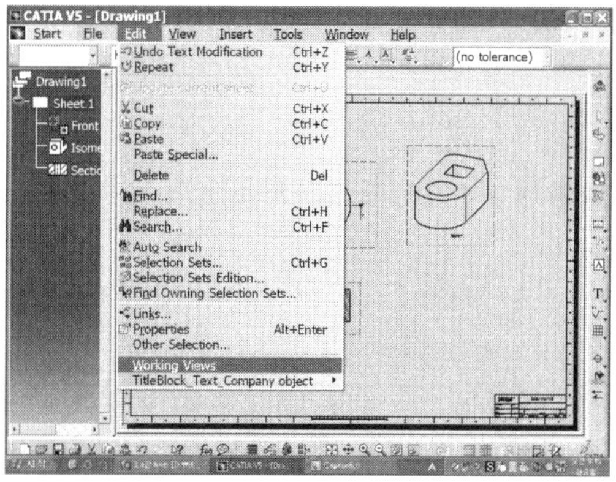
CATIA V5 - [Drawing1]
Undo Text Modification Ctrl+Z
Repeat Ctrl+Y
Cut Ctrl+X
Copy Ctrl+C
Paste Ctrl+V
Paste Special...
Delete Del
Find...
Replace... Ctrl+H
Search... Ctrl+F
Auto Search
Selection Sets... Ctrl+G
Selection Sets Edition...
Find Owning Selection Sets...
Links...
Properties Alt+Enter
Other Selection...
Working Views
TitleBlock_Text_Company object

(q)

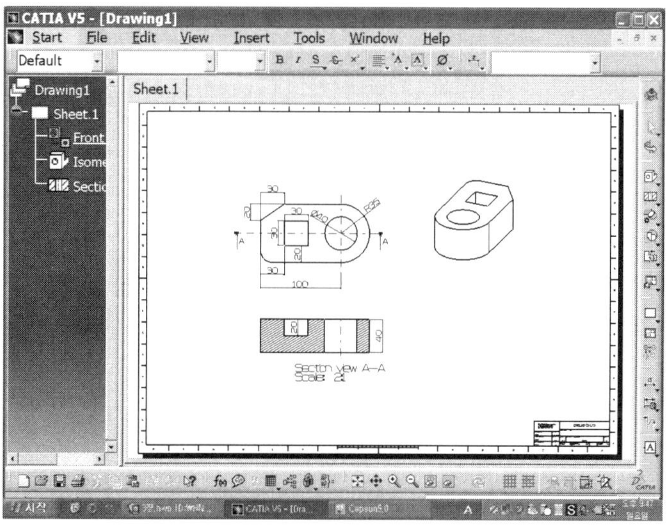
CATIA V5 - [Drawing1]
Start File Edit View Insert Tools Window Help
Drawing1
Sheet.1

(r)

그림 3.12

문제 3.2 다음 물체의 도면을 보고 부품도를 그려라.

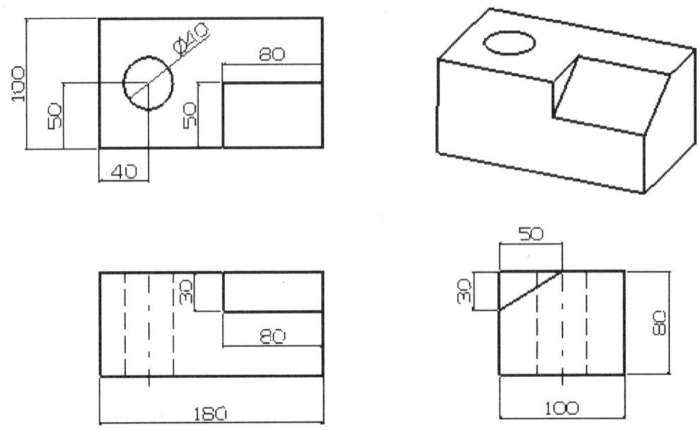

그림 3.13

예제 3.2 위 문제 3.2 부품도의 도면 작성

그림 3.14(a)에서 빈 도면(Empty Sheet) 선택

Window ▸ Tile Horizontaly [(b)]

(c)의 Sheet.1에 마우스 오른쪽 버튼을 누르고 특성(Properties) 선택, (d)에서 전체 축척(Global Scale) 1:2, 3각법(Third angle standard) 선택

Insert ▸ View ▸ Wizard ▸ Wizard [(e)의 마법사창에서 5개 뷰[정면도(front View), 저면도(Bottom View), 등각투영(Isometric View)] 선택, (f)의 부품창의 스펙트리에서 yz plane 클릭 또는 모델의 정면클릭, (g)의 도면창에서 정면도(Front View) 클릭]

(h)의 저면도와 좌측면도의 테두리 선에 마우스 오른쪽 버튼을 누르고 메뉴에서 삭제(Delete) 선택

(i)의 등각투상도의 테두리선에 마우스 오른쪽 버튼을 누르고 특성(Properties) 선택, (j)의 특성(Properties) 창에서 □Hidden Lines 해제

(k)에서 치수 넣기, 각 뷰의 테두리선을 눌러 뷰의 위치 조정

(l)의 스펙트리의 각 투상도에 마우스 오른쪽 버튼을 누르고 특성(Properties) 선택, (m)의 특성창(Properties window)에서 □Display View Frame을 해제

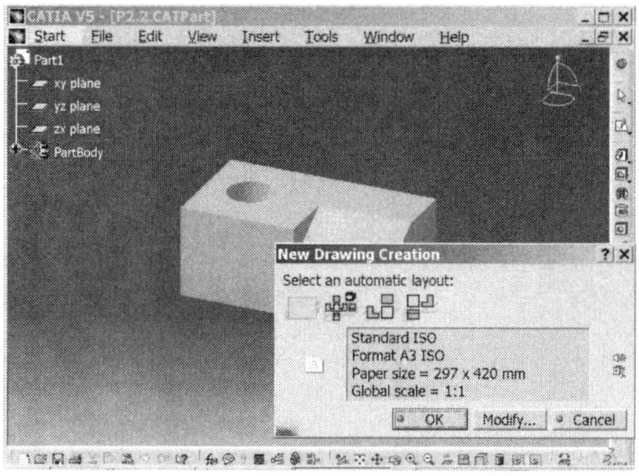
CATIA V5 - [P2.2.CATPart]
Start File Edit View Insert Tools Window Help
Part1
xy plane
yz plane
zx plane
PartBody
New Drawing Creation
Select an automatic layout:
Standard ISO
Format A3 ISO
Paper size = 297 x 420 mm
Global scale = 1:1
OK
Modify...
Cancel

(a)

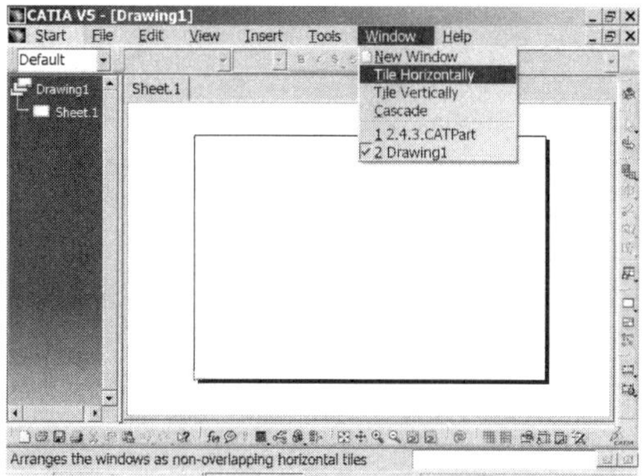
CATIA V5 - [Drawing1]
Start File Edit View Insert Tools Window Help
Default
Drawing1
Sheet.1
New Window
Tile Horizontally
Tile Vertically
Cascade
1 2.4.3.CATPart
2 Drawing1
Arranges the windows as non-overlapping horizontal tiles

(b)

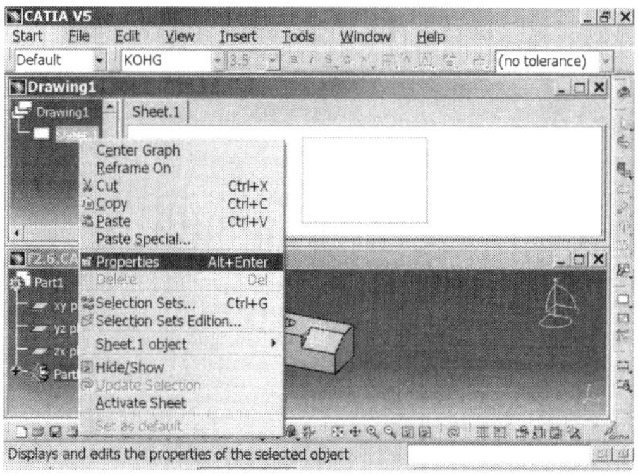
CATIA V5
Start File Edit View Insert Tools Window Help
Default
KOHG
(no tolerance)
Drawing1
Sheet.1
Center Graph
Reframe On
Cut Ctrl+X
Copy Ctrl+C
Paste Ctrl+V
Paste Special...
Properties Alt+Enter
Delete Del
Selection Sets... Ctrl+G
Selection Sets Edition...
Sheet.1 object
Hide/Show
Update Selection
Activate Sheet
Set as default
Displays and edits the properties of the selected object

(c)

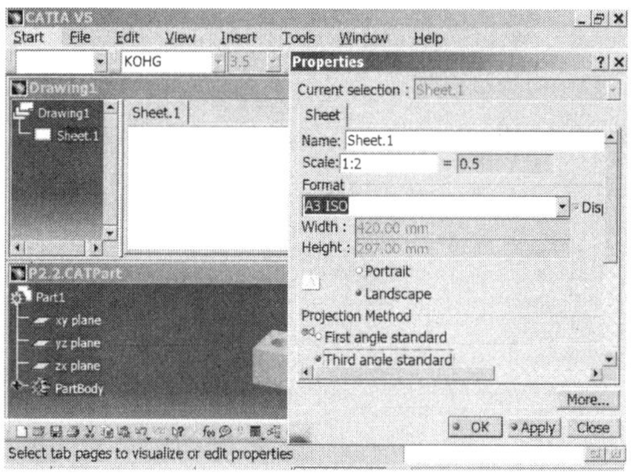
CATIA V5
Start File Edit View Insert Tools Window Help
KOHG
Properties
Current selection : Sheet.1
Sheet
Name: Sheet.1
Scale: 1:2 = 0.5
Format
A3 ISO
Width : 420.00 mm
Height : 297.00 mm
Portrait
Landscape
Projection Method
First angle standard
Third angle standard
More...
OK
Apply
Close
P2.2.CATPart
Part1
xy plane
yz plane
zx plane
PartBody
Select tab pages to visualize or edit properties

(d)

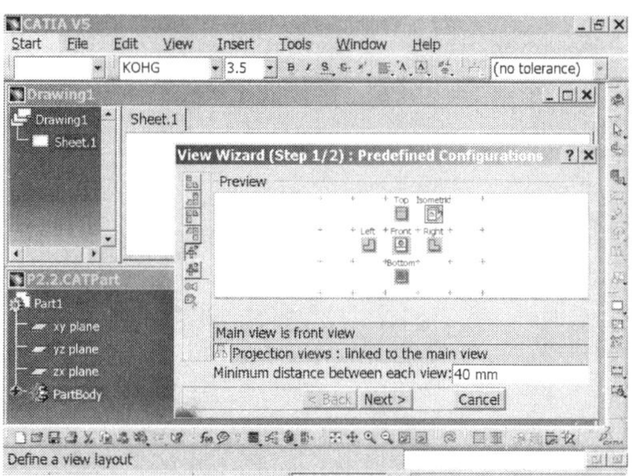
CATIA V5
Start File Edit View Insert Tools Window Help
KOHG
3.5
(no tolerance)
Drawing1
Sheet.1
View Wizard (Step 1/2) : Predefined Configurations
Preview
Main view is front view
Projection views : linked to the main view
Minimum distance between each view: 40 mm
< Back
Next >
Cancel
P2.2.CATPart
Part1
xy plane
yz plane
zx plane
PartBody
Define a view layout

(e)

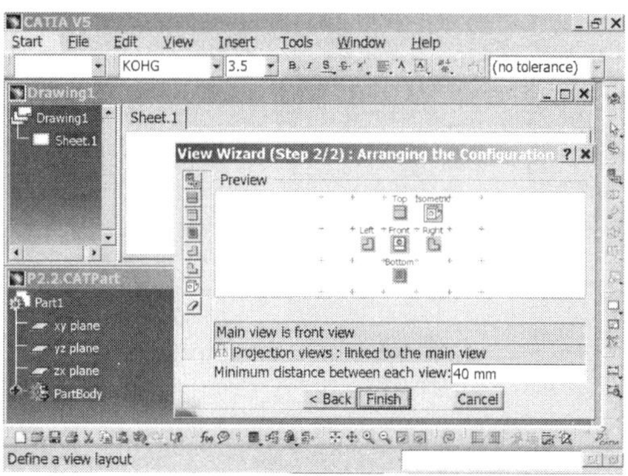
CATIA V5
Start File Edit View Insert Tools Window Help
KOHG
3.5
(no tolerance)
Drawing1
Sheet.1
View Wizard (Step 2/2) : Arranging the Configuration
Preview
Main view is front view
Projection views : linked to the main view
Minimum distance between each view: 40 mm
< Back
Finish
Cancel
P2.2.CATPart
Part1
xy plane
yz plane
zx plane
PartBody
Define a view layout

(f)

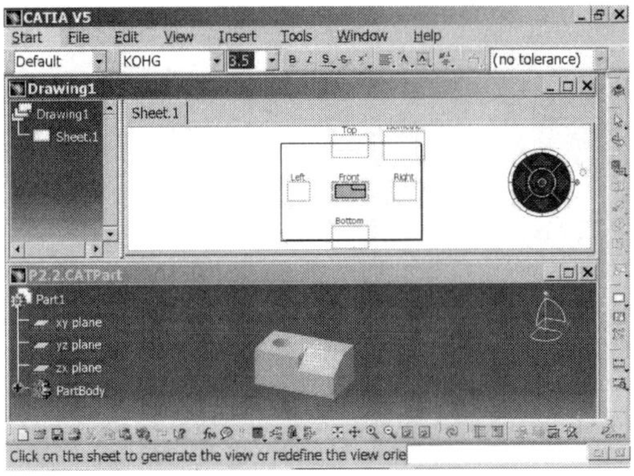
CATIA V5
Start File Edit View Insert Tools Window Help
Drawing1
Sheet.1
P2.2.CATPart
Part1
xy plane
yz plane
zx plane
PartBody
Click on the sheet to generate the view or redefine the view orie

(g)

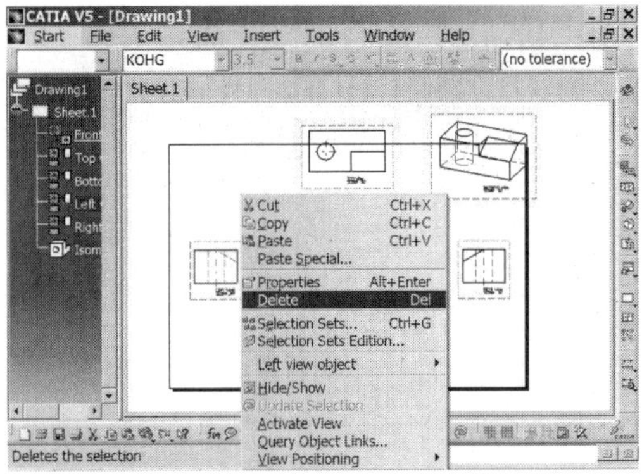
CATIA V5 - [Drawing1]
Start File Edit View Insert Tools Window Help
Sheet.1
Cut Ctrl+X
Copy Ctrl+C
Paste Ctrl+V
Paste Special...
Properties Alt+Enter
Delete Del
Selection Sets... Ctrl+G
Selection Sets Edition...
Left view object
Hide/Show
Update Selection
Activate View
Query Object Links...
View Positioning
Deletes the selection

(h)

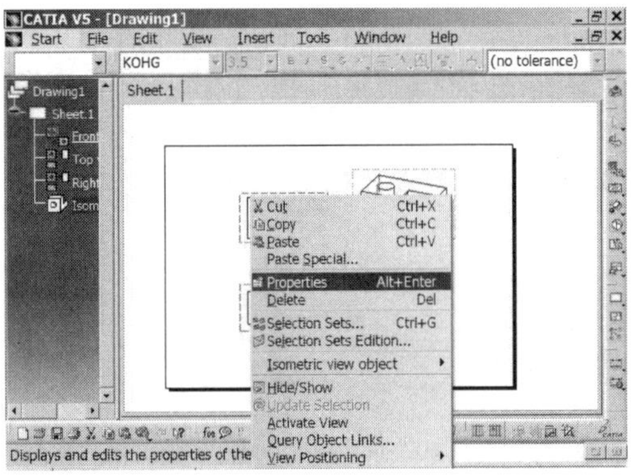
CATIA V5 - [Drawing1]
Start File Edit View Insert Tools Window Help
Sheet.1
Cut Ctrl+X
Copy Ctrl+C
Paste Ctrl+V
Paste Special...
Properties Alt+Enter
Delete Del
Selection Sets... Ctrl+G
Selection Sets Edition...
Isometric view object
Hide/Show
Update Selection
Activate View
Query Object Links...
View Positioning
Displays and edits the properties of the

(i)

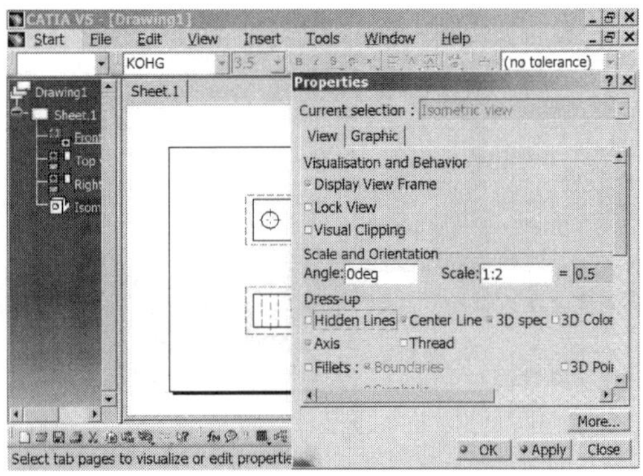
CATIA V5 - [Drawing1]
Start File Edit View Insert Tools Window Help
Properties
Current selection : Isometric view
View Graphic
Visualisation and Behavior
Display View Frame
Lock View
Visual Clipping
Scale and Orientation
Angle: 0deg
Scale: 1:2 = 0.5
Dress-up
Hidden Lines Center Line 3D spec 3D Color
Axis Thread
Fillets : Boundaries 3D Poi
More...
OK Apply Close
Select tab pages to visualize or edit propertie

(j)

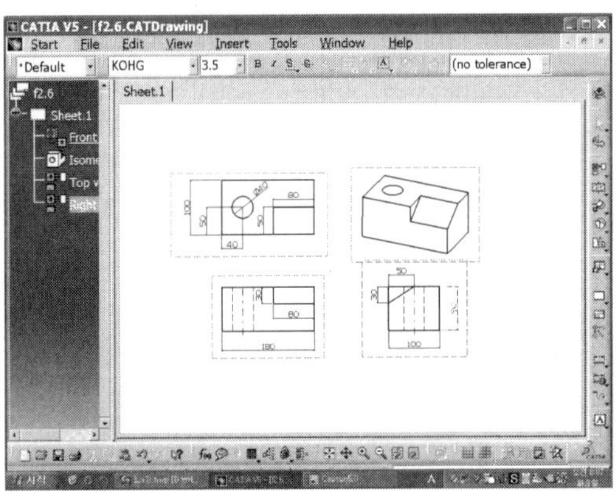
CATIA V5 - [f2.6.CATDrawing]
Start File Edit View Insert Tools Window Help
Sheet.1

(k)

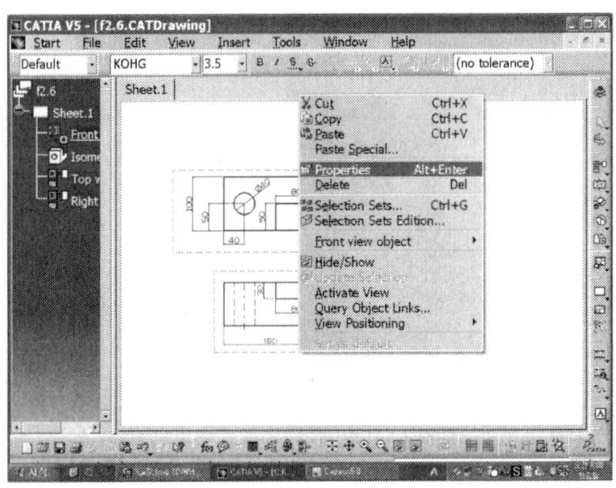
CATIA V5 - [f2.6.CATDrawing]
Start File Edit View Insert Tools Window Help
Sheet.1
Cut Ctrl+X
Copy Ctrl+C
Paste Ctrl+V
Paste Special...
Properties Alt+Enter
Delete Del
Selection Sets... Ctrl+G
Selection Sets Edition...
Front view object
Hide/Show
Activate View
Query Object Links...
View Positioning

(l)

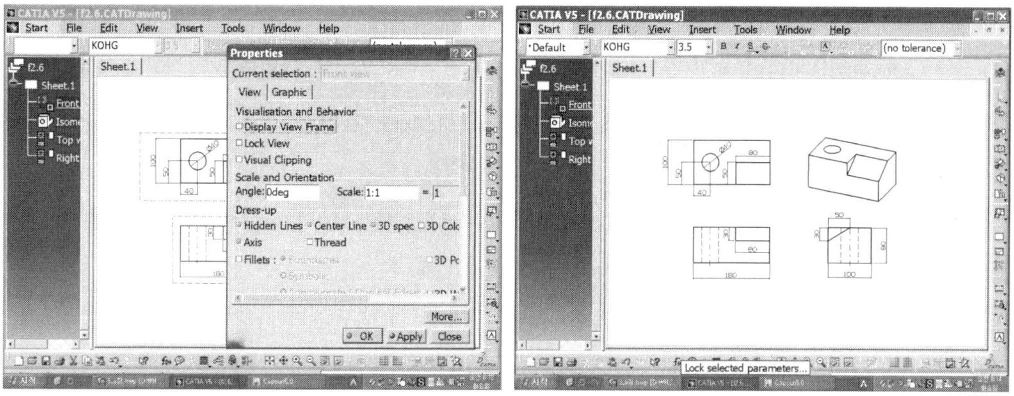

(m) (n)

그림 3.14

문제 3.3 다음 도면을 보고 부품도를 작성하라.

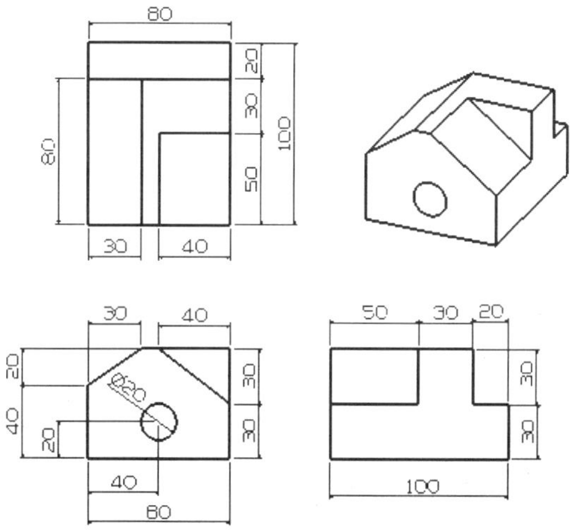

그림 3.15

예제 3.3

문제 3.3의 부품도를 열기

Start ▸ Mechanical Design ▸ Drafting [그림 3.16(a)에서 빈 도면(Empty Sheet) 선택]
Window ▸ Tile Horizontaly [(b)에서 Sheet1에 마우스 오른쪽 버튼을 누르고 특성(Properties) 선택, (c)의 특성(Properties)창에서 축척(Scale) 1:2, Format: A0 ISO, Land-

scape(광폭), 3각법(● Third angle standard) 선택]

Tools ▸ Options [Mechanical Design → Drafting → View → □Generate hidden lines 해제

Insert ▸ Views ▸ Projections ▸ Front View [(d)에서 부품창 스펙트리의 yz plane 또는 물체의 정면을 클릭, 도면창에서 정면도를 클릭]

Insert ▸ Views ▸ Projections ▸ Isometric View [부품창 스펙트리의 임의의 절대평면 또는 물체를 클릭, 도면 뷰에서 등각 투상도를 클릭]

Insert ▸ Views ▸ Projections ▸ Projection [(e)에서 우측면도를 클릭]

Insert ▸ Views ▸ Projections ▸ Projection [평면도를 클릭]

(f) 각 투상도명에 마우스 오른쪽 버튼을 누르고 특성(Properties) 선택, 특성(Properties) 창에서 □Hidden Lines 해제

(g)에서 치수 넣기

(h)에서 테두리선 제거

(i)에서 New Detail Sheet, Profile, 다듬질 기호를 그린 후 Sheet.1을 클릭하여 도면창 이동

(j)에서 Instantiate 2D Component, 스펙트리의 Sheet.2(Detail)의 2D Component.3를 클릭하여 원하는 위치에 가져다 붙인다. 그림을 둘러싸고 있는 4개의 작은 원 중 하나를 마우스로 눌러 끌어 놓아 그림 크기를 조절한다.

(k), (l)에서 Datum Feature(데이텀) A, B,

(m)에서 Geometrical Tolerance(기하공차) 삽입, ⊕ (Position, 툴팁을 눌러 위치공차 기호 선택, ⌀0.2, A, B 입력]

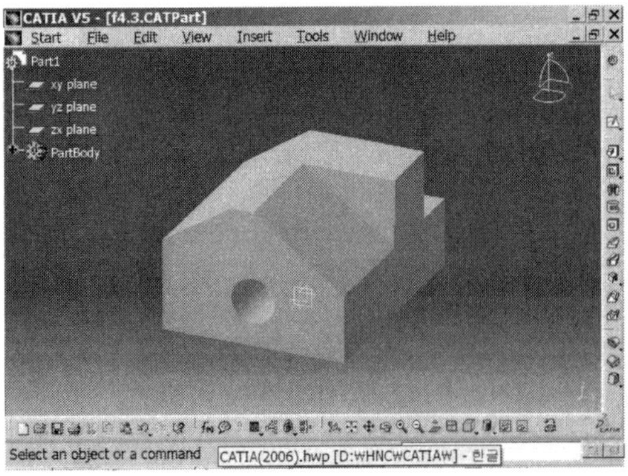

(a)

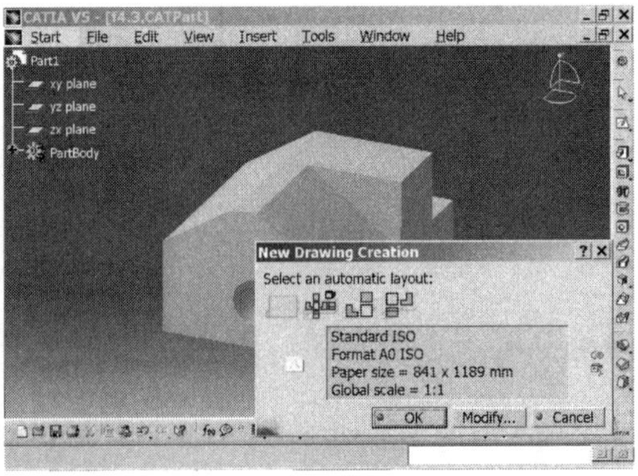

(b)

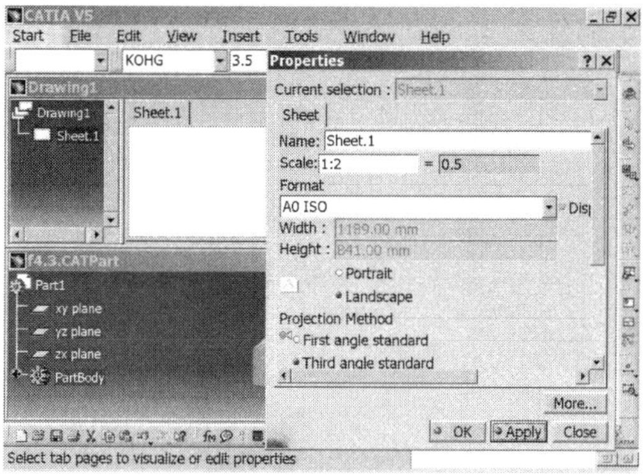
CATIA V5
Start File Edit View Insert Tools Window Help
Properties
Current selection : Sheet.1
Sheet
Name: Sheet.1
Scale: 1:2 = 0.5
Format
A0 ISO
Width : 1189.00 mm
Height : 841.00 mm
Portrait
Landscape
Projection Method
First angle standard
Third angle standard
More...
OK Apply Close
Select tab pages to visualize or edit properties

(c)

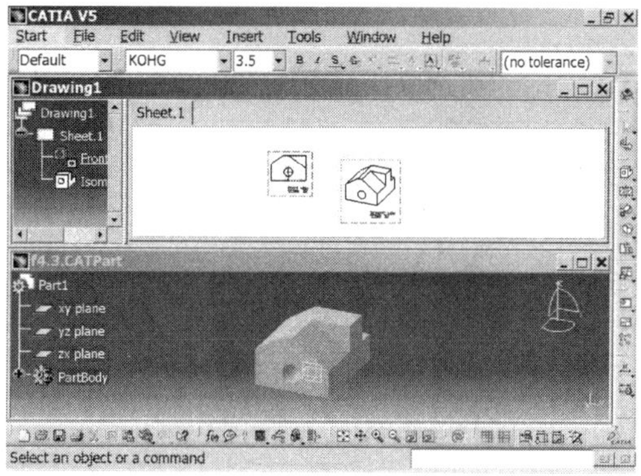
CATIA V5
Start File Edit View Insert Tools Window Help
Drawing1
Sheet.1
f4.3.CATPart
Part1
xy plane
yz plane
zx plane
PartBody
Select an object or a command

(d)

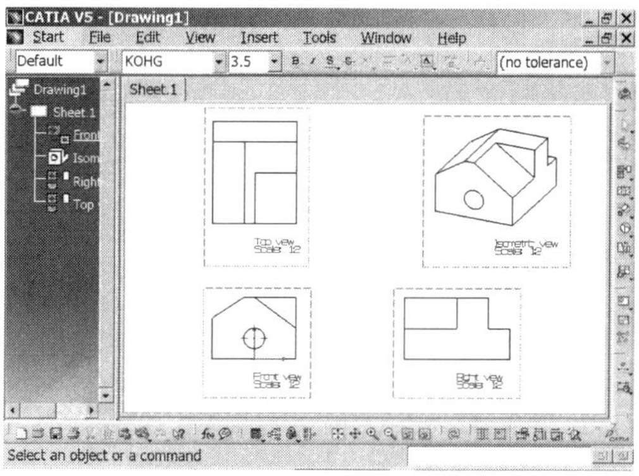
CATIA V5 - [Drawing1]
Start File Edit View Insert Tools Window Help
Sheet.1
Select an object or a command

(e)

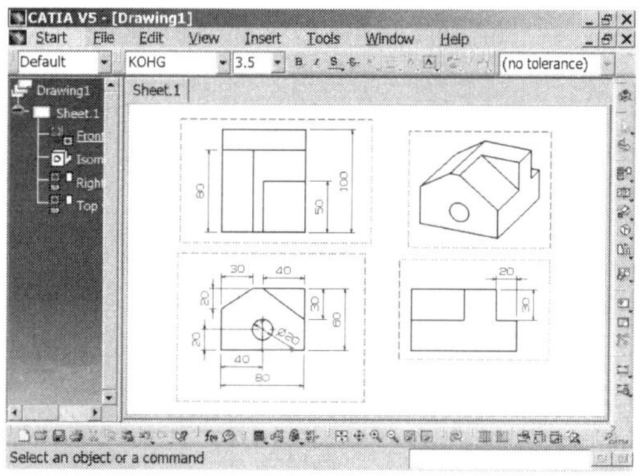
CATIA V5 - [Drawing1]
Start File Edit View Insert Tools Window Help
Sheet.1
Select an object or a command

(f)

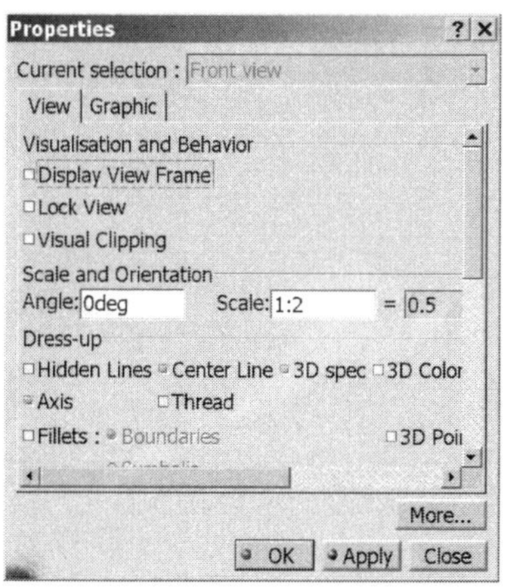
Properties
Current selection : Front view
View Graphic
Visualisation and Behavior
Display View Frame
Lock View
Visual Clipping
Scale and Orientation
Angle: 0deg Scale: 1:2 = 0.5
Dress-up
Hidden Lines Center Line 3D spec 3D Color
Axis Thread
Fillets : Boundaries 3D Poi
More...
OK Apply Close

(g)

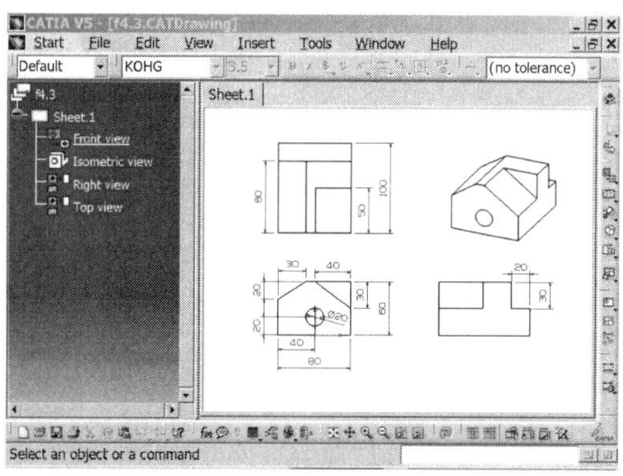
Start File Edit View Insert Tools Window Help
f4.3
Sheet.1
Front view
Isometric view
Right view
Top view
Select an object or a command

(h)

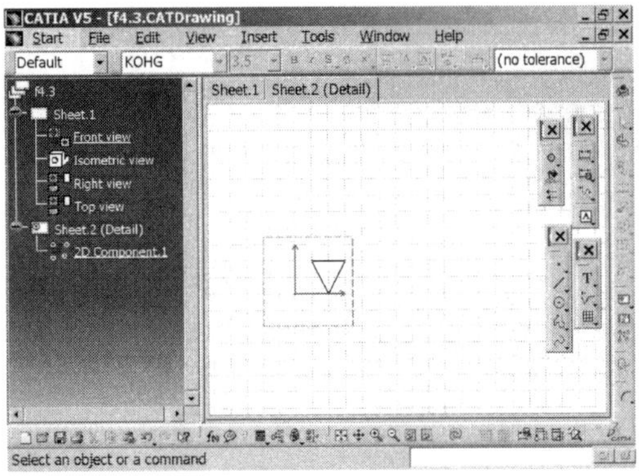

(i)

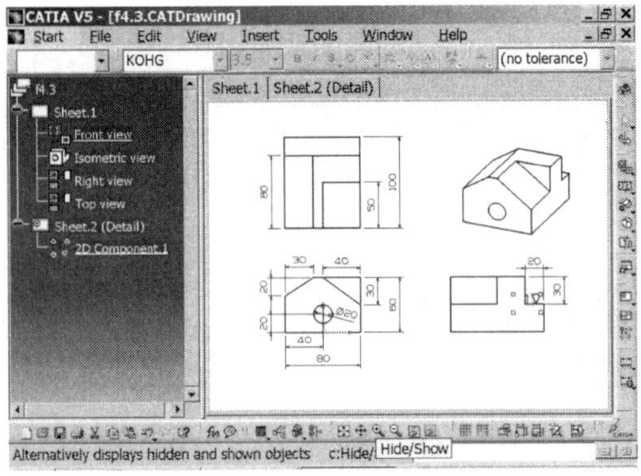

(j)

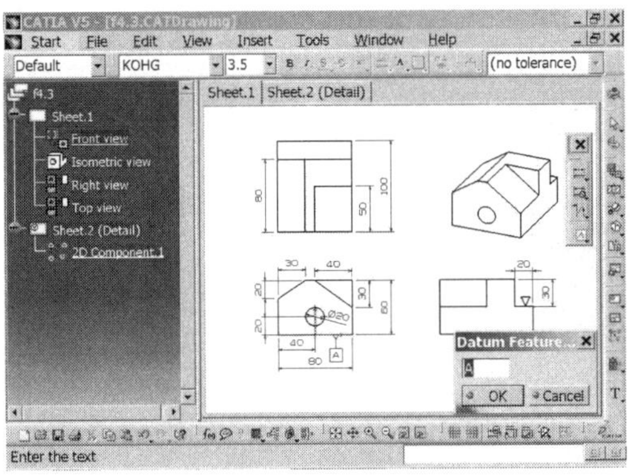

(k)

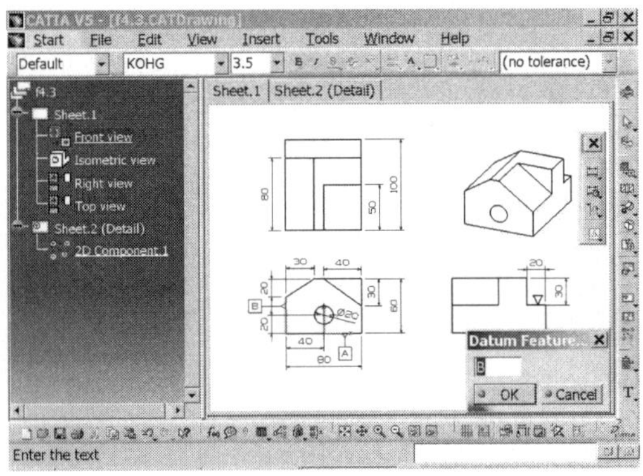

(l)

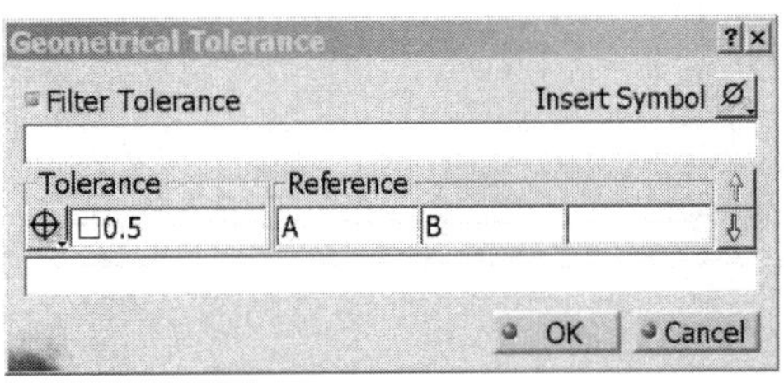

(m)

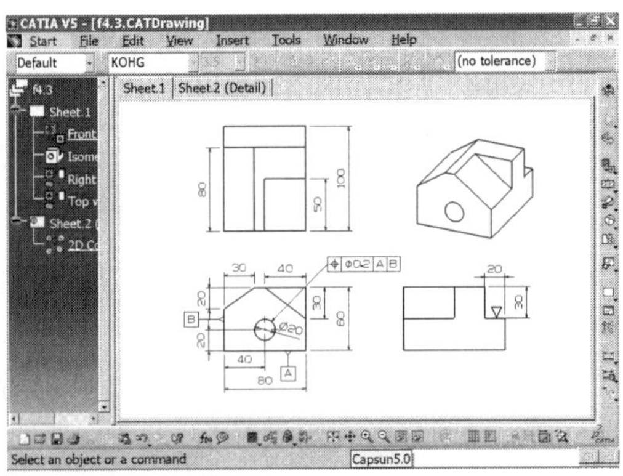

(n)

그림 3.16

문제 3.4 다음 물체의 도면을 보고 부품도를 완성하라.

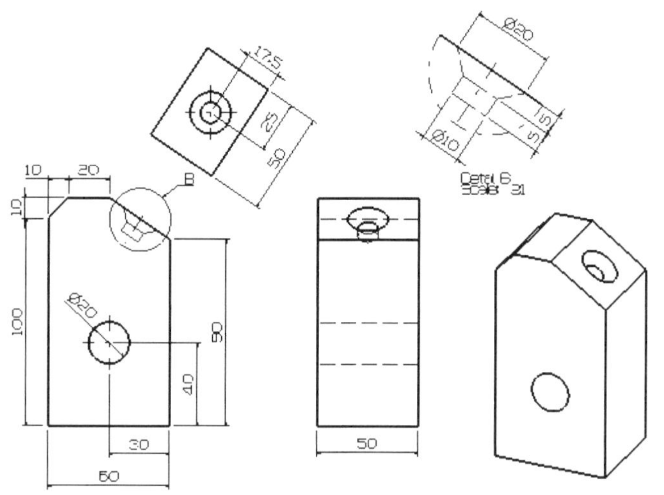

그림 3.17

예제 3.4 부분 보조도

문제 3.4의 부품도 열기

그림 3.18(a)에서 Start ▸ Drawing 또는 Start ▸ Mechanical Design ▸ Drafting, 또는 File ▸ New (b)의 New(새 작업) 대화창에서 Drawing 선택

(c)의 New Drawing Creation 대화창에서 Modify(수정)를 눌러 (d)의 도면규격과 크기를 선택

(e)에서 빈 도면(Empty Sheet) 선택

Window ▸ Tile Horizontaly [(e)]

(f)에서 스펙트리의 Sheet1에 마우스 오른쪽 버튼을 누르고 특성(Properties) 선택

(g)에서 3각법(Third angle standard) 선택

Insert ▸ Views ▸ Projections ▸ Front View [(h)에서 3D 부품도에서 물체의 정면을 클릭하거나 스펙트리의 yz plane을 클릭, 도면창의 정면도(Front View)를 클릭]

Insert ▸ Views ▸ Projections ▸ Isometric View [(i)에서 부품창 스펙트리의 임의의 절대평면 또는 물체를 클릭, 도면 뷰에서 등각 투상도를 클릭]

Insert ▸ Views ▸ Projections ▸ Projection [(j)에서 우측면도를 클릭]

Insert ▸ Views ▸ Projections ▸ Auxiliary View [(k)에서 경사면의 두 점(A-A)을 찍어 보조투상도 위치 지정]

Insert ▸ Views ▸ Details ▸ Detail [(l)에서 상세도의 원의 중심점 선택, 원의 위치 지정]

(m)에서 등각 투상도의 테두리선 또는 스펙트리의 Isometric View에 마우스 오른쪽 버튼을 누르고 특성(Properties) 선택, (n)에서 Display view frame과 Hidden lines 해제

(o)에서 보조 투상도의 불필요한 선을 삭제

(p)에서 치수 넣기, 상세도의 치수 Ø20은 도구 팰리트(Tools Palette)에서 맨 오른쪽의 교차점 찾기(Intersection point detection)를 클릭하여 두 교차점을 찍어 치수를 입력한 다. 만약, 특수기호들을 삽입하고자 할 때에는 치수를 선택하여 기호삽입(Insert symbols) 에서 툴팁을 눌러 기호를 선택하면 된다.

(r)에서 모든 투상도의 테두리선 또는 스펙트리의 투상도 이름에 마우스 오른쪽 버튼을 누르고 특성(Properties) 선택, Display view frame 해제

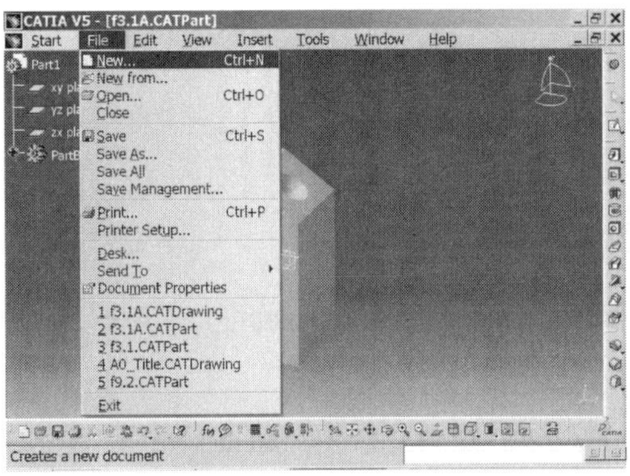

(a)

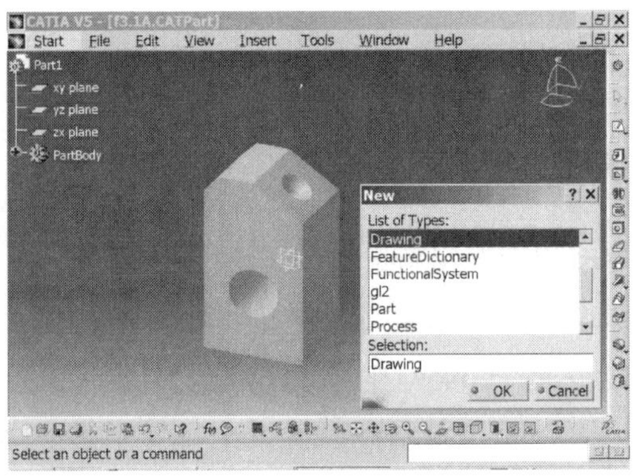

(b)

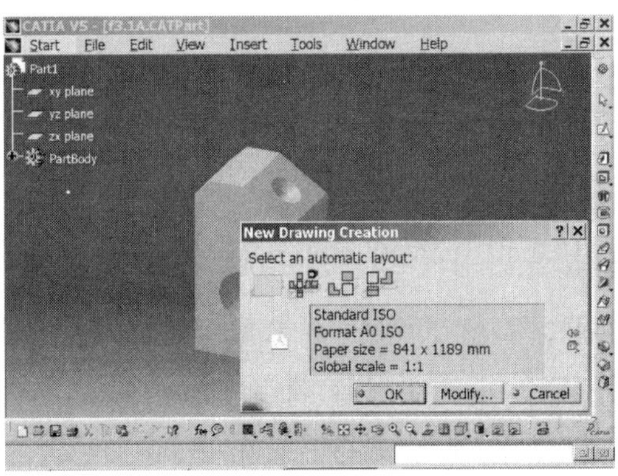

(c)

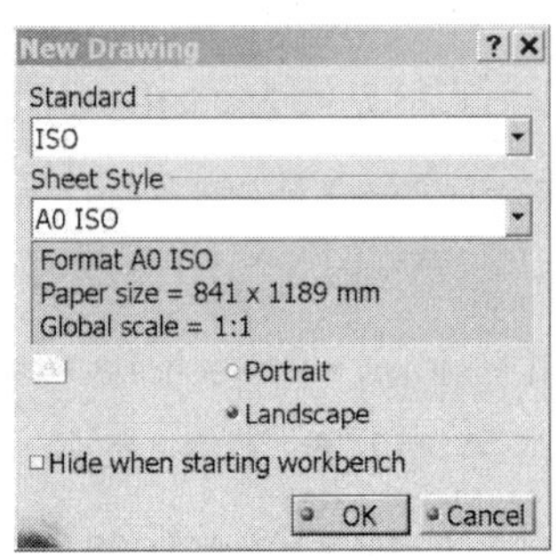

(d)

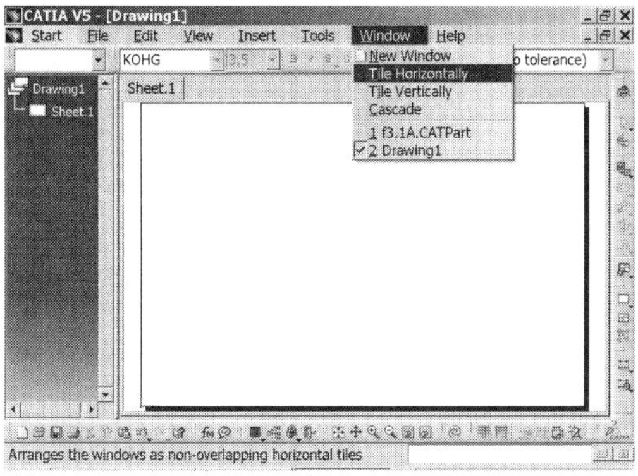
CATIA V5 - [Drawing1]
Start File Edit View Insert Tools Window Help
New Window
Tile Horizontally
Tile Vertically
Cascade
1 f3.1A.CATPart
2 Drawing1
Sheet.1
Arranges the windows as non-overlapping horizontal tiles

(e)

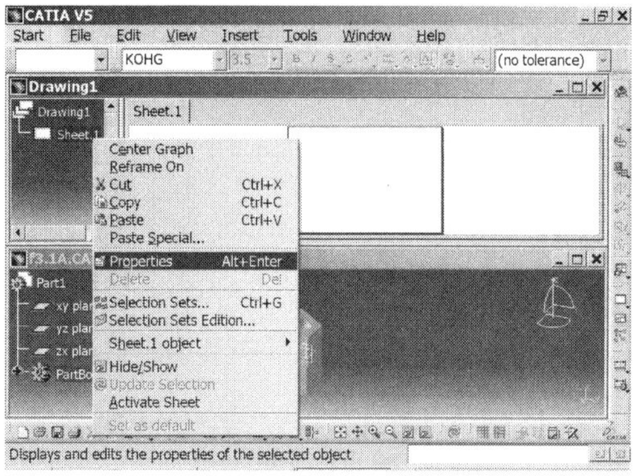
CATIA V5
Start File Edit View Insert Tools Window Help
Drawing1
Center Graph
Reframe On
Cut Ctrl+X
Copy Ctrl+C
Paste Ctrl+V
Paste Special...
Properties Alt+Enter
Delete Del
Selection Sets... Ctrl+G
Selection Sets Edition...
Sheet.1 object
Hide/Show
Update Selection
Activate Sheet
Set as default
Displays and edits the properties of the selected object

(f)

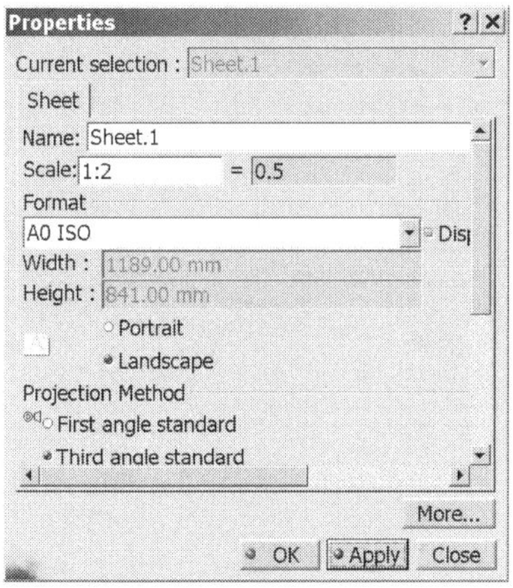
Properties
Current selection : Sheet.1
Sheet
Name: Sheet.1
Scale: 1:2 = 0.5
Format
A0 ISO
Width : 1189.00 mm
Height : 841.00 mm
Portrait
Landscape
Projection Method
First angle standard
Third angle standard
More...
OK Apply Close

(g)

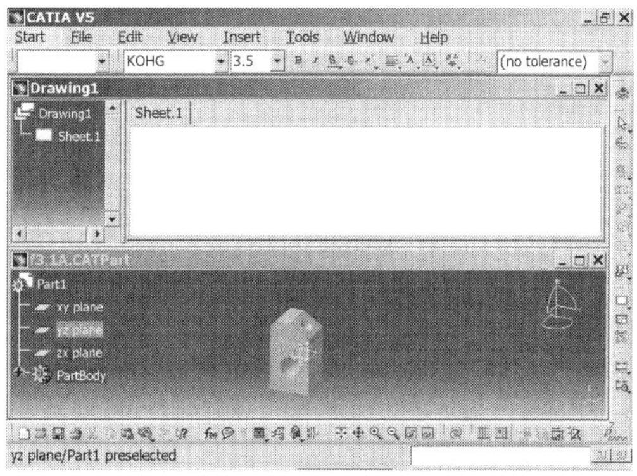
CATIA V5
Start File Edit View Insert Tools Window Help
Drawing1
Sheet.1
f3.1A.CATPart
Part1
xy plane
yz plane
zx plane
PartBody
yz plane/Part1 preselected

(h)

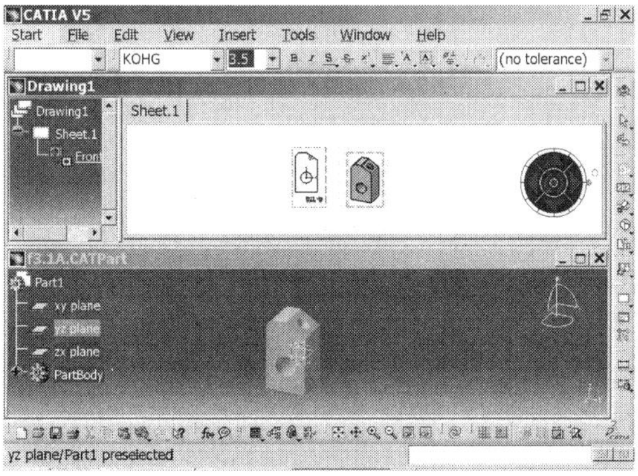
CATIA V5
Start File Edit View Insert Tools Window Help
Drawing1
Sheet.1
f3.1A.CATPart
Part1
xy plane
yz plane
zx plane
PartBody
yz plane/Part1 preselected

(i)

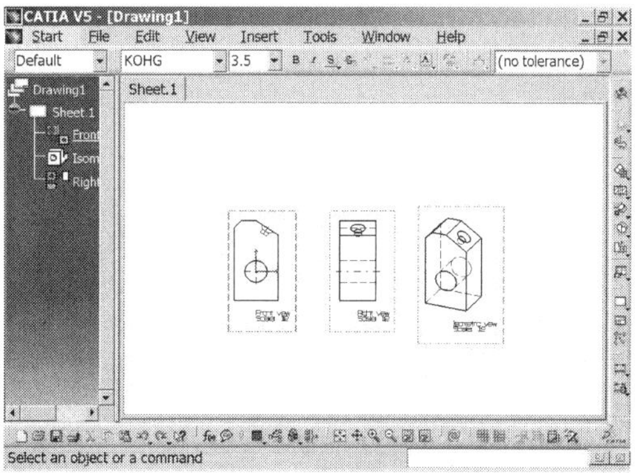
CATIA V5 - [Drawing1]
Start File Edit View Insert Tools Window Help
Drawing1
Sheet.1
Select an object or a command

(j)

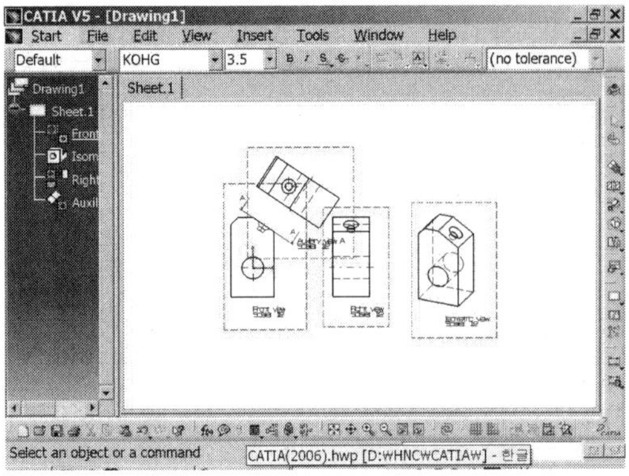
CATIA V5 - [Drawing1]
Start File Edit View Insert Tools Window Help
Default
KOHG
3.5
(no tolerance)
Drawing1
Sheet.1
Select an object or a command
CATIA(2006).hwp [D:₩HNC₩CATIA₩] - 한글

(k)

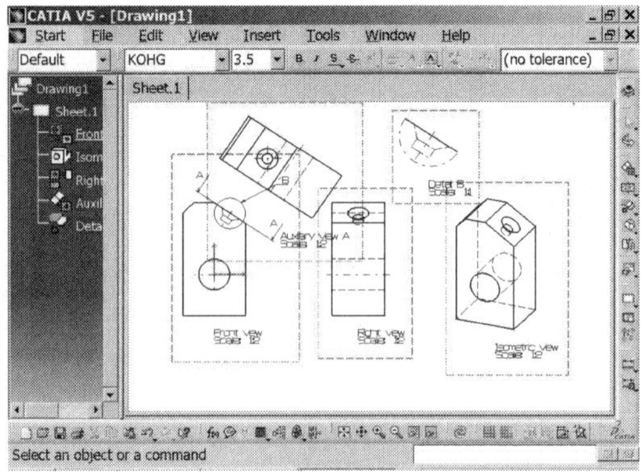
CATIA V5 - [Drawing1]
Start File Edit View Insert Tools Window Help
Default
KOHG
3.5
(no tolerance)
Drawing1
Sheet.1
Select an object or a command

(l)

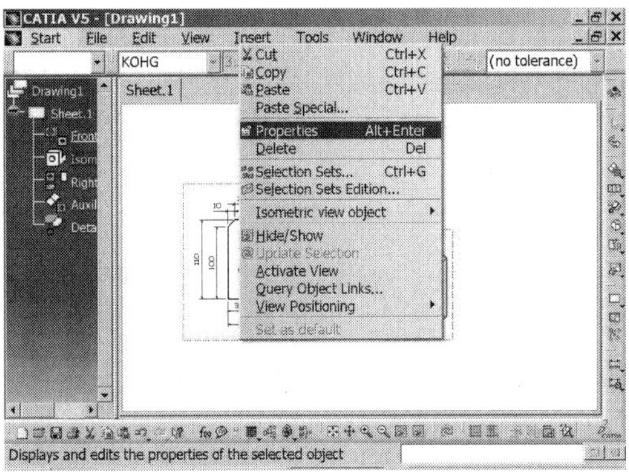
CATIA V5 - [Drawing1]
Start File Edit View Insert Tools Window Help
KOHG
(no tolerance)
Drawing1
Sheet.1
Cut Ctrl+X
Copy Ctrl+C
Paste Ctrl+V
Paste Special...
Properties Alt+Enter
Delete Del
Selection Sets... Ctrl+G
Selection Sets Edition...
Isometric view object
Hide/Show
Update Selection
Activate View
Query Object Links...
View Positioning
Set as default
Displays and edits the properties of the selected object

(m)

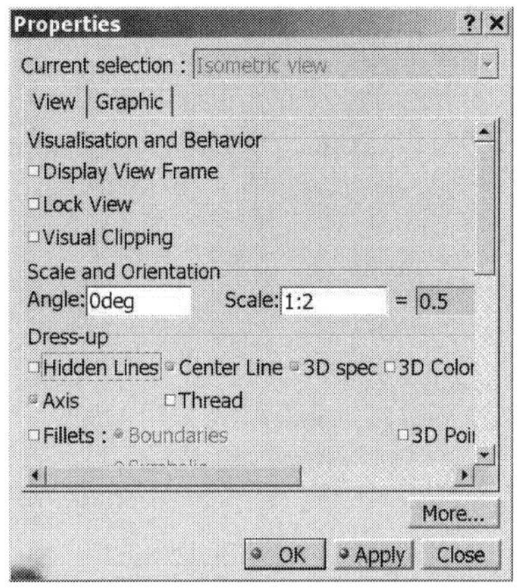
Properties
Current selection : Isometric view
View
Graphic
Visualisation and Behavior
Display View Frame
Lock View
Visual Clipping
Scale and Orientation
Angle: 0deg
Scale: 1:2
= 0.5
Dress-up
Hidden Lines
Center Line
3D spec
3D Color
Axis
Thread
Fillets :
Boundaries
3D Poi
More...
OK
Apply
Close

(n)

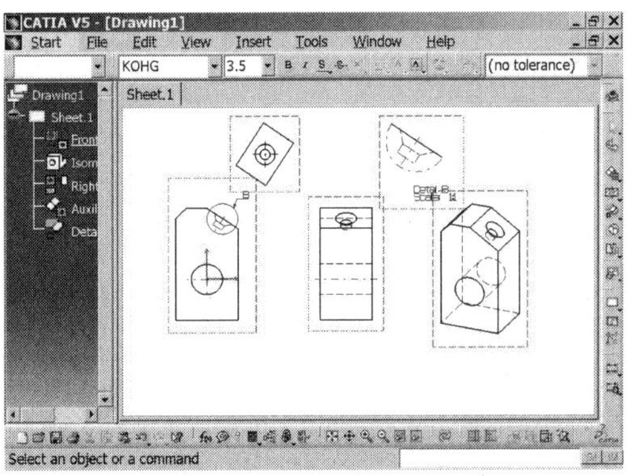
CATIA V5 - [Drawing1]
Start File Edit View Insert Tools Window Help
KOHG
3.5
(no tolerance)
Drawing1
Sheet.1
Select an object or a command

(o)

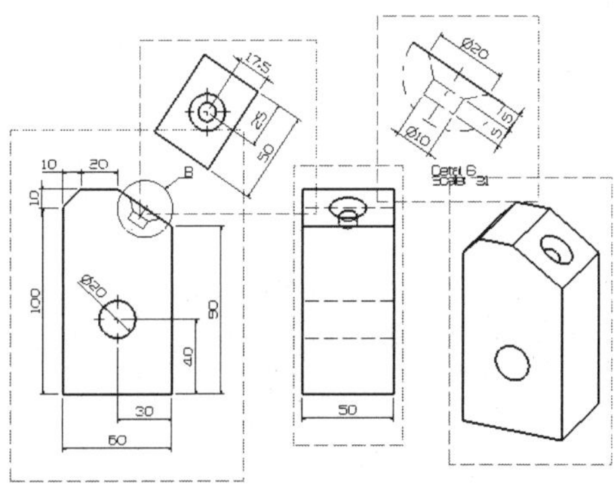
17.5
25
50
Ø20
Ø10
10
20
10
B
100
Ø20
90
40
30
50
50

(p)

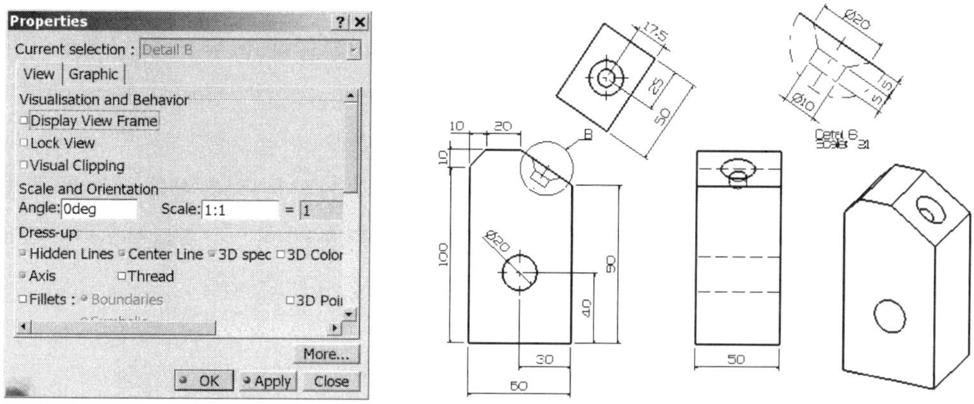

(q) (r)

그림 3.18

문제 3.5 다음 물체의 부품도를 완성하라.

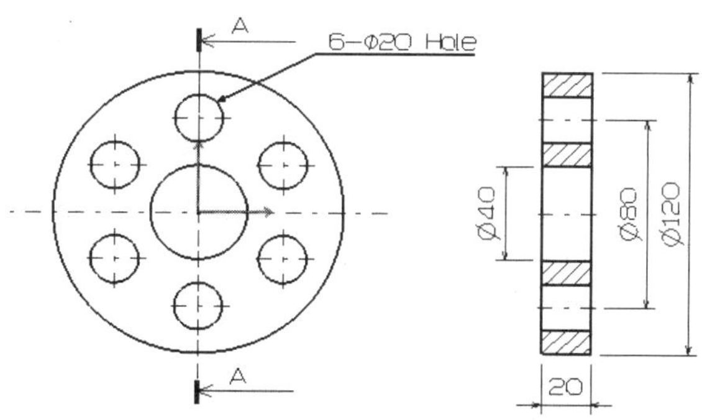

그림 3.19

예제 3.5 단면도

그림 3.20(a)에서 위 문제 3.5의 플랜지 모델을 열기

Start ▸ Mechanical Design ▸ Drafting

(b)에서 빈 도면(Empty Sheet) 선택

Window ▸ Tile Horizontaly [(c)]

(d)에서 Sheet1에 마우스 오른쪽 버튼을 누르고 특성(Properties) 선택

(e)에서 3각법(● Third angle standard) 선택

Insert ▸ Views ▸ Projections ▸ Front View [(f)에서 3D 부품도에서 물체의 윗면을 클

릭하거나 스펙트리의 xy plane을 클릭, 도면창의 정면도(Front View)를 클릭]

Insert ▶ Views ▶ Sections ▶ Offset section View[(계단 단면도) [(g)에서 절단선을 그어 마지막 점에서 더블클릭, 우측면도 클릭]

(h)에서 치수 넣기

(i)의 스펙트리에서 정면도(Front View)와 우측면도에 마우스 오른쪽 버튼을 누르고 특성(Properties) 선택, (j)의 특성창(Properties window)에서 Center Line 클릭, □Display View Frame을 해제

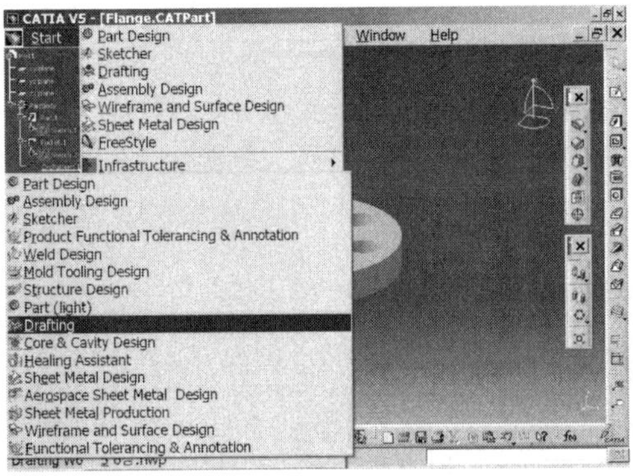

(a)

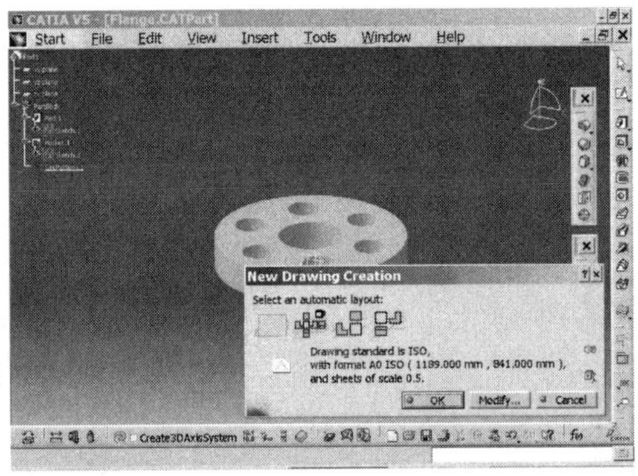

(b)

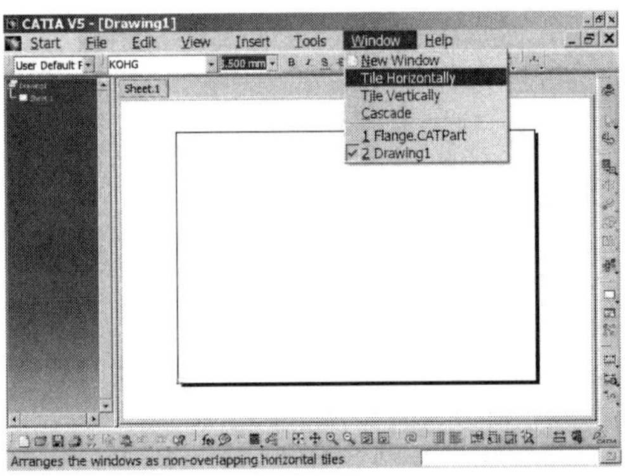

(c)

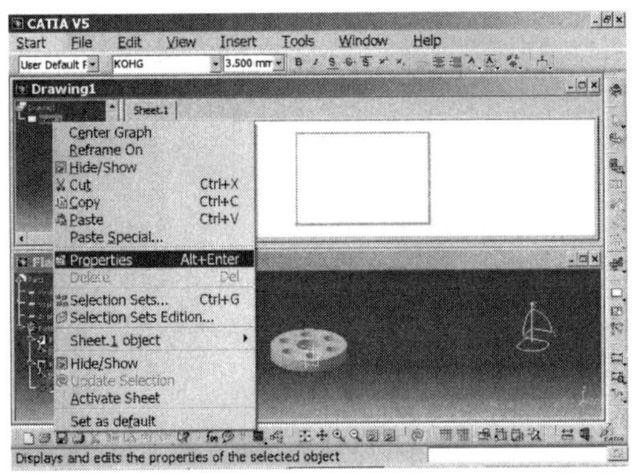

(d)

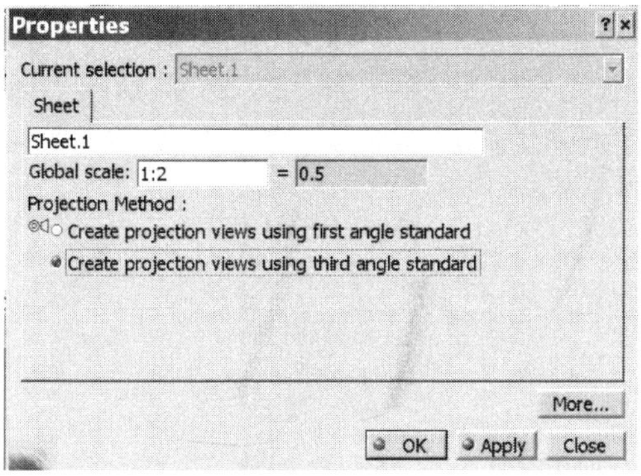
Properties
Current selection : Sheet.1
Sheet
Sheet.1
Global scale: 1:2 = 0.5
Projection Method :
Create projection views using first angle standard
Create projection views using third angle standard
More...
OK
Apply
Close

(e)

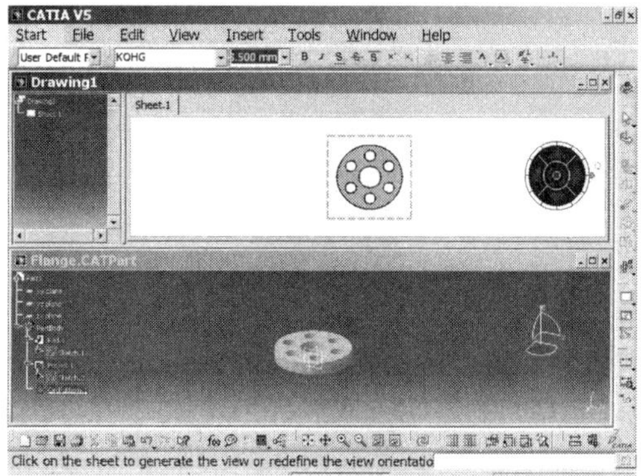
CATIA V5
Start File Edit View Insert Tools Window Help
Drawing1
Sheet.1
Flange.CATPart
Click on the sheet to generate the view or redefine the view orientatio

(f)

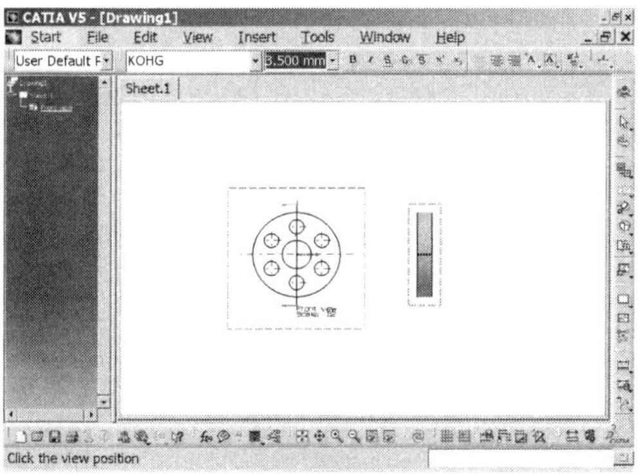
CATIA V5 - [Drawing1]
Start File Edit View Insert Tools Window Help
Sheet.1
Click the view position

(g)

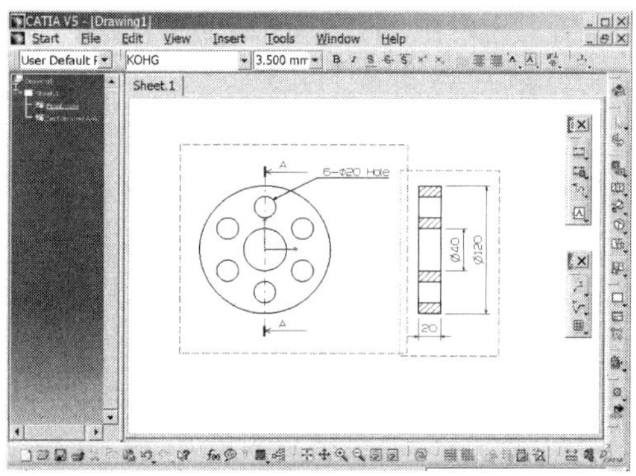
CATIA V5 - [Drawing1]
Start File Edit View Insert Tools Window Help
Sheet.1
6-Ø20 Hole

(h)

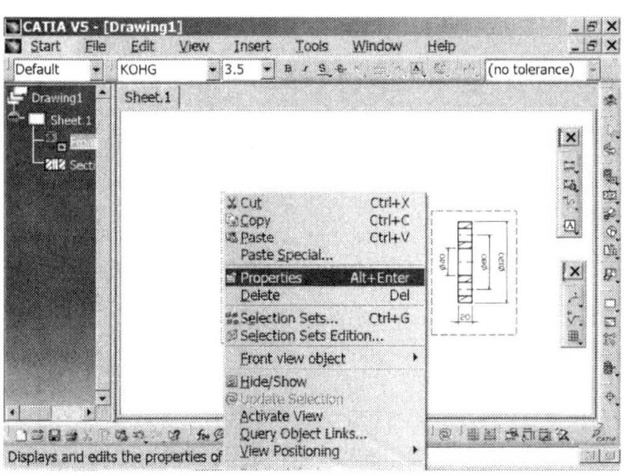
CATIA V5 - [Drawing1]
Start File Edit View Insert Tools Window Help
Sheet.1
Cut Ctrl+X
Copy Ctrl+C
Paste Ctrl+V
Paste Special...
Properties Alt+Enter
Delete Del
Selection Sets... Ctrl+G
Selection Sets Edition...
Front view object
Hide/Show
Update Selection
Activate View
Query Object Links...
View Positioning
Displays and edits the properties of

(i)

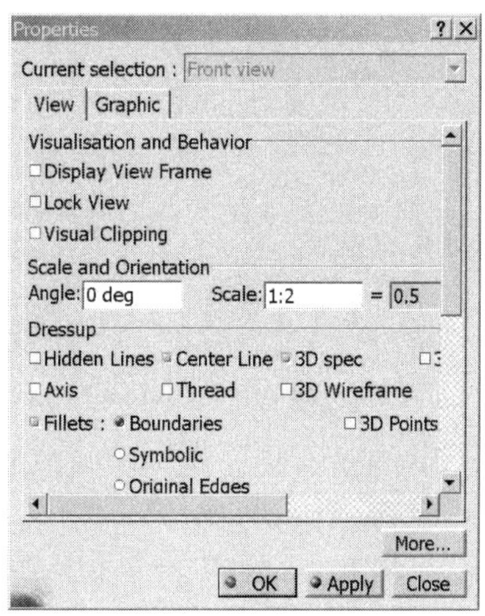
Properties
Current selection : Front view
View
Graphic
Visualisation and Behavior
Display View Frame
Lock View
Visual Clipping
Scale and Orientation
Angle: 0 deg
Scale: 1:2 = 0.5
Dressup
Hidden Lines
Center Line
3D spec
Axis
Thread
3D Wireframe
Fillets :
Boundaries
3D Points
Symbolic
Original Edges
More...
OK
Apply
Close

(j)

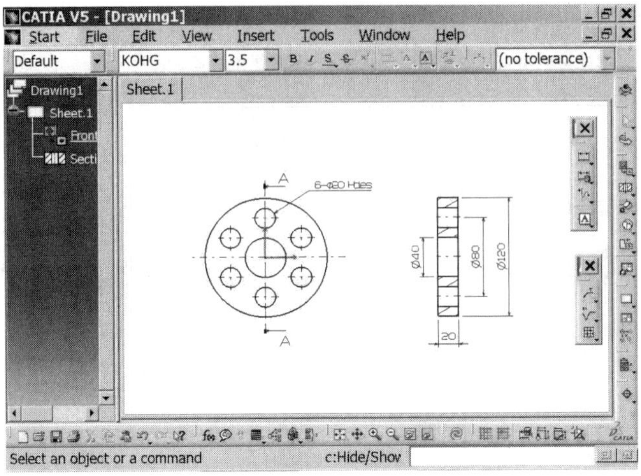

(k)

그림 3.20

문제 3.6 다음 앵글의 부품도를 그려라.

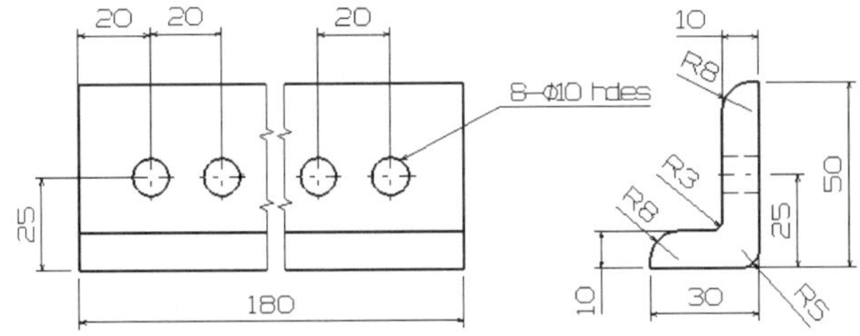

그림 3.21

예제 3.6 단축도

그림 3.22(a)에서 문제 3.6의 앵글(Angle)을 열기

Start ▸ Mechanical Design ▸ Drafting

빈 도면(Empty Sheet) 선택

Window ▸ Tile Horizontaly

Sheet1에 마우스 오른쪽 버튼을 누르고 특성[Properties(Alt+Enter)] 선택

3각법(Third angle standard) 선택

Insert ▸ Views ▸ Projections ▸ Front View [(a)의 부품창에서 부품의 정면을 클릭, (b)의 도면창에서 정면도 클릭]

Insert ▸ Views ▸ Break View ▸ Broken View

(c)의 정면도에서 왼쪽 절단부위를 마우스로 클릭하여, 마우스를 누르지 않고 조금씩 움직여 보면 수직과 수평 녹색의 절단선이 나타나는 데, 여기에서 녹색 수직 절단선을 클릭하여 절단위치를 확정하고, (d)에서 마우스를 누르지 않고 또 하나의 녹색 수직 절단선을 오른쪽에 이동하여 (e)에서 두 번째 절단위치에 클릭한다. 마지막으로 물체의 밖을 클릭하면 단축도가 완성된다.

Insert ▸ Views ▸ Projections ▸ Projection [(f)에서 우측면도를 클릭]

(g)에서 치수 넣기

(h)에서 테두리선 제거

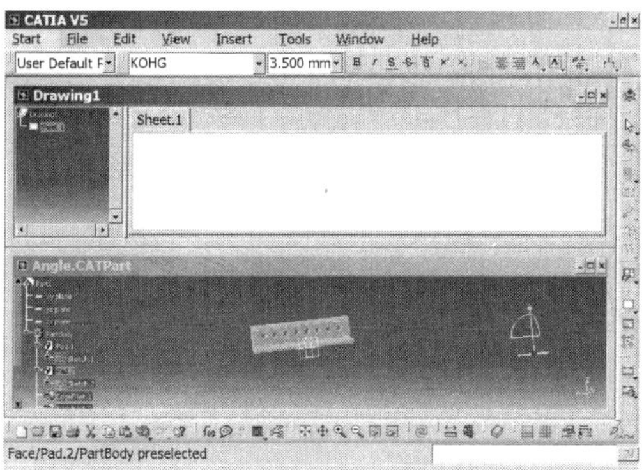

(a)

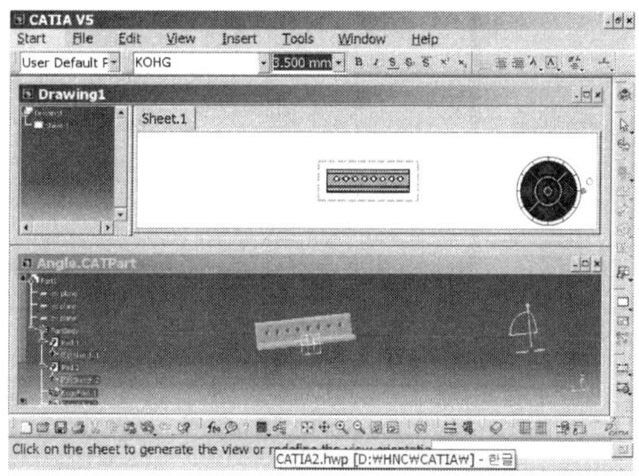

(b)

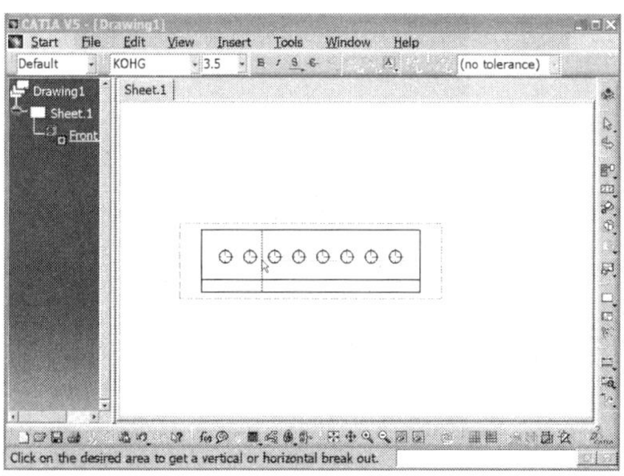

(c)

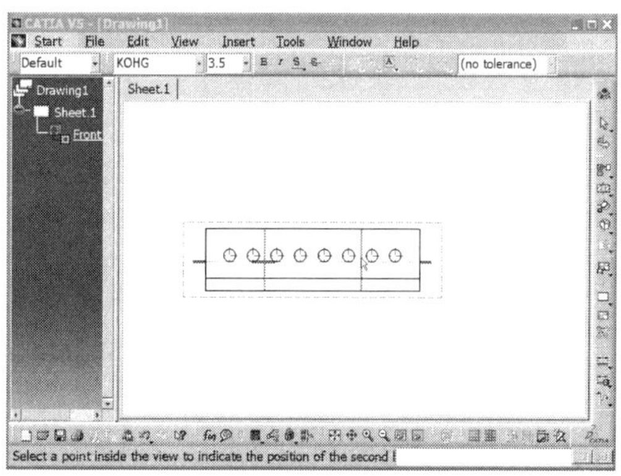

(d)

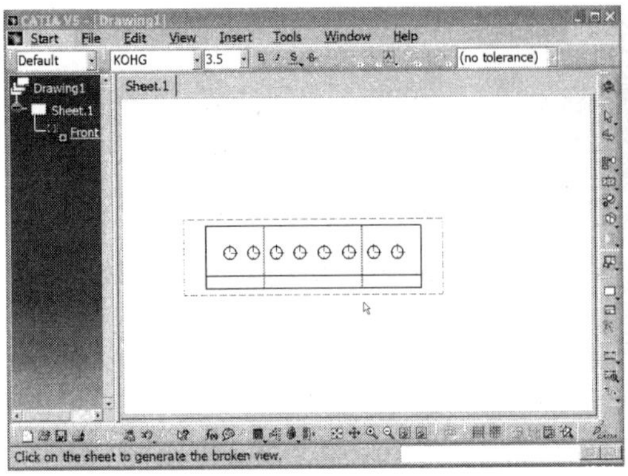

(e)

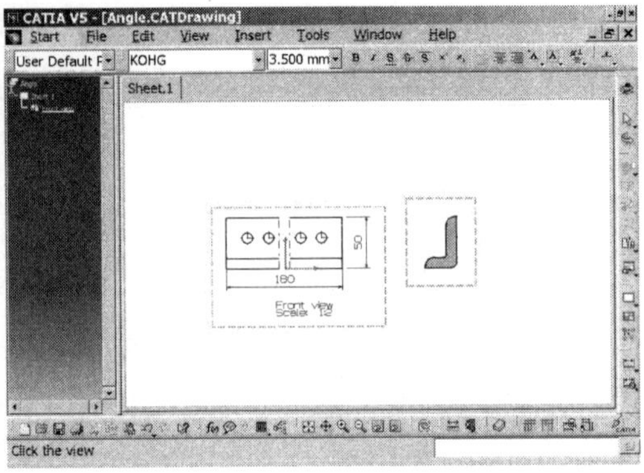

(f)

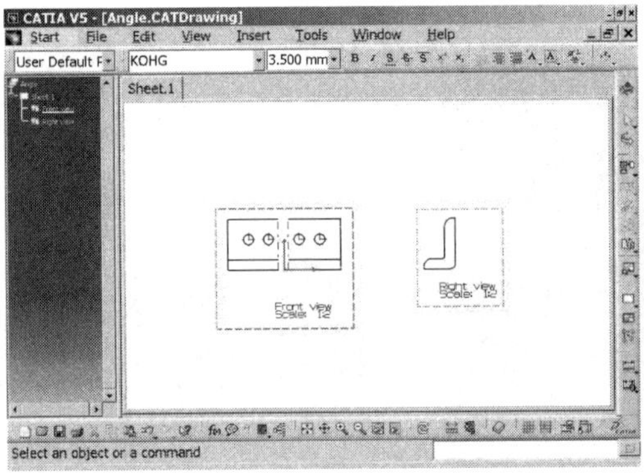

(g)

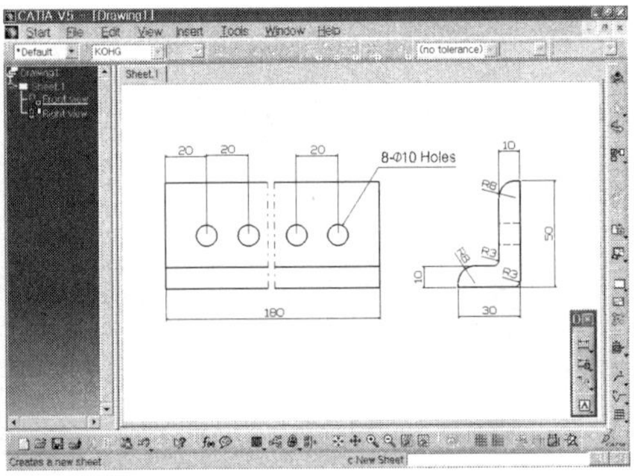

(h)

그림 3.22

문제 3.7 다음 물체의 부품도를 완성하라.

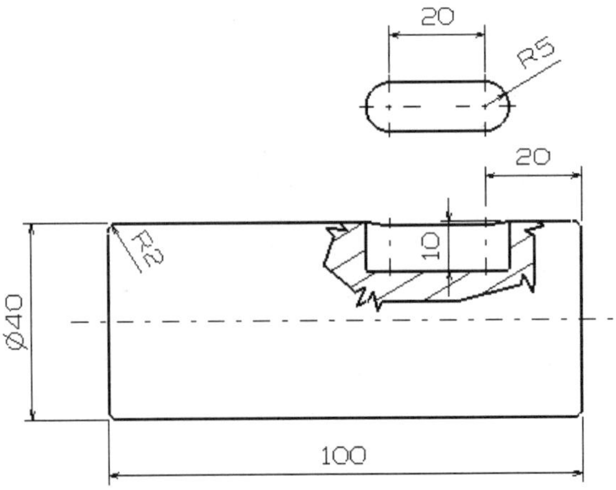

그림 3.23

예제 3.7 부분 단면도

그림 3.24(a)에서 **문제 3.7**의 부품도를 열기

Start ▸ Mechanical Design ▸ Drafting [빈 도면(Empty Sheet) 선택]

Window ▸ Tile Horizontaly

Sheet1에 마우스 오른쪽 버튼을 누르고 특성[Properties(Alt+Enter)] 선택

3각법(Third angle standard) 선택

Insert ▸ Views ▸ Projections ▸ Front View [스펙트리에서 yz plane을 클릭, 도면창에서 정면도 클릭]

Insert ▸ Views ▸ Projections ▸ Projection [(b)에서 평면도를 클릭]

(c)에서 Delete키를 사용하여 불필요한 요소 제거

Insert ▸ Views ▸ Break View ▸ Breakout View [(d)의 정면도에서 키홈 절단부위를 마우스로 클릭하여 폐곡선을 그린다.]

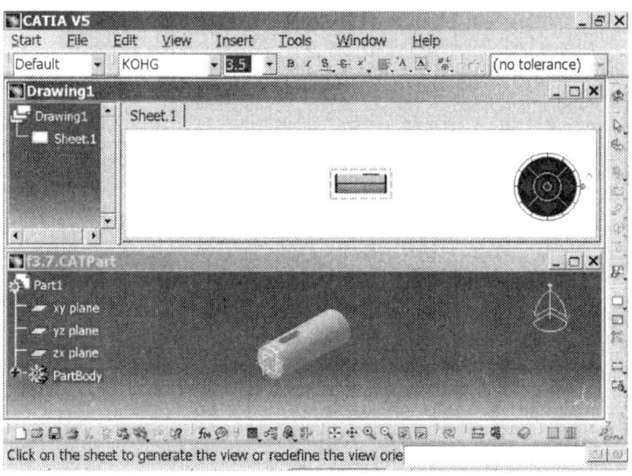

(a)

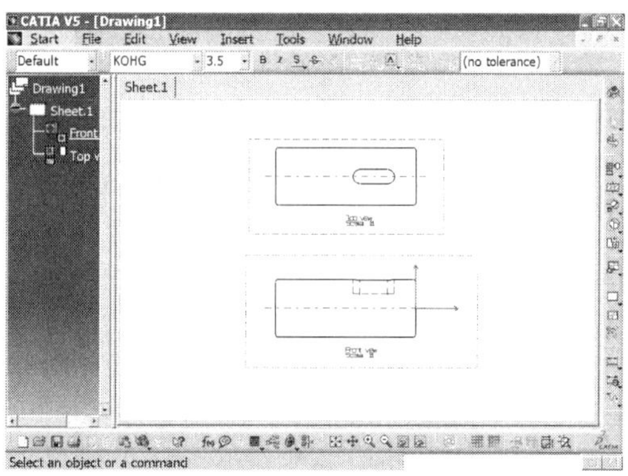

(b)

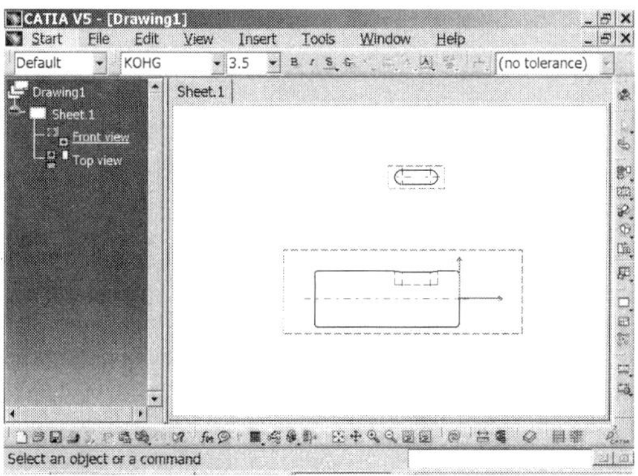

(c)

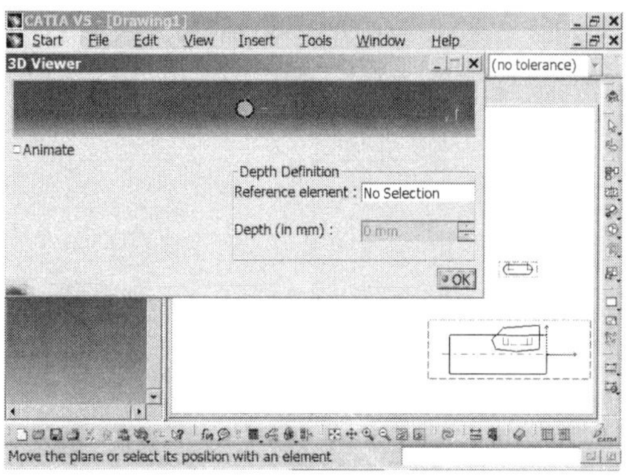

(d)

(e)에서 치수 넣기, 불필요한 윤곽선을 제거한다.

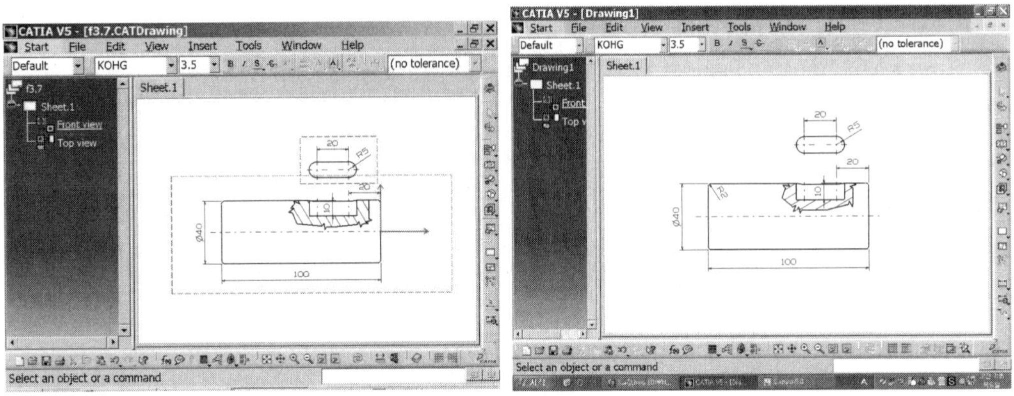

(e) (f)

그림 3.24

문제 3.8 다음 물체의 부품도와 투상도를 완성하라.

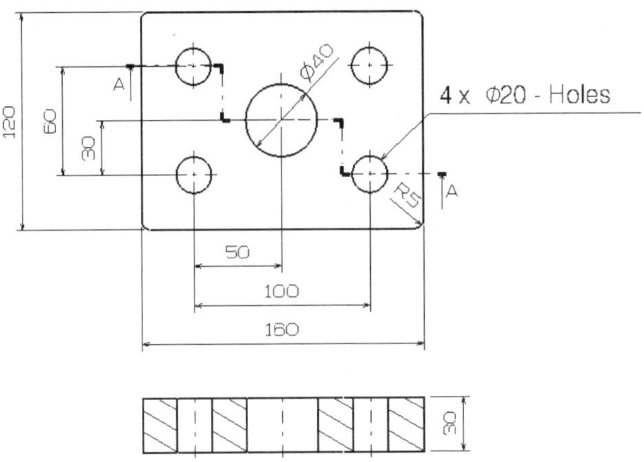

그림 3.25

문제 3.9 다음 그림 4.15 크랭크축의 도면을 보고 부품도와 도면을 작성하라.

(1) 도면

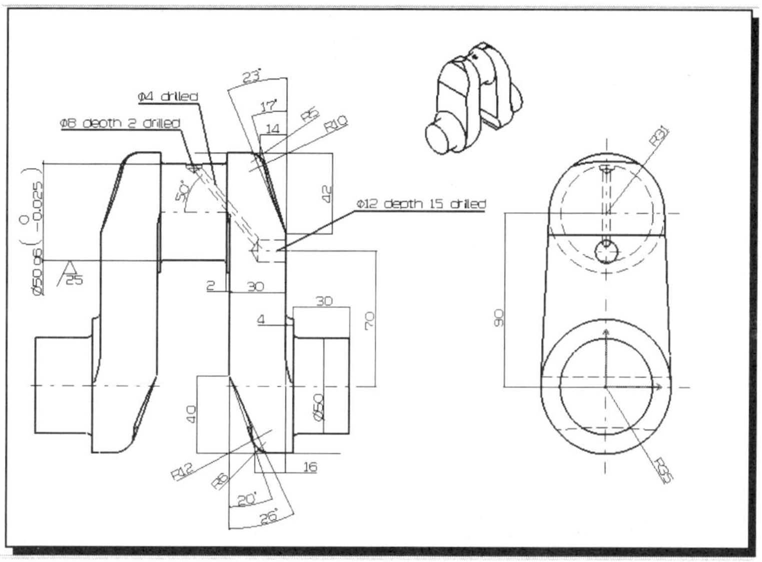

그림 3.26 크랭크 축

(2) 부품도 작업

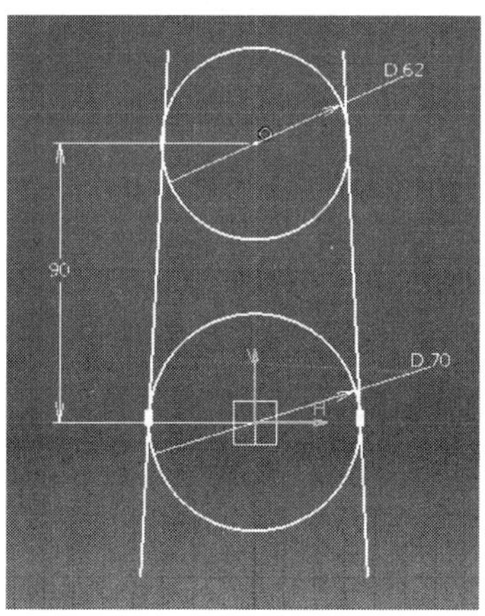

(1) YZ 평면, ∅70, ∅62, 90, 40

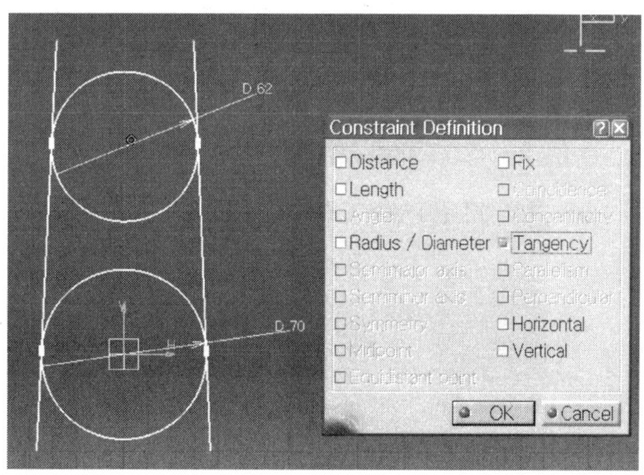

(2) Tangency

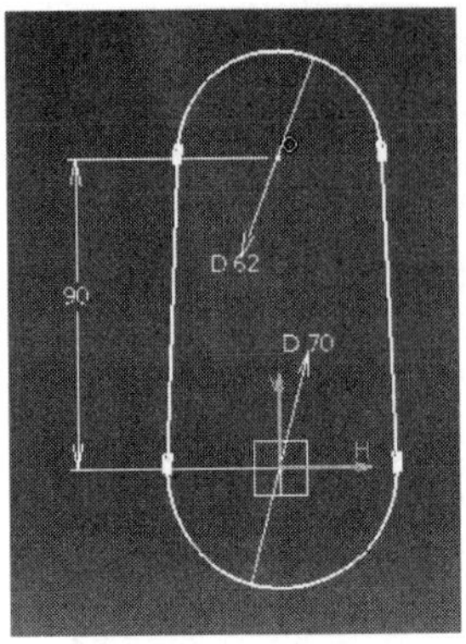

(3) 자르기

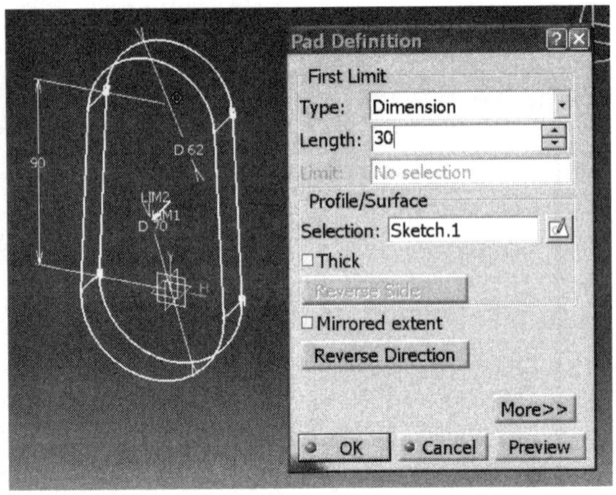

(4) 패드, 30

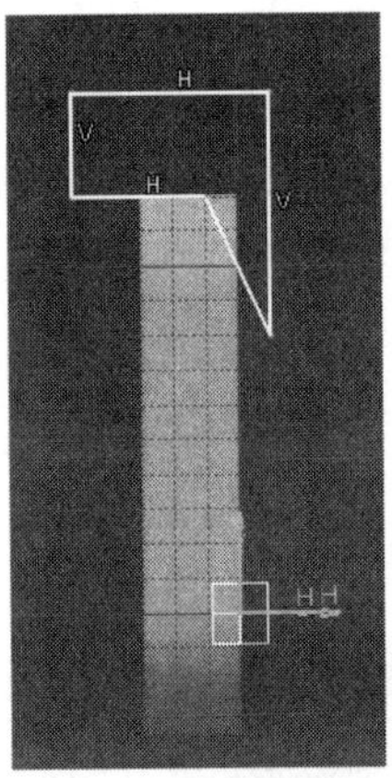

(5) zx plane, Profile

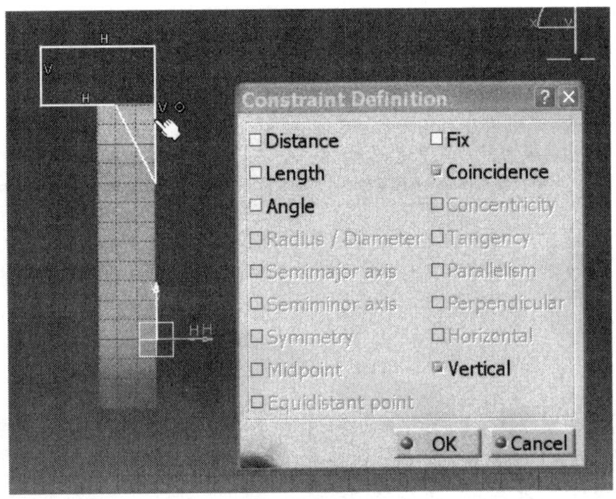

(6) 지정선과 V축, Coincidence

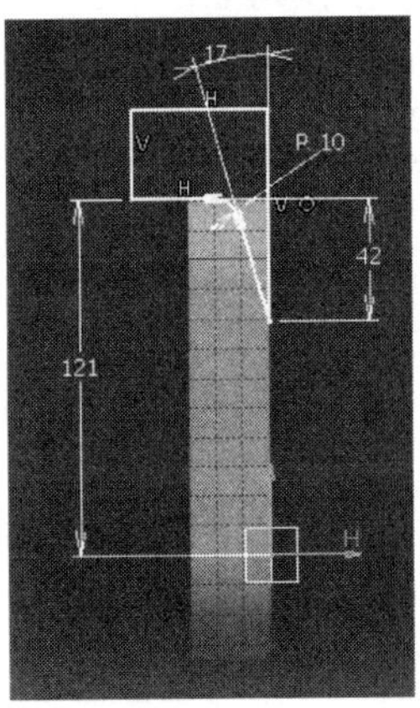

(7) zx 평면, 121, 42, 17°, R10

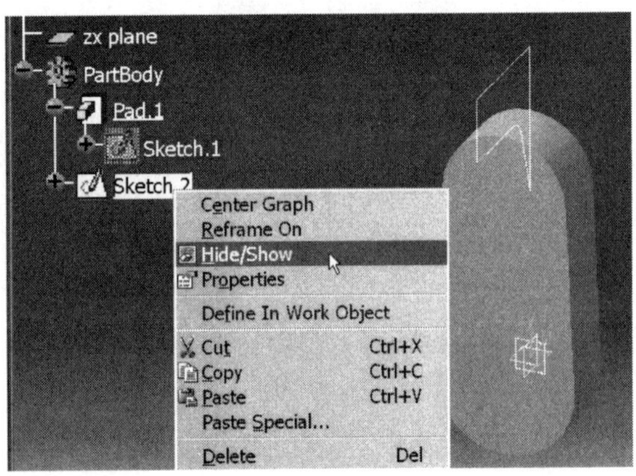

(8) Sketch2, 마우스 오른쪽 버튼, Hide/Show

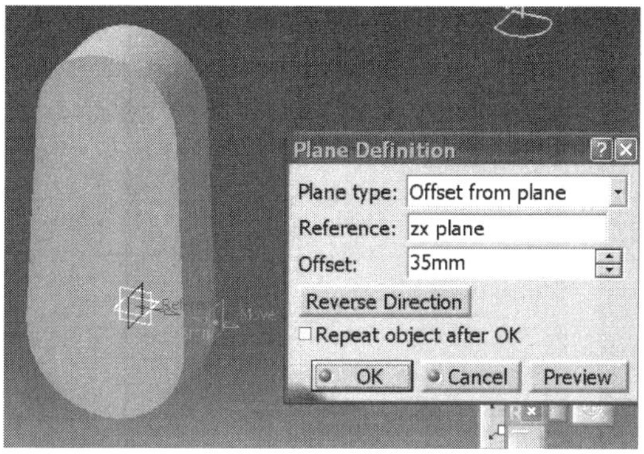

(9) zx 평면, 스케처

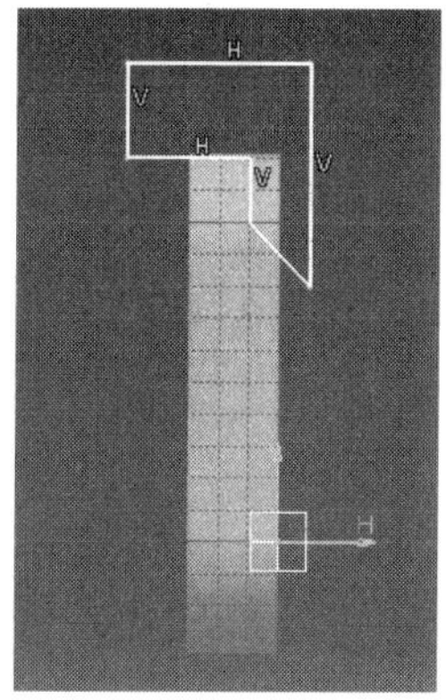

(10) Profile

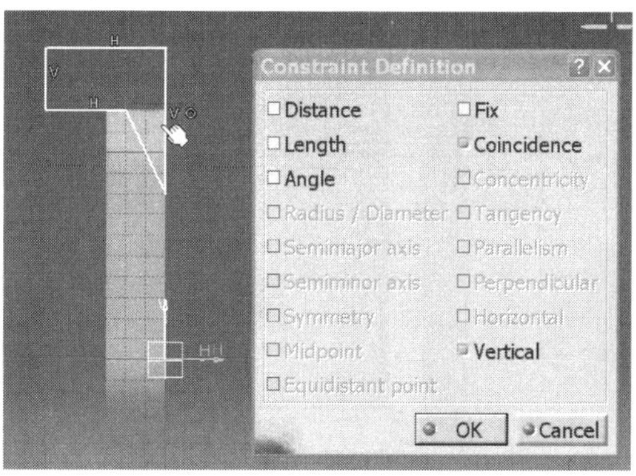

(11) 지정선과 V축, Coincidence

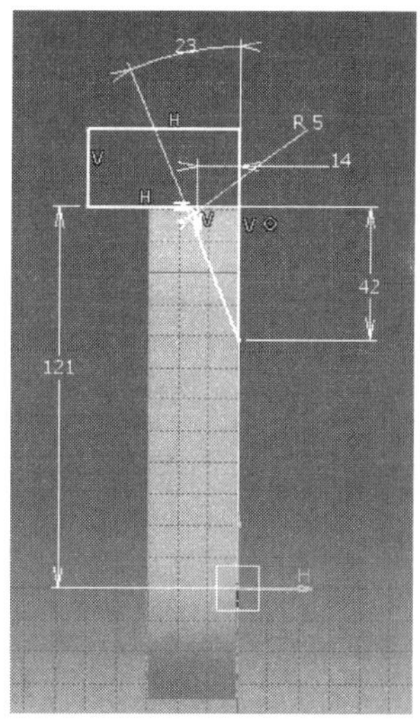

(12) 121, 42, 14, 23°, R5

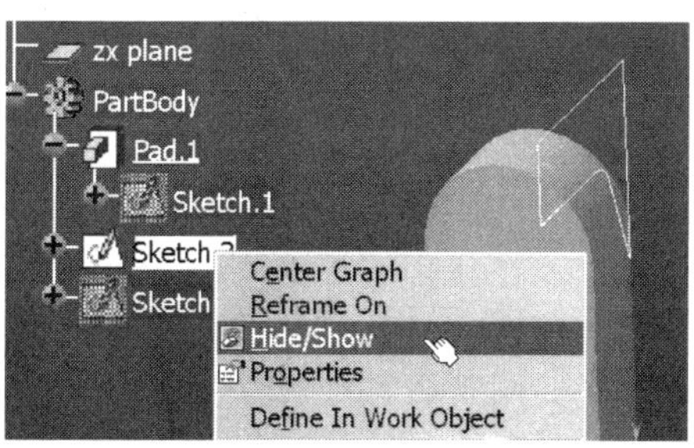

(13) Sketch3, 마우스 오른쪽 버튼, Hide/Show

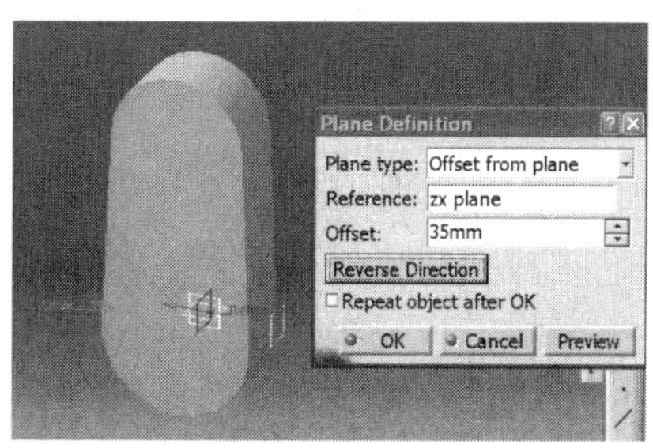

(14) , zx 평면, Reverse Direction, 35,

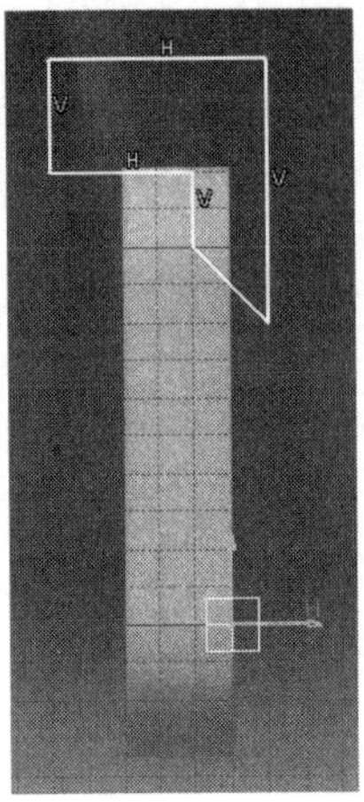

(15) Profile

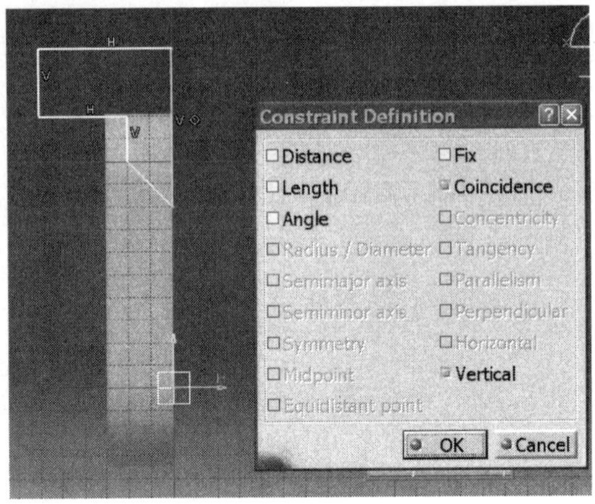

(16) 수직선과 V축, Coincidence

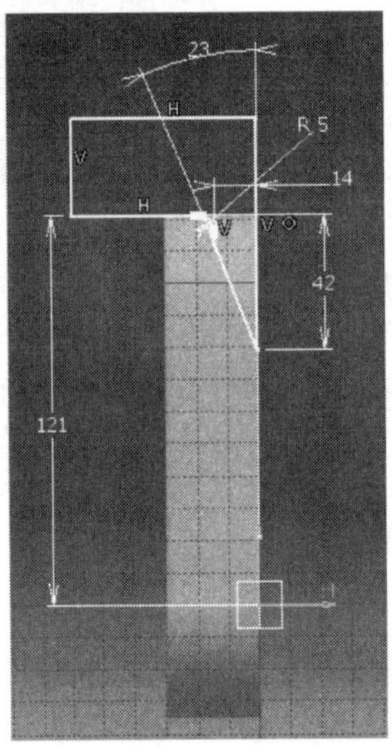

(17) 121, 42, 14, 23°, R10

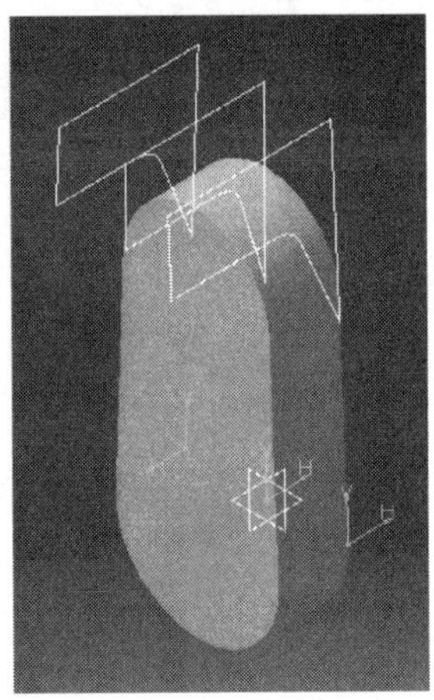

(18) Sketch2, 3, 마우스 오른쪽 버튼, Hide/Show

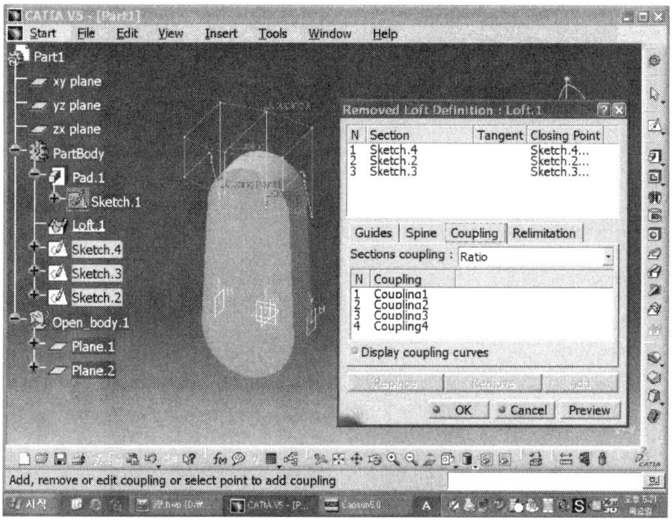

(19) 다단면 제거, Coupling, Ratio

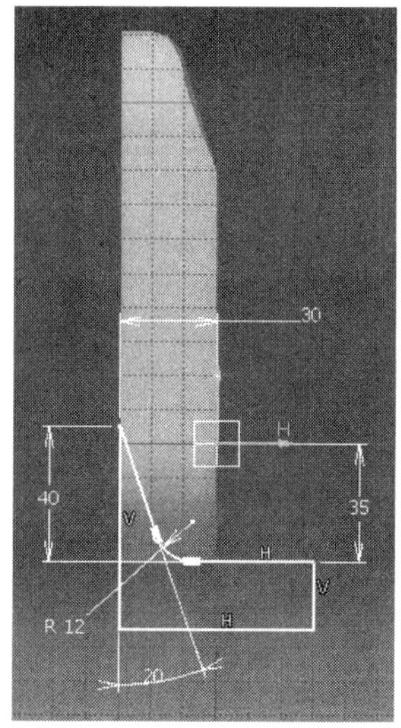

(20) zx plane, 35, 40, 30, 20°, R12, Sketch5, Hide/Show

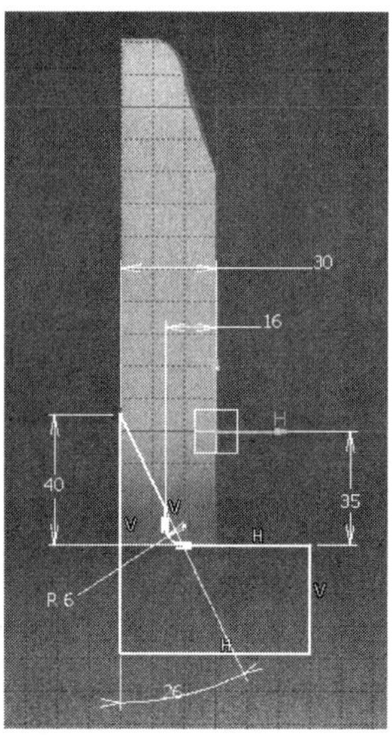

(21) 오른쪽 Offset plane, 35, 40, 30, 26°, R6, Sketch6, Hide/Show

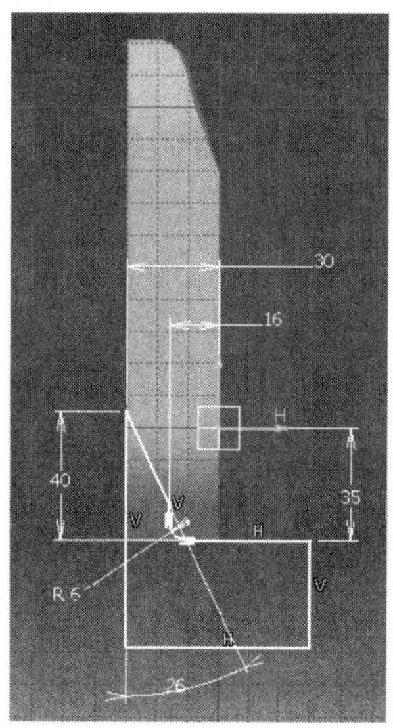

(22) 왼쪽 Offset plane, 35, 40, 30, 26°, R6, Sketch5, Hide/Show, Sketch6, Hide/Show

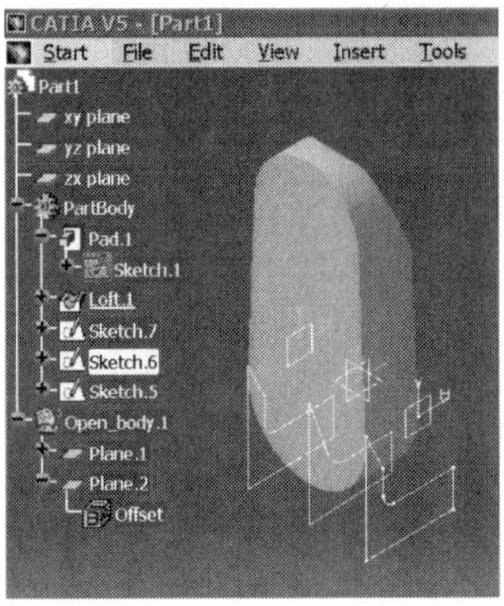

(23) Sketch5, Sketch6, 마우스 오른쪽 버튼, Hide/Show

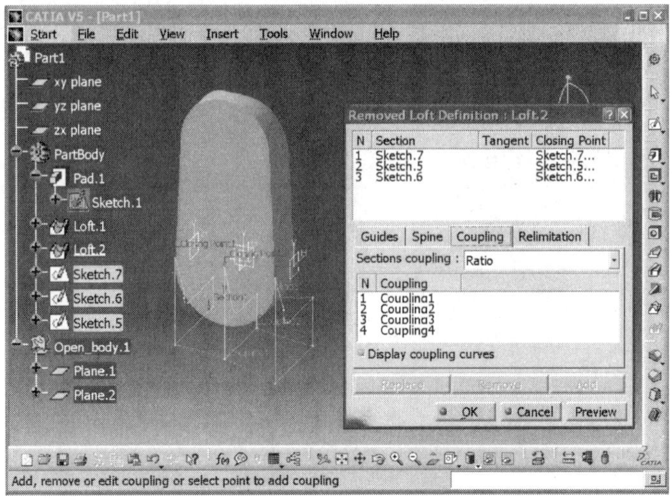

(24) 다단면 제거, Coupling, Ratio

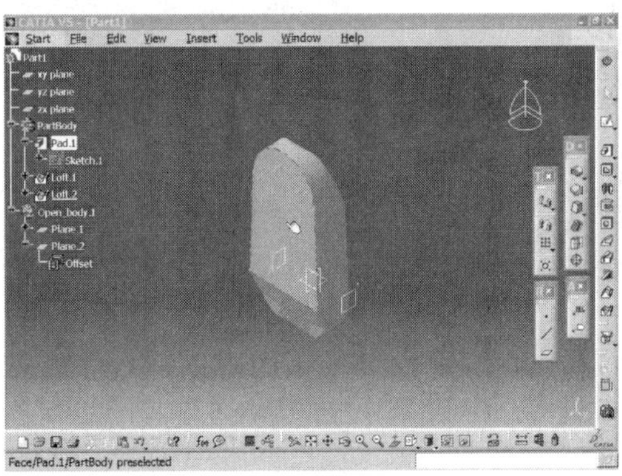

(25) 지정 단면, 스케처

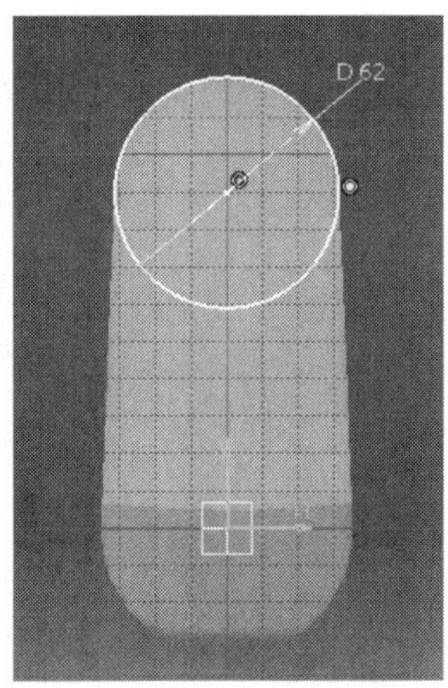

(26) ⊙ Ø62, 동심

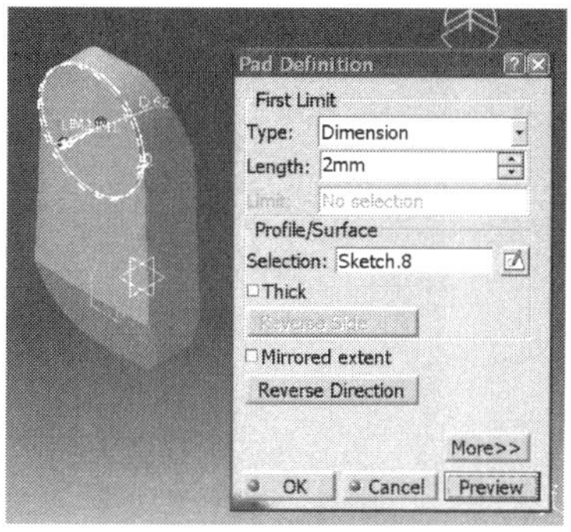

(27) 패드, 2

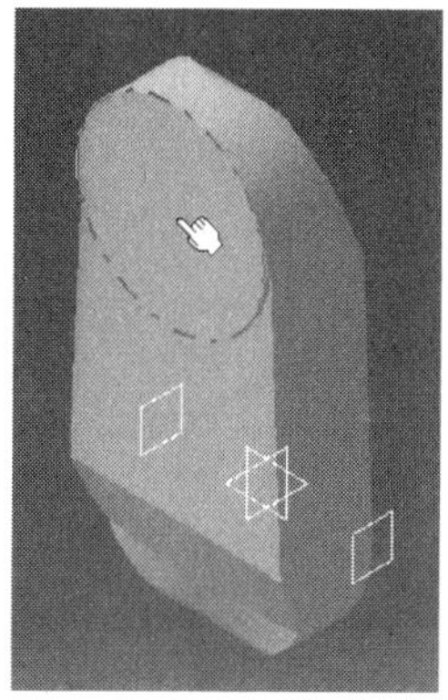

(28) 지정 단면,

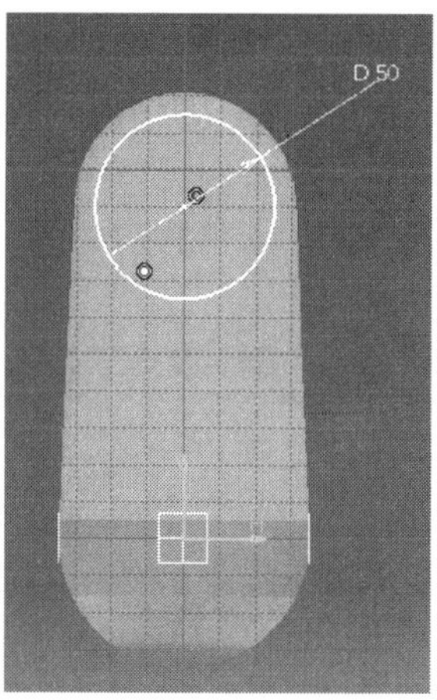

(29) ⌀50, 동심

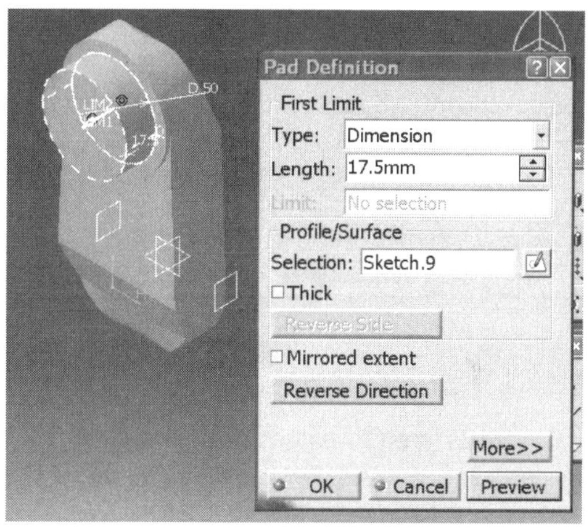

(30) 17.5

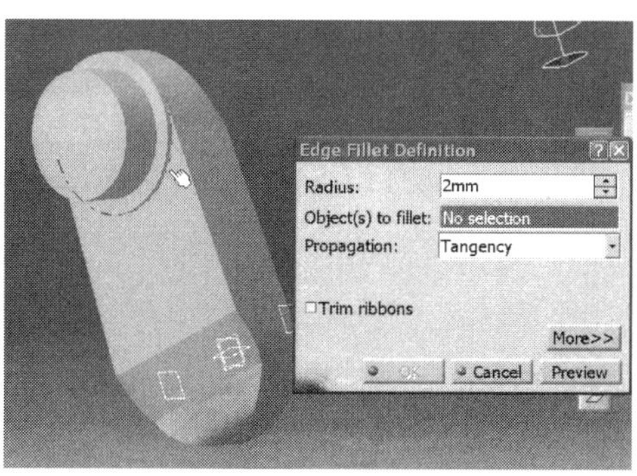

(31) 2, 지정된 모서리

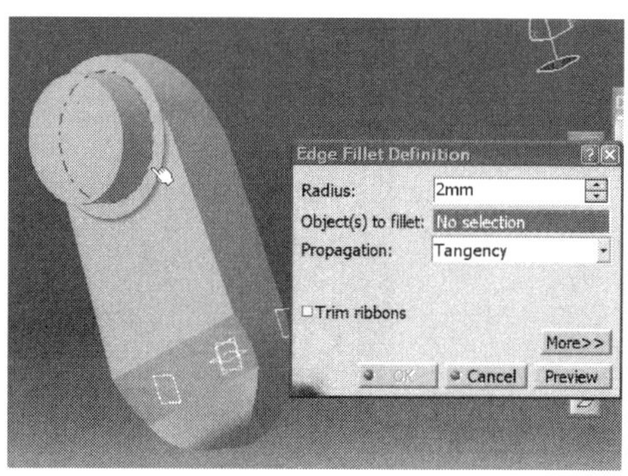

(32) 2, 지정된 모서리

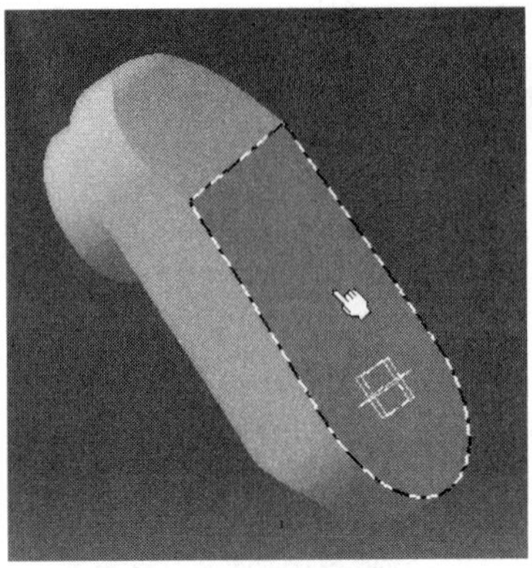

(33) 지정한 면,

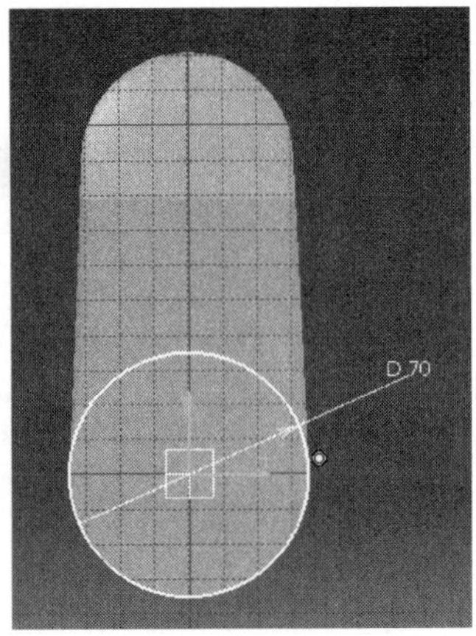

(34) ⌀70, 동심

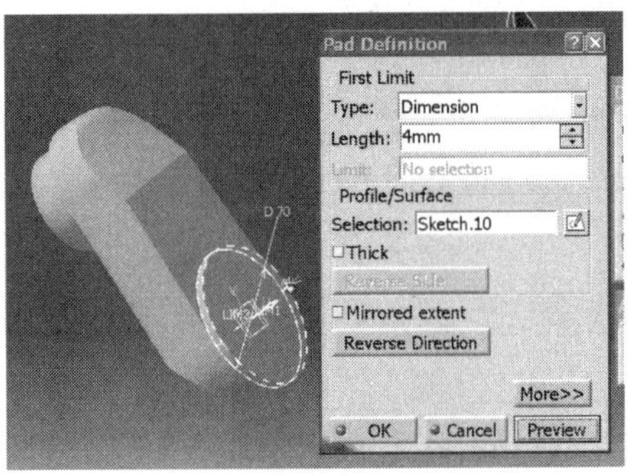

(35) 4

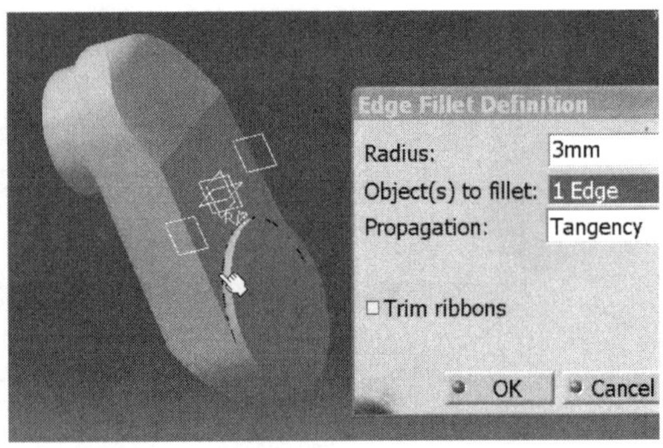

(36) 3, 지정된 모서리

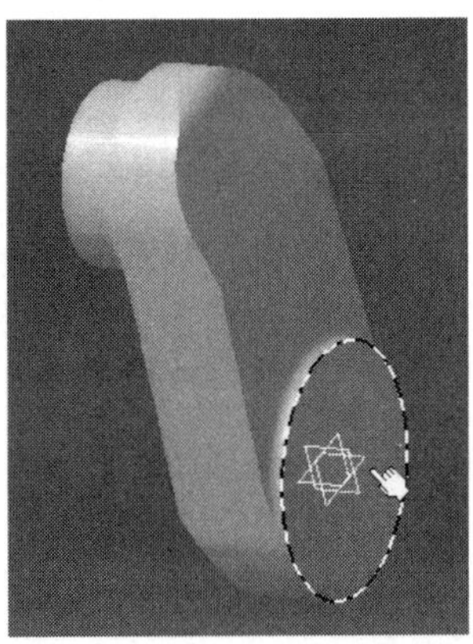

(37) 지정 단면 클릭,

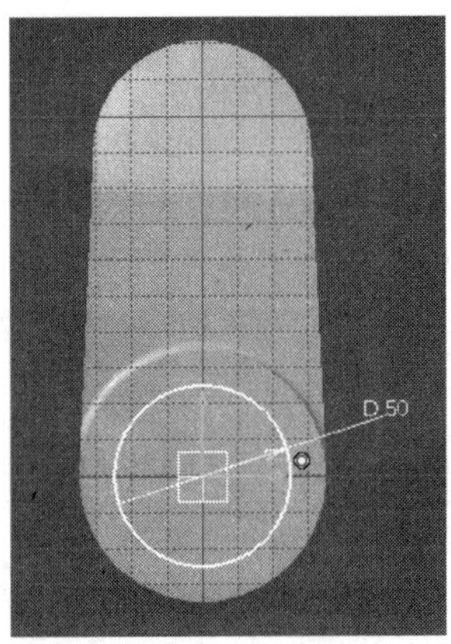

(38) ⌀50, 동심

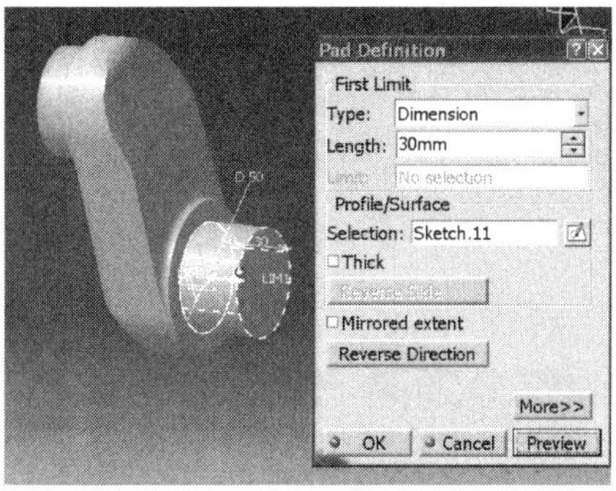

(39) 패드, 30

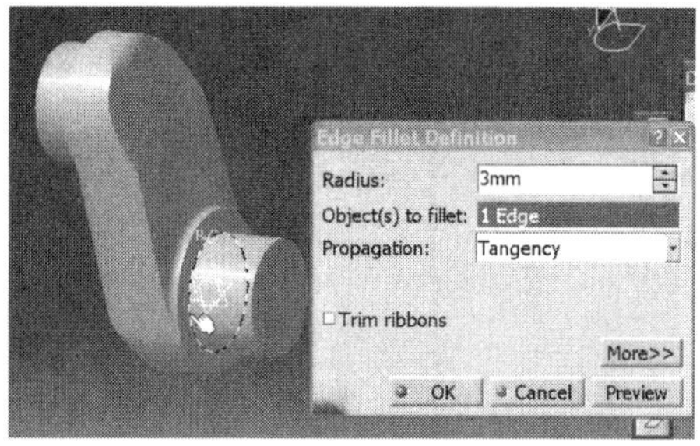

(40) Fillet, 3

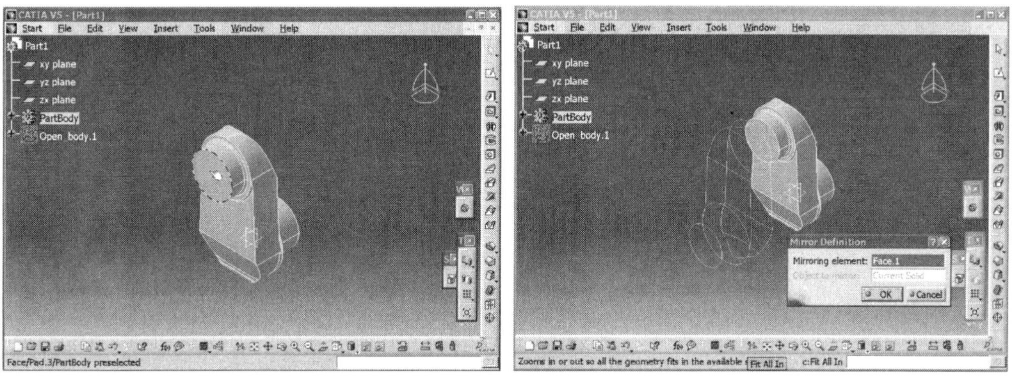

(41) PartBody 선택, 대칭, 대칭면 지정

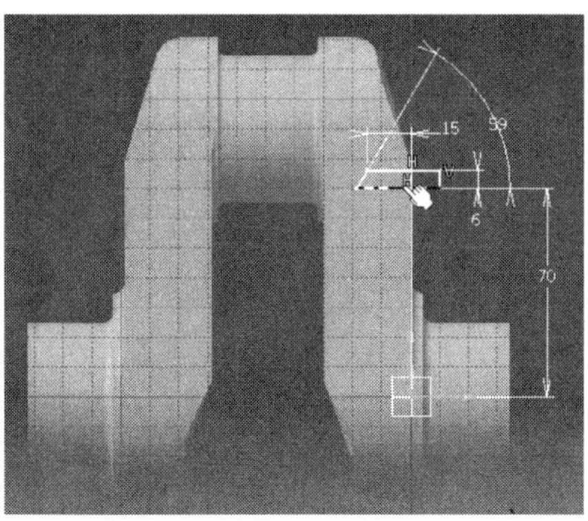

(42) zx 평면, 70, 15, 6, 59°,
지정선, 축선으로 변경

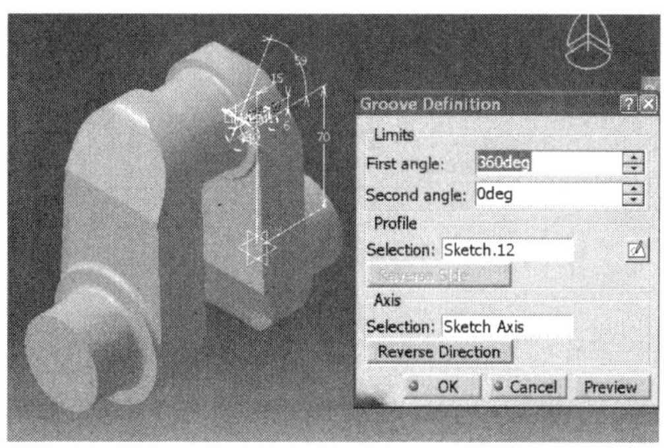

(43) Groove, 360°

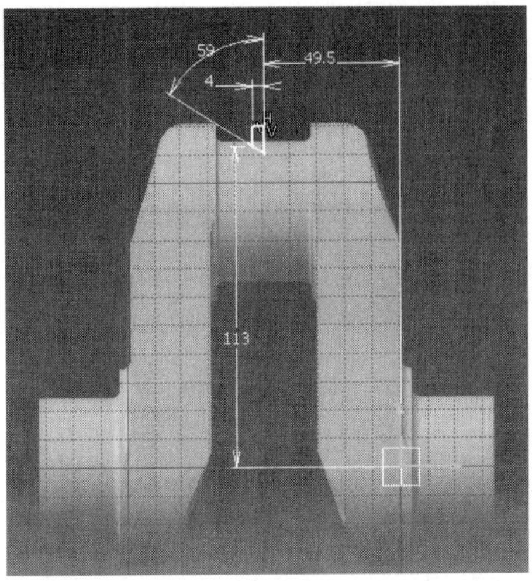

(44) zx 평면, 113, 4, 59°, 49.5

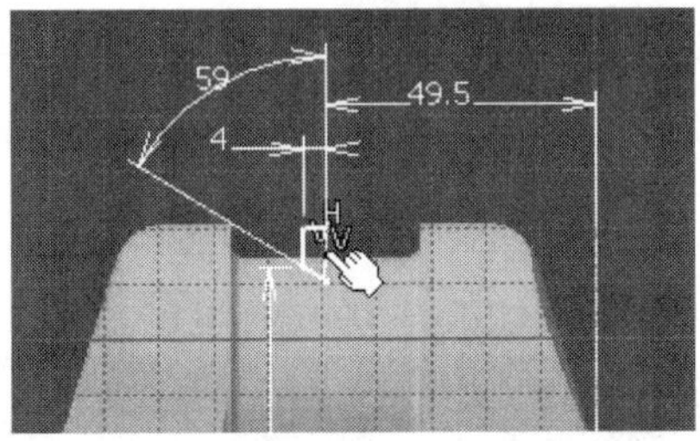

(45) 지정선 클릭, 축선으로 변경

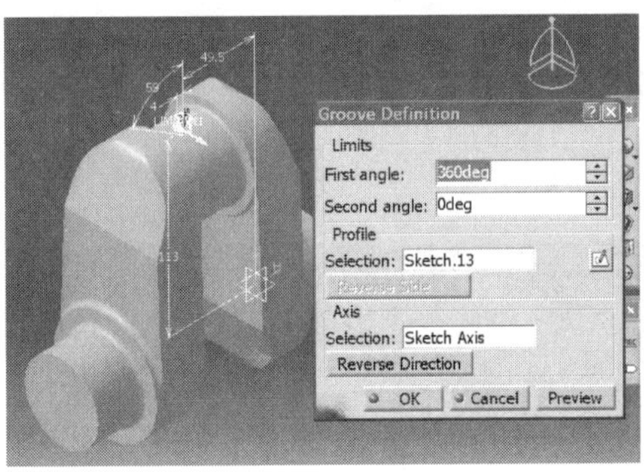

(46) Groove, 360°

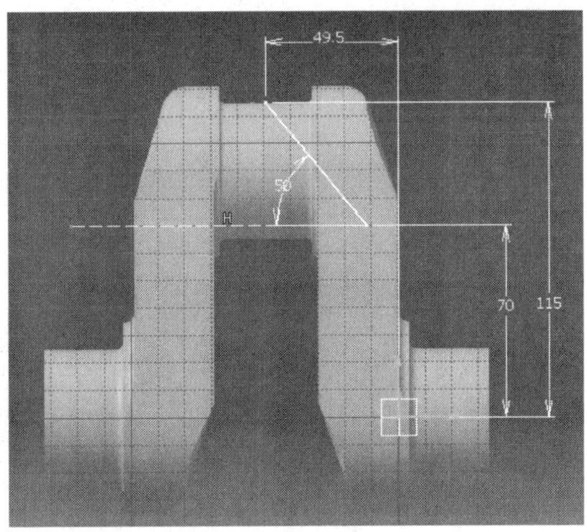

(47) zx 평면, 115, 70, 50°, 49.5

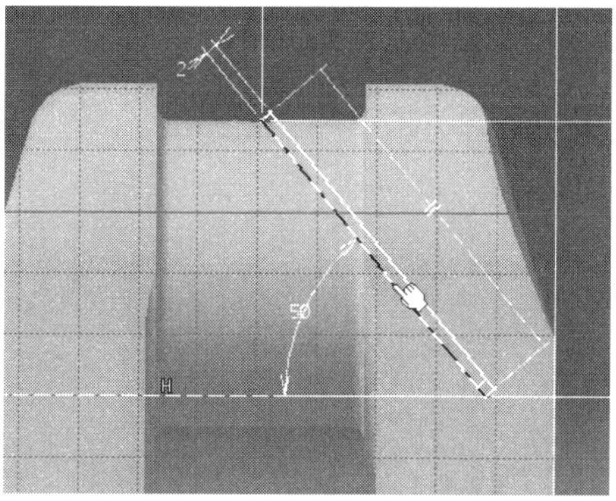

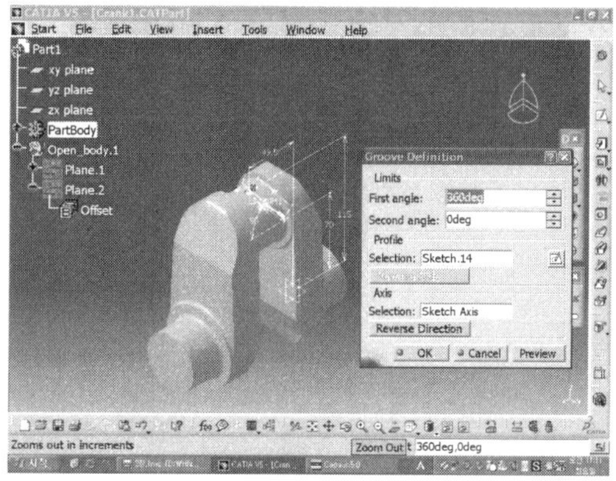

(48) 간격 띄우기, 2, 선 연결, 지정선, 축선으로 변경 (49) Groove, 360°

(50) PartBody, 마우스 오른쪽 바튼, Property, Graphic, Transparency 조정

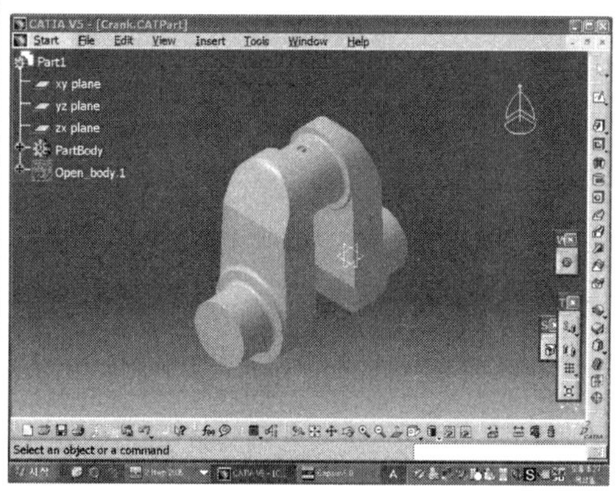

(51) PartBody 클릭

그림 3.27 크랭크 부품도

(3) 도면 작업

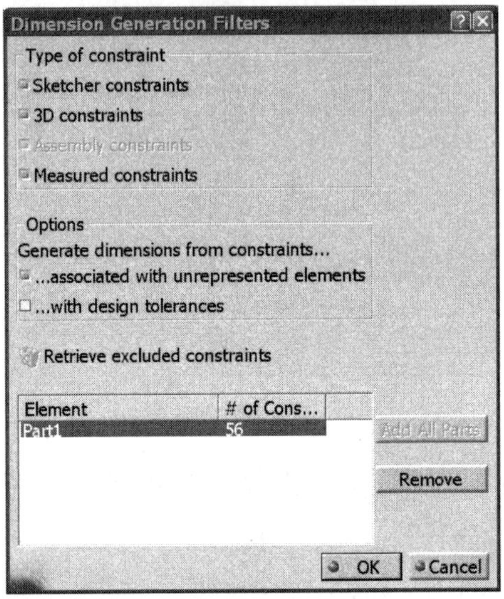

(a) Generating Dimensions, ...associated with unrepresented elements 클릭

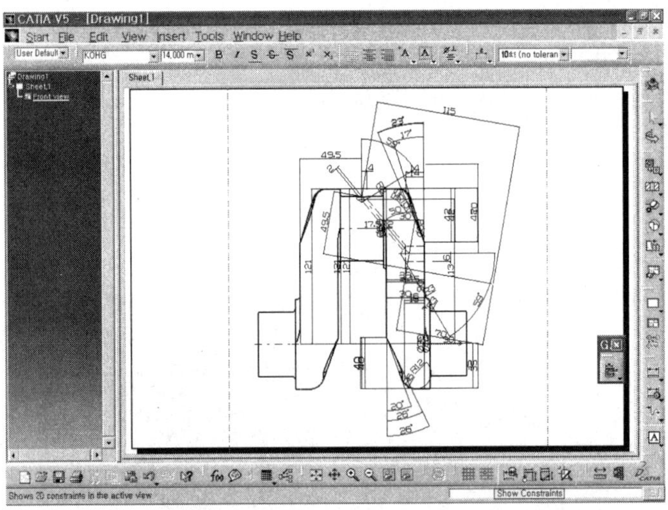

(b) 글자크기 선택, Generating Dimensions, 생성된 초기 도면

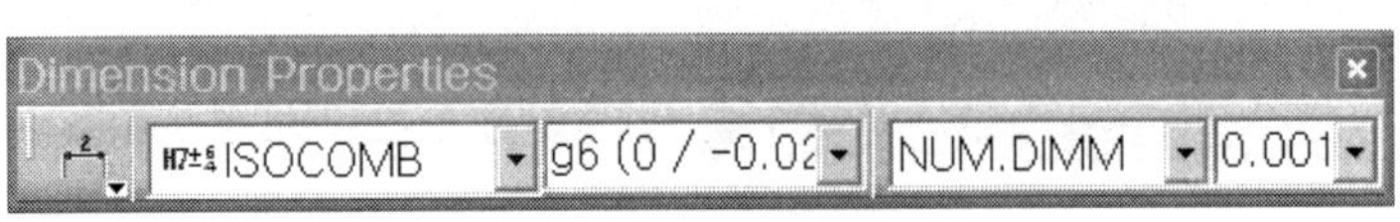

(c) 치수 ∅50 클릭, Dimension Property, ISOCOMB, h7, 0.001

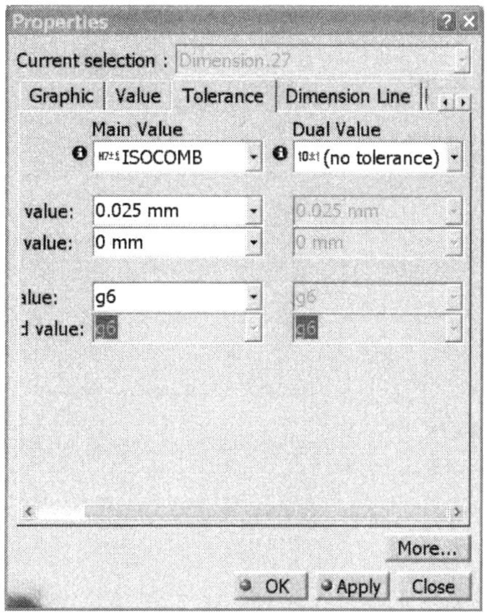

(d) ⌀50 치수에 마우스 오른쪽 버튼, Dimension Property, ISOCOMB, h6, 0.001

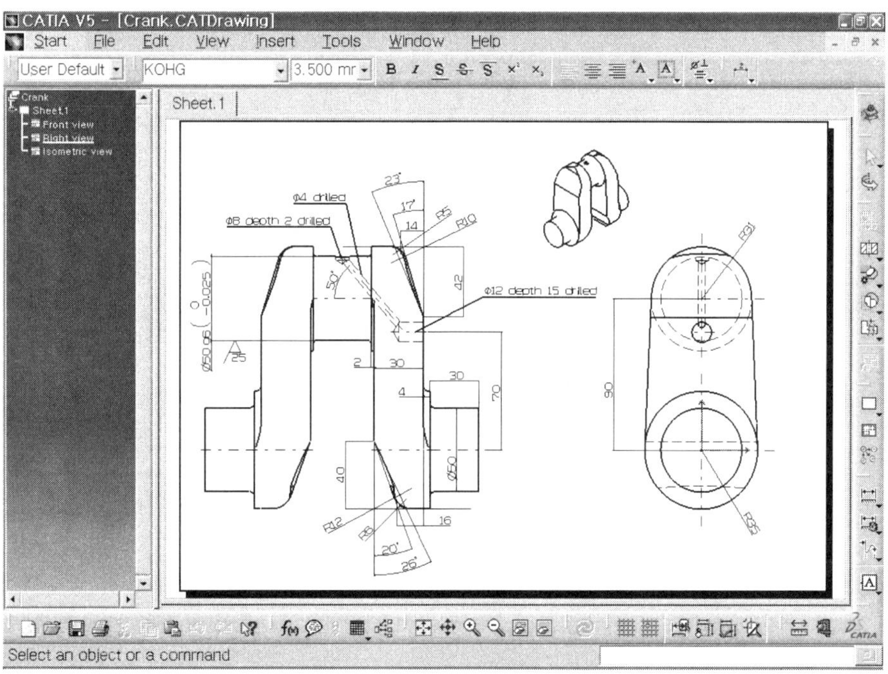

(e) 치수 작업(생성된 치수 중 필요 없는 것은 제거, 삽입, 위치조절)

그림 3.28 크랭크 투상도

문제 3.10 스패너(spanner)의 부품도와 투상도를 작성하라.

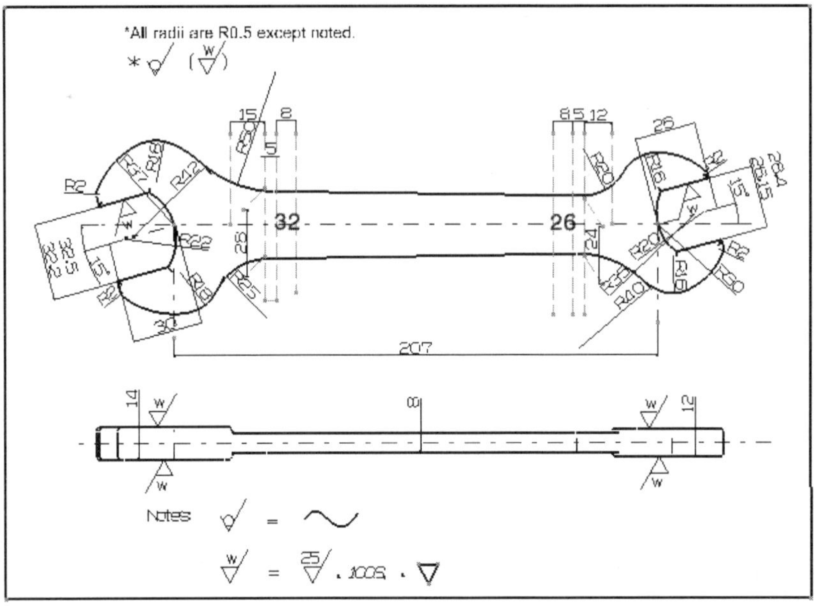

그림 3.29 스패너

4장 와이어프레임과 곡면설계

4.1 와이어프레임과 곡면설계의 개요

와이어프레임(Wireframe)은 기본적인 점(Point), 선(Line), 스플라인(Spline), 직사각형(Rectangle), 원(Circle), 호(Arc), 헬릭스 나선(Helix) 그리고 폴리선(Polyline) 등으로 곡면을 만드는 데 기본이 되는 요소들이다.

곡면(Surface)은 와이어프레임의 기본 요소들을 돌출(extrude)시키거나, 와이어를 레일(rail)에 따라 스윕(sweep)시켜 곡면을 만들거나, 와이어를 축에 대하여 회전시켜 곡면을 만든다. 곡면은 내부를 채워 솔리드(solid)를 만들거나 두께를 갖는 쉘(shell) 등을 만들거나 부품설계 모우드에서 만든 솔리드를 **와이어프레임과 곡면설계**(Wireframe & Surface) 모우드에서 생성한 곡면에 의해 잘라 내어 부품을 모델링할 수 있다.

곡면설계(Surface Design)는 그림 4.1과 같이 기계 설계(Mechanical Design)의 와이어프레임과 곡면설계(Wireframe & Surface Design) 작업대에서 수행하게 된다.

메뉴: Start ▸ Mechanical Design ▸ Wireframe & Surface Design [그림 4.1(a)]
메뉴: Start ▸ Wireframe & Surface Design [(b)]

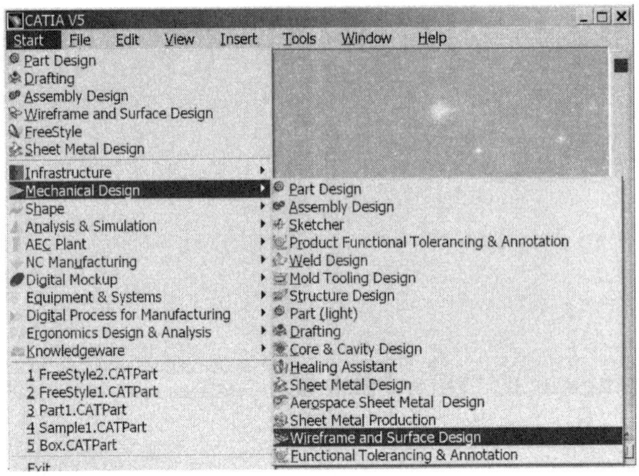
CATIA V5
Start File Edit View Insert Tools Window Help
Part Design
Drafting
Assembly Design
Wireframe and Surface Design
FreeStyle
Sheet Metal Design
Infrastructure
Mechanical Design
Shape
Analysis & Simulation
AEC Plant
NC Manufacturing
Digital Mockup
Equipment & Systems
Digital Process for Manufacturing
Ergonomics Design & Analysis
Knowledgeware
1 FreeStyle2.CATPart
2 FreeStyle1.CATPart
3 Part1.CATPart
4 Sample1.CATPart
5 Box.CATPart
Part Design
Assembly Design
Sketcher
Product Functional Tolerancing & Annotation
Weld Design
Mold Tooling Design
Structure Design
Part (light)
Drafting
Core & Cavity Design
Healing Assistant
Sheet Metal Design
Aerospace Sheet Metal Design
Sheet Metal Production
Wireframe and Surface Design
Functional Tolerancing & Annotation

(a)

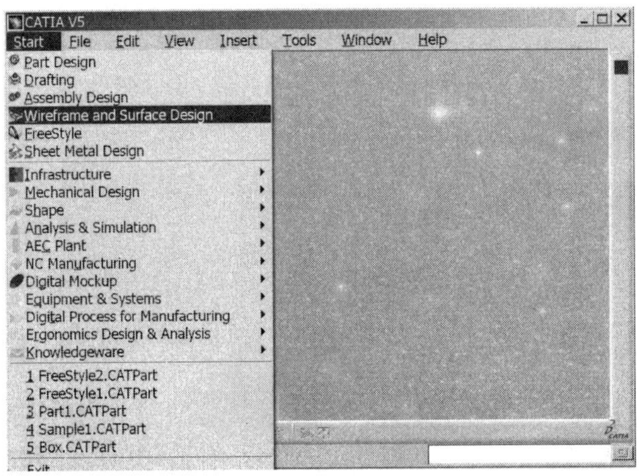
CATIA V5
Start File Edit View Insert Tools Window Help
Part Design
Drafting
Assembly Design
Wireframe and Surface Design
FreeStyle
Sheet Metal Design
Infrastructure
Mechanical Design
Shape
Analysis & Simulation
AEC Plant
NC Manufacturing
Digital Mockup
Equipment & Systems
Digital Process for Manufacturing
Ergonomics Design & Analysis
Knowledgeware
1 FreeStyle2.CATPart
2 FreeStyle1.CATPart
3 Part1.CATPart
4 Sample1.CATPart
5 Box.CATPart

(b)

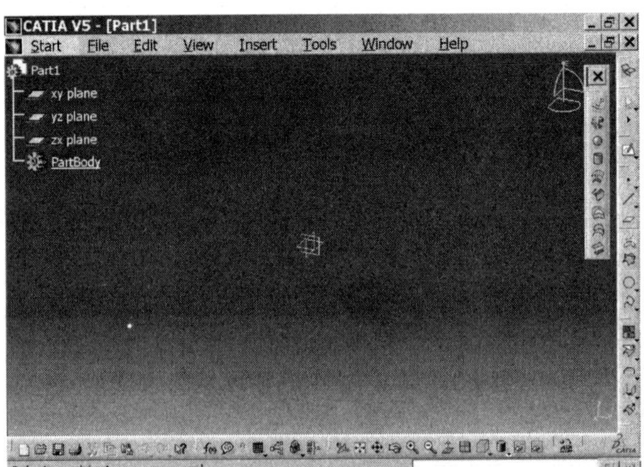
CATIA V5 - [Part1]
Start File Edit View Insert Tools Window Help
Part1
xy plane
yz plane
zx plane
PartBody
Select an object or a command

(c)

그림 4.1

4.2 곡면

곡면(Surface)은 표 4.1에서 보여 주는 바와 같이 직선(Line), 스플라인(Spline), 폴리선(Polyline), 그리고 직사각형(Rectangle), 원(Circle), 원뿔(Conic) 등을 돌출(Extrude), 회전(Revolve) 등에 의해 임의의 곡면을 생성하는 것이다.

표 4.1 곡면(Surfaces) 

	명 령 어	설 명
	돌출곡면(Extrude)	선(직선 또는 곡선)을 돌출시켜 면을 생성한다.
	회전곡면(Revolve)	선(직선 또는 곡선)을 회전시켜 면을 생성한다.
	구면(Sphere)	구면을 생성한다.
	곡면 옵셋(Offset)	옵셋 곡면을 생성한다.
	스윕곡면(Sweep)	스윕면을 생성한다.
	곡면덮기(Fill)	폐곡면의 터진 부분을 면으로 덮는다.
	Loft(로프트곡면)	로프트곡면을 생성한다.
	Blend(곡면접속)	두 곡면을 접속한다.

[1] 돌출곡면(Extrude)

돌출곡면(Extrude Surface)은 선(직선 또는 곡선)을 돌출시켜 면(평면 또는 곡면)을 생성한다.

예제 4.1 돌출곡면(Extrude Surface)

xy plane, [그림 4.2(a)]

메뉴: Insert ▸ Profile ▸ Spline ▸ Spline...

Exit workbench를 클릭하여 3D 모우드로 들어간다.

메뉴: Insert ▸ Surfaces ▸ Extrude [(b)에서 거리 80]

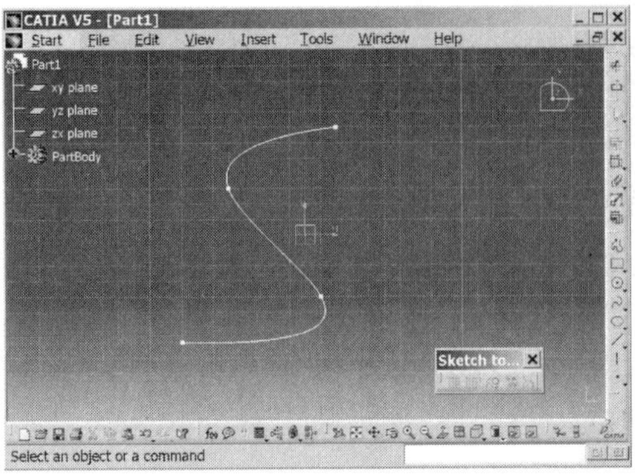

(a)

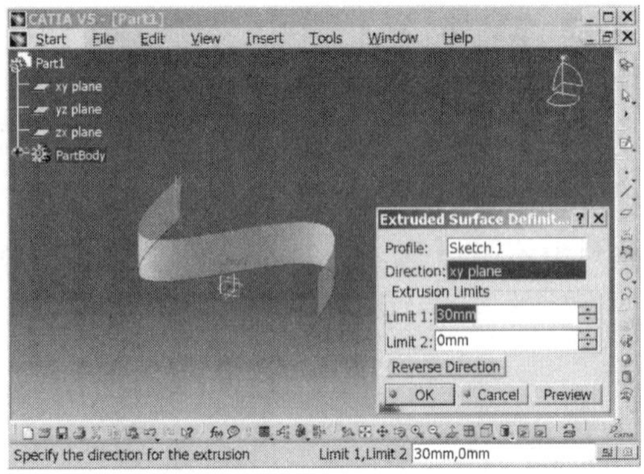

(b)

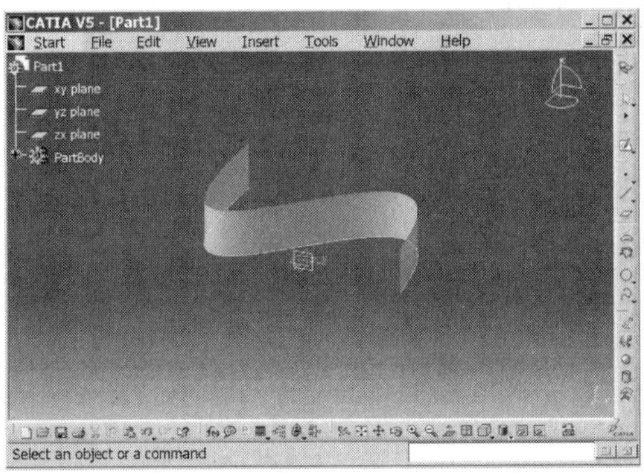

(c)

그림 4.2

[2] 회전곡면(Revolve)

회전곡면(Revolve Surface)은 선(직선 또는 곡선)을 회전축을 기준으로 회전시켜 곡면(평면 또는 곡면)을 생성한다.

예제 4.2 회전(Revolve) 곡면

xz plane, [그림 4.3(a)]

메뉴: Insert ▸ Profile ▸ Spline ▸ Spline...

메뉴: Insert ▸ Profile ▸ Line ▸ Line

Exit workbench를 클릭하여 3D 모우드로 들어간다.

메뉴: Insert ▸ Surfaces ▸ Revolve... [(b) Profile.1 클릭, 회전 360, (c)에서 V축 클릭]

(d)의 스펙트리의 Sketch1에 마우스 오른쪽 버튼을 누르고 Hide/Show 선택

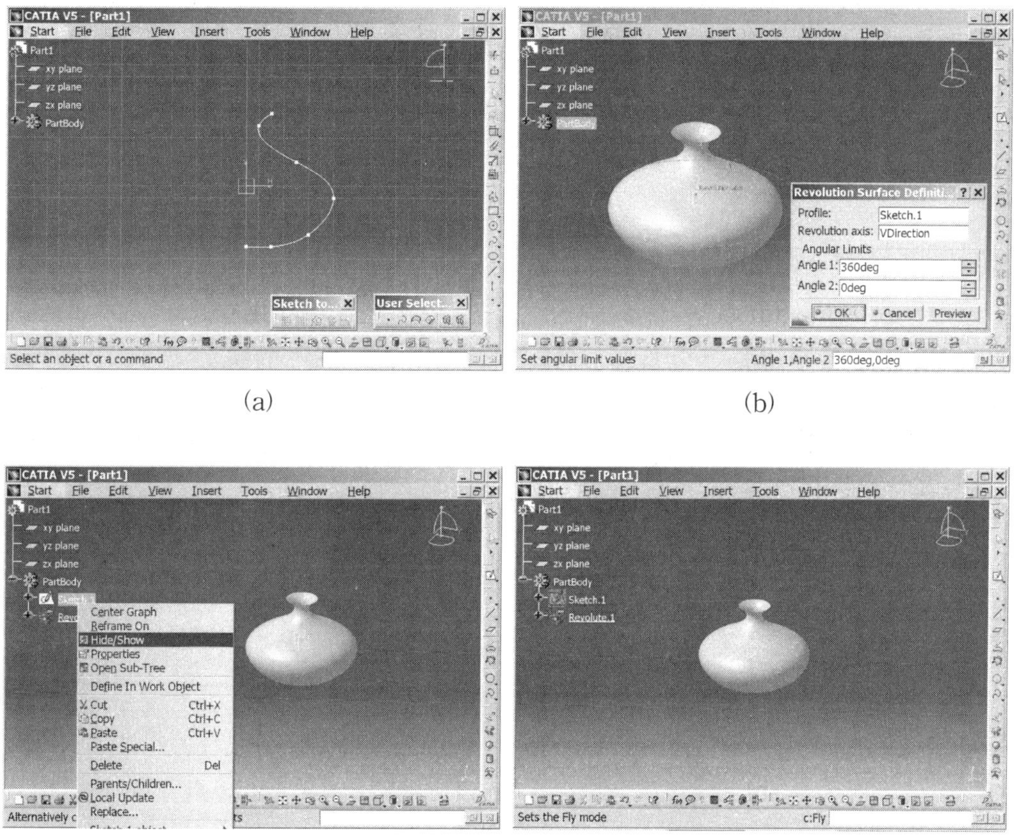

(a) (b)

(c) (d)

그림 4.3

[3] 구면(Sphere)

중심점과 반경, 각도 등으로 **구면**(Sphere)을 생성한다.

예제 4.3 구면(Sphere)

xy plane, [그림 4.4(a)]

메뉴: Insert ▸ Wireframe ▸ Point... [구의 중심점]

Exit workbench를 클릭하여 3D 모우드로 들어간다.

메뉴: Insert ▸ Surface ▸ Sphere... [(b) -90, 90, 270]

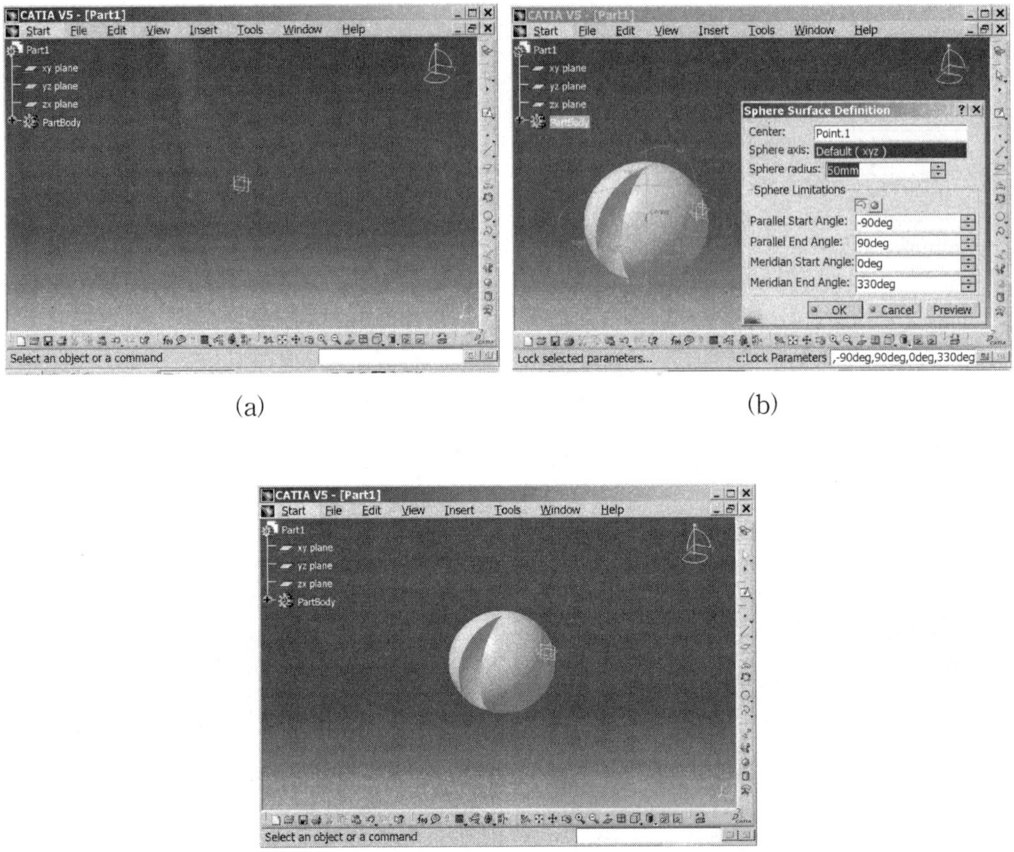

(a) (b) (c)

그림 4.4

[4] 옵셋 곡면(Offset Surface)

옵셋 곡면(Offset Surface)은 면과 거리를 정의하여 옵셋 곡면을 생성한다.

예제 4.4 옵셋 곡면(Offset Surface)

xy plane, [그림 4.5(a)]

메뉴: Insert ▸ Profile ▸ Circle

Exit workbench를 클릭하여 3D 모우드로 들어간다.

메뉴: Insert ▸ Surfaces ▸ Offset... [(b) Extrude.1 클릭, Offset 20]

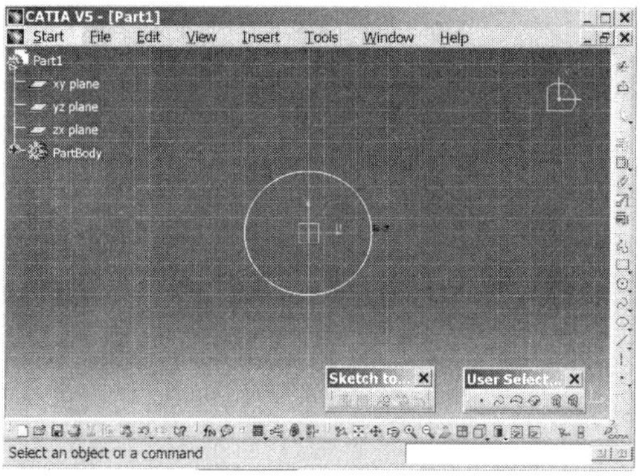

(a)

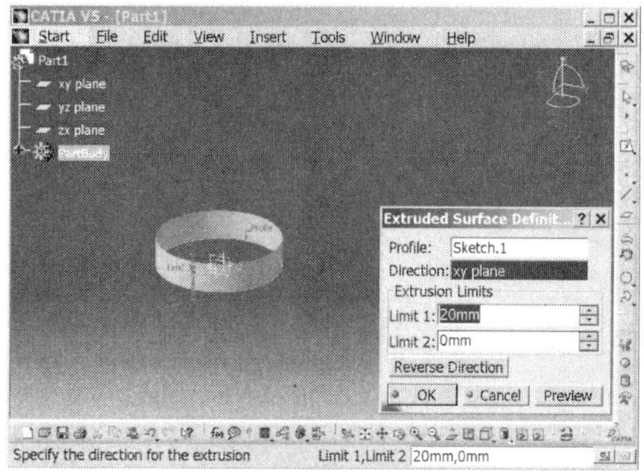

(b)

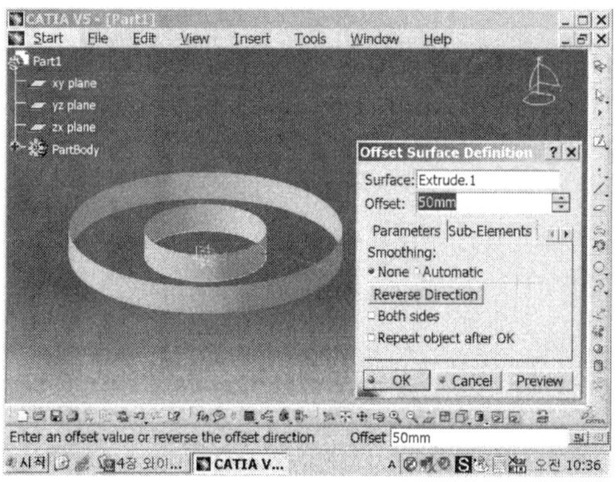

(c)

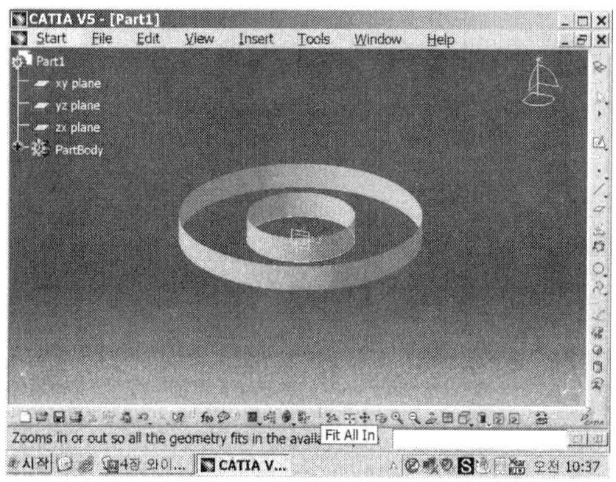

(d)

그림 4.5

[5] 스웝곡면(Swept Surface)

윤곽(Profile)이 안내선(Guide Curve)을 따라 이동할 때 생성되는 궤적을 **스웝곡면**(Swept Surface)이라 한다.

표 4.2 스웝곡면(Swept Surface)의 정의

윤곽형태	제 2 분류	사용 방법
명확(Explicit)	기준(Reference)	윤곽, 안내선, 기준면, 각도 등으로 곡면 생성
	제2 안내선(Second Guide)	윤곽, 두 안내선 등으로 곡면 생성

<table>
<tr><td rowspan="6">선
(Line)</td><td>두 제한선(Two Limits)</td><td>두 제한선, 두 안내선 등으로 곡면 생성</td></tr>
<tr><td>제한선과 대칭면(Limit and Middle)</td><td>두 제한선, 두 안내선 등을 사용하여 곡면을 생성하고, 두 번째 선을 기준으로 대칭 곡면 생성</td></tr>
<tr><td>기준면(With Reference Surface)</td><td>안내선, 기준면, 각도, 길이 등을 사용</td></tr>
<tr><td>기준 곡선(With Reference Curve)</td><td>안내선, 기준선, 각도, 길이 등을 사용</td></tr>
<tr><td>접 곡선(With Tangency Surface)</td><td>안내선, 접면 등을 사용</td></tr>
<tr><td>기운 방향(With Draft Direction)</td><td>안내선, 기운 방향 등을 사용</td></tr>
<tr><td rowspan="5">원
(Circle)</td><td>세 안내선(Three Guides)</td><td>세 안내선으로 원형곡면 생성</td></tr>
<tr><td>두 안내선과 반경
(Two Guides and Radius)</td><td>두 안내선과 반경으로 원형곡면 생성</td></tr>
<tr><td>중심선과 두 각도
(Center and Two Angle)</td><td>중심선과 두 각도로 원형곡면 생성</td></tr>
<tr><td>중심선과 반경(Center and Radius)</td><td>중심선과 반경으로 원형곡면 생성</td></tr>
<tr><td>두 안내선과 접면(Two Guides and Tangency Surface)</td><td>두 안내선과 접면으로 원형곡면 생성</td></tr>
<tr><td rowspan="4">원뿔
(Conic)</td><td>두 안내선(Two Guide Curves)</td><td>두 안내선과 접선으로 원뿔면 생성</td></tr>
<tr><td>세 안내선(Three Guide Curves)</td><td>세 안내선과 접선으로 원뿔면 생성</td></tr>
<tr><td>네 안내선(Four Guide Curves)</td><td>네 안내선과 접선으로 원뿔면 생성</td></tr>
<tr><td>다섯 안내선(Five Guide Curves)</td><td>다섯 안내선으로 원뿔면 생성</td></tr>
</table>

예제 4.5 안내선을 이용한 스윕곡면

xy plane, [그림 4.6(a)]

메뉴: Insert ▸ Profile ▸ Circle [지름 20]

Exit workbench를 클릭하여 3D 모우드로 들어간다.

yz plane, [(b)]

메뉴: Insert ▸ Profile ▸ Spline ▸ Spline...

[※안내 곡선(Guide line)의 곡률반경이 너무 작으면 스윕곡면을 생성하지 못한다.]

Exit workbench를 클릭하여 3D 모우드로 들어간다.

메뉴: Insert ▸ Surfaces ▸ Sweep... [(c) Profile: Sketch.1(원) 클릭, Guide Curve: Sketch.2(안내선) 클릭]

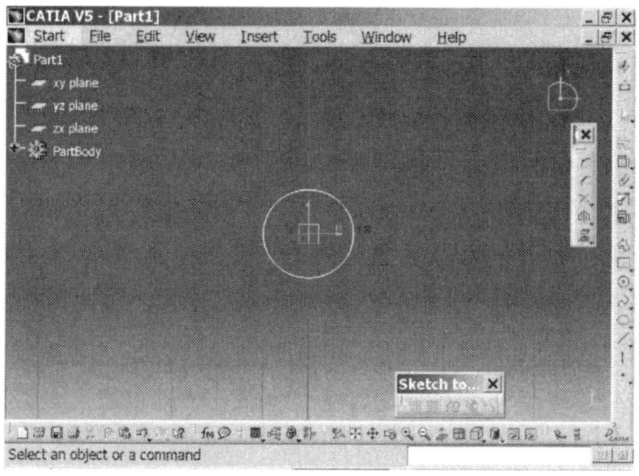

(a)

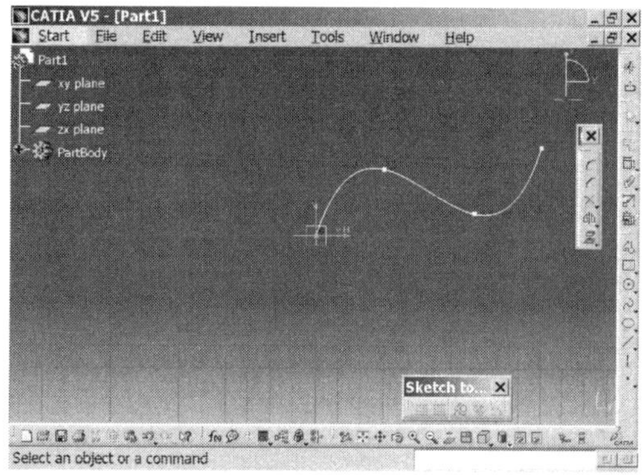

(b)

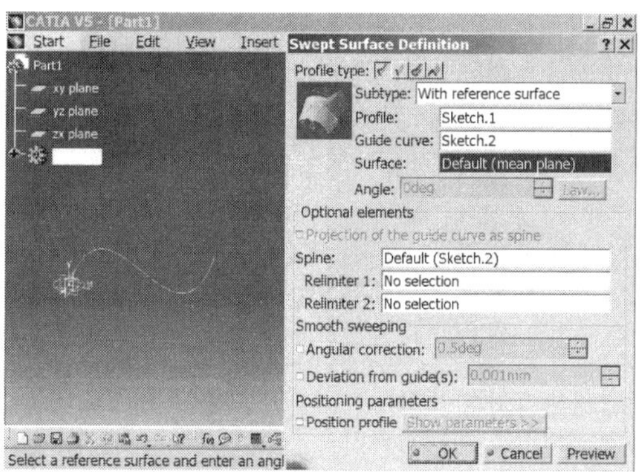

(c)

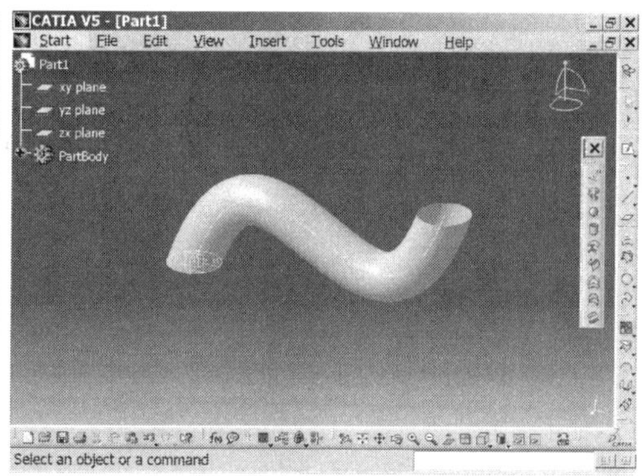

(d)

그림 4.6

예제 4.6 안내선을 이용한 스윕곡면

yz plane, [그림 4.7(a)]

메뉴: Insert ▸ Profile ▸ Spline ▸ Spline...

Exit workbench를 클릭하여 3D 모우드로 들어간다.

zx plane, [(b)]

[※안내곡선(Guide line)의 곡률반경이 너무 작으면 스윕곡면을 생성하지 못한다.]

메뉴: Insert ▸ Profile ▸ Spline ▸ Spline...

메뉴: Insert ▸ Constraint ▸ Constraint... [구속정의(Constraints Definition)에서 Coincidence 선택, 두 스플라인 곡선이 한 점에서 일치하게 한다.]

Exit workbench를 클릭하여 3D 모우드로 들어간다.

메뉴: Insert ▸ Surfaces ▸ Sweep... [(c) Profile: Sketch.1 클릭, Guide: Sketch.2 클릭]

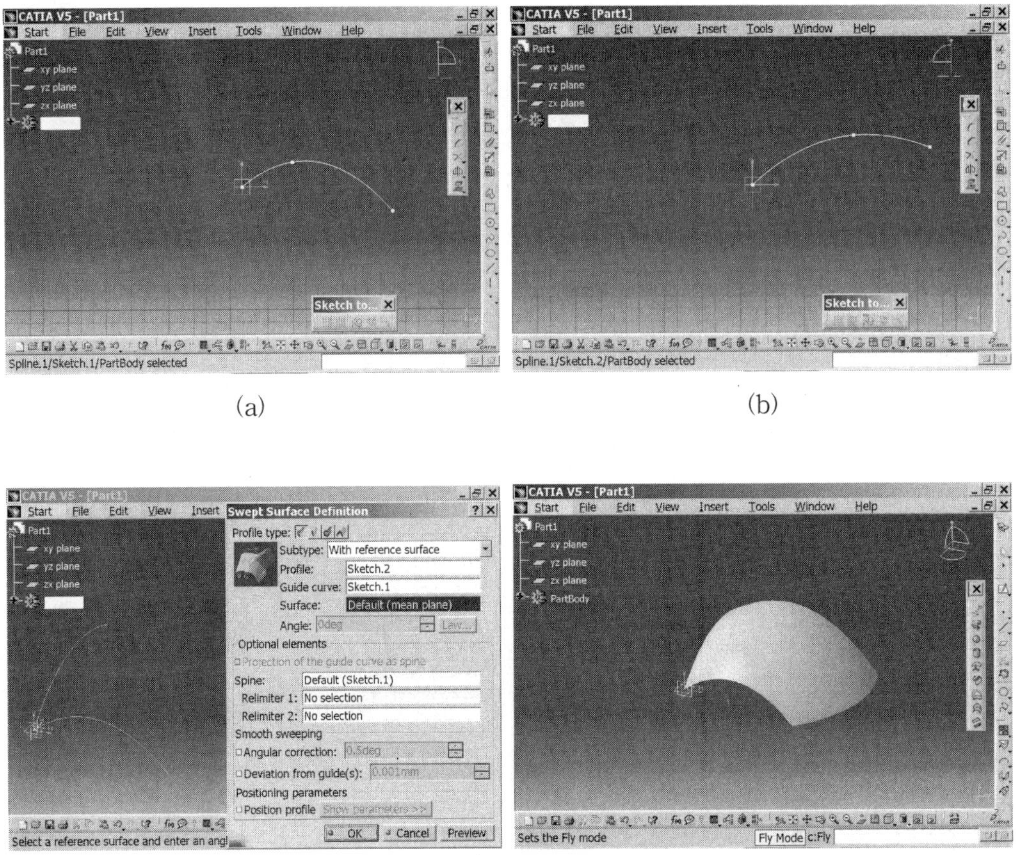

(a) (b)

(c) (d)

그림 4.7

예제 4.7 기준선을 이용한 스윕곡면

xy plane, [그림 4.8(a)]

메뉴: Insert ▸ Profile ▸ Spline ▸ Spline... [기준선(Sketch.1)]

Exit workbench를 클릭하여 3D 모우드로 들어간다.

메뉴: Insert ▸ Surfaces ▸ Extrude [(b)에서 거리 20, 20]

메뉴: Insert ▸ Wireframe ▸ Plane... [(c) Sketch.1 클릭, 법선평면 위치 클릭, 법선평면 클릭,]

메뉴: Insert ▸ Profile [(d) 삼각형을 그린다.]

(e)에서 삼각형의 밑변과 기준선의 끝점 클릭, coincidence 클릭

메뉴: Insert ▸ Surfaces ▸ Sweep... [(f) Explicit, With reference surface, Sketch.2,

Sketch.1, Extrude.1 클릭]

(g)에서 스펙트리의 Extrude.1에 마우스 오른쪽 버튼을 누르고 Hide/Show 선택

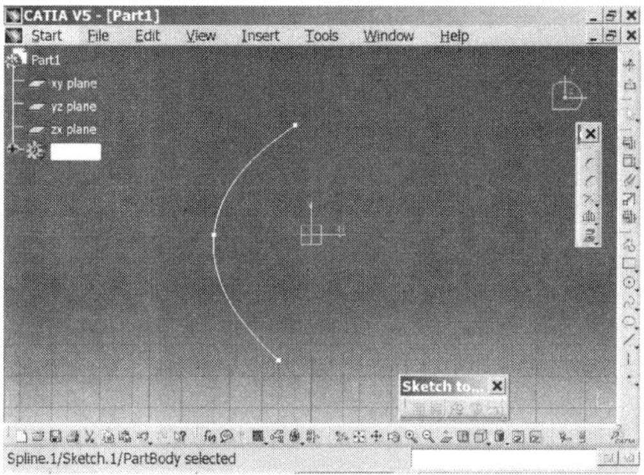

(a)

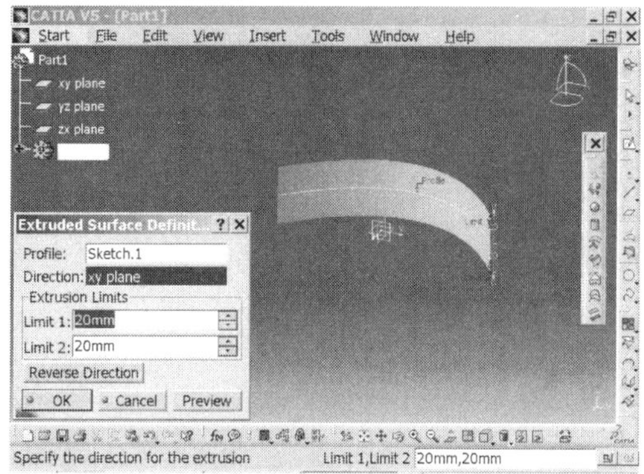

(b)

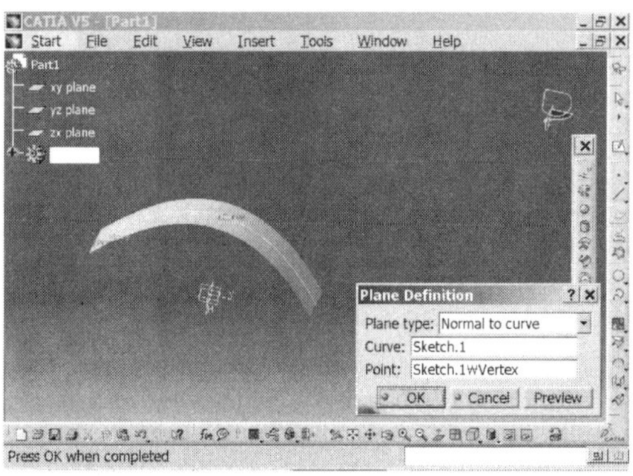

(c)

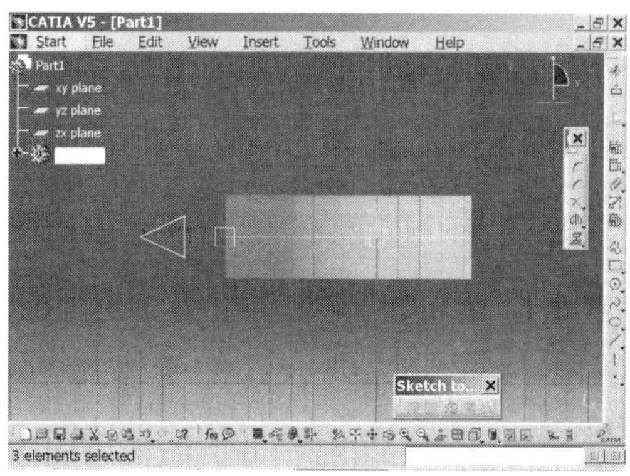

(d)

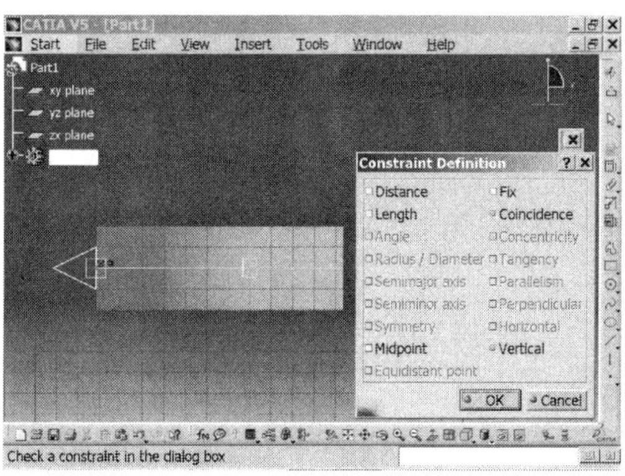

(e)

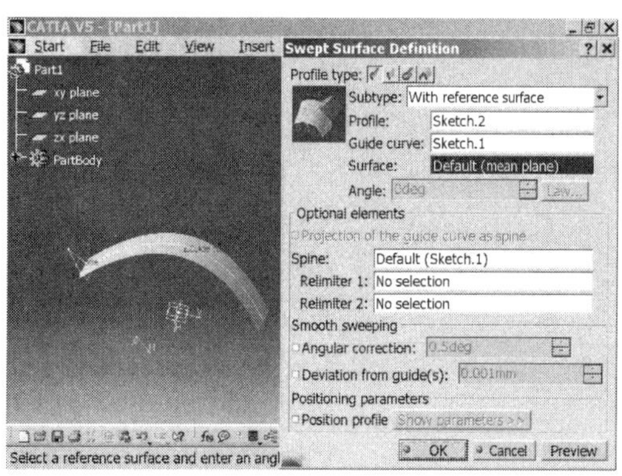

(f)

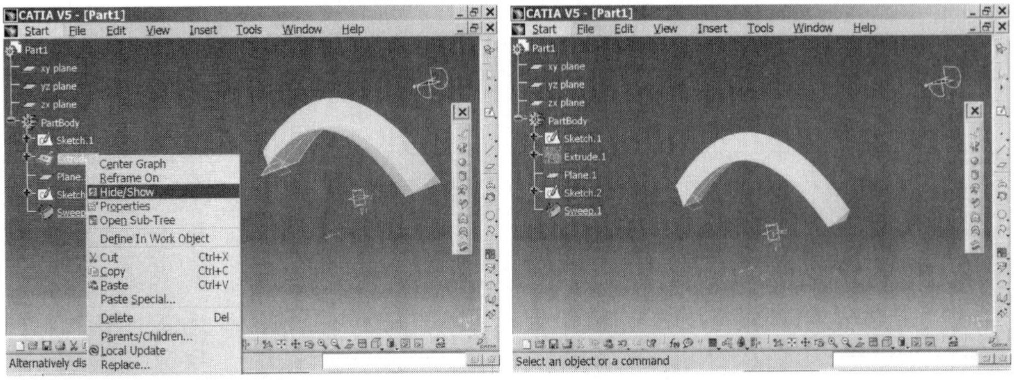

(g) (h)

그림 4.8

예제 4.8 두 제한선(Two Limits)을 이용한 스윕곡면

xy plane, [그림 4.9(a)]

메뉴: Insert ▸ Profile ▸ Line ▸ Line

Exit workbench를 클릭하여 3D 모우드로 들어간다.

메뉴: Insert ▸ Wireframe ▸ Plane... [(b) Reference: xy plane, Offset: 70]

옵셋평면(Offset Plane) 클릭 [(c)]

메뉴: Insert ▸ Profile ▸ Line ▸ Line

Exit workbench를 클릭하여 3D 모우드로 들어간다.

메뉴: Insert ▸ Surfaces ▸ Sweep... [(d) Line, Two Limits, Sketch.1, Sketch.2 클릭]

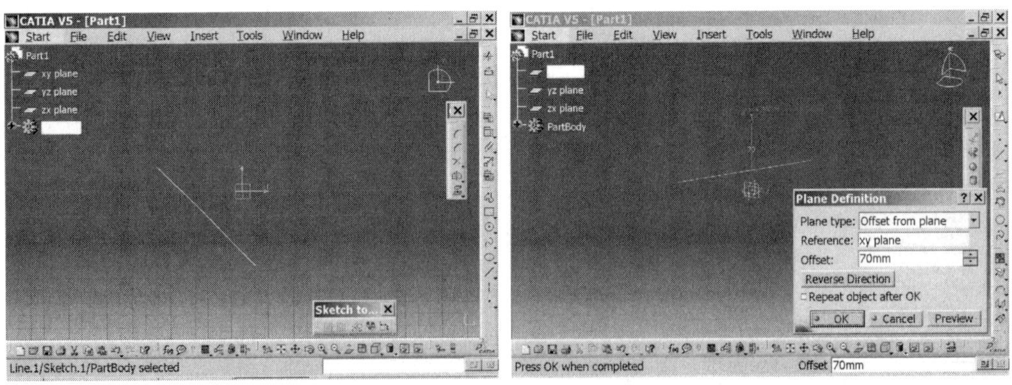

(a) (b)

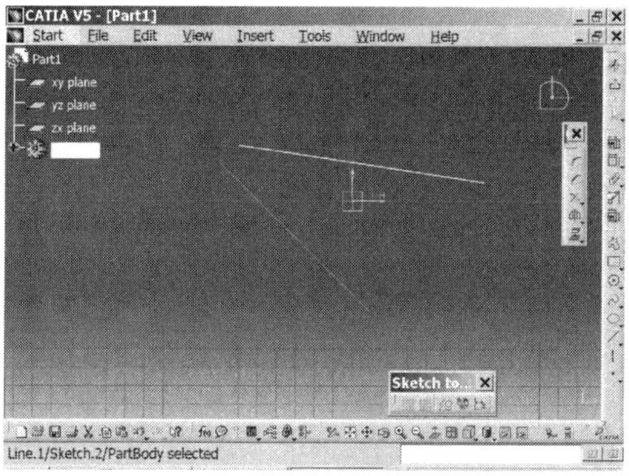

(c)

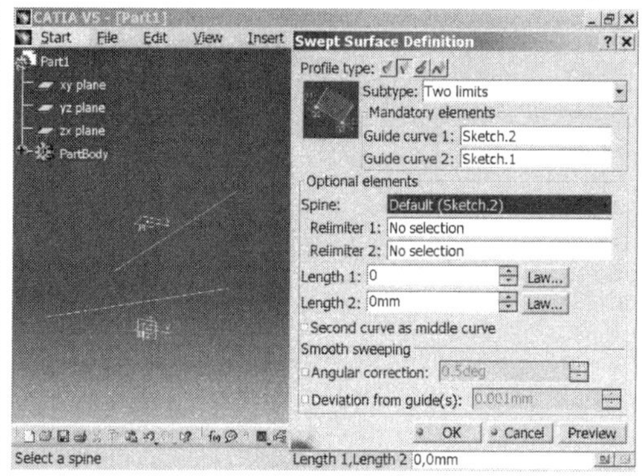

(d)

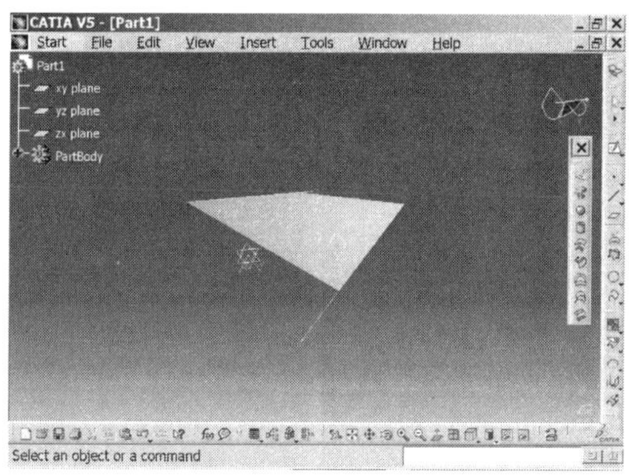

(e)

그림 4.9

예제 4.9 기준곡면을 이용한 스윕곡면

xy plane, [그림 4.10(a)]

메뉴: Insert ▸ Profile ▸ Spline ▸ Spline...

Exit workbench를 클릭하여 3D 모우드로 들어간다.

메뉴: Insert ▸ Surfaces ▸ Extrude [(b)에서 거리 20, 20]

메뉴: Insert ▸ Surfaces ▸ Sweep... [(c) , With Reference Surface, Sketch.1 클릭, Extrude.1, 45 deg. 20, 20]

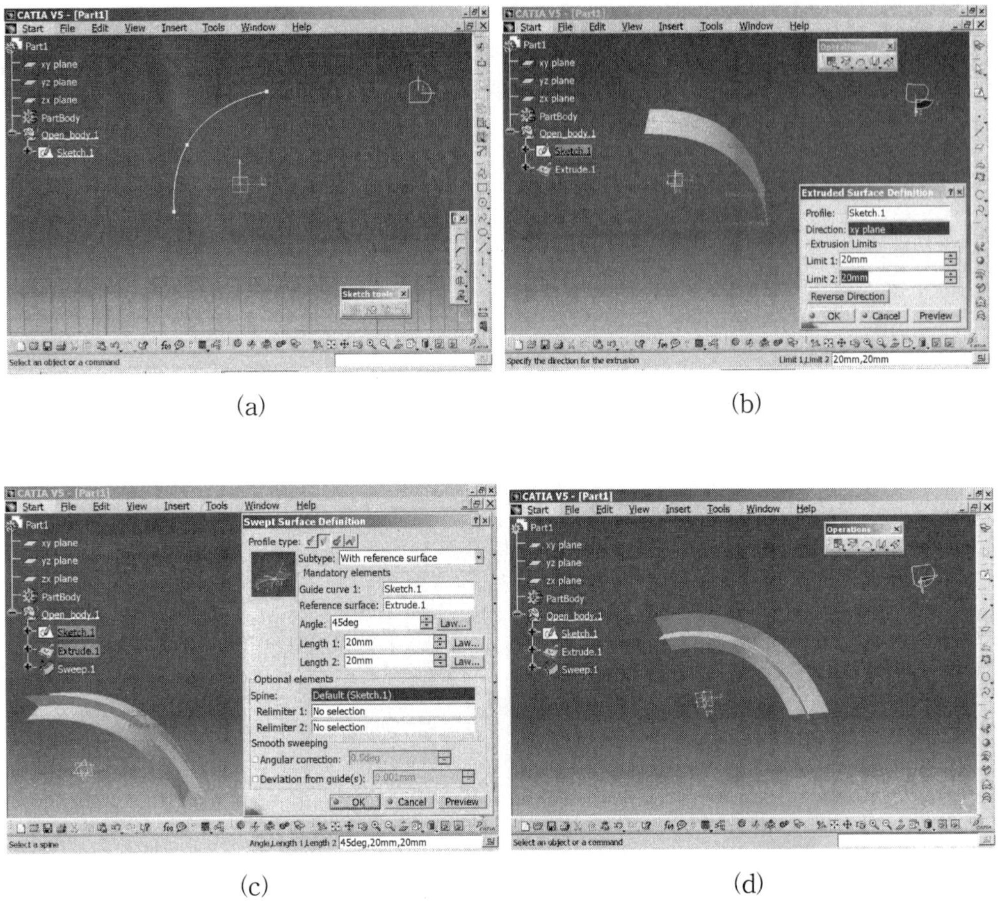

(a) (b) (c) (d)

그림 4.10

예제 4.10 곡면에 접하는 스윕곡면

xy plane, [그림 4.11(a)]

메뉴: Insert ▸ Profile ▸ Spline ▸ Spline...

Exit workbench를 클릭하여 3D 모우드로 들어간다.

메뉴: Insert ▸ Surfaces ▸ Extrude [(b)에서 거리 20, 20]

xz plane,

메뉴: Insert ▸ Profile ▸ Line ▸ Line [(c)]

메뉴: Insert ▸ Surfaces ▸ Sweep... [(d) , With Tangency Surface, Sketch.2, Extrude.1 클릭]

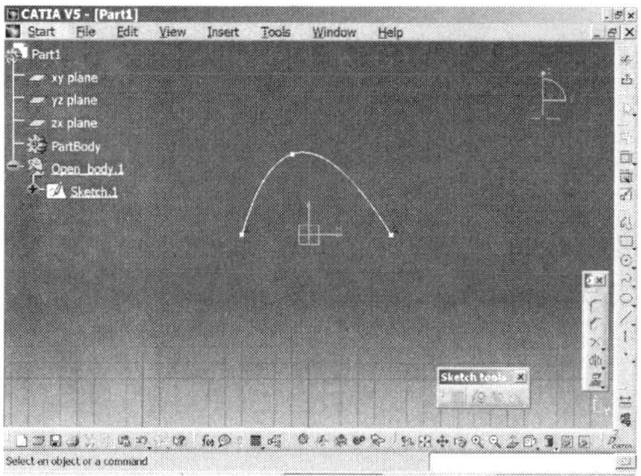
CATIA V5 - [Part1]
Start File Edit View Insert Tools Window Help
Part1
xy plane
yz plane
zx plane
PartBody
Open_body.1
Sketch.1
Sketch tools
Select an object or a command

(a)

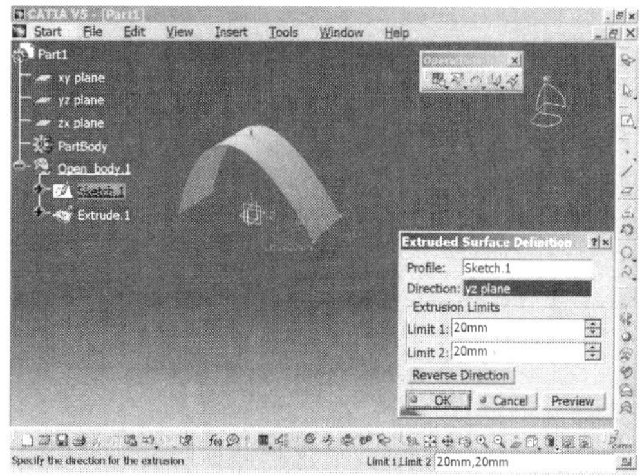
CATIA V5 - [Part1]
Start File Edit View Insert Tools Window Help
Part1
xy plane
yz plane
zx plane
PartBody
Open_body.1
Sketch.1
Extrude.1
Operations
Extruded Surface Definition
Profile: Sketch.1
Direction: yz plane
Extrusion Limits
Limit 1: 20mm
Limit 2: 20mm
Reverse Direction
OK
Cancel
Preview
Specify the direction for the extrusion
Limit 1,Limit 2 20mm,20mm

(b)

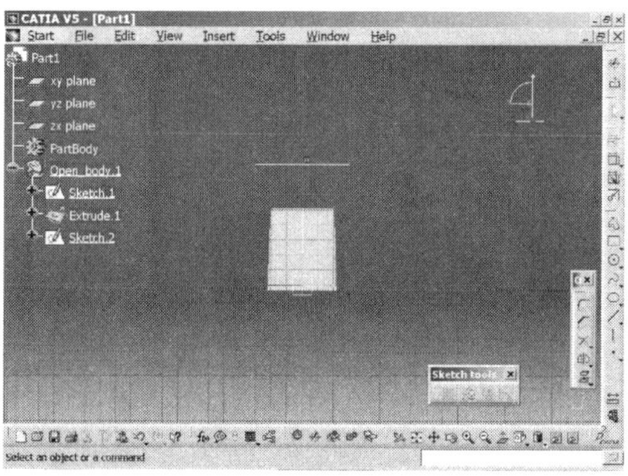
CATIA V5 - [Part1]
Start File Edit View Insert Tools Window Help
Part1
xy plane
yz plane
zx plane
PartBody
Open_body.1
Sketch.1
Extrude.1
Sketch.2
Sketch tools
Select an object or a command

(c)

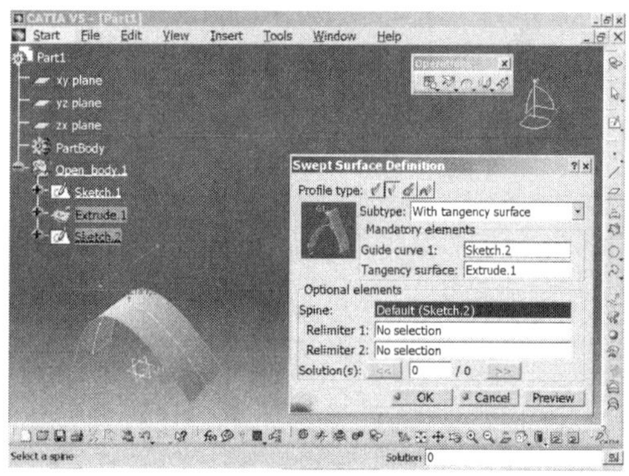
CATIA V5 - [Part1]
Start File Edit View Insert Tools Window Help
Part1
xy plane
yz plane
zx plane
PartBody
Open_body.1
Sketch.1
Extrude.1
Sketch.2
Swept Surface Definition
Profile type:
Subtype: With tangency surface
Mandatory elements
Guide curve 1: Sketch.2
Tangency surface: Extrude.1
Optional elements
Spine: Default (Sketch.2)
Relimiter 1: No selection
Relimiter 2: No selection
Solution(s): 0 / 0
OK
Cancel
Preview
Select a spine
Solution 0

(d)

CATIA V5 - [Part1]
Start File Edit View Insert Tools Window Help
Part1
xy plane
yz plane
zx plane
PartBody
Open_body.1
Sketch.1
Extrude.1
Sketch.2
Sweep.1
Operations
1 element selected

(e)

그림 4.11

예제 4.11 세 안내선을 이용한 스윕곡면

xy plane, [그림 4.12(a)]

메뉴: Insert ▸ Profile ▸ Line ▸ Line

Exit workbench를 클릭하여 3D 모우드로 들어간다.

메뉴: Insert ▸ Wireframe ▸ Plane... [(b) Reference: xy plane, Offset: 20]

옵셋평면(Offset Plane)에서

메뉴: Insert ▸ Profile ▸ Line ▸ Line

Exit workbench를 클릭하여 3D 모우드로 들어간다.

메뉴: Insert ▸ Wireframe ▸ Plane... [(c) Reference: xy plane, Offset: 50]

옵셋평면(Offset Plane)에서

메뉴: Insert ▸ Profile ▸ Line ▸ Line

메뉴: Insert ▸ Surfaces ▸ Sweep... [(d) , Sketch.1, Sketch.2, Sketch.3 클릭]

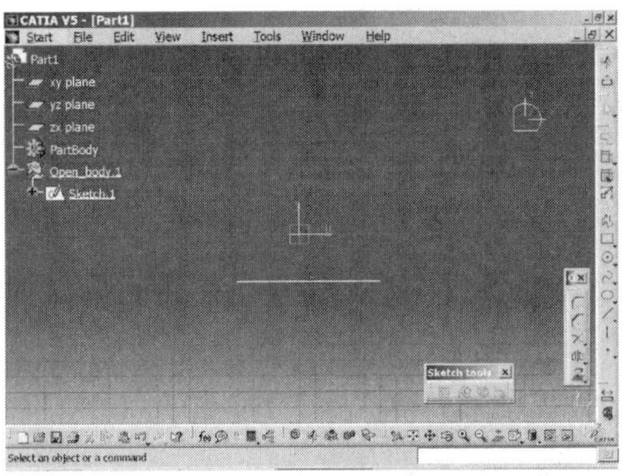

(a)

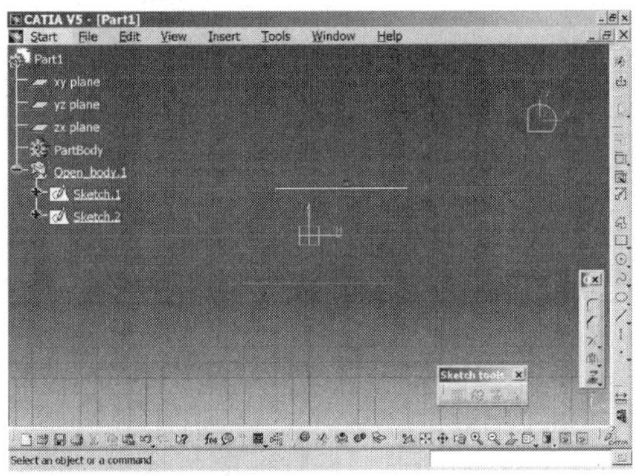

(b)

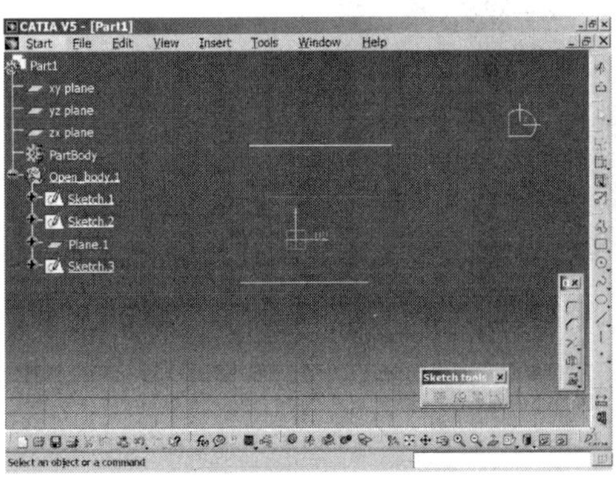

(c)

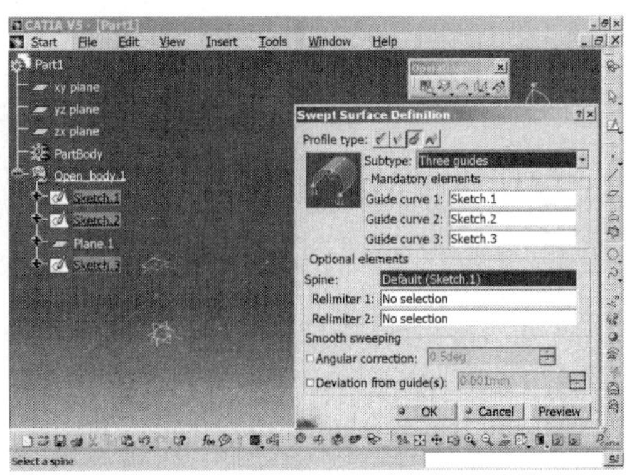

(d)

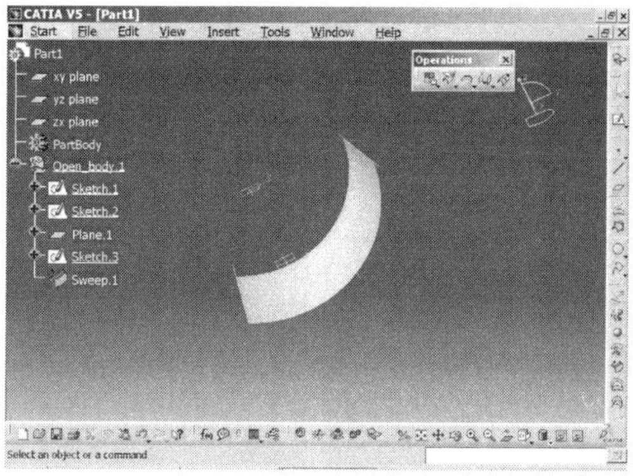

(e)

그림 4.12

예제 4.12 중심선과 두 각도를 이용한 스윕곡면

※이때 중심선은 반드시 직선이어야 한다.

xy plane, [그림 4.13(a)]

메뉴: Insert ▸ Profile ▸ Line ▸ Line

Exit workbench를 클릭하여 3D 모우드로 들어간다.

메뉴: Insert ▸ Wireframe ▸ Plane... [(b) xy plane, Offset: 20]

옵셋평면(Offset Plane)에서

메뉴: Insert ▸ Profile ▸ Spline ▸ Spline... [(c)]

Exit workbench를 클릭하여 3D 모우드로 들어간다.

메뉴: Insert ▸ Surfaces ▸ Sweep... [(d) , Sketch.1, Sketch.2 클릭, 0, 180]

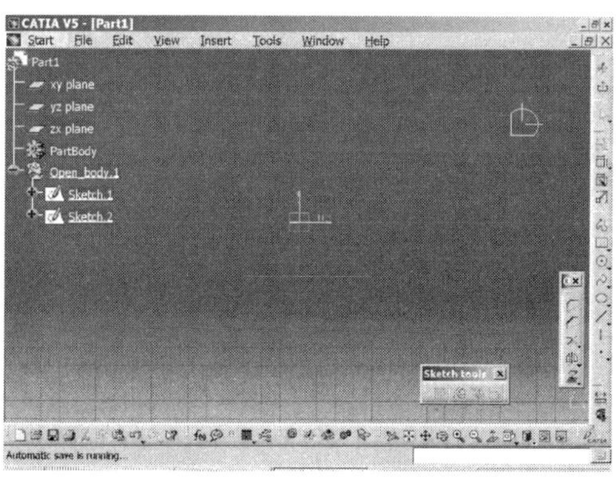

(a)

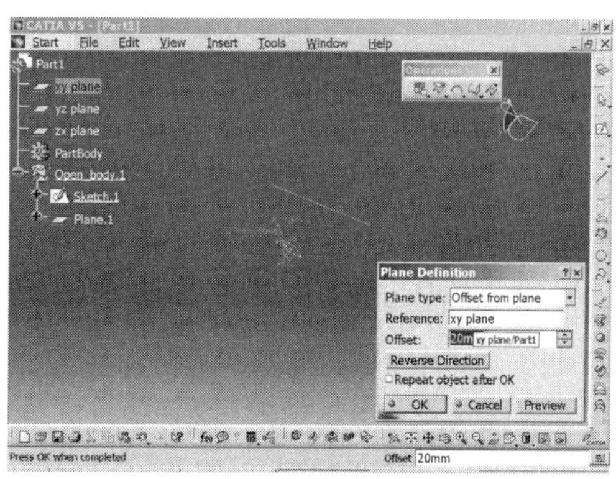

(b)

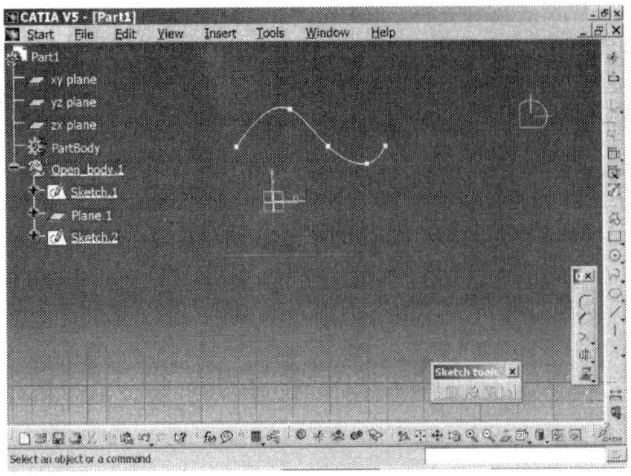

(c)

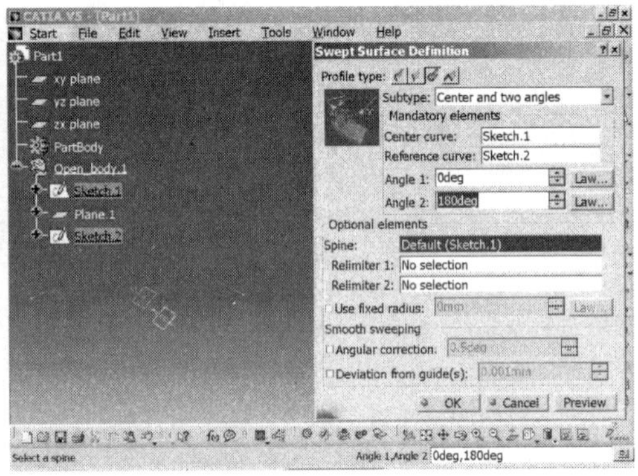

(d)

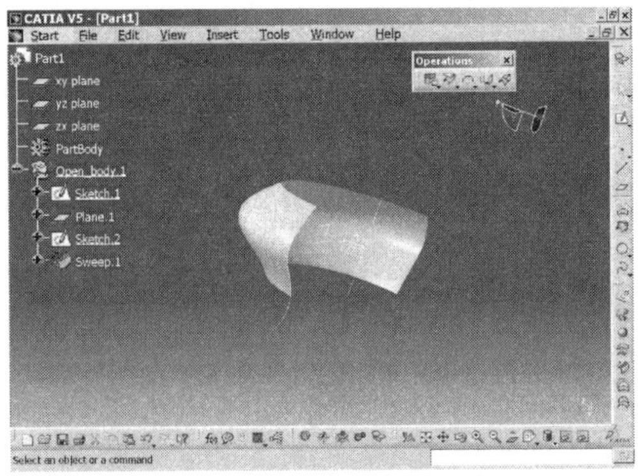

(e)

그림 4.13

예제 4.13 두 안내선과 접선을 이용한 원뿔면의 생성

xy plane, [그림 4.14(a)]

메뉴: Insert ▸ Profile ▸ Line ▸ Line

Exit workbench를 클릭하여 3D 모우드로 들어간다.

메뉴: Insert ▸ Wireframe ▸ Plane... [(b) xy plane, Offset: 50]

옵셋평면(Offset Plane)

메뉴: Insert ▸ Profile ▸ Line ▸ Line [(c)]

Exit workbench를 클릭하여 3D 모우드로 들어간다.

xy 평면(xy plane)

메뉴: Insert ▸ Profile ▸ Line ▸ Line [(d)]

Exit workbench를 클릭하여 3D 모우드로 들어간다.

메뉴: Insert ▸ Surfaces ▸ Sweep... [(e) , Sketch.1, Sketch.3, Sketch.2, Sketch.3 클릭]

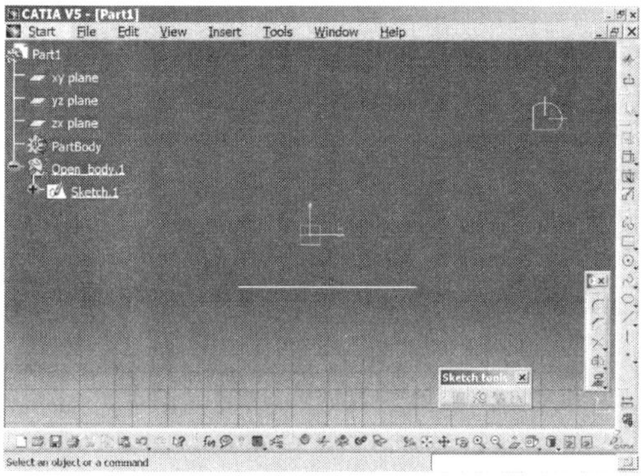

(a)

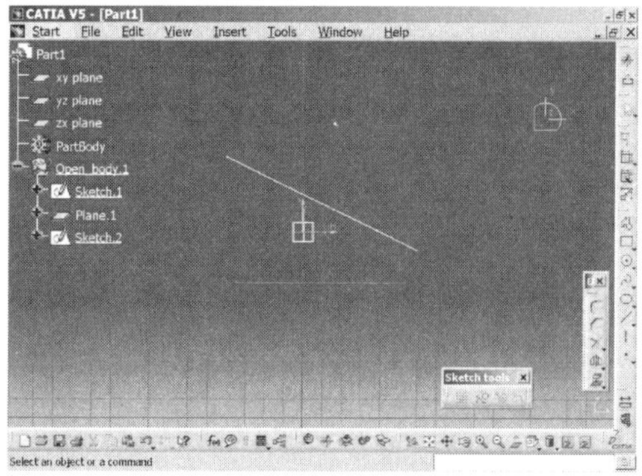

(b)

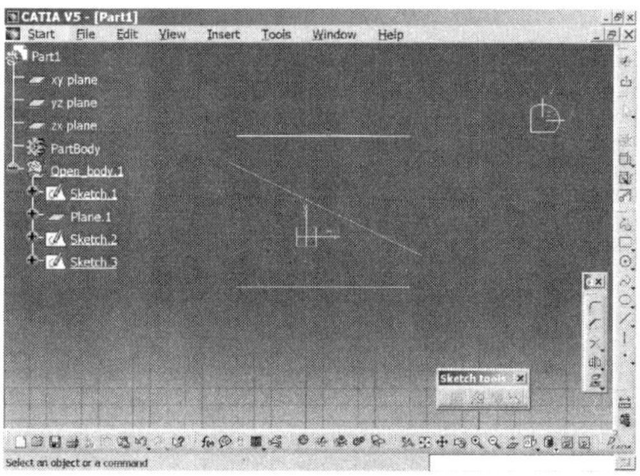

(c)

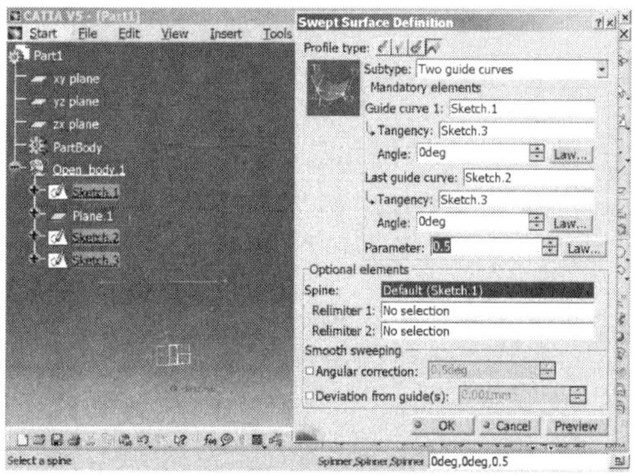

(d)

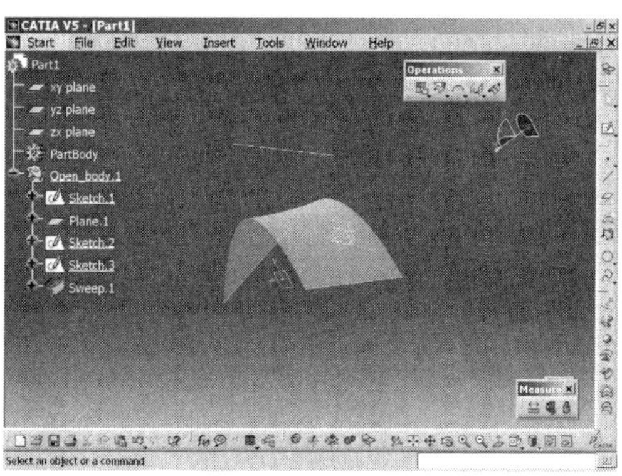

(e)

그림 4.14

예제 4.14 세 안내선과 접선을 이용한 원뿔면의 생성

xy plane, [그림 4.15(a)]

메뉴: Insert ▸ Profile ▸ Line ▸ Line

Exit workbench를 클릭하여 3D 모우드로 들어간다.

메뉴: Insert ▸ Wireframe ▸ Plane... [(b) xy plane, Offset: 50]

옵셋평면(Offset Plane)

메뉴: Insert ▸ Profile ▸ Line ▸ Line [(c)]

Exit workbench를 클릭하여 3D 모우드로 들어간다.

xy 평면(xy plane)

메뉴: Insert ▸ Profile ▸ Line ▸ Line [(d)]

Exit workbench를 클릭하여 3D 모우드로 들어간다.

메뉴: Insert ▸ Wireframe ▸ Plane... [(e) xy plane, Offset: 50]

옵셋평면(Offset Plane)

메뉴: Insert ▸ Profile ▸ Line ▸ Line [(f)]

메뉴: Insert ▸ Surfaces ▸ Sweep... [(g) , Sketch.1, Sketch.4, Sketch.2, Sketch.3, Sketch.4 클릭]

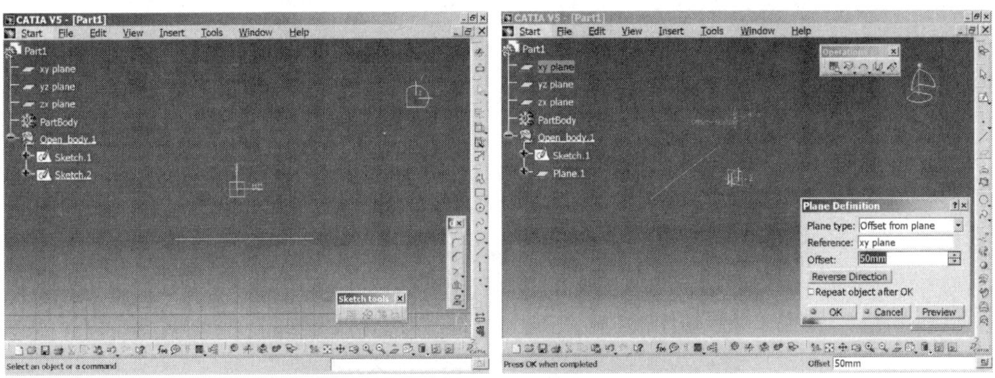

(a) (b)

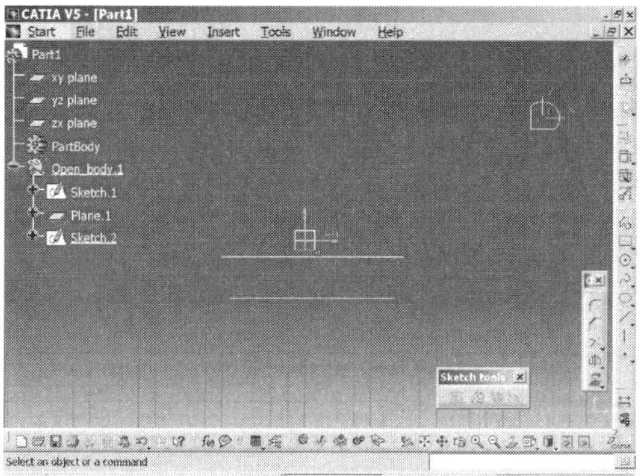

(c)

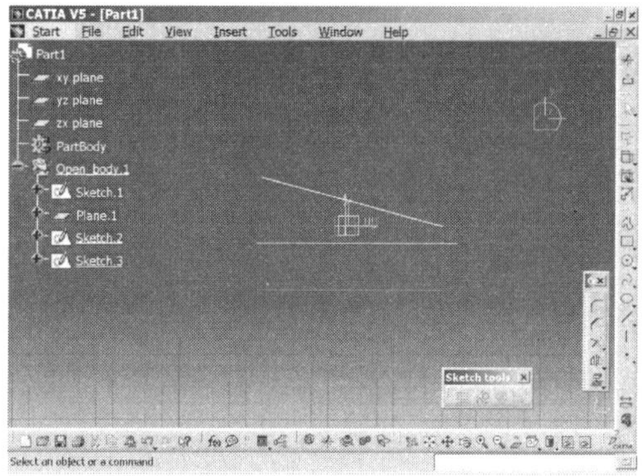

(d)

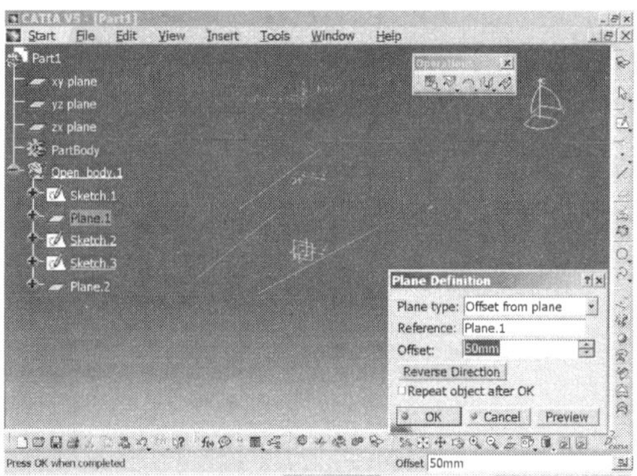

(e)

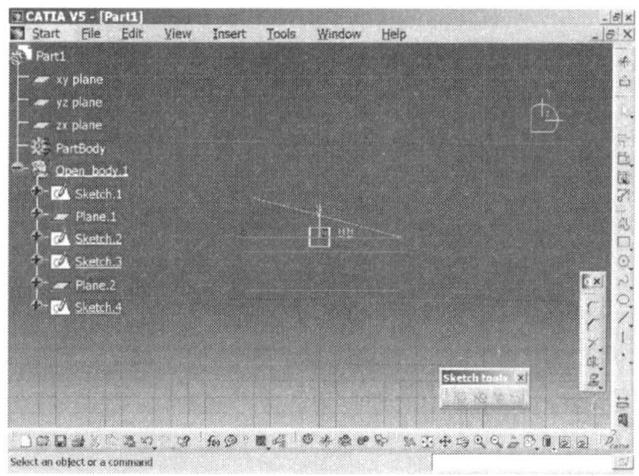

(f)

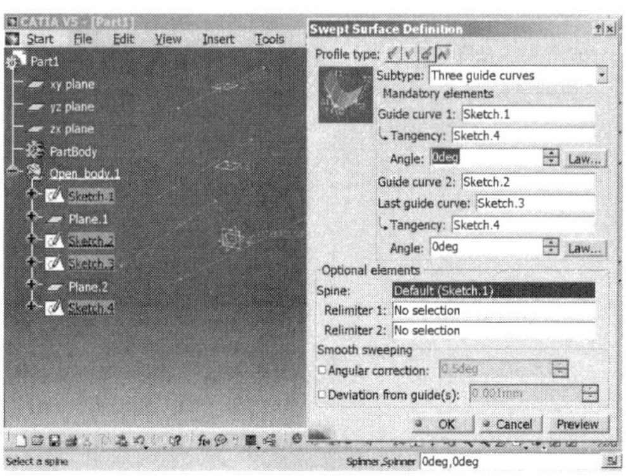

(g)

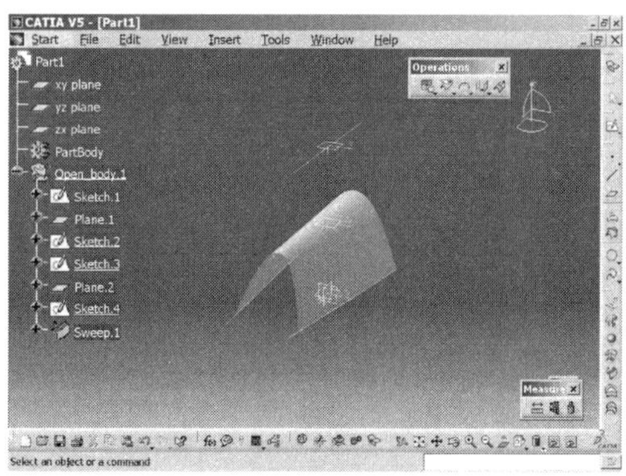

(h)

그림 4.15

예제 4.15 네 안내선과 접선을 이용한 원뿔면의 생성

xy plane, [그림 4.16(a)]

메뉴: Insert ▸ Profile ▸ Line ▸ Line

Exit workbench를 클릭하여 3D 모우드로 들어간다.

메뉴: Insert ▸ Wireframe ▸ Plane... [(b) xy plane, Offset: 50]

옵셋평면.1(Offset Plane.1)

메뉴: Insert ▸ Profile ▸ Line ▸ Line [(c)]

Exit workbench를 클릭하여 3D 모우드로 들어간다.

메뉴: Insert ▸ Wireframe ▸ Plane... [(d) xy plane, Offset: 100]

옵셋평면.2(Offset Plane.2)

메뉴: Insert ▸ Profile ▸ Line ▸ Line [(e)]

Exit workbench를 클릭하여 3D 모우드로 들어간다.

메뉴: Insert ▸ Wireframe ▸ Plane... [(f)]

옵셋평면.1(Offset Plane.1)

메뉴: Insert ▸ Profile ▸ Line ▸ Line [(g)]

메뉴: Insert ▸ Surfaces ▸ Sweep... [(h) , Sketch.2, Sketch.3, Sketch.1, Sketch.4, Sketch.5 클릭]

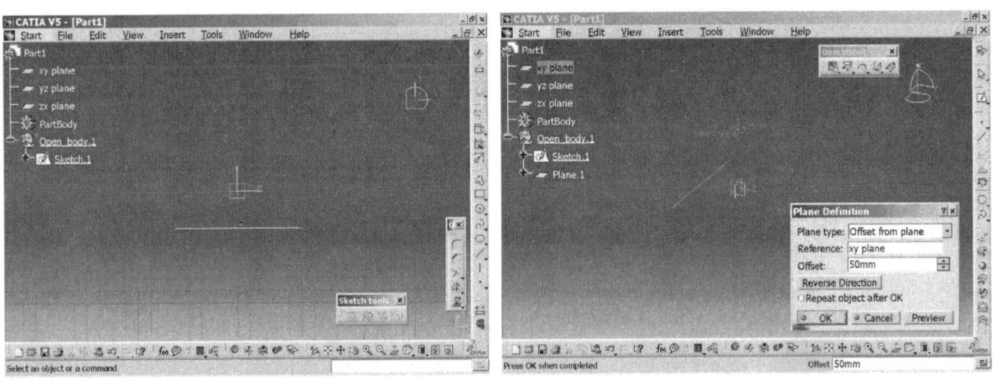

(a) (b)

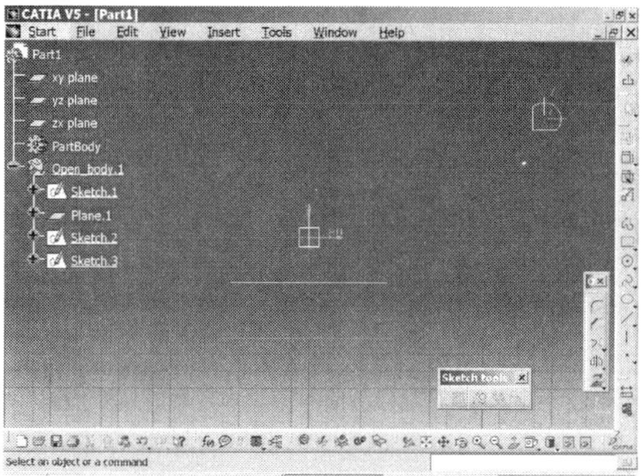
CATIA V5 - [Part1]
Start File Edit View Insert Tools Window Help
Part1
xy plane
yz plane
zx plane
PartBody
Open_body.1
Sketch.1
Plane.1
Sketch.2
Sketch.3
Sketch tools
Select an object or a command

(c)

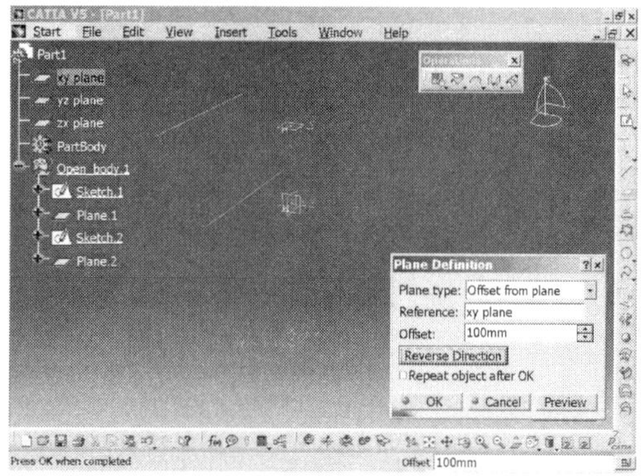
CATIA V5 - [Part1]
Start File Edit View Insert Tools Window Help
Part1
xy plane
yz plane
zx plane
PartBody
Open_body.1
Sketch.1
Plane.1
Sketch.2
Plane.2
Plane Definition
Plane type: Offset from plane
Reference: xy plane
Offset: 100mm
Reverse Direction
Repeat object after OK
OK
Cancel
Preview
Press OK when completed
Offset 100mm

(d)

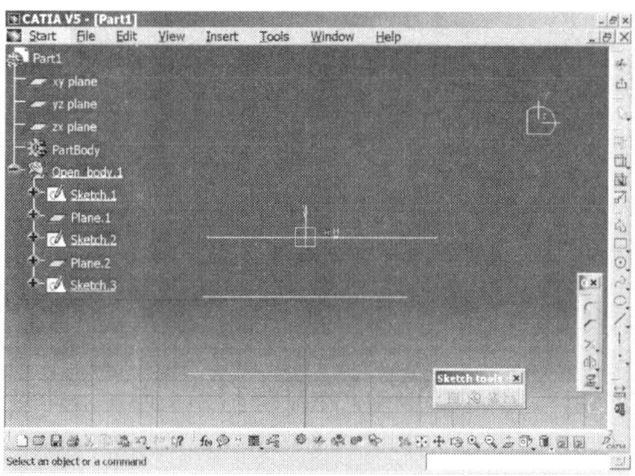
CATIA V5 - [Part1]
Start File Edit View Insert Tools Window Help
Part1
xy plane
yz plane
zx plane
PartBody
Open_body.1
Sketch.1
Plane.1
Sketch.2
Plane.2
Sketch.3
Sketch tools
Select an object or a command

(e)

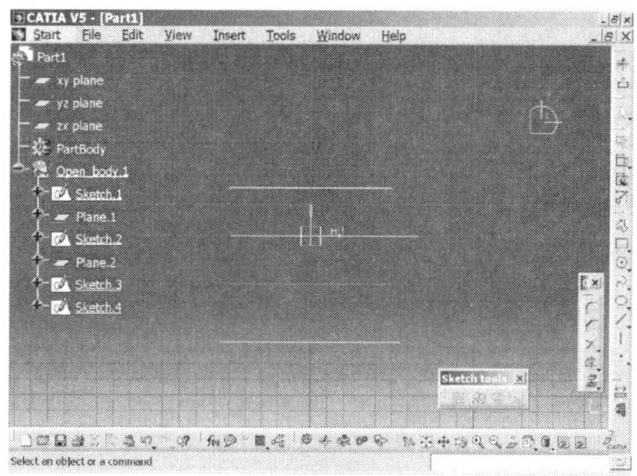
CATIA V5 - [Part1]
Start File Edit View Insert Tools Window Help
Part1
xy plane
yz plane
zx plane
PartBody
Open_body.1
Sketch.1
Plane.1
Sketch.2
Plane.2
Sketch.3
Sketch.4
Sketch tools
Select an object or a command

(f)

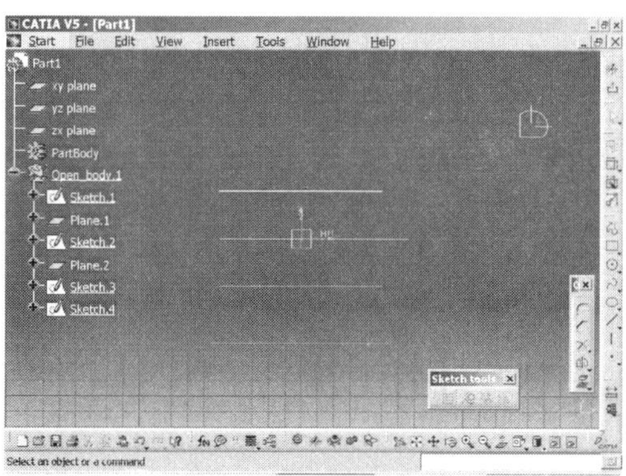
CATIA V5 - [Part1]
Start File Edit View Insert Tools Window Help
Part1
xy plane
yz plane
zx plane
PartBody
Open_body.1
Sketch.1
Plane.1
Sketch.2
Plane.2
Sketch.3
Sketch.4
Sketch tools
Select an object or a command

(g)

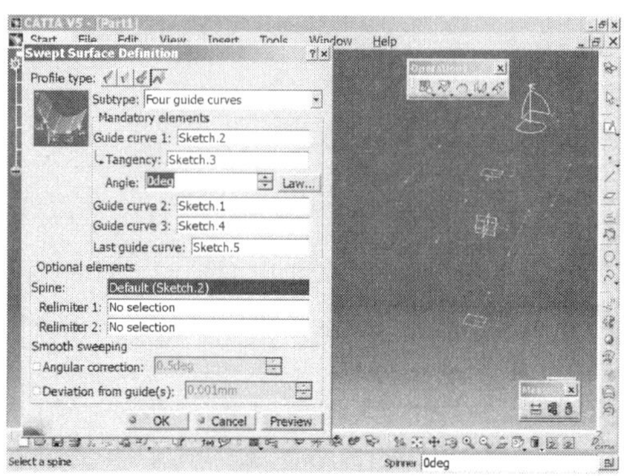
Swept Surface Definition
Profile type:
Subtype: Four guide curves
Mandatory elements
Guide curve 1: Sketch.2
Tangency: Sketch.3
Angle: 0deg
Law...
Guide curve 2: Sketch.1
Guide curve 3: Sketch.4
Last guide curve: Sketch.5
Optional elements
Spine: Default (Sketch.2)
Relimiter 1: No selection
Relimiter 2: No selection
Smooth sweeping
Angular correction: 0.5deg
Deviation from guide(s): 0.001mm
OK
Cancel
Preview
Select a spine
Spinner 0deg

(h)

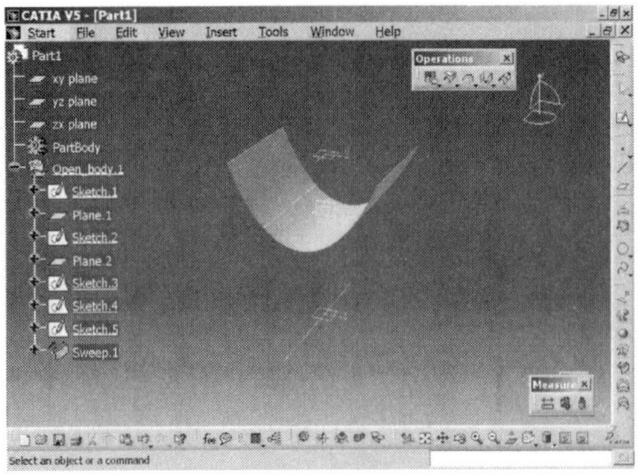

(i)

그림 4.16

예제 4.16 다섯 안내선을 이용한 원뿔면의 생성

xy plane, [그림 4.17(a)]

메뉴: Insert ▸ Profile ▸ Line ▸ Line

Exit workbench를 클릭하여 3D 모우드로 들어간다.

메뉴: Insert ▸ Wireframe ▸ Plane... [(b) xy plane, Offset: 50]

옵셋평면.1(Offset Plane.1)

메뉴: Insert ▸ Profile ▸ Line ▸ Line [(c)]

Exit workbench를 클릭하여 3D 모우드로 들어간다.

메뉴: Insert ▸ Wireframe ▸ Plane... [(d) xy plane, Offset: 100]

옵셋평면.2(Offset Plane.2)

메뉴: Insert ▸ Profile ▸ Line ▸ Line [(e)]

Exit workbench를 클릭하여 3D 모우드로 들어간다.

메뉴: Insert ▸ Wireframe ▸ Plane... [(f)]

옵셋평면.1(Offset Plane.1)

메뉴: Insert ▸ Profile ▸ Line ▸ Line [(g)]

메뉴: Insert ▸ Surfaces ▸ Sweep... [(h) , Sketch.2, Sketch.1, Sketch.4, Sketch.3, Sketch.5 클릭]

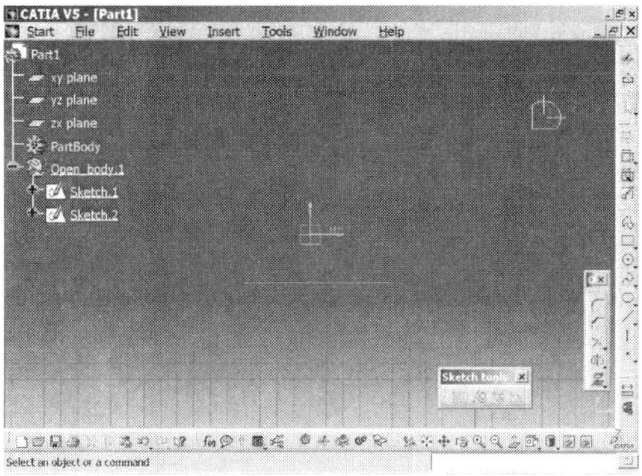
CATIA V5 - [Part1]
Start File Edit View Insert Tools Window Help
Part1
xy plane
yz plane
zx plane
PartBody
Open_body.1
Sketch.1
Sketch.2
Sketch tools
Select an object or a command

(a)

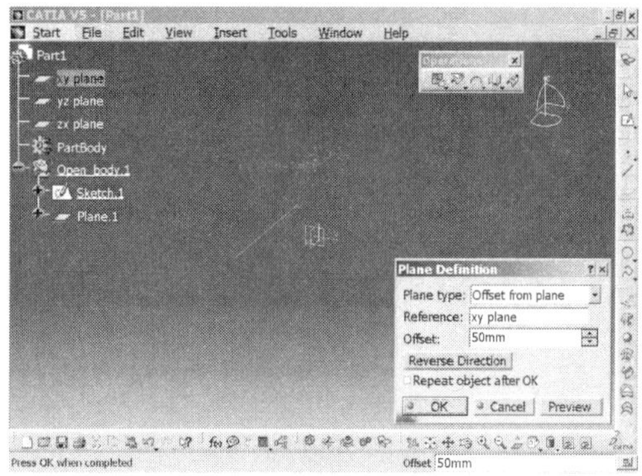
CATIA V5 - [Part1]
Start File Edit View Insert Tools Window Help
Part1
xy plane
yz plane
zx plane
PartBody
Open_body.1
Sketch.1
Plane.1
Plane Definition
Plane type: Offset from plane
Reference: xy plane
Offset: 50mm
Reverse Direction
Repeat object after OK
OK
Cancel
Preview
Press OK when completed
Offset 50mm

(b)

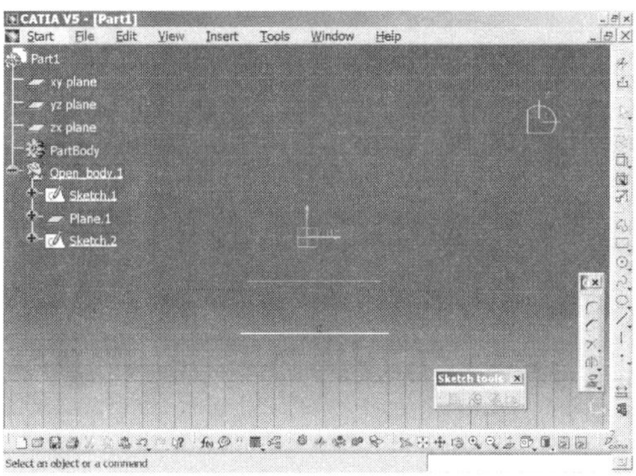
CATIA V5 - [Part1]
Start File Edit View Insert Tools Window Help
Part1
xy plane
yz plane
zx plane
PartBody
Open_body.1
Sketch.1
Plane.1
Sketch.2
Sketch tools
Select an object or a command

(c)

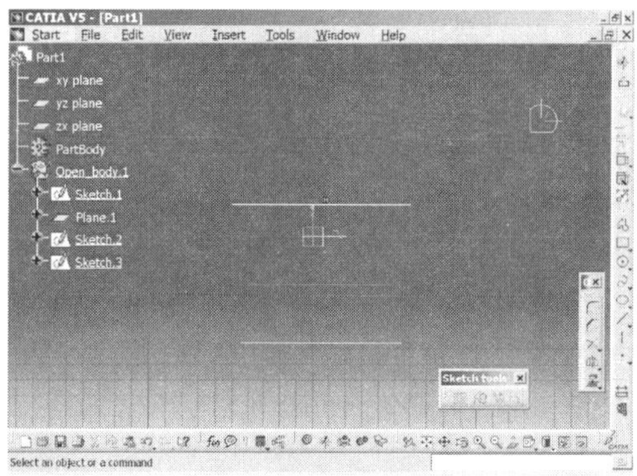
CATIA V5 - [Part1]
Start File Edit View Insert Tools Window Help
Part1
xy plane
yz plane
zx plane
PartBody
Open_body.1
Sketch.1
Plane.1
Sketch.2
Sketch.3
Sketch tools
Select an object or a command

(d)

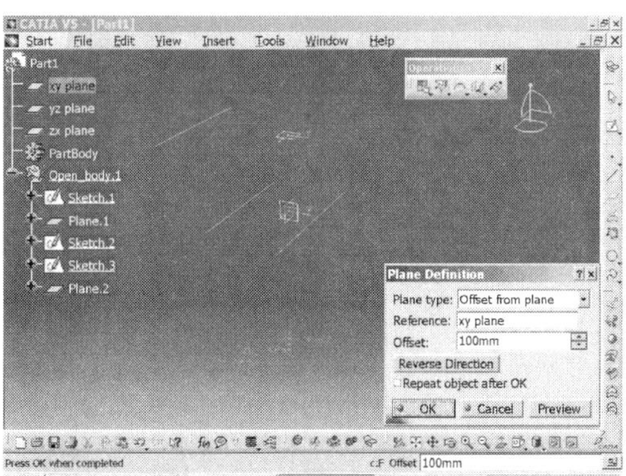
CATIA V5 - [Part1]
Start File Edit View Insert Tools Window Help
Part1
xy plane
yz plane
zx plane
PartBody
Open_body.1
Sketch.1
Plane.1
Sketch.2
Sketch.3
Plane.2
Plane Definition
Plane type: Offset from plane
Reference: xy plane
Offset: 100mm
Reverse Direction
Repeat object after OK
OK
Cancel
Preview
Press OK when completed
Offset 100mm

(e)

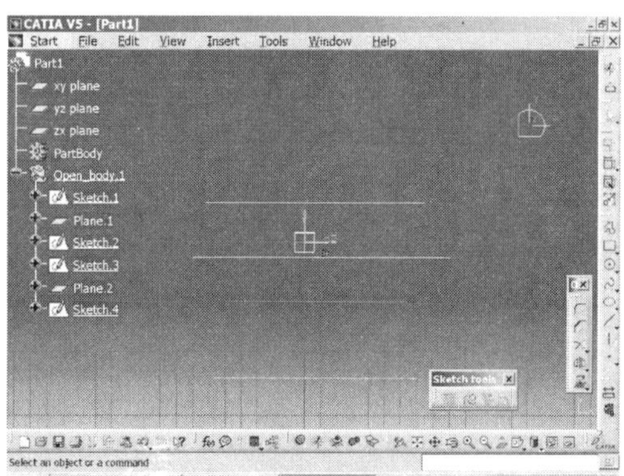
CATIA V5 - [Part1]
Start File Edit View Insert Tools Window Help
Part1
xy plane
yz plane
zx plane
PartBody
Open_body.1
Sketch.1
Plane.1
Sketch.2
Sketch.3
Plane.2
Sketch.4
Sketch tools
Select an object or a command

(f)

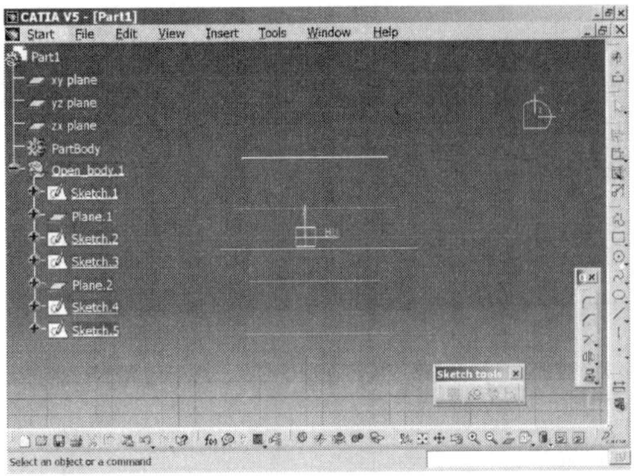

(g)

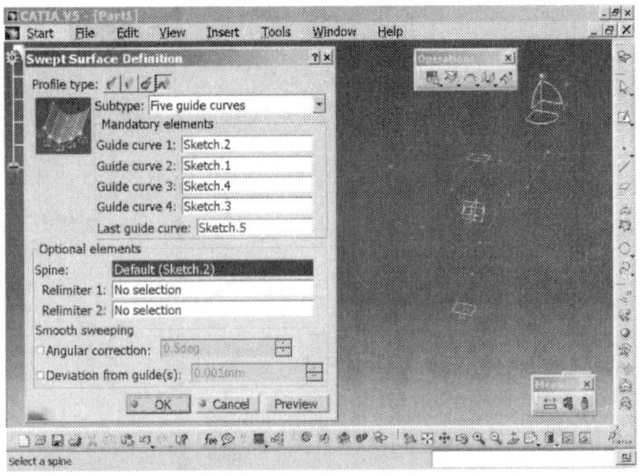

(h)

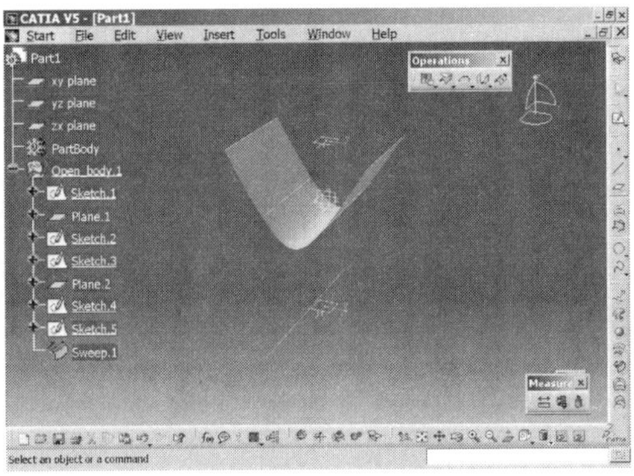

(i)

그림 4.17

예제 4.17 두 곡면의 교차선(Intersection)

xy plane, [그림 4.18(a)]

메뉴: Insert ▸ Profile ▸ Spline ▸ Spline...

Exit workbench를 클릭하여 3D 모우드로 들어간다.

메뉴: Insert ▸ Surfaces ▸ Extrude [(b)에서 거리 80]

zx plane, [(c)]

메뉴: Insert ▸ Profile ▸ Line ▸ Line

Exit workbench를 클릭하여 3D 모우드로 들어간다.

메뉴: Insert ▸ Surfaces ▸ Extrude [(d)에서 거리 50]

메뉴: Insert ▸ Wireframe ▸ Intersection...

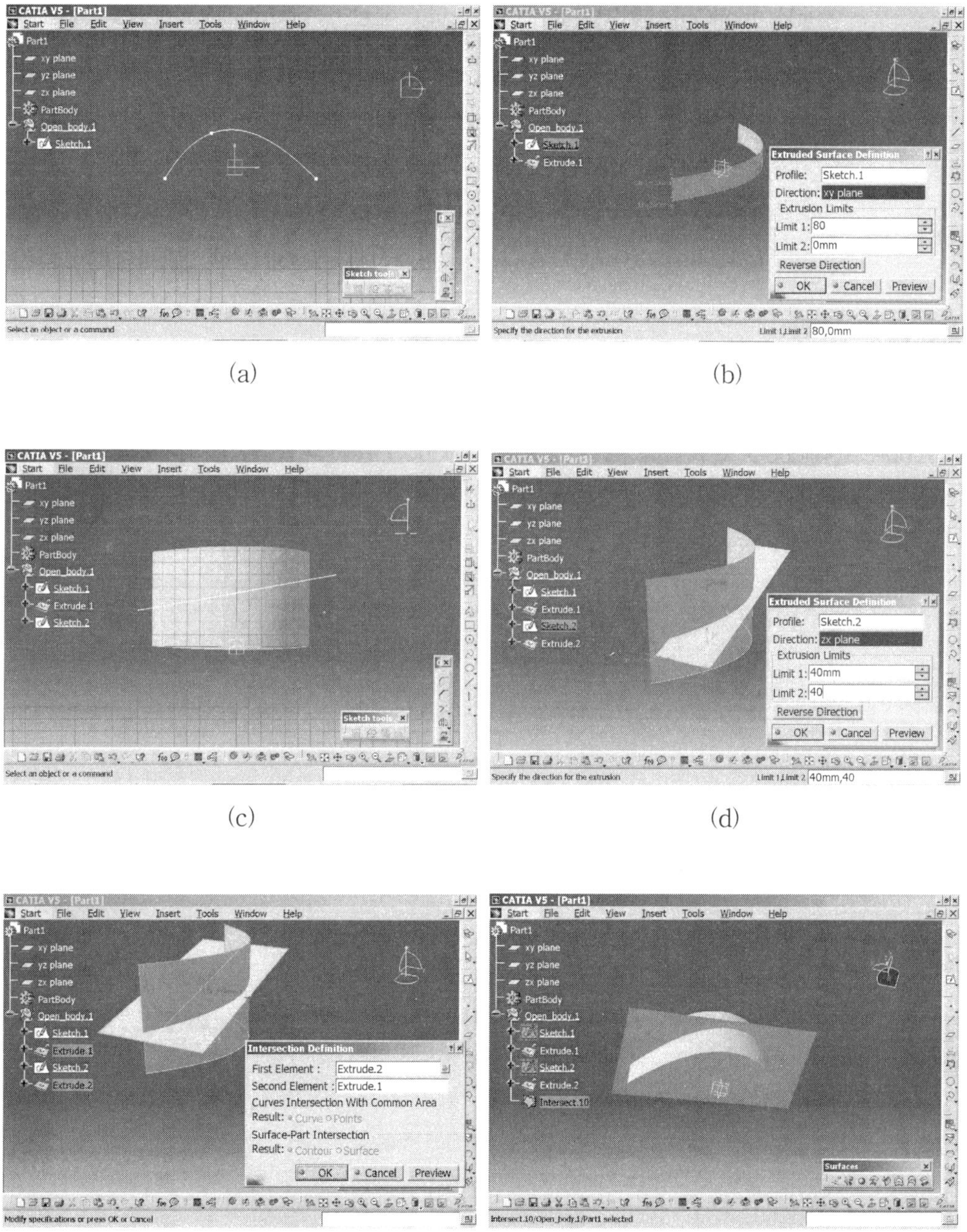

(a) (b) (c) (d) (e) (f)

그림 4.18

예제 4.18 곡면덮기(Fill)

xy plane, [그림 4.19(a)]

메뉴: Insert ▸ Profile ▸ Profile

Exit workbench를 클릭하여 3D 모우드로 들어간다.

메뉴: Insert ▸ Surfaces ▸ Extrude [(b)에서 거리 20]

메뉴: Insert ▸ Wireframe ▸ Fill... [(c)에서 덮으려는 곡면의 모든 모서리 클릭]

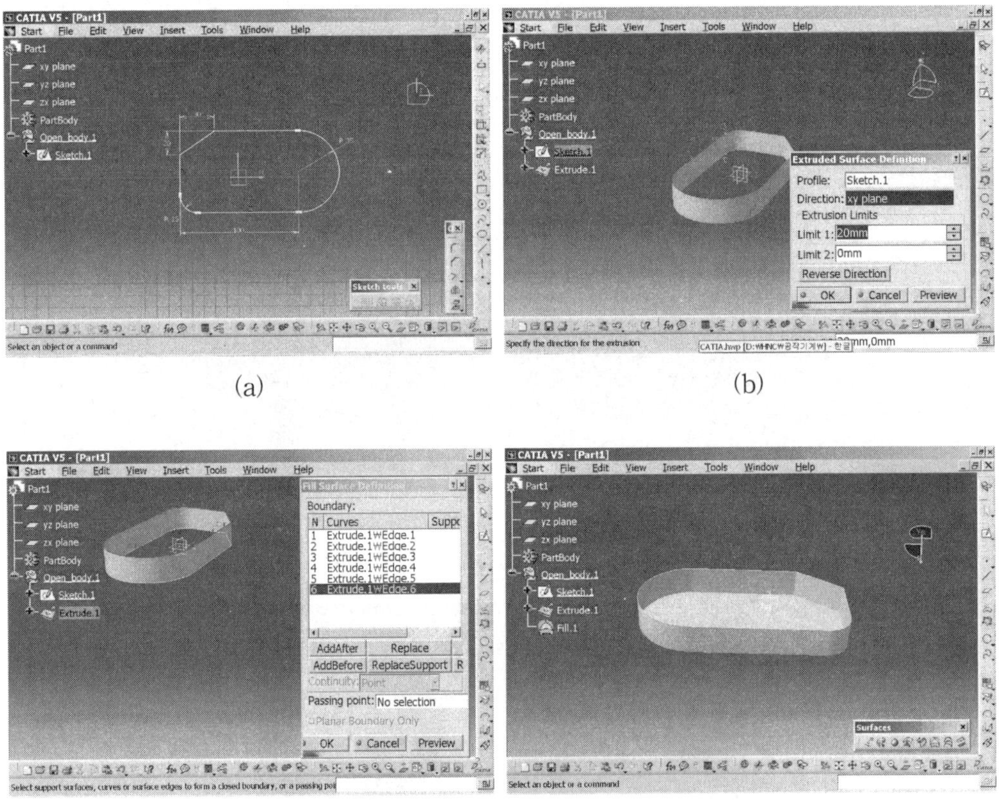

(a) (b)

(c) (d)

그림 4.19

예제 4.19 커플링(Coupling)을 이용한 로프트(Loft) 곡면

xy plane, [그림 4.20(a)]

메뉴: Insert ▸ Profile ▸ Predefined Profile ▸ Rectangle

Exit workbench를 클릭하여 3D 모우드로 들어간다.

메뉴: Insert ▸ Wireframe ▸ Plane... [(b)의 yz 평면에서 Offset: 50]

Exit workbench를 클릭하여 3D 모우드로 들어간다.

메뉴: Insert ▶ Wireframe ▶ Plane... [(c)의 Offset 평면에서 Offset: 50]

생성된 Offset 평면에서 [(d)]

메뉴: Insert ▶ Profile ▶ Profile [(e)]

Exit workbench를 클릭하여 3D 모우드로 들어간다.

메뉴: Insert ▶ Wireframe ▶ Plane... [(e)의 Offset 평면에서 Offset: 50]

생성된 Offset평면에서 [(f)]

메뉴: Insert ▶ Profile ▶ Profile [(g)]

Exit workbench를 클릭하여 3D 모우드로 들어간다.

메뉴: Insert ▶ Wireframe ▶ Loft... [(h)에서 Sketch.1, Sketch.2, Sketch.3 클릭, Coupling, Add를 눌러 모서리점을 클릭하여 Coupling1 생성, 같은 방법으로 Coupling2, Add를 눌러 모서리점을 클릭하여 Coupling2를 생성, 같은 방법으로 Coupling3, Coupling4를 생성]

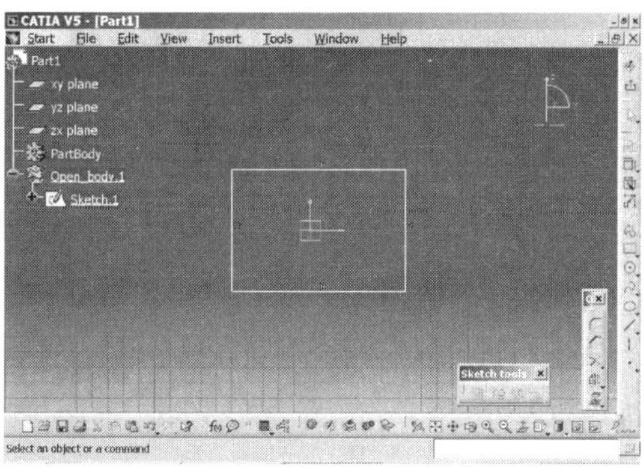

(a)

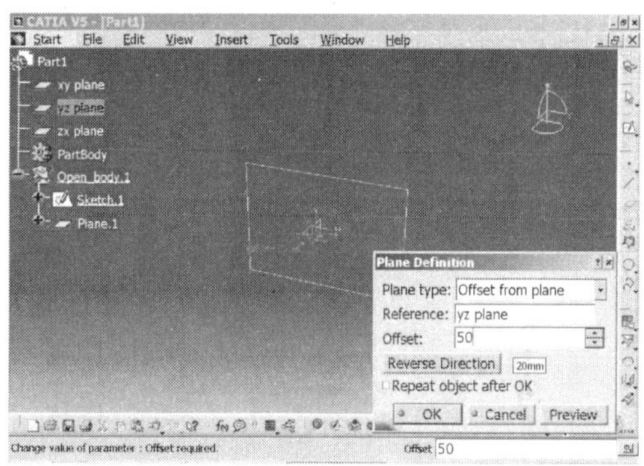

(b)

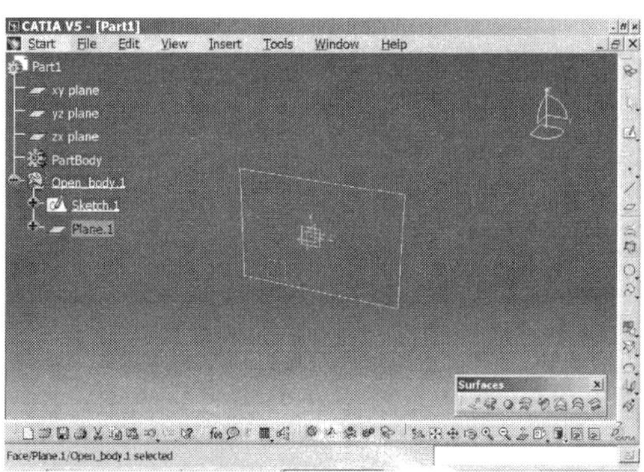

(c)

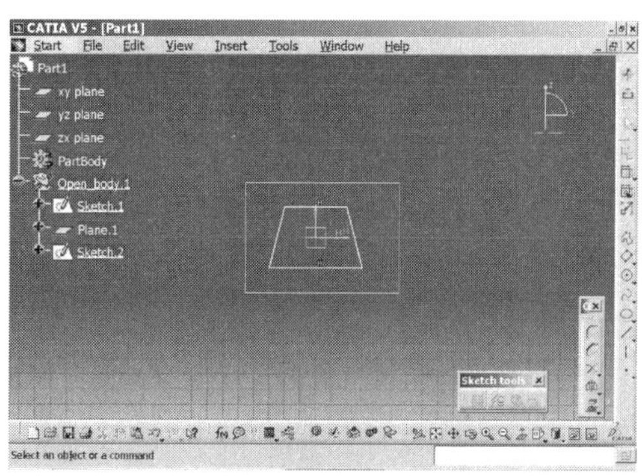

(d)

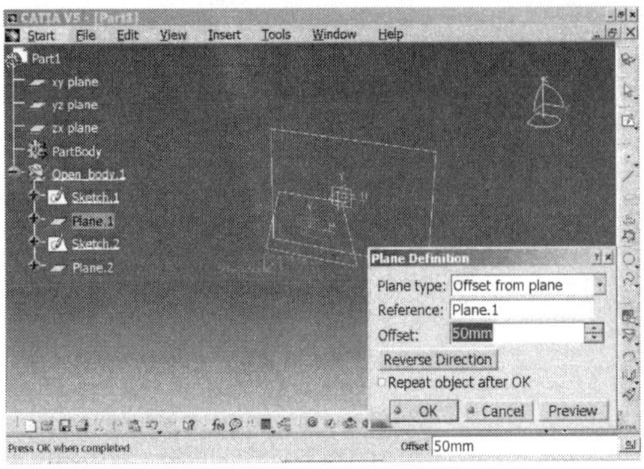
CATIA V5 - [Part1]
Start File Edit View Insert Tools Window Help
Part1
xy plane
yz plane
zx plane
PartBody
Open_body.1
Sketch.1
Plane.1
Sketch.2
Plane.2
Plane Definition
Plane type: Offset from plane
Reference: Plane.1
Offset: 50mm
Reverse Direction
Repeat object after OK
OK
Cancel
Preview
Press OK when completed
Offset 50mm

(e)

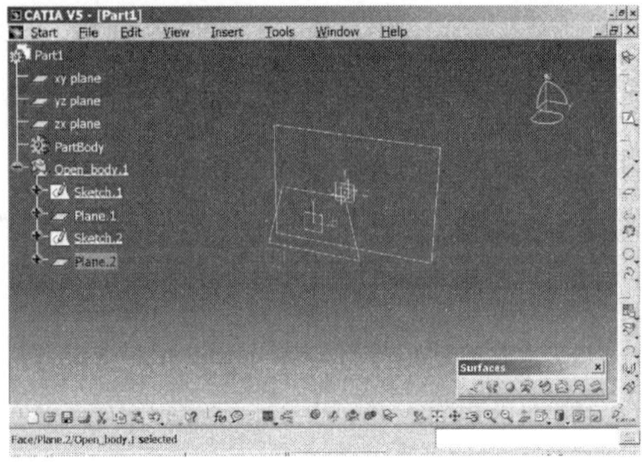
CATIA V5 - [Part1]
Start File Edit View Insert Tools Window Help
Part1
xy plane
yz plane
zx plane
PartBody
Open_body.1
Sketch.1
Plane.1
Sketch.2
Plane.2
Surfaces
Face/Plane.2/Open_body.1 selected

(f)

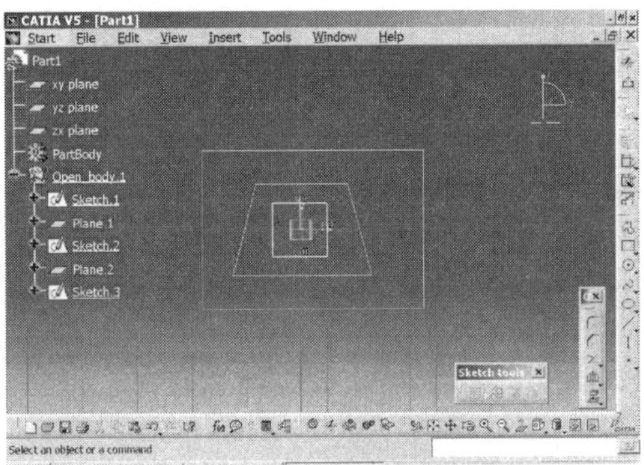
CATIA V5 - [Part1]
Start File Edit View Insert Tools Window Help
Part1
xy plane
yz plane
zx plane
PartBody
Open_body.1
Sketch.1
Plane.1
Sketch.2
Plane.2
Sketch.3
Sketch tools
Select an object or a command

(g)

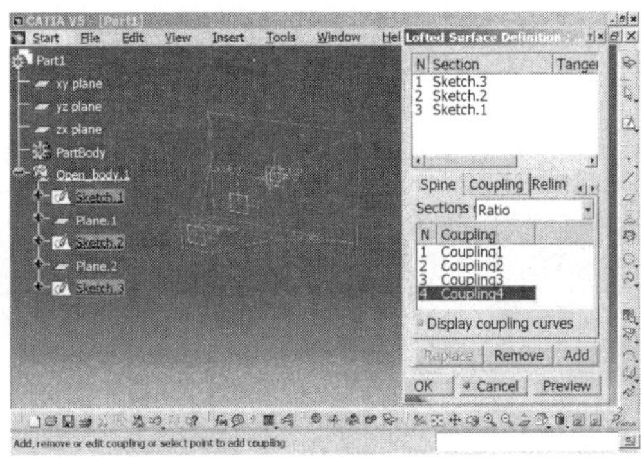
CATIA V5 - [Part1]
Start File Edit View Insert Tools Window
Part1
xy plane
yz plane
zx plane
PartBody
Open_body.1
Sketch.1
Plane.1
Sketch.2
Plane.2
Sketch.3
Lofted Surface Definition
N Section
1 Sketch.3
2 Sketch.2
3 Sketch.1
Spine Coupling
Sections Ratio
N Coupling
1 Coupling1
2 Coupling2
3 Coupling3
4 Coupling4
Display coupling curves
Replace Remove Add
OK Cancel Preview
Add, remove or edit coupling or select point to add coupling

(h)

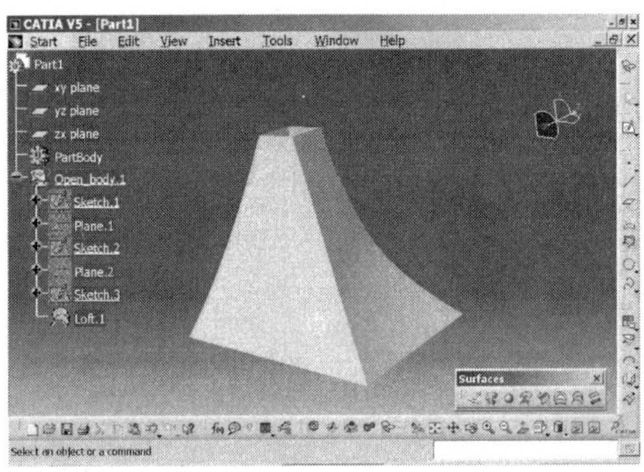
CATIA V5 - [Part1]
Start File Edit View Insert Tools Window Help
Part1
xy plane
yz plane
zx plane
PartBody
Open_body.1
Sketch.1
Plane.1
Sketch.2
Plane.2
Sketch.3
Loft.1
Surfaces
Select an object or a command

(i)

그림 4.20

예제 4.20 혼합(Blend) 곡면

yz plane, [그림 4.21(a)]

메뉴: Insert ▸ Profile ▸ Line ▸ Line

메뉴: Insert ▸ Surfaces ▸ Extrude [(b)에서 거리 20]

Exit workbench를 클릭하여 3D 모우드로 들어간다.

메뉴: Insert ▸ Wireframe ▸ Plane... [(c) yz평면에서 Offset: 50]

생성된 Offset평면에서 [(d)]

메뉴: Insert ▸ Profile ▸ Line ▸ Line [(e)]

Exit workbench를 클릭하여 3D 모우드로 들어간다.

메뉴: Insert ▸ Surfaces ▸ Extrude [(f)에서 거리 20]

메뉴: Insert ▸ Surfaces ▸ Blend... [(g) First curve: Sketch.1 클릭, First support: Extrude.1 클릭, Second curve: Sketch.2 클릭, Second support: Extrude.2 클릭]

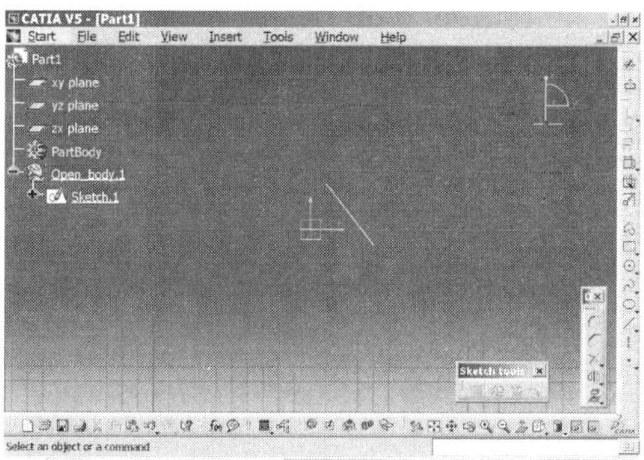

(a)

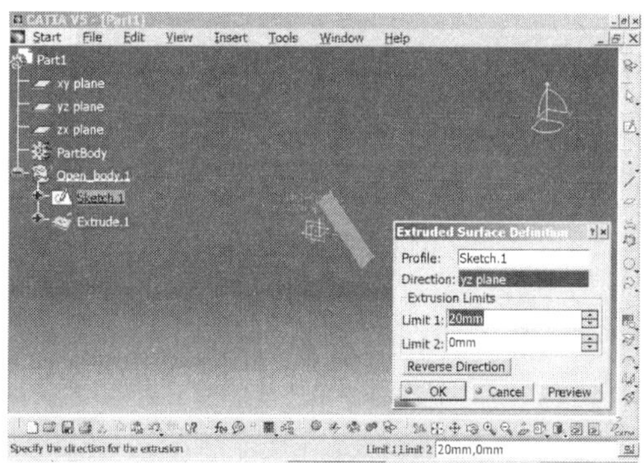

(b)

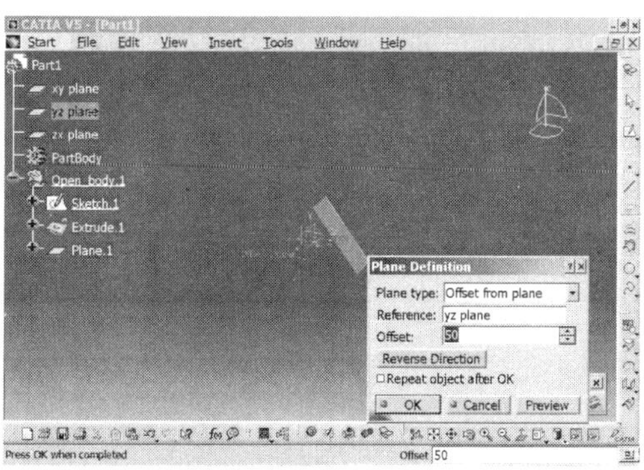

(c)

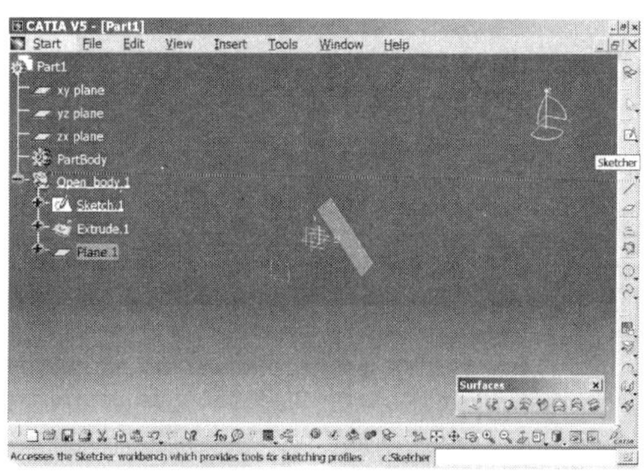

(d)

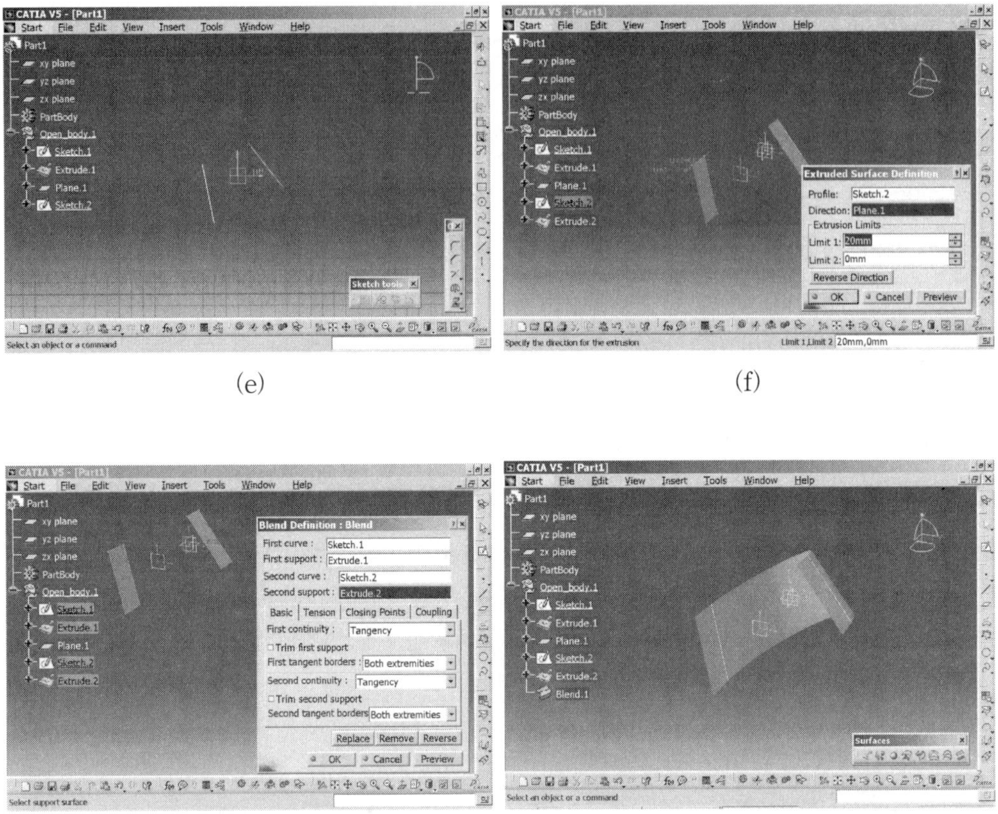

(e) (f) (g) (h)

그림 4.21

4.3 곡면 편집

곡면 편집(Surface Operations)은 표 4.3에서 보여 주는 바와 같이 곡면을 결합하거나 분리, 이동, 복사, 대칭배열 등으로 도면을 편집하는 것이다.

표 4.3 곡면 편집

	명 령 어	설 명
	Join결합)	접하고 있는 두 개 이상의 곡면을 하나의 곡면으로 결합한다.
	Split(잘라내기)	교차하고 있는 두 곡면 중 하나를 다른 곡면으로 잘라낸다.
	Boundary(경계)	곡면의 모서리에 선을 넣는다.

	Trim(다듬기)	교차하고 있는 두 곡면의 선택 부분을 모두 잘라낸다.
	Extract(추출)	선택한 면을 곡면으로 전환한다.
	Rotate(회전)	회전축을 기준으로 곡면을 회전시킨다.
	Translate(이동)	기준점에서 거리를 주어 복제 또는 이동한다.
	Symmetry(대칭)	기준면에 대칭으로 배열한다.
	Scale(스케일)	기준점에서 신축계수를 주어 곡면을 신축한다.
	Affinity(인근)	기준점에서의 거리로 곡면을 신축한다.
	Extrapolate(외삽)	거리를 주어 곡면을 신장한다.

4.4 곡면 편집 따라하기

예제 4.21 결합(Join)

xy plane, [그림 4.22(a)]

메뉴: Insert ▸ Profile ▸ Spline ▸ Spline...

Exit workbench를 클릭하여 3D 모우드로 들어간다.

xy plane,

메뉴: Insert ▸ Profile ▸ Spline ▸ Spline... [(b)]

Exit workbench를 클릭하여 3D 모우드로 들어간다.

메뉴: Insert ▸ Surfaces ▸ Extrude [(c)에서 거리 20]

메뉴: Insert ▸ Surfaces ▸ Extrude [(d)에서 거리 20]

메뉴: Insert ▸ Operations ▸ Join... [(e)에서 Extrude.1, Extrude.2]

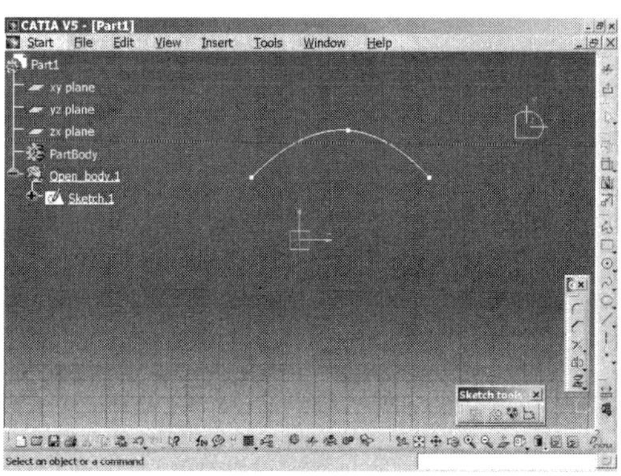

(a)

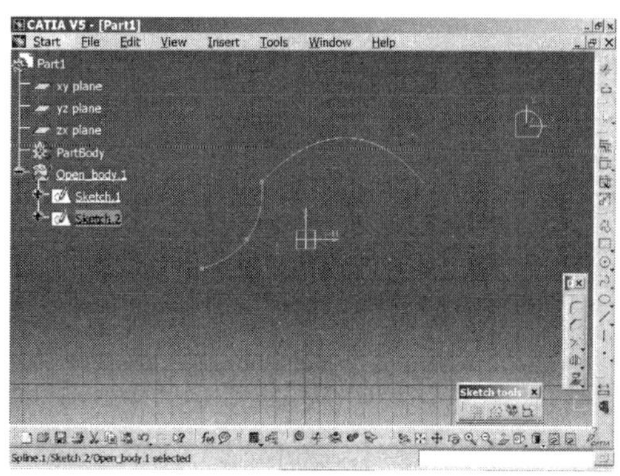

(b)

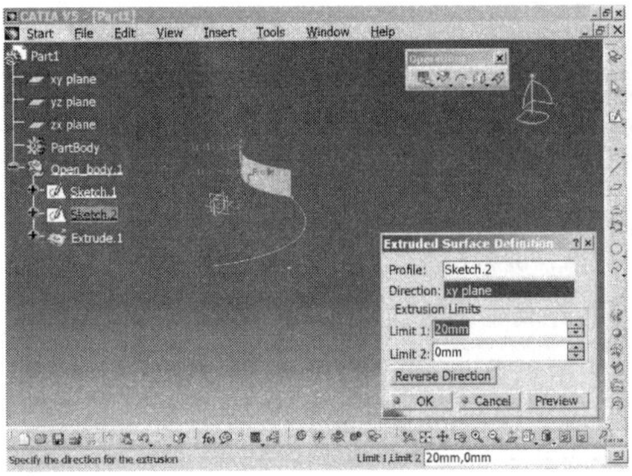

(c)

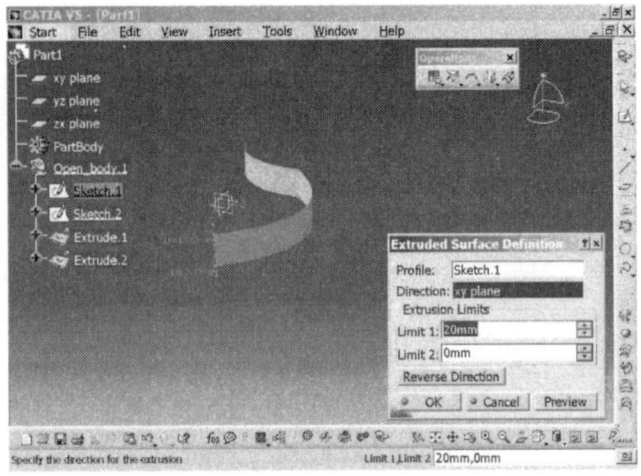

(d)

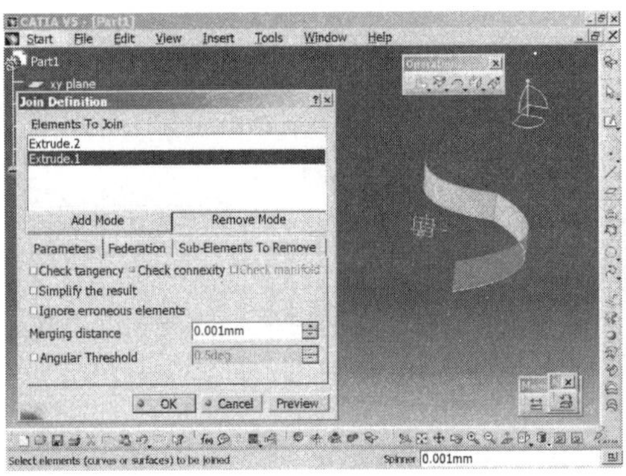

(e)

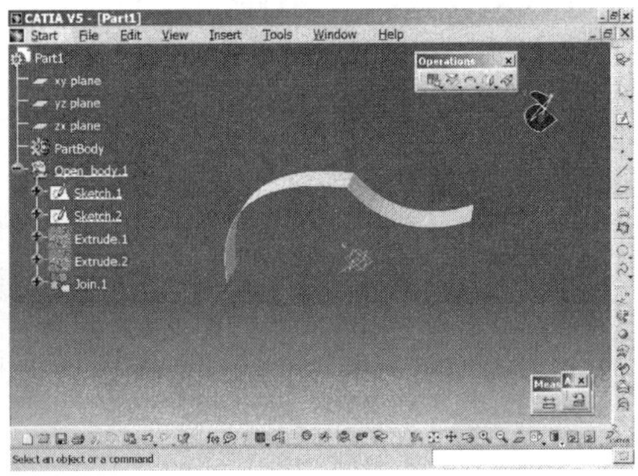

(f)

그림 4.22

예제 4.22 잘라내기(Split)

xy plane, [그림 4.23(a)]

메뉴: Insert ▸ Profile ▸ Spline ▸ Spline...

Exit workbench를 클릭하여 3D 모우드로 들어간다.

메뉴: Insert ▸ Surfaces ▸ Extrude [(b)에서 거리 30, 30]

xz plane,

메뉴: Insert ▸ Profile ▸ Spline ▸ Spline... [(c)]

Exit workbench를 클릭하여 3D 모우드로 들어간다.

메뉴: Insert ▸ Surfaces ▸ Extrude [(d)에서 거리 50]

메뉴: Insert ▸ Operations ▸ Split... [(e)에서 Extrude.1, Extrude.2 클릭, Other side 클릭]

스펙트리에서 Extrude.2와 Sketch.2에 마우스 오른쪽 버튼을 누르고 Hide/Show를 선택하여 감추기 한다.

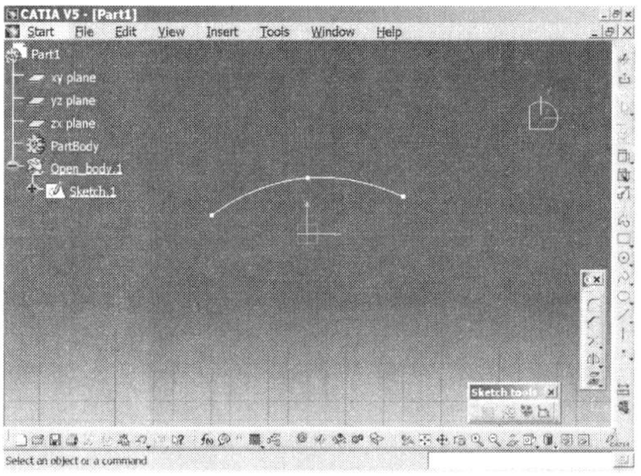

(a)

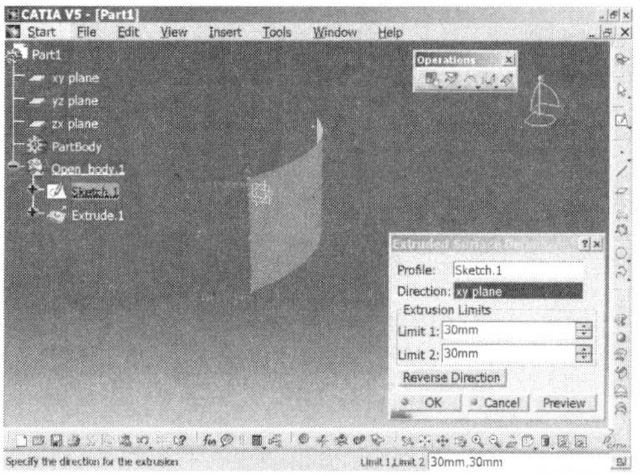

(b)

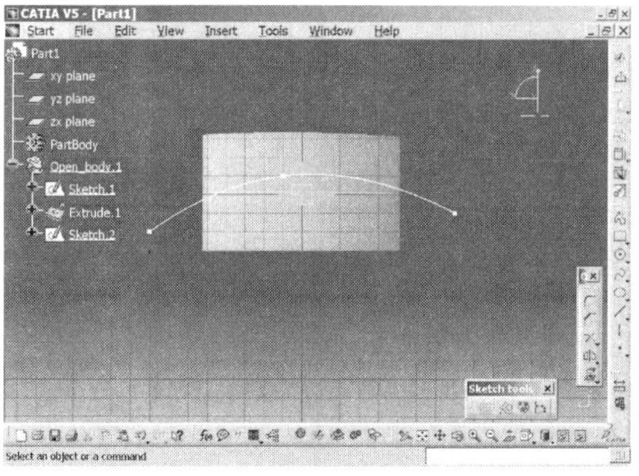

(c)

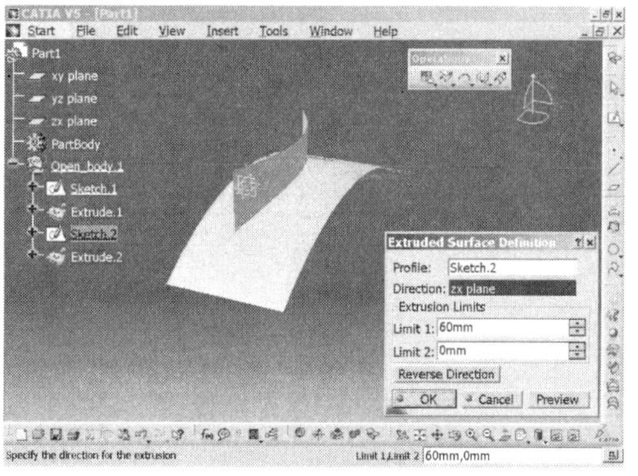

(d)

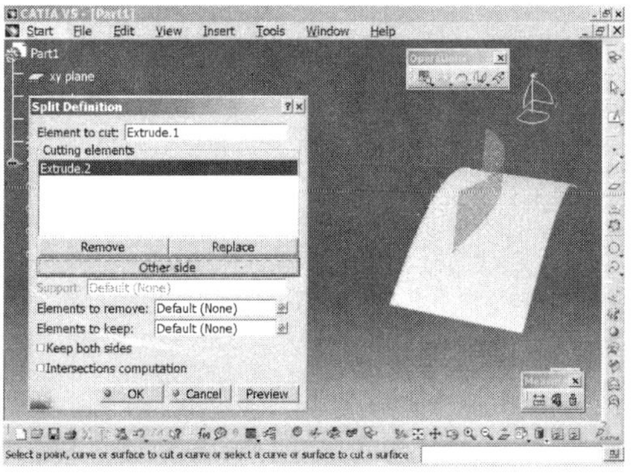

(e)

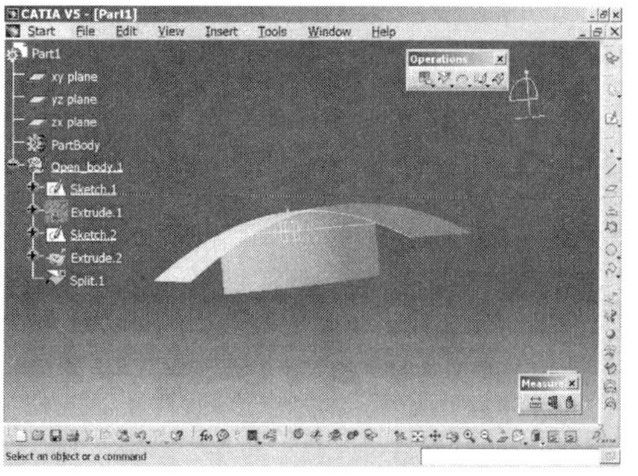

(f)

그림 4.23

예제 4.23 다듬기(Trim)

xy plane, [그림 4.24(a)]

메뉴: Insert ▶ Profile ▶ Spline

Exit workbench를 클릭하여 3D 모우드로 들어간다.

메뉴: Insert ▶ Surfaces ▶ Extrude [(b)에서 거리 30, 30]

xz plane,

메뉴: Insert ▶ Profile ▶ Spline [(c)]

Exit workbench를 클릭하여 3D 모우드로 들어간다.

메뉴: Insert ▶ Surfaces ▶ Extrude [(d)에서 거리 50]

메뉴: Insert ▶ Operations ▶ Trim... [(e)에서 Extrude.1, Extrude.2 클릭, Other side 클릭]

스펙트리에서 Extrude.2와 Sketch.2에 마우스 오른쪽 버튼을 누르고 Hide/Show를 선택하여 감추기 한다.

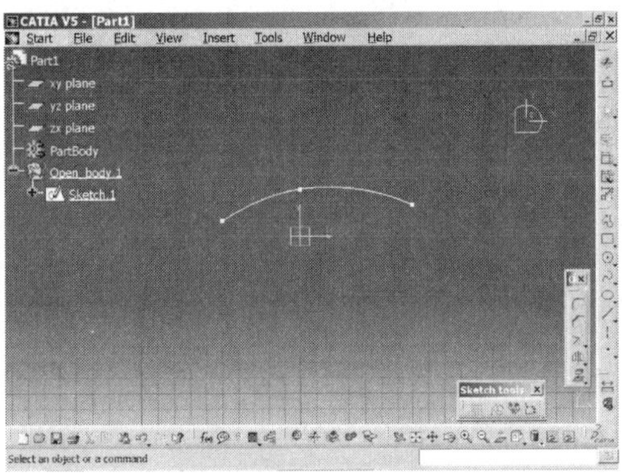

(a)

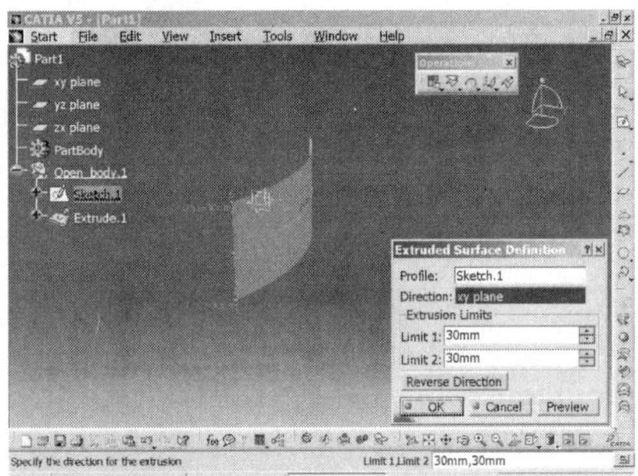

(b)

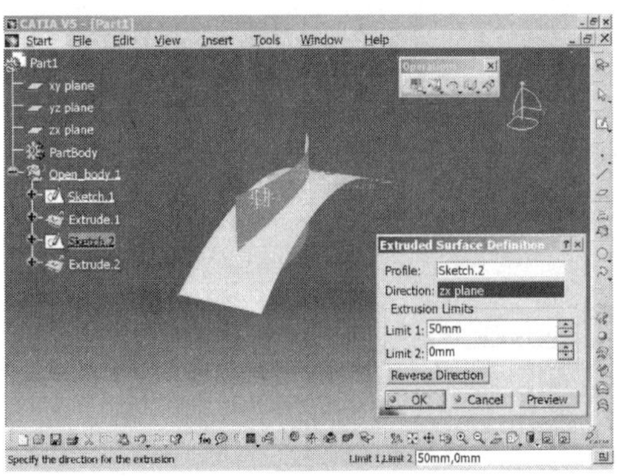

(c)

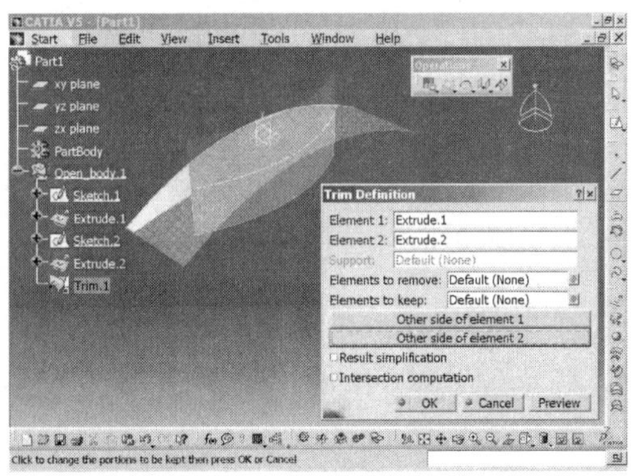

(d)

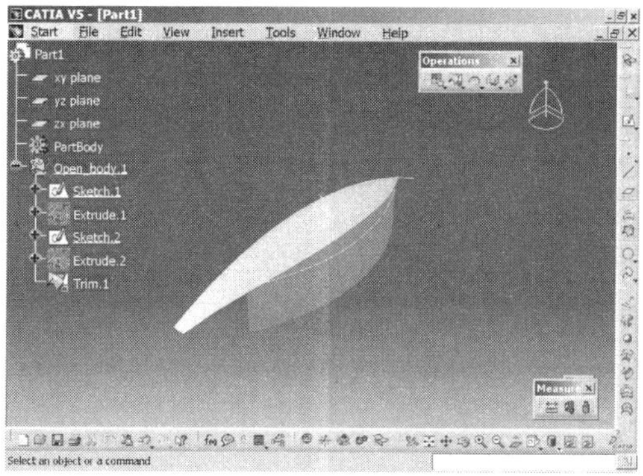

(e)

그림 4.24

예제 4.24 경계(Boundary)

yz plane, [그림 4.25(a)]

메뉴: Insert ▸ Profile ▸ Spline

Exit workbench를 클릭하여 3D 모우드로 들어간다.

메뉴: Insert ▸ Surfaces ▸ Extrude [(b)에서 거리 40, 40]

xy plane, [(c)]

메뉴: Insert ▸ Wireframe ▸ Circle

Exit workbench를 클릭하여 3D 모우드로 들어간다.

메뉴: Insert ▸ Wireframe ▸ Projection [(d) Along a direction]

메뉴: Insert ▸ Operations ▸ Split... [(e)]

메뉴: Insert ▸ Operations ▸ Boundary... [(f) 곡면의 모서리 부분을 클릭(녹색 화살표가 나타남), (g)에서 Complete boundary, (h)에서 No]

※완전한 경계(Complete boundary)는 면을 선택하면 면의 모든 경계가 선택된다. 스펙트리에서 Sketch.2에 마우스 오른쪽 버튼을 누르고 Hide/Show를 선택하여 감추기 한다.

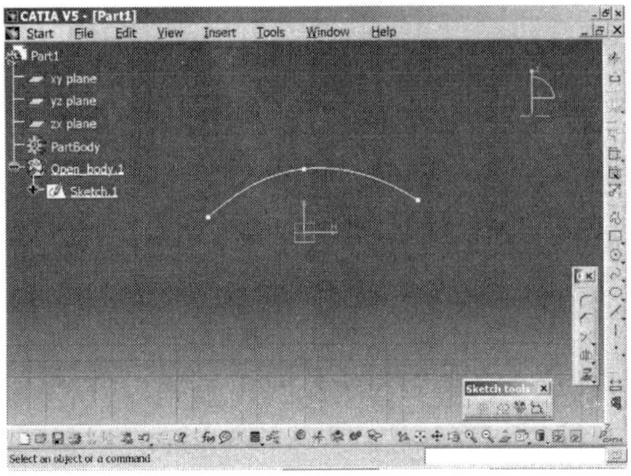
CATIA V5 - [Part1]
Start File Edit View Insert Tools Window Help
Part1
xy plane
yz plane
zx plane
PartBody
Open_body.1
Sketch.1
Sketch tools
Select an object or a command

(a)

CATIA V5 - [Part1]
Start File Edit View Insert Tools Window Help
Part1
xy plane
yz plane
zx plane
PartBody
Open_body.1
Sketch.1
Extrude.1
Extruded Surface Definition
Profile: Sketch.1
Direction: yz plane
Extrusion Limits
Limit 1: 40mm
Limit 2: 40mm
Reverse Direction
OK
Cancel
Preview
Specify the direction for the extrusion
Limit 1,Limit 2 40mm,40mm

(b)

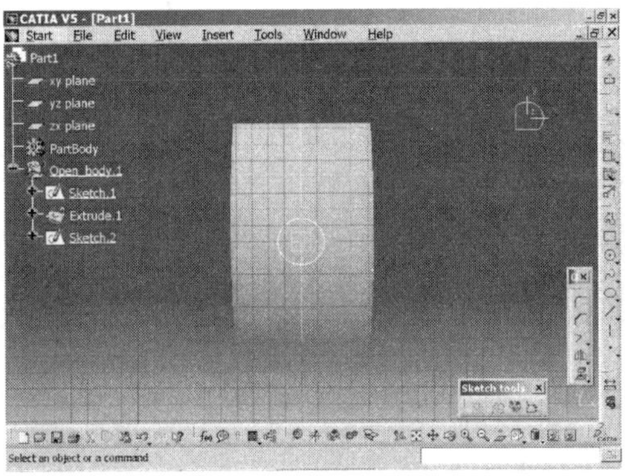
CATIA V5 - [Part1]
Start File Edit View Insert Tools Window Help
Part1
xy plane
yz plane
zx plane
PartBody
Open_body.1
Sketch.1
Extrude.1
Sketch.2
Sketch tools
Select an object or a command

(c)

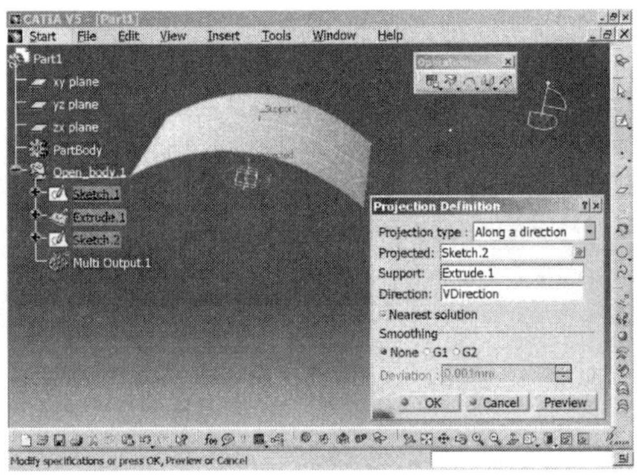
CATIA V5 - [Part1]
Start File Edit View Insert Tools Window Help
Part1
xy plane
yz plane
zx plane
PartBody
Open_body.1
Sketch.1
Extrude.1
Sketch.2
Multi Output.1
Projection Definition
Projection type : Along a direction
Projected: Sketch.2
Support: Extrude.1
Direction: VDirection
Nearest solution
Smoothing
None G1 G2
OK
Cancel
Preview
Modify specifications or press OK, Preview or Cancel

(d)

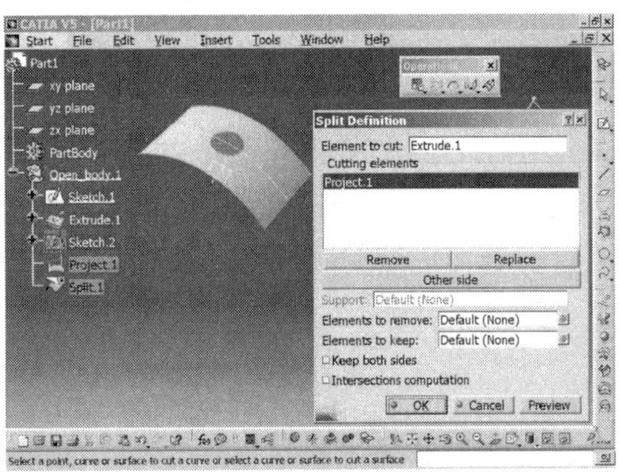
CATIA V5 - [Part1]
Start File Edit View Insert Tools Window Help
Part1
xy plane
yz plane
zx plane
PartBody
Open_body.1
Sketch.1
Extrude.1
Sketch.2
Project.1
Split.1
Split Definition
Element to cut: Extrude.1
Cutting elements
Project.1
Remove
Replace
Other side
Elements to remove: Default (None)
Elements to keep: Default (None)
Keep both sides
Intersections computation
OK
Cancel
Preview
Select a point, curve or surface to cut a curve or select a curve or surface to cut a surface

(e)

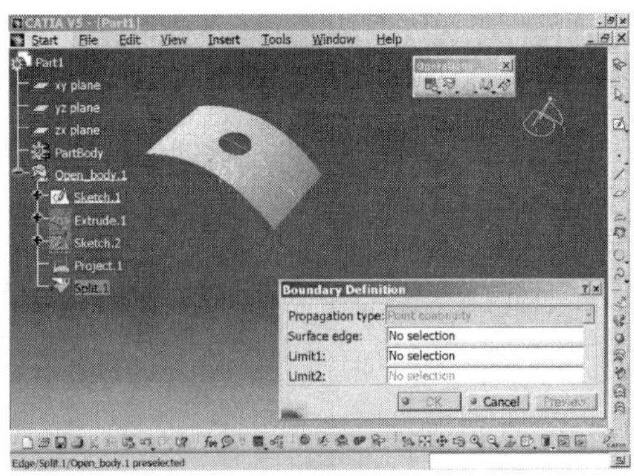
CATIA V5 - [Part1]
Start File Edit View Insert Tools Window Help
Part1
xy plane
yz plane
zx plane
PartBody
Open_body.1
Sketch.1
Extrude.1
Sketch.2
Project.1
Split.1
Boundary Definition
Propagation type:
Surface edge: No selection
Limit1: No selection
Limit2: No selection
OK
Cancel
Preview
Edge/Split.1/Open_body.1 preselected

(f)

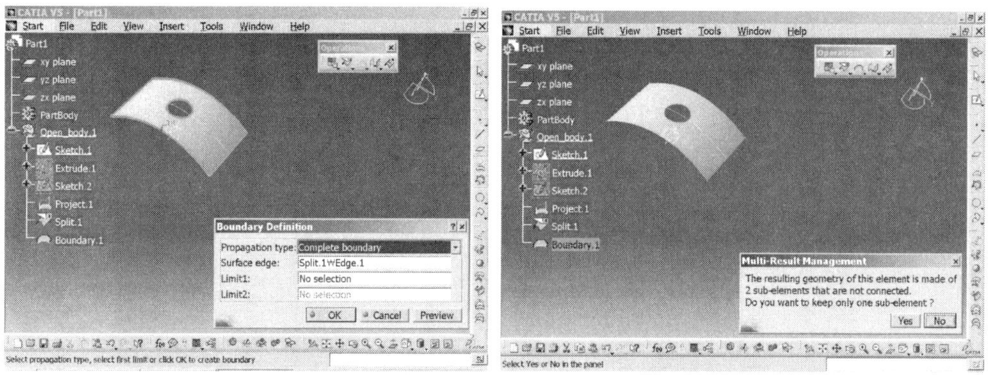

(g) (h)

그림 4.25

예제 4.25 경계(Boundary)

yz plane, [그림 4.26(a)]

메뉴: Insert ▸ Profile ▸ Spline

Exit workbench를 클릭하여 3D 모우드로 들어간다.

메뉴: Insert ▸ Surfaces ▸ Extrude [(b)에서 거리 40]

지정한 면 선택, [(c)]

메뉴: Insert ▸ Wireframe ▸ Circle [(d)]

Exit workbench를 클릭하여 3D 모우드로 들어간다.

메뉴: Insert ▸ Sketch-Based Features ▸ Pad... [(e) Length: 40]

메뉴: Insert ▸ Operations ▸ Extract... [도형의 한 면을 지정하여 곡면으로 전환한다.

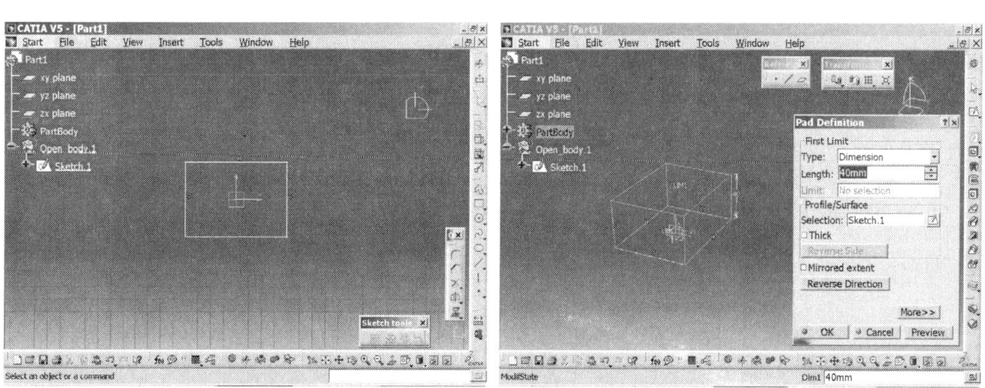

(a) (b)

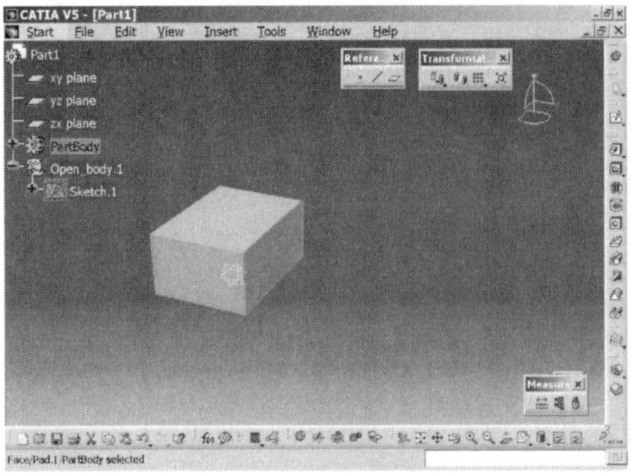

(c)

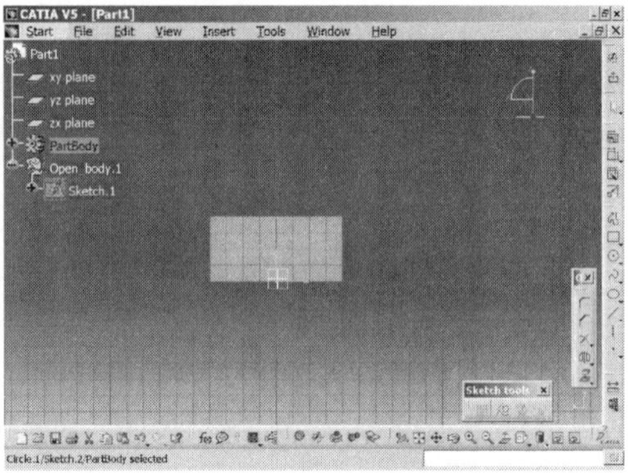

(d)

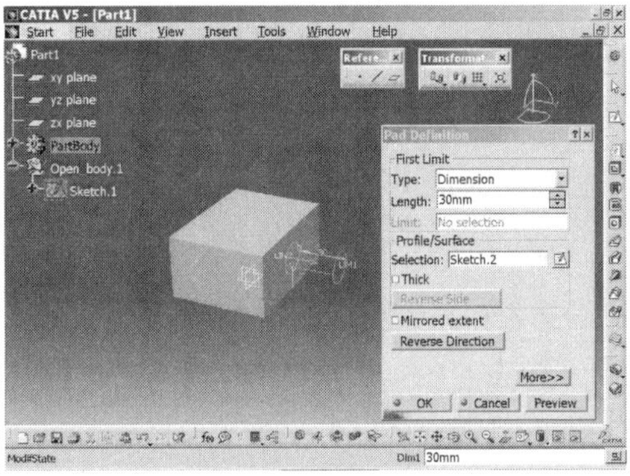

(e)

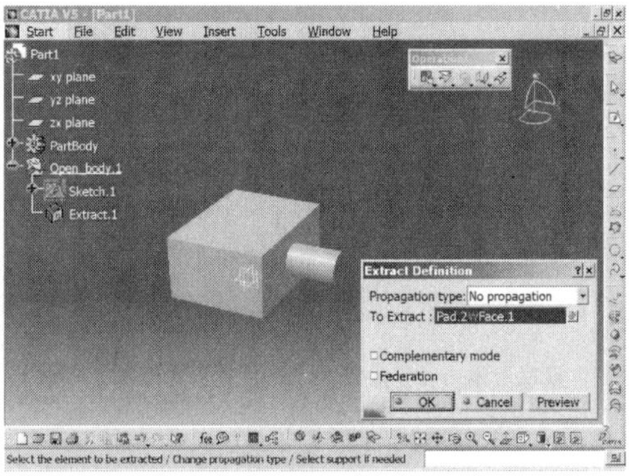

(f)

그림 4.26

예제 4.26 경계(Boundary)

xy plane, [그림 4.27(a)]

메뉴: Insert ▸ Wireframe ▸ Circle

Exit workbench를 클릭하여 3D 모우드로 들어간다.

메뉴: Insert ▸ Surfaces ▸ Extrude [(b)에서 거리 20]

메뉴: Insert ▸ Operations ▸ Rotate... [(c), (d)]

메뉴: Insert ▸ Operations ▸ Symmetry... [(e)]

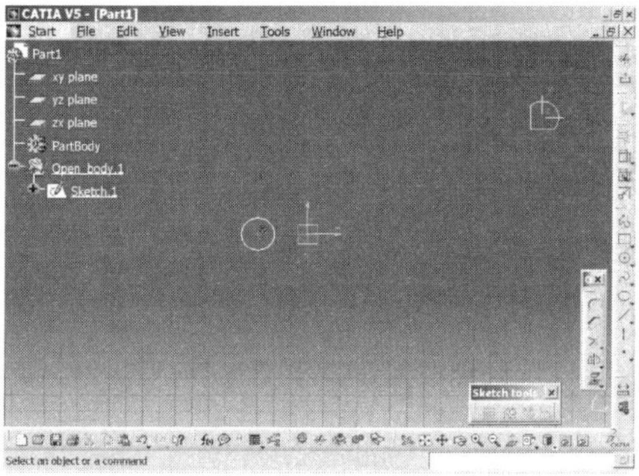
CATIA V5 - [Part1]
Start File Edit View Insert Tools Window Help
Part1
xy plane
yz plane
zx plane
PartBody
Open_body.1
Sketch.1
Sketch tools
Select an object or a command

(a)

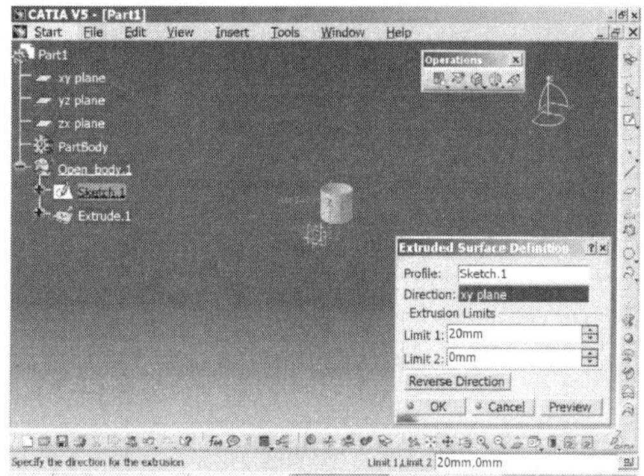
CATIA V5 - [Part1]
Start File Edit View Insert Tools Window Help
Part1
xy plane
yz plane
zx plane
PartBody
Open_body.1
Sketch.1
Extrude.1
Operations
Extruded Surface Definition
Profile: Sketch.1
Direction: xy plane
Extrusion Limits
Limit 1: 20mm
Limit 2: 0mm
Reverse Direction
OK
Cancel
Preview
Specify the direction for the extrusion
Limit 1,Limit 2 20mm,0mm

(b)

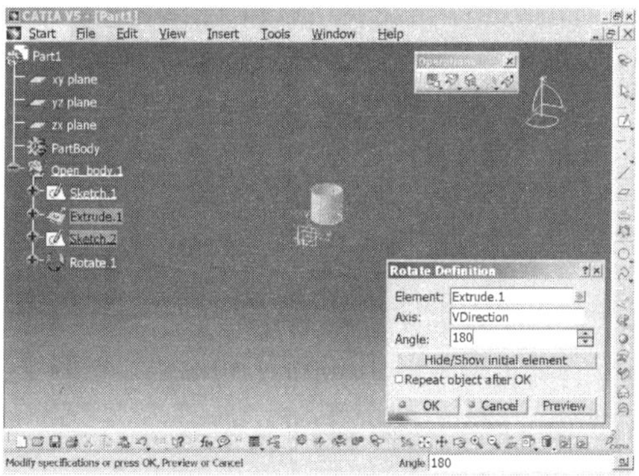
CATIA V5 - [Part1]
Start File Edit View Insert Tools Window Help
Part1
xy plane
yz plane
zx plane
PartBody
Open_body.1
Sketch.1
Extrude.1
Sketch.2
Rotate.1
Rotate Definition
Element: Extrude.1
Axis: VDirection
Angle: 180
Hide/Show initial element
Repeat object after OK
OK
Cancel
Preview
Modify specifications or press OK, Preview or Cancel
Angle 180

(c)

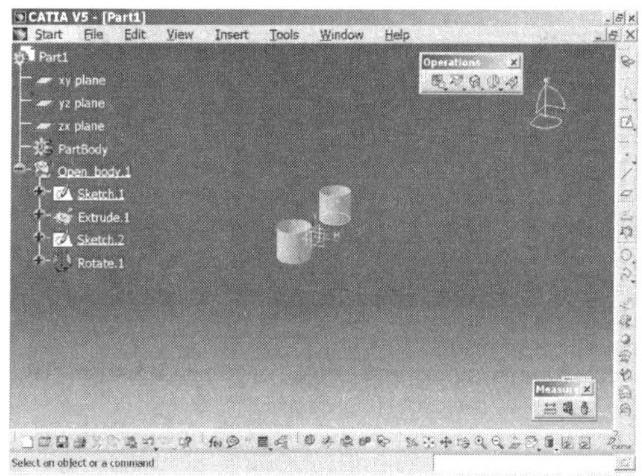
CATIA V5 - [Part1]
Start File Edit View Insert Tools Window Help
Part1
xy plane
yz plane
zx plane
PartBody
Open_body.1
Sketch.1
Extrude.1
Sketch.2
Rotate.1
Operations
Select an object or a command

(d)

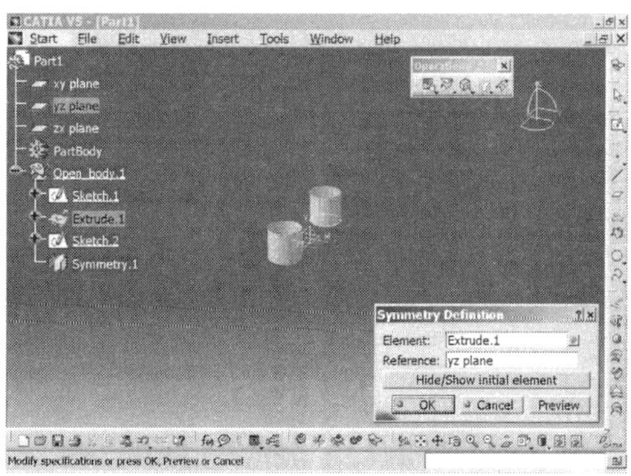
CATIA V5 - [Part1]
Start File Edit View Insert Tools Window Help
Part1
xy plane
yz plane
zx plane
PartBody
Open_body.1
Sketch.1
Extrude.1
Sketch.2
Symmetry.1
Symmetry Definition
Element: Extrude.1
Reference: yz plane
Hide/Show initial element
OK
Cancel
Preview
Modify specifications or press OK, Preview or Cancel

(e)

그림 4.27

예제 4.27

xy plane, [그림 4.28(a)]

메뉴: Insert ▸ Wireframe ▸ Circle

Exit workbench를 클릭하여 3D 모우드로 들어간다.

메뉴: Insert ▸ Surfaces ▸ Extrude [(b)에서 거리 20]

메뉴: Insert ▸ Wireframe ▸ Point [(c)]

메뉴: Insert ▸ Operations ▸ Translate... [(d)]

메뉴: Insert ▸ Operations ▸ Scale... [(e)]

메뉴: Insert ▸ Operations ▸ Affinity... [(f)]

메뉴: Insert ▸ Operations ▸ Extrapolate... [(g)]

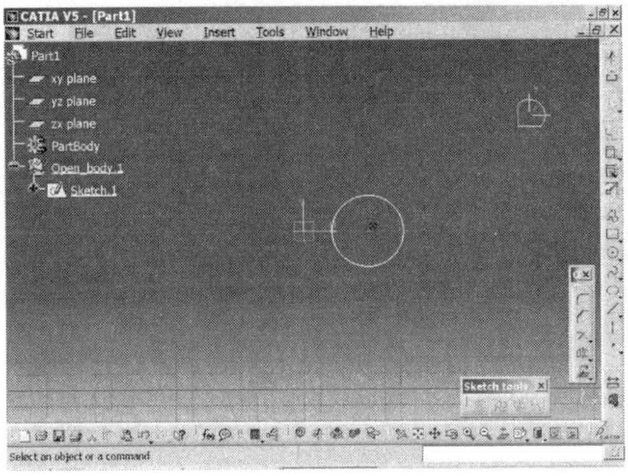

(a)

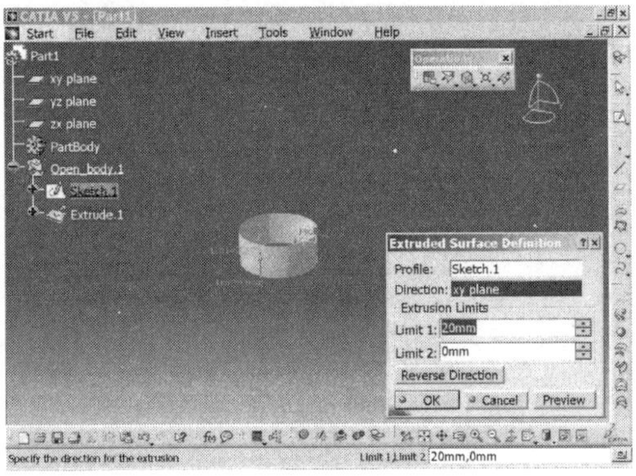

(b)

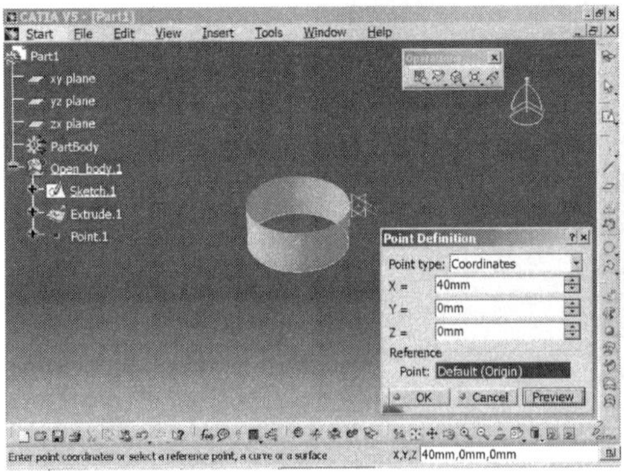

(c)

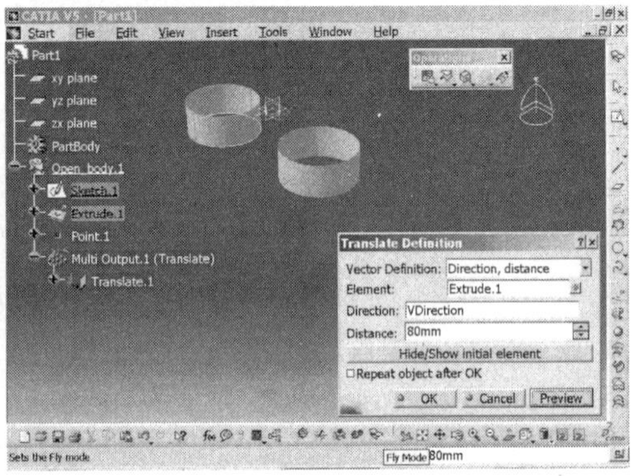

(d)

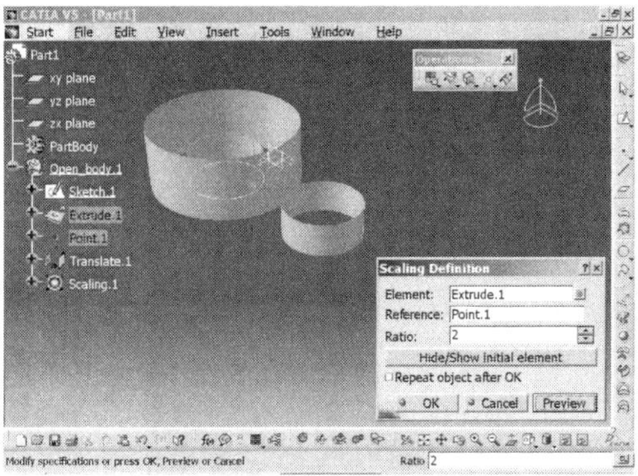

(e)

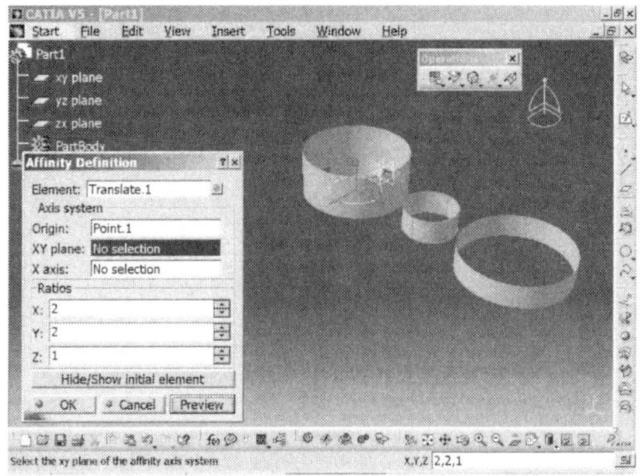

(f)

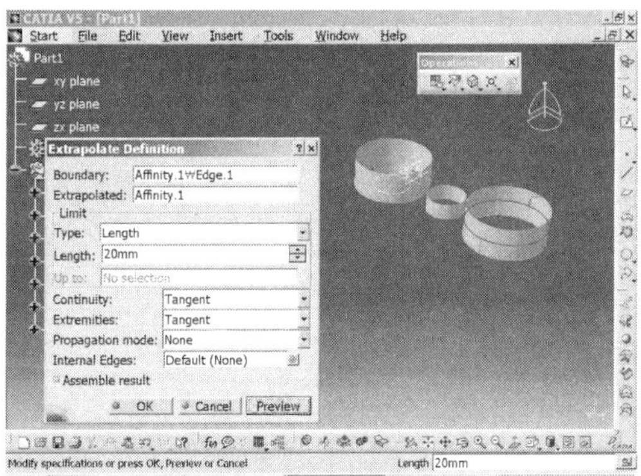

(g)

그림 4.28

예제 4.28

xy plane, [그림 4.29(a)]

메뉴: Insert ▸ Profile ▸ Predefined Profile ▸ Rectangle

Exit workbench를 클릭하여 3D 모우드로 들어간다.

메뉴: Insert ▸ Surfaces ▸ Extrude [(b)에서 거리 20]

메뉴: Insert ▸ Wireframe ▸ Plane... [(c) xz 클릭, offset: 40]

메뉴: Insert ▸ Operations ▸ Symmetry... [(d)]

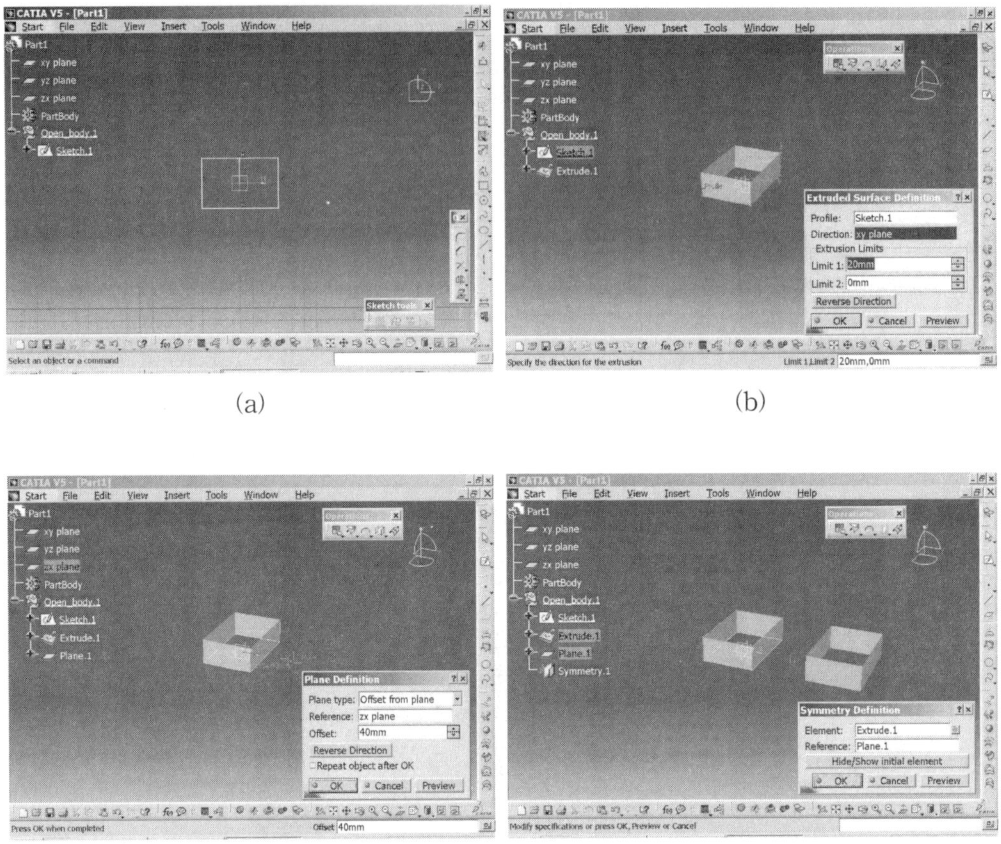

(a) (b) (c) (d)

그림 4.29

4.5 와이어프레임

와이어프레임(Wireframe)은 3D의 작업창에서 표 4.4에서 보여 주는 바와 같이 점(Point)이나 선(Line), 그리고 평면(Plane) 등을 생성하는 것이다.

표 4.4 와이어프레임(Wireframe)

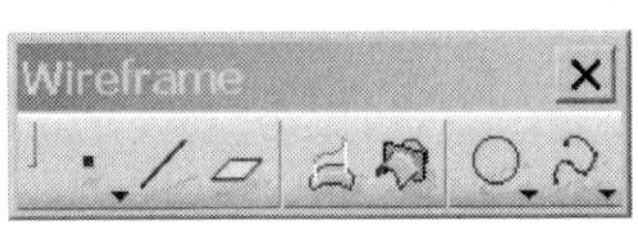

	명 령 어	설 명
	점(Point)	점을 생성
	다수의 점(Points Creation Repetition	다수의 점을 생성한다.

	선(Line)	직선을 생성
	평면(Plane)	평면을 생성
	투영(Projection)	선(직선 또는 곡선)을 면(평면 또는 곡면)에 투영
	교차선(Intersection)	두 면(평면 또는 곡면)의 교차선을 생성
	원(Circle)	원을 생성
	스플라인(Spline)	스플라인을 생성
	헬릭스 나선(Helix)	헬릭스 나선을 생성
	폴리선(Polyline)	폴리선을 생성

예제 4.29 점(Point)의 생성

xy plane, [그림 4.30(a)]

메뉴: Insert ▶ Profile ▶ Spline ▶ Spline...

Exit workbench를 클릭하여 3D 모우드로 들어간다.

메뉴: Insert ▶ Wireframe ▶ Point [(b) Coordinates, 50, 50, 50]

메뉴: Insert ▶ Wireframe ▶ Point [(c) On Curve, 50]

메뉴: Insert ▶ Wireframe ▶ Point [(d) Coordinates, 20, 20]

메뉴: Insert ▶ Wireframe ▶ Points Creation Repetition [(e), Instances, 3, (f)]

메뉴: Insert ▶ Wireframe ▶ Line [(g) Point-Point, 두 점을 클릭]

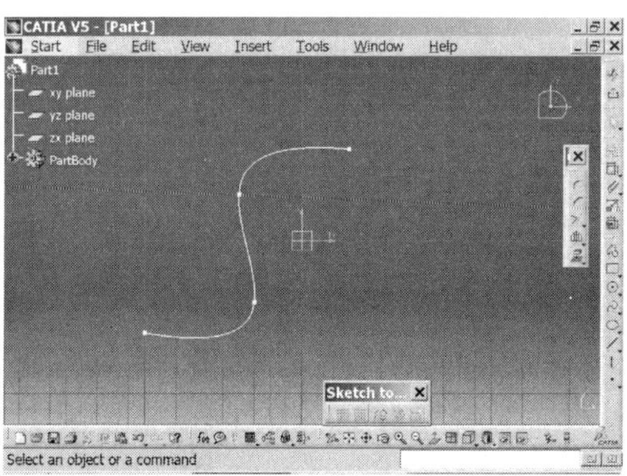

(a)

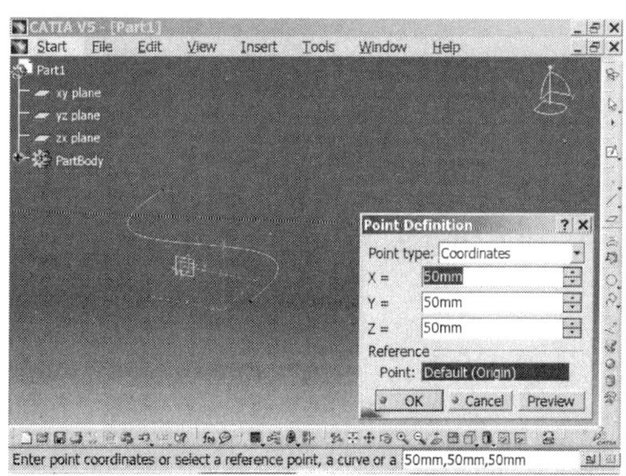

(b)

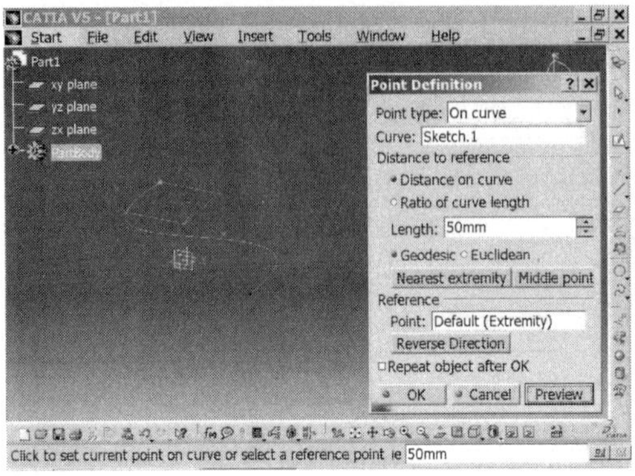
CATIA V5 - [Part1]
Start File Edit View Insert Tools Window Help
Part1
xy plane
yz plane
zx plane
PartBody
Point Definition
Point type: On curve
Curve: Sketch.1
Distance to reference
Distance on curve
Ratio of curve length
Length: 50mm
Geodesic Euclidean
Nearest extremity Middle point
Reference
Point: Default (Extremity)
Reverse Direction
Repeat object after OK
OK Cancel Preview
Click to set current point on curve or select a reference point ie 50mm

(c)

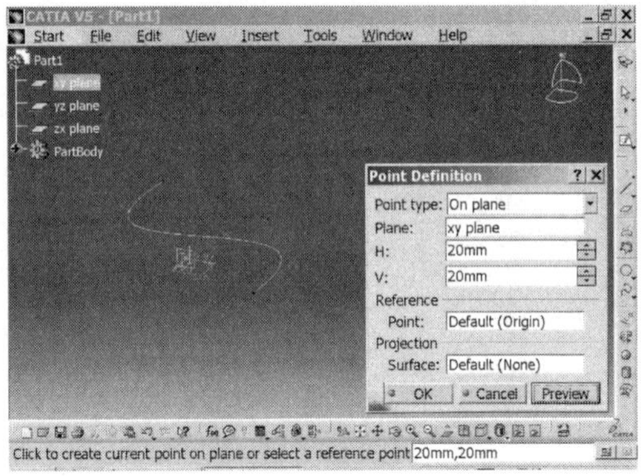
CATIA V5 - [Part1]
Start File Edit View Insert Tools Window Help
Part1
xy plane
yz plane
zx plane
PartBody
Point Definition
Point type: On plane
Plane: xy plane
H: 20mm
V: 20mm
Reference
Point: Default (Origin)
Projection
Surface: Default (None)
OK Cancel Preview
Click to create current point on plane or select a reference point 20mm,20mm

(d)

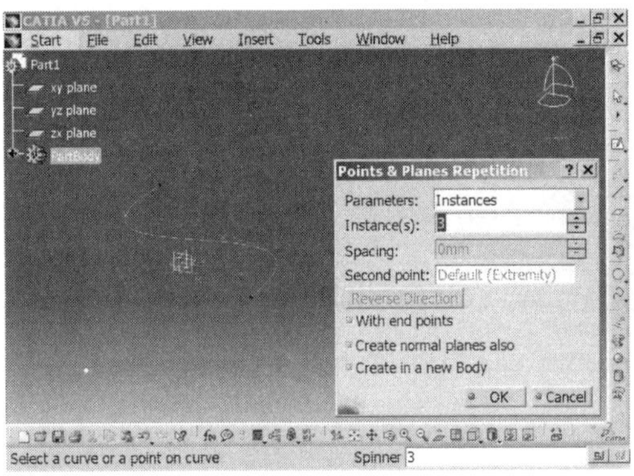
CATIA V5 - [Part1]
Start File Edit View Insert Tools Window Help
Part1
xy plane
yz plane
zx plane
PartBody
Points & Planes Repetition
Parameters: Instances
Instance(s): 3
Spacing: 0mm
Second point: Default (Extremity)
Reverse Direction
With end points
Create normal planes also
Create in a new Body
OK Cancel
Select a curve or a point on curve
Spinner 3

(e)

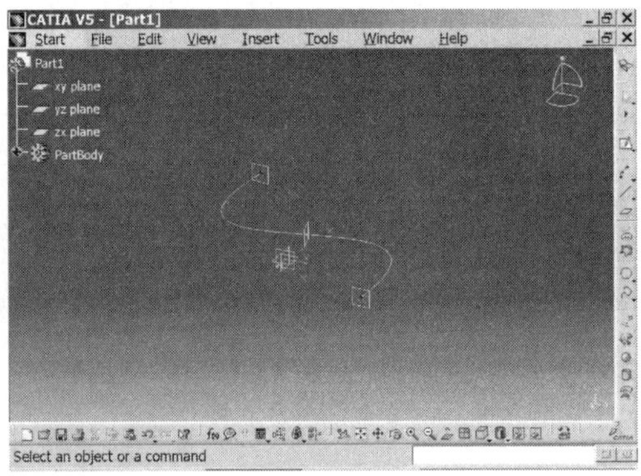
CATIA V5 - [Part1]
Start File Edit View Insert Tools Window Help
Part1
xy plane
yz plane
zx plane
PartBody
Select an object or a command

(f)

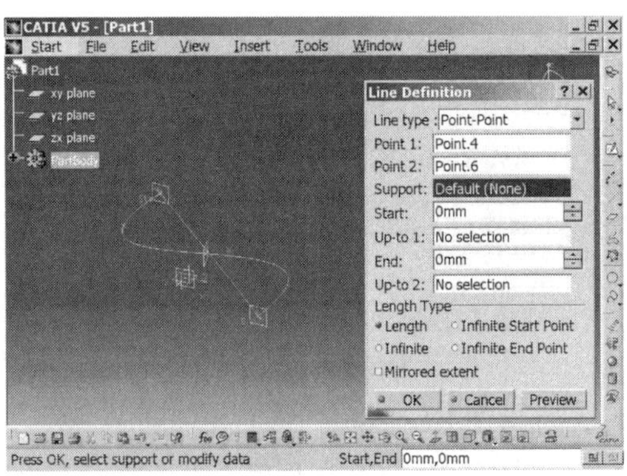
CATIA V5 - [Part1]
Start File Edit View Insert Tools Window Help
Part1
xy plane
yz plane
zx plane
PartBody
Line Definition
Line type : Point-Point
Point 1: Point.4
Point 2: Point.6
Support: Default (None)
Start: 0mm
Up-to 1: No selection
End: 0mm
Up-to 2: No selection
Length Type
Length Infinite Start Point
Infinite Infinite End Point
Mirrored extent
OK Cancel Preview
Press OK, select support or modify data
Start,End 0mm,0mm

(g)

그림 4.30

예제 4.30

xy plane, [그림 4.31(a)]

메뉴: Insert ▸ Profile ▸ Spline ▸ Spline...

Exit workbench를 클릭하여 3D 모우드로 들어간다.

메뉴: Insert ▸ Surfaces ▸ Extrude [(b)에서 거리 20, 20]

메뉴: Insert ▸ Wireframe ▸ Point [(c)]

메뉴: Insert ▸ Wireframe ▸ Points Creation Repetition [(d)]

메뉴: Insert ▸ Wireframe ▸ Line [(e), (f)]

메뉴: Insert ▸ Wireframe ▸ Circle [(g)]

메뉴: Insert ▸ Wireframe ▸ Plane [(h)]

메뉴: Insert ▸ Wireframe ▸ Projection [(i)]

메뉴: Insert ▸ Surfaces ▸ Extrude [(l)에서 거리 200, 20]

메뉴: Insert ▸ Wireframe ▸ Intersection [(m)]

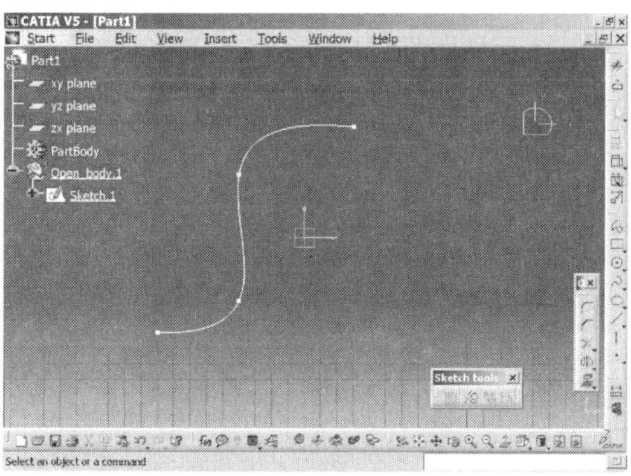

(a)

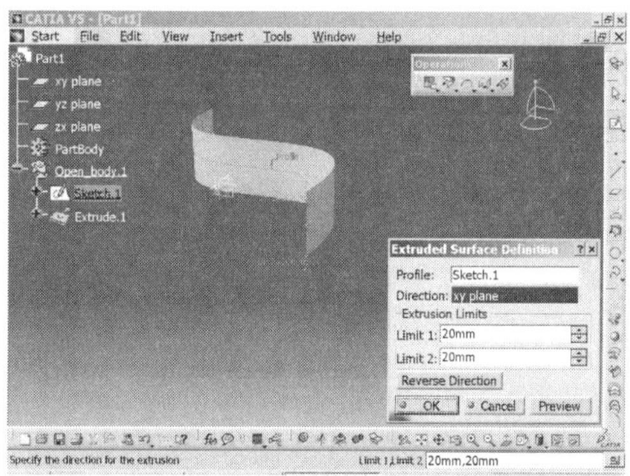

(b)

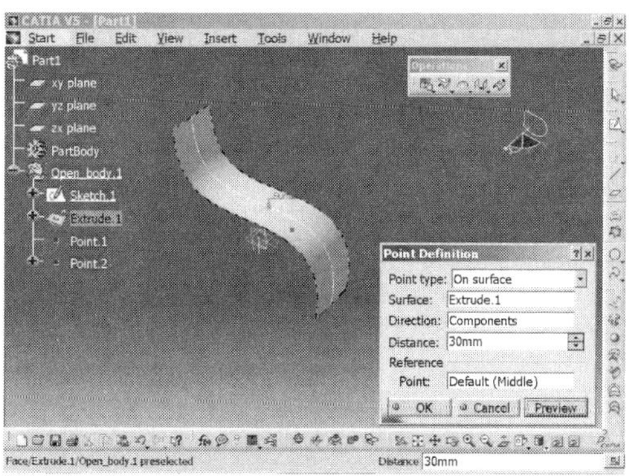

(c)

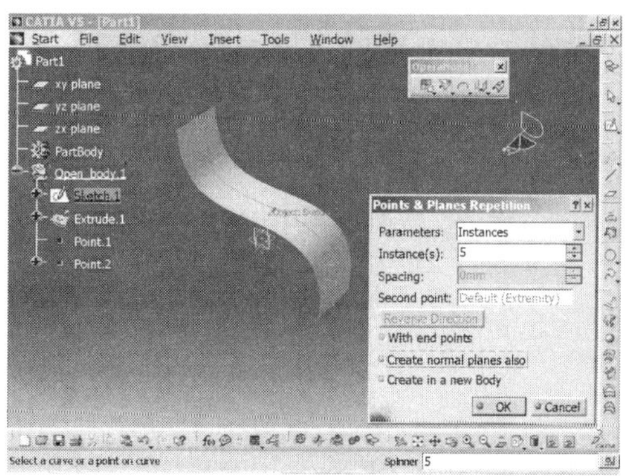

(d)

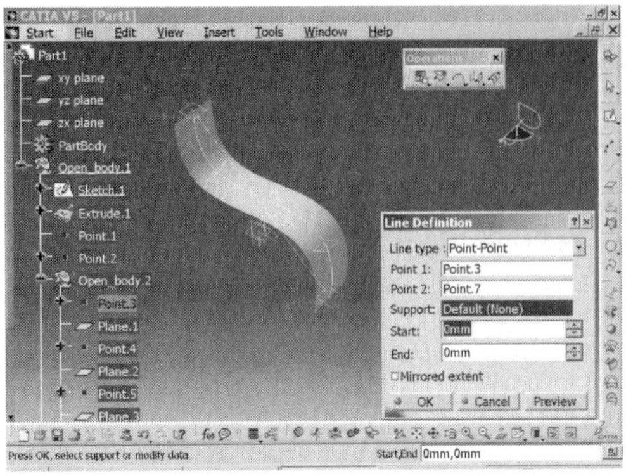
CATIA V5 - [Part1]
Line Definition
Line type : Point-Point
Point 1: Point.3
Point 2: Point.7
Support: Default (None)
Start: 0mm
End: 0mm
Mirrored extent
OK
Cancel
Preview
Press OK, select support or modify data

(e)

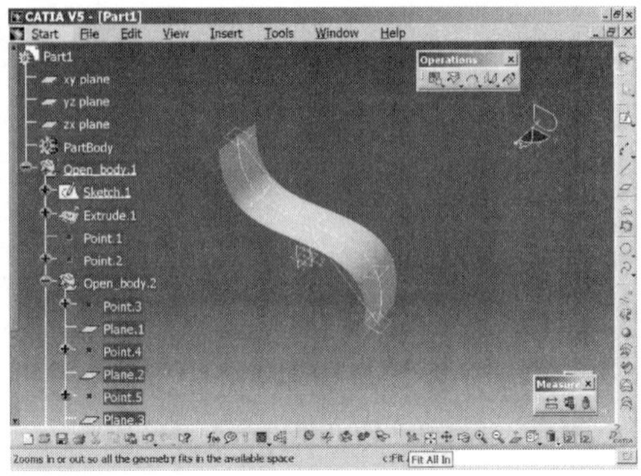
CATIA V5 - [Part1]
Zooms in or out so all the geometry fits in the available space

(f)

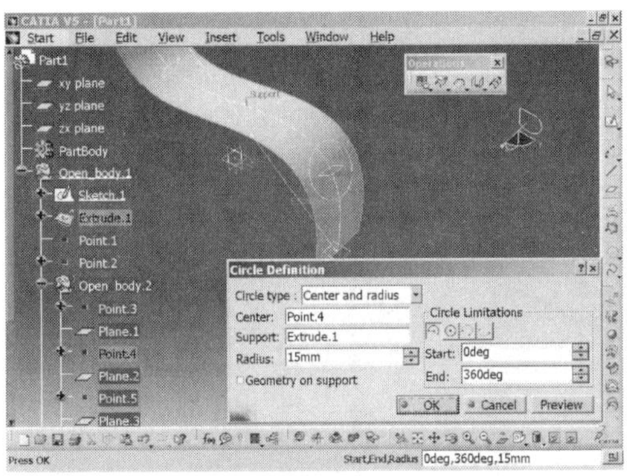
CATIA V5 - [Part1]
Circle Definition
Circle type : Center and radius
Center: Point.4
Support: Extrude.1
Radius: 15mm
Geometry on support
Circle Limitations
Start: 0deg
End: 360deg
OK
Cancel
Preview
Press OK

(g)

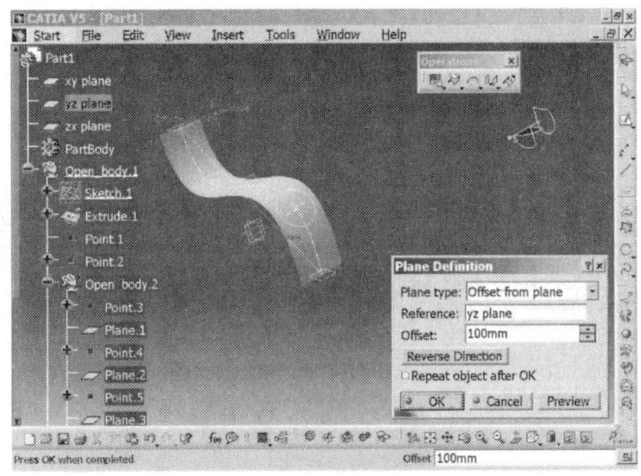
CATIA V5 - [Part1]
Plane Definition
Plane type: Offset from plane
Reference: yz plane
Offset: 100mm
Reverse Direction
Repeat object after OK
OK
Cancel
Preview
Press OK when completed

(h)

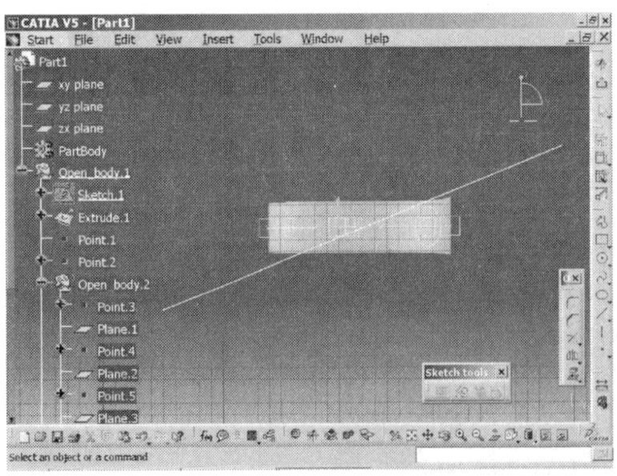
CATIA V5 - [Part1]
Sketch tools
Select an object or a command

(i)

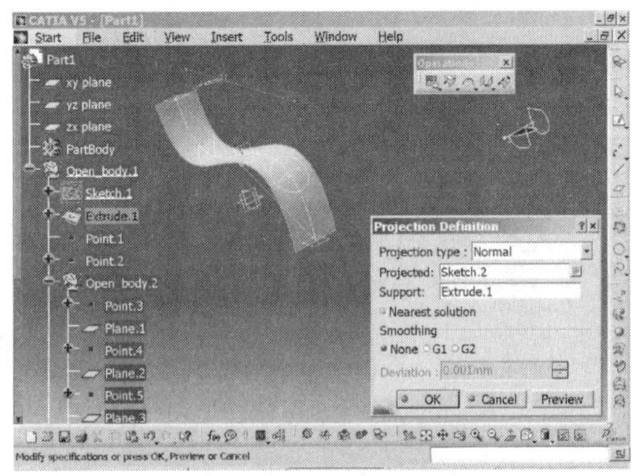
CATIA V5 - [Part1]
Projection Definition
Projection type : Normal
Projected: Sketch.2
Support: Extrude.1
Nearest solution
Smoothing
None G1 G2
OK
Cancel
Preview
Modify specifications or press OK, Preview or Cancel

(j)

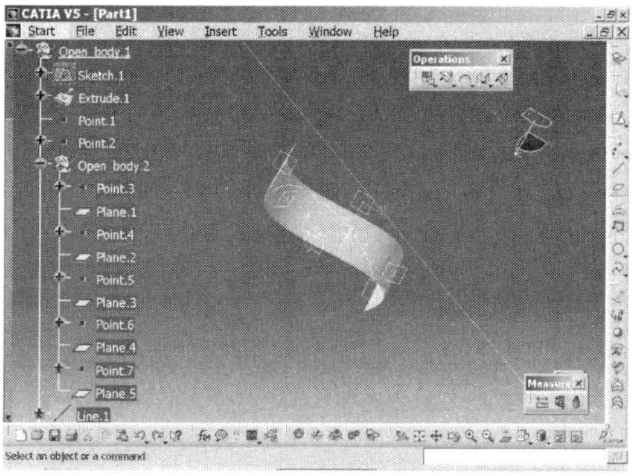

(k)

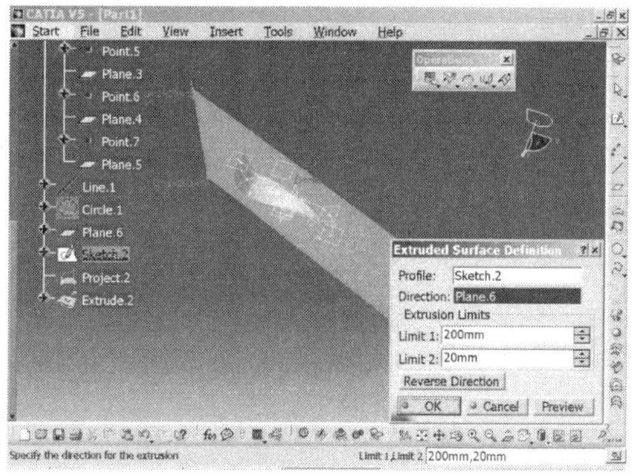

(l)

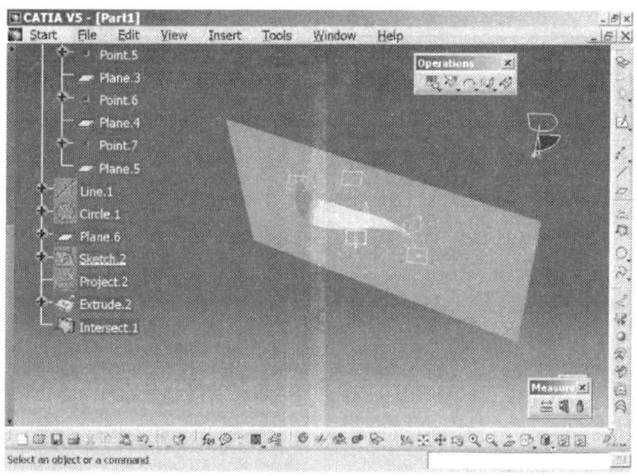

(m)

그림 4.31

예제 4.31 점(Point)과 스프링

xy plane, [그림 4.32(a)]

메뉴: Insert ▸ Wireframe ▸ Line

메뉴: Insert ▸ Wireframe ▸ Point [스플라인 곡선의 한 점(직선 이외의 위치)에 둔다.]

Exit workbench를 클릭하여 3D 모우드로 들어간다.

메뉴: Insert ▸ Wireframe ▸ Helix [(b), pitch: 10, Height: 100, Taper Angle: 10]

메뉴: Insert ▸ Wireframe ▸ Plane [(c) Normal to Curve]

위의 법선평면

메뉴: Insert ▸ Wireframe ▸ Circle [(d)직경 2]

메뉴: Insert ▸ Surfaces ▸ Sweep... [(e) Explicit, Profile: 원 클릭, Guide Curve: 나선 클릭]

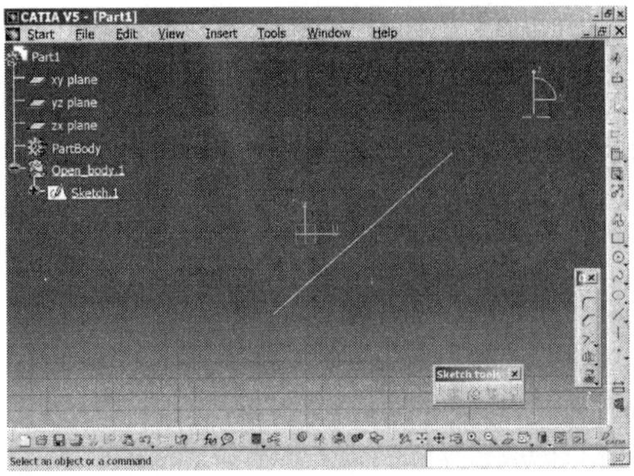

(a)

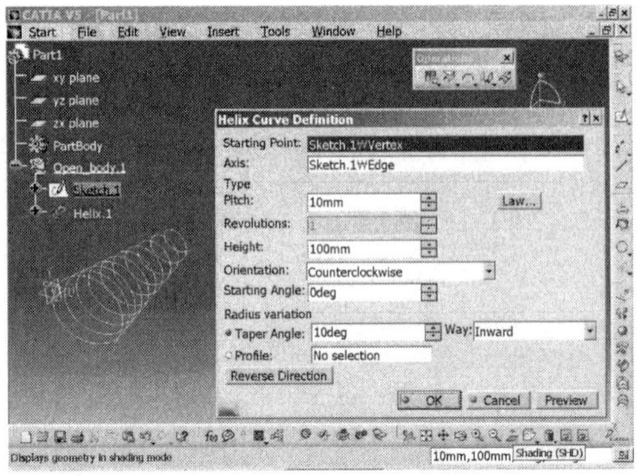

(b)

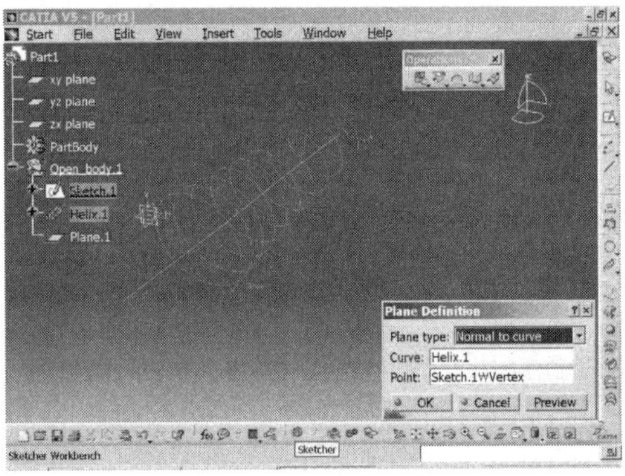

(c)

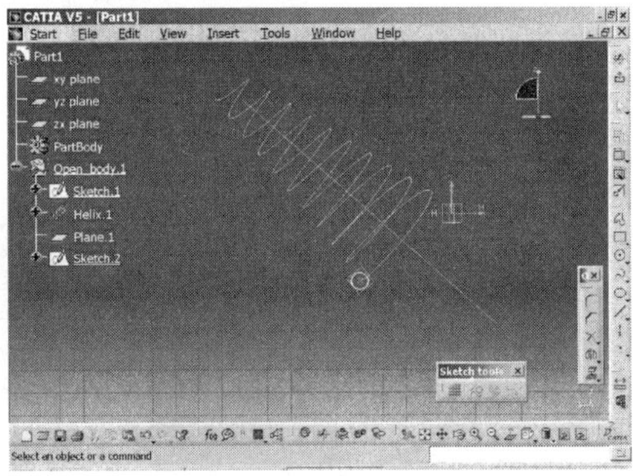

(d)

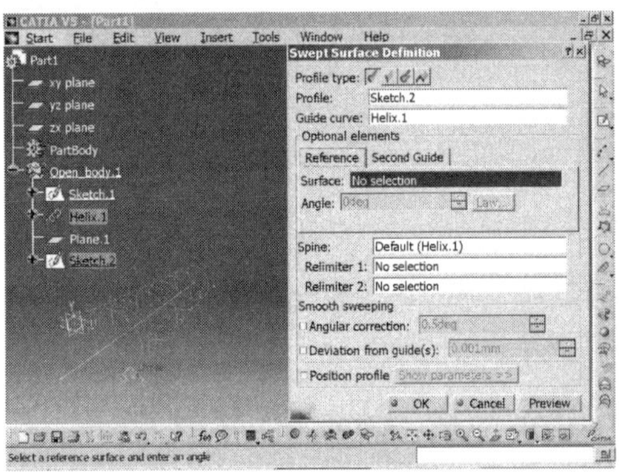

(e)

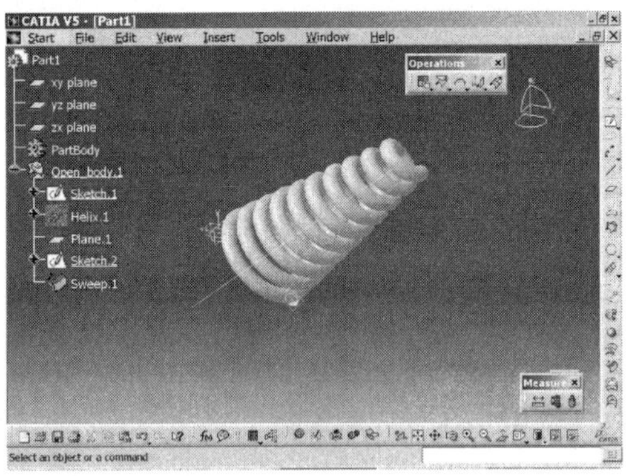

(f)

그림 4.32

예제 4.32 볼록 스프링

Start ▸ Mechanical Design ▸ Wireframe and Surface Design

xy plane, [그림 4.43(a)]

메뉴: Insert ▸ Profile ▸ Spline ▸ Spline...

메뉴: Insert ▸ Contraint ▸ Contraint Creation ▸ Constraint

Exit workbench를 클릭하여 3D 모우드로 들어간다.

메뉴: Insert ▸ Wireframe ▸ Point... [(b) 스플라인의 끝단]

xy plane, [(c)]

메뉴: Insert ▸ Wireframe ▸ Line

메뉴: Insert ▸ Contraint ▸ Contraint Creation ▸ Constraint

Exit workbench를 클릭하여 3D 모우드로 들어간다.

메뉴: Insert ▸ Wireframe ▸ Helix [(d) Point, Axis, Spline 클릭, pitch: 2, Height: 40, Taper Angle: 0]

메뉴: Insert ▸ Wireframe ▸ Plane... [(e) 스프링 끝단, Normal Plane]

생성된 평면 클릭,

메뉴: Insert ▸ Wireframe ▸ Circle

메뉴: Insert ▸ Contraint ▸ Contraint... [(f) 원과 점, Coincidence]

메뉴: Insert ▸ Contraint ▸ Contraint Creation ▸ Constraint [(g) 직경 1]

Exit workbench를 클릭하여 3D 모우드로 들어간다.

메뉴: Insert ▸ Surfaces ▸ Sweep... [Guide Curve: 나선 클릭]

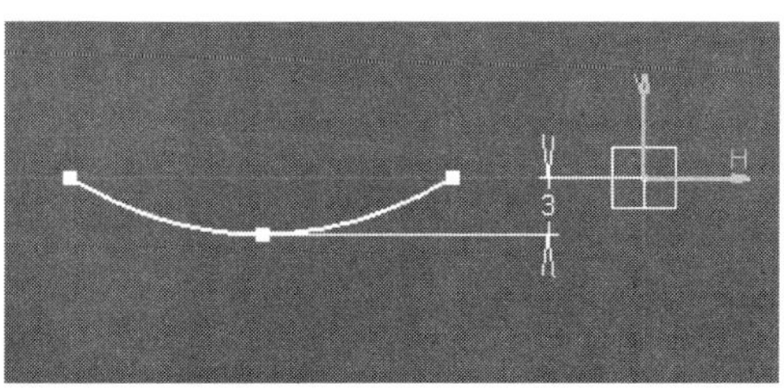

(a)

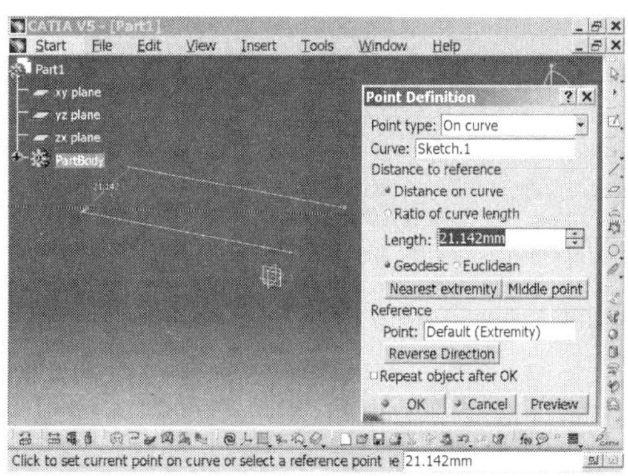

(b)

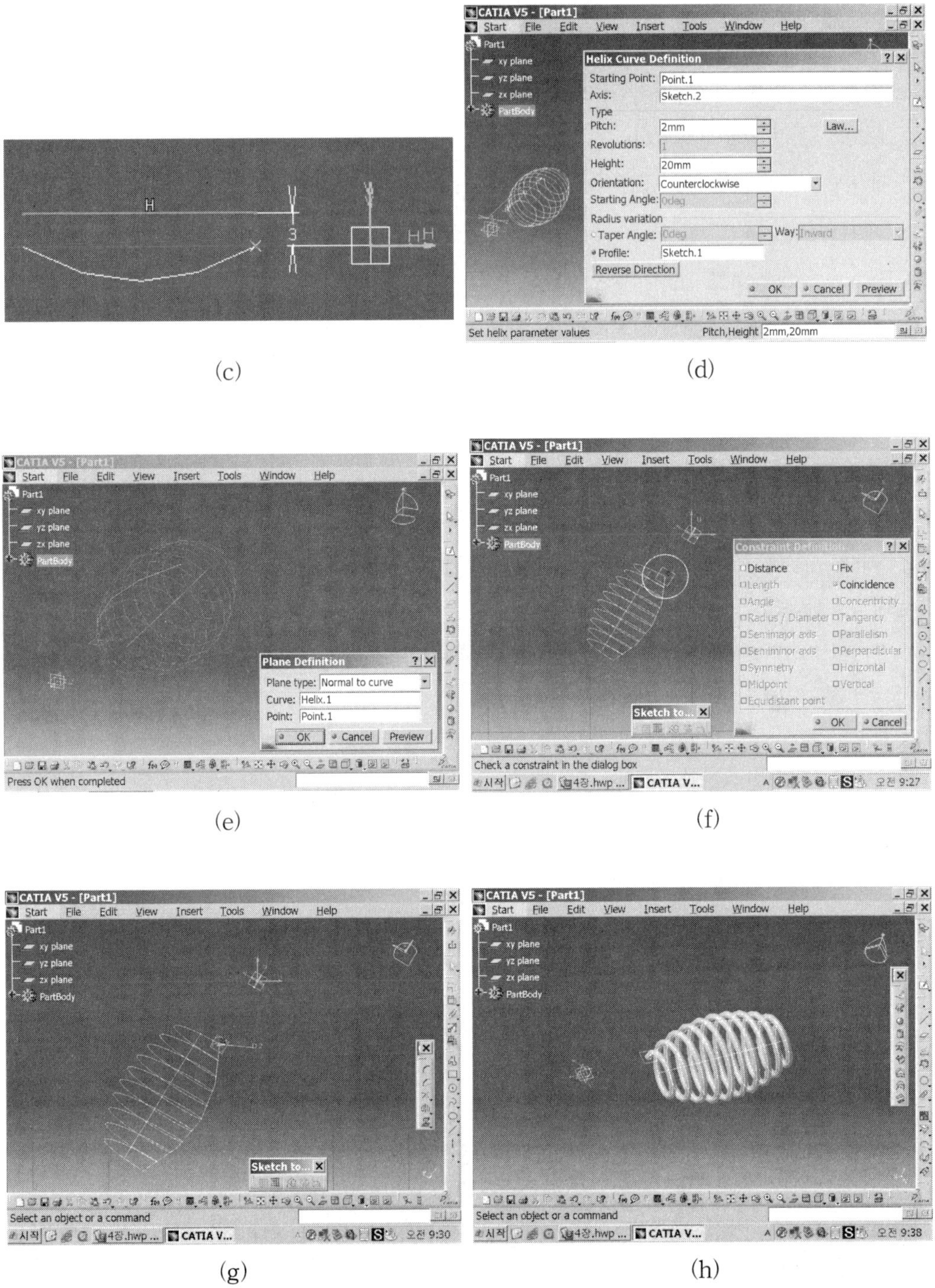
CATIA V5 - [Part1]
Start File Edit View Insert Tools Window Help
Part1
xy plane
yz plane
zx plane
PartBody
Helix Curve Definition
Starting Point: Point.1
Axis: Sketch.2
Type
Pitch: 2mm
Revolutions: 1
Height: 20mm
Orientation: Counterclockwise
Starting Angle: 0deg
Radius variation
Taper Angle: 0deg
Way: Inward
Profile: Sketch.1
Reverse Direction
Law...
OK
Cancel
Preview
Set helix parameter values
Pitch,Height 2mm,20mm
(c)
(d)
Plane Definition
Plane type: Normal to curve
Curve: Helix.1
Point: Point.1
Press OK when completed
Constraint Definition
Distance
Fix
Length
Coincidence
Angle
Concentricity
Radius / Diameter
Tangency
Semimajor axis
Parallelism
Semiminor axis
Perpendicular
Symmetry
Horizontal
Midpoint
Vertical
Equidistant point
Sketch to...
Check a constraint in the dialog box
(e)
(f)
Select an object or a command
(g)
(h)

그림 4.43

4.6 곡면 기준피처

곡면 기준피처(Surface-based Features)의 작업들은 부품설계(Part Design) 모우드에서 작업한 3D 모델을 와이어프레임과 곡면설계(Wireframe & Surface Design) 모우드로 들어가 작업한 곡면으로 잘라 내거나, 와이어프레임과 곡면설계(Wireframe & Surface Design) 모우드에서 작업한 곡면을 부품설계(Part Design) 모우드에 들어가 솔리드화 하는 것이다.

표 4.5 곡면 기준피처(Surface-based features)

	명 령 어	설 명
	Split(잘라내기)	물체를 곡면(평면 또는 곡면)으로 잘라낸다.
	Thick Surface (면에 두께주기)	면(평면 또는 곡면)에 두께를 준다.
	Close Surface (곡면 채우기)	면(평면 또는 곡면)으로 둘러싸인 내부를 솔리드로 채워 준다.
	Sew Surface (잘라내고 채우기)	물체를 곡면(평면 또는 곡면)으로 잘라내면서 비어 있는 공간은 솔리드로 채워 준다.

[1] 잘라내기(Split)

부품설계(Part Design) 모우드에서 생성한 물체를 와이어프레임과 곡면설계(Wireframe & Surface Design) 모우드에서 생성한 곡면(평면 또는 곡면)으로 잘라낸다.

예제 4.33 잘라내기(Split)

부품설계(Part Design) 모우드로 들어간다.

xy plane, [그림 4.44(a)]

메뉴: Insert ▸ Profile ▸ Predefined Profile ▸ Rectangle

Exit workbench를 클릭하여 3D 모우드로 들어간다.

메뉴: Insert ▸ Sketch-Based Features ▸ Pad... [(b) Length: 20]

(c)에서 상자 윗면 클릭

메뉴: Insert ▸ Sketcher ▸ Sketcher

메뉴: Insert ▸ Profile ▸ Predefined Profile ▸ Rectangle

Exit workbench를 클릭하여 3D 모우드로 들어간다.

와이어프레임과 곡면(Wireframe & Surface) 모우드로 들어간다.

메뉴: Insert ▸ Surfaces ▸ Extrude [(e)에서 거리 30, 10]

부품설계(Part Design) 모우드로 들어간다.

메뉴: Insert ▸ Surface-based Features ▸ Split... [(f)에서 곡면을 클릭, 마우스로 화살표를 클릭하여 화살표의 방향이 곡면을 향하도록 한다.]

스펙트리에서 Extrude.1과 Sketch.2에 마우스 오른쪽 버튼을 누르고 Hide/Show 선택하여 감추기 한다.

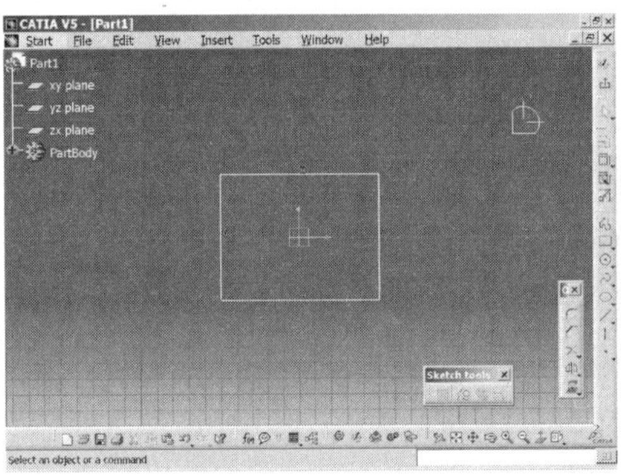

(a)

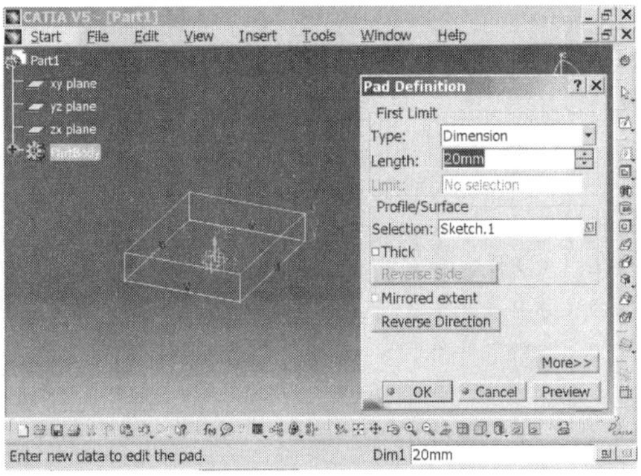

(b)

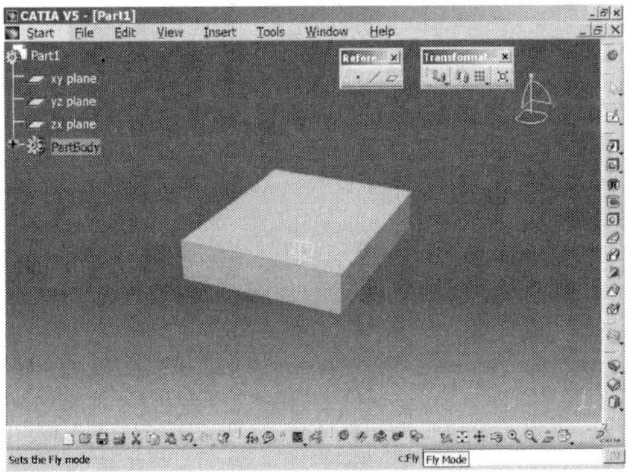

(c)

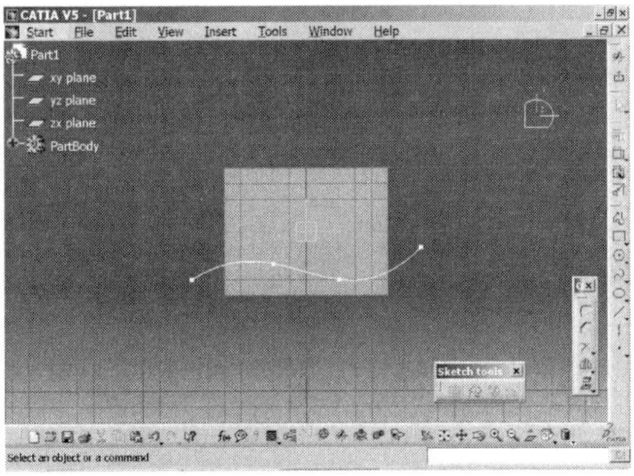

(d)

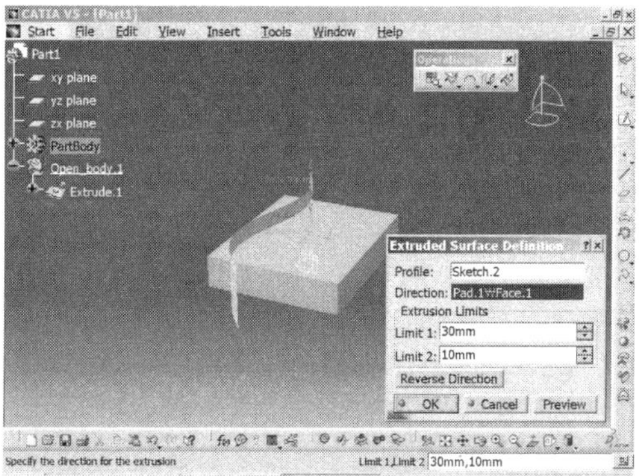

(e)

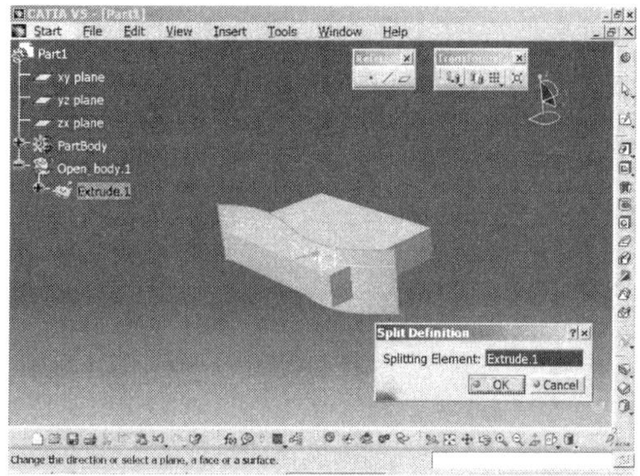

(f)

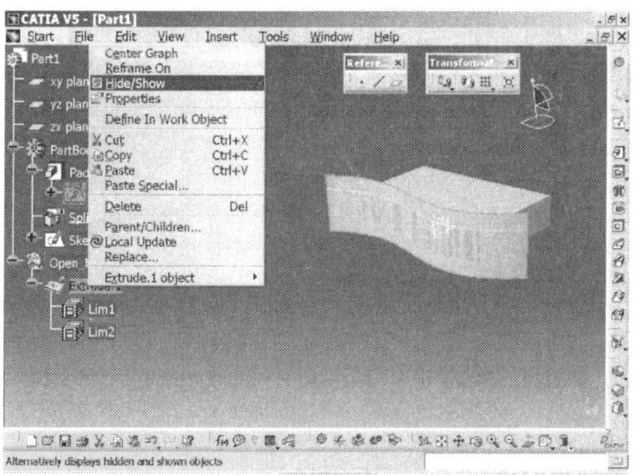

(g)

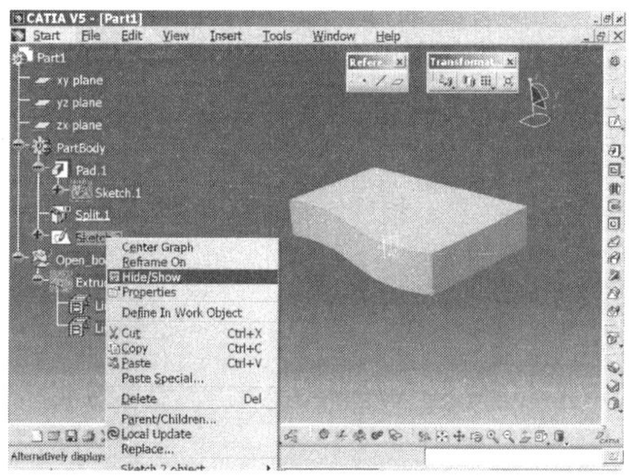

(h)

그림 4.44

[2] 곡면 두께 주기(Thick Surface)

와이어프레임과 곡면(Wireframe & Surface) 모우드에서 생성한 곡면(평면 또는 곡면)에 부품설계(Part Design) 모우드에서 솔리드로 두께를 준다.

예제 4.34 곡면 두께 주기(Thick Surface)

와이어프레임과 곡면설계(Wireframe & Surface Design) 모우드로 들어간다.

yz plane, [그림 4.45(a)]

메뉴: Insert ▸ Profile ▸ Spline ▸ Spline...

메뉴: Insert ▸ Surfaces ▸ Extrude [(b)에서 거리 40]

부품설계(Part Design) 모우드로 들어간다.

메뉴: Insert ▶ Surface-based Features ▶ ThickSurface... [(c)에서 곡면을 클릭, 두께 10]
(d)의 스펙트리에서 Sketch.1에 마우스 오른쪽 버튼을 누르고 Hide/Show 선택하여 감추기 한다.

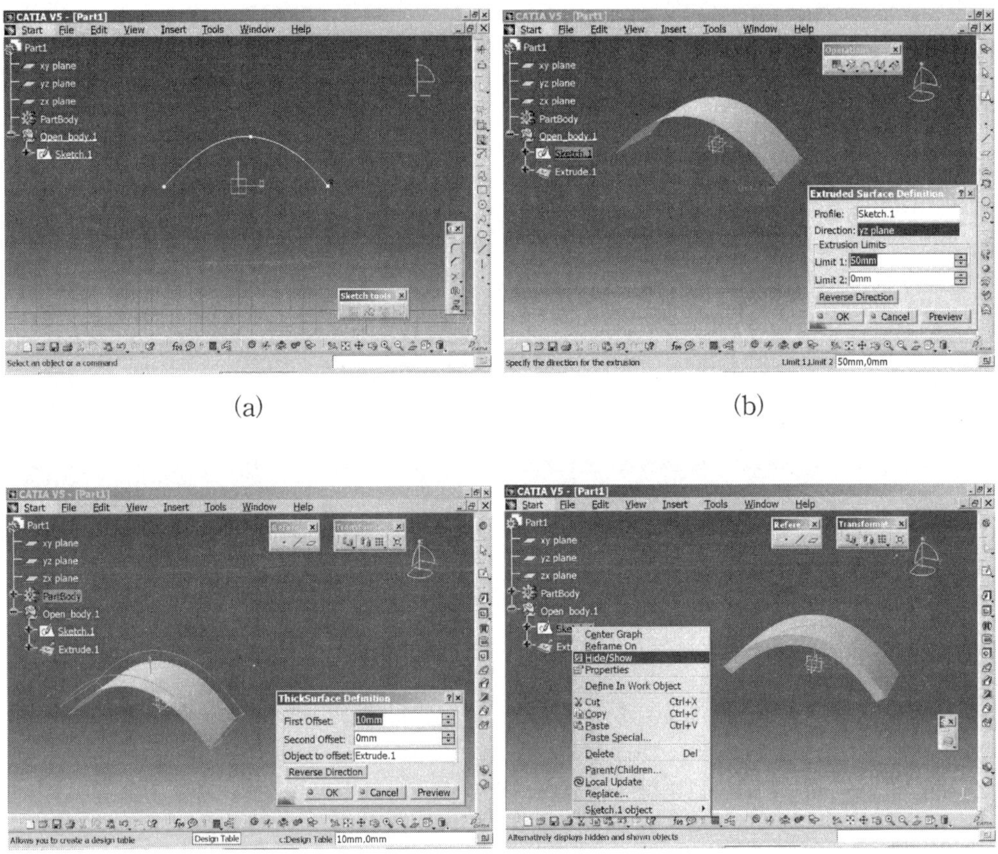

(a) (b) (c) (d)

그림 4.45

[3] 곡면 채우기(Close Surface)

와이어프레임과 곡면(Wireframe & Surface) 모우드에서 생성한 곡면(평면 또는 곡면)으로 둘러싸인 내부를 부품설계(Part Design) 모우드에서 솔리드로 채워 준다.

예제 4.35 곡면 채우기(Close Surface)

와이어프레임과 곡면(Wireframe & Surface) 모우드로 들어간다.

xy plane, [그림 4.46(a)]

메뉴: Insert ▸ Profile ▸ Predefined Profile ▸ Rectangle

메뉴: Insert ▸ Surfaces ▸ Extrude [(b)에서 거리 10]

부품설계(Part Design) 모우드로 들어간다.

메뉴: Insert ▸ Surface-based Features ▸ CloseSurface... [(c)에서 곡면을 클릭]

(d)의 스펙트리에서 Sketch.1에 마우스 오른쪽 버튼을 누르고 Hide/Show 선택하여 감추기 한다.

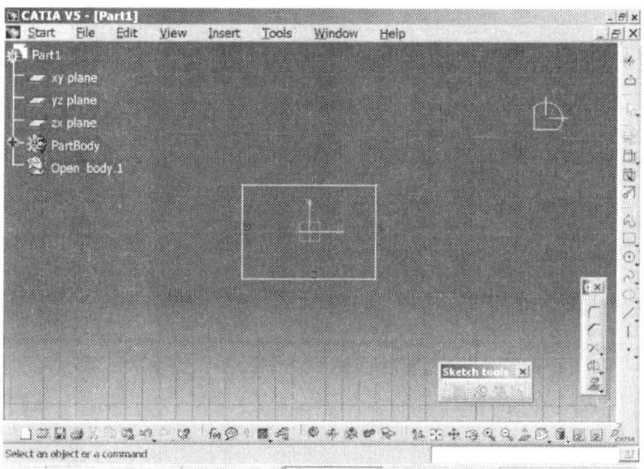

(a)

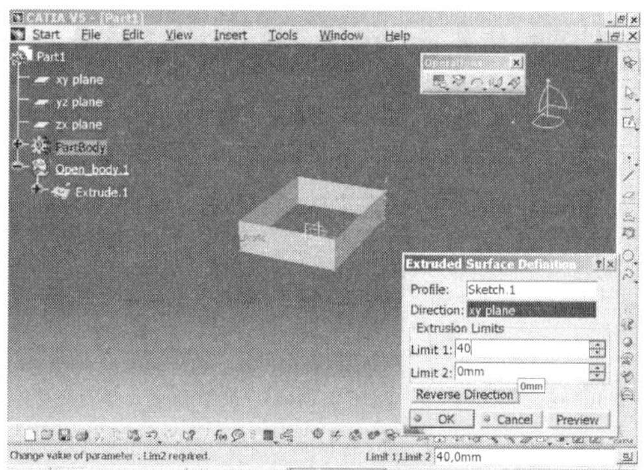

(b)

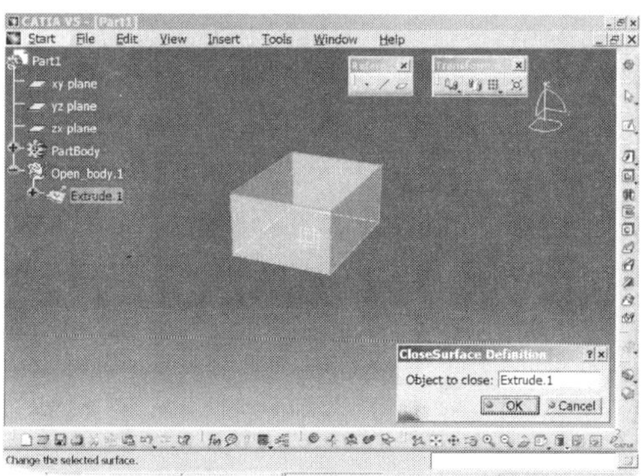

(c)

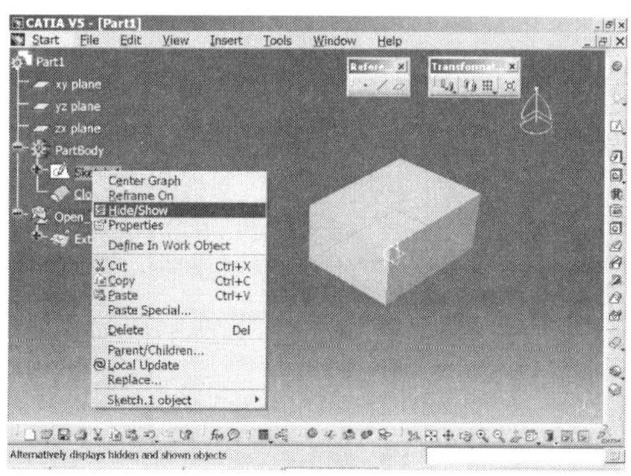

(d)

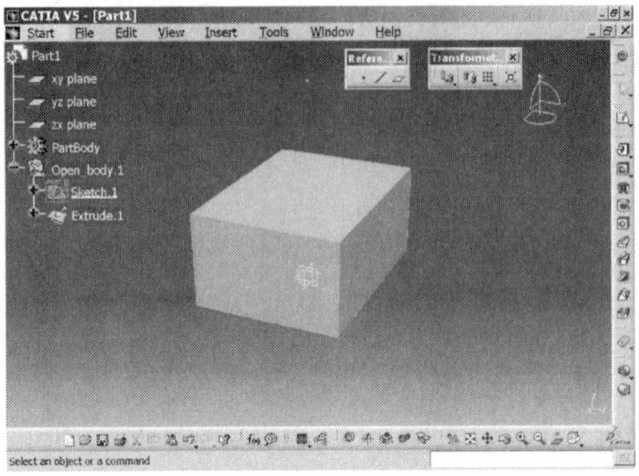

(e)

그림 4.46

[4] 잘라내고 채우기(Sew Surface)

부품설계(Part Design) 모우드에서 생성한 물체를 와이어프레임과 곡면(Wireframe & Surface) 모우드에서 생성한 곡면(평면 또는 곡면)으로 잘라내면서 비어 있는 공간은 솔리드로 채워 준다.

예제 4.36 잘라내고 채우기(Sew Surface)

부품설계(Part Design) 모우드로 들어간다.

xy plane, [그림 4.47(a)]

메뉴: Insert ▸ Profile ▸ Predefined Profile ▸ Rectangle

메뉴: Insert ▸ Sketch-Based Features ▸ Pad... [(b) Length: 50]

(c)에서 지정한 평면 클릭

메뉴: Insert ▸ Sketcher ▸ Sketcher

메뉴: Insert ▸ Profile ▸ Predefined Profile ▸ Rectangle [(d)]

메뉴: Insert ▸ Sketch-Based Feature ▸ Pocket... [(e) Depth: 40]

와이어프레임과 곡면(Wireframe & Surface) 모우드로 들어간다.

(f)에서 지정한 면 클릭

메뉴: Insert ▸ Sketcher ▸ Sketcher

메뉴: Insert ▸ Profile ▸ Spline ▸ Spline... [(g)]

메뉴: Insert ▸ Surfaces ▸ Extrude [(h)에서 거리 70, 10]

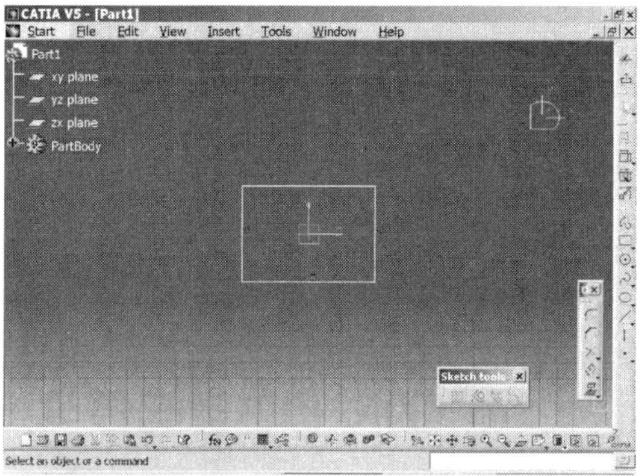
CATIA V5 - [Part1]
Start File Edit View Insert Tools Window Help
Part1
xy plane
yz plane
zx plane
PartBody
Sketch tools
Select an object or a command

(a)

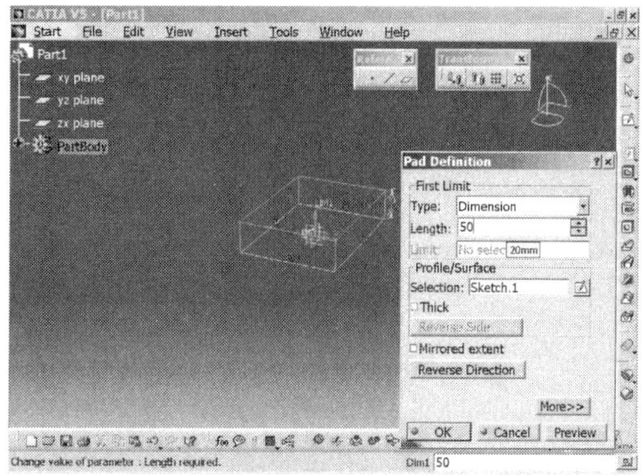
CATIA V5 - [Part1]
Start File Edit View Insert Tools Window Help
Part1
xy plane
yz plane
zx plane
PartBody
Pad Definition
First Limit
Type: Dimension
Length: 50
Profile/Surface
Selection: Sketch.1
Thick
Reverse Side
Mirrored extent
Reverse Direction
More>>
OK
Cancel
Preview
Change value of parameter : Length required.
Dim1 50

(b)

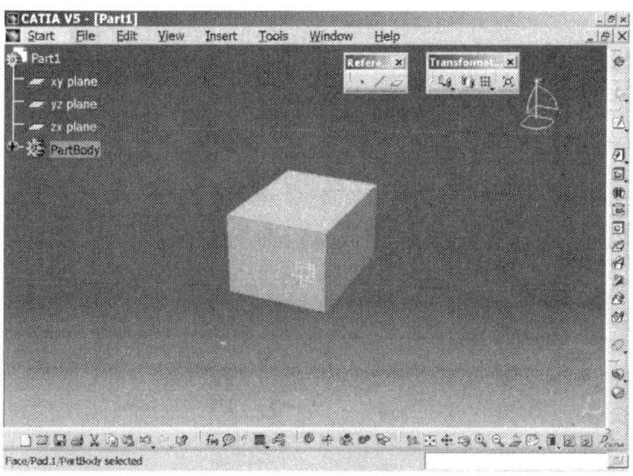
CATIA V5 - [Part1]
Start File Edit View Insert Tools Window Help
Part1
xy plane
yz plane
zx plane
PartBody
Face/Pad.1/PartBody selected

(c)

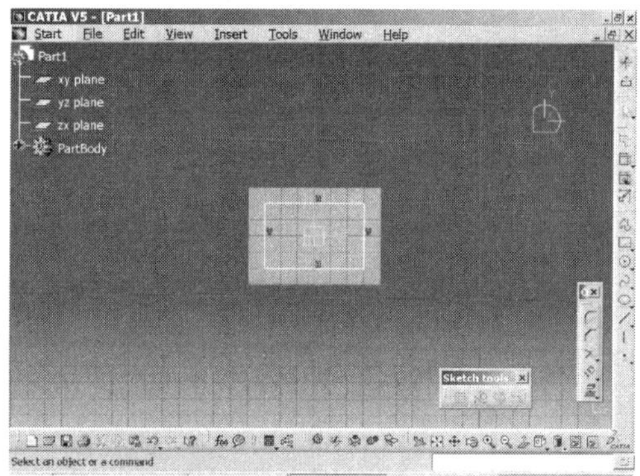
CATIA V5 - [Part1]
Start File Edit View Insert Tools Window Help
Part1
xy plane
yz plane
zx plane
PartBody
Sketch tools
Select an object or a command

(d)

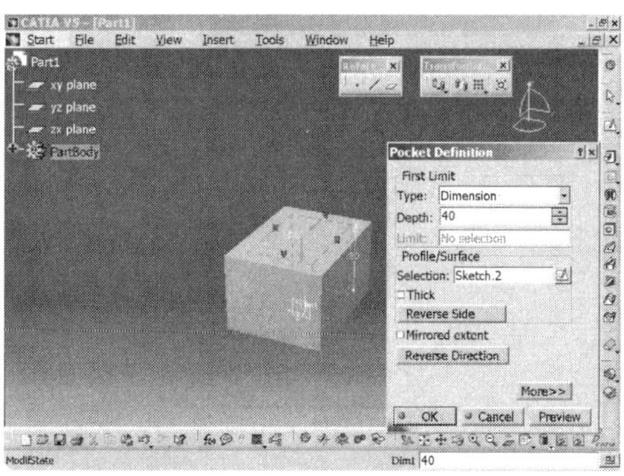
CATIA V5 - [Part1]
Start File Edit View Insert Tools Window Help
Part1
xy plane
yz plane
zx plane
PartBody
Pocket Definition
First Limit
Type: Dimension
Depth: 40
Limit: No selection
Profile/Surface
Selection: Sketch.2
Thick
Reverse Side
Mirrored extent
Reverse Direction
More>>
OK
Cancel
Preview
ModifState
Dim1 40

(e)

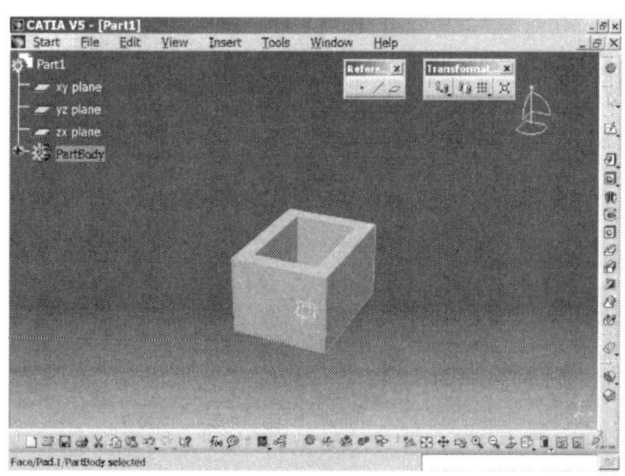
CATIA V5 - [Part1]
Start File Edit View Insert Tools Window Help
Part1
xy plane
yz plane
zx plane
PartBody
Face/Pad.1/PartBody selected

(f)

메뉴: Insert ▶ Surface-based Features ▶ SewSurface... [(i)에서 곡면 클릭, 화살표 방향을 남겨 둘 부분으로 향하도록 클릭한다.]

(j), (k)의 스펙트리에서 곡면과 Sketch.3에 마우스 오른쪽 버튼을 누르고 Hide/Show 선택하여 감추기 한다.

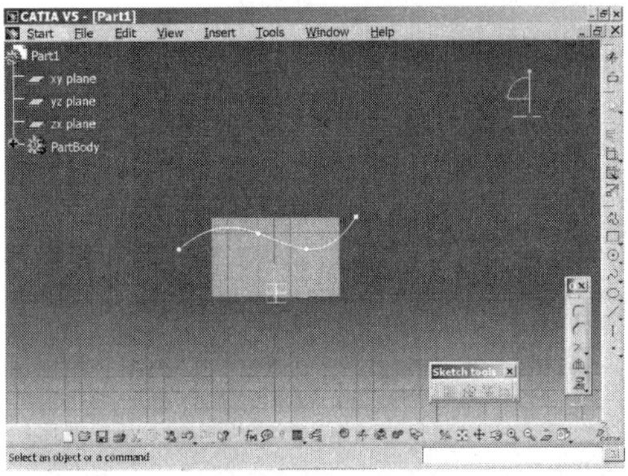

(g)

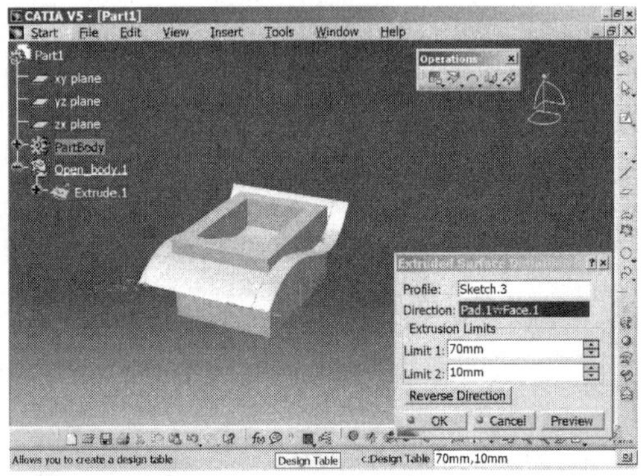

(h)

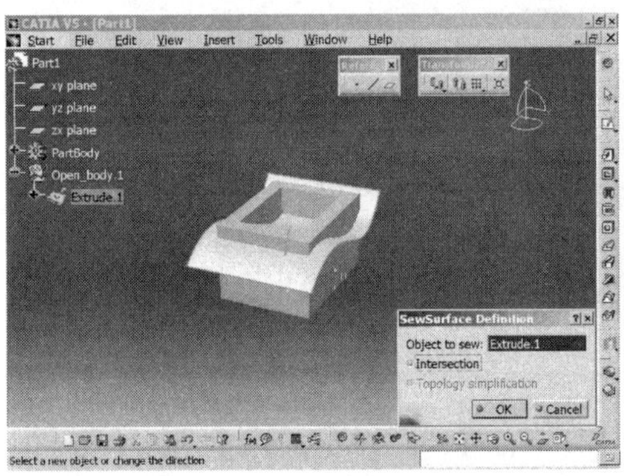

(i)

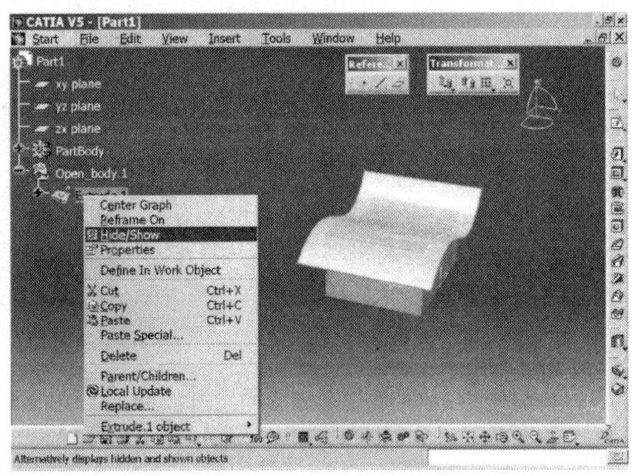

(j)

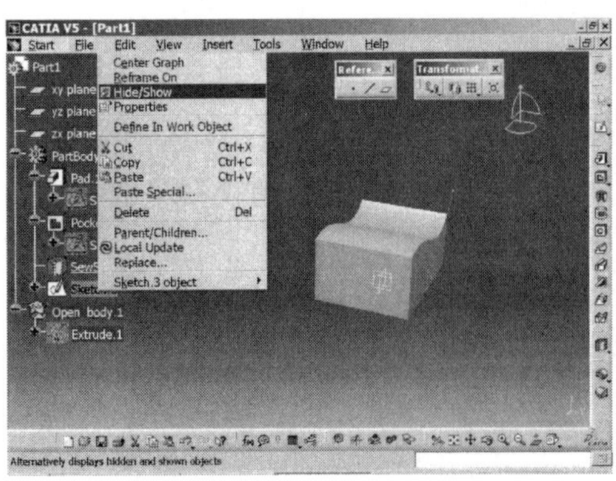

(k)

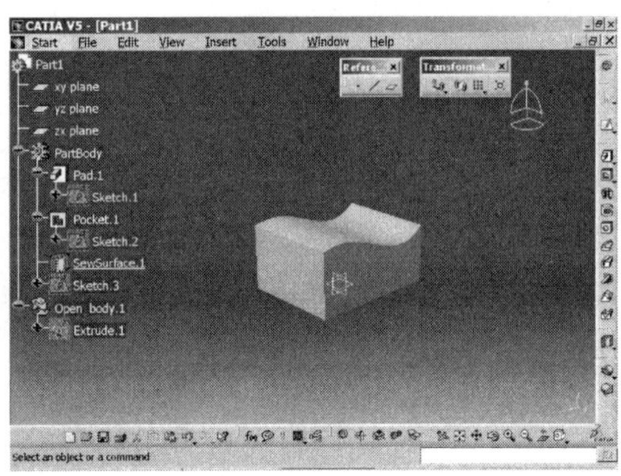

(l)

(m), (n)에서와 같이 Split를 이용하여 잘라내면 가운데 포켓 부분이 그대로 남아 있게 된다.

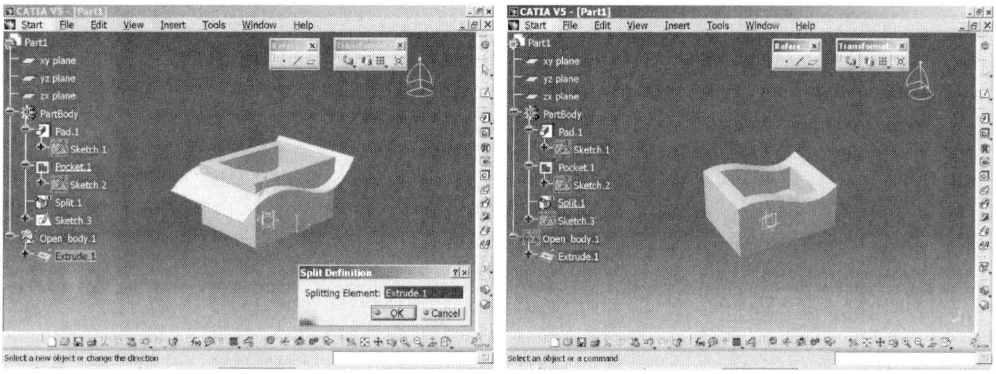

(m) (n)

그림 4.47

5장 판금설계

5.1 판금설계의 개요

판금설계(Generative Sheet Metal Design)는 판재를 이용하여 벽 작업, 굽힘 작업, 스템핑, 펀칭(punching) 등에 의해 판금 제품을 설계하는 것으로 판금설계는 다음과 같이 시작한다.

메뉴: Start ▶ Mechanical Design ▶ Generative Sheetmetal Design
메뉴: Start ▶ Generative Sheetmetal Design

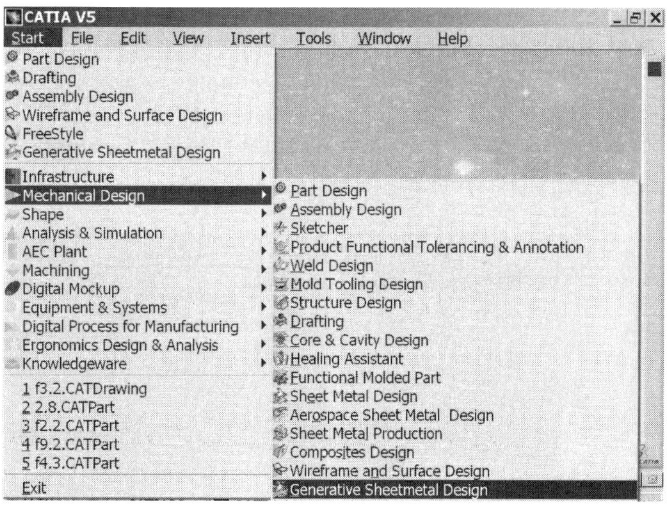

(a)

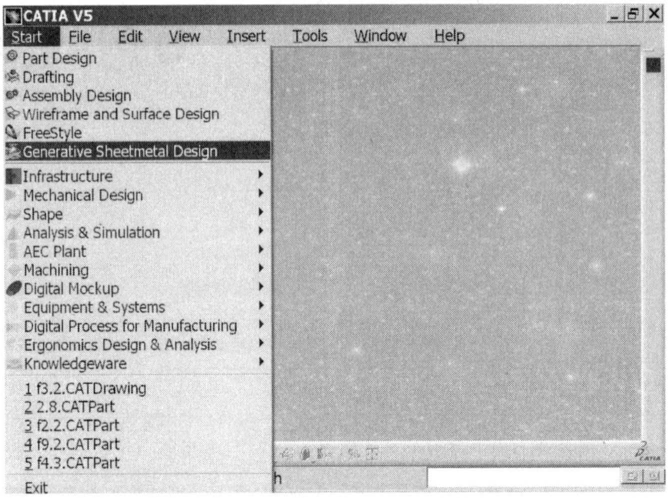

(b)

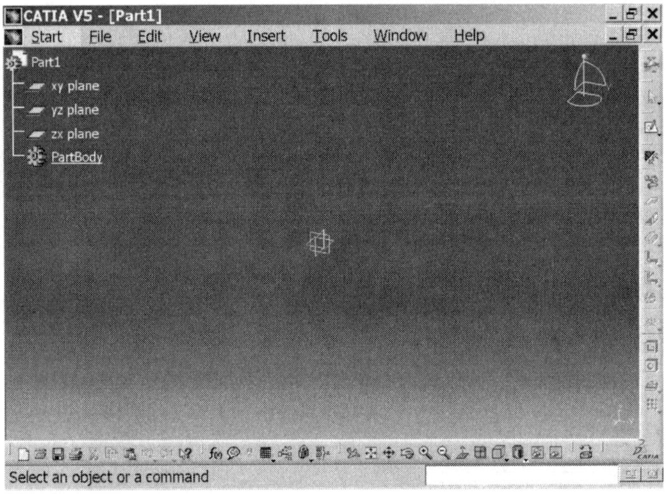

(c)

그림 5.1

5.2 판금설계 작업

판금설계(Sheet Metal Design)는 판재의 두께를 선정하여 굽힘반경을 주어 굽히거나 일정한 두께로 돌출시키거나, 스템핑(Stamping)하여 모양을 내는 것이다.

표 5.1 판금(Sheet Metal)

	명 령 어	설 명
	Sheet Metal Parameters (판금 변수)	판재의 두께, 굽힘 끝단, 굽힘 코너, 릴리이프 등을 지정한다.
	Wall Recognition (판금으로 인식)	부품설계에서 작업한 쉘(Shell)을 판금으로 인식하게 하는 것이다.
	Wall(판재)	닫힌 윤곽에 판재의 두께를 부여한다.
	Wall on Edge (모서리에 벽)	판재의 모서리에 벽을 세운다.
	Extrusion(돌출)	열린 윤곽을 지정한 두께로 돌출시킨다.

[1] 판금설계 변수 설정

판금설계를 하기 위해서는 다음과 같이 **판금설계 변수**(Sheet Metal Parameters) 아이콘 을 실행하여 그 대화창에서 필요한 변수들을 설정하여 사용한다.

메뉴: Insert ▸ Sheet Metal Parameters...

(1) 판금 변수(Parameters)

판금 변수(Parameters)는 다음 그림 5.2에서 판재의 두께(Thickness), 최소 굽힘반경(Minimum Bend Radius), 디폴트 굽힘반경(Default Bend Radius) 등을 변화시킬 수 있다.

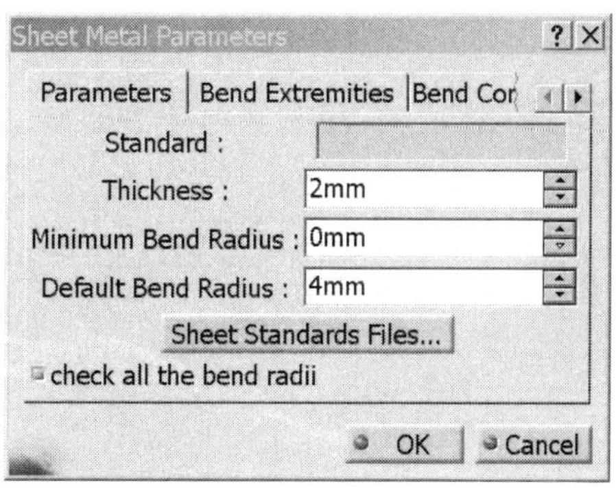

그림 5.2

(2) 굽힘 끝단(Bend Extremities)

굽힘 끝단(Bend Extremities)의 모양을 정의한다. 다음 그림 5.3(a)에서 선택하여 (b)에서 값을 입력하거나 모양을 확인한다.

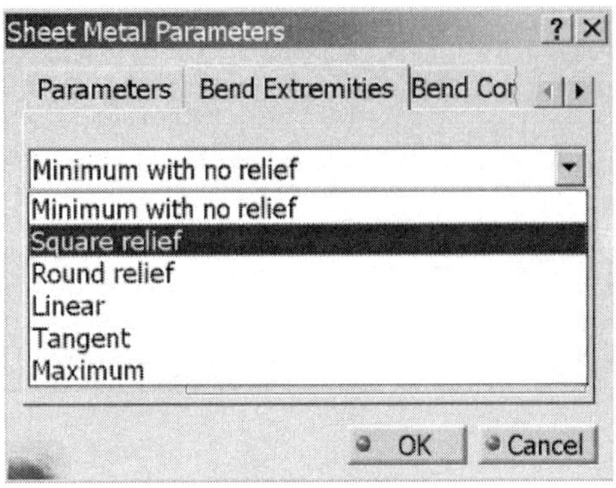

(a)

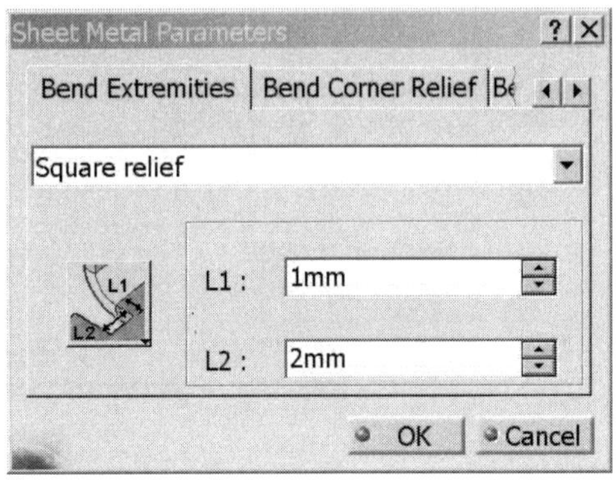

(b)

그림 5.3

(3) 굽힘 코너 릴리이프(Bend Corner Relief)

굽힘 코너 릴리이프(Bend Corner Relief)의 모양을 정의한다. 다음 그림 5.4의 의 오른쪽 하단에 있는 툴팁 ▼을 눌러 선택한다.

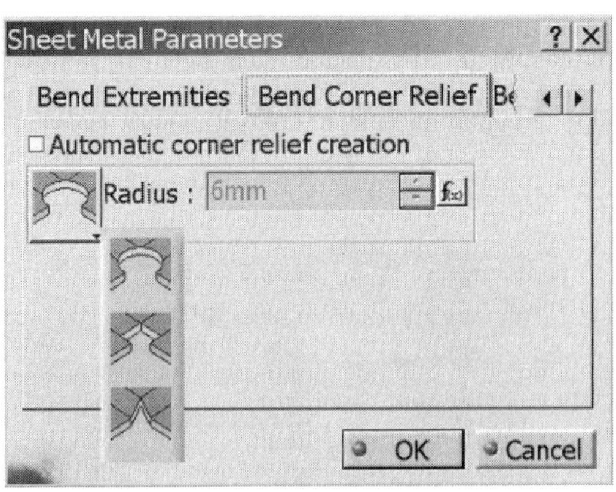

그림 5.4

[2] 벽과 모서리에 벽(Wall on Edge)

벽(Wall)은 **판금 변수**(Sheet Metal Parameters)에서 지정한 벽두께로 판재나 벽을 만드는 것이고, **모서리에 벽**(Wall on Edge)은 두께가 지정된 판재나 벽에 각도를 주어 판재나 벽을 붙이는 것이다.

[3] 돌출(Extrusion)

돌출(Extrusion)은 열린윤곽(Open Profile)을 지정된 벽두께로 돌출시키는 것이다.

예제 5.1 벽(Wall)과 모서리에 벽(Wall on Edge)

xy plane, [그림 5.5(a)]

메뉴: Insert ▸ Profile ▸ Predefined Profile ▸ Rectangle

Exit workbench를 클릭하여 3D 모우드로 들어간다.

메뉴: Insert ▸ Sheet Metal Parameters... [(b) 벽두께: 2mm 및 디폴트 굽힘반경: 4 mm]

메뉴: Insert ▸ Wall... [(c)에서 직사각형 클릭]

메뉴: Insert ▸ Wall on Edges... [(d), (e)에서 모서리선 클릭, 벽 두께살 안쪽으로 방향 전환]

메뉴: Insert ▸ Wall on Edges... [(f)에서 모서리선 클릭]

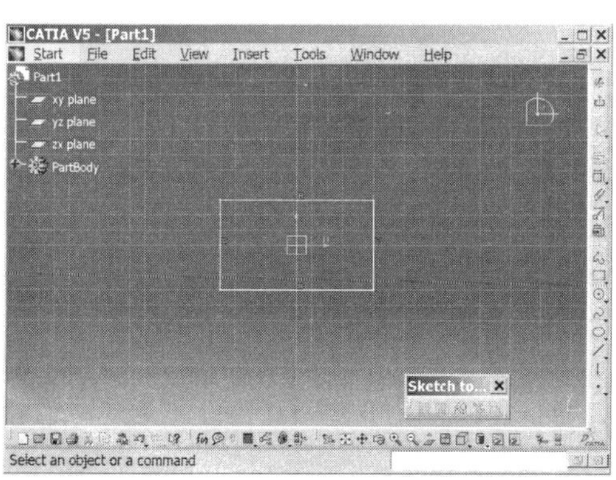

(a)

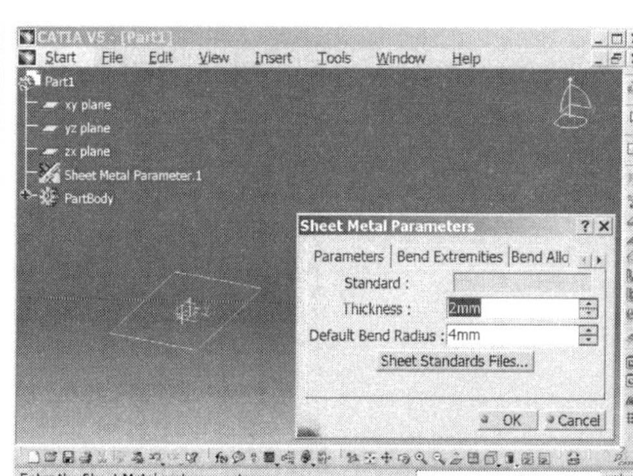

(b)

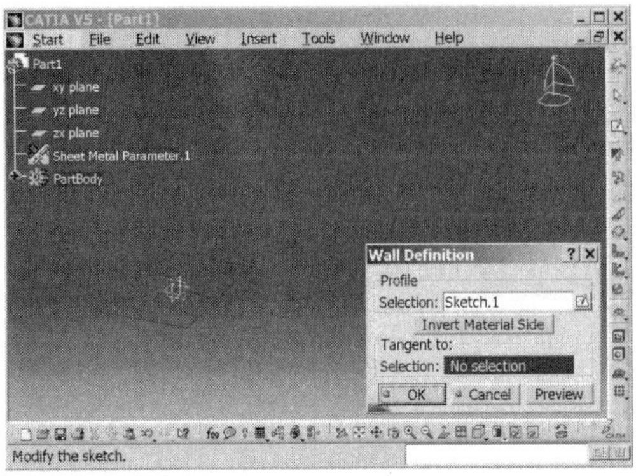
CATIA V5 - [Part1]
Start File Edit View Insert Tools Window Help
Part1
xy plane
yz plane
zx plane
Sheet Metal Parameter.1
PartBody
Wall Definition
Profile
Selection: Sketch.1
Invert Material Side
Tangent to:
Selection: No selection
OK
Cancel
Preview
Modify the sketch.

(c)

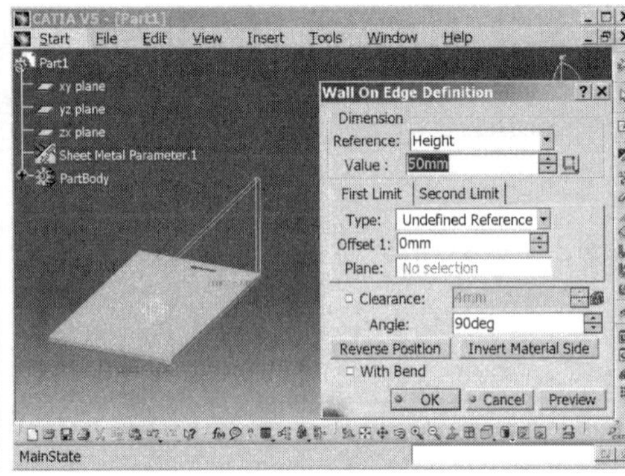
CATIA V5 - [Part1]
Start File Edit View Insert Tools Window Help
Part1
xy plane
yz plane
zx plane
Sheet Metal Parameter.1
PartBody
Wall On Edge Definition
Dimension
Reference: Height
Value : 50mm
First Limit
Second Limit
Type: Undefined Reference
Offset 1: 0mm
Plane: No selection
Clearance:
Angle: 90deg
Reverse Position
Invert Material Side
With Bend
OK
Cancel
Preview
MainState

(d)

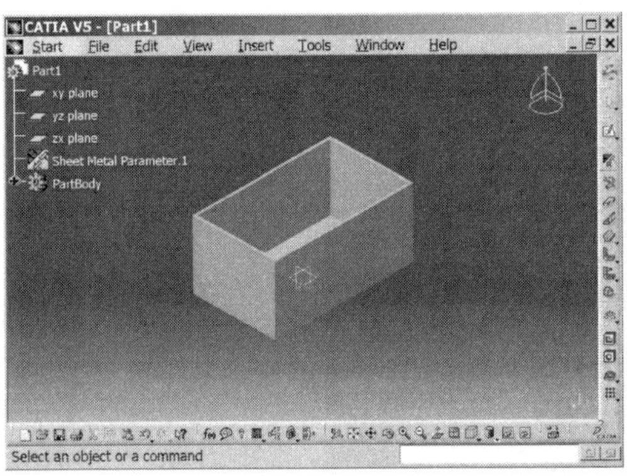
CATIA V5 - [Part1]
Start File Edit View Insert Tools Window Help
Part1
xy plane
yz plane
zx plane
Sheet Metal Parameter.1
PartBody
Select an object or a command

(e)

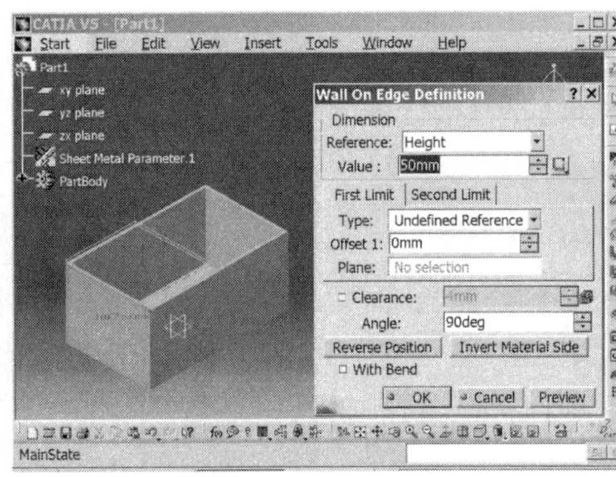
CATIA V5 - [Part1]
Start File Edit View Insert Tools Window Help
Part1
xy plane
yz plane
zx plane
Sheet Metal Parameter.1
PartBody
Wall On Edge Definition
Dimension
Reference: Height
Value : 50mm
First Limit
Second Limit
Type: Undefined Reference
Offset 1: 0mm
Plane: No selection
Clearance:
Angle: 90deg
Reverse Position
Invert Material Side
With Bend
OK
Cancel
Preview
MainState

(f)

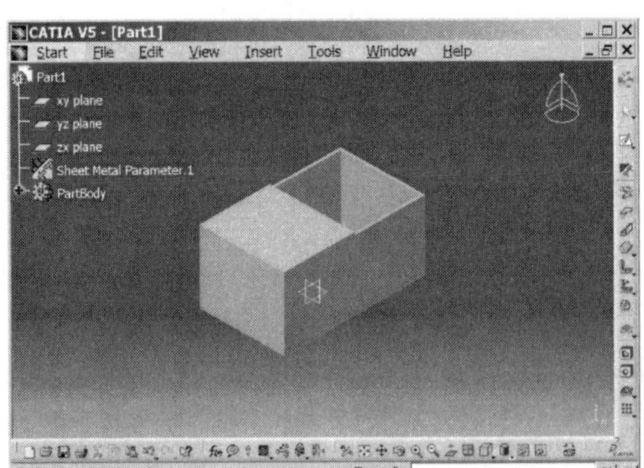
CATIA V5 - [Part1]
Start File Edit View Insert Tools Window Help
Part1
xy plane
yz plane
zx plane
Sheet Metal Parameter.1
PartBody
Zooms in in increments
c:Zoom In

(g)

그림 5.5

예제 5.2 돌출(Extrusion)]

xy plane, [그림 5.6(a)]

메뉴: Insert ▸ Profile ▸ Predefined Profile ▸ Rectangle

Exit workbench를 클릭하여 3D 모우드로 들어간다.

메뉴: Insert ▸ Sheet Metal Parameters... [(b) 벽두께: 2mm 및 디폴트 굽힘반경: 4 mm]

메뉴: Insert ▸ Wall... [(c)에서 직사각형 클릭]

지정한 평면 클릭, [(d)]

메뉴: Insert ▸ Profile

Exit workbench를 클릭하여 3D 모우드로 들어간다.

메뉴: Insert ▸ Bends ▸ Extrusion [(e)]

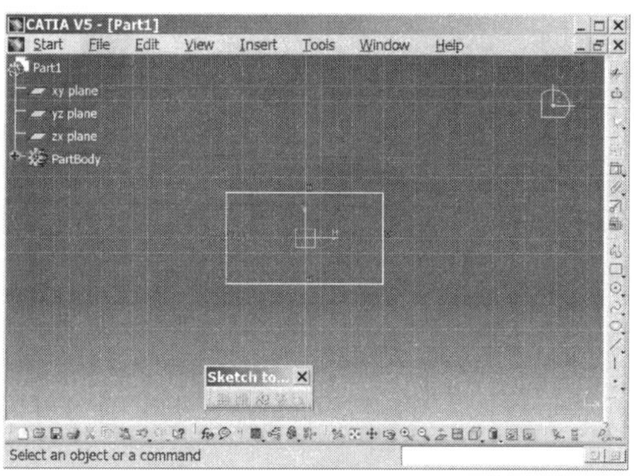

(a)

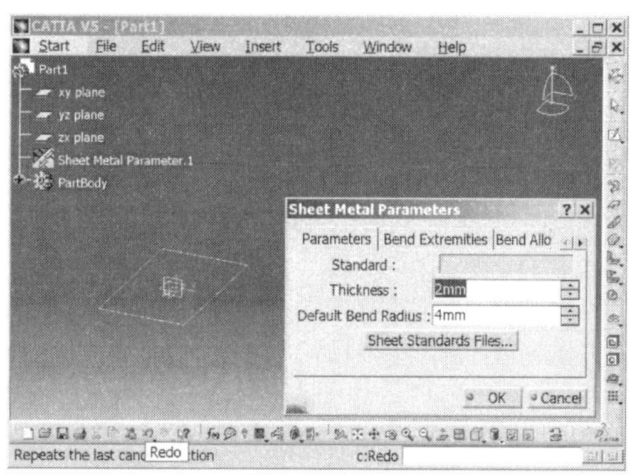

(b)

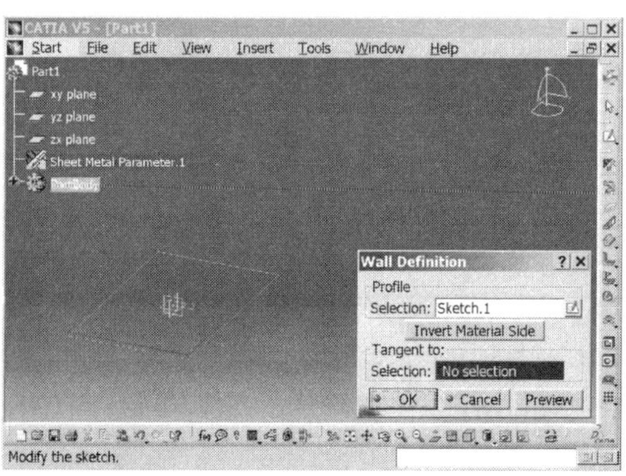

(c)

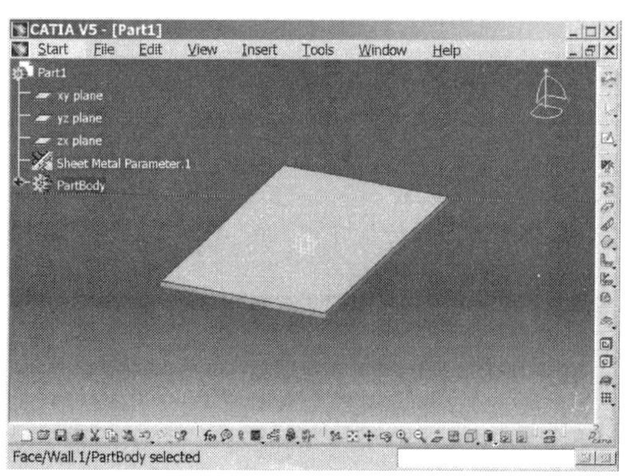

(d)

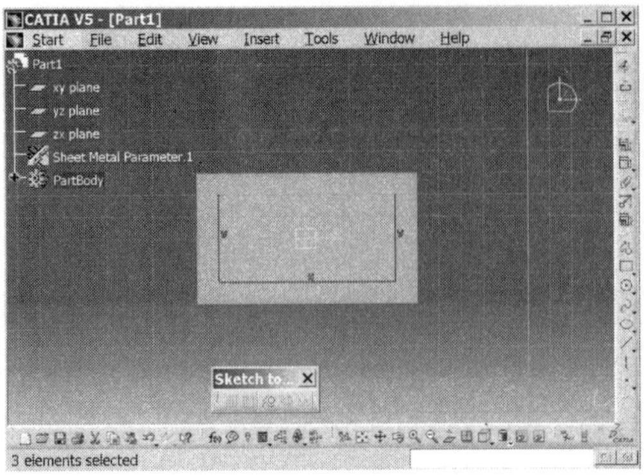

(e)

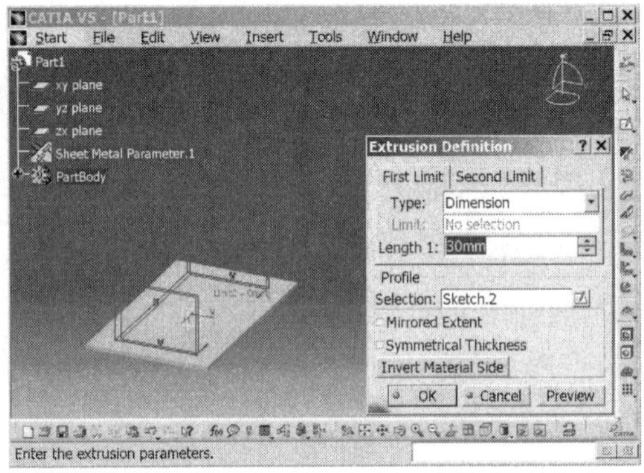

(f)

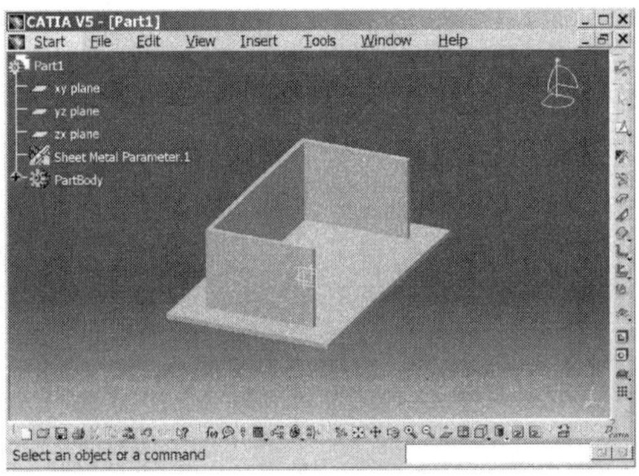

(g)

그림 5.6

[4] 굽힘(Bends)

굽힘(Bends)은 두 벽이 만나는 모서리부를 굽힘반경으로 굽히는 것으로 아래와 같이 4가지의 방법이 있다.

표 5.2 굽힘 

	명 령 어	설　　명
	Automatic Bends (자동 굽힘)	판금변수(Sheet Metal Parameters)에서 설정된 변수값으로 접하는 두 벽의 모서리를 자동으로 굽힌다.

	Bends (굽힘)	새로이 판금변수(Sheet Metal Parameters)를 설정하여 접하는 두 벽을 지정하여 모서리를 굽힌다.
	Conic Bends(원뿔 굽힘)	굽힘반경이 원뿔 모양으로 변환된다.
	Bend from Flat (평판에서 굽힘)	판재에 그은 하나의 직선을 따라 굽힌다.

예제 5.3 벽과 모서리에 벽

xy plane, [그림 5.7(a)]

메뉴: Insert ▸ Profile ▸ Predefined Profile ▸ Rectangle

Exit workbench를 클릭하여 3D 모우드로 들어간다.

메뉴: Insert ▸ Sheet Metal Parameters... [(b) 벽두께: 2 및 디폴트 굽힘반경: 4]

메뉴: Insert ▸ Wall... [(c)에서 직사각형 클릭]

메뉴: Insert ▸ Wall on Edges... [(d)]

메뉴: Insert ▸ Bends ▸ Automatic Bends... [(e), 판금변수(Sheet Metal Parameters)
에서 설정한 값으로 자동 굽힘한다.]

메뉴: Insert ▸ Wall on Edges... [(e)]

메뉴: Insert ▸ Bends ▸ Bends... [(f), (g), (h), (i), (j)]

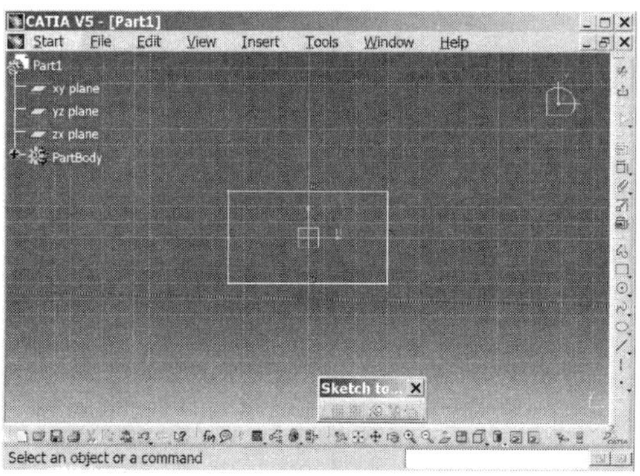

(a)

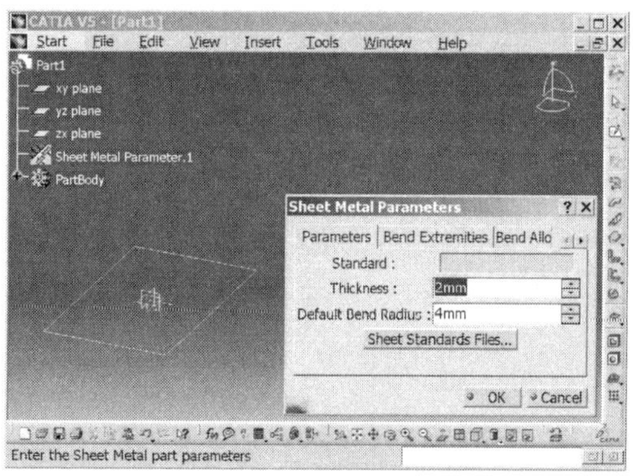

(b)

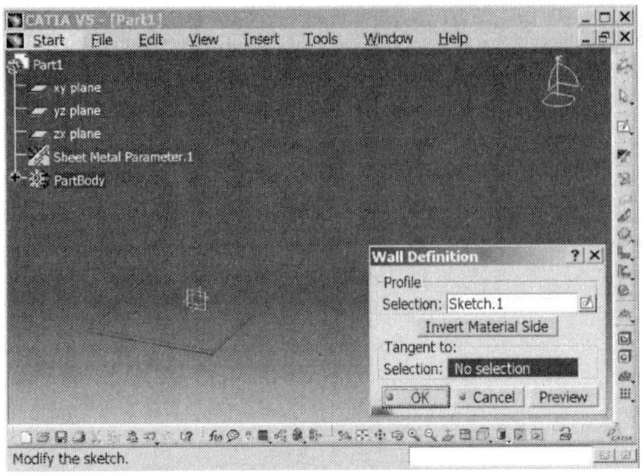
CATIA V5 - [Part1]
Start File Edit View Insert Tools Window Help
Part1
xy plane
yz plane
zx plane
Sheet Metal Parameter.1
PartBody
Wall Definition
Profile
Selection: Sketch.1
Invert Material Side
Tangent to:
Selection: No selection
OK Cancel Preview
Modify the sketch.

(c)

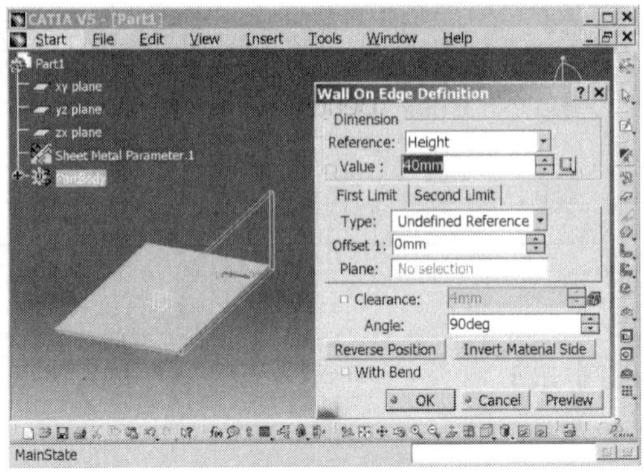
CATIA V5 - [Part1]
Start File Edit View Insert Tools Window Help
Part1
xy plane
yz plane
zx plane
Sheet Metal Parameter.1
PartBody
Wall On Edge Definition
Dimension
Reference: Height
Value : 40mm
First Limit Second Limit
Type: Undefined Reference
Offset 1: 0mm
Plane: No selection
Clearance: 4mm
Angle: 90deg
Reverse Position Invert Material Side
With Bend
OK Cancel Preview
MainState

(d)

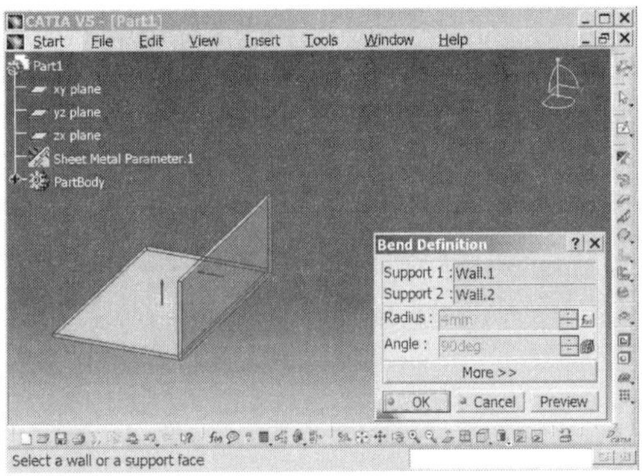
CATIA V5 - [Part1]
Start File Edit View Insert Tools Window Help
Part1
xy plane
yz plane
zx plane
Sheet Metal Parameter.1
PartBody
Bend Definition
Support 1 : Wall.1
Support 2 : Wall.2
Radius : 4mm
Angle : 90deg
More >>
OK Cancel Preview
Select a wall or a support face

(e)

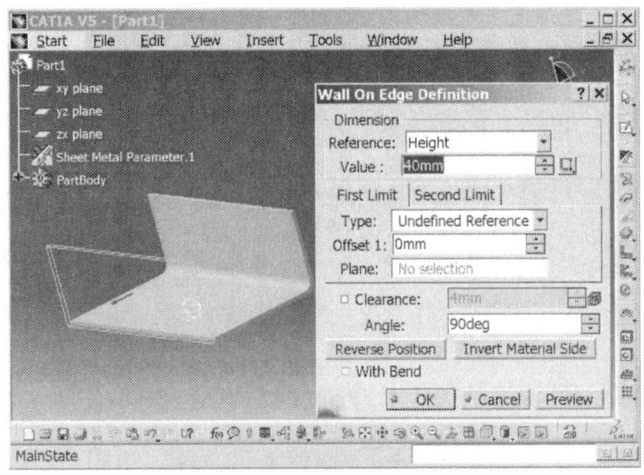
CATIA V5 - [Part1]
Start File Edit View Insert Tools Window Help
Part1
xy plane
yz plane
zx plane
Sheet Metal Parameter.1
PartBody
Wall On Edge Definition
Dimension
Reference: Height
Value : 40mm
First Limit Second Limit
Type: Undefined Reference
Offset 1: 0mm
Plane: No selection
Clearance: 4mm
Angle: 90deg
Reverse Position Invert Material Side
With Bend
OK Cancel Preview
MainState

(f)

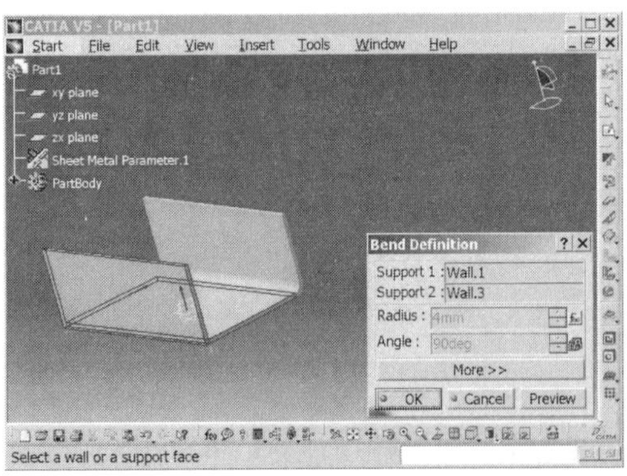
CATIA V5 - [Part1]
Start File Edit View Insert Tools Window Help
Part1
xy plane
yz plane
zx plane
Sheet Metal Parameter.1
PartBody
Bend Definition
Support 1 : Wall.1
Support 2 : Wall.3
Radius : 4mm
Angle : 90deg
More >>
OK Cancel Preview
Select a wall or a support face

(g)

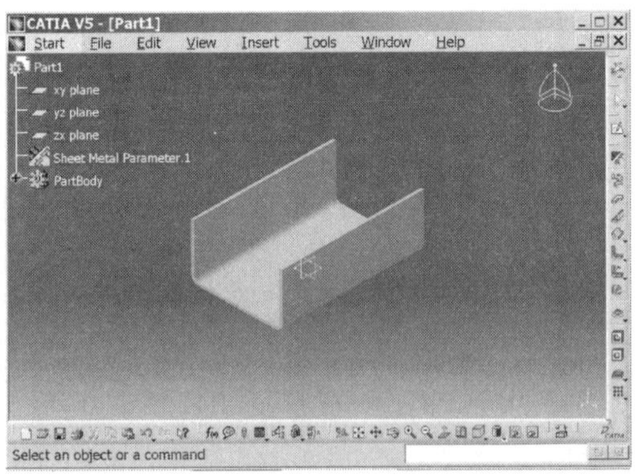
CATIA V5 - [Part1]
Start File Edit View Insert Tools Window Help
Part1
xy plane
yz plane
zx plane
Sheet Metal Parameter.1
PartBody
Select an object or a command

(h)

그림 5.7

예제 5.4 평판 굽힘(Bends from Flat)

xy plane, [그림 5.8(a)]

메뉴: Insert ▸ Profile ▸ Predefined Profile ▸ Rectangle

Exit workbench를 클릭하여 3D 모우드로 들어간다.

메뉴: Insert ▸ Sheet Metal Parameters... [(b) 벽두께: 2mm 및 디폴트 굽힘반경: 4 mm]

메뉴: Insert ▸ Wall... [(c)에서 직사각형 클릭]

지정한 평면 클릭, [(d)]

메뉴: Insert ▸ Profile ▸ Line ▸ Line [(e)]

Exit workbench를 클릭하여 3D 모우드로 들어간다.

메뉴: Insert ▸ Bends ▸ Bend from Flat... [(f) 굽힘각도 135]

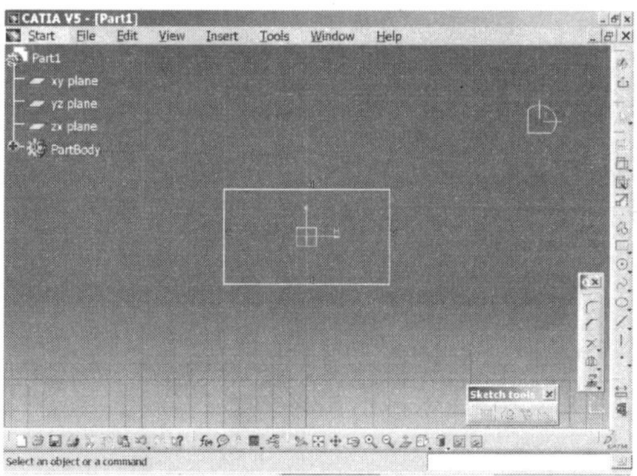

(a)

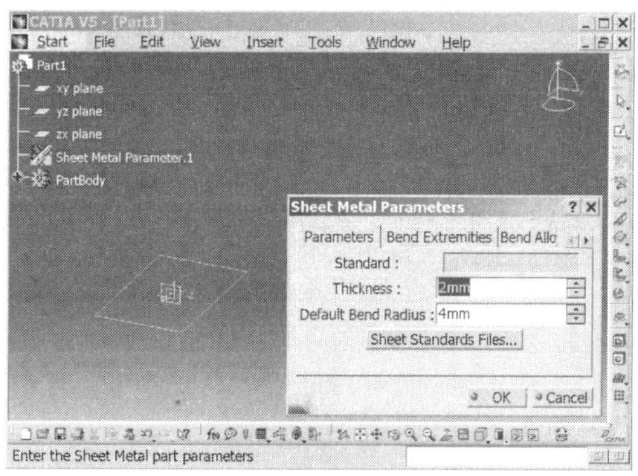

(b)

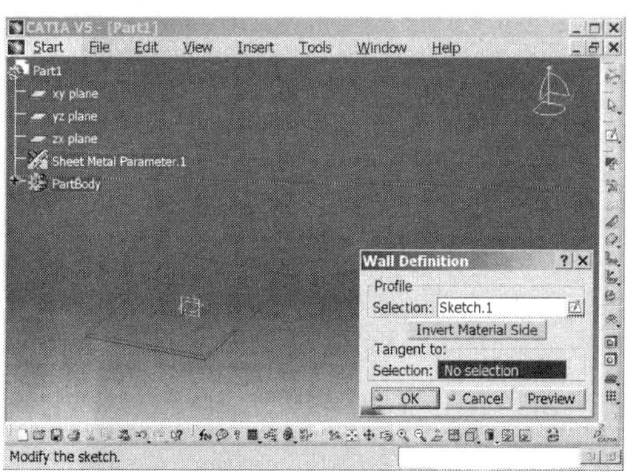

(c)

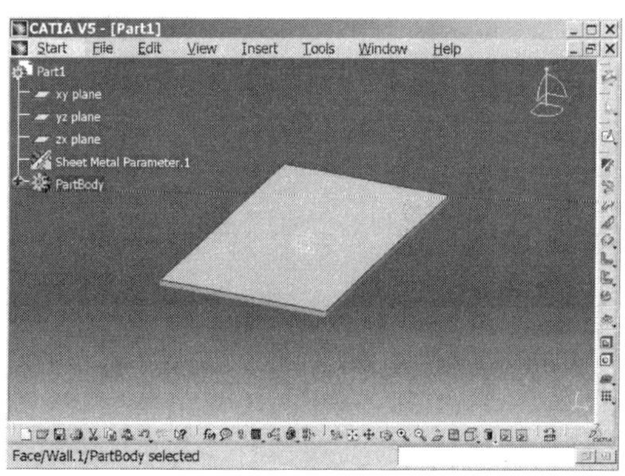

(d)

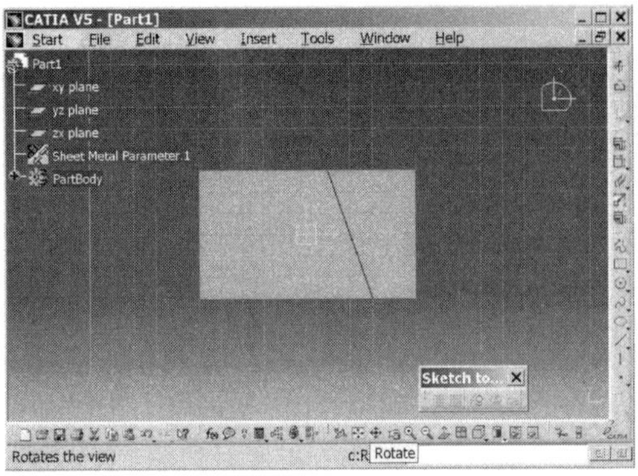

(e)

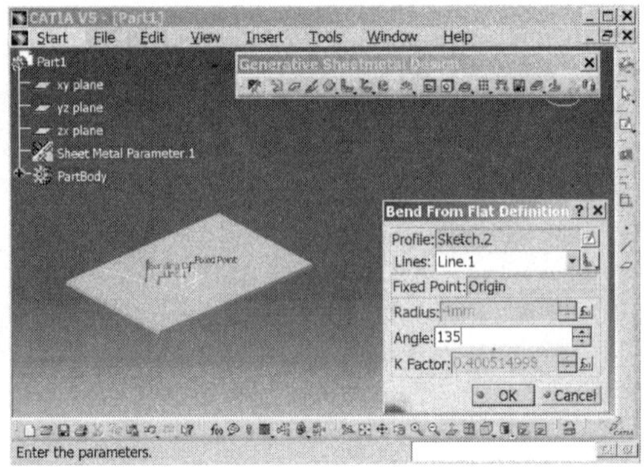

(f)

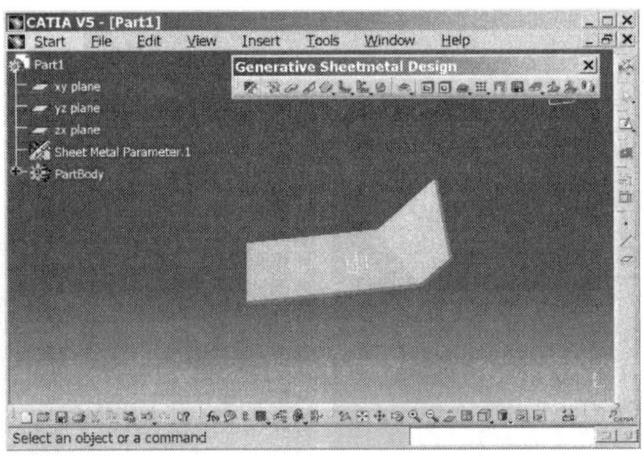

(g)

그림 5.8

[5] 판금으로 인식

판금으로 인식(Wall Recognition)은 다음과 같이 부품설계(Part Design)에서 작업한 쉘(Shell)을 판금설계모드에 판금으로 인식하게 하는 것이다.

예제 5.5 판금으로 인식

메뉴: Start ▸ Mechanical Design ▸ Part Design

xy plane, [그림 5.9(a)]

메뉴: Insert ▸ Profile ▸ Predefined Profile ▸ Rectangle

Exit workbench를 클릭하여 3D 모드로 들어간다.

메뉴: Insert ▸ Sketch-Based Features ▸ Pad... [(b) Length: 30]

메뉴: Insert ▸ Dress-up Features ▸ Shell... [(c)]

메뉴: Start ▸ Mechanical Design ▸ Sheet Metal Design

메뉴: Insert ▸ Sheet Metal Parameters... [(d) 벽두께: 2mm 및 디폴트 굽힘반경: 4mm]

메뉴: Insert ▸ Recognize... [(e)]

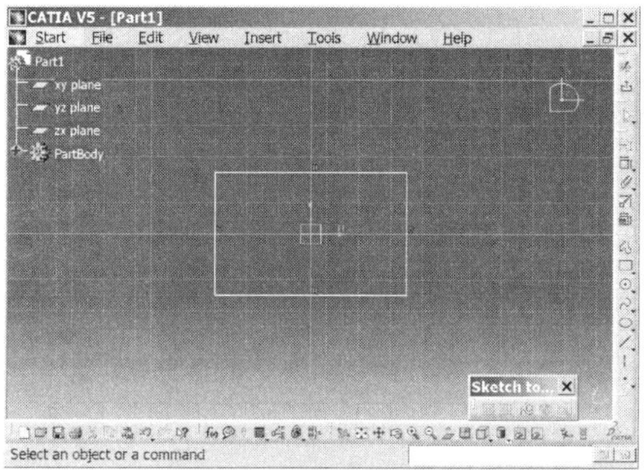

(a)

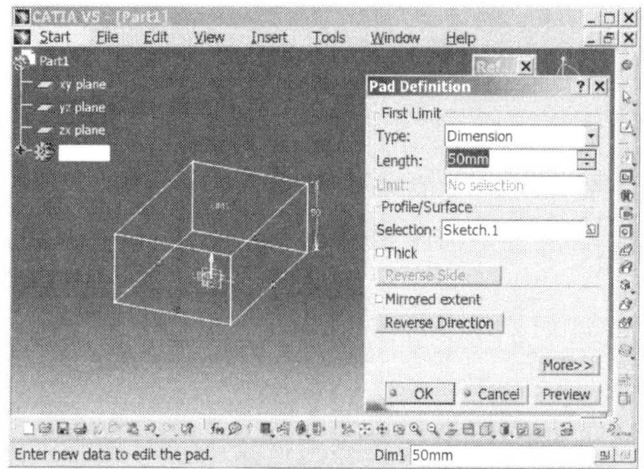

(b)

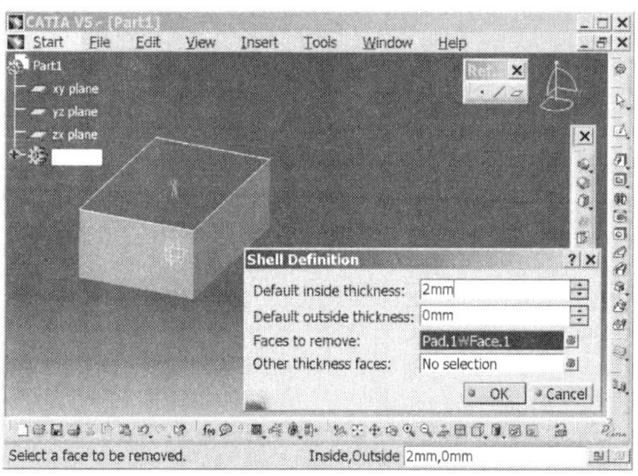

(c)

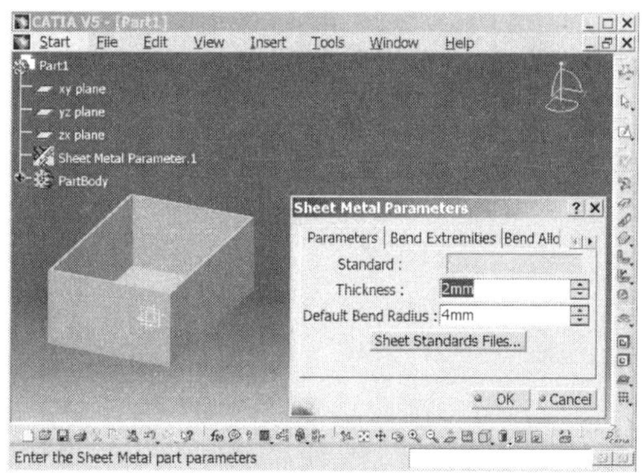

(d)

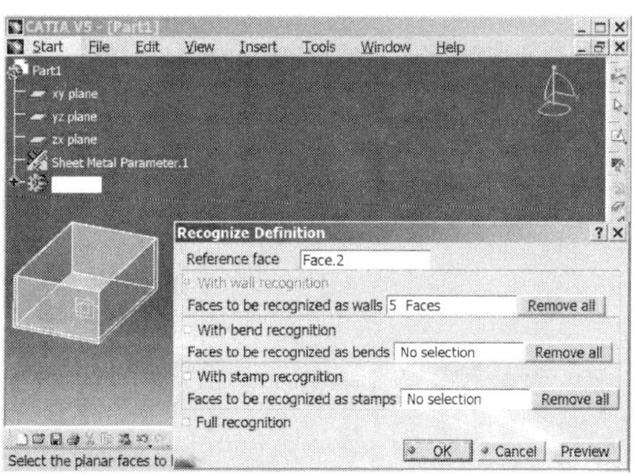

(e)

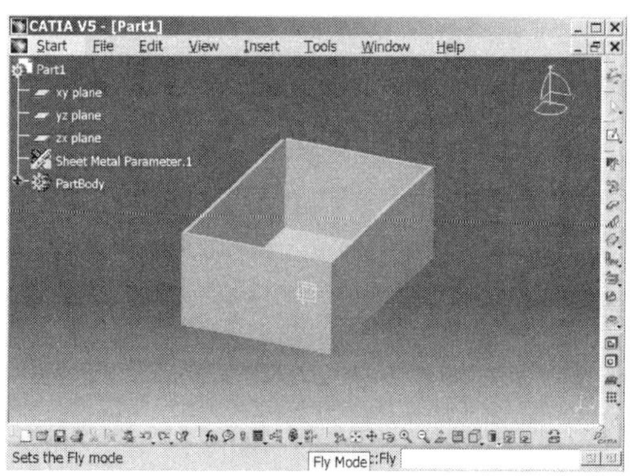

(f)

그림 5.9

[6] 스템핑(Stamping)

판금 작업시 여러 가지 다이(die)와 펀치(punch)로 판재를 눌러 필요한 형상을 만드는 것을 **스템핑**(Stamping)이라한다.

표 5.3 스템핑(Stamping)

	명 령 어	설 명
	Flanged Hole(플랜지형 구멍)	판재에 움푹 들어간 홈을 내어 돌출부에 구멍을 내는 것이다.
	Bead Stamp(비이드 스템프)	직선 또는 스플라인 곡선을 따라서 비이드 스템핑 한다.
	Circular Stamp(원형 스템프)	판재에 움푹 들어간 원형홈을 내는 것이다.
	Bead Stamp(면 스템프)	다각형 폐윤곽으로 스템핑 한다. 폐윤곽의 한쪽을 개방할 수 있다.
	Bridge Stamp(교량형 스템프)	교량형으로 위치와 모서리 방향을 지정하여 스템핑 한다.
	Flanged Cut Out(플랜지형 절단)	다각형 폐윤곽으로 플랜지 달린 절단부위를 만든다.
	Stiffening Rib(보강 리브)	굽힘 부분에 보강용으로 스템핑 한다.
	Curve Stamp(곡선형 스템프)	직선 또는 스플라인 곡선을 따라서 스템핑 한다.
	Louver Stamp(천창형 스템프)	다각형 폐윤곽에 천창을 내면서 스템핑 한다.

예제 5.6 각종 스템핑

xy plane, [그림 5.10(a)]

메뉴: Insert ▸ Profile ▸ Predefined Profile ▸ Rectangle

Exit workbench를 클릭하여 3D 모우드로 들어간다.

메뉴: Insert ▸ Sheet Metal Parameters... [(b) 벽두께: 2mm, 굽힘반경: 4mm]

메뉴: Insert ▸ Wall... [(c)에서 직사각형 클릭]

메뉴: Insert ▸ Wall on Edges... [(d)에서 판재 밑모서리 클릭, Height 100, Reverse Position 클릭]

메뉴: Insert ▸ Bends ▸ Bends... [(e)에서 Wall1, Wall2 클릭]

메뉴: Insert ▸ Stampings ▸ Flanged Hole... [(f) 수평평판 윗면 클릭, 위치지정]

수평평판 윗면 클릭, [(g)]

메뉴: Insert ▸ Profile ▸ Spline ▸ Spline... [(h)]

메뉴: Insert ▸ Stampings ▸ Bead Stamp... [(i)]

메뉴: Insert ▸ Stampings ▸ Circular Stamp... [(j)]

수평평면 윗면 클릭, [(k)]

메뉴: Insert ▸ Profile ▸ Predefined Profile ▸ Rectangle [(l)]

메뉴: Insert ▸ Stampings ▸ Surface Stamp... [(m)]

메뉴: Insert ▸ Stampings ▸ Bridge... [(n) Length L 30, 수평평면 윗면 클릭, (각도 기준 모서리(Angular Reference)를 마우스로 선택, 위치 지정, 방향각도(Orientation Angle) 입력]

수평평면 클릭, [(o)]

메뉴: Insert ▸ Profile ▸ Predefined Profile ▸ Ellipse [(p)]

메뉴: Insert ▸ Stampings ▸ Flanged Cut Out [(q)]

메뉴: Insert ▸ Stampings ▸ Rib... [(r), (s)에서 모깎기 부분 클립]

수직평면 클릭, [(t)]

메뉴: Insert ▸ Profile ▸ Spline ▸ Spline... [(u)]

메뉴: Insert ▸ Stampings ▸ Curve Stamp... [(v)]

수직평면 클릭, [(w)]

메뉴: Insert ▸ Profile ▸ Predefined Profile ▸ Rectangle [(x)]

메뉴: Insert ▸ Stampings ▸ Louver... [(y) 개방선(Opening Line) 클릭]

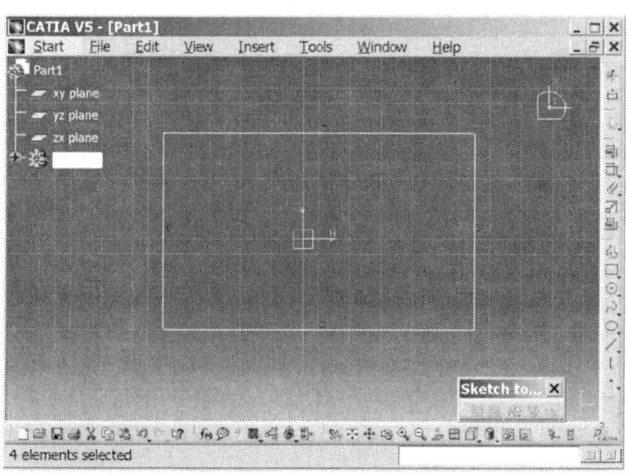

(a)

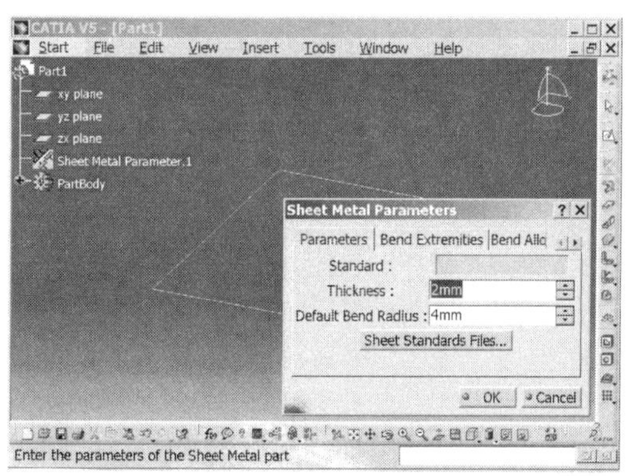

(b)

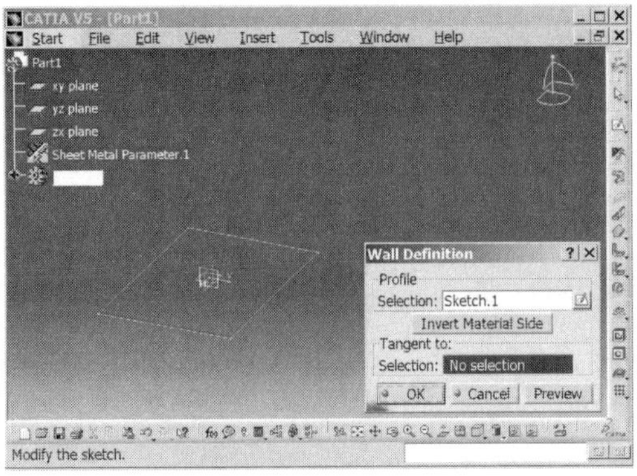
CATIA V5 - [Part1]
Start File Edit View Insert Tools Window Help
Part1
xy plane
yz plane
zx plane
Sheet Metal Parameter.1
Wall Definition
Profile
Selection: Sketch.1
Invert Material Side
Tangent to:
Selection: No selection
OK
Cancel
Preview
Modify the sketch.

(c)

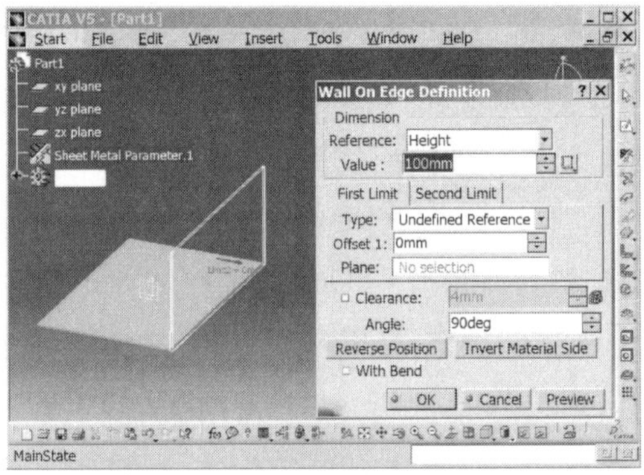
CATIA V5 - [Part1]
Start File Edit View Insert Tools Window Help
Part1
xy plane
yz plane
zx plane
Sheet Metal Parameter.1
Wall On Edge Definition
Dimension
Reference: Height
Value : 100mm
First Limit
Second Limit
Type: Undefined Reference
Offset 1: 0mm
Plane: No selection
Clearance:
Angle: 90deg
Reverse Position
Invert Material Side
With Bend
OK
Cancel
Preview
MainState

(d)

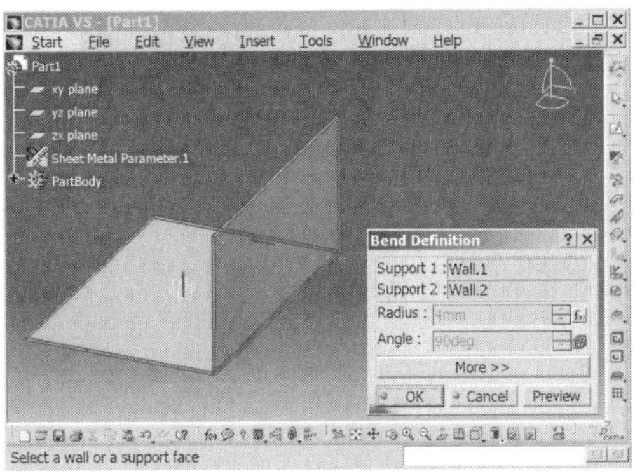
CATIA V5 - [Part1]
Start File Edit View Insert Tools Window Help
Part1
xy plane
yz plane
zx plane
Sheet Metal Parameter.1
PartBody
Bend Definition
Support 1 : Wall.1
Support 2 : Wall.2
Radius :
Angle :
More >>
OK
Cancel
Preview
Select a wall or a support face

(e)

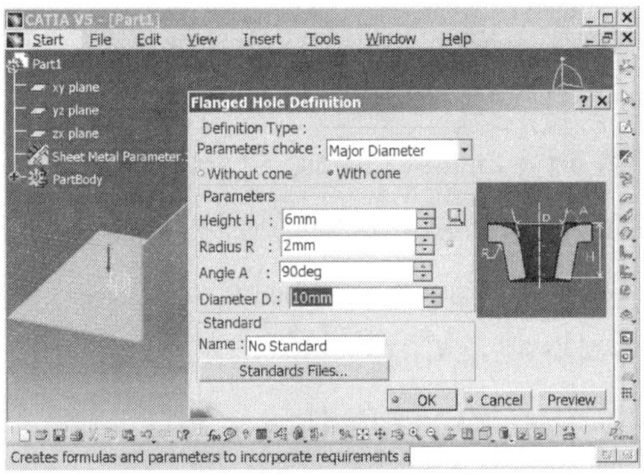
CATIA V5 - [Part1]
Start File Edit View Insert Tools Window Help
Part1
xy plane
yz plane
zx plane
PartBody
Flanged Hole Definition
Definition Type :
Parameters choice : Major Diameter
Without cone
With cone
Parameters
Height H : 6mm
Radius R : 2mm
Angle A : 90deg
Diameter D : 10mm
Standard
Name : No Standard
Standards Files...
OK
Cancel
Preview
Creates formulas and parameters to incorporate requirements a

(f)

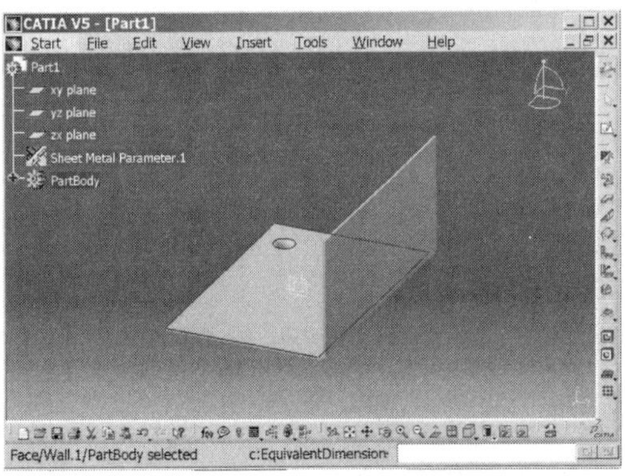
CATIA V5 - [Part1]
Start File Edit View Insert Tools Window Help
Part1
xy plane
yz plane
zx plane
Sheet Metal Parameter.1
PartBody
Face/Wall.1/PartBody selected
c:EquivalentDimension

(g)

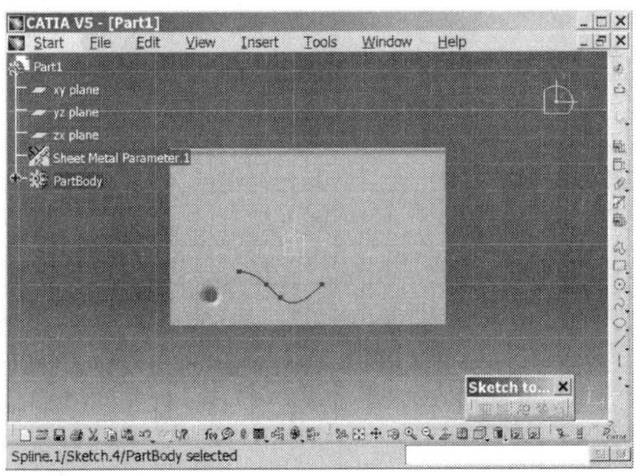
CATIA V5 - [Part1]
Start File Edit View Insert Tools Window Help
Part1
xy plane
yz plane
zx plane
Sheet Metal Parameter.1
PartBody
Sketch to...
Spline.1/Sketch.4/PartBody selected

(h)

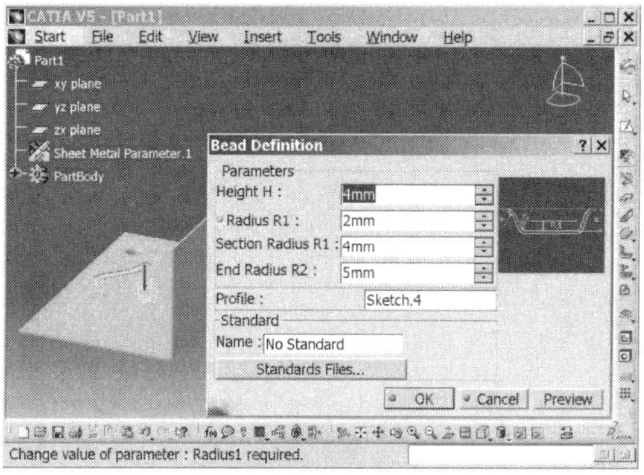
CATIA V5 - [Part1]
Start File Edit View Insert Tools Window Help
Part1
xy plane
yz plane
zx plane
Sheet Metal Parameter.1
PartBody
Bead Definition
Parameters
Height H : 4mm
Radius R1 : 2mm
Section Radius R1 : 4mm
End Radius R2 : 5mm
Profile : Sketch.4
Standard
Name : No Standard
Standards Files...
OK
Cancel
Preview
Change value of parameter : Radius1 required.

(i)

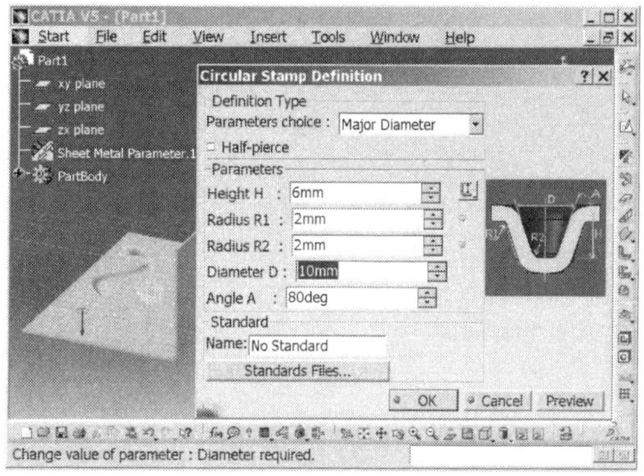
CATIA V5 - [Part1]
Start File Edit View Insert Tools Window Help
Part1
xy plane
yz plane
zx plane
Sheet Metal Parameter.1
PartBody
Circular Stamp Definition
Definition Type
Parameters choice : Major Diameter
Half-pierce
Parameters
Height H : 6mm
Radius R1 : 2mm
Radius R2 : 2mm
Diameter D : 10mm
Angle A : 80deg
Standard
Name: No Standard
Standards Files...
OK
Cancel
Preview
Change value of parameter : Diameter required.

(j)

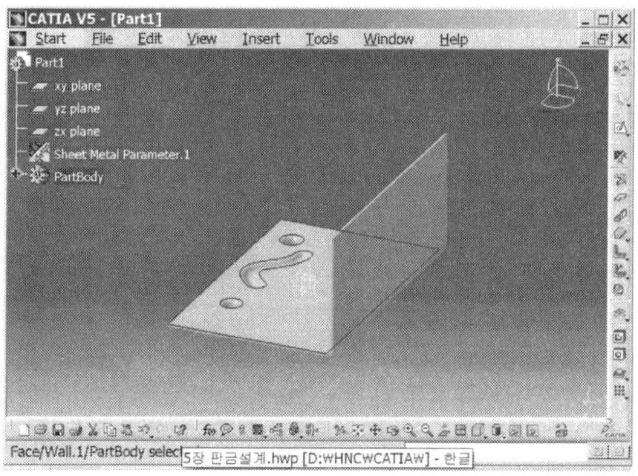
CATIA V5 - [Part1]
Start File Edit View Insert Tools Window Help
Part1
xy plane
yz plane
zx plane
Sheet Metal Parameter.1
PartBody
Face/Wall.1/PartBody select
5장 판금설계.hwp [D:₩HNC₩CATIA₩] - 한글

(k)

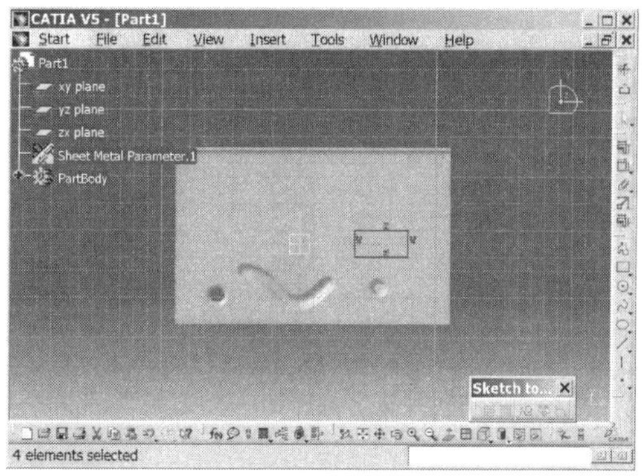
CATIA V5 - [Part1]
Start File Edit View Insert Tools Window Help
Part1
xy plane
yz plane
zx plane
Sheet Metal Parameter.1
PartBody
Sketch to...
4 elements selected

(l)

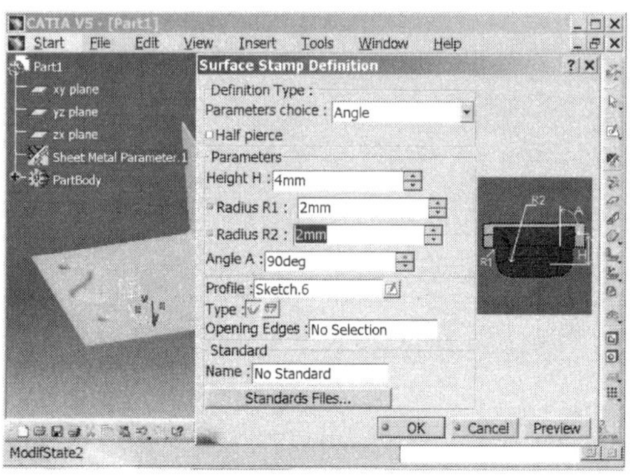
CATIA V5 - [Part1]
Start File Edit View Insert Tools Window Help
Part1
xy plane
yz plane
zx plane
Sheet Metal Parameter.1
PartBody
Surface Stamp Definition
Definition Type :
Parameters choice : Angle
Half pierce
Parameters
Height H : 4mm
Radius R1 : 2mm
Radius R2 : 2mm
Angle A : 90deg
Profile : Sketch.6
Type :
Opening Edges : No Selection
Standard
Name : No Standard
Standards Files...
OK
Cancel
Preview
ModifState2

(m)

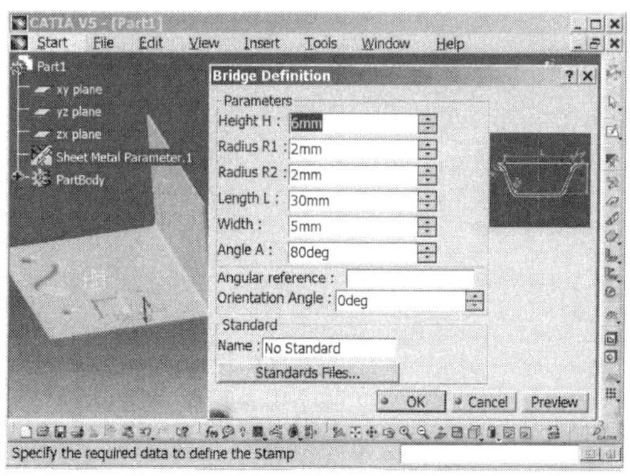
CATIA V5 - [Part1]
Start File Edit View Insert Tools Window Help
Part1
xy plane
yz plane
zx plane
Sheet Metal Parameter.1
PartBody
Bridge Definition
Parameters
Height H : 6mm
Radius R1 : 2mm
Radius R2 : 2mm
Length L : 30mm
Width : 5mm
Angle A : 80deg
Angular reference :
Orientation Angle : 0deg
Standard
Name : No Standard
Standards Files...
OK
Cancel
Preview
Specify the required data to define the Stamp

(n)

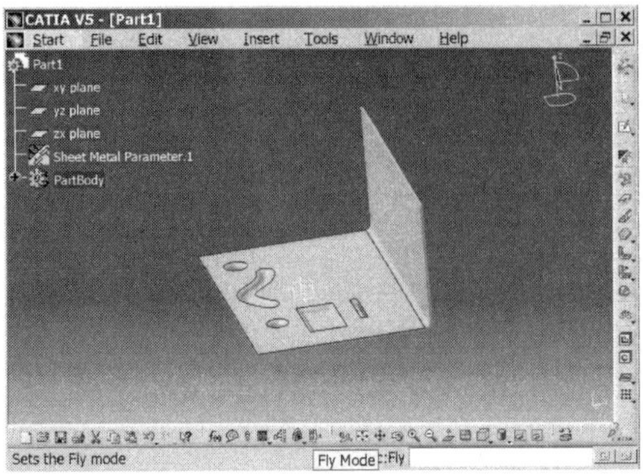
CATIA V5 - [Part1]
Start File Edit View Insert Tools Window Help
Part1
xy plane
yz plane
zx plane
Sheet Metal Parameter.1
PartBody
Sets the Fly mode
Fly Mode

(o)

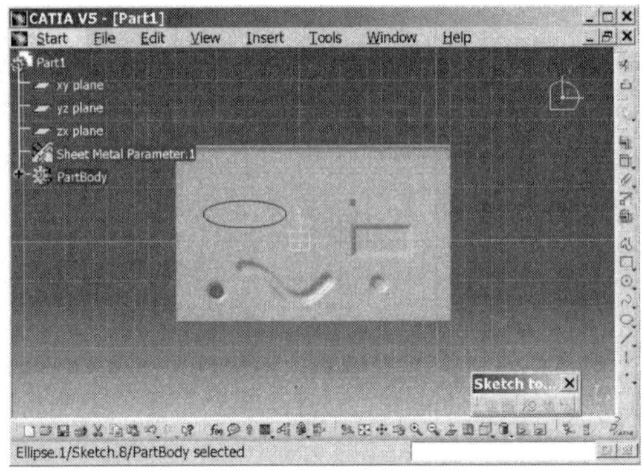
CATIA V5 - [Part1]
Start File Edit View Insert Tools Window Help
Part1
xy plane
yz plane
zx plane
Sheet Metal Parameter.1
PartBody
Sketch to...
Ellipse.1/Sketch.8/PartBody selected

(p)

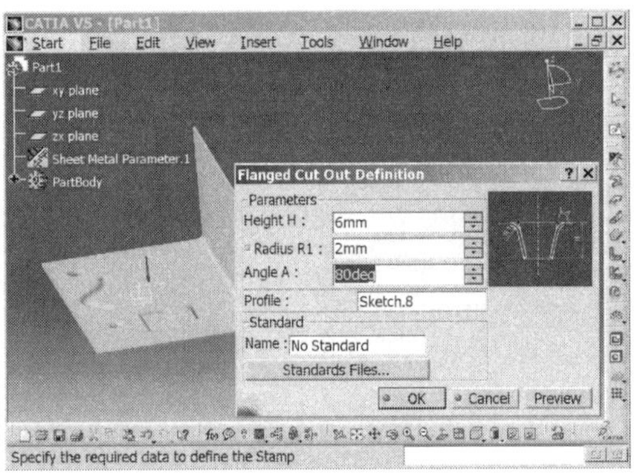
CATIA V5 - [Part1]
Start File Edit View Insert Tools Window Help
Part1
xy plane
yz plane
zx plane
Sheet Metal Parameter.1
PartBody
Flanged Cut Out Definition
Parameters
Height H : 6mm
Radius R1 : 2mm
Angle A : 80deg
Profile : Sketch.8
Standard
Name : No Standard
Standards Files...
OK
Cancel
Preview
Specify the required data to define the Stamp

(q)

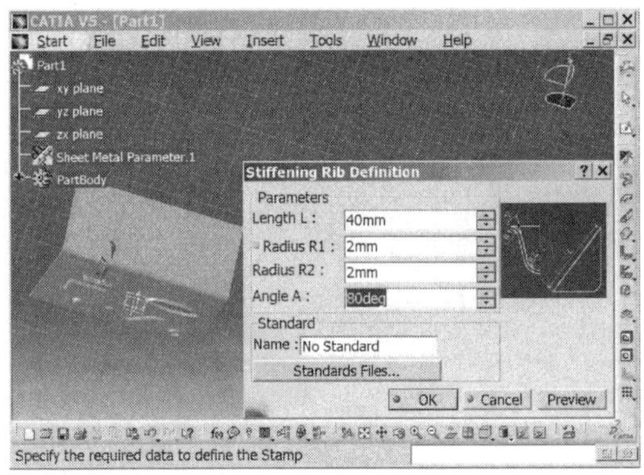
CATIA V5 - [Part1]
Start File Edit View Insert Tools Window Help
Part1
xy plane
yz plane
zx plane
Sheet Metal Parameter.1
PartBody
Stiffening Rib Definition
Parameters
Length L : 40mm
Radius R1 : 2mm
Radius R2 : 2mm
Angle A : 80deg
Standard
Name : No Standard
Standards Files...
OK
Cancel
Preview
Specify the required data to define the Stamp

(r)

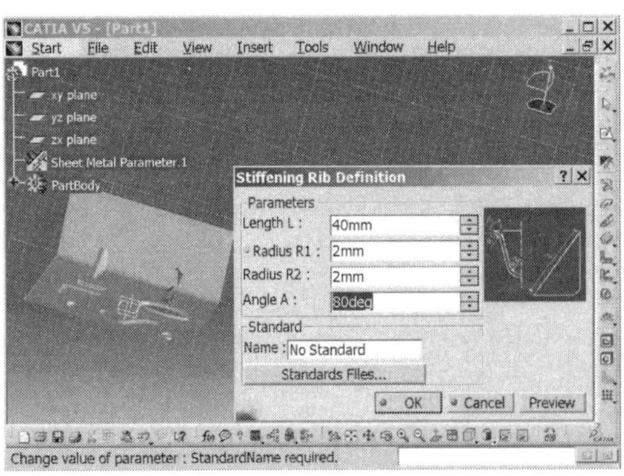
CATIA V5 - [Part1]
Start File Edit View Insert Tools Window Help
Part1
xy plane
yz plane
zx plane
Sheet Metal Parameter.1
PartBody
Stiffening Rib Definition
Parameters
Length L : 40mm
Radius R1 : 2mm
Radius R2 : 2mm
Angle A : 80deg
Standard
Name : No Standard
Standards Files...
OK
Cancel
Preview
Change value of parameter : StandardName required.

(s)

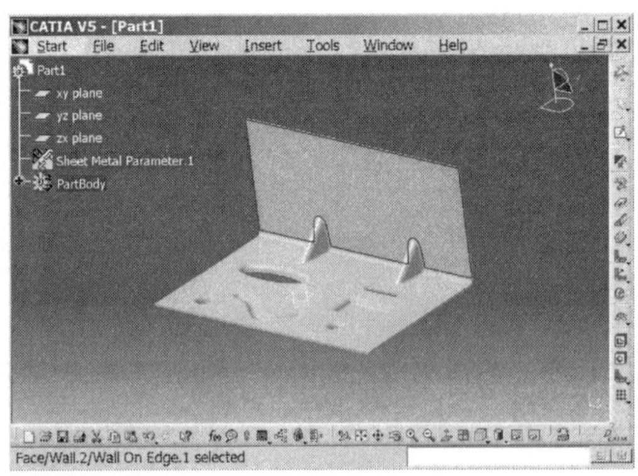
CATIA V5 - [Part1]
Start File Edit View Insert Tools Window Help
Part1
xy plane
yz plane
zx plane
Sheet Metal Parameter.1
PartBody
Face/Wall.2/Wall On Edge.1 selected

(t)

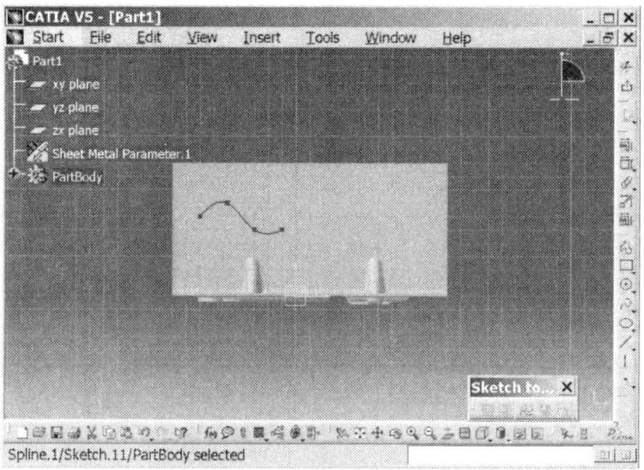

(u)

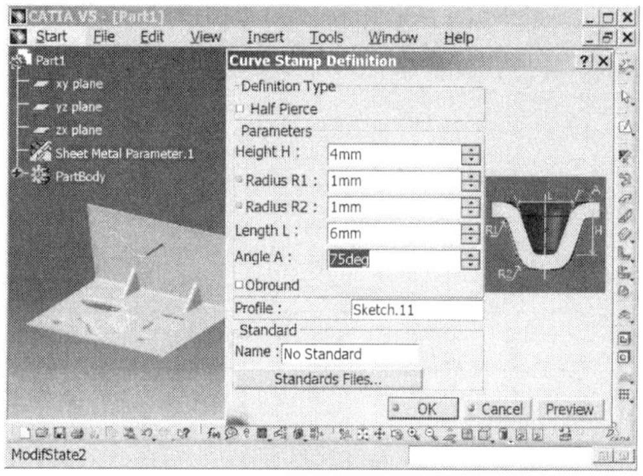

(v)

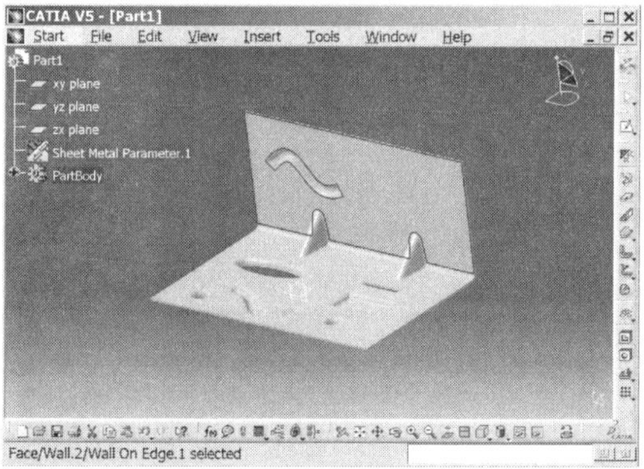

(w)

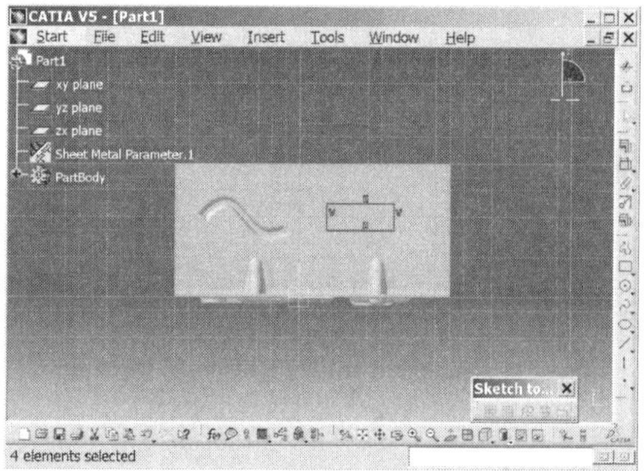

(x)

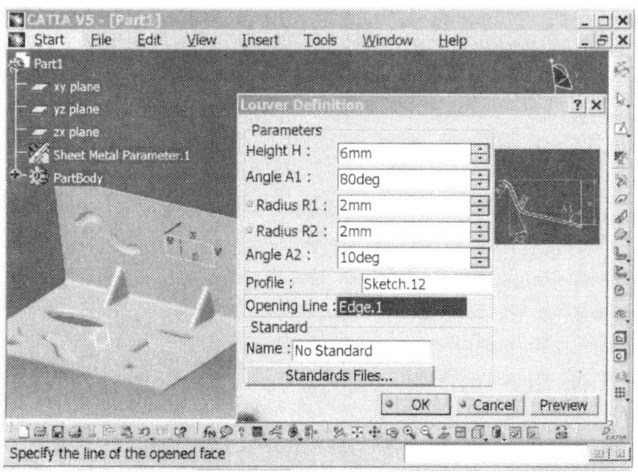

(y)

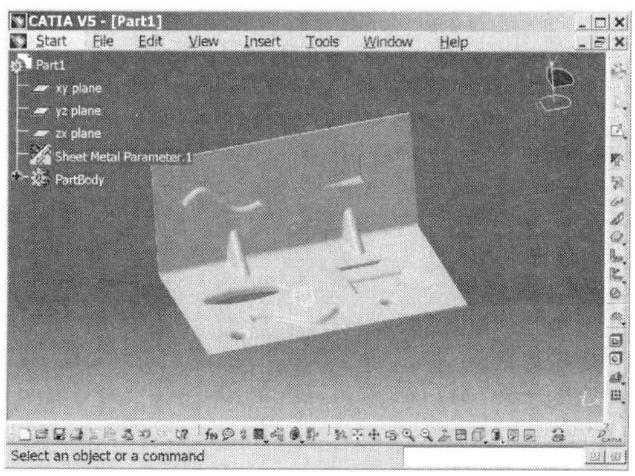

(z)

그림 5.10

[7] 스웝 벽(Swept Walls)

스웝 벽(Swept Walls)은 모서리 끝 부분을 여러 가지 형상으로 구부리는 것이다.

표 5.3 스웝 벽(Swept Walls)

	명 령 어	설 명
	플랜지(Flange)	끝단을 수직으로 구부린다.
	햄(Hem)	끝단을 나란하게 구부린다.
	눈물방울(Tear Drop)	끝단을 경사지게 구부린다.
	사용자 플랜지 (User Flange)	단면에 열린 윤곽을 그려 윤곽을 따라 끝단을 구부린다.

예제 5.7 햄

xy plane, [그림 5.11(a)]

메뉴: Insert ▸ Profile ▸ Predefined Profile ▸ Rectangle

Exit workbench를 클릭하여 3D 모우드로 들어간다.

메뉴: Insert ▸ Sheet Metal Parameters... [(b) 벽두께: 2mm, 굽힘반경: 4mm]

메뉴: Insert ▸ Wall... [직사각형 클릭] [(c)]

메뉴: Insert ▸ Wall on Edges... [(d) 벽 두께살 안쪽으로 방향 전환 화살표 클릭]

메뉴: Insert ▸ Wall on Edges... [(e) 벽 두께살 안쪽으로 방향 전환 화살표 클릭]

메뉴: Insert ▸ Swept Walls ▸ Flange... [(f) 모서리 선 클릭]

메뉴: Insert ▸ Swept Walls ▸ Hem... [(g) 모서리 선 클릭]

메뉴: Insert ▸ Swept Walls ▸ Tear Drop... [(h) 모서리 선 클릭]

(i)에서 지정한 면 클릭,

[(j)에서 개 윤곽],

메뉴: Insert ▸ Swept Walls ▸ User Flange... [(k)의 Spine(척추)에서 윤곽곡선에 직각인 모서리 선 클릭]

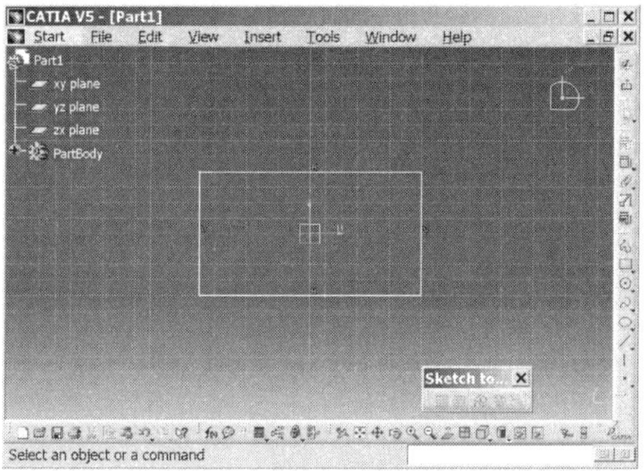
CATIA V5 - [Part1]
Start File Edit View Insert Tools Window Help
Part1
xy plane
yz plane
zx plane
PartBody
Sketch to...
Select an object or a command

(a)

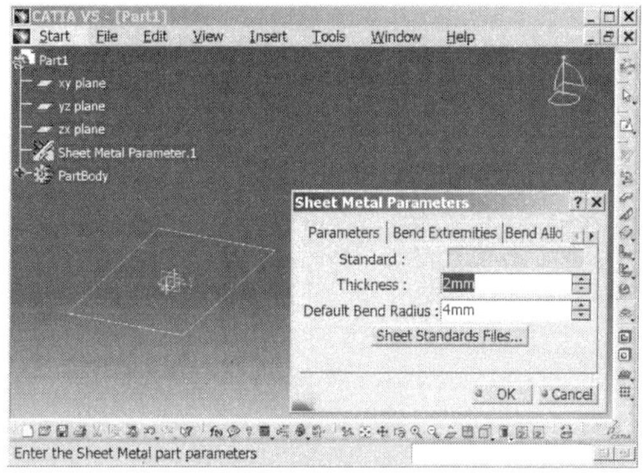
CATIA V5 - [Part1]
Start File Edit View Insert Tools Window Help
Part1
xy plane
yz plane
zx plane
Sheet Metal Parameter.1
PartBody
Sheet Metal Parameters
Parameters
Bend Extremities
Standard :
Thickness : 2mm
Default Bend Radius : 4mm
Sheet Standards Files...
OK
Cancel
Enter the Sheet Metal part parameters

(b)

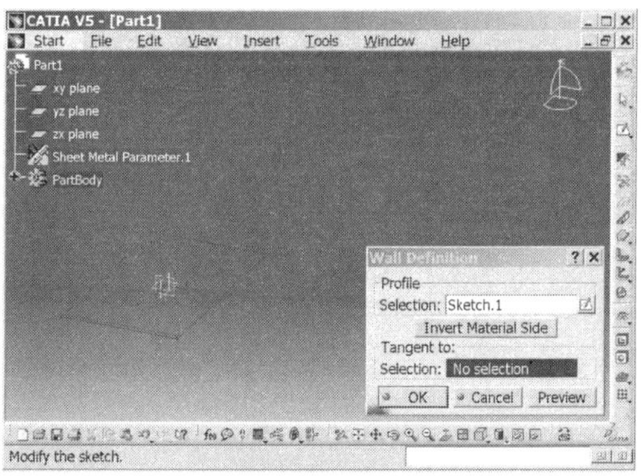
CATIA V5 - [Part1]
Start File Edit View Insert Tools Window Help
Part1
xy plane
yz plane
zx plane
Sheet Metal Parameter.1
PartBody
Wall Definition
Profile
Selection: Sketch.1
Invert Material Side
Tangent to:
Selection: No selection
OK
Cancel
Preview
Modify the sketch.

(c)

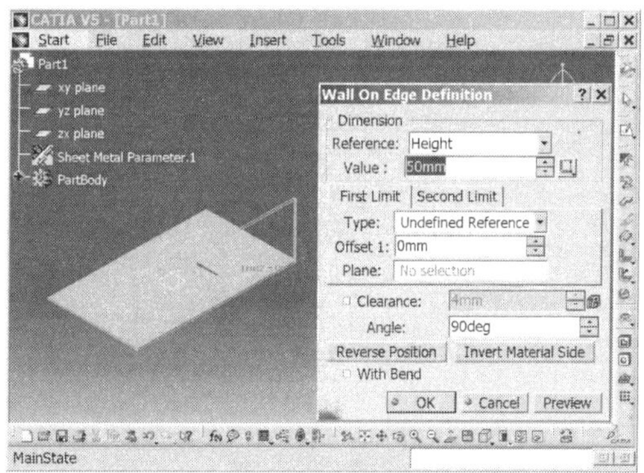
CATIA V5 - [Part1]
Start File Edit View Insert Tools Window Help
Part1
xy plane
yz plane
zx plane
Sheet Metal Parameter.1
PartBody
Wall On Edge Definition
Dimension
Reference: Height
Value : 50mm
First Limit
Second Limit
Type: Undefined Reference
Offset 1: 0mm
Plane: No selection
Clearance: 4mm
Angle: 90deg
Reverse Position
Invert Material Side
With Bend
OK
Cancel
Preview
MainState

(d)

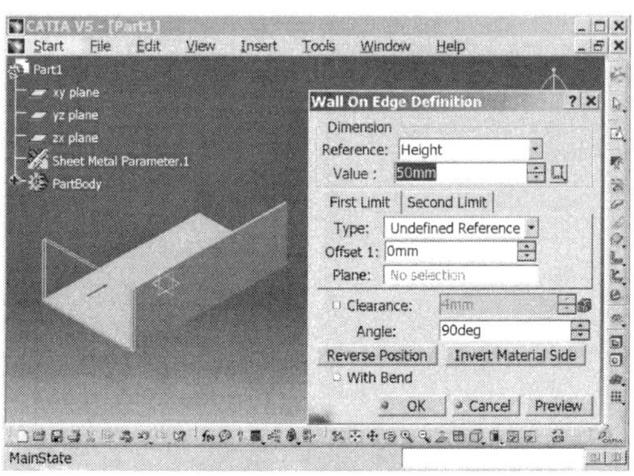
CATIA V5 - [Part1]
Start File Edit View Insert Tools Window Help
Part1
xy plane
yz plane
zx plane
Sheet Metal Parameter.1
PartBody
Wall On Edge Definition
Dimension
Reference: Height
Value : 50mm
First Limit
Second Limit
Type: Undefined Reference
Offset 1: 0mm
Plane: No selection
Clearance: 4mm
Angle: 90deg
Reverse Position
Invert Material Side
With Bend
OK
Cancel
Preview
MainState

(e)

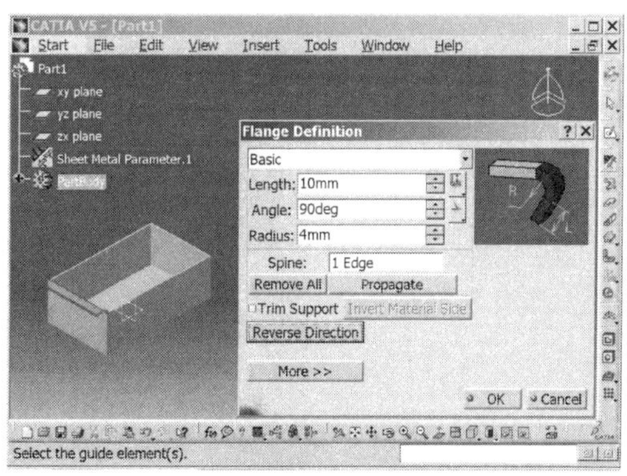
CATIA V5 - [Part1]
Start File Edit View Insert Tools Window Help
Part1
xy plane
yz plane
zx plane
Sheet Metal Parameter.1
PartBody
Flange Definition
Basic
Length: 10mm
Angle: 90deg
Radius: 4mm
Spine: 1 Edge
Remove All
Propagate
Trim Support
Invert Material Side
Reverse Direction
More >>
OK
Cancel
Select the guide element(s).

(f)

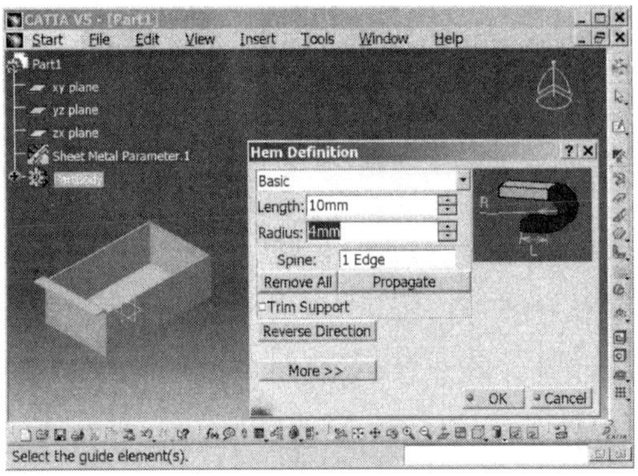

(g)

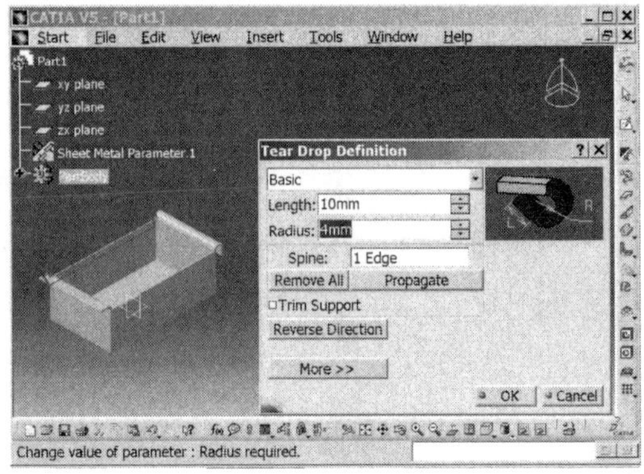

(h)

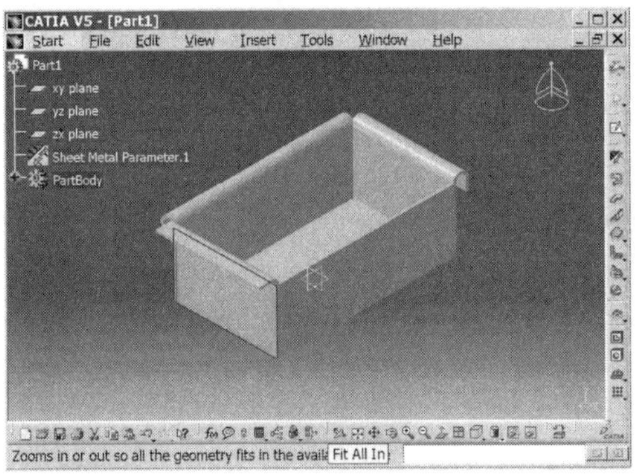

(i)

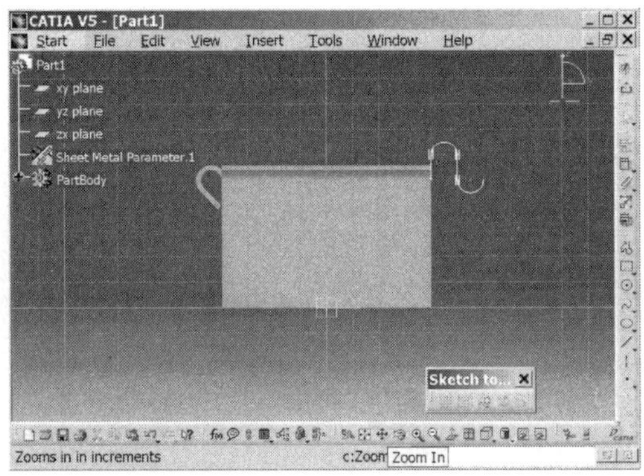

(j)

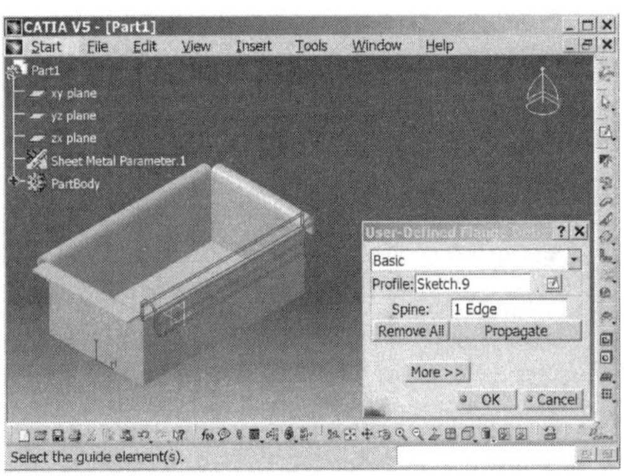

(k)

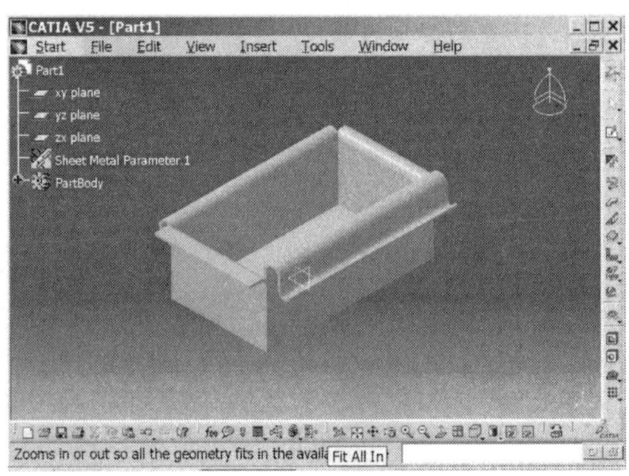

(l)

그림 5.11

예제 5.8 배열(Pattern)

xy plane, [그림 5.12(a)]

메뉴: Insert ▸ Profile ▸ Predefined Profile ▸ Rectangle [140, 140]

Exit workbench를 클릭하여 3D 모우드로 들어간다.

메뉴: Insert ▸ Sheet Metal Parameters... [(b) 벽두께: 2mm, 굽힘반경: 4mm]

메뉴: Insert ▸ Wall... [(c)에서 직사각형 클릭]

평판 윗면 클릭, [(d)]

메뉴: Insert ▸ Profile ▸ Predefined Profile ▸ Rectangle [(e)]

Exit workbench를 클릭하여 3D 모우드로 들어간다.

메뉴: Insert ▸ Sheet Pocket ▸ Cut Out... [(f)]

메뉴: Insert ▸ Rectangular Pattern... [(g)에서 절단부 클릭, Instance(s) & Length, 2, 80, First Direction→기준 요소(Reference Element): 지정한 모서리 클릭, (h)에서 Instance(s) and Length, 2, 80, First Direction→기준 요소(Reference Element): 지정한 모서리 클릭]

지정한 평면 클릭, [(i)]

메뉴: Insert ▸ Profile ▸ Circle [(j)]

Exit workbench를 클릭하여 3D 모우드로 들어간다.

메뉴: Insert ▸ Sheet Pocket ▸ Cut Out... [(k)]

메뉴: Insert ▸ Circular Pattern... [(l)에서 절단부 클릭, Instance(s) & Angular Spacing, 4, 90, First Direction→기준 요소(Reference Element): 지정한 면 클릭]

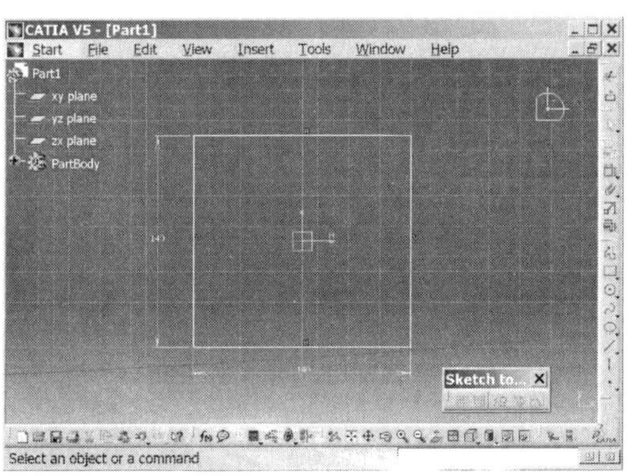

(a)

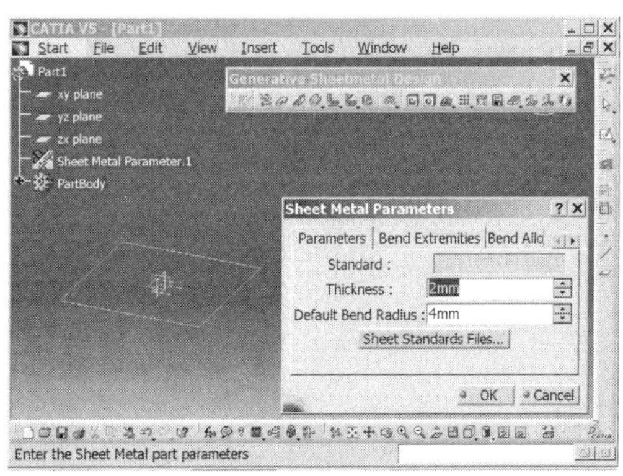

(b)

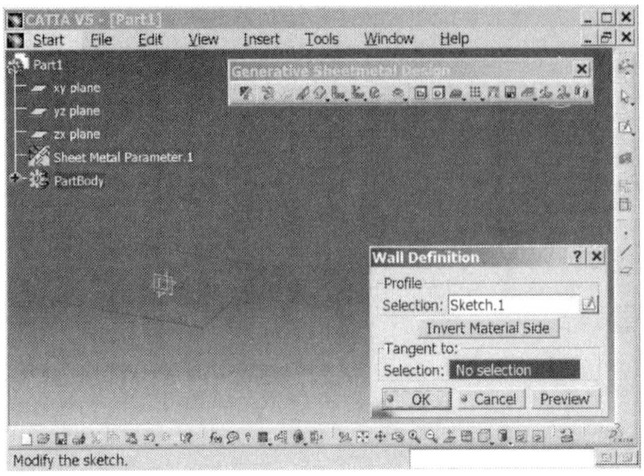
CATIA V5 - [Part1]
Start File Edit View Insert Tools Window Help
Part1
xy plane
yz plane
zx plane
Sheet Metal Parameter.1
PartBody
Generative Sheetmetal Design
Wall Definition
Profile
Selection: Sketch.1
Invert Material Side
Tangent to:
Selection: No selection
OK
Cancel
Preview
Modify the sketch.

(c)

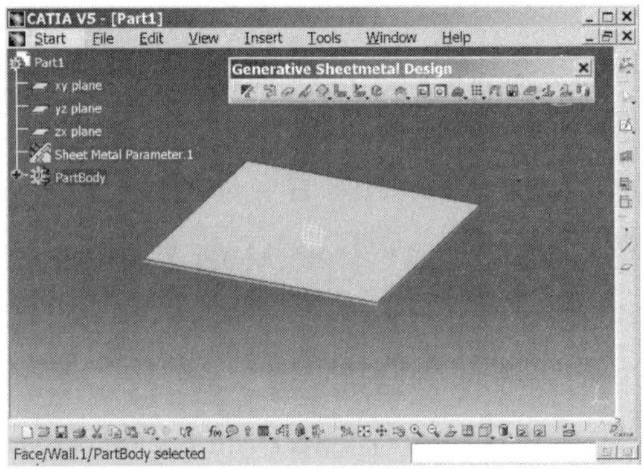
CATIA V5 - [Part1]
Start File Edit View Insert Tools Window Help
Part1
xy plane
yz plane
zx plane
Sheet Metal Parameter.1
PartBody
Generative Sheetmetal Design
Face/Wall.1/PartBody selected

(d)

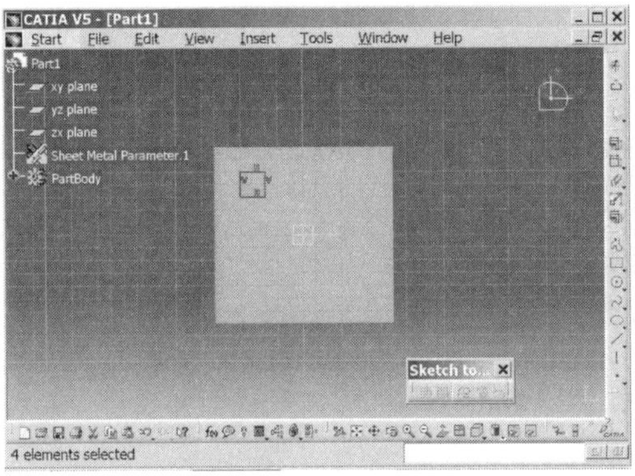
CATIA V5 - [Part1]
Start File Edit View Insert Tools Window Help
Part1
xy plane
yz plane
zx plane
Sheet Metal Parameter.1
PartBody
4 elements selected

(e)

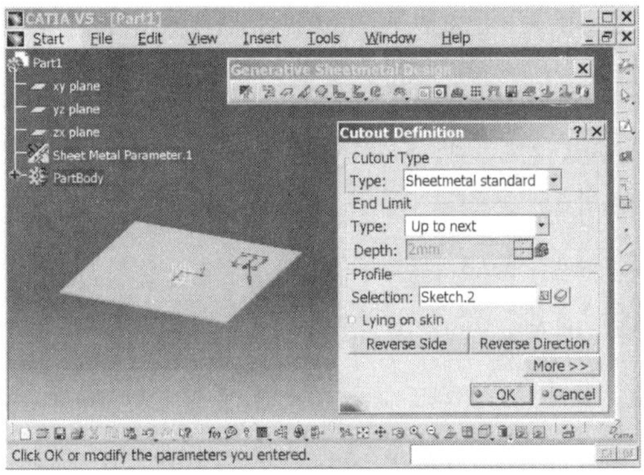
CATIA V5 - [Part1]
Start File Edit View Insert Tools Window Help
Part1
xy plane
yz plane
zx plane
Sheet Metal Parameter.1
PartBody
Generative Sheetmetal Design
Cutout Definition
Cutout Type
Type: Sheetmetal standard
End Limit
Type: Up to next
Depth: 2mm
Profile
Selection: Sketch.2
Lying on skin
Reverse Side
Reverse Direction
More >>
OK
Cancel
Click OK or modify the parameters you entered.

(f)

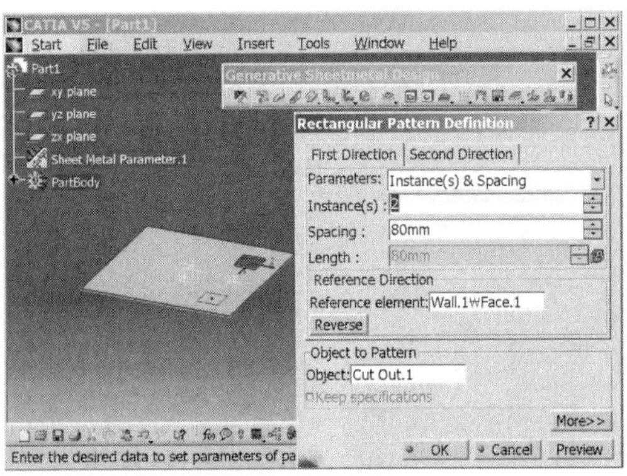
CATIA V5 - [Part1]
Start File Edit View Insert Tools Window Help
Part1
xy plane
yz plane
zx plane
Sheet Metal Parameter.1
PartBody
Generative Sheetmetal Design
Rectangular Pattern Definition
First Direction
Second Direction
Parameters: Instance(s) & Spacing
Instance(s) : 2
Spacing : 80mm
Length : 80mm
Reference Direction
Reference element: Wall.1\Face.1
Reverse
Object to Pattern
Object: Cut Out.1
Keep specifications
More>>
OK
Cancel
Preview
Enter the desired data to set parameters of pa

(g)

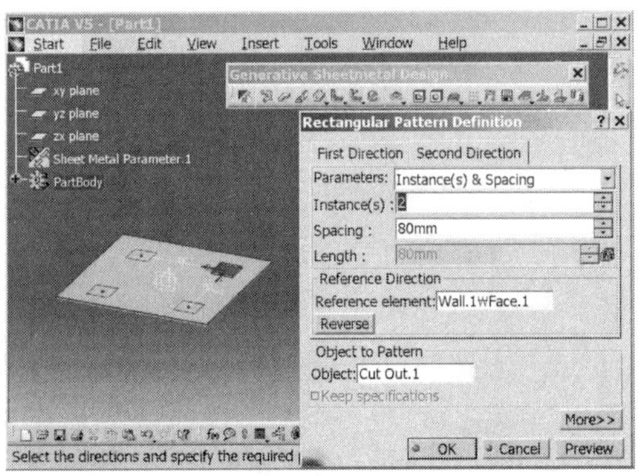
CATIA V5 - [Part1]
Start File Edit View Insert Tools Window Help
Part1
xy plane
yz plane
zx plane
Sheet Metal Parameter.1
PartBody
Generative Sheetmetal Design
Rectangular Pattern Definition
First Direction
Second Direction
Parameters: Instance(s) & Spacing
Instance(s) : 2
Spacing : 80mm
Length : 80mm
Reference Direction
Reference element: Wall.1\Face.1
Reverse
Object to Pattern
Object: Cut Out.1
Keep specifications
More>>
OK
Cancel
Preview
Select the directions and specify the required

(h)

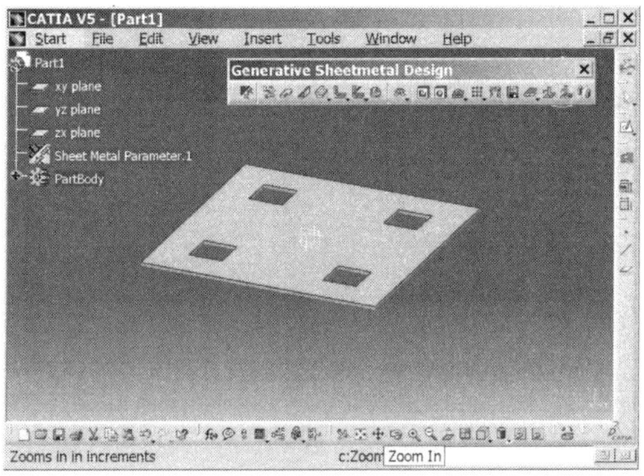
CATIA V5 - [Part1]
Start File Edit View Insert Tools Window Help
Part1
xy plane
yz plane
zx plane
Sheet Metal Parameter.1
PartBody
Generative Sheetmetal Design
Zooms in in increments
c:Zoom Zoom In

(i)

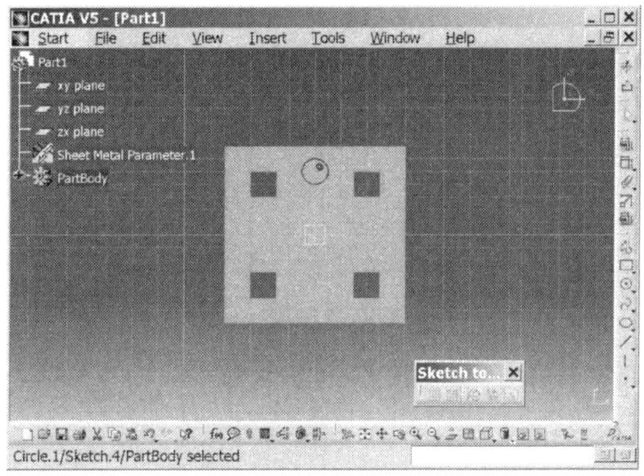
CATIA V5 - [Part1]
Start File Edit View Insert Tools Window Help
Part1
xy plane
yz plane
zx plane
Sheet Metal Parameter.1
PartBody
Sketch to...
Circle.1/Sketch.4/PartBody selected

(j)

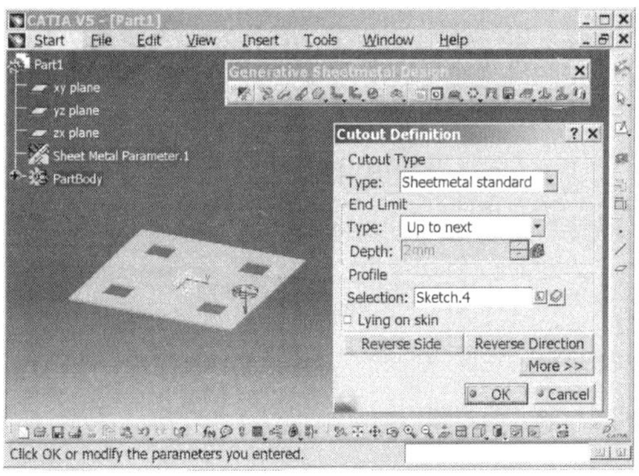
CATIA V5 - [Part1]
Start File Edit View Insert Tools Window Help
Generative Sheetmetal Design
Cutout Definition
Cutout Type
Type: Sheetmetal standard
End Limit
Type: Up to next
Depth: 2mm
Profile
Selection: Sketch.4
Lying on skin
Reverse Side
Reverse Direction
More >>
OK
Cancel
Click OK or modify the parameters you entered.

(k)

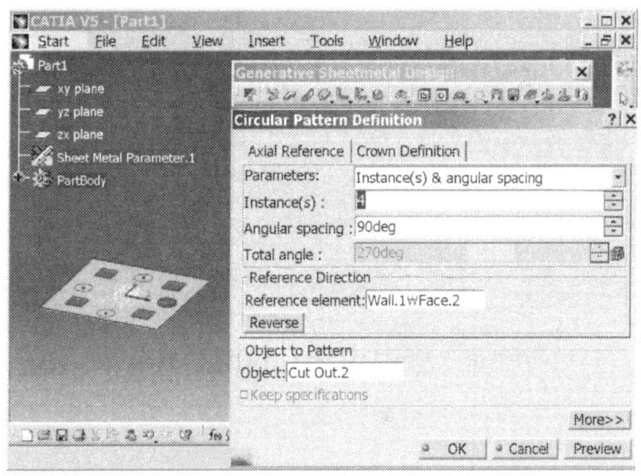
CATIA V5 - [Part1]
Start File Edit View Insert Tools Window Help
Generative Sheetmetal Design
Circular Pattern Definition
Axial Reference
Crown Definition
Parameters: Instance(s) & angular spacing
Instance(s) : 4
Angular spacing : 90deg
Total angle : 270deg
Reference Direction
Reference element: Wall.1\Face.2
Reverse
Object to Pattern
Object: Cut Out.2
Keep specifications
More>>
OK
Cancel
Preview

(l)

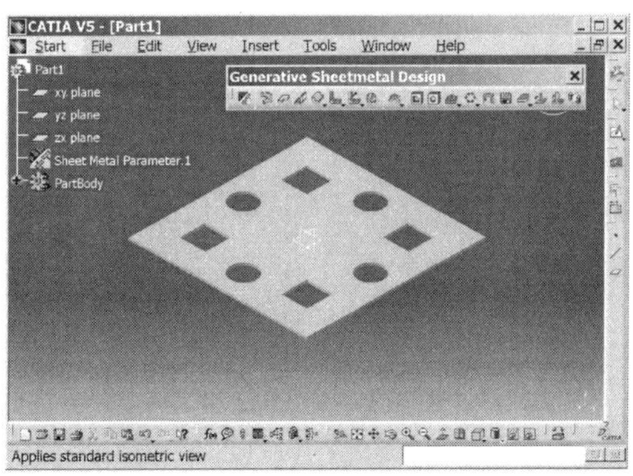
CATIA V5 - [Part1]
Start File Edit View Insert Tools Window Help
Part1
xy plane
yz plane
zx plane
Sheet Metal Parameter.1
PartBody
Generative Sheetmetal Design
Applies standard isometric view

(m)

그림 5.12

예제 5.9 모깎기(Corner), 모따기(Chamfer)

xy plane, [그림 5.13(a)]

메뉴: Insert ▸ Profile ▸ Predefined Profile ▸ Rectangle

Exit workbench를 클릭하여 3D 모우드로 들어간다.

메뉴: Insert ▸ Sheet Metal Parameters... [(b) 벽두께: 2mm, 굽힘반경: 4mm]

메뉴: Insert ▸ Wall... [(c)에서 직사각형 클릭]

메뉴: Insert ▸ Corner ▸ Corner... [(d)에서 10, 수직 모서리 클릭]

메뉴: Insert ▸ Corner ▸ Chamfer... [(e)에서 10, 수직 모서리 클릭]

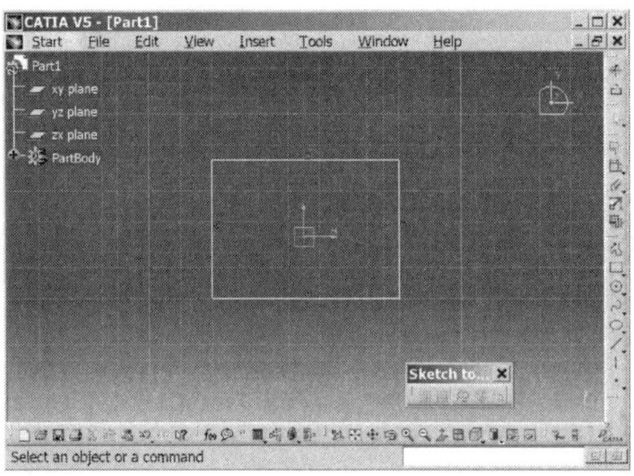

(a)

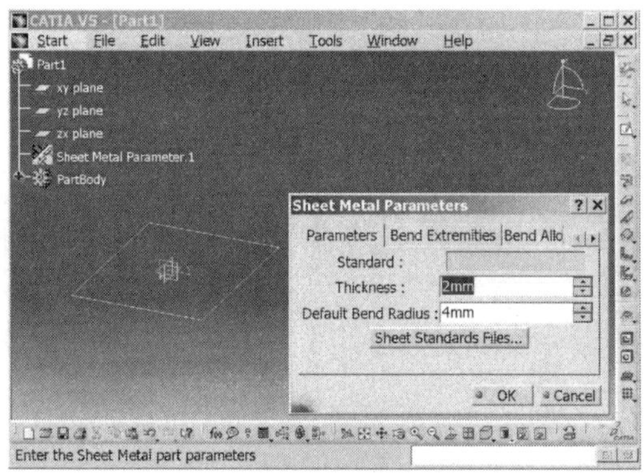

(b)

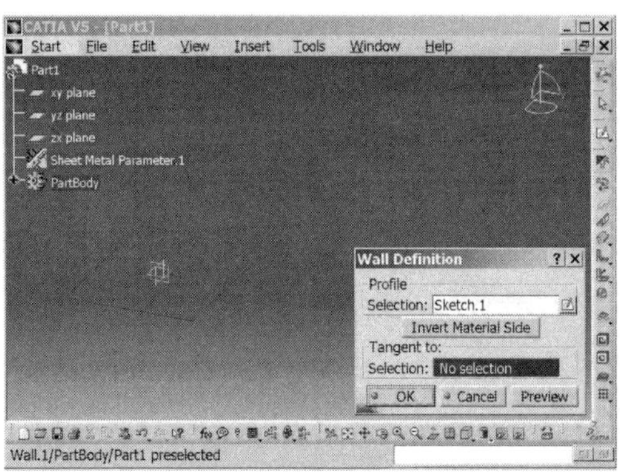

(c)

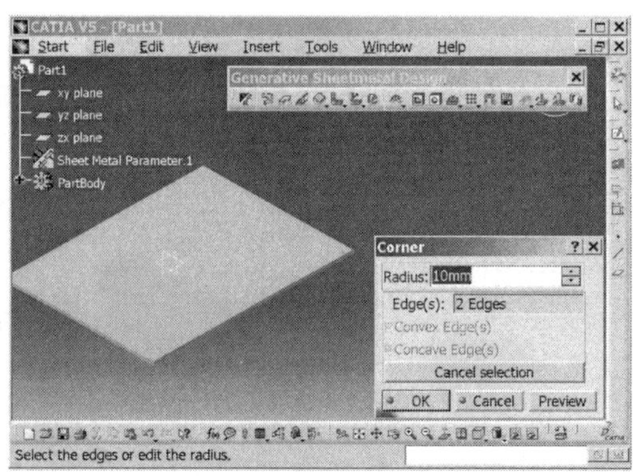

(d)

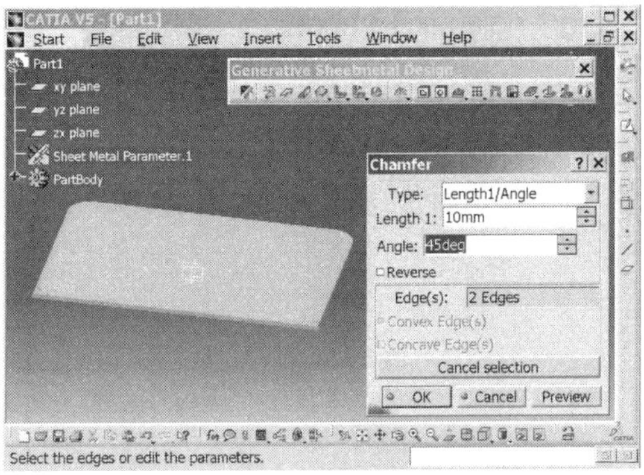

(e)

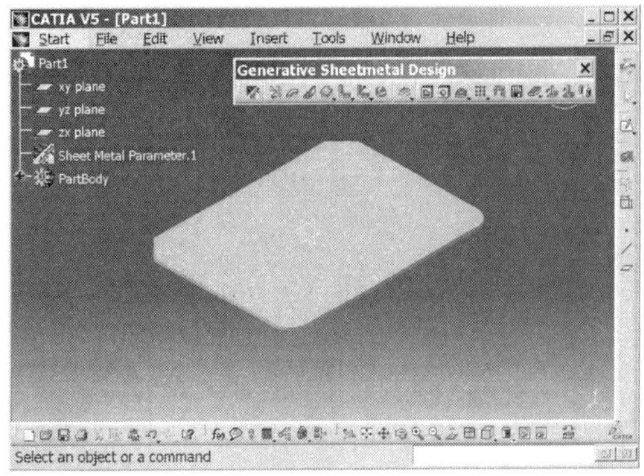

(f)

그림 5.13

예제 5.10 코너 릴리이프(Corner Relief)

xy plane, [그림 5.14(a)]

메뉴: Insert ▸ Profile ▸ Predefined Profile ▸ Rectangle

Exit workbench를 클릭하여 3D 모우드로 들어간다.

메뉴: Insert ▸ Sheet Metal Parameters... [(b) 벽두께: 2mm, 굽힘반경: 4mm]

메뉴: Insert ▸ Wall... [(c) 직사각형 클릭]

메뉴: Insert ▸ Wall on Edges... [(d)에서 높이: 40]

메뉴: Insert ▸ Wall on Edges... [(e)에서 높이: 40]

메뉴: Insert ▸ Bends ▸ Bends... [(f)에서 Wall1, Wall2 클릭]

메뉴: Insert ▸ Bends ▸ Bends... [(g)에서 Wall1, Wall3 클릭]

메뉴: Insert ▸ Unfold ▸ Unfold... [(h)]

메뉴: Insert ▸ CornerRelief... [(i), (j)에서 에서 툴팁을 클릭하여 Circular Profile 선택, Bend 1, Bend 2 클릭]

메뉴: Insert ▸ Unfold ▸ Unfold... [(k)]

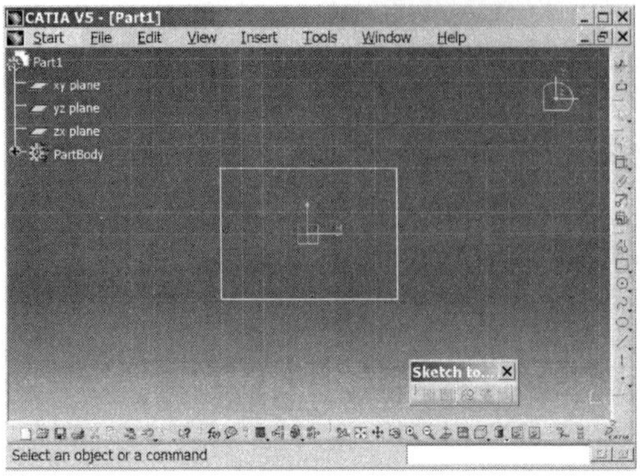
CATIA V5 - [Part1]
Start File Edit View Insert Tools Window Help
Part1
xy plane
yz plane
zx plane
PartBody
Sketch to...
Select an object or a command

(a)

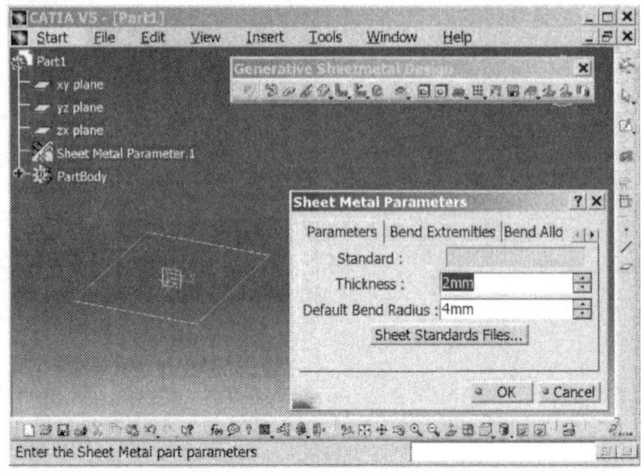
Start File Edit View Insert Tools Window Help
Part1
xy plane
yz plane
zx plane
Sheet Metal Parameter.1
PartBody
Sheet Metal Parameters
Parameters
Bend Extremities
Standard :
Thickness :
2mm
Default Bend Radius :
4mm
Sheet Standards Files...
OK
Cancel
Enter the Sheet Metal part parameters

(b)

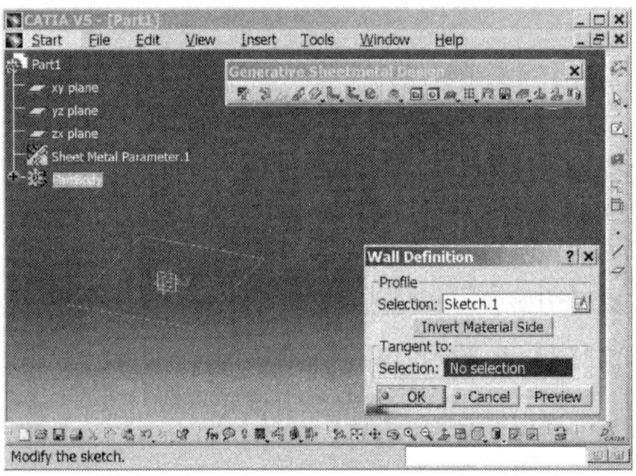
Start File Edit View Insert Tools Window Help
Part1
xy plane
yz plane
zx plane
Sheet Metal Parameter.1
Wall Definition
Profile
Selection: Sketch.1
Invert Material Side
Tangent to:
Selection: No selection
OK
Cancel
Preview
Modify the sketch.

(c)

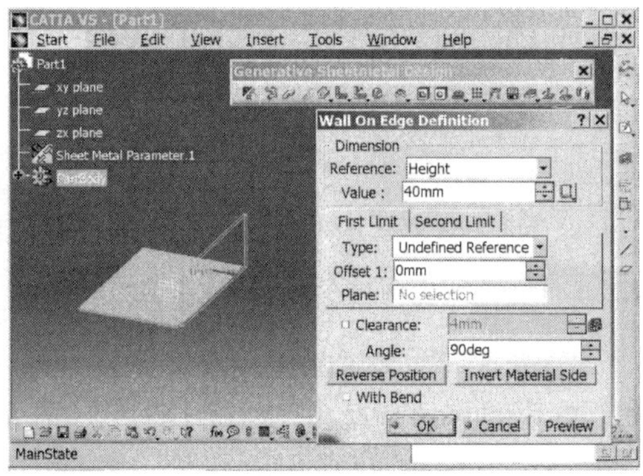
Start File Edit View Insert Tools Window Help
Part1
xy plane
yz plane
zx plane
Sheet Metal Parameter.1
Wall On Edge Definition
Dimension
Reference: Height
Value : 40mm
First Limit
Second Limit
Type: Undefined Reference
Offset 1: 0mm
Plane: No selection
Clearance:
Angle: 90deg
Reverse Position
Invert Material Side
With Bend
OK
Cancel
Preview
MainState

(d)

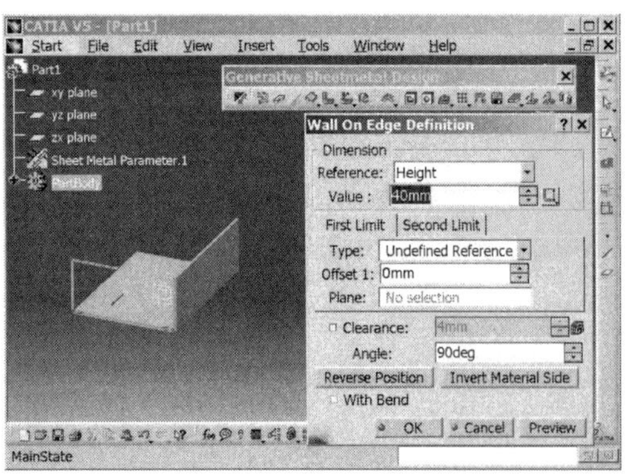
Start File Edit View Insert Tools Window Help
Part1
xy plane
yz plane
zx plane
Sheet Metal Parameter.1
Wall On Edge Definition
Dimension
Reference: Height
Value : 40mm
First Limit
Second Limit
Type: Undefined Reference
Offset 1: 0mm
Plane: No selection
Clearance:
Angle: 90deg
Reverse Position
Invert Material Side
With Bend
OK
Cancel
Preview
MainState

(e)

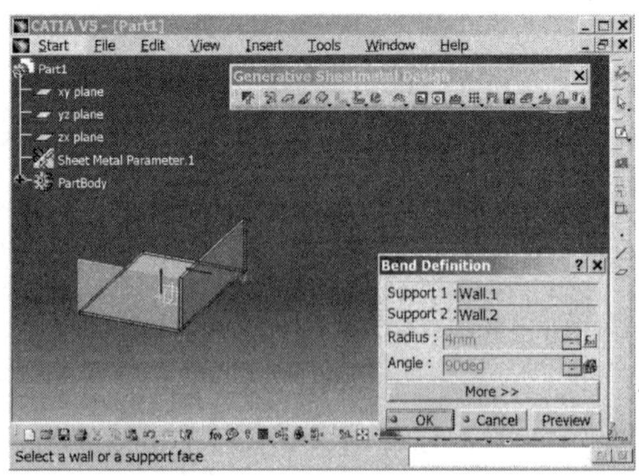
Start File Edit View Insert Tools Window Help
Part1
xy plane
yz plane
zx plane
Sheet Metal Parameter.1
PartBody
Bend Definition
Support 1 : Wall.1
Support 2 : Wall.2
Radius :
Angle :
More >>
OK
Cancel
Preview
Select a wall or a support face

(f)

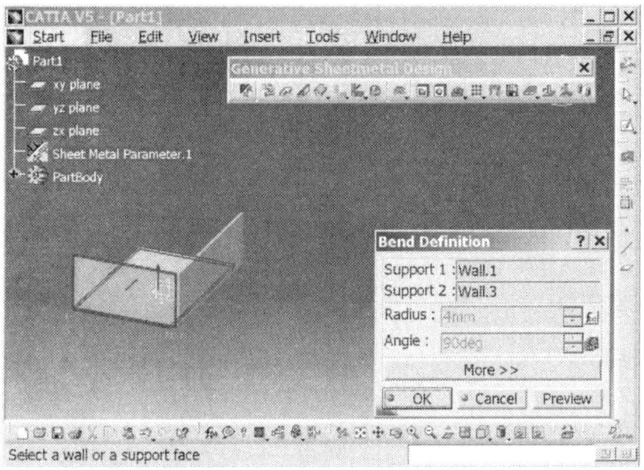
CATIA V5 - [Part1]
Start File Edit View Insert Tools Window Help
Part1
xy plane
yz plane
zx plane
Sheet Metal Parameter.1
PartBody
Generative Sheetmetal Design
Bend Definition
Support 1 : Wall.1
Support 2 : Wall.3
Radius : 4mm
Angle : 90deg
More >>
OK
Cancel
Preview
Select a wall or a support face

(g)

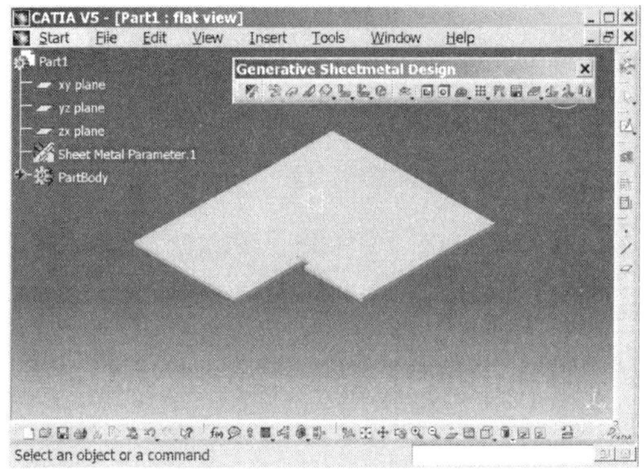
CATIA V5 - [Part1 : flat view]
Start File Edit View Insert Tools Window Help
Part1
xy plane
yz plane
zx plane
Sheet Metal Parameter.1
PartBody
Generative Sheetmetal Design
Select an object or a command

(h)

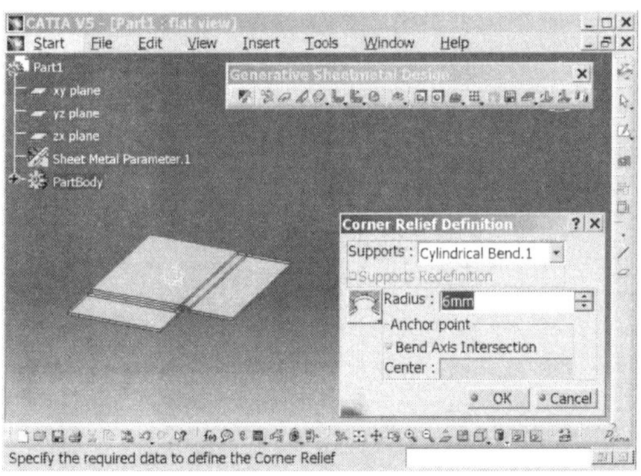
CATIA V5 - [Part1 : flat view]
Start File Edit View Insert Tools Window Help
Part1
xy plane
yz plane
zx plane
Sheet Metal Parameter.1
PartBody
Generative Sheetmetal Design
Corner Relief Definition
Supports : Cylindrical Bend.1
Supports Redefinition
Radius : 6mm
Anchor point
Bend Axis Intersection
Center :
OK
Cancel
Specify the required data to define the Corner Relief

(i)

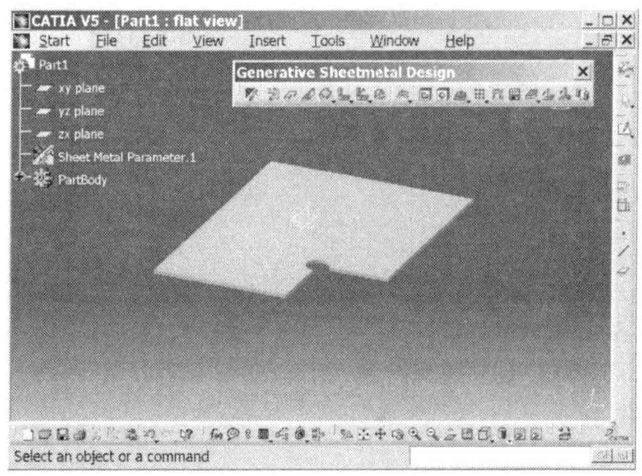
CATIA V5 - [Part1 : flat view]
Start File Edit View Insert Tools Window Help
Part1
xy plane
yz plane
zx plane
Sheet Metal Parameter.1
PartBody
Generative Sheetmetal Design
Select an object or a command

(j)

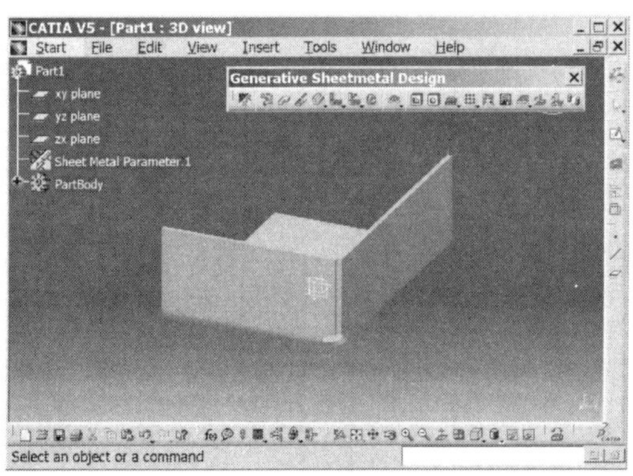
CATIA V5 - [Part1 : 3D view]
Start File Edit View Insert Tools Window Help
Part1
xy plane
yz plane
zx plane
Sheet Metal Parameter.1
PartBody
Generative Sheetmetal Design
Select an object or a command

(k)

그림 5.14

예제 5.11 글자쓰기

xy plane, [그림 5.15(a)]

메뉴: Insert ▸ Profile ▸ Predefined Profile ▸ Rectangle

Exit workbench를 클릭하여 3D 모우드로 들어간다.

메뉴: Insert ▸ Sheet Metal Parameters... [(b) 벽두께: 2mm, 굽힘반경: 4mm]

메뉴: Insert ▸ Wall... [(c)에서 직사각형 클릭]

메뉴: Insert ▸ Wall on Edges... [(d)에서 높이: 50]

메뉴: Insert ▸ Bends ▸ Bends... [(e)에서 Wall1, Wall2 클릭]

우측 벽면 클릭, [(f)]

메뉴: Insert ▸ Profile [(g)]

Exit workbench를 클릭하여 3D 모우드로 들어간다. [(h)]

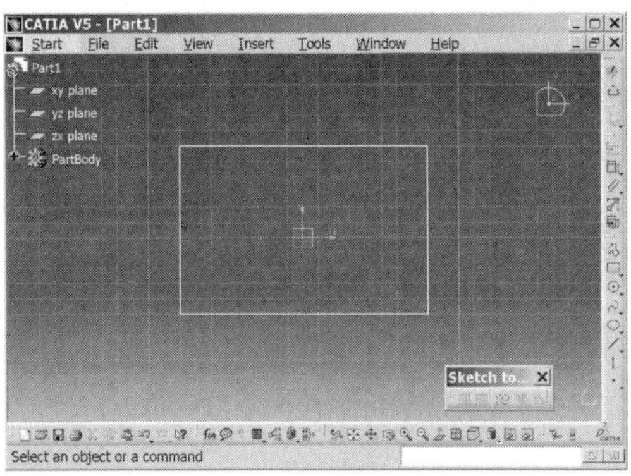

(a)

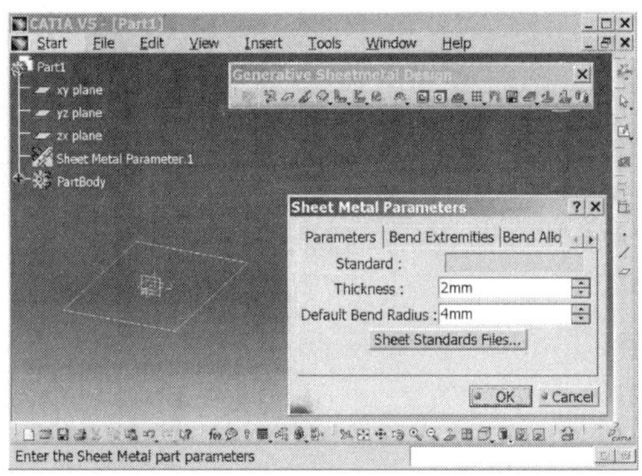

(b)

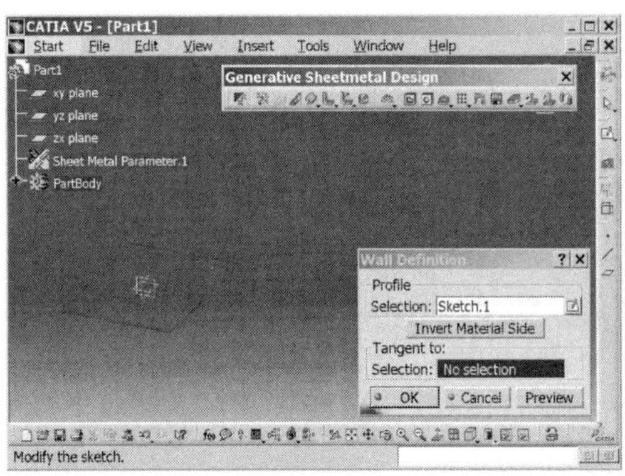

(c)

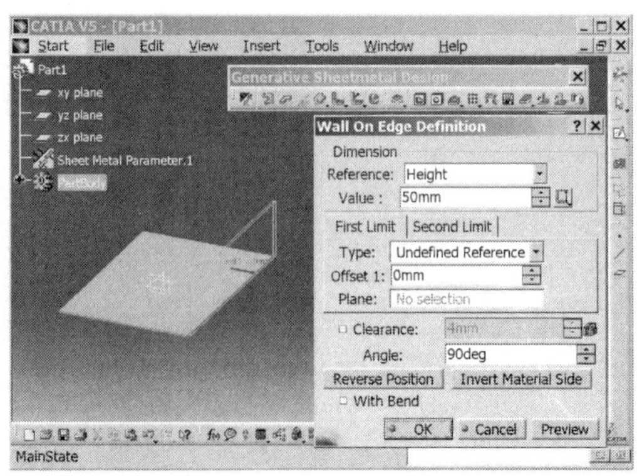

(d)

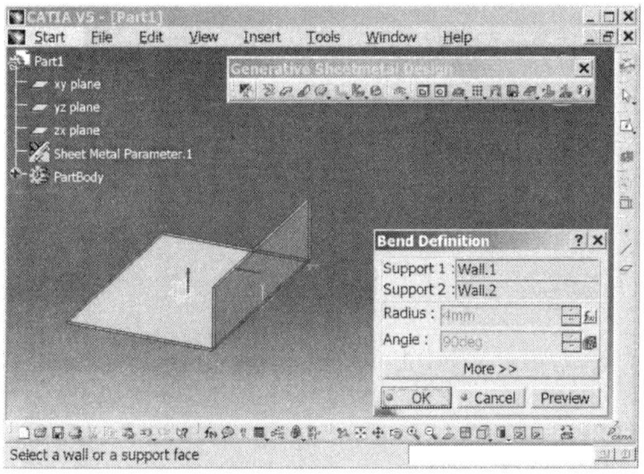

(e)

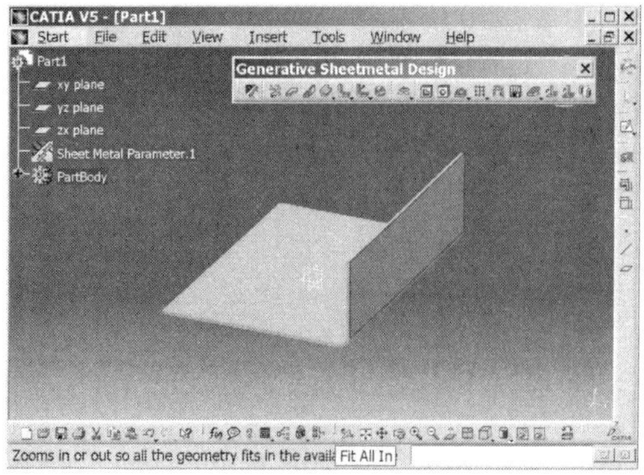

(f)

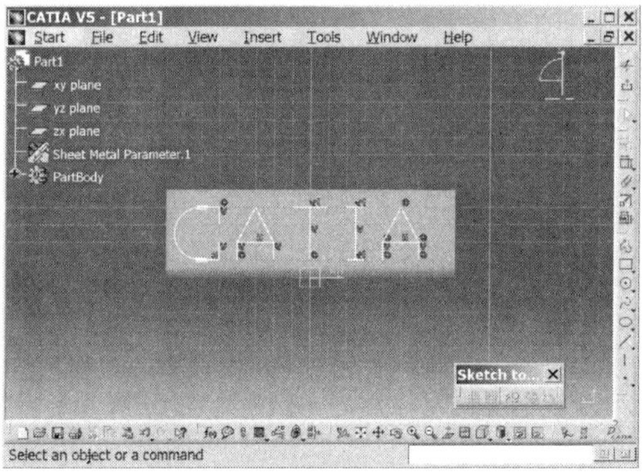

(g)

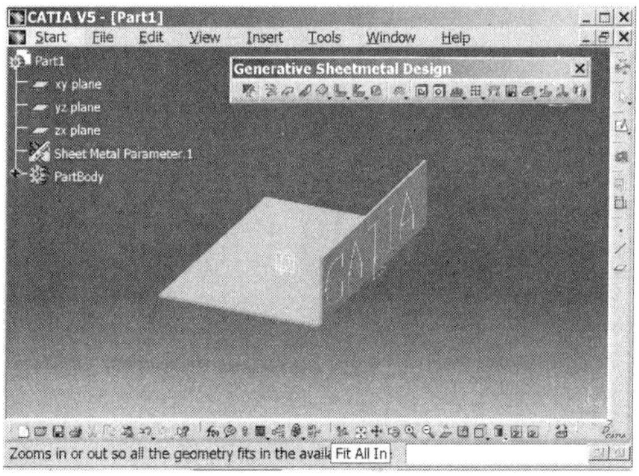

(h)

그림 5.15

예제 5.12 돌출(Extrusion)

xy plane, [그림 5.16(a)]

메뉴: Insert ▸ Profile ▸ Arc

Exit workbench를 클릭하여 3D 모우드로 들어간다.

메뉴: Insert ▸ Sheet Metal Parameters... [(b) 벽두께: 2mm, 굽힘반경: 4mm]

메뉴: Insert ▸ Rolled Wall... [(c)에서 50, 호 클릭]

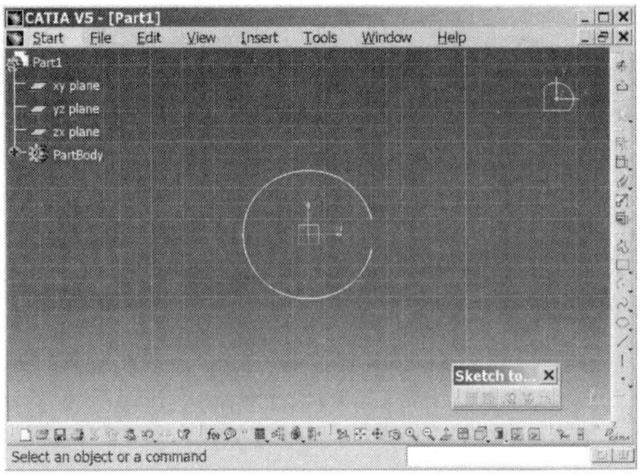

(a)

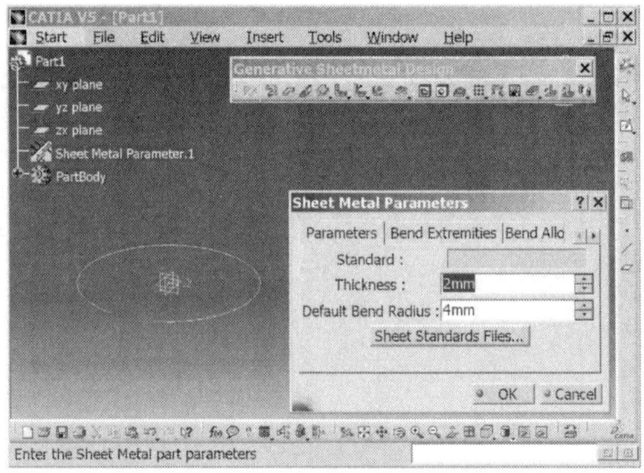

(b)

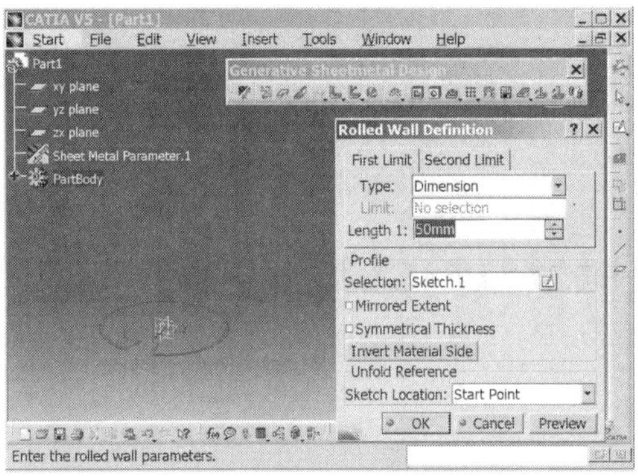

(c)

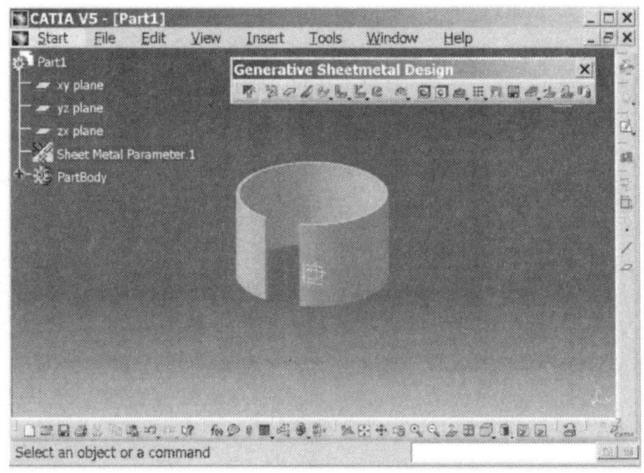

(d)

그림 5.16

예제 5.13

메뉴: Start ▶ Mechanical Design ▶ Wireframe & Surface 모우드로 들어간다.

xz plane, [그림 5.17(a)]

메뉴: Insert ▶ Profile ▶ Spline ▶ Spline... [(b)]

Exit workbench를 클릭하여 3D 모우드로 들어간다.

메뉴: Insert ▶ Surfaces ▶ Extrude [(c)에서 거리 150]

메뉴: Start ▶ Mechanical Design ▶ Sheet Metal Design 모우드로 들어간다.

xy plane, [(d)]

메뉴: Insert ▶ Profile ▶ Profile [(e)]

Exit workbench를 클릭하여 3D 모우드로 들어간다.

메뉴: Insert ▶ Sheet Metal Parameters... [(f) 벽두께: 2mm, 굽힘반경: 4mm]

메뉴: Insert ▸ Bends ▸ Extrusion [(g)에서 거리 50]

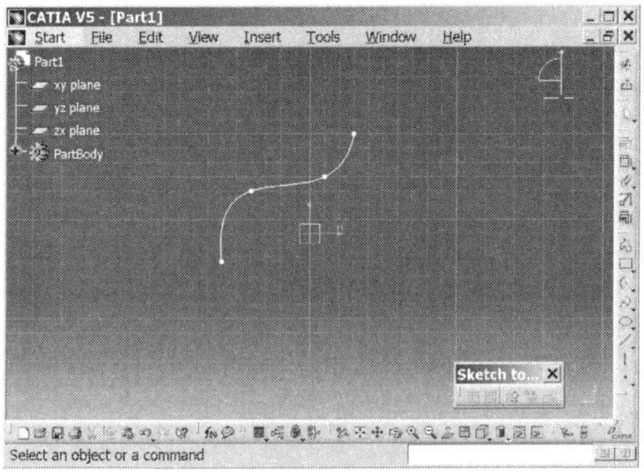

(a)

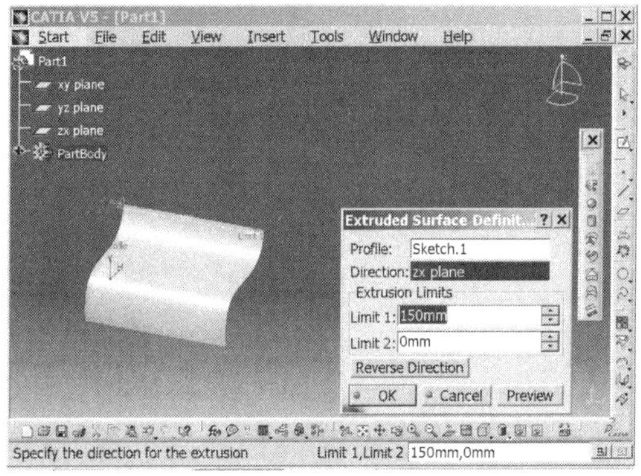

(b)

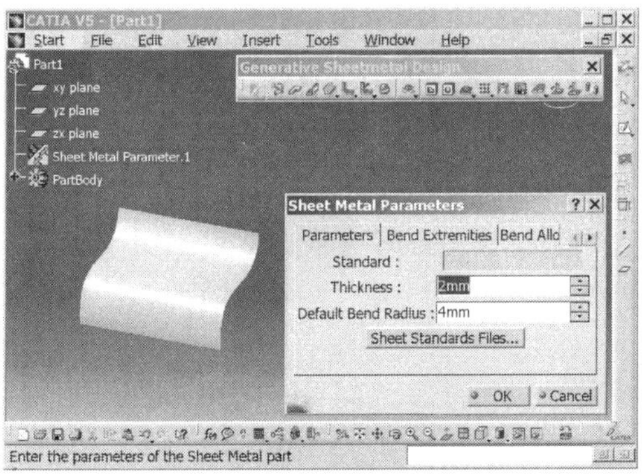

(c)

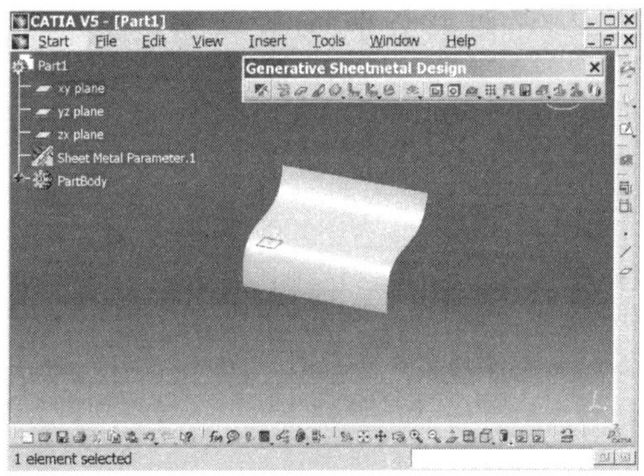

(d)

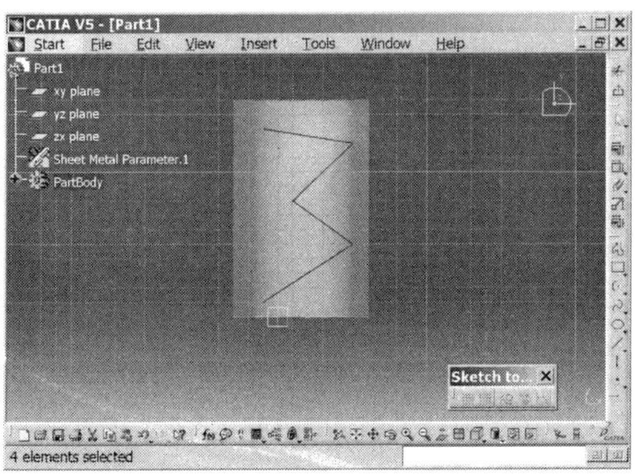

(e)

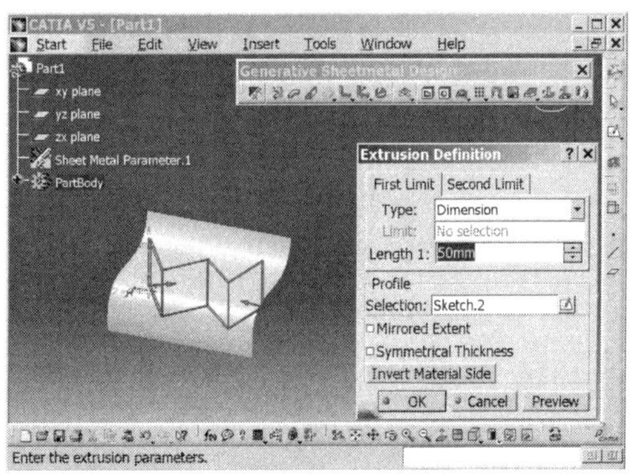

(f)

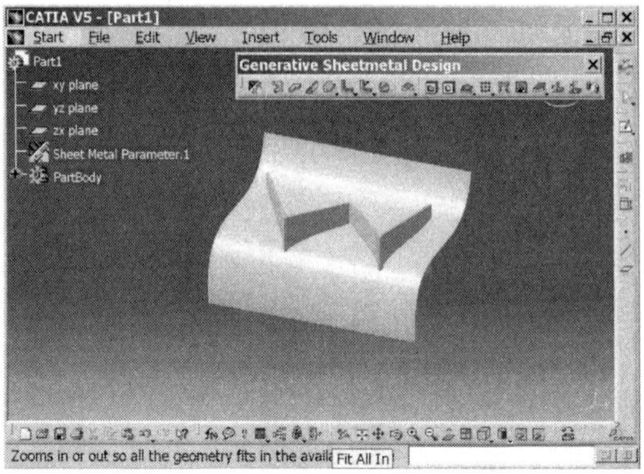

(g)

그림 5.17

예제 5.14 전개도(Unfolded View)

xy plane, [그림 5.18(a)]

메뉴: Insert ▸ Profile ▸ Predefined Profile ▸ Rectangle

Exit workbench를 클릭하여 3D 모우드로 들어간다.

메뉴: Insert ▸ Sheet Metal Parameters... [(b) 벽두께: 2mm, 굽힘반경: 4mm]

메뉴: Insert ▸ Wall... [(c)에서 직사각형 클릭]

메뉴: Insert ▸ Wall on Edges... [(d)에서 높이: 50, 벽 두께살 안쪽으로 방향 전환 화살표 클릭]

메뉴: Insert ▸ Bends ▸ Bends... [(e)에서 Wall1, Wall2 클릭, Wall1, Wall3 클릭, Wall1, Wall4 클릭, Wall1, Wall5 클릭]

메뉴: Insert ▸ Unfold ▸ Unfold... [(f)]

메뉴: Insert ▸ CornerRelief... [에서 툴팁을 클릭하여 Circular Profile 선택, (g)에서 Bend 1, Bend 2 클릭, 위와 같은 방법으로 Bend 2, Bend 3 클릭, Bend 3, Bend 4 클릭, Bend 4, Bend 1 클릭]

메뉴: Insert ▸ Unfold ▸ Unfold... [(h)]

Start ▸ Mechanical Design ▸ Drafting, 3각법

메뉴: Insert ▸ Views ▸ Projections ▸ Unfolded View [(i) 또는 (j)에서 판금 모델링의 밑면 클릭, 전개도 클릭]

(k)에서 테두리 선에 마우스 오른쪽 버튼을 눌러 특성(Properties) 선택, Axis 해제

(l)에서 치수 넣기

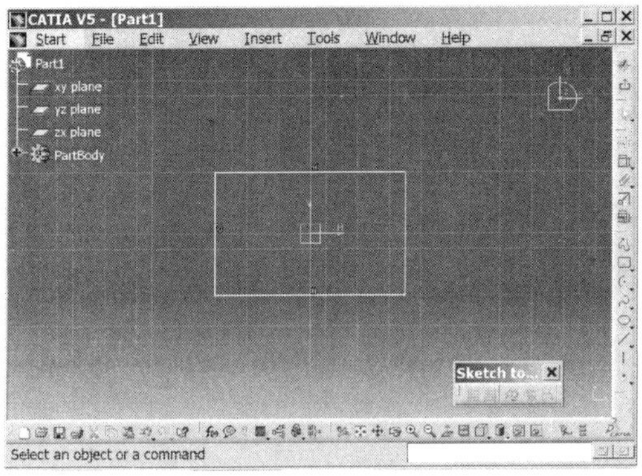
CATIA V5 - [Part1]
Start File Edit View Insert Tools Window Help
Part1
xy plane
yz plane
zx plane
PartBody
Sketch to...
Select an object or a command

(a)

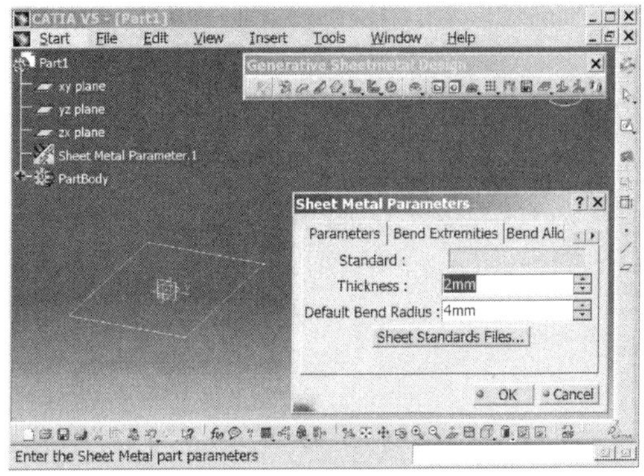
CATIA V5 - [Part1]
Start File Edit View Insert Tools Window Help
Generative Sheetmetal Design
Part1
xy plane
yz plane
zx plane
Sheet Metal Parameter.1
PartBody
Sheet Metal Parameters
Parameters
Bend Extremities
Standard :
Thickness : 2mm
Default Bend Radius : 4mm
Sheet Standards Files...
OK
Cancel
Enter the Sheet Metal part parameters

(b)

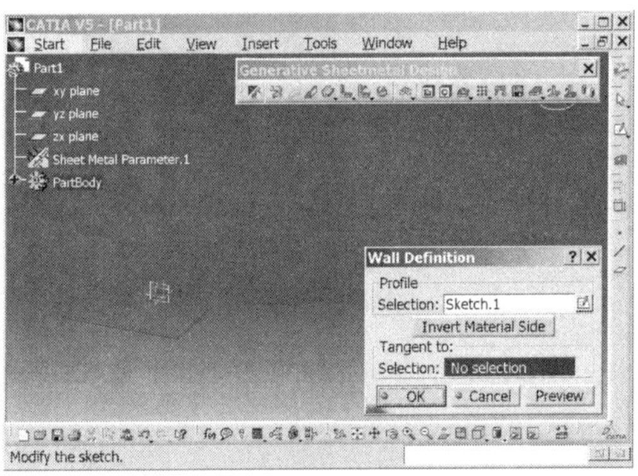
CATIA V5 - [Part1]
Start File Edit View Insert Tools Window Help
Generative Sheetmetal Design
Part1
xy plane
yz plane
zx plane
Sheet Metal Parameter.1
PartBody
Wall Definition
Profile
Selection: Sketch.1
Invert Material Side
Tangent to:
Selection: No selection
OK
Cancel
Preview
Modify the sketch.

(c)

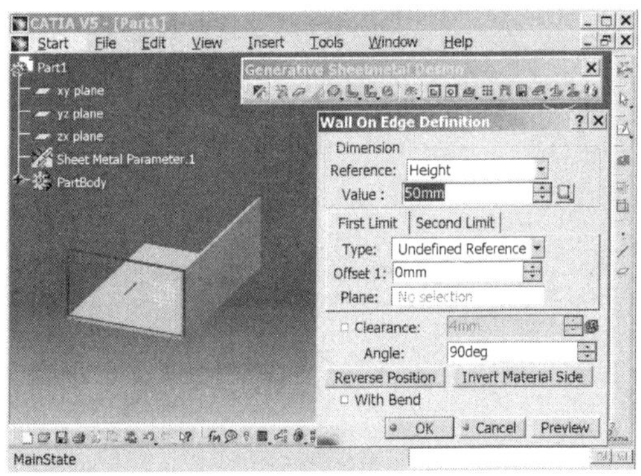
CATIA V5 - [Part1]
Start File Edit View Insert Tools Window Help
Generative Sheetmetal Design
Part1
xy plane
yz plane
zx plane
Sheet Metal Parameter.1
PartBody
Wall On Edge Definition
Dimension
Reference: Height
Value : 50mm
First Limit
Second Limit
Type: Undefined Reference
Offset 1: 0mm
Plane: No selection
Clearance: 4mm
Angle: 90deg
Reverse Position
Invert Material Side
With Bend
OK
Cancel
Preview
MainState

(d)

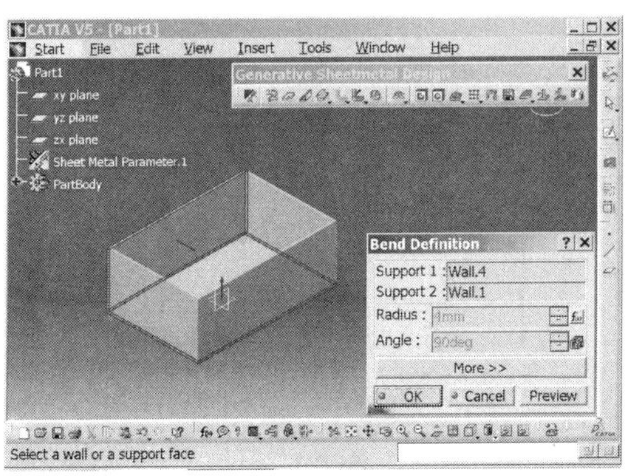
CATIA V5 - [Part1]
Start File Edit View Insert Tools Window Help
Generative Sheetmetal Design
Part1
xy plane
yz plane
zx plane
Sheet Metal Parameter.1
PartBody
Bend Definition
Support 1 : Wall.4
Support 2 : Wall.1
Radius : 4mm
Angle : 90deg
More >>
OK
Cancel
Preview
Select a wall or a support face

(e)

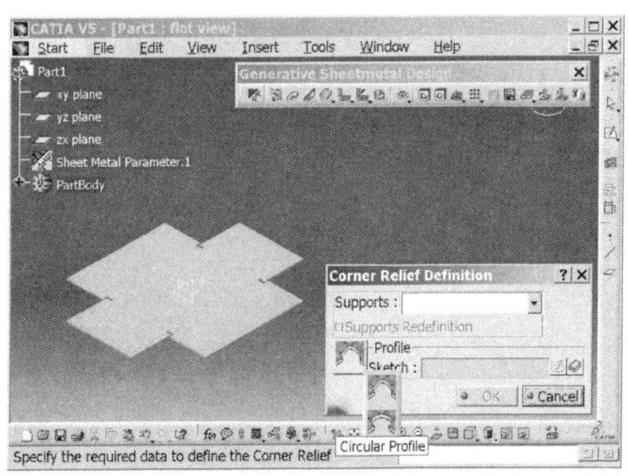
CATIA V5 - [Part1 : flat view]
Start File Edit View Insert Tools Window Help
Generative Sheetmetal Design
Part1
xy plane
yz plane
zx plane
Sheet Metal Parameter.1
PartBody
Corner Relief Definition
Supports :
Supports Redefinition
Profile
Sketch :
OK
Cancel
Circular Profile
Specify the required data to define the Corner Relief

(f)

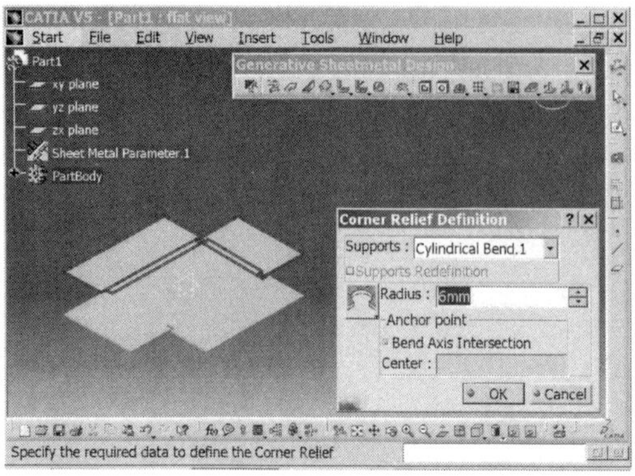

(g)

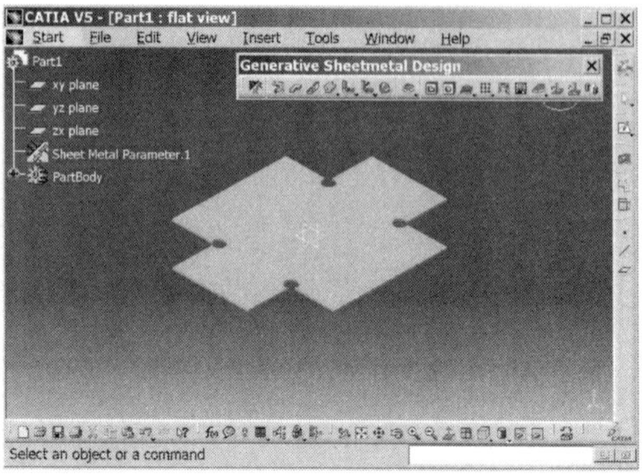

(h)

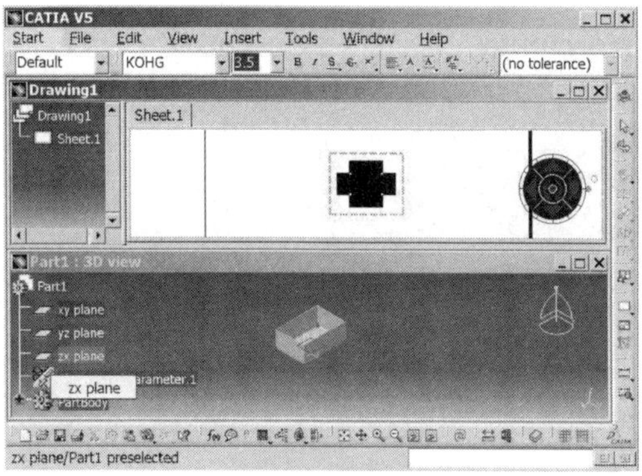

(i)

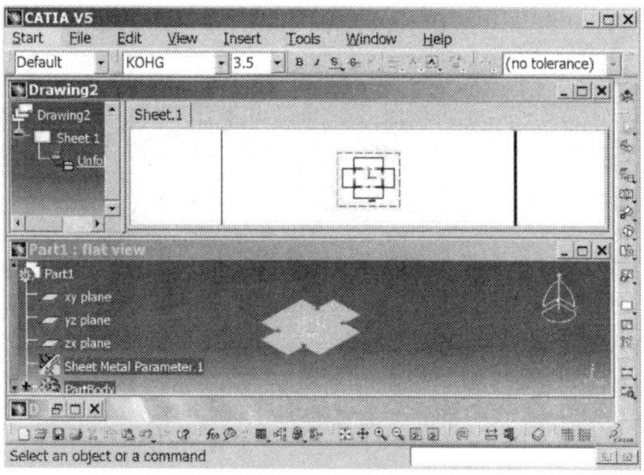

(j)

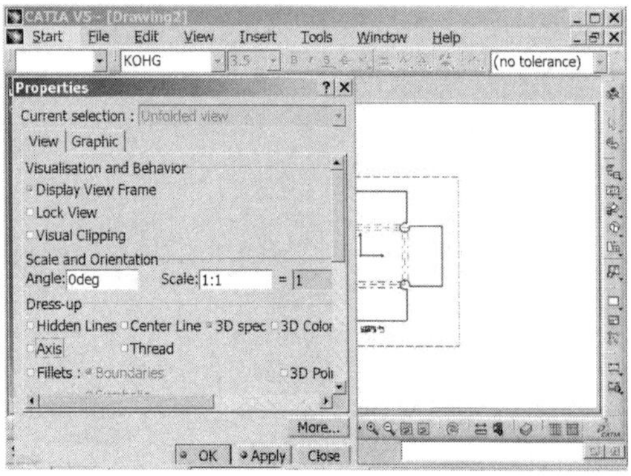

(k)

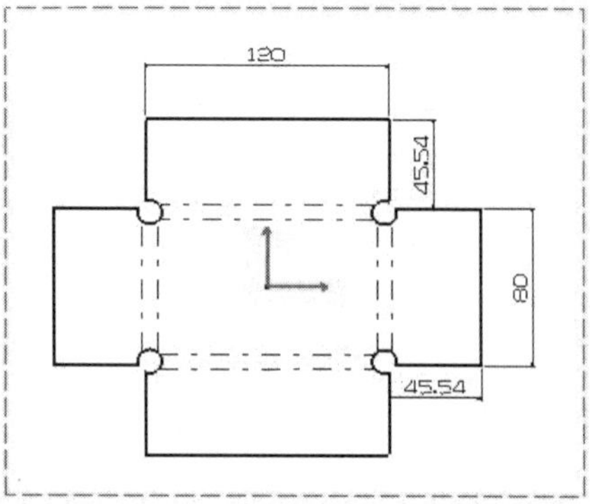

(l)

그림 5.18

6장 자유곡면

6.1 자유곡면의 개요

자유곡면(FreeStyle)은 평면을 만들어 이것을 원하는 형태로 변형시켜 동적으로 곡면을 모델링하는 것이다. 자유곡면은 다음과 같은 두 가지 방법으로 작업대에 들어간다.

① 자유곡면 설계작업을 처음 시작하기 위해서는 다음 그림 6.1과 같이 메뉴에서 시작(Start)을 눌러 자유곡면(FreeStyle) 작업대를 선택하여 들어간다.

메뉴: Start ▸ Shape ▸ FreeStyle [그림 6.1]

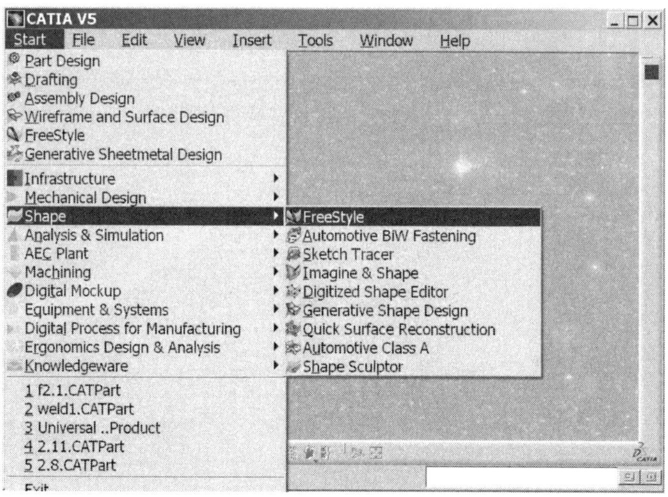

(a)

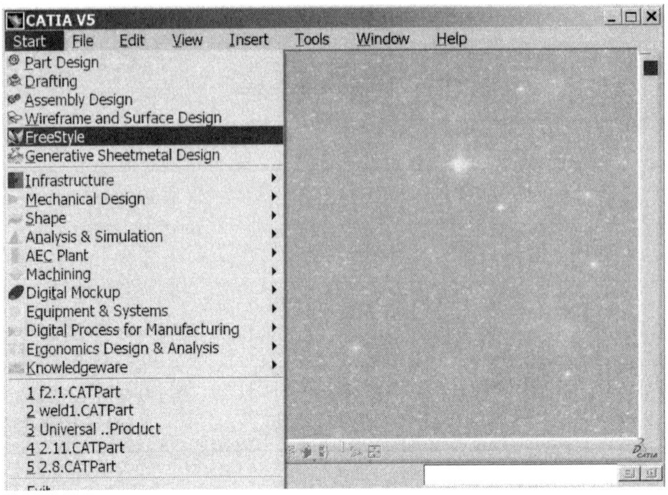

(b)

그림 6.1

② 두 번째 자유곡면 작업에 들어갈 때에는 다음 그림 6.2(a)와 같이 메뉴에서 파일(File)을 눌러 (b)와 같이 새 문서(New) 대화창에서 **형상**(Shape) 작업대로 들어간다.

메뉴: File ▸ New [그림 6.2(a)] 또는 그림 6.2(b) 파일(File) 대화창에서 곡면(Shape) 선택

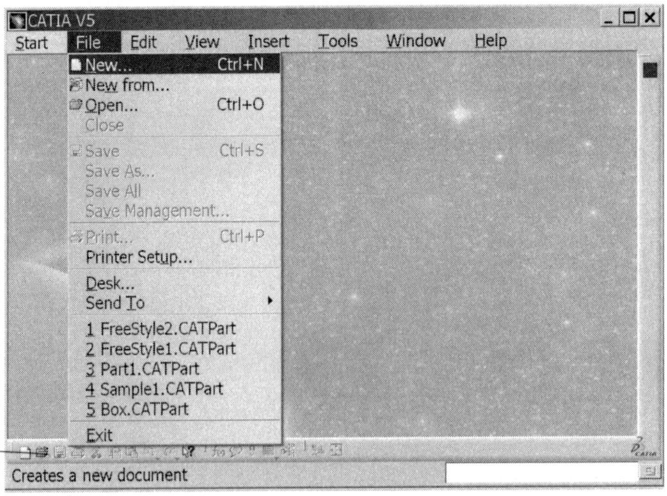

(a)

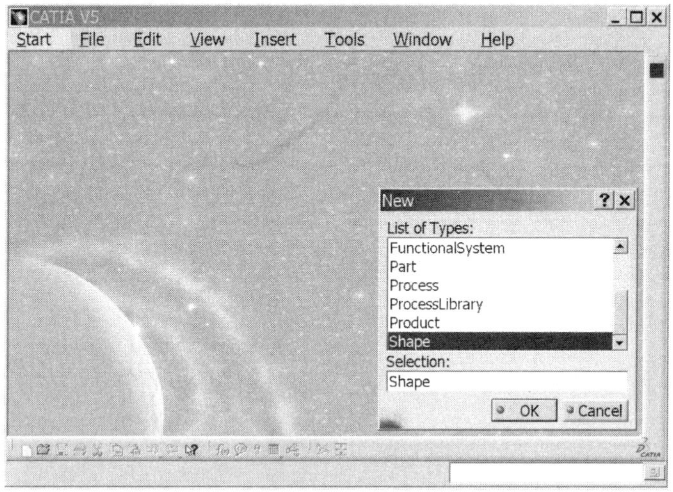

(b)

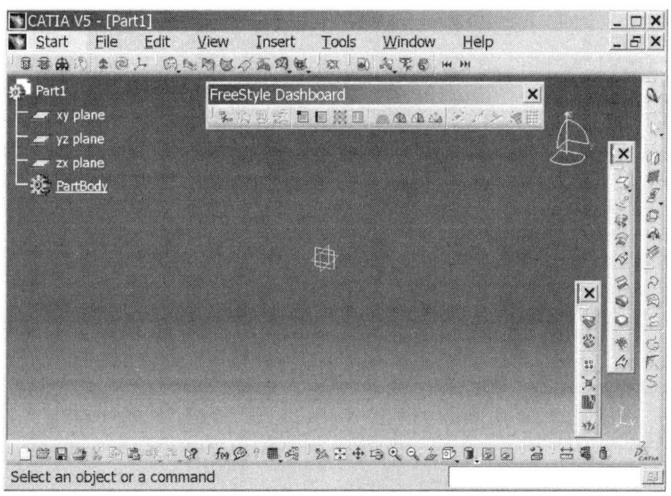

(c)

그림 6.2

6.2 자유곡면의 종류

[1] 평면패치(Planar Patches)

평면패치(Planar Patches)는 절대평면에 다음 표 6.1에서 보여 주는 바와 같은 여러 가지 방법으로 평면을 생성하는 것이다.

표 6.1 평면패치(Planar Patches)

	명 령 어	설 명
	Planar Patch(평면패치)	스펙트리에서 선택한 절대평면에 평면을 생성
	3-Point Patch(3점 패치)	스펙트리에서 선택한 절대평면에 3점으로 평면 생성
	4-Point Patch(4점 패치)	생성된 평면이나 곡면에 4점을 찍어 평면을 생성한다.
	Geometry Extraction (추출 곡면)	4점을 지정하여 곡면에 일치하는 부분 곡면을 생성한다.

예제 6.1 평면패치(Planar Patches)

메뉴: Insert ▸ Surface Creation ▸ Planar Patch

그림 6.3(a)에서 스펙트리의 xy 평면(xy plane)을 클릭하여 한 점을 찍어 드래그(drag)하여 마우스 오른쪽 버튼을 누르면 메시지 창이 뜨게 된다.

(b)에서 위수편집(位數編輯, Edit Orders)을 선택하면 U(L1), V(L2) 방향의 메시(mesh)의 수를 결정하고 닫기(Close)를 누른다.

(c)에서 치수편집(Edit Dimensions)을 선택하여 (d)에서 U(L1), V(L2) 방향의 거리를 입력한다.

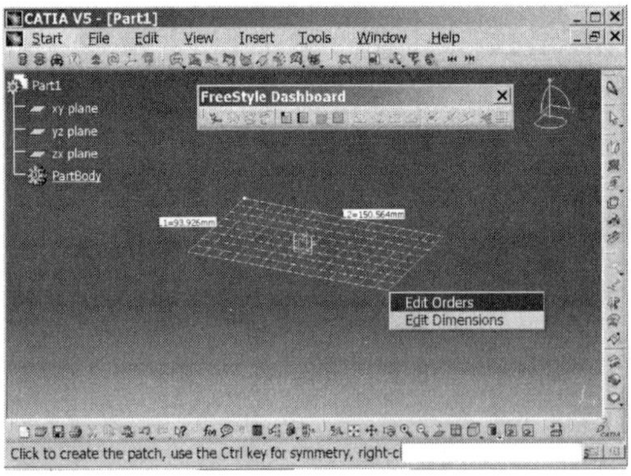

(a)

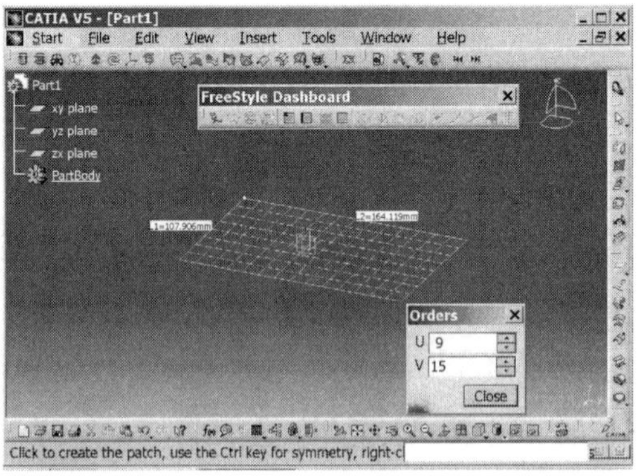

(b)

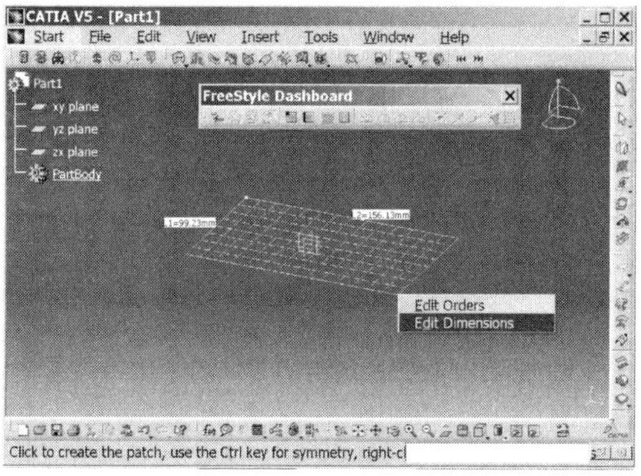

(c)

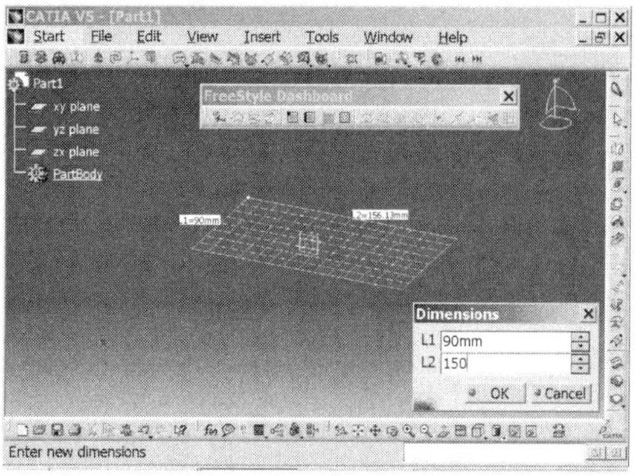

(d)

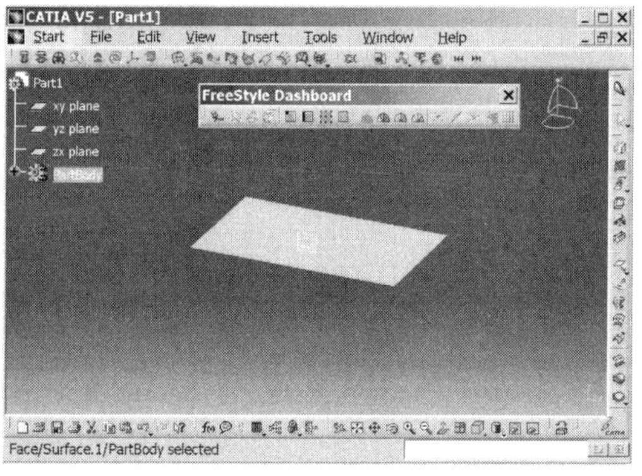

(e)

그림 6.3

[2] 점 제어(Control Points)

점 제어(Control Points)는 위 예제 6.1에서 만든 평면의 메시 값(mesh value)을 변화시켜 원하는 형상으로 만들려고 할 때 사용하는 명령들로서 메시 점(mesh points)들의 이동방향과 이동형태를 정의한다. 메시 점을 눌러 끌어 놓는 것은 각 점들의 상호관계에 의존하지만 메시 점과 메시 점 중간의 메시 선을 끌어 놓는 것은 지정한 메시 선 전체가 동시에 이동한다.

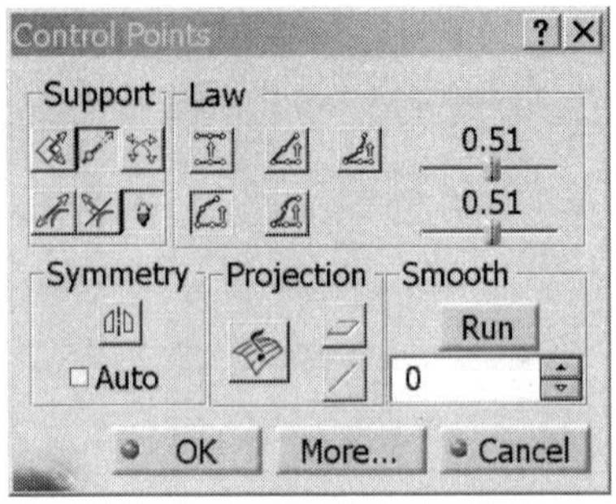

표 6.2 점 제어(Control Points)

	명 령 어	설 명
Support	아래 (1) 메시 점의 이동방향 참조	메시 점의 이동방향을 정의한다.
Law	아래 (2) 곡면의 형태 참조	메시 점의 형태를 정의한다.
	Projection(투영)	이동된 메시를 원래의 평면에 투영한다.
Run	Smooth(완화)→Run(실행)	곡면을 매끈하게 하여준다.
	Symmetry(대칭)	곡면을 선택한 평면에 대칭이 되게 한다.
	Select All(모두 선택)	메시 점을 모두 선택
	De-select All(모두 해제)	메시 점을 모두 해제
	Freeze(동결): ☑ Selection(선택)	선택(☑ Selection)을 클릭하면 한 점이나 한 선만을 선택한다.

(1) 메시 점의 이동방향

점 제어(Control Points) 대화창의 「Support」 영역에서 메시 점의 이동방향을 정의한다.

	명 령 어	설 명
	Translation in the Plane (평면이동)	스펙트리에서 지정한 절대평면 내에서만 메시 점을 이동
	Translation along the Direction (수직이동)	스펙트리에서 지정한 절대평면에 수직인 방향을 따라서 메시 점을 이동
	Translation along the Mesh Lines (메시 선 이동)	메시 선을 따라서 메시 점을 이동
	Translation along Local Tangents (접선이동)	곡면 메시 점의 접선을 따라서 메시 점을 이동
	Translation along Local Normals (법선이동)	곡면 메시 점의 법선을 따라서 메시 점을 이동
	Enable Local Plane Detections (국부평면을 유지)	곡면의 국부평면을 유지

(2) 곡면의 형태

점 제어(Control Points) 대화창의 「Law」 영역에서 곡면의 형태를 정의한다.

	명 령 어	설 명
	Move Selected Points Identically (동일거리 이동)	메시 점들을 동일한 거리로 이동
	Stretch Selected Points (직선형상)	메시 점들을 직선형으로 신장
	Move Selected Points using Concave law(오목형상 이동)	메시 점들을 오목한 형상으로 이동
	Move Selected Points using Convex law(볼록형상 이동)	메시 점들을 볼록한 형상으로 이동
	Move Selected Points using Bell Law(종 형상 이동)	메시 점들을 종 형상으로 이동
0.51 0.51	조정 패러미터[Adjust Parameter of the Law along U(위) and V(아래)]	, 에서만 제어가 가능하고, 숫자의 크기는 0과 1에서 변화된다.

또한 (오목형상)과 (볼록형상)은 곡면의 형태(Law)에 있는 키를 마우스로 눌러 밀어 수치를 변화시키면 곡면의 형상이 오목특성과 볼록특성이 변하게 된다.

표 6.3 형상수정(Shape Modifications)

	명 령 어	설 명
	Symmetry(대칭)	곡면을 지정하고 대칭면을 지정하여 대칭곡면을 만든다.
	Control Points(메시 제어)	메시 점이나 메시 선을 마우스로 눌러 끌어 놓아 곡면을 만든다.
	Match Surface(곡면접속)	두 곡면의 모서리를 지정하여 접속시킨다.
	Multi-side Match Surface (다면 접속)	여러 곡면의 모서리를 지정하여 접속시킨다.
	Extend(신장)	모서리에 생기는 점을 밀어 신장한다.

표 6.4 편집(Operations)

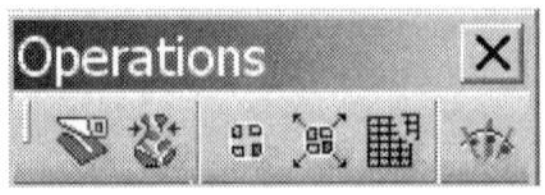

	명 령 어	설 명
	Break Surface or Curve	곡면 또는 곡선 절단
	Untrim Surface or Curve	곡면 또는 곡선 절단 복원
	Concatenate	집결
	Fragmentation	분해

표 6.5 곡선생성(Curve Creation)

	명 령 어	설 명
	3D Curve(3차원 곡선)	3차원 곡선을 점에 의해 생성
	Curve on Surface(곡면상의 곡선)	곡면에 접하는 자유곡선을 그린다.
	Project Curve(곡선투영)	곡면이나 평면에 자유곡선을 투영
	FreeStyle Blend Curve(곡선연결)	두 개의 곡선을 자유곡선으로 연결

표 6.6 곡면생성(Surface Creation)

	명 령 어	설 명
	Extrude(돌출곡면)	선(직선 또는 곡선)을 돌출시켜 면을 생성한다.
	Revolve(회전곡면)	선(직선 또는 곡선)을 회전시켜 면을 생성한다.
	Offset(옵셋)	모 곡면에 대하여 수직으로 곡면을 이동한다.
	Fill(채우기)	곡면의 모서리를 경계로 하는 곡면을 생성
	Blend(곡면 연결)	두 곡면 연결한다.

[3] 자유곡면 대시보드(FreeStyle Dashboard)

자유곡면 대시보드(FreeStyle Dashboard)는 곡면 생성 작업시에 제어점이나 제어선을 선택하는 도구들이다.

표 6.7 자유곡면 대시보드(FreeStyle Dashboard)

	명 령 어	설 명
	Snap on vertex	꼭짓점에 스냅
	Snap on Edge	모서리에 스냅
	Snap on Cpt	메시 점의 가장 근처 점에 스냅
	Snap on Segment	가장 가까운 분절에 스냅
	Continuity	연속
	U, V Orders	U, V 위수

예제 6.2 평면이동

앞의 예제 6.1에서와 같이 평면을 생성

메뉴: Insert ▸ Shape Modification ▸ Point Controls... [스펙트리에서 xy plane을 지정, 생성된 평면의 모서리를 클릭]

그림 6.4(a) Control Points→Support→, Law→, Cancel

(b) Control Points→Support→, Law→, Cancel

(c) Control Points→Support→, Law→, Cancel

(d) Control Points→Support→, Law→, Cancel

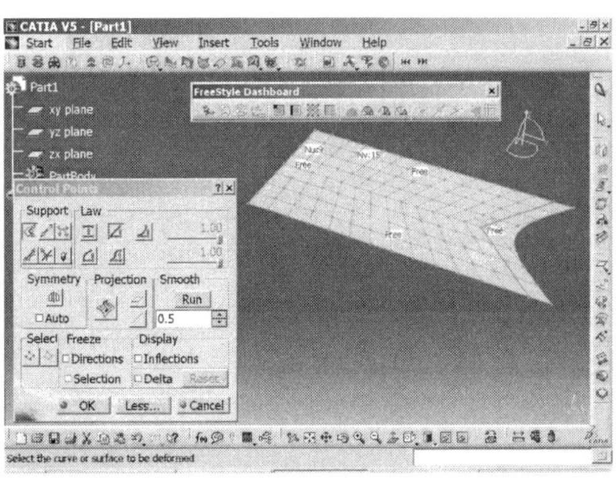

(a)

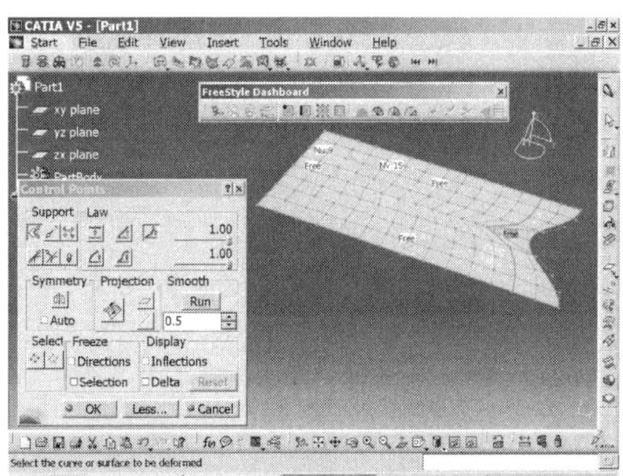

(b)

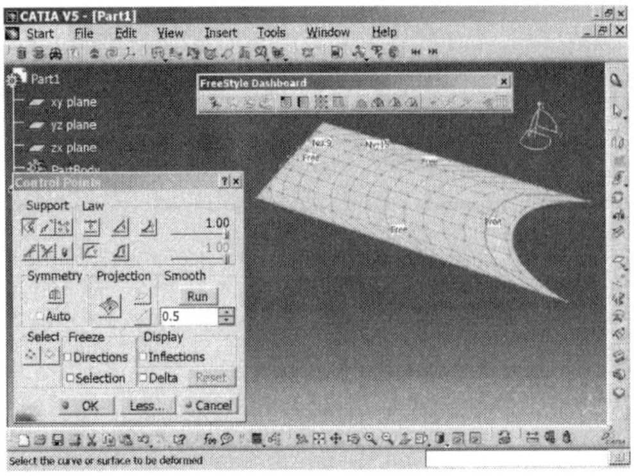

(c)

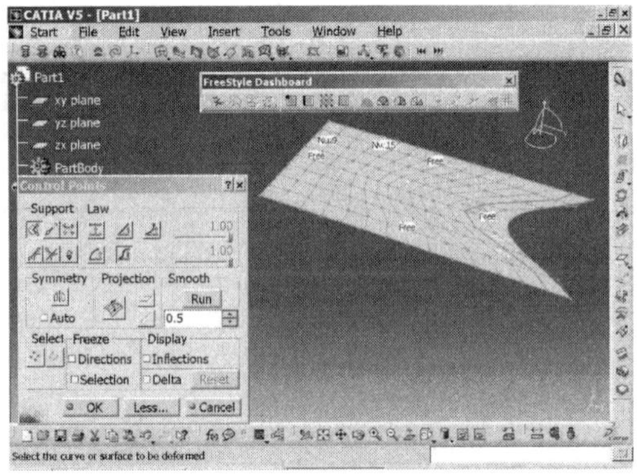

(d)

그림 6.4

예제 6.3 수직이동

앞의 예제 6.1에서와 같이 평면을 생성

메뉴: Insert ▸ Shape Modification ▸ Point Controls... [스펙트리에서 xy plane을 지정, 는 xy plane에 수직인 방향으로 변형한다. 생성된 평면을 클릭]

그림 6.5(a) Control Points→Support→, Law→, Cancel

(b) Control Points→Support→, Law→, Cancel

(c) Control Points→Support→, Law→, Cancel

(d) Control Points→Support→, Law→, Cancel

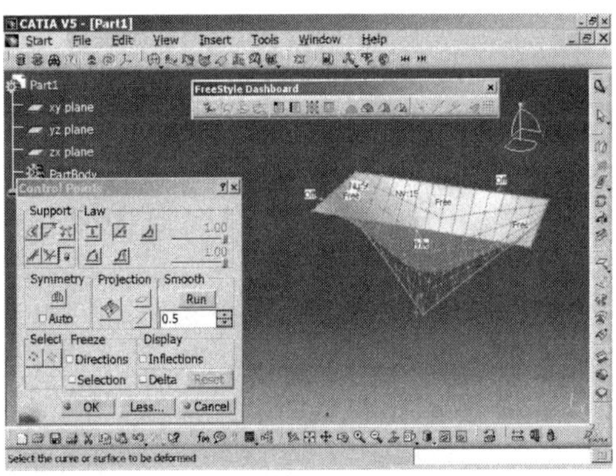

(a)

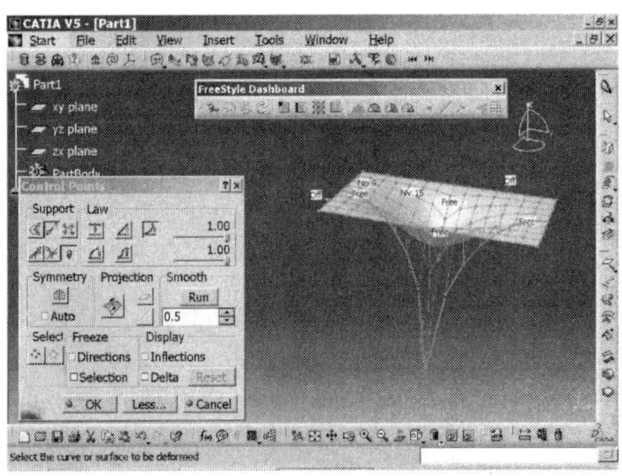

(b)

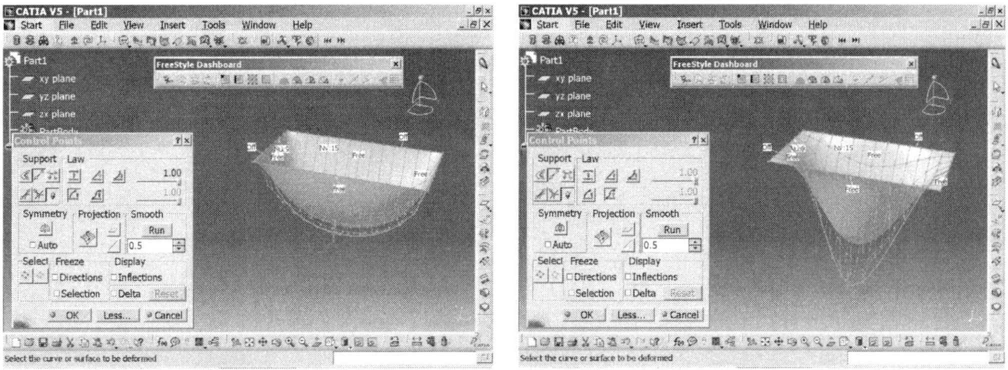

(c) (d)

그림 6.5

예제 6.4 법선이동

앞의 예제 6.1에서와 같이 평면을 생성

메뉴: Insert ▸ Shape Modification ▸ Point Controls... [생성된 평면을 클릭]

는 메시 점이 곡면에 수직인 법선방향으로 이동한다.

그림 6.6(a) Control Points→Support→, Law→, Cancel

(b) Control Points→Support→, Law→, Cancel

(c) Control Points→Support→, Law→, Cancel

(d) Control Points→Support→, Law→, Cancel

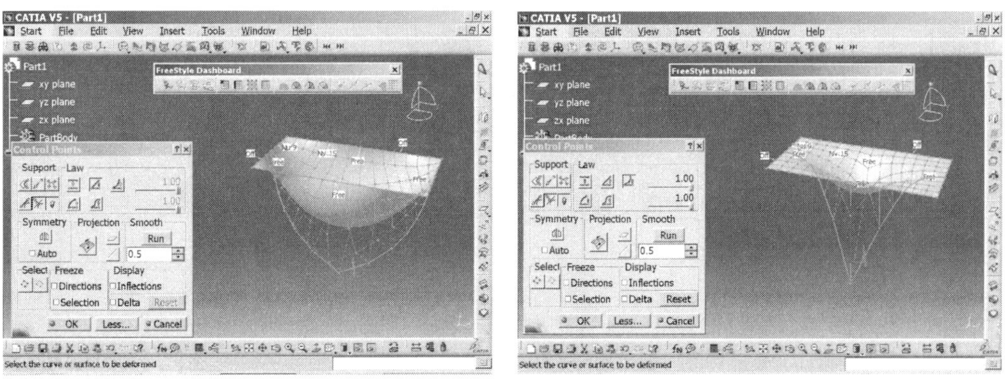

(a) (b)

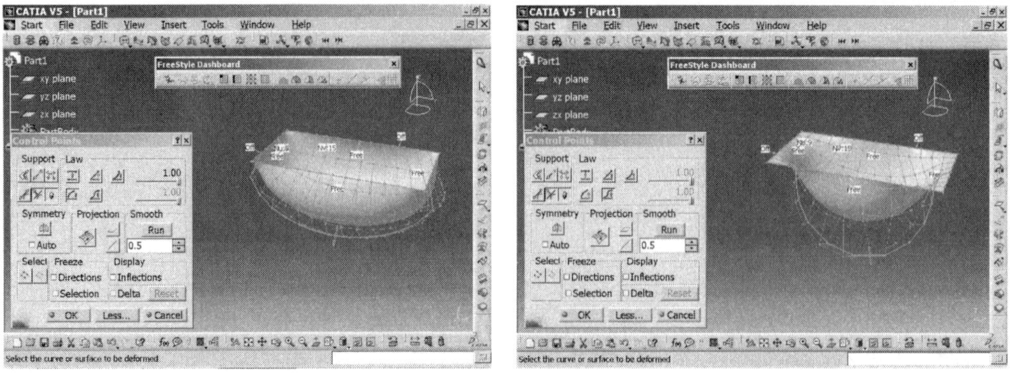

(c) (d)

그림 6.6

예제 6.5 국부평면을 유지(Enable Local Plane Detection): U, V 방향의 평면조직을 유지하거나 유지 않는 것.

을 선택하면 U, V 방향에 off 가 나타나는 데 여기에 마우스 오른쪽 버튼을 누르면 다음과 같은 메시지가 뜨게 된다.

①Do not keep planar organization along U, or V: (off)

②Keep planar organization along U, or V: (on)

여기에서 ②를 선택하면 U, V 방향의 평면조직을 유지하지만 ①을 선택하면 유지하지 않는다. 다음 예제를 통하여 살펴보도록 하자.

앞의 예제 6.1에서와 같이 평면을 생성

메뉴: Insert ▸ Shape Modification ▸ Point Controls... [생성된 평면을 클릭]

(off인 경우): 국부적인 평면을 유지하지 않고 일반의 경우와 같다.

(on인 경우): 국부적인 평면을 유지한다.

그림 6.7(a) off, 위의 ①을 선택

(b) Control Points→Support→, (off인 경우), Law→, Cancel

(c) off, 위의 ②를 선택

(d) Control Points→Support→, (on인 경우), Law→, Cancel

다시 말하면 (d)는 국부적인 평면조직을 유지하기 위해 돔형의 곡률이 작지만 (b)는 국부적인 평면조직을 유지하지 않기 때문에 돔형의 곡률이 크게 된다.

(a)

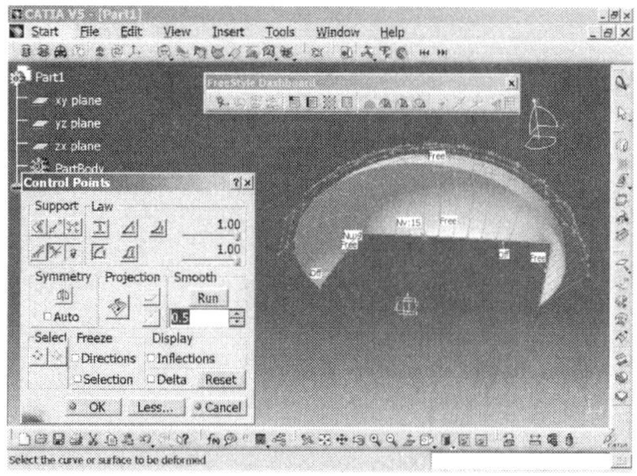

(b)

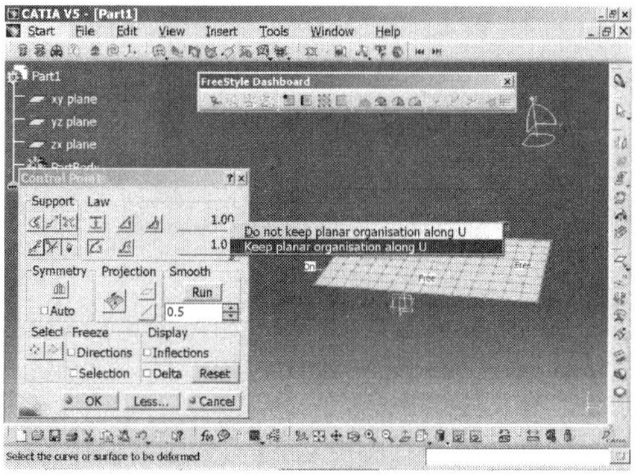

(c)

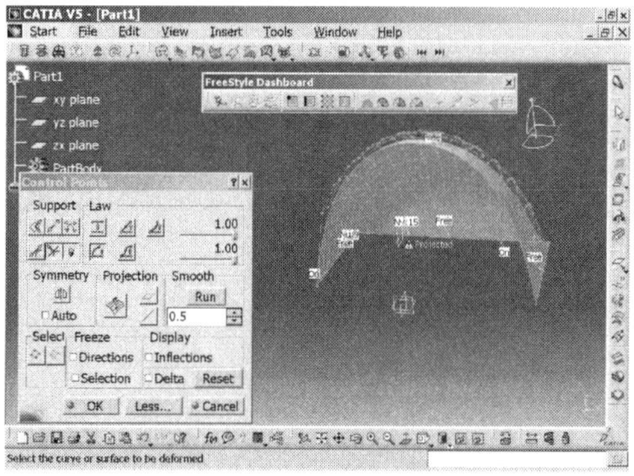

(d)

그림 6.7

예제 6.6 수직이동시의 조정 패러미터의 영향

앞의 예제 6.1에서와 같이 평면을 생성

메뉴: Insert ▸ Shape Modification ▸ Point Controls... [스펙트리에서 xy plane을 지정, 생성된 평면을 클릭]

그림 6.8(a) Control Points→Support→, Law→, 1.0, Cancel

(b) Control Points→Support→, Law→, 0.51, Cancel

(c) Control Points→Support→, Law→, 0.0, Cancel

(d) Control Points→Support→, Law→, 1.0, Cancel

(e) Control Points→Support→, Law→, 0.51, Cancel

(f) Control Points→Support→, Law→, 0.0

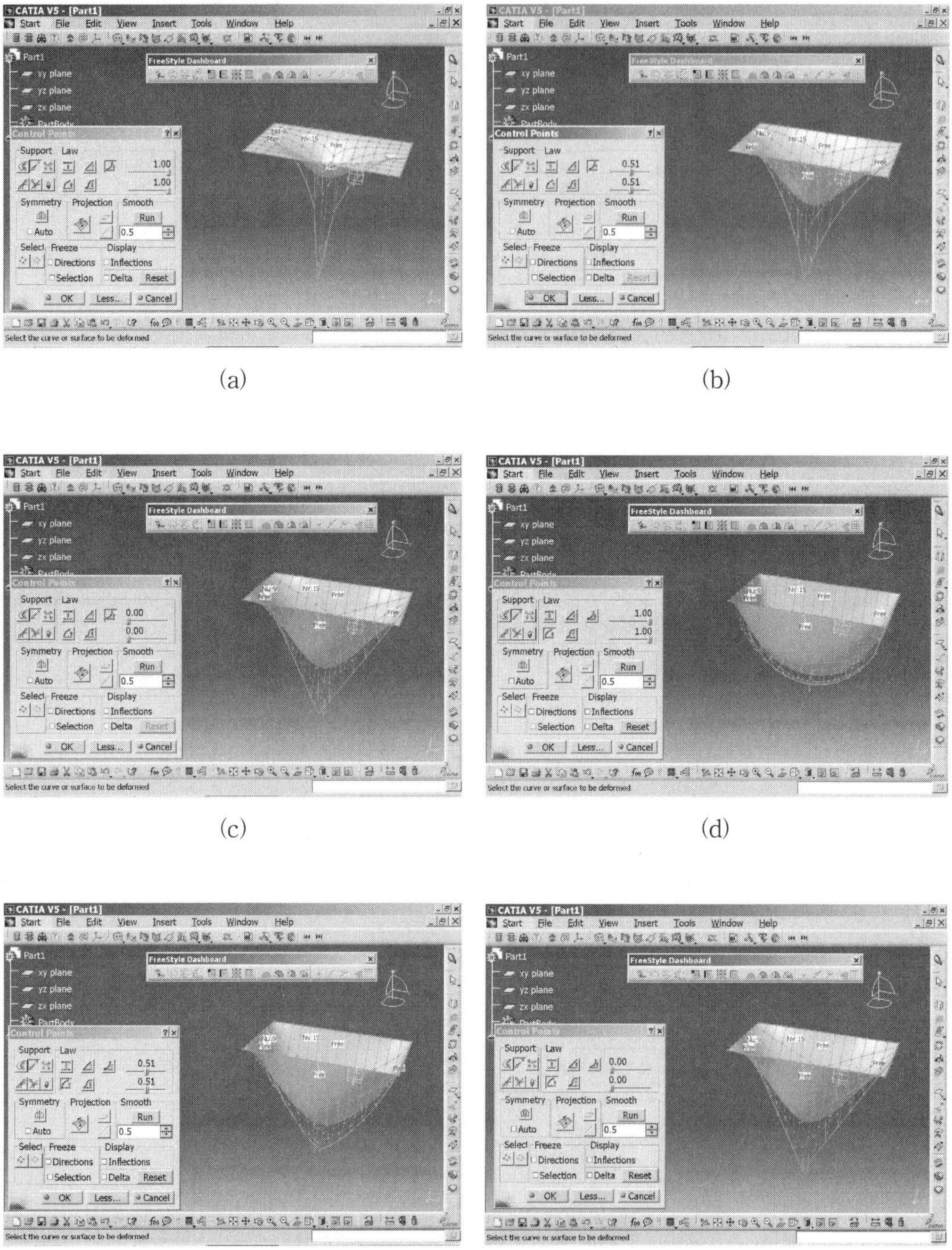
CATIA V5 - [Part1]
Start File Edit View Insert Tools Window Help
Part1
xy plane
yz plane
zx plane
FreeStyle Dashboard
Control Points
Support Law
Symmetry Projection Smooth
Run
Auto
Select Freeze Display
Directions Inflections
Selection Delta Reset
OK Less... Cancel
Select the curve or surface to be deformed

(a) (b)

(c) (d)

(e) (f)

그림 6.8

예제 6.7 법선이동시의 조정 패러미터의 영향

앞의 예제 6.1에서와 같이 평면을 생성

메뉴: Insert ▸ Shape Modification ▸ Point Controls... [스펙트리에서 xy plane을 지정, 생성된 평면을 클릭]

그림 6.9(a) Control Points→Support→, Law→, 1.0, Cancel

(b) Control Points→Support→, Law→, 0.51, Cancel

(c) Control Points→Support→, Law→, 0.0, Cancel

(d) Control Points→Support→, Law→, 1.0, Cancel

(e) Control Points→Support→, Law→, 0.51, Cancel

(f) Control Points→Support→, Law→, 0.0, Cancel

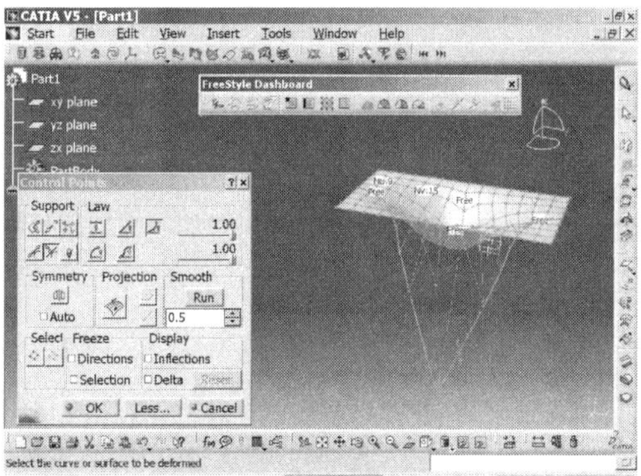

(a)

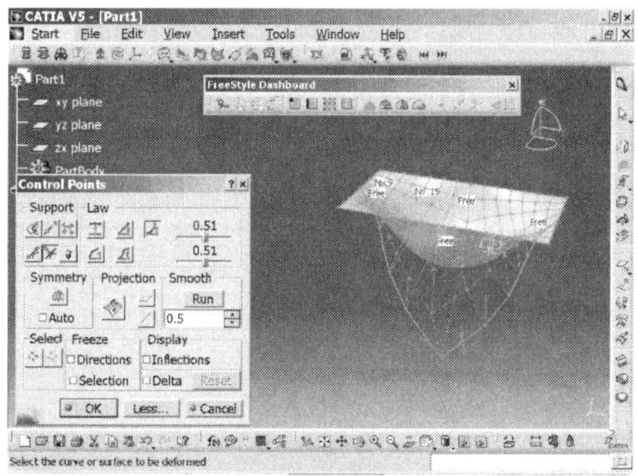

(b)

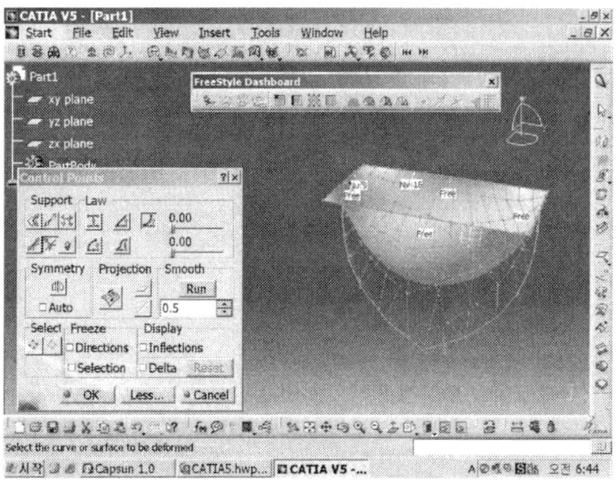

(c)

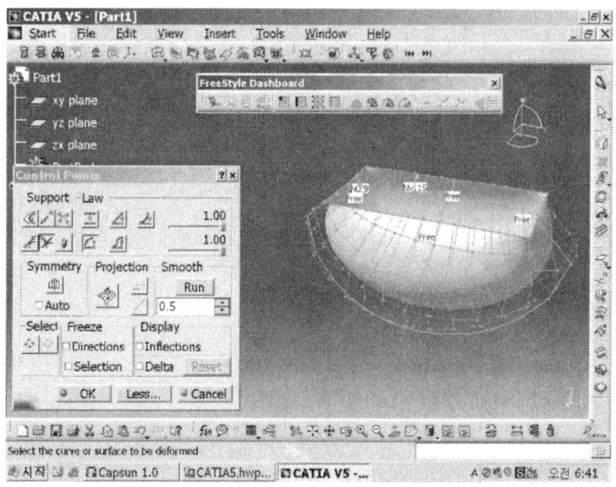

(d)

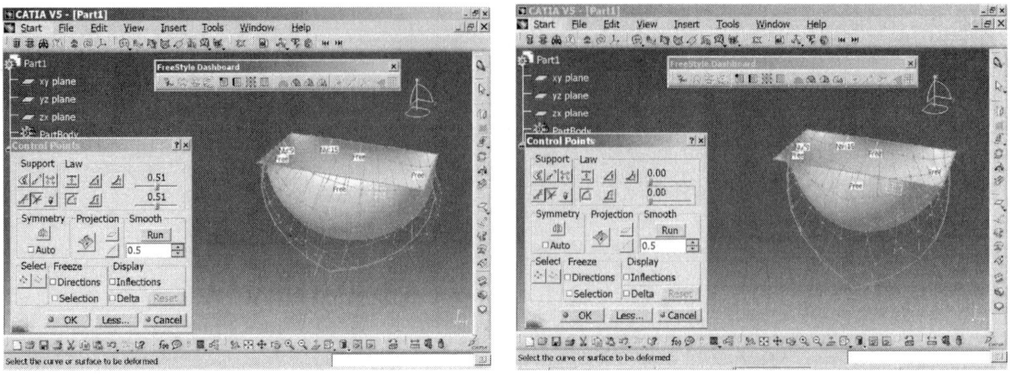

(e) (f)

그림 6.9

예제 6.8 조율(Tuner)

앞의 예제 6.1에서와 같이 평면을 생성

메뉴: Insert ▸ Shape Modification ▸ Point Controls... [생성된 평면을 클릭]

Control Points→Support→, Law→

그림 6.10(a)에서 수정하고자 하는 점에 마우스 오른쪽 버튼을 누르고 수정(Edit)을 선택하면 (b)와 같이 조율(Tuner) 대화창이 뜨는 데 여기에서 좌표값을 변화시켜 위치를 변화시킬 수 있다.

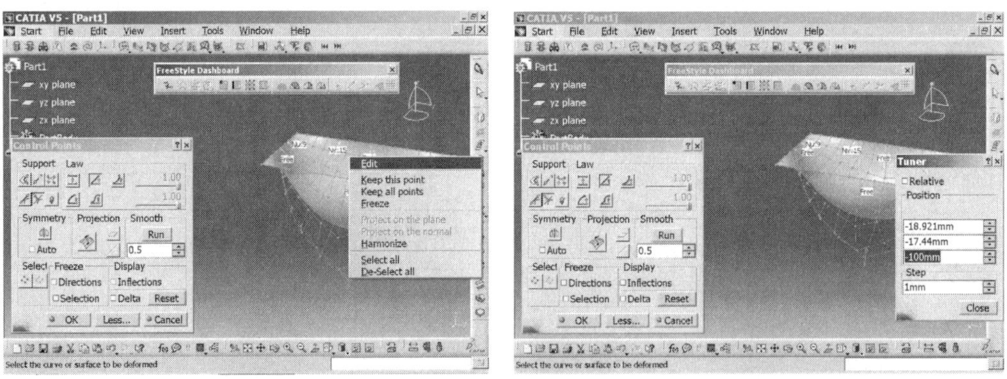

(a) (b)

그림 6.10

예제 6.9 평면위의 새 자유곡면

앞의 예제 6.1에서와 같이 평면을 생성

메뉴: Insert ▸ Surface Creation ▸ 3-Point Patch [그림 6.11(a)에서 평면위에 3점을 찍어 마우스 오른쪽 버튼을 누르고 위수편집(Edit Orders) 및 치수편집(Edit Dimension) 선택, (b)에서 치수 입력, (c)에서 생성된 평면.2(Surface.2)에 마우스 오른쪽 버튼을 누르고 특성(Properties)을 선택, (d)에서 색상 선택]

메뉴: Insert ▸ Shape Modification ▸ Point Controls... [생성된 평면을 클릭]

Control Points→Support→, Law→

메뉴: Insert ▸ Surface Creation ▸ 4-Point Patch [(a)에서 4점을 찍어 마우스 오른쪽 버튼을 누르고 위수편집(Edit Orders) 및 치수편집(Edit Dimension) 선택, (b)에서 치수 입력, (c)에서 생성된 평면.2(Surface.2)에 마우스 오른쪽 버튼을 누르고 특성(Properties)을 선택, (d)에서 색상 선택]

메뉴: Insert ▸ Shape Modification ▸ Point Controls... [생성된 평면을 클릭]

Control Points→Support→, Law→

메뉴: Insert ▸ Surface Creation ▸ 4-Point Patch [(d)에서 위수 및 치수 입력]

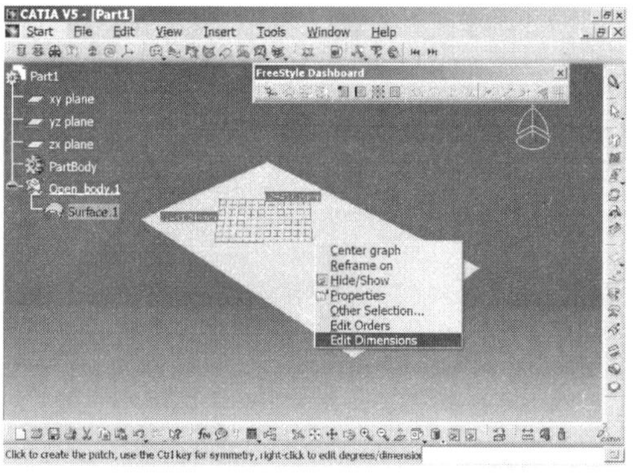

(a)

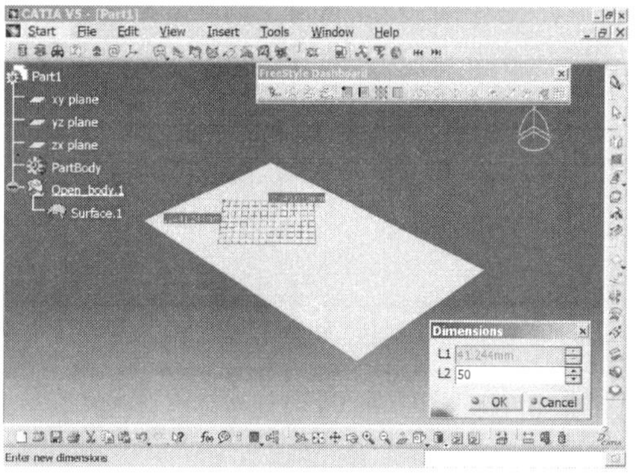

(b)

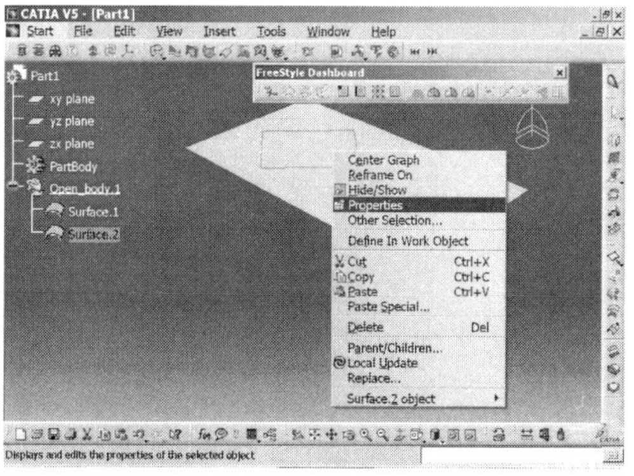

(c)

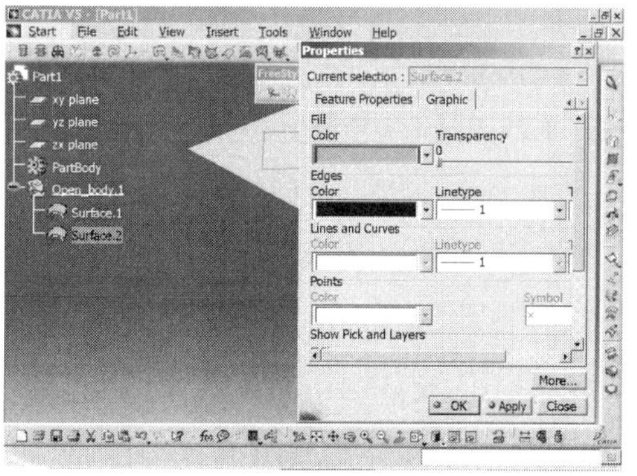

(d)

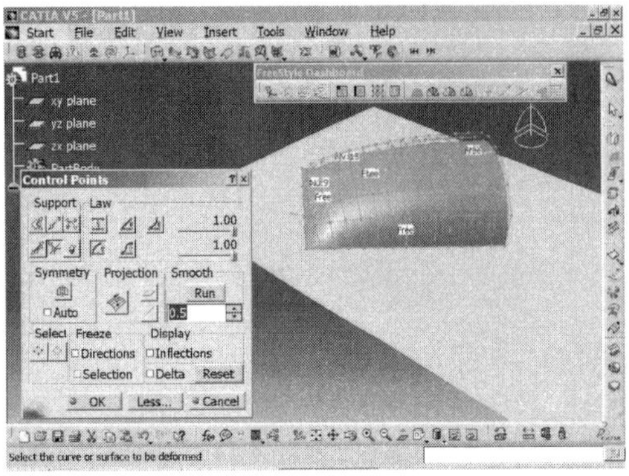

(e)

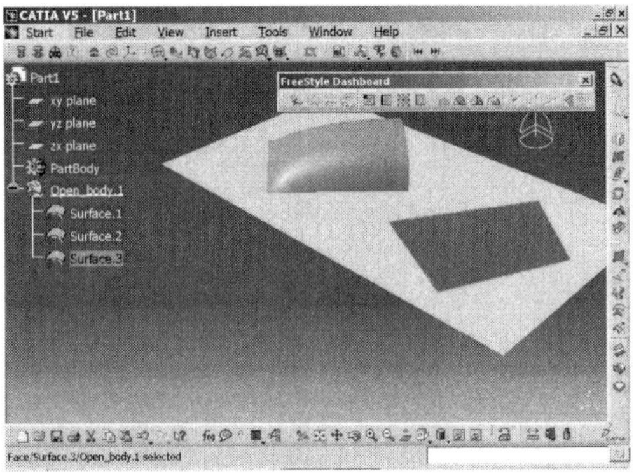

(f)

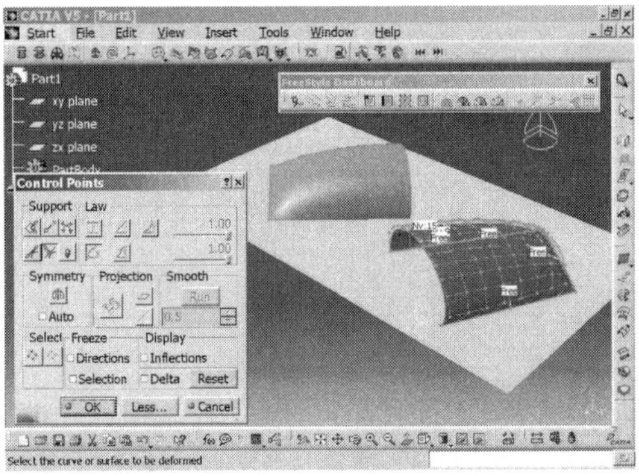

(g)

그림 6.11

예제 6.10 곡면에 접하는 곡면 생성

앞의 예제 6.1에서와 같이 평면을 생성

메뉴: Insert ▸ Shape Modification ▸ Point Controls... [그림 6.12에서 생성된 평면을 클릭, Control Points→Support→, Law→]

메뉴: Insert ▸ Surface Creation ▸ Geometry Extraction [(b)에서 곡면에 두 점을 찍어 곡면에 접해 있는 곡면을 생성, (c)에서 마우스 오른쪽 버튼을 누르고 특성(Property)을 선택하여 (d)에서 색깔을 바꾼다.]

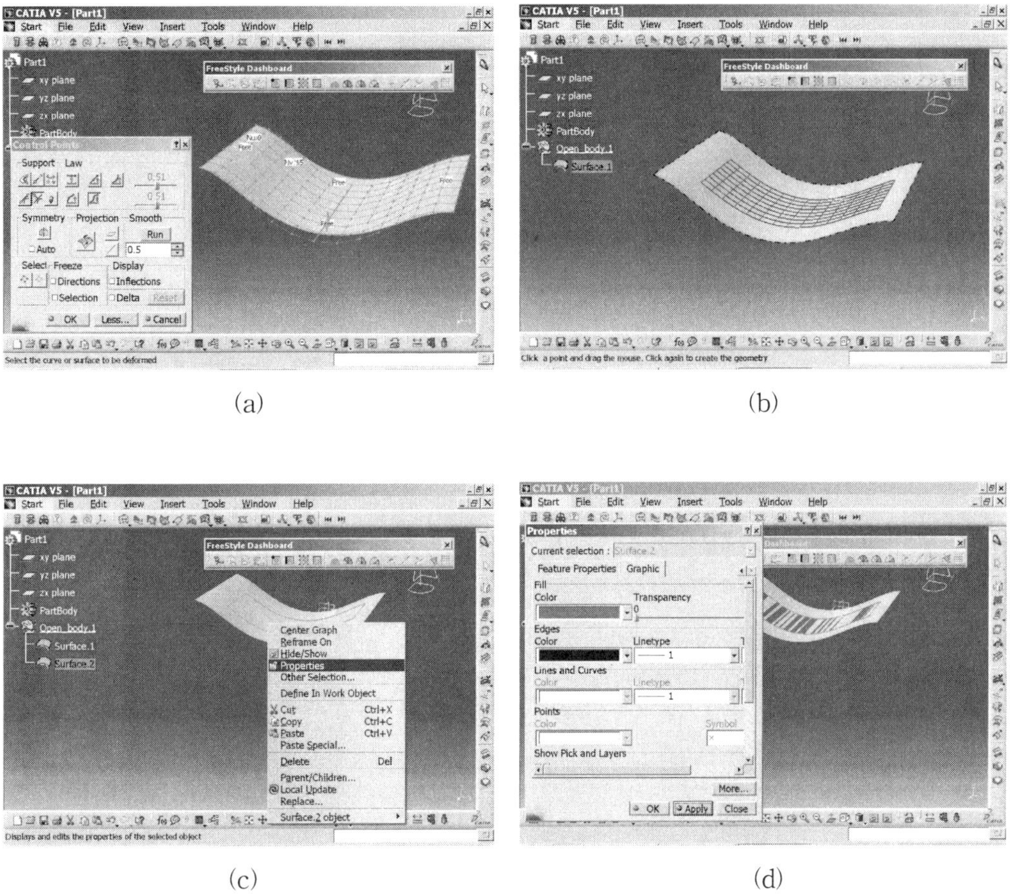

그림 6.12

예제 6.11 곡면연결

메뉴: Insert ▶ Surface Creation ▶ Planar Patch [그림 6.13(a)에서 (U, V)= (50,70)]

메뉴: Insert ▶ Shape Modification ▶ Point Controls... [생성된 평면을 클릭]

Control Points→Support→, Law→, 1.0

메뉴: Insert ▶ Surface Creation ▶ Planar Patch [(b)에서 (U, V)= (40, 60)]

메뉴: Insert ▶ Shape Modification ▶ Point Controls... [생성된 평면을 클릭]

Control Points→Support→, Law→, 1.0 [(c)]

메뉴: Insert ▶ Surface Creation ▶ Blend Surface [(d), (e)에서 연결하고자 하는 두 평면의 모서리를 클릭]

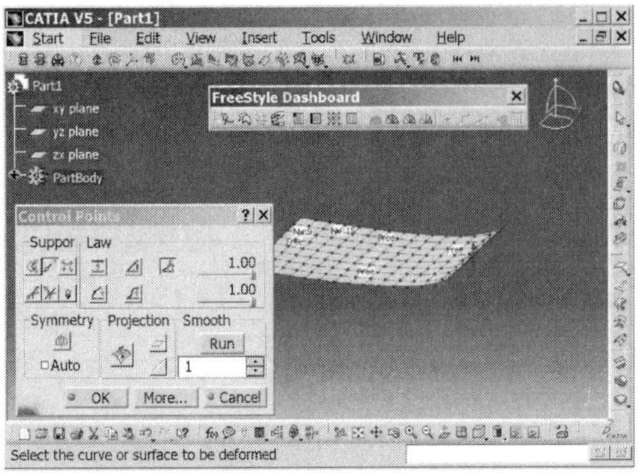
CATIA V5 - [Part1]
Start File Edit View Insert Tools Window Help
Part1
xy plane
yz plane
zx plane
PartBody
FreeStyle Dashboard
Control Points
Suppor Law
1.00
1.00
Symmetry Projection Smooth
Run
Auto
1
OK More... Cancel
Select the curve or surface to be deformed

(a)

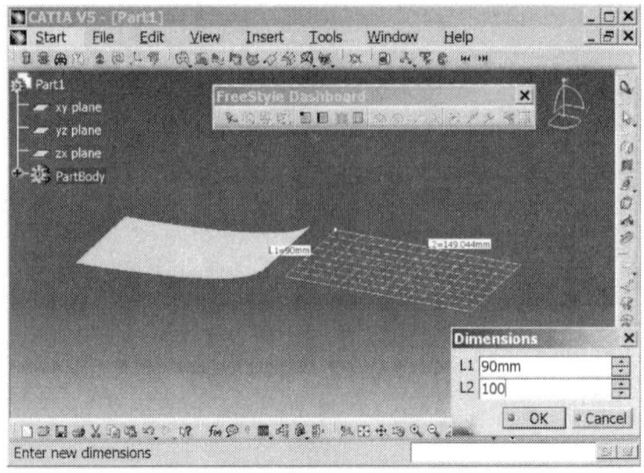
CATIA V5 - [Part1]
Start File Edit View Insert Tools Window Help
Part1
xy plane
yz plane
zx plane
PartBody
FreeStyle Dashboard
Dimensions
L1 90mm
L2 100
OK Cancel
Enter new dimensions

(b)

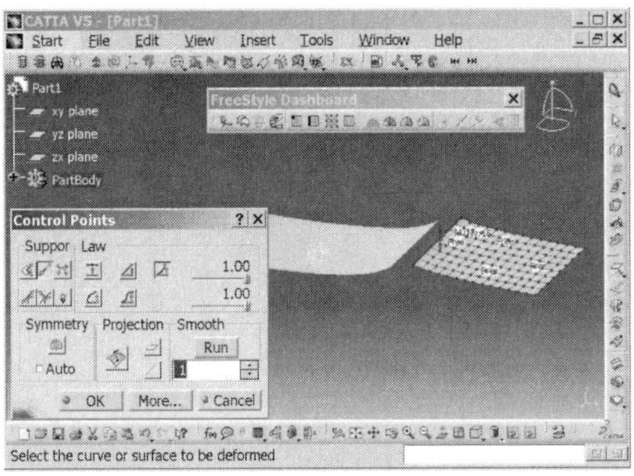
CATIA V5 - [Part1]
Start File Edit View Insert Tools Window Help
Part1
xy plane
yz plane
zx plane
PartBody
FreeStyle Dashboard
Control Points
Suppor Law
1.00
1.00
Symmetry Projection Smooth
Run
Auto
1
OK More... Cancel
Select the curve or surface to be deformed

(c)

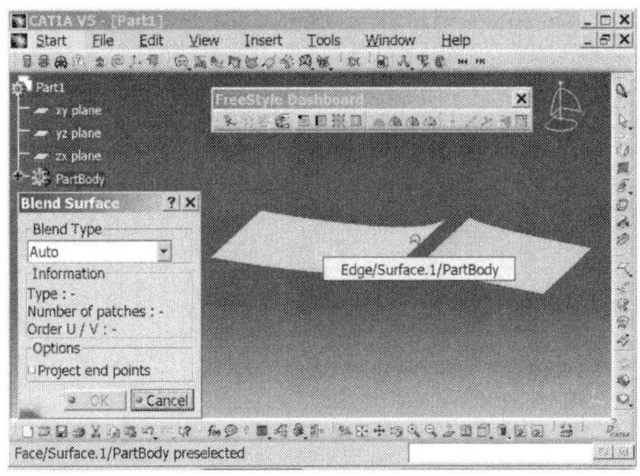
CATIA V5 - [Part1]
Start File Edit View Insert Tools Window Help
Part1
xy plane
yz plane
zx plane
PartBody
FreeStyle Dashboard
Blend Surface
Blend Type
Auto
Information
Type : -
Number of patches : -
Order U / V : -
Options
Project end points
OK Cancel
Edge/Surface.1/PartBody
Face/Surface.1/PartBody preselected

(d)

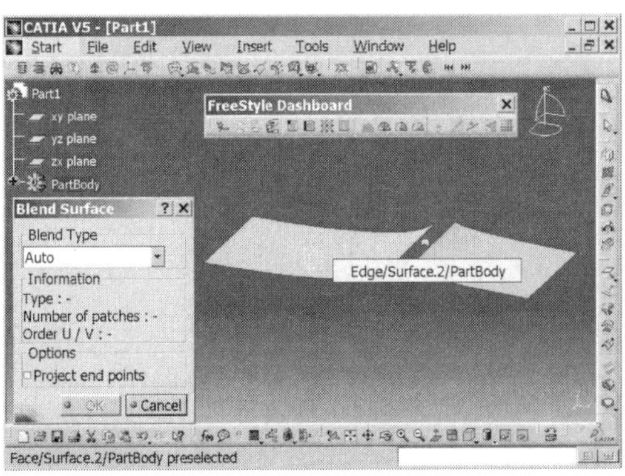
CATIA V5 - [Part1]
Start File Edit View Insert Tools Window Help
Part1
xy plane
yz plane
zx plane
PartBody
FreeStyle Dashboard
Blend Surface
Blend Type
Auto
Information
Type : -
Number of patches : -
Order U / V : -
Options
Project end points
OK Cancel
Edge/Surface.2/PartBody
Face/Surface.2/PartBody preselected

(e)

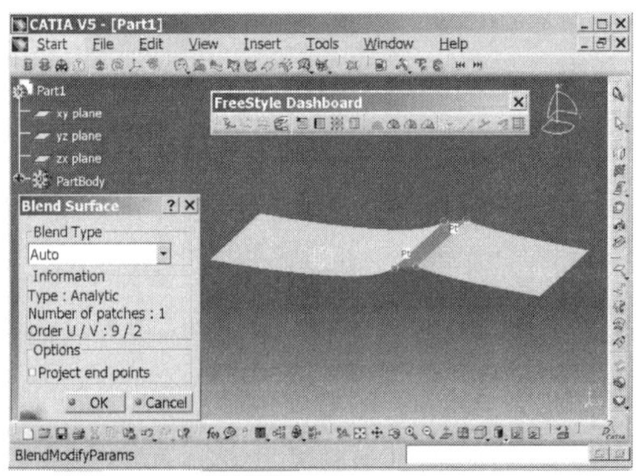
CATIA V5 - [Part1]
Start File Edit View Insert Tools Window Help
Part1
xy plane
yz plane
zx plane
PartBody
FreeStyle Dashboard
Blend Surface
Blend Type
Auto
Information
Type : Analytic
Number of patches : 1
Order U / V : 9 / 2
Options
Project end points
OK Cancel
BlendModifyParams

(f)

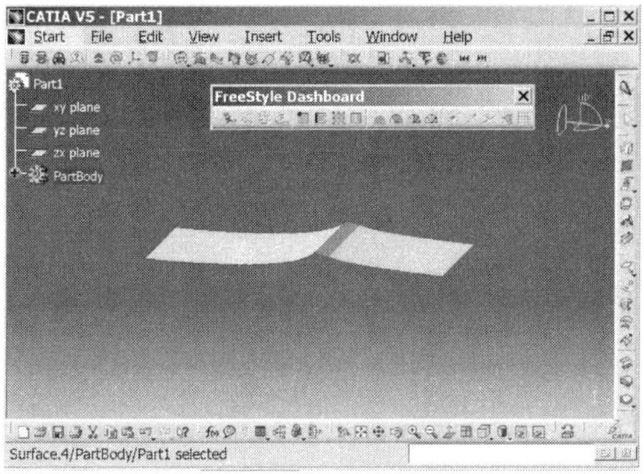

(g)

그림 6.13

예제 6.12 곡면위에 곡선을 그린다.

앞의 예제 6.1에서와 같이 평면을 생성

메뉴: Insert ▸ Shape Modification ▸ Point Controls... [그림 6.14(a)에서 생성된 평면을 클릭]

Control Points→Support→, Law→, 1.0

메뉴: Insert ▸ Curve Creation ▸ Curve on Surface [(b)에서 Point by Point)을 선택하여 곡면에 점을 찍어 곡면에 접해 있는 곡선을 생성]

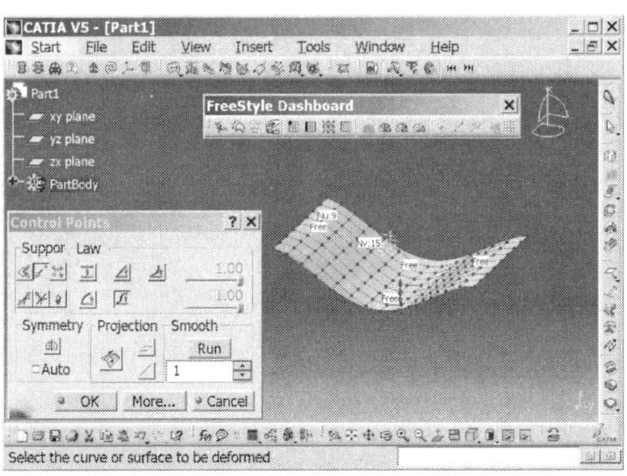

(a)

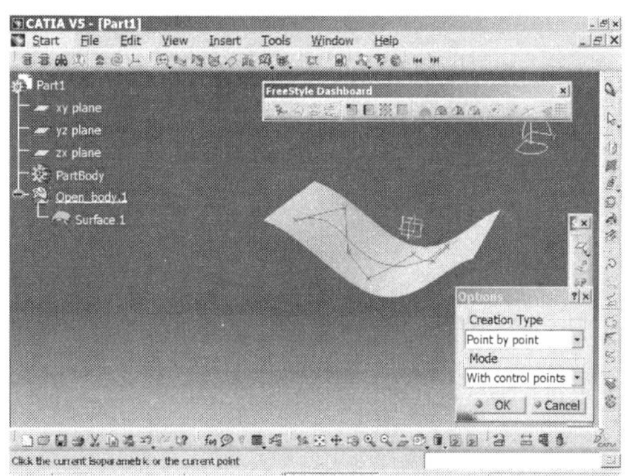

(b)

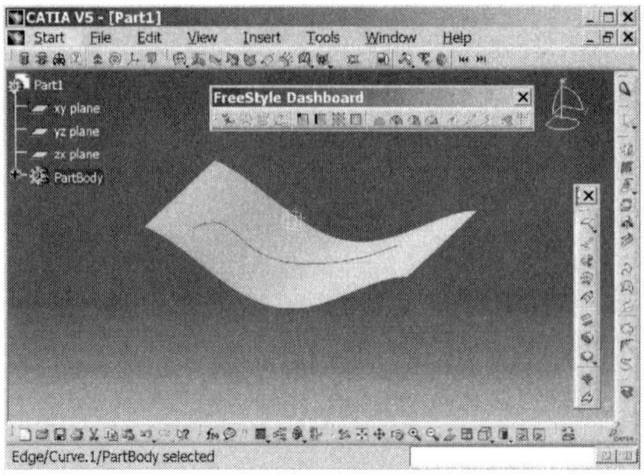

(c)

그림 6.14

예제 6.13 곡면위에 직선을 그린다.

앞의 예제 6.1에서와 같이 평면을 생성

메뉴: Insert ▸ Shape Modification ▸ Point Controls... [그림 6.15(a)에서 생성된 평면을 클릭]

Control Points→Support→, Law→, 1.0

메뉴: Insert ▸ Curve Creation ▸ Curve on Surface [(a), (b)에서 등위변수(Isoparameter)를 선택하여 곡면에 점을 찍어 곡면에 접해 있는 등위 곡선을 생성]

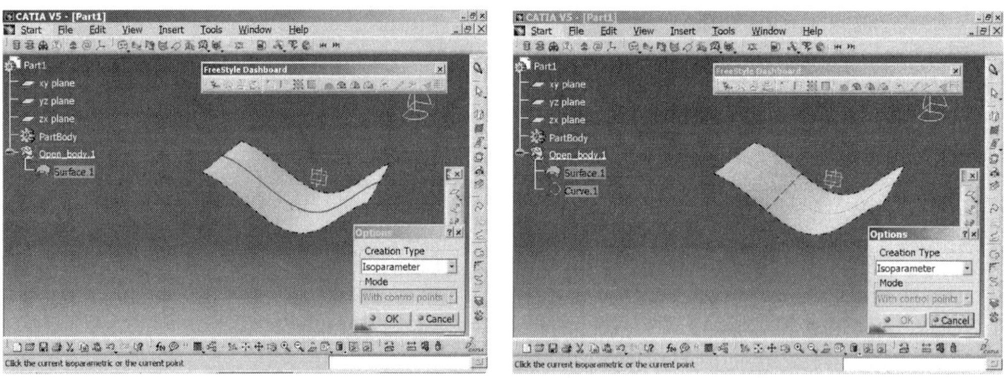

(a) (b)

그림 6.15

예제 6.14 곡선 잘라내기

앞의 예제 6.1에서와 같이 평면을 생성

메뉴: Insert ▸ Shape Modification ▸ Point Controls... [그림 6.16(a)에서 생성된 평면을 클릭]

Control Points→Support→, Law→, 1.0

메뉴: Insert ▸ Curve Creation ▸ Curve on Surface [(b)에서 점에 의한 곡선(Point by Point)을 선택하여 곡면을 자를 곡선을 생성]

메뉴: Insert ▸ Operations ▸ Break [(c)에서 생성된 곡선을 선택하여 끊을 점의 위치를 마우스로 드래그 하여 누르면 가위 모양이 나타난다. (d)에서 가위 모양에 마우스를 대고 누르면 To be removed와 Not to be removed가 전환되는 데 To be removed를 선택한다. (e)에서 마우스 오른쪽 버튼을 누르고 Hide/Show를 선택하면 (f)에서 곡면이 절단된 것을 확인할 수 있다.]

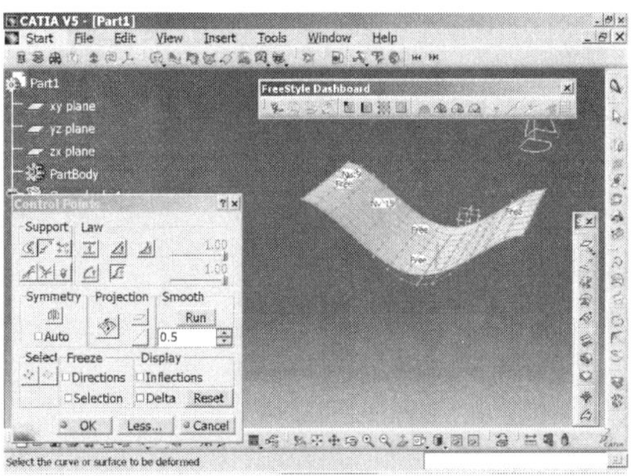

(a)

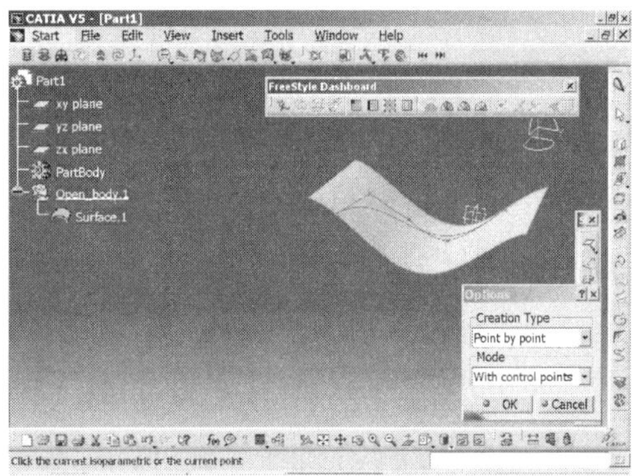

(b)

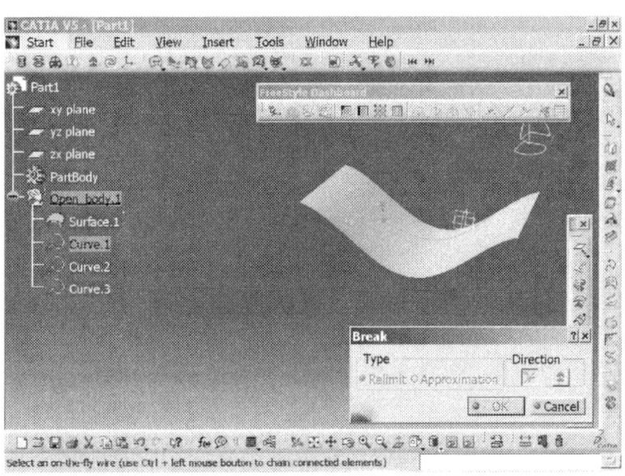

(c)

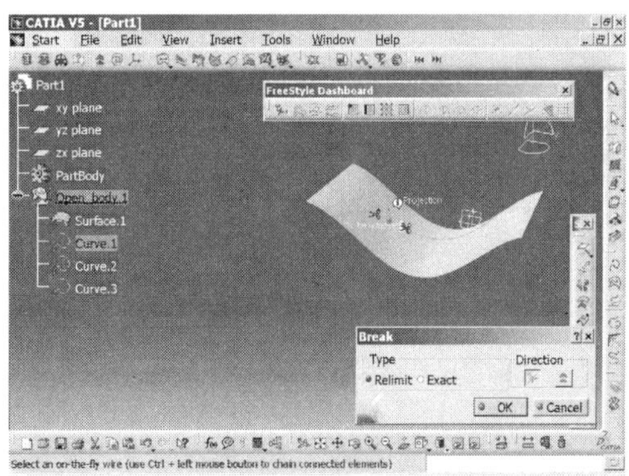

(d)

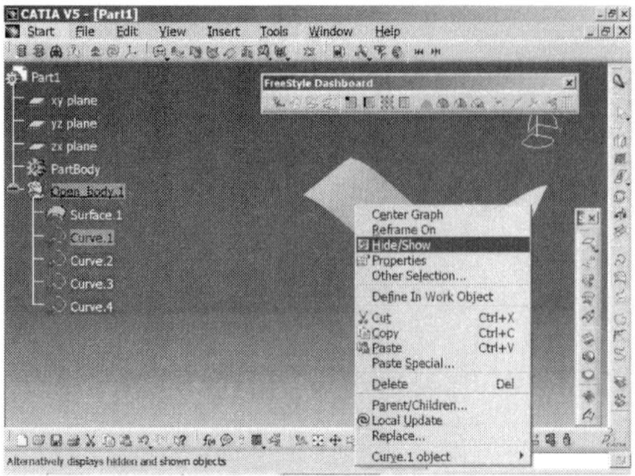

(e)

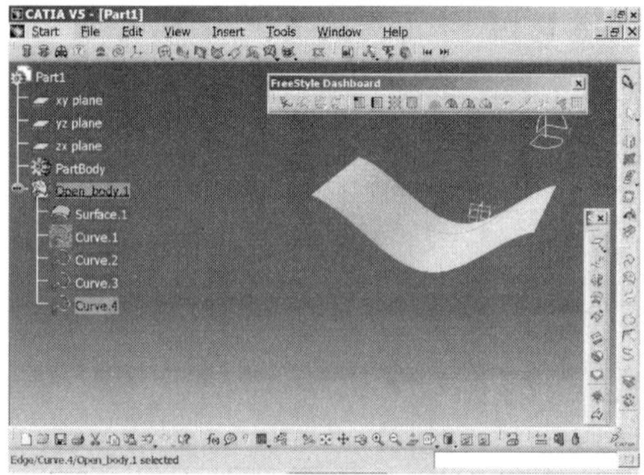

(f)

그림 6.16

예제 6.15 곡면 잘라내기

앞의 예제 6.1에서와 같이 평면을 생성

메뉴: Insert ▸ Shape Modification ▸ Point Controls... [그림 6.17(a)에서 생성된 평면을 클릭]

Control Points→Support→, Law→, 1.0

메뉴: Insert ▸ Curve Creation ▸ Curve on Surface [(b)에서 점에 의한 곡선(Point by Point)을 선택하여 곡면에 점을 찍어 곡면에 접해 있는 곡선을 생성]

메뉴: Insert ▸ Operations ▸ Break [(c)에서 생성된 곡면을 선택하고 다시 곡선을 선택하면 가위 모양이 나타난다. 이 가위 모양에 마우스를 대고 누르면 To be removed와 Not to be removed가 전환되는 데 To be removed를 선택한다. (d)에서 마우스 오른쪽 버튼을 누르고 Cut를 선택하면 (e)에서 곡면이 절단된 것을 확인할 수 있다.]

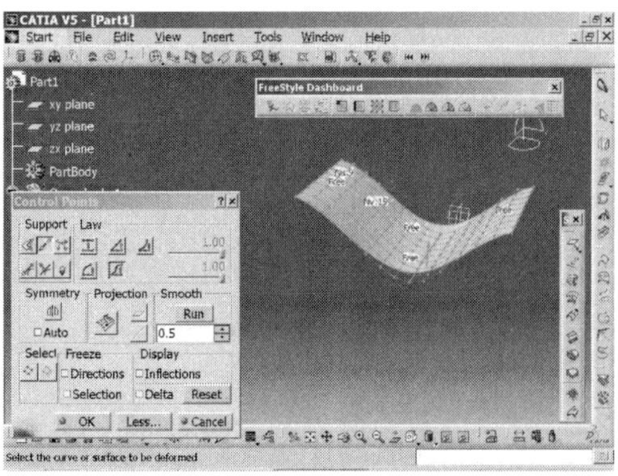

(a)

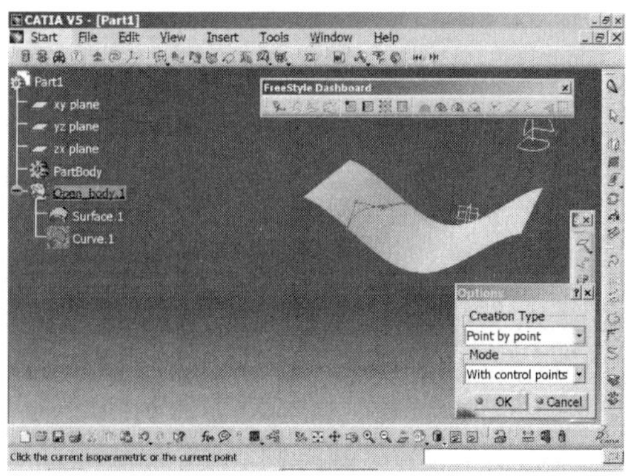

(b)

메뉴: Insert ▸ Operations ▸ Break [(c)에서 곡선을 선택, (d)에서 곡면을 선택하고 마우스 오른쪽 버튼을 눌러 Cut선택]

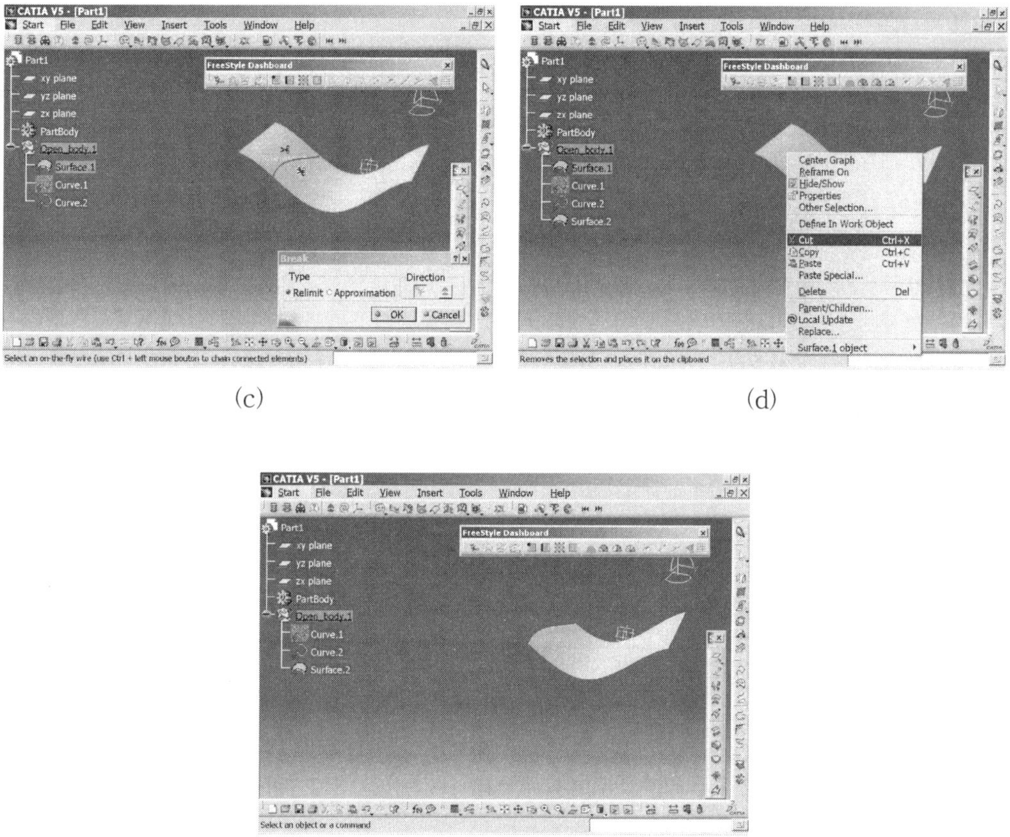

(c) (d) (e)

그림 6.17

예제 6.16 3차원 곡선

메뉴: Insert ▸ Curve Creation ▸ 3D Curve

그림 6.18(a)에서 첫 번째 점을 찍고 이어서 두 번째 점을 찍은 후, (b)에서와 같이 마우스 오른쪽 버튼을 눌러 편집(Edit)을 누르면 (c)에서와 같이 조정자(Tuner) 대화창이 나오고 이 대화창에서 좌표값을 입력하여 닫기(Close)한다.

(d)에서와 같이 세 번째 점을 찍고 (e)에서 마우스 오른쪽 버튼을 눌러 메뉴에서 접선부과(Impose Tangency)를 선택하여 (f)에서와 같이 화살표의 끝 부분에 마우스를 누르지 않고 움직이면 현재의 점을 기준으로 xy 평면에 나란한 평면과 그에 수직인 평면이 나타나는 데 이때 마우스로 두 평면의 원 둘레의 청색선을 눌러 놓아 곡선을 공간상

에 비틀어 주고, (g)에서 원하는 위치에서 마우스를 놓는다. 다음 (h)에서 임의의 위치에 점을 찍고 다시 (i), (j), (k)에서 위와 같은 방법으로 점을 지정해 나가면 공간상에 원하는 곡선을 만들게 된다. 종료하기 위해서는 다시 (3D Curve) 아이콘을 누르면 된다. (m)에서 (Rotate)로 곡선을 확인해 본다.

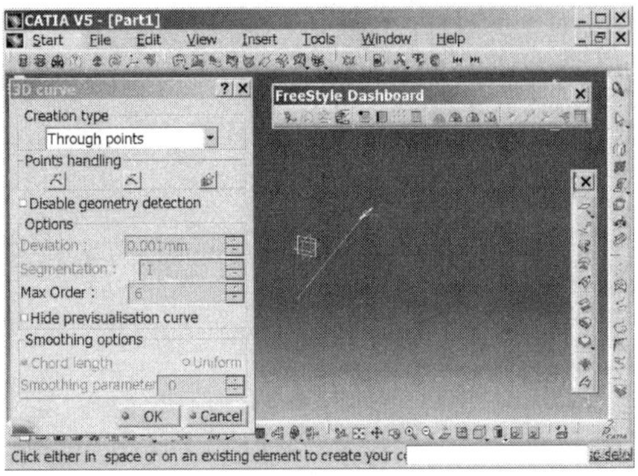

(a)

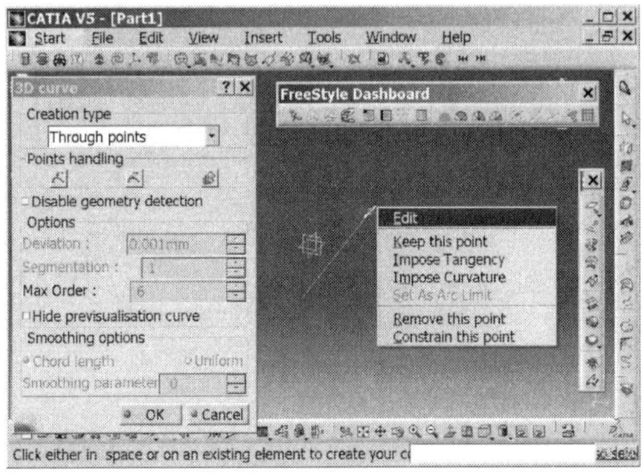

(b)

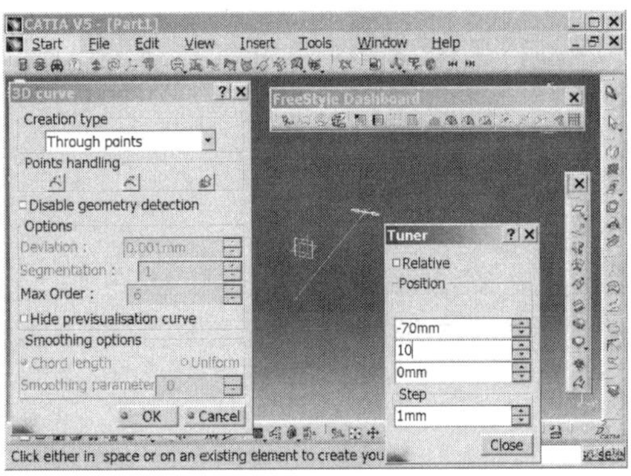

(c)

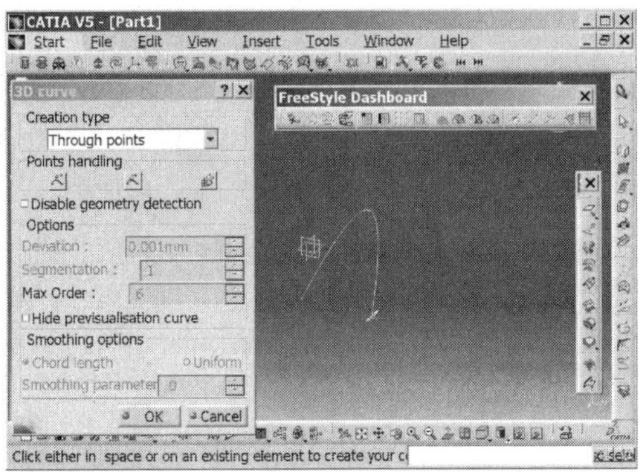

(d)

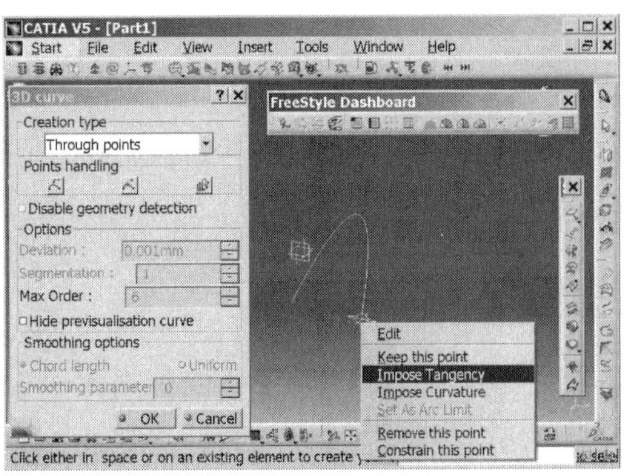

(e)

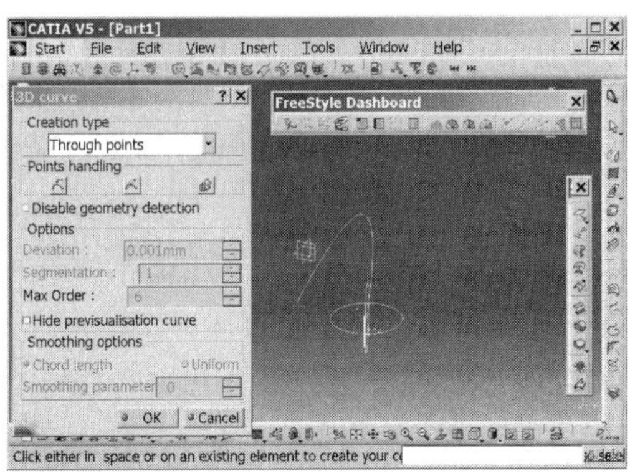

(f)

CATIA V5 - [Part1]
Start File Edit View Insert Tools Window Help
3D curve
FreeStyle Dashboard
Creation type
Through points
Points handling
Disable geometry detection
Options
Deviation : 0.001mm
Segmentation : 1
Max Order : 6
Hide previsualisation curve
Smoothing options
Chord length
Uniform
Smoothing parameter 0
OK
Cancel
Click either in space or on an existing element to create your c

(g)

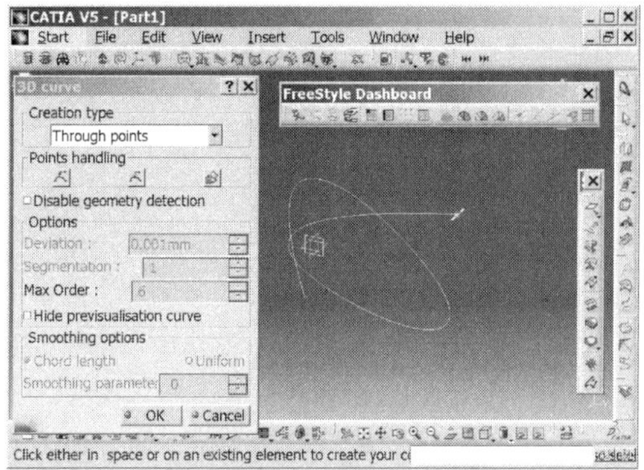
CATIA V5 - [Part1]
Start File Edit View Insert Tools Window Help
3D curve
FreeStyle Dashboard
Creation type
Through points
Points handling
Disable geometry detection
Options
Deviation : 0.001mm
Segmentation : 1
Max Order : 6
Hide previsualisation curve
Smoothing options
Chord length
Uniform
Smoothing parameter 0
OK
Cancel
Click either in space or on an existing element to create your c

(h)

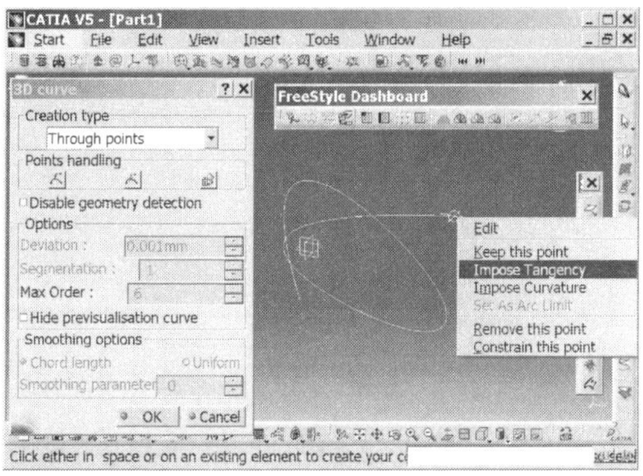
CATIA V5 - [Part1]
Start File Edit View Insert Tools Window Help
3D curve
FreeStyle Dashboard
Creation type
Through points
Points handling
Disable geometry detection
Options
Deviation : 0.001mm
Segmentation : 1
Max Order : 6
Hide previsualisation curve
Smoothing options
Chord length
Uniform
Smoothing parameter 0
OK
Cancel
Edit
Keep this point
Impose Tangency
Impose Curvature
Set As Arc Limit
Remove this point
Constrain this point
Click either in space or on an existing element to create your c

(i)

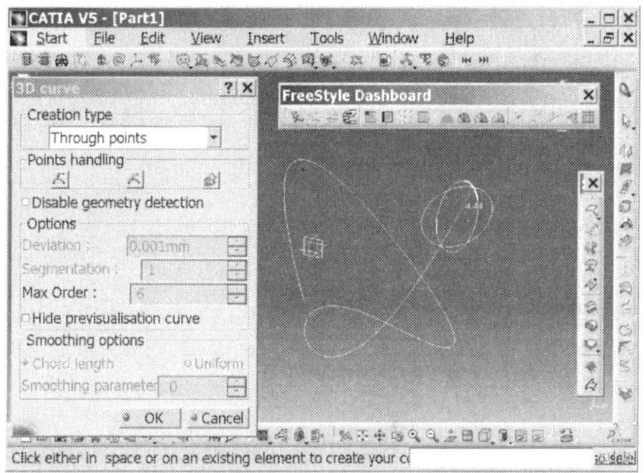
CATIA V5 - [Part1]
Start File Edit View Insert Tools Window Help
3D curve
FreeStyle Dashboard
Creation type
Through points
Points handling
Disable geometry detection
Options
Deviation : 0.001mm
Segmentation : 1
Max Order : 6
Hide previsualisation curve
Smoothing options
Chord length
Uniform
Smoothing parameter 0
OK
Cancel
Click either in space or on an existing element to create your c

(j)

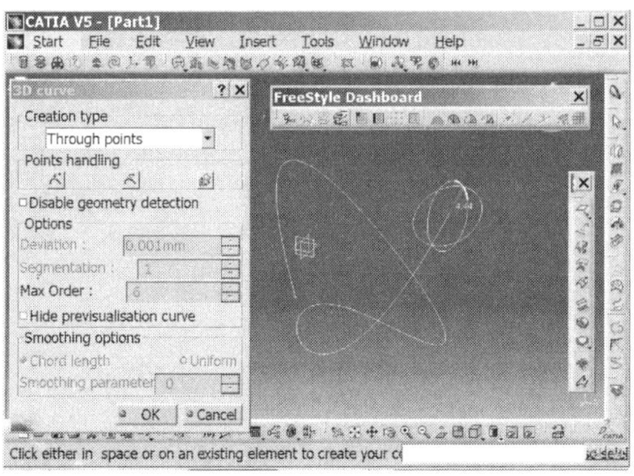
CATIA V5 - [Part1]
Start File Edit View Insert Tools Window Help
3D curve
FreeStyle Dashboard
Creation type
Through points
Points handling
Disable geometry detection
Options
Deviation : 0.001mm
Segmentation : 1
Max Order : 6
Hide previsualisation curve
Smoothing options
Chord length
Uniform
Smoothing parameter 0
OK
Cancel
Click either in space or on an existing element to create your c

(k)

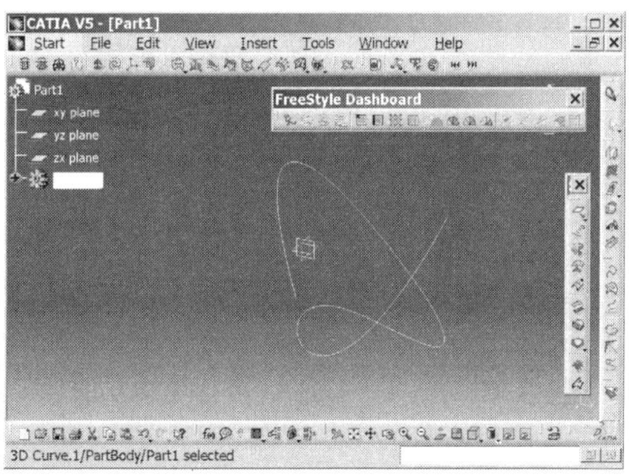
CATIA V5 - [Part1]
Start File Edit View Insert Tools Window Help
Part1
xy plane
yz plane
zx plane
FreeStyle Dashboard
3D Curve.1/PartBody/Part1 selected

(l)

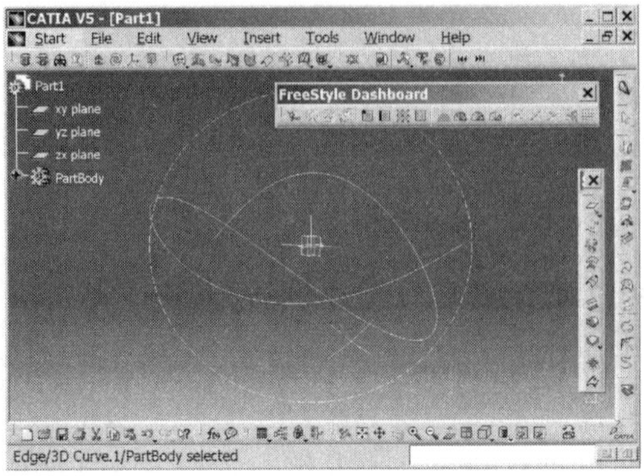

(m)

그림 6.18

예제 6.17 투영곡선

앞의 예제 6.1에서와 같이 평면을 생성

메뉴: Insert ▸ Shape Modification ▸ Point Controls... [그림 6.19(a) 평면을 클릭, Control Points→Support→, Law→, 1.0]

메뉴: Insert ▸ Curve Creation ▸ 3D Curve [(b)에서 위 예제 6.16에서와 같은 방법으로 3D 곡선을 생성한다.]

메뉴: Insert ▸ Curve Creation ▸ Projected Curve [(c)에서 을 클릭, 곡선을 클릭, 곡면을 클릭, (d)에서 을 클릭, 곡선을 클릭, 곡면을 클릭, 생성된 3D Curve에 마우스 오른쪽 버튼을 누르고 Hide/Show 선택

※투영방향의 선택

법선을 따라 투영(Translation along local normals): xy평면에 수직인 방향으로 투영한다.

곡선의 접선에 수직인 법선을 따라 투영한다.

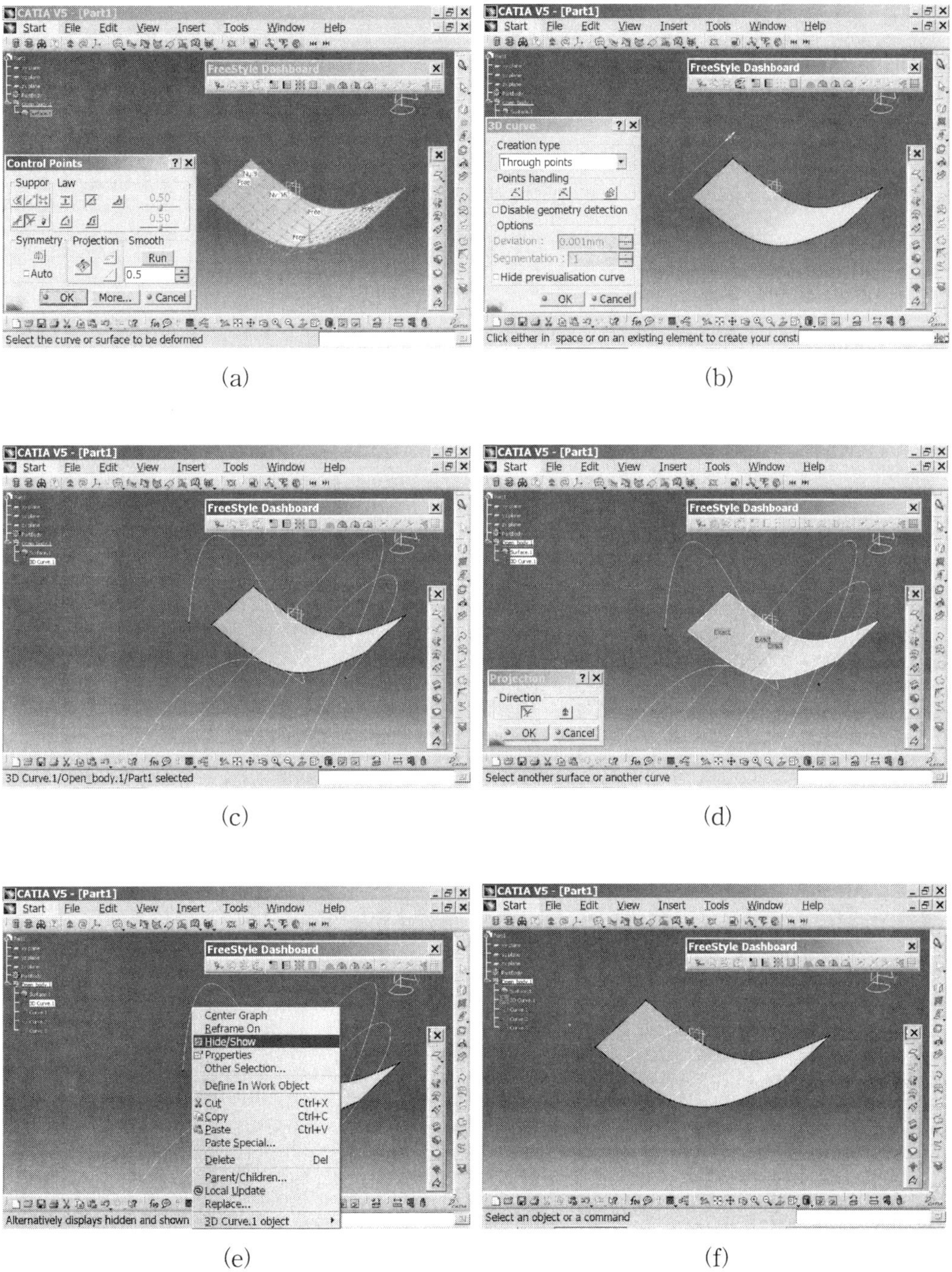

(a) (b) (c) (d) (e) (f)

그림 6.19

예제 6.18 곡선연결

메뉴: Insert ▸ Curve Creation ▸ 3D Curve [그림 6.20(a), 위 예제 6.16에서와 같은 방

법으로 3D 곡선을 생성한다.]

메뉴: Insert ▶ Curve Creation ▶ 3D Curve [(b), 위 예제 6.16에서와 같은 방법으로 3D 곡선을 생성한다.]

메뉴: Insert ▶ Curve Creation ▶ FreeStyle Blend Curve [(c)에서 두 곡선을 클릭, (d), (e), (f)에서 곡률(Curvature)이 나타나는 데, 여기에서 마우스 오른쪽 버튼을 누르면 점(Point), 접선(Tangent) 또는 곡률(Curvature)등의 메뉴가 나타나는 데 여기에서 원하는 연결방법을 선택한다.]

※두 곡선의 연결 방법

점 연결(Point continuity): 두 끝점 사이를 직선으로 연결
접선 연결(Tangent continuity): 두 끝점 사이를 접선으로 연결
곡률 연결(Curvature continuity): 두 끝점 사이를 곡선으로 연결

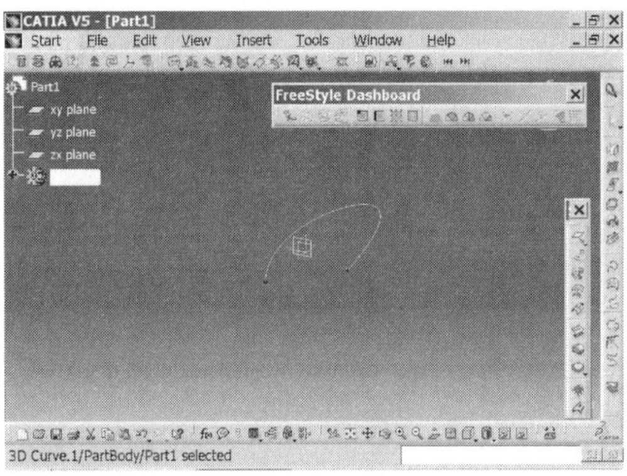

(a)

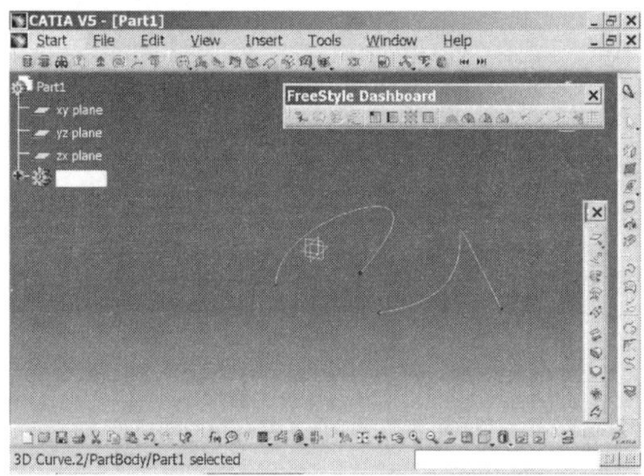

(b)

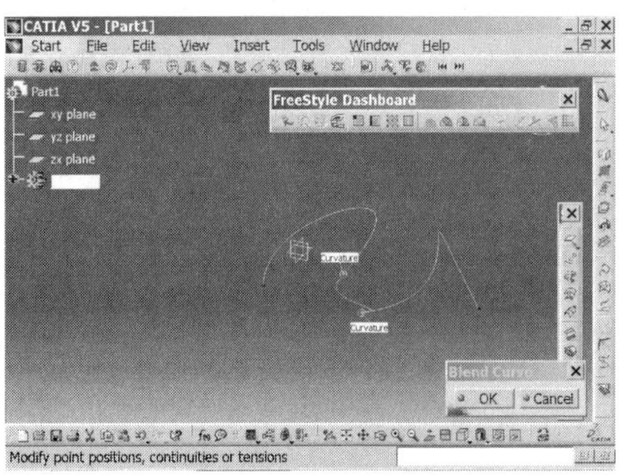

(c)

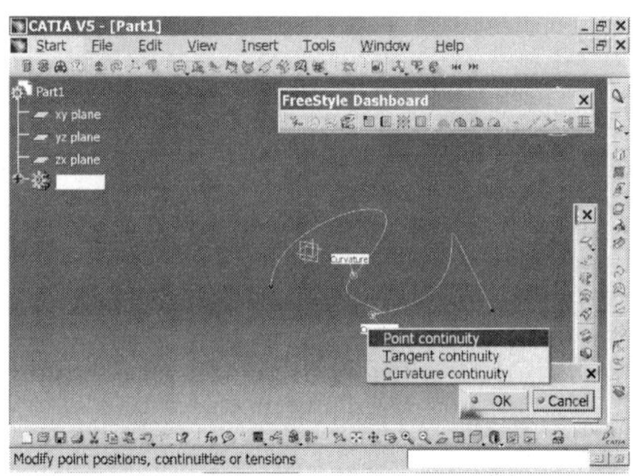

(d)

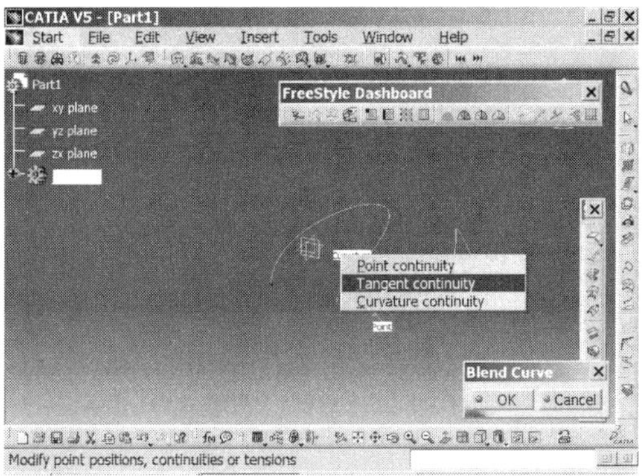

(e)

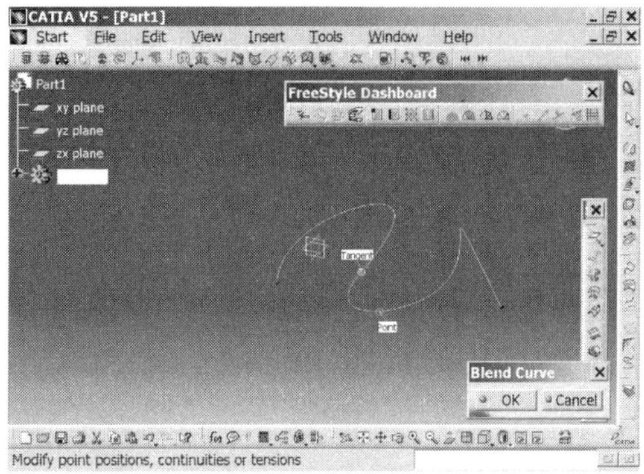

(f)

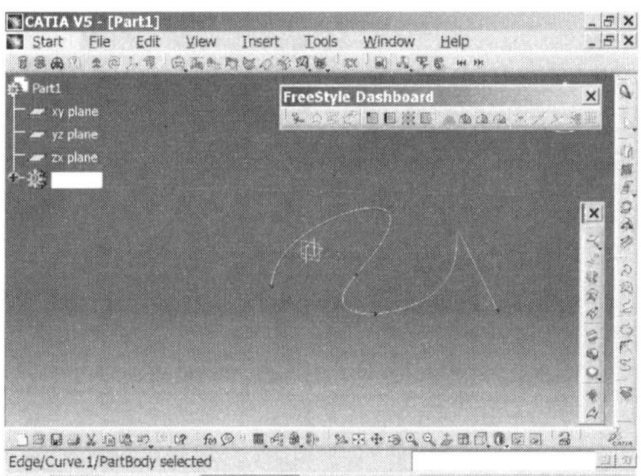

(g)

그림 6.20

예제 6.19 돌출곡면

메뉴: Insert ▸ Curve Creation ▸ 3D Curve [그림 6.21(a) 위 예제 6.16에서와 같은 방법으로 3D 곡선을 생성한다.]

메뉴: Insert ▸ Surface Creation ▸ Extrude Surface [(b)에서 돌출 거리 50]

(Rotate)로 곡면을 확인해 본다. [(d)]

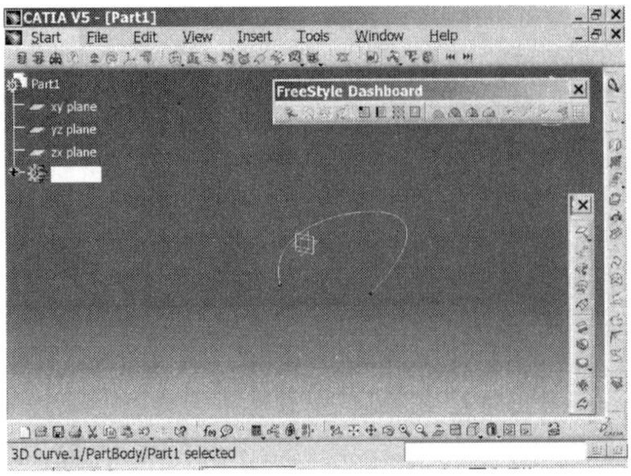

(a)

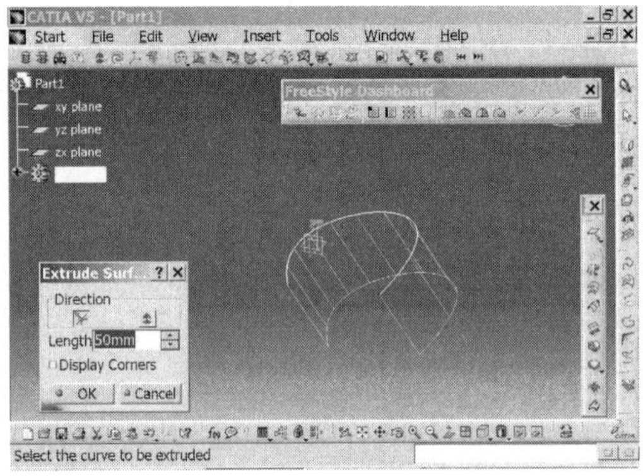

(b)

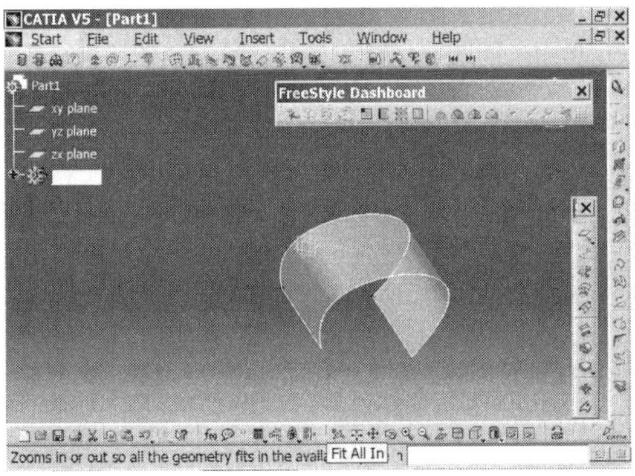

(c)

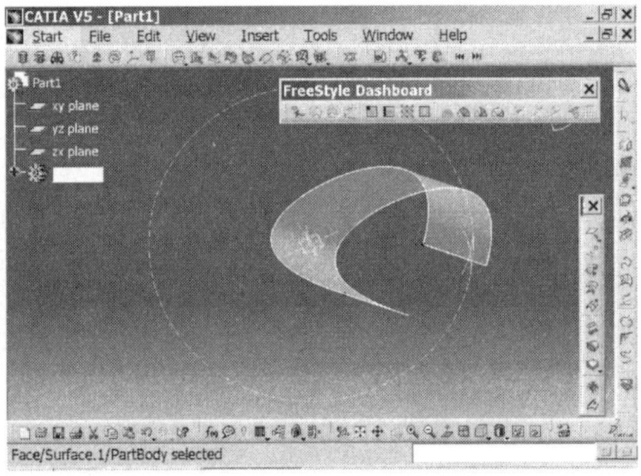

(d)

그림 6.21

예제 6.20 회전곡면

메뉴: Insert ▸ Mechanical Design ▸ Part Design

xy plane, [그림 6.22(a)]

메뉴: Insert ▸ Profile ▸ Axis

메뉴: Insert ▸ Profile ▸ Spline ▸ Spline...

Exit workbench를 클릭하여 3D 모우드로 들어간다.

메뉴: Insert ▸ Shape ▸ FreeStyle

메뉴: Insert ▸ Surface Creation ▸ Revolve [(b)]

(c)에서 Sketch1에 마우스 오른쪽 버튼을 누르고 Hide/Show

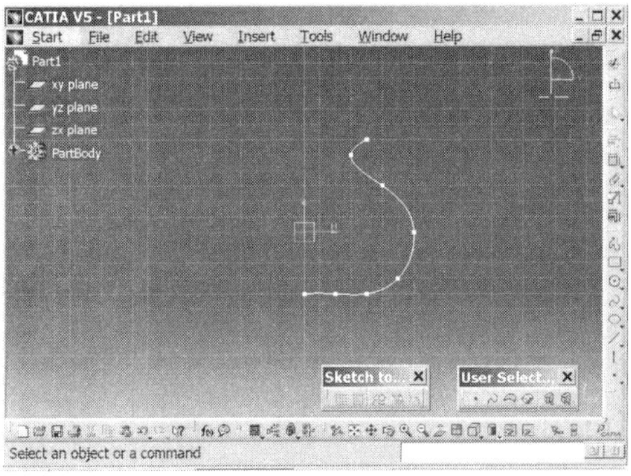

(a)

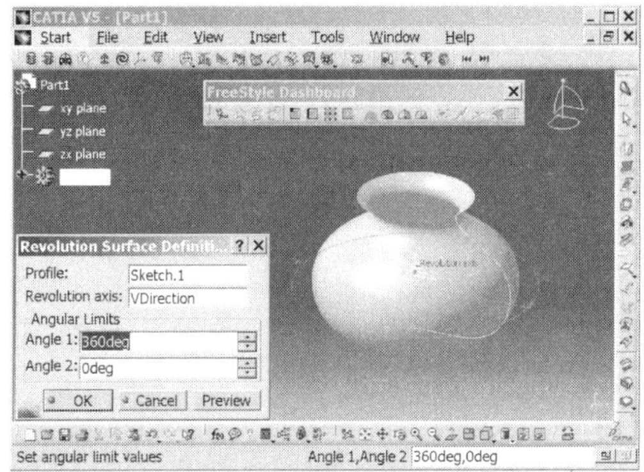

(b)

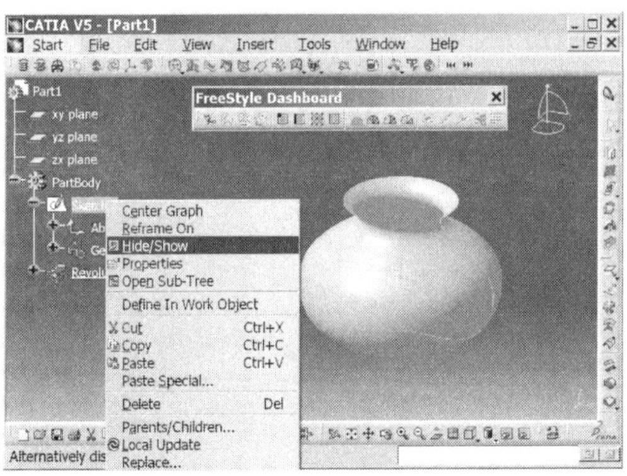

(c)

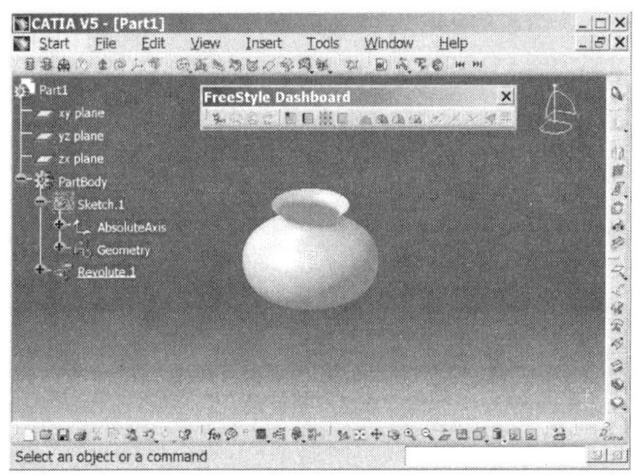

(d)

그림 6.22

예제 6.21 옵셋평면

앞의 예제 6.1에서와 같이 평면을 생성

메뉴: Insert ▸ Shape Modification ▸ Point Controls... [그림 6.23(a) 생성된 평면을 클릭, Control Points→Support→, Law→, 1.0]

메뉴: Insert ▸ Surface Creation ▸ Offset [(b)에서 Simple, Offset values, Normals 선택, 표시된 옵셋값에 마우스 오른쪽 버튼을 눌러 편집(Edit)을 선택하여 옵셋 거리를 수정한다. 을 눌러 로 활성화시키면 모 곡면을 보존(Keep Original)하게 된다.]

※옵셋 평면

옵셋평면은 생성될 곡면 중앙의 점을 마우스로 눌러 이동시킨다.

① 형식(Type)

Simple: 생성될 곡면 중앙의 점을 마우스로 눌러 동일거리로 이동시킨다.

Variable: 생성될 곡면의 모서리의 각 점들을 마우스로 눌러 별개로 이동시킨다.

② 표시(Display)

Offset values: 모 곡면에서 옵셋 되는 거리를 표시한다.

Normals: 모 곡면의 법선방향으로 옵셋평면을 생성한다.

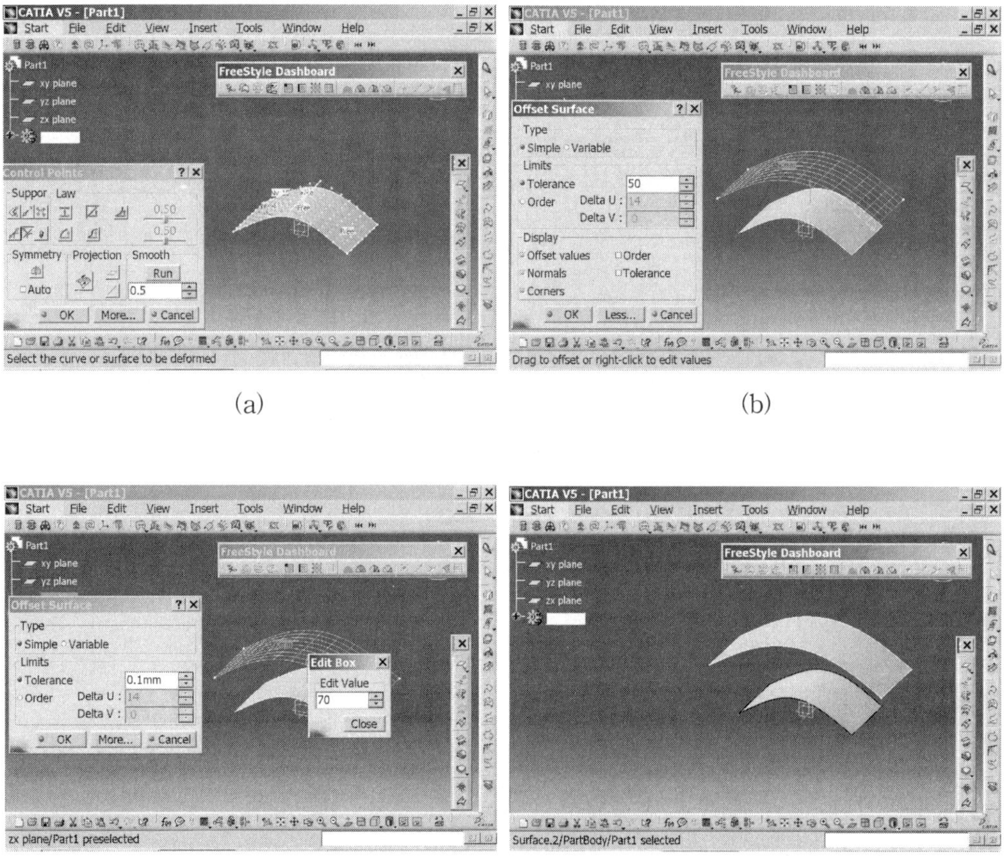

(a) (b) (c) (d)

그림 6.23

예제 6.22 옵셋평면

앞의 예제 6.1에서와 같이 평면을 생성

메뉴: Insert ▸ Surface Creation ▸ 3 Point Patch [그림 6.24(a), (b), (c)에서 몇 개의 평면을 생성]

메뉴: Insert ▸ Surface Creation ▸ Fill [(d)에서 연결하고자 하는 모서리를 모두 선택]

메뉴: Insert ▸ Surface Creation ▸ Fill [(e)에서 연결하고자 하는 두 모서리를 선택]

> **※채우기(Fill) 곡면 특성**
> 채우기(Fill) 명령에 의해 생성되는 곡면은 항상 4개 이상의 모서리를 갖는다.

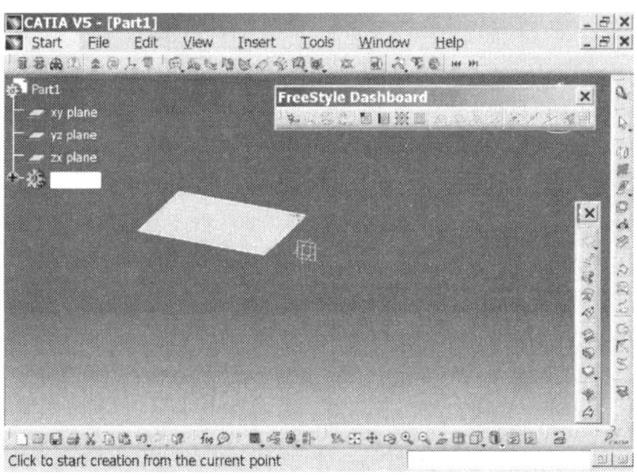

(a)

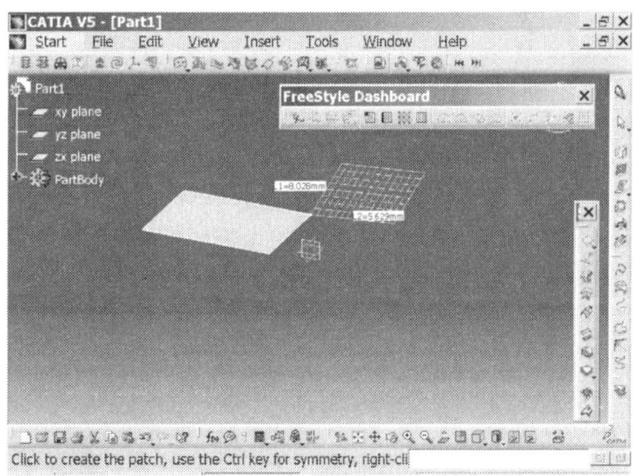

(b)

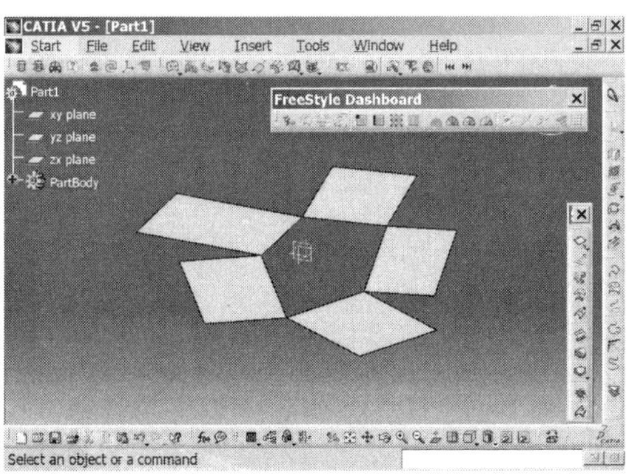

(c)

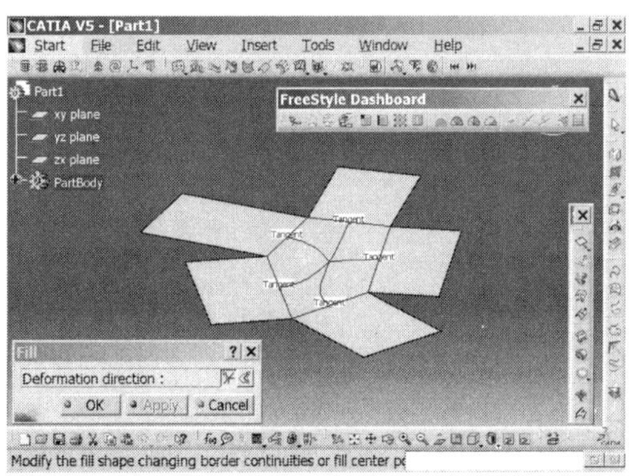

(d)

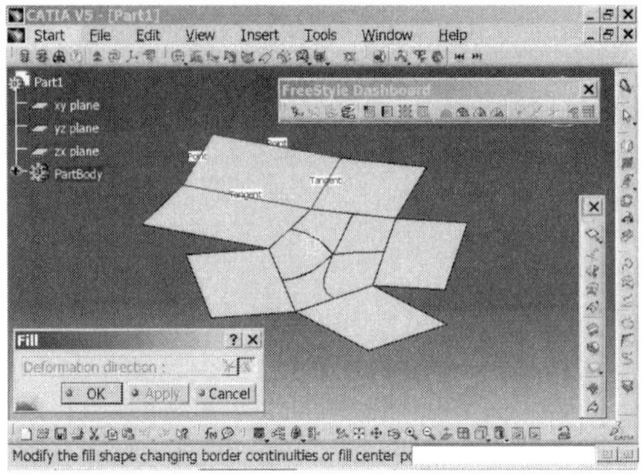

(e)

그림 6.24

예제 6.23 꼭짓점 스냅(Snap on vertex)

앞의 예제 6.1에서와 같이 평면을 생성

메뉴: Insert ▸ Surface Creation ▸ 3 Point Patch [그림 6.25(a), (b), (c)에서 3개의 평면을 생성]

꼭짓점에 스냅(Snap on vertex)을 눌러 황색으로 활성화 시킨다.

메뉴: Insert ▸ Surface Creation ▸ 4-Point Patch [(d), (e), (f), (g)에서 4개의 모서리점을 찍는다.]

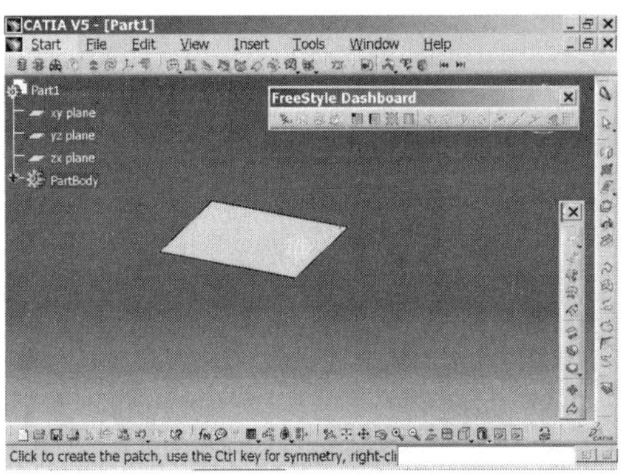

(a)

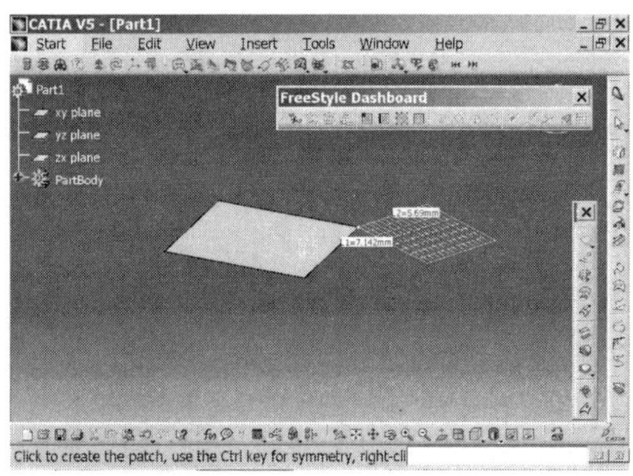

(b)

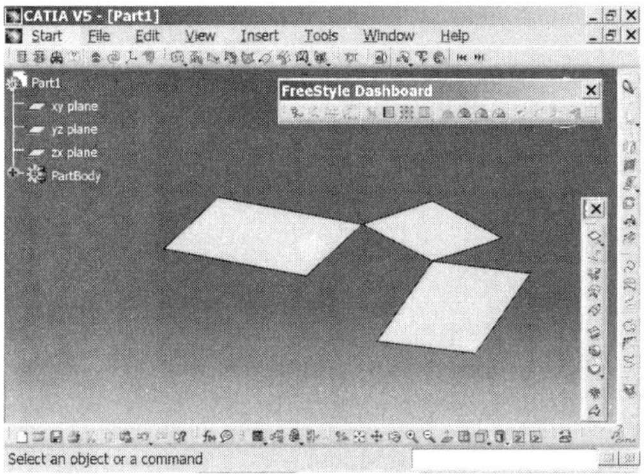

(c)

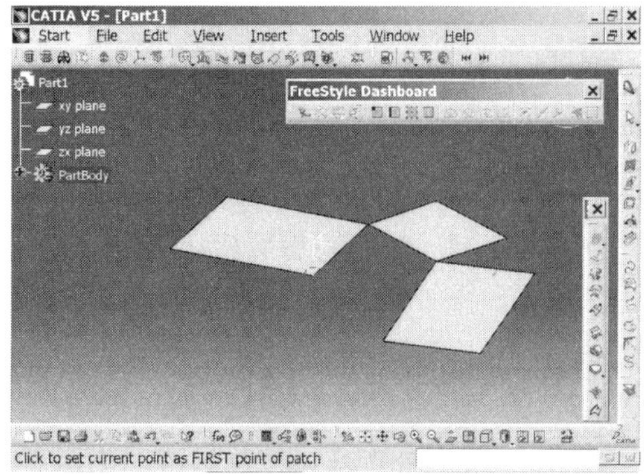

(d)

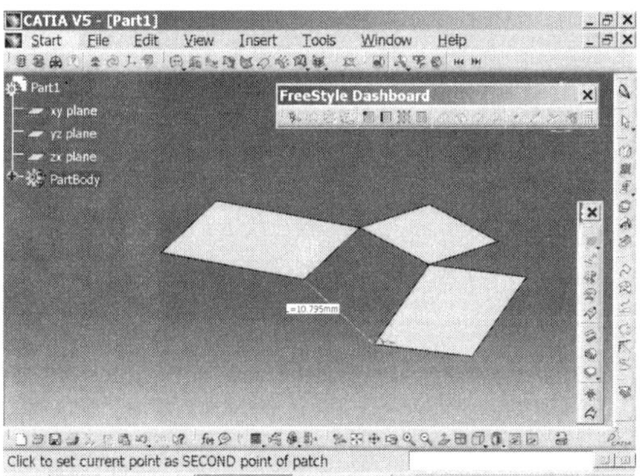

(e)

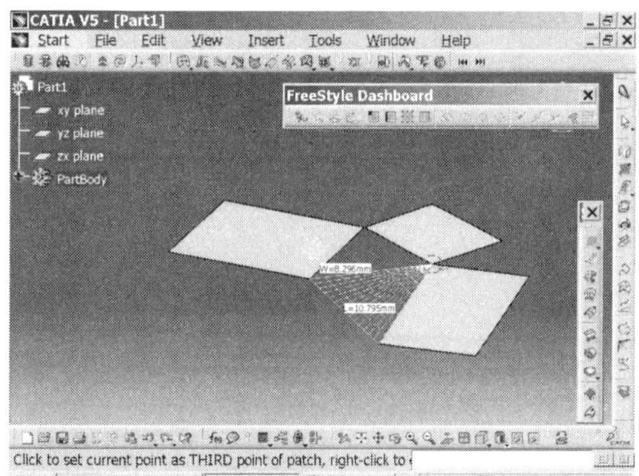

(f)

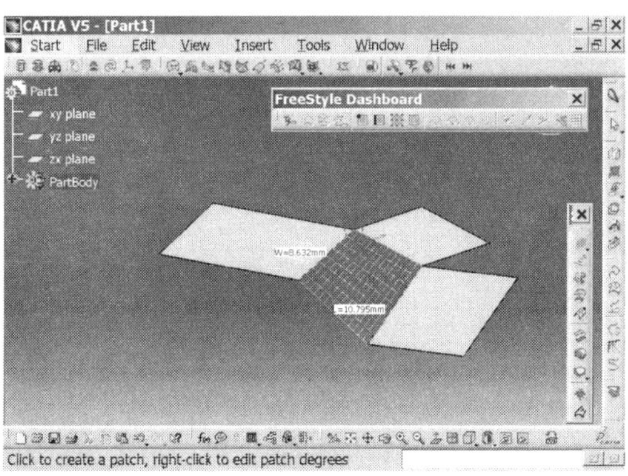

(g)

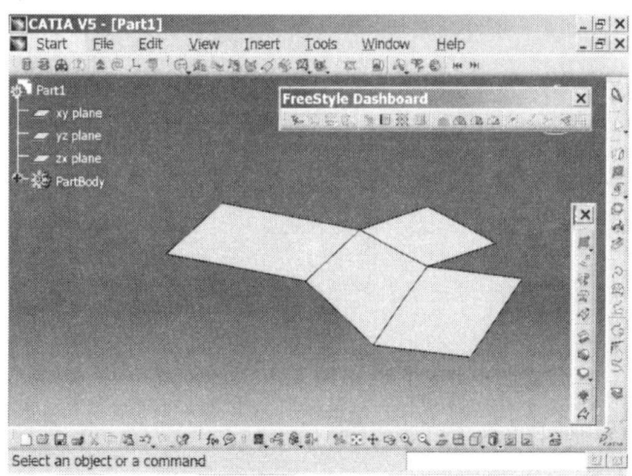

(h)

그림 6.25

예제 6.24 모서리에 스냅(Snap on Edge)

그림 6.26(a)에서 임의 평면을 생성

모서리에 스냅(Snap on Edge)을 눌러 황색으로 활성화 시킨다.

메뉴: Insert ▸ Surface Creation ▸ 3-Point Patch [(b) 모서리를 클릭하고 모서리의 임의 점에 점을 찍고 평면이외의 임의 점에 2 점을 찍는다.]

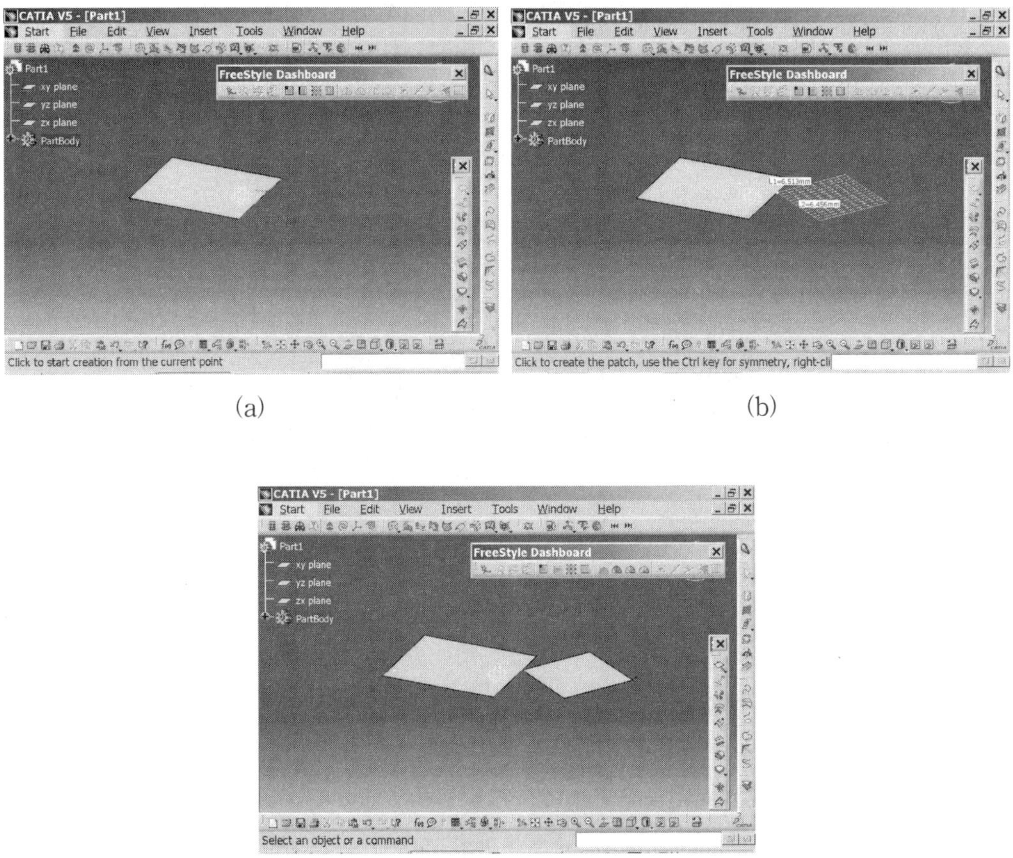

(a) (b)

(c)

그림 6.26

예제 6.25 교차점에 스냅(Snap on Cpt)

그림 6.27(a)에서 임의 평면을 생성

교차점에 스냅(Snap on Cpt)을 눌러 황색으로 활성화 시킨다.

메뉴: Insert ▸ Surface Creation ▸ 3-Point Patch [(b) 메시 선의 교차점을 클릭하고

임의 점에 두 점을 찍는다.]

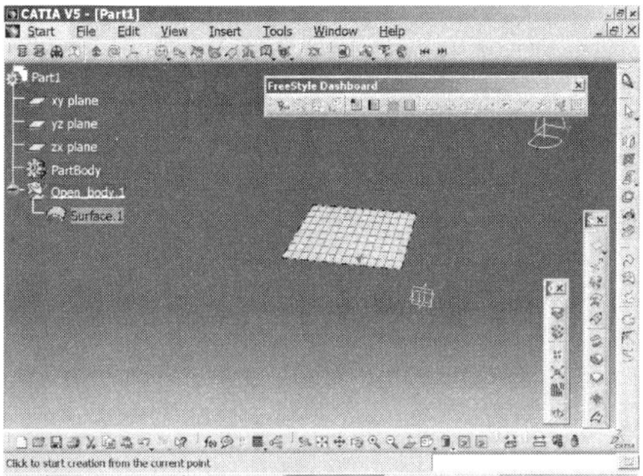

(a)

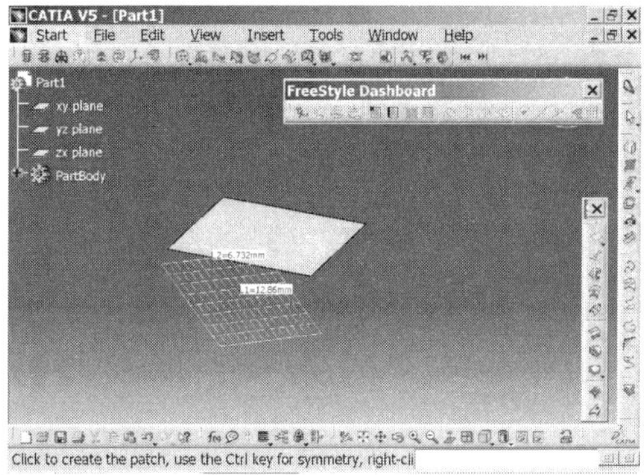

(b)

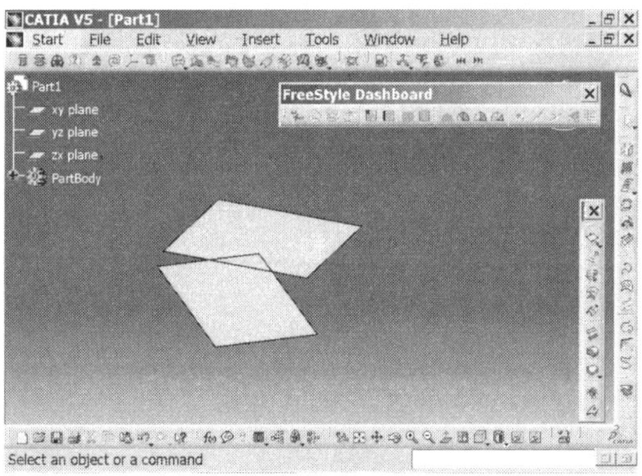

(c)

그림 6.27

예제 6.26 분절에 스냅(Snap on Segment)

그림 6.28(a)에서 임의 평면을 생성

메뉴: Insert ▸ Curve Creation ▸ Styling Curve [두 모서리 클릭]

분절에 스냅(Snap on Segment)을 눌러 황색으로 활성화 시킨다.

메뉴: Insert ▸ Surface Creation ▸ 3-Point Patch [(b)에서 분절에 클릭하고 (c)에서 임의 점에 두 점을 찍는다.]

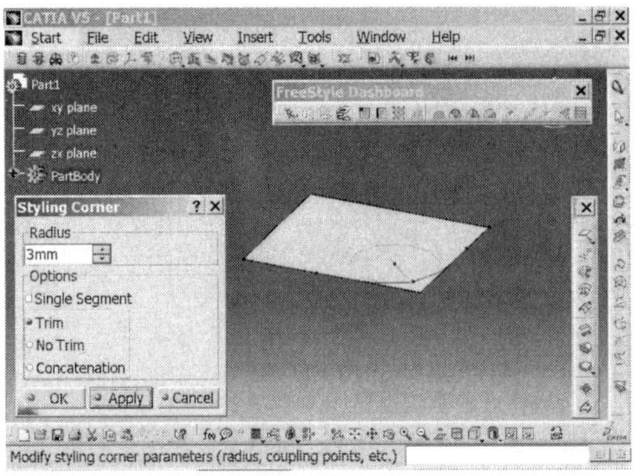

(a)

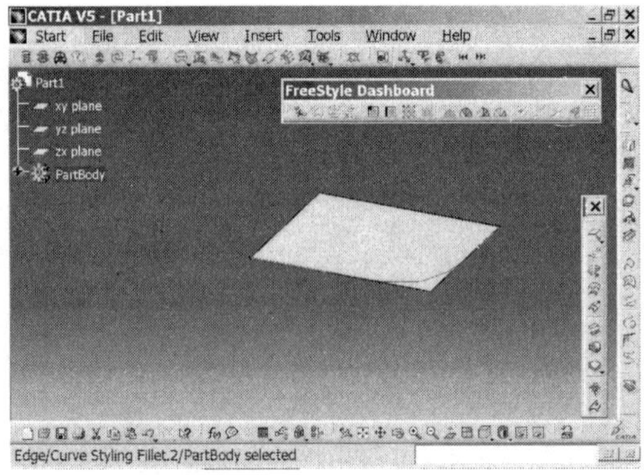

(b)

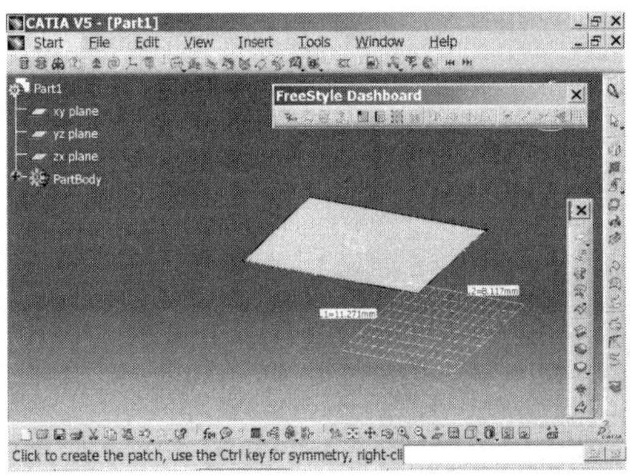

(c)

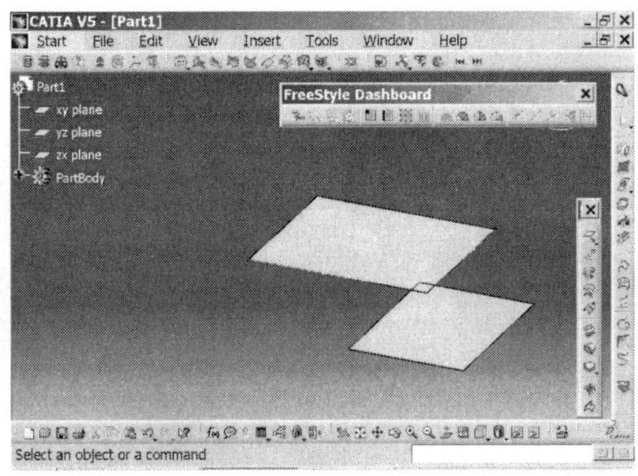

(d)

그림 6.28

예제 6.27 연속(Continuity)과 U, V 위수(U, V Orders)

앞의 예제 6.1에서와 같이 평면을 생성

메뉴: Insert ▸ Shape Modification ▸ Point Controls... [그림 6.29(a) 평면을 클릭하면 연속(Continuity)과 U, V 위수(U, V Orders)가 자동으로 황색(,)으로 활성화 된다. 평면의 위수를 나타내는 Nu:15와 Nv:9에 마우스 오른쪽 버튼을 눌러 (b), (c)와 같이 위수를 Nu:9와 Nv:5로 변경하면 (d)와같이 된다.

Control Points→Support→ , Law→ , Cancel [(e)]

메뉴: Insert ▸ Shape Modification ▸ Point Controls... [(f)에서 평면의 Free라는 글자에 마우스 오른쪽 버튼을 눌러 (f), (h), (j)에서와 같이 메뉴에서 점 연결(Point continuity), 접선 연결(Tangent continuity), 곡률 연결(Curvature continuity) 등을 선택하면 아래 (g), (i), (k)에서와 같은 여러 가지 곡면 연결의 양상이 달라진다.

Control Points→Support→, Law→, Cancel [(g), (i), (k)]

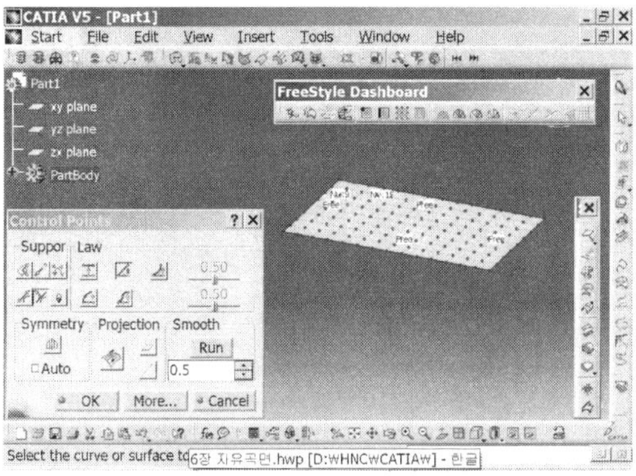

(a)

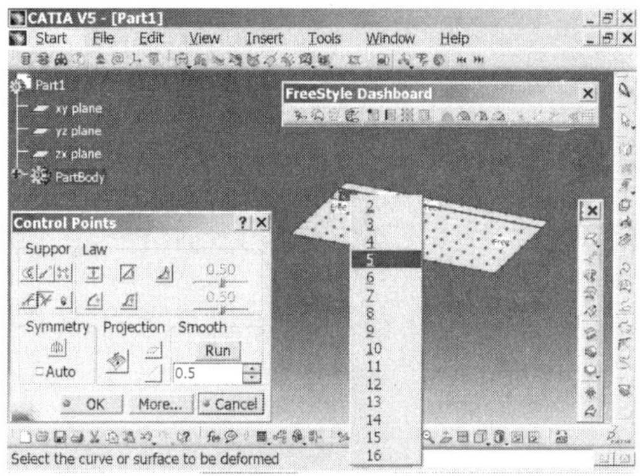

(b)

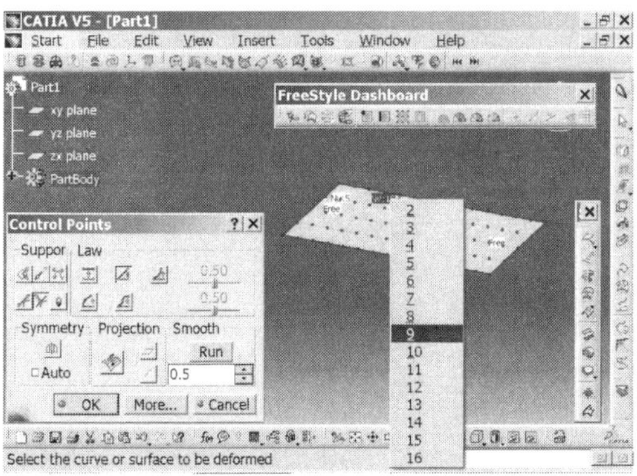

(c)

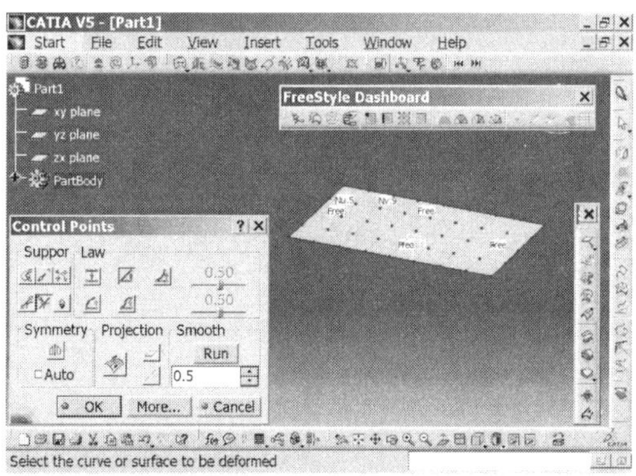

(d)

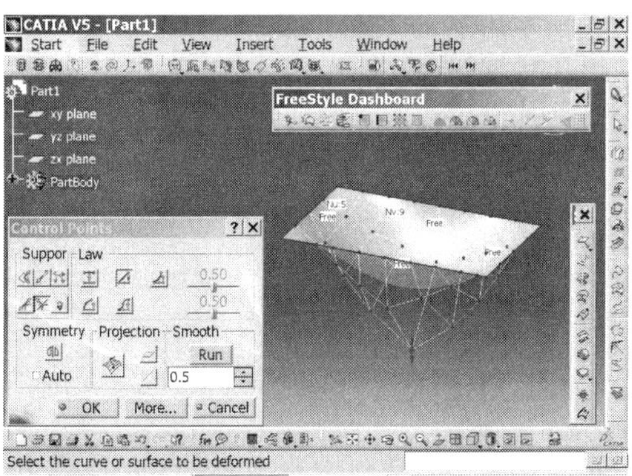

(e)

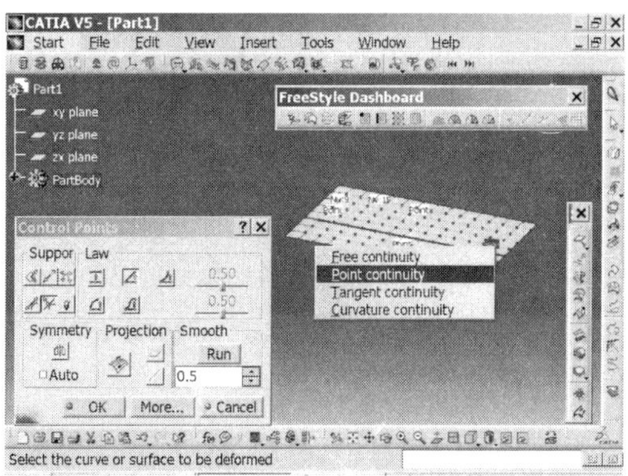

(f)

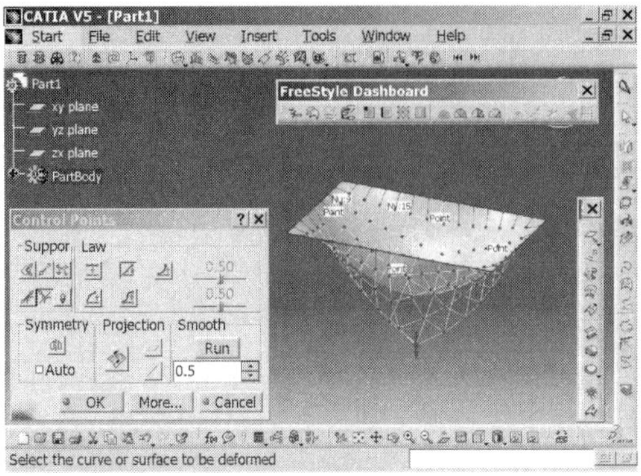
CATIA V5 - [Part1]
Start File Edit View Insert Tools Window Help
Part1
xy plane
yz plane
zx plane
PartBody
FreeStyle Dashboard
Control Points
Suppor Law
Symmetry Projection Smooth
Run
Auto
0.5
OK More... Cancel
Select the curve or surface to be deformed

(g)

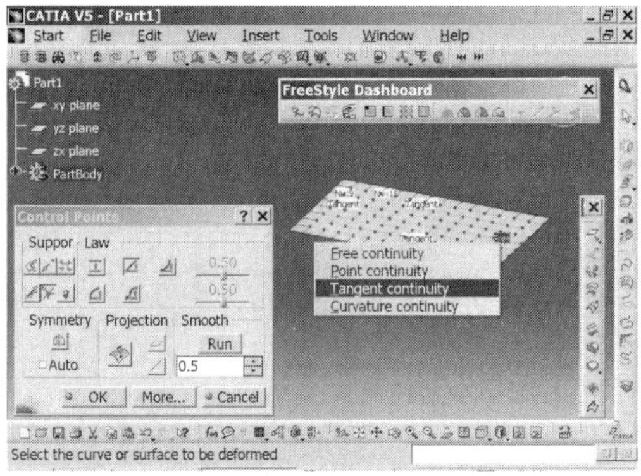
CATIA V5 - [Part1]
Start File Edit View Insert Tools Window Help
Part1
xy plane
yz plane
zx plane
PartBody
FreeStyle Dashboard
Control Points
Suppor Law
Free continuity
Point continuity
Tangent continuity
Curvature continuity
Symmetry Projection Smooth
Run
Auto
0.5
OK More... Cancel
Select the curve or surface to be deformed

(h)

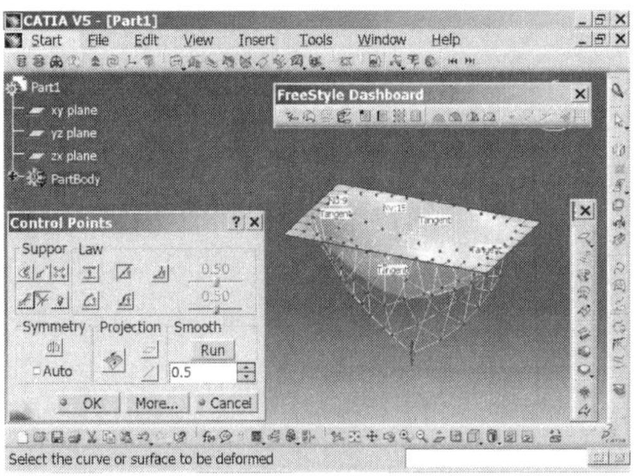
CATIA V5 - [Part1]
Start File Edit View Insert Tools Window Help
Part1
xy plane
yz plane
zx plane
PartBody
FreeStyle Dashboard
Control Points
Suppor Law
Symmetry Projection Smooth
Run
Auto
0.5
OK More... Cancel
Select the curve or surface to be deformed

(i)

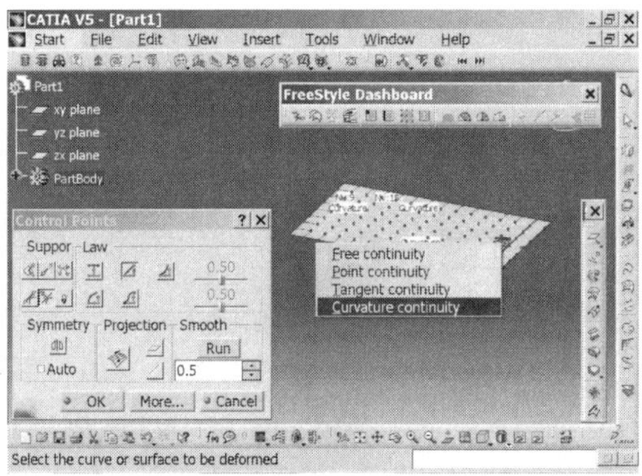
CATIA V5 - [Part1]
Start File Edit View Insert Tools Window Help
Part1
xy plane
yz plane
zx plane
PartBody
FreeStyle Dashboard
Control Points
Suppor Law
Free continuity
Point continuity
Tangent continuity
Curvature continuity
Symmetry Projection Smooth
Run
Auto
0.5
OK More... Cancel
Select the curve or surface to be deformed

(j)

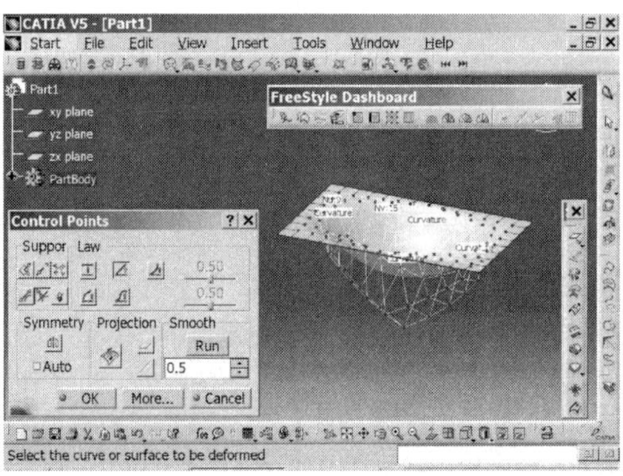
CATIA V5 - [Part1]
Start File Edit View Insert Tools Window Help
Part1
xy plane
yz plane
zx plane
PartBody
FreeStyle Dashboard
Control Points
Suppor Law
Symmetry Projection Smooth
Run
Auto
0.5
OK More... Cancel
Select the curve or surface to be deformed

(k)

그림 6.29

예제 6.28 곡면 접속(Match Surfaces)

두 평면을 생성

메뉴: Insert ▸ Shape Modification ▸ Match Surfaces

그림 6.30(a) 첫 번째 평면의 오른쪽 모서리와 두 번째 평면의 왼쪽 모서리를 클릭하면 연속(Continuity)과 U, V 위수(U, V Orders), 점 접속(Match Point)이 자동으로 황색(, ,)으로 활성화 된다. 점(Point)에 마우스 오른쪽 버튼을 눌러 접선연속(Tangent Continuity), 곡률연속(Curvature continuity), 비례(Proportional) 등을 선택하면 아래와 같은 여러 가지 곡면접속 양상이 달라진다.

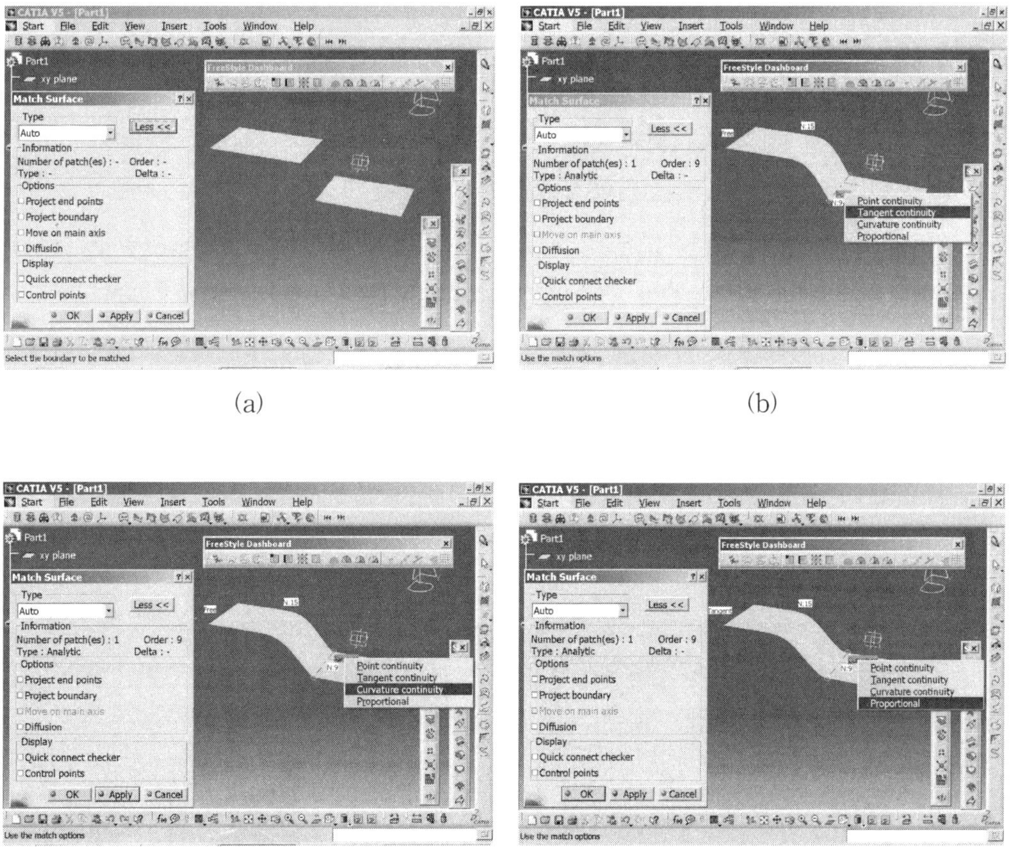

(a) (b)

(c) (d)

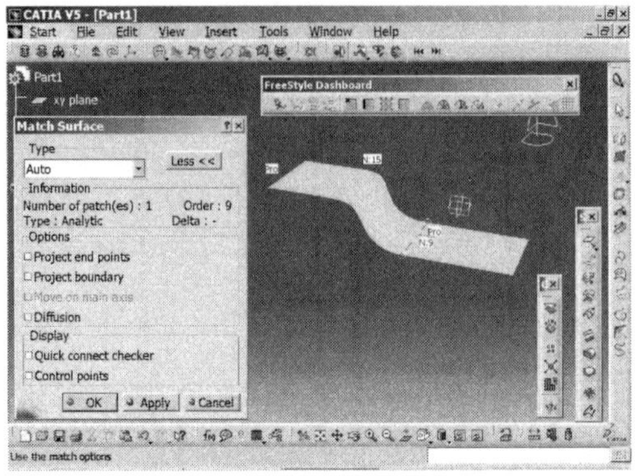

(e)

그림 6.30

예제 6.29 장력(Tensions)

임의의 두 평면을 연결하는 평면 생성

메뉴: Insert ▸ Shape Modification ▸ Match Surfaces

그림 6.31(a) 첫 번째 평면의 오른쪽 모서리와 두 번째 평면의 왼쪽 모서리를 클릭하면 연속(Continuity)과 U, V 위수(U, V Orders), 점 접속(Match Point), 장력(Tensions) 등이 자동으로 황색(, , ,)으로 활성화 된다. 점(Point)에 마우스 오른쪽 버튼을 눌러 접선연속(Tangent Continuity), 곡률연속(Curvature continuity), 비례(Proportional) 등을 선택하고, 장력 숫자에 마우스 오른쪽 버튼을 눌러 장력 조절자(Tension Tuner) 대화창에서 수치를 변경하면 아래와 같은 여러 가지 곡면연속 양상이 달라진다.

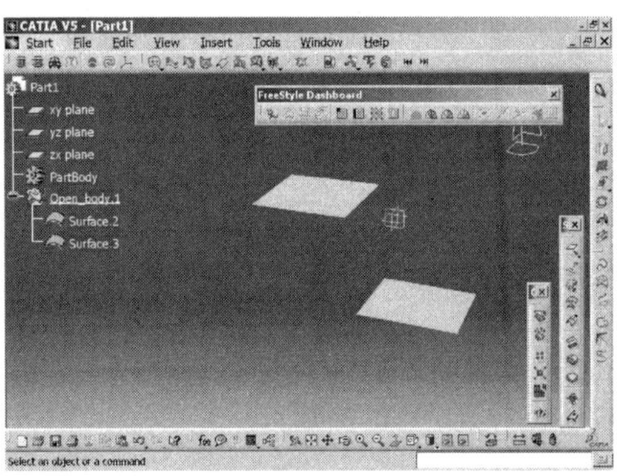

(a)

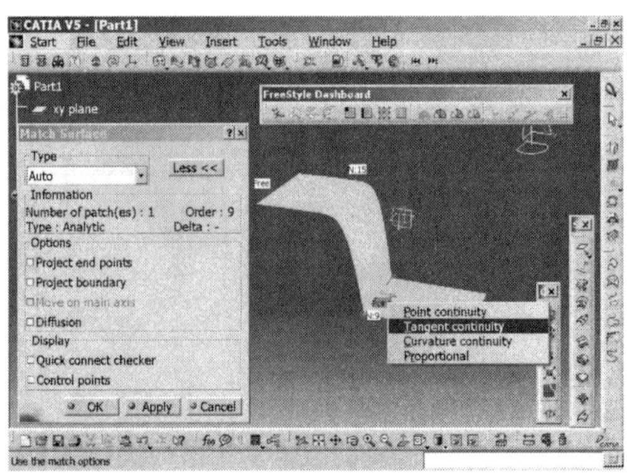

(b)

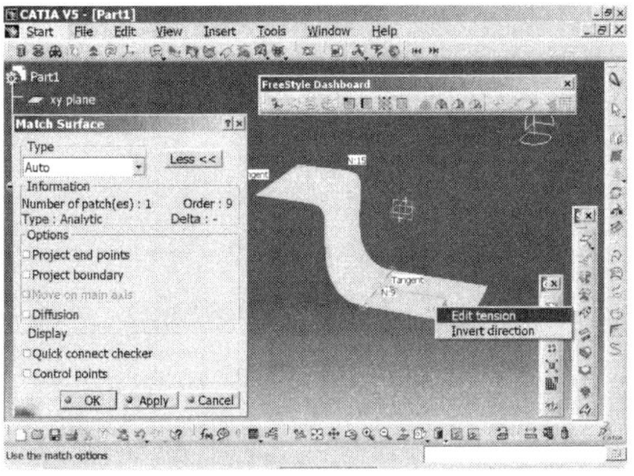

(c)

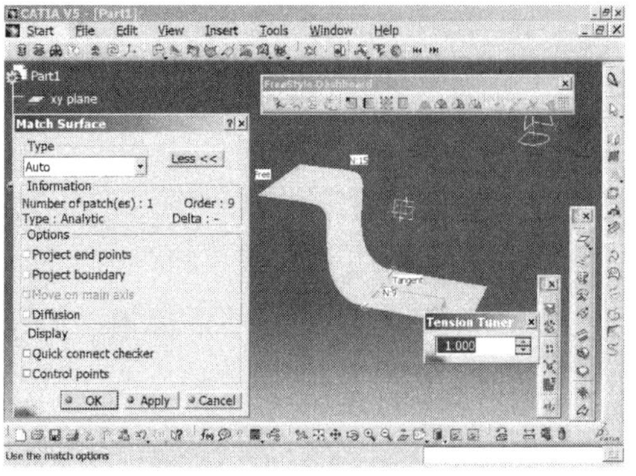

(d)

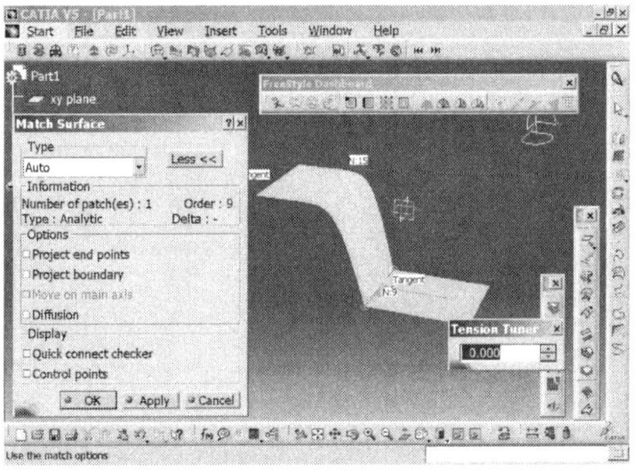

(e)

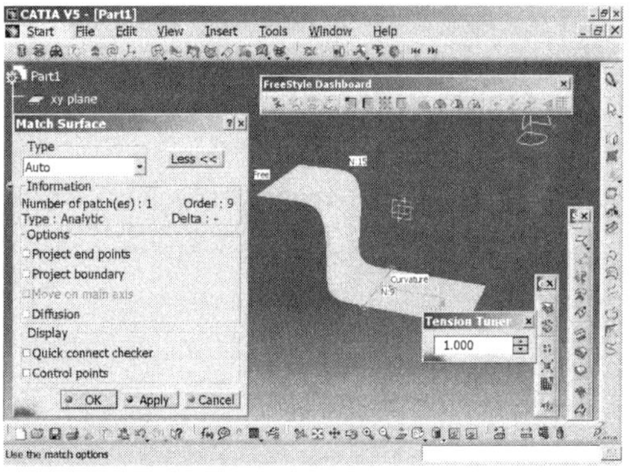

(f)

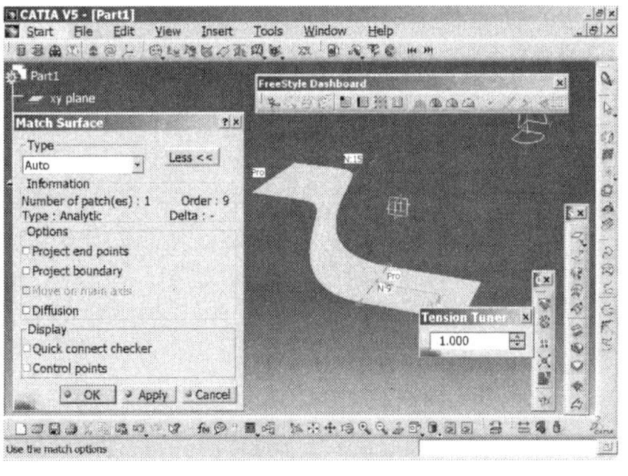

(g)

그림 6.31

예제 6.30

그림 6.32(a)에서 4개의 임의 평면을 결합

메뉴: Insert ▸ Shape Modification ▸ Multi-side Match Surfaces [(b)에서 대응하는 두 모서리를 클릭하면 파선으로 연결된다. 선택사항(Options)을 바꾸어 가면서 접속]

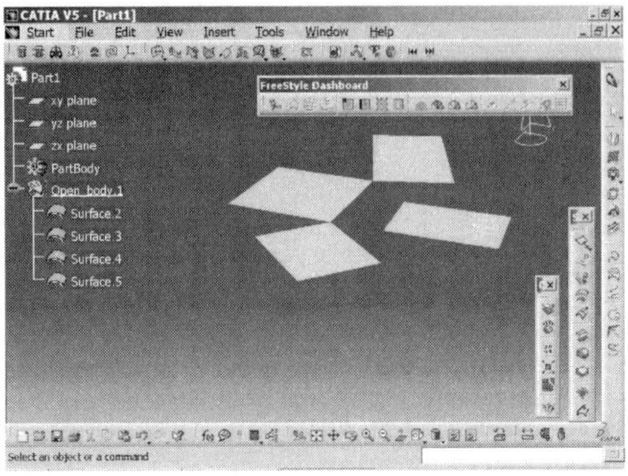

(a)

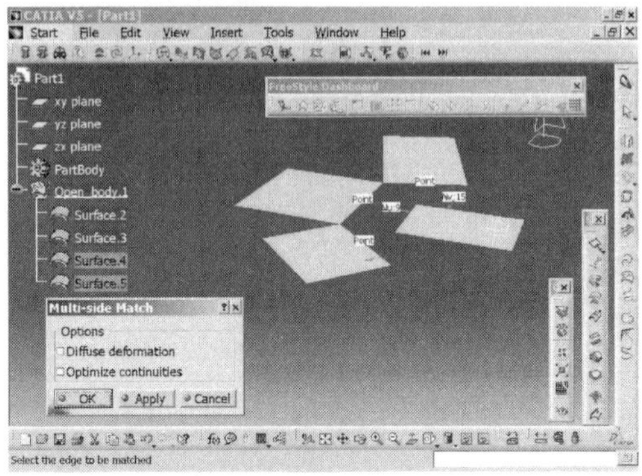

(b)

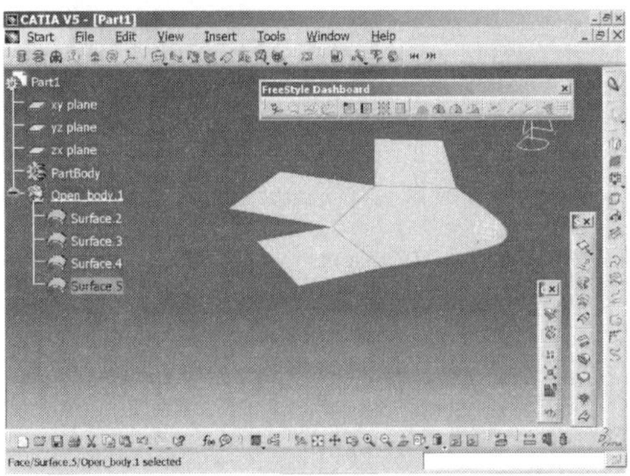

(c)

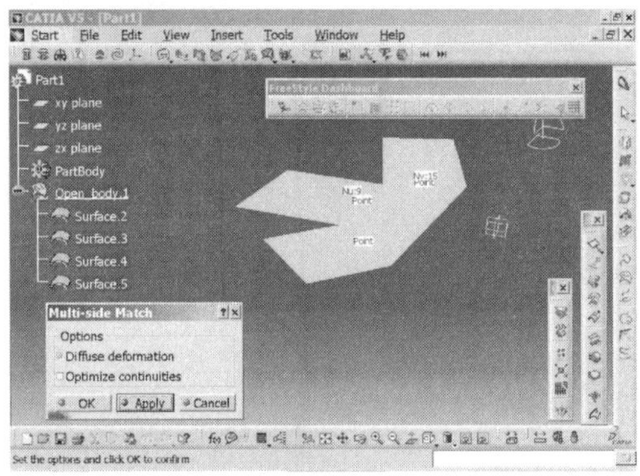

(d)

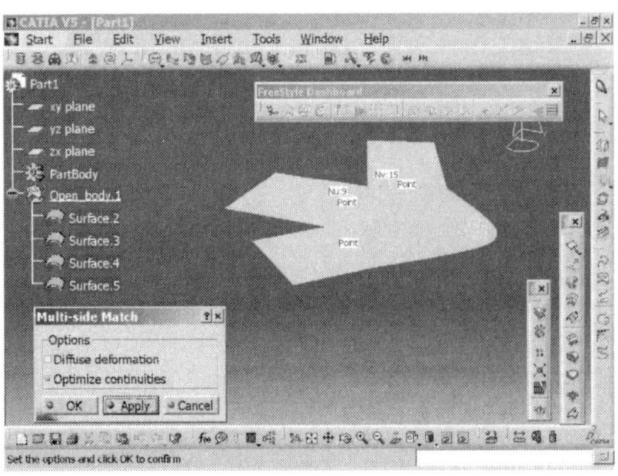

(e)

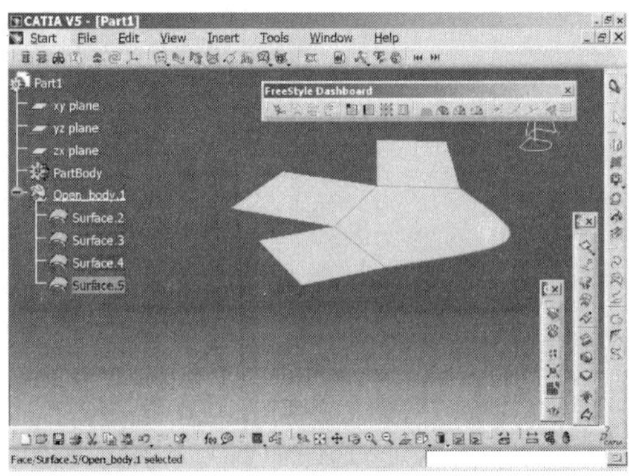

(f)

그림 6.32

7장 조립설계

7.1 조립설계의 개요

조립설계(Assembly Design)는 부품설계에서 모델링한 부품들을 모아서 기계의 부분 조립 또는 부품과 부분 조립을 모아서 제품으로 조립하는 것으로 그림 7.1과 같은 방법으로 조립설계 작업대에 들어가서 행하게 된다.

메뉴: Start ▸ Mechanical Design ▸ Assembly Design 메뉴: Start ▸ Assembly Design

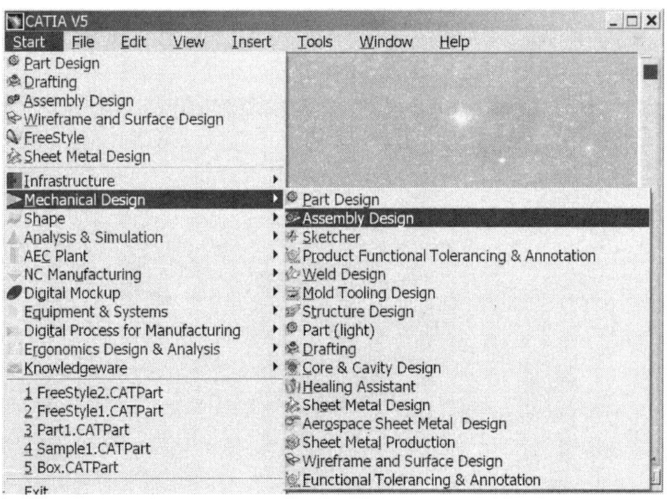

(a)

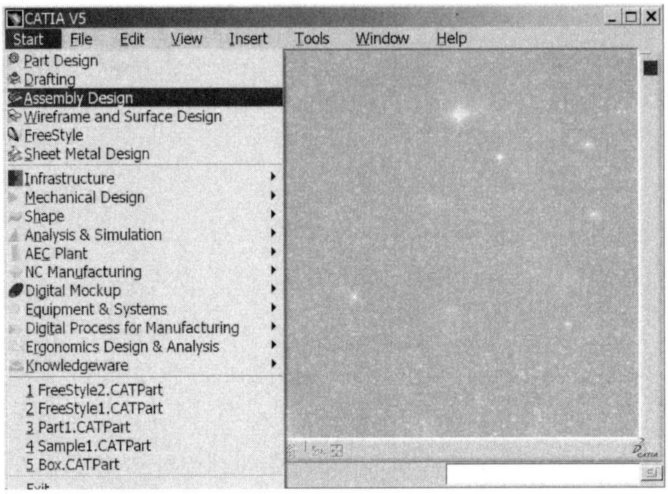

(b)

그림 7.1

또 다른 새 제품을 조립하고자 할 때에는 메뉴에서 다음과 같이 선택한다.

메뉴: File ▸ New [그림 7.2(b)의 새 제품(New) 대화창에서 제품(Product)을 더블클릭 하거나 제품(Product)을 선택하여 열기한다.]

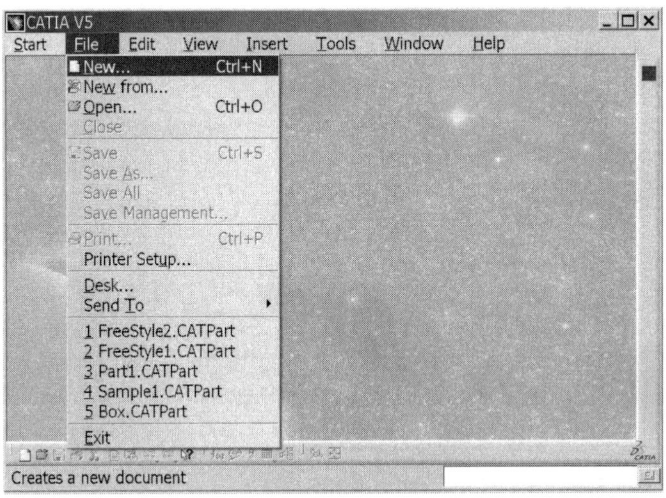

(a)

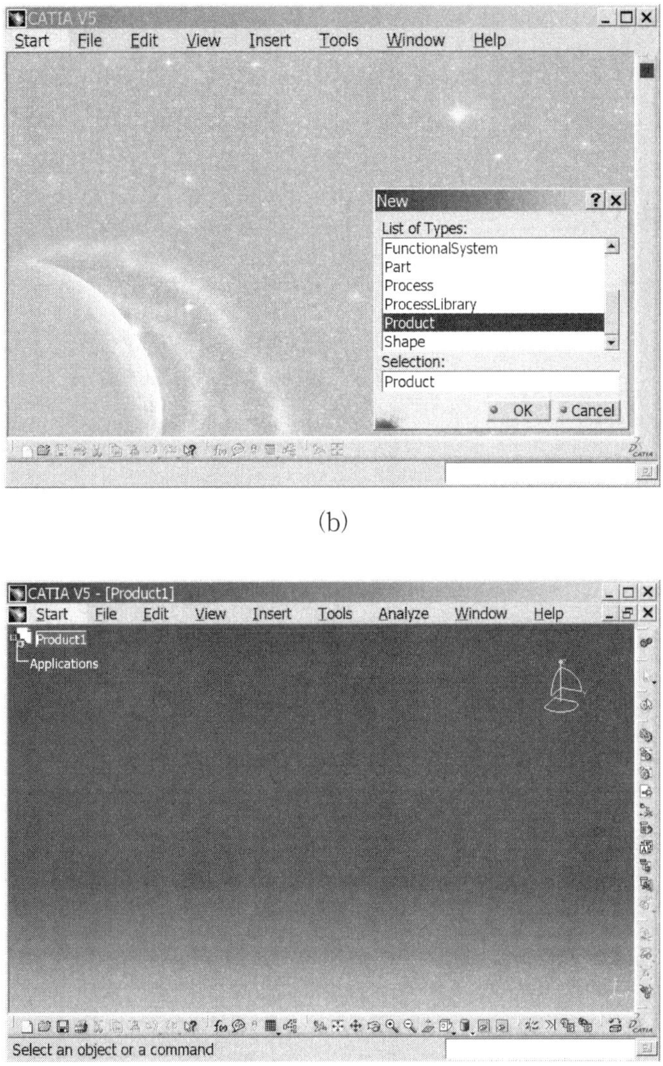

(b)

(c)

그림 7.2

7.2 부품 수집

부품들을 조립하기 위해서는 부품설계에서 모델링한 부품들을 한곳으로 모아야 하는데 다음과 같이 실행한다.

메뉴: Insert ▸ Existing Component [스펙트리의 Product1을 마우스로 클릭]

다음에 스펙트리의 Product1을 마우스로 클릭하여 부품이 있는 디렉터리를 찾아가서 부품명을 클릭하여 열기한다.

7.3 부품의 이동

기계제품을 조립하기 위하여 부품의 자세나 위치를 조정하여 조립하기 용이한 자세나 위치를 가질 필요가 있다.

표 7.1 제품 수집 도구(Product Structure Tools)

	명 령 어	설　명
	Existing Component	모델링한 부품들을 수집
	Component	새 부품들을 모델링 [ProductN(N=2, 3, ...)]
	Product	제품[ProductN(N=2, 3, ...)]
	Part	새 부품 수집
	Existing Component with Positioning	위치를 갖는 부품 수집

표 7.2 이동(Move)

	명 령 어	설　명
	Manipulation	자세 위치 조정
	Snap	잡아채기
	Smart Move(구속 이동)	Smart Move 대화창에서 선택한 구속 조건에 의해 이동
	Explode	분해

표 7.3 조정 매개변수

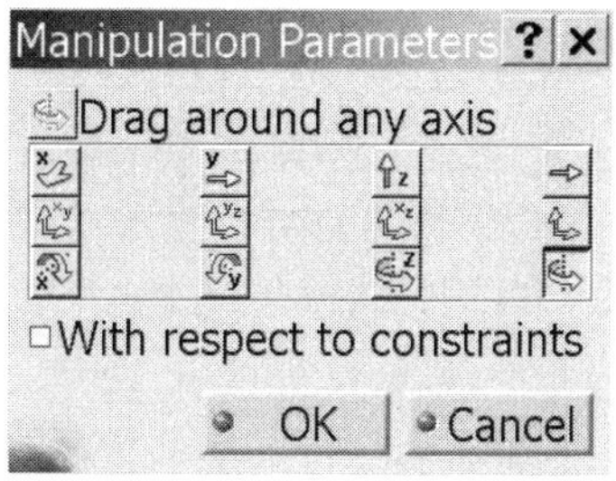

	명 령 어	설 명
	Drag along x axis	x축으로 끌기
	Drag along y axis	y축으로 끌기
	Drag along z axis	z축으로 끌기
	Drag along any axis	부품의 임의 축으로 끌기
	Drag along xy plane	xy 평면상에서 끌기
	Drag along xy plane	xy 평면상에서 끌기
	Drag along xy plane	xy 평면상에서 끌기
	Drag along xy plane	xy 평면상에서 끌기
	Drag around x axis	x축에 대하여 회전
	Drag around y axis	y축에 대하여 회전
	Drag around z axis	z축에 대하여 회전
	Drag around x axis	부품의 임의 축에 대해 회전
	□With respect to Constraints	구속조건을 유지 또는 해제

7.4 조립 작업

조립작업은 부품과 부품의 점, 선, 평면, 원통, 원추, 구 등을 다른 점, 선, 평면, 원통, 원추, 구 등과 서로 일치, 접촉 또는 옵셋 시키거나 임의의 각도를 주어 구속시켜 조립하는 것이다.

표 7.4 조립에 대한 구속조건(Constraints)

	명 령 어	설 명
	Coincidence Constraint (일치구속)	점, 선, 평면, 원통, 구 등을 다른 점, 선, 평면, 원통, 구 등과 서로 일치시킨다.
	Contact Constraint (접촉구속)	평면, 원통, 구, 원추, 원 등을 다른 평면, 원통, 구, 원추, 원 등과 서로 일치시킨다.
	Offset Constraint (옵셋구속)	점, 선, 평면 등을 다른 점, 선, 평면 등과 서로 일치시킨다.
	Angle Constraint (각도 구속)	선, 평면, 원통(축), 원추(축) 등을 다른 선, 평면, 원통(축), 원추(축) 등과 서로 일치시킨다.
	Fix Component (고정부품)	프레임(frame)으로 고정
	Fix Together (두 부품의 고정 결합)	두 부품을 하나의 부품처럼 고정 결합시킨다.
	Quick Constraint (우선순위 구속)	선택창(Options)의 Quick Constraints내의 우선순위에 따라 구속이 실행된다.
	Change Constraint (구속조건 변경)	구속조건을 변경한다.
	Reuse Pattern (배열구속)	동일한 구속조건으로 배열한다.

위의 구속조건을 실행하면 부품도상에 아래 표와 같은 기호로 표시되거나, 간격 옵셋구속(Offset Constraint)은 치수선으로 표시되고, 각도 구속(Angle Constraint)은 각도 치수선으로 표시된다.

표 7.5 조립에 대한 구속조건 기호 표시

기호	설 명
	일치(Coincidence)
	평면과 원통의 접촉(Contact of planar face and cylinder)
	접촉(Contact)
	평행(Parallel)
	수직(Perpendicular)
	고정부품(Fix component)
0,5	옵셋(Offset)

[1] 일치 구속(Coincidence Constraint)

일치 구속은 다음 표 7.6과 같이 ○표로 표시된 요소들끼리의 구속이 적용된다.

표 7.6 일치 구속(Coincidence Constraint)

	점	선	평면	원통(중심축)	구(구의 중심)	절대평면
점	○	○	○	○	○	○
선	○	○	○	○	○	○
평면	○	○	○	○	○	○
원통(중심축)	○	○	○	○	○	○
구(구의 중심)	○	○	○	○	○	○
절대평면	○	○	○	○	○	○

[2] 접촉 구속(Contact Constraint)

접촉 구속은 다음 표와 같이 ○표로 표시된 요소들끼리의 구속이 적용된다.

표 7.7 접촉 구속(Contact Constraint)

	평면	원통	구	원추	원
평면	○	○	○		
원통	○	○			
구	○			○	○
원추			○	○	○
원			○	○	

[3] 옵셋 구속(Offset Constraint)

옵셋 구속(Offset Constraint)은 다음 표와 같이 ○표로 표시된 요소들끼리의 구속이 적용된다.

표 7.8 옵셋 구속(Offset Constraint)

	점	선	원통(중심축)	구(중심점)	무한평면
점	○	○	○	○	○
선	○	○	○	○	○
원통(중심축)	○	○	○	○	○
구(중심점)	○	○	○	○	○
무한평면	○	○	○	○	○

[4] 우선순위 구속(Quick Constraints)

우선순위 구속(Quick Constraints)은 다음 그림 7.3과 같이 메뉴: Tool ▸ Options... 을 선택하여 선택(Options) 대화창에서 조립설계(Assembly Design)→구속(Constraints)의 Quick Constraints내의 위에서부터 우선순위에 따라 구속이 실행된다.

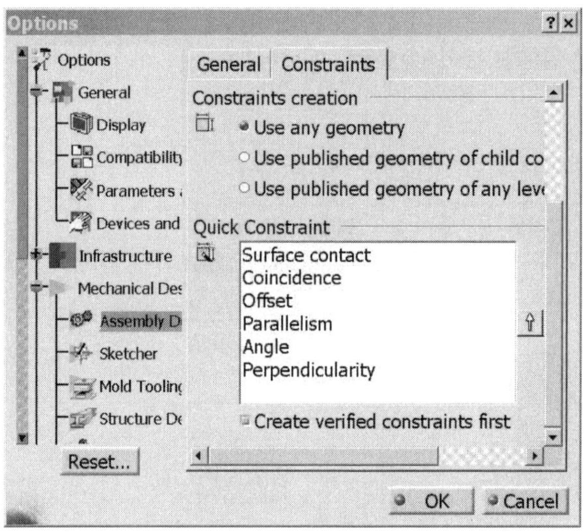

그림 7.3

[5] 각도 구속(Angle Constraints)

각도 구속(Angle Constraints)은 다음 표와 같이 ○표로 표시된 요소들끼리의 구속이 적용된다.

표 7.9 각도 구속(Angle Constraints)

	선	평면	원통(축)	원추(축)	절대평면
선	○	○	○	○	○
평면	○	○	○	○	○
원통(축)	○	○	○	○	○
원추(축)	○	○	○	○	○
절대평면	○	○	○	○	○

7.5 조립설계 따라하기

조립설계는 우선 여러 가지 부품 모델링을 모아서 위치와 자세를 조정하고 여러 방법의 구속조건을 주어 끼워맞춤하고 간격을 주어 접촉시켜 조립하는 것이다. 또 부품간의 조립에 의한 간섭과 충돌 등을 검사하여 이상이 있을 경우에는 다시 설계하거나 부품 모델링을 수정해야 한다.

문제 7.1 다음 도면을 보고 유니버설 조인트(Universal Joint)의 부품도를 완성하라.

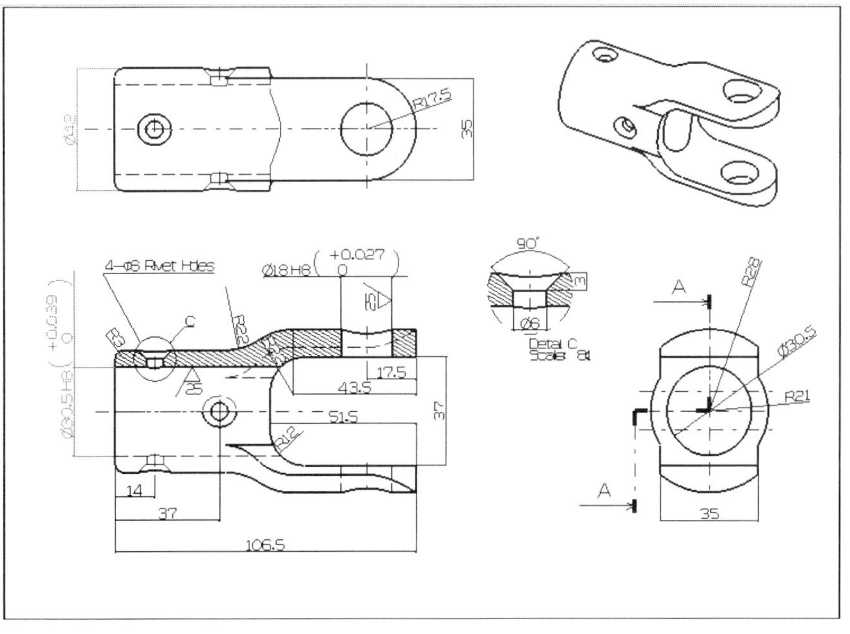

(a) 요우크(Yoke)

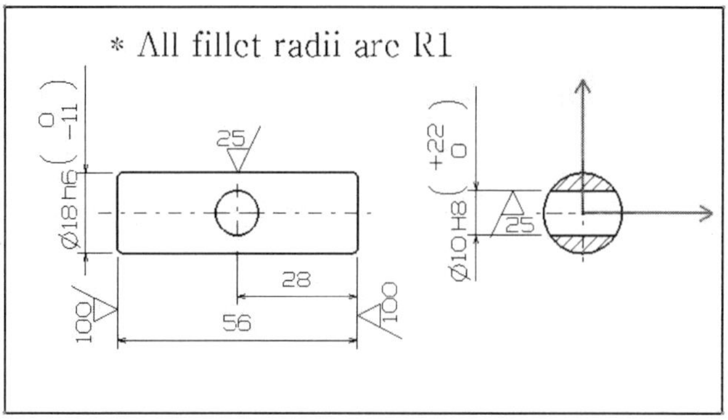

(b) 핀(Pin)

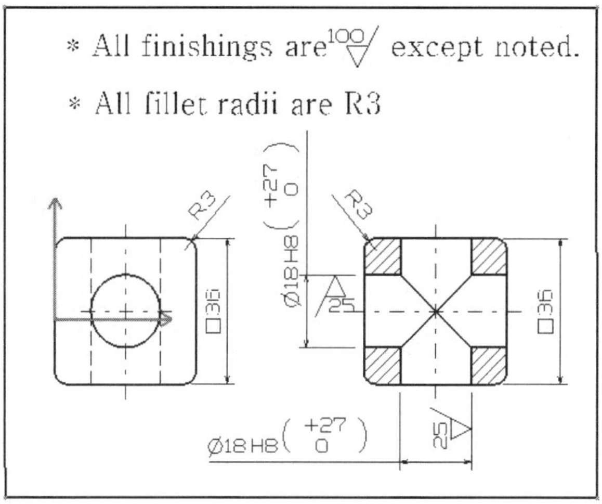

(c) 부시(Bush)

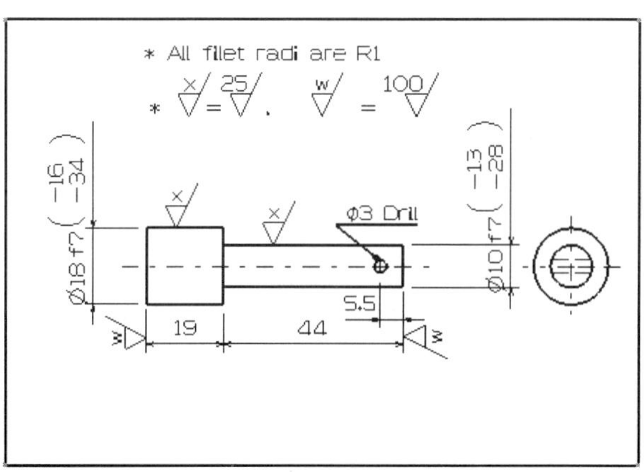

(d) 대갈핀(Head pin)

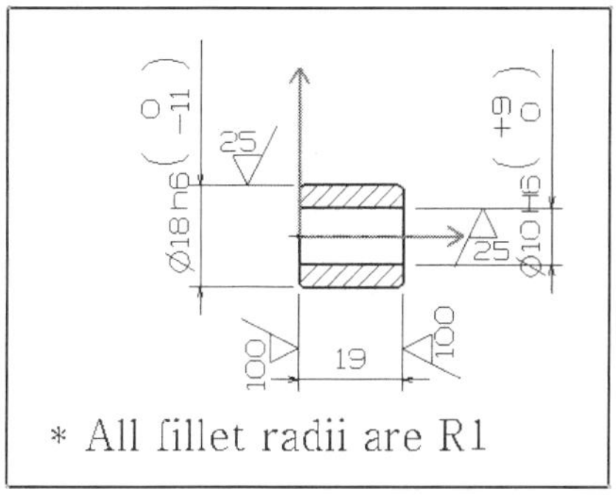

(g) 링(Ring)

그림 7.4

예제 7.1 그림 7.4(a) 요우크 부품 모델링 및 도면작업

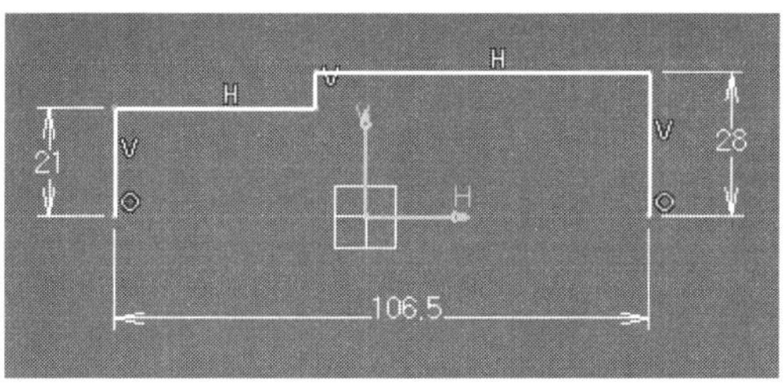

(1) yz 평면 , 21, 28, 106.5, 시종 점은 H축과 일치

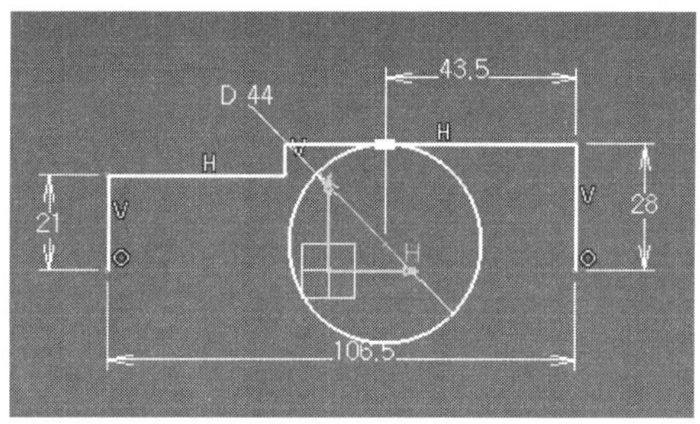

(2) Ø44, 접선, 43.5

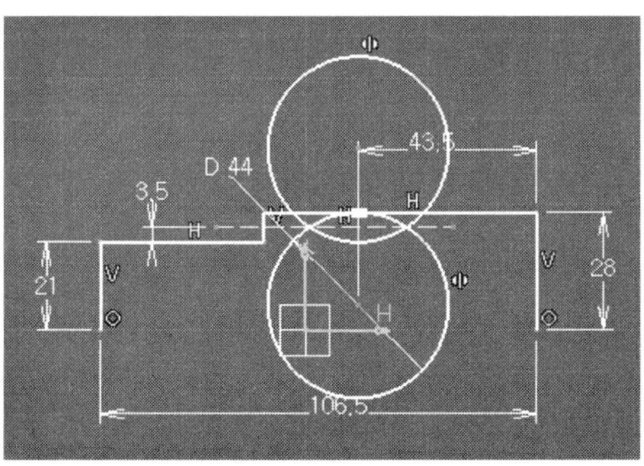

(3) 구성선 3.5에 대칭인 원

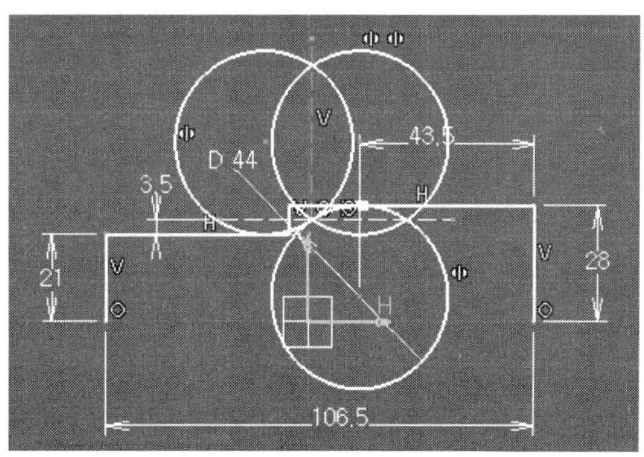

(4) 원, 구성선 클릭

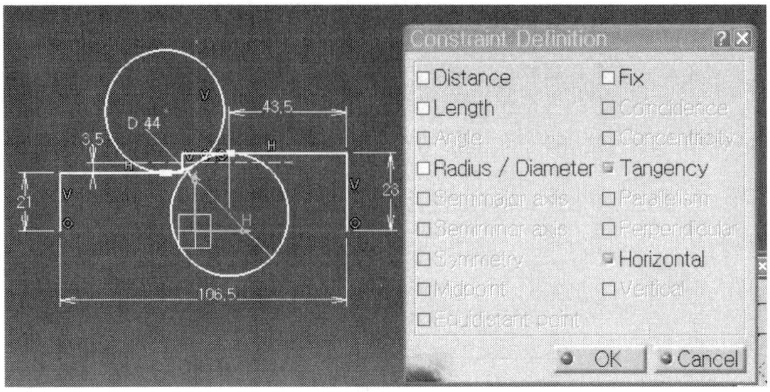

(5) 원과 접선, Tangency

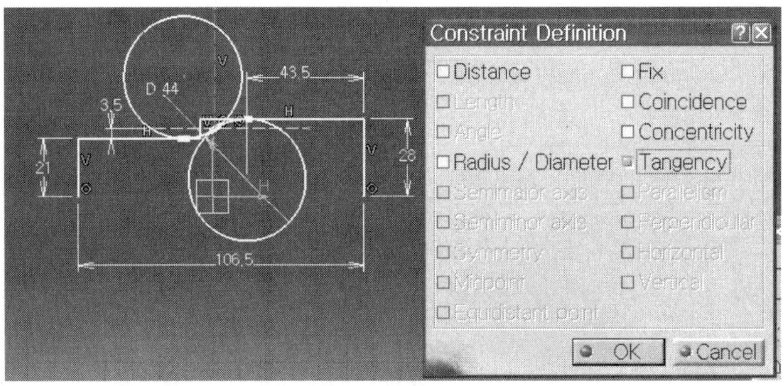

(6) 원과 원, Tangency

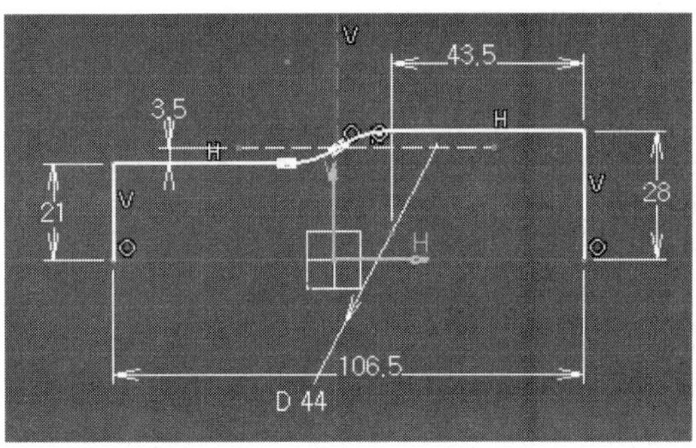

(7) 빠른 자르기(Quick Trim)

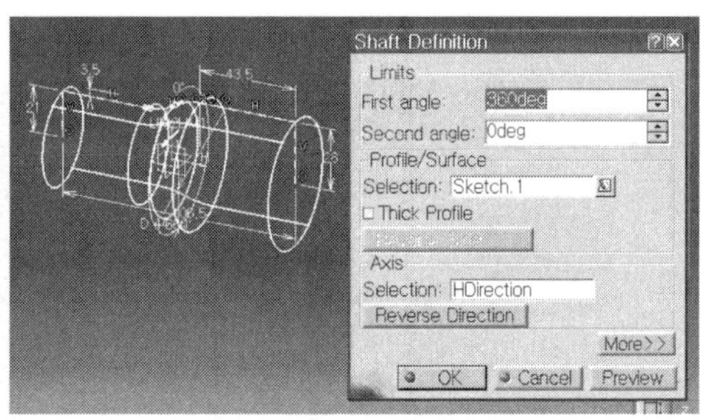

(8) 축(Shaft)

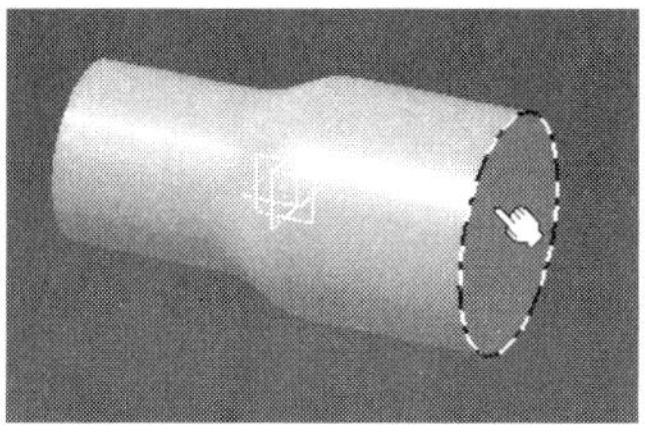

(9) 오른쪽 단면 클릭,

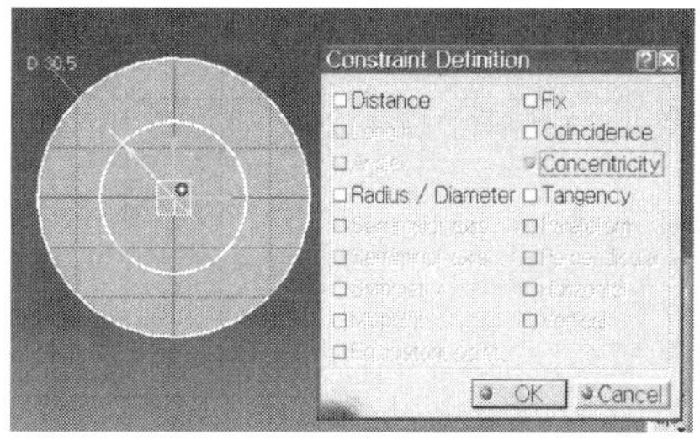

(10) ∅30.5, 동심

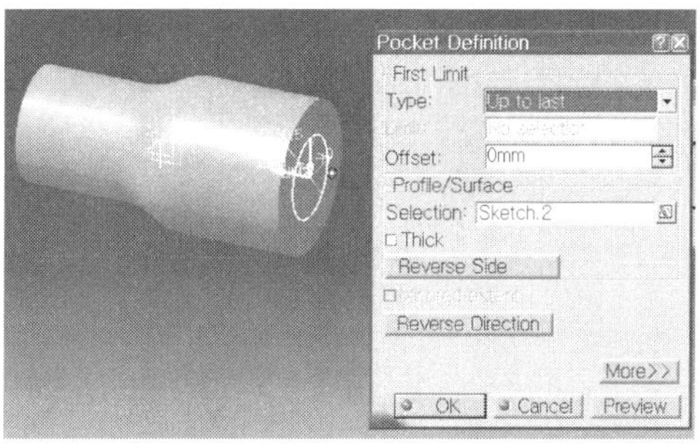

(11) 포켓, Up to Last

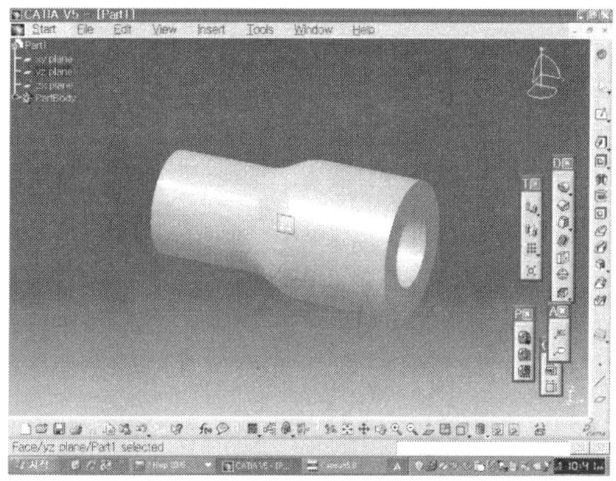

(12) yz 평면 클릭,

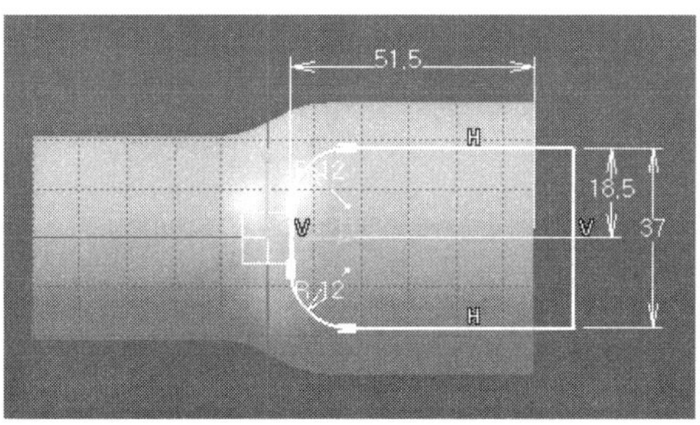

(13) 51.5, 18.5, 37, R12

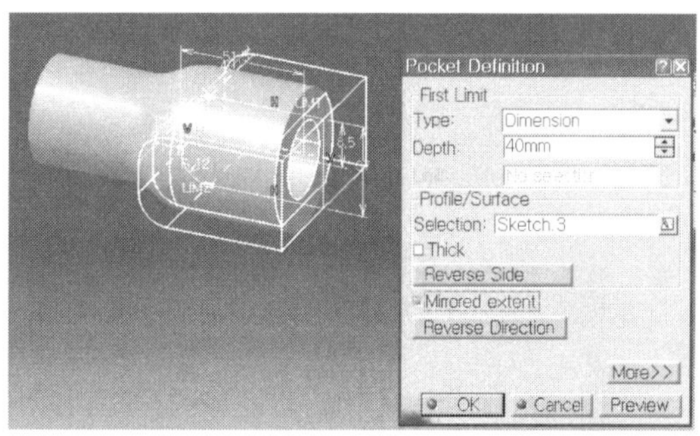

(14) 포켓, Dimension 40, Mirror Extent(대칭 확대)

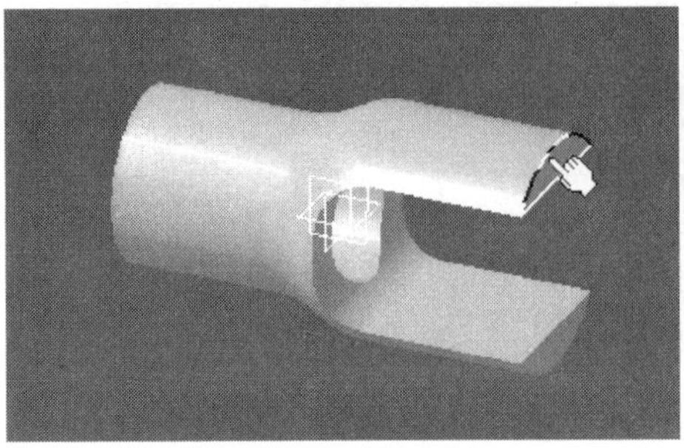

(15) 오른쪽 단면 클릭,

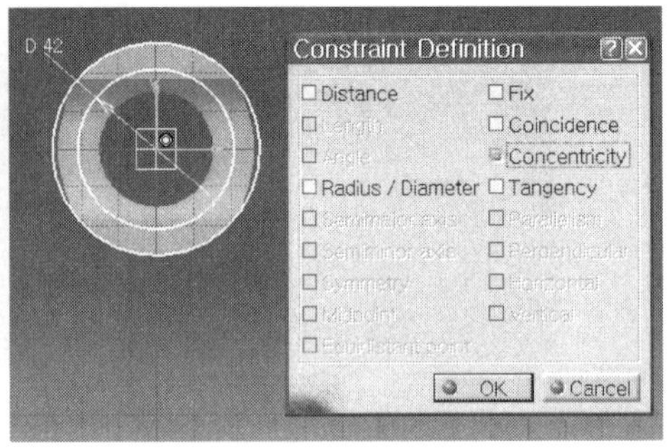

(16) ⊙ ⌀42, 동심

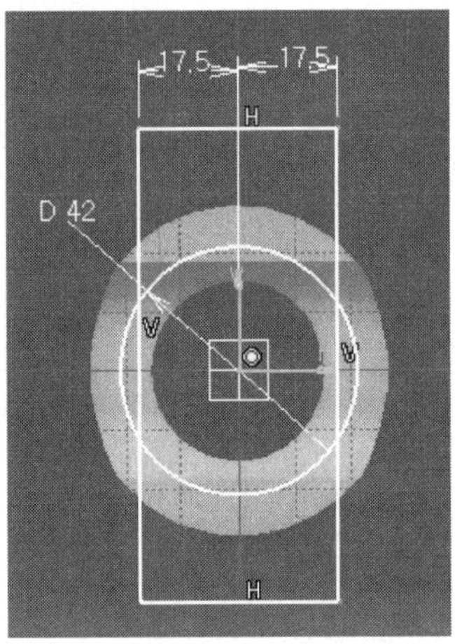

(17) ⊙ ⌀42, □ 직사각형17.5

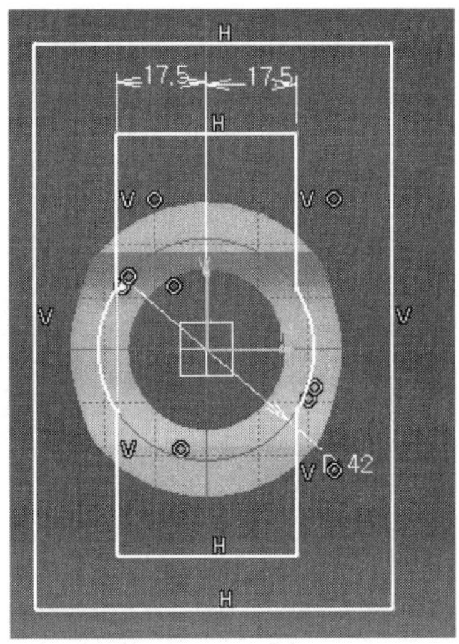

(18) 자르기

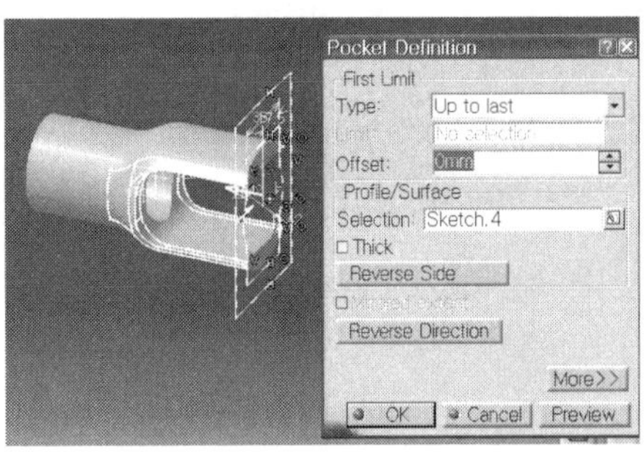

(19) 포켓(Pocket), Up to Last

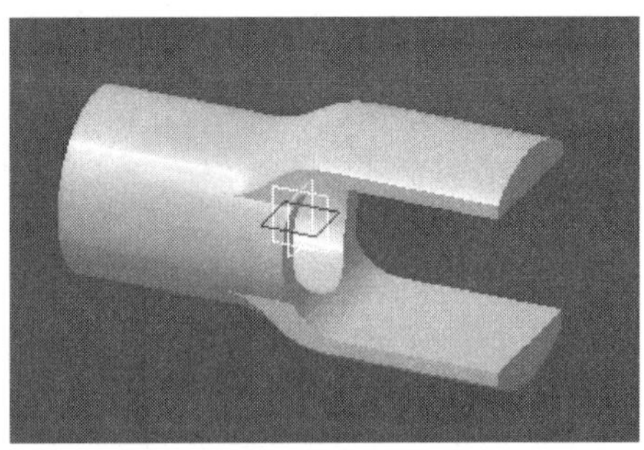

(20) xy 평면,

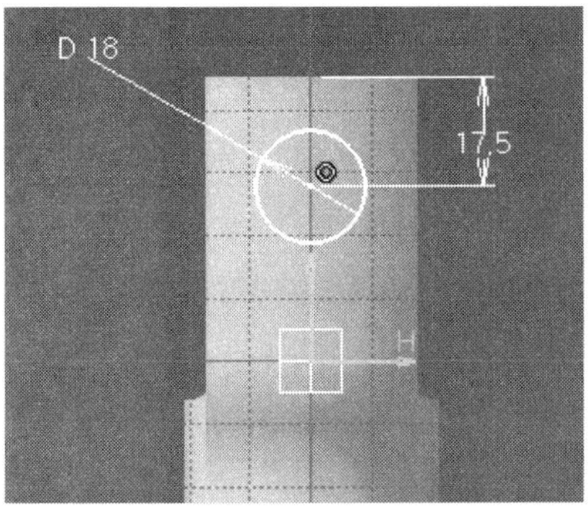

(21) Ø18, 17.5

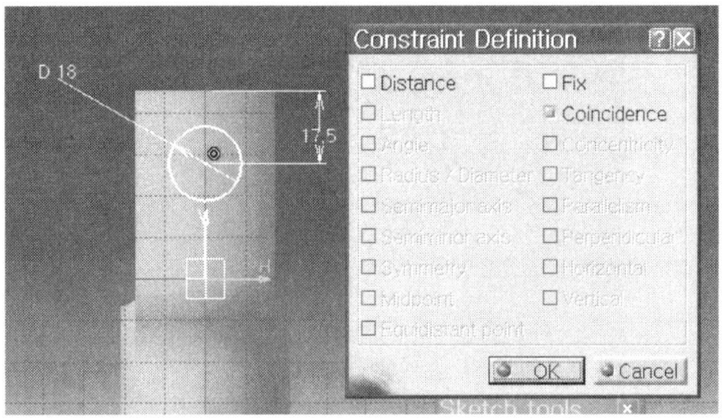

(22) yz평면과 원의 중심-일치(Coincidence)

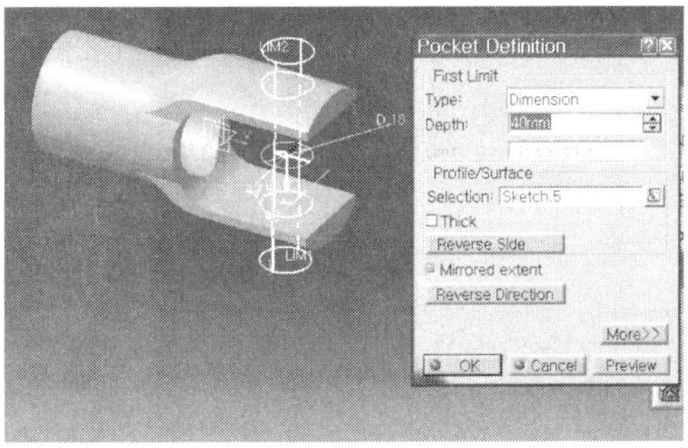

(23) 포켓(Pocket), Dimension 40, Mirror Extent(대칭 확대)

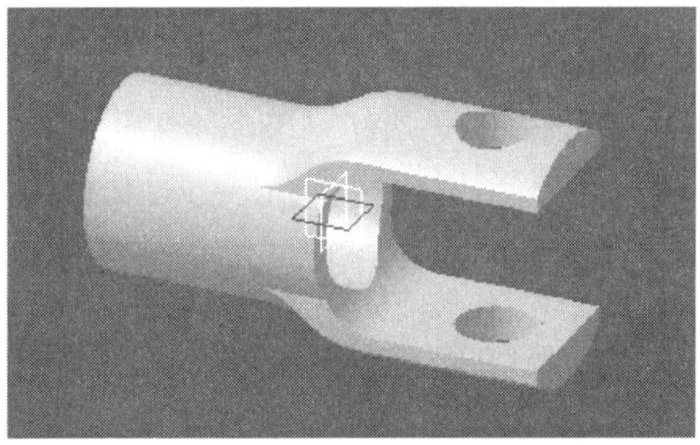

(24) xy 평면,

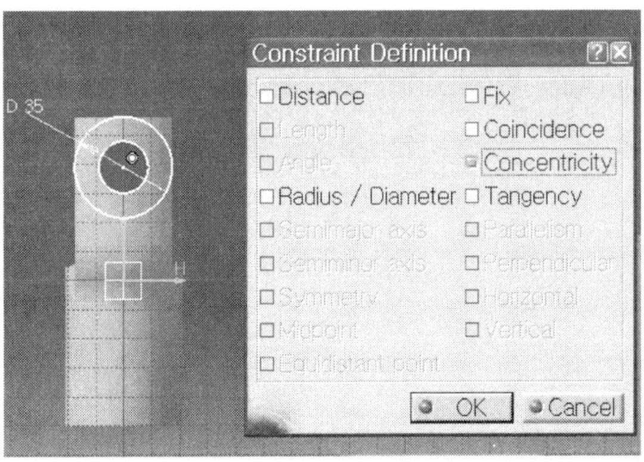

(25) Ø35, 동심

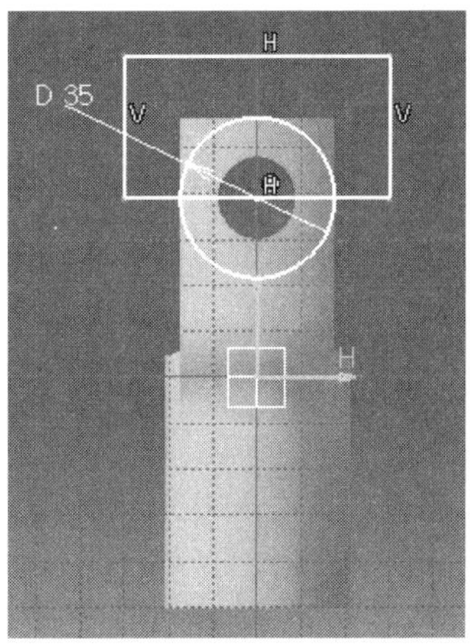

(26) 직사각형,
원의 중심과 일치

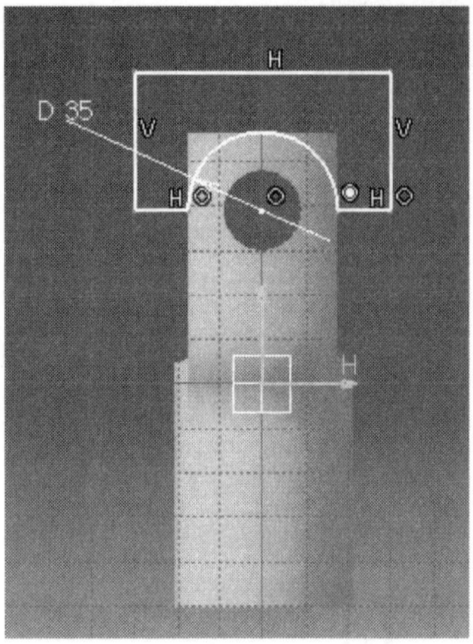

(27) 빠른 자르기(Quick Trim)

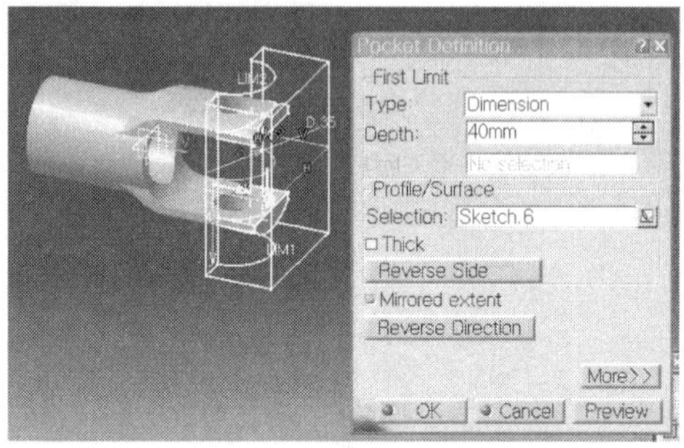

(28) 포켓(Pocket), Dimension 40, Mirror Extent(대칭 확대)

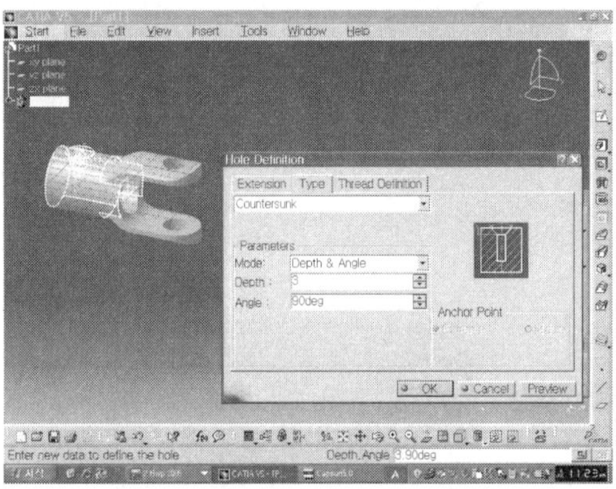

(29) 구멍(Hole), 원통면 클릭, Type, Countersunk, 3, 90

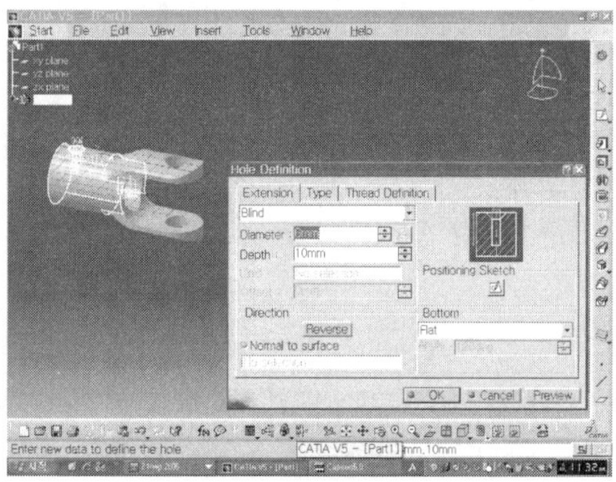

(30) Extension, Depth & Angle, 6, 10

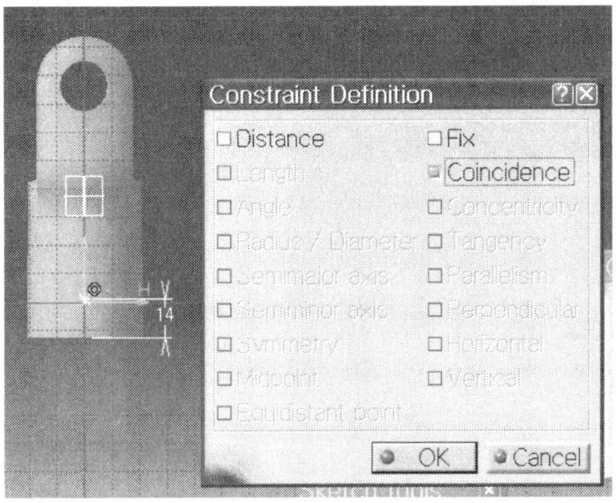

(31) Positioning Sketch, 거리 14, yz 평면과 구멍중심 위치-일치(Coincidence)

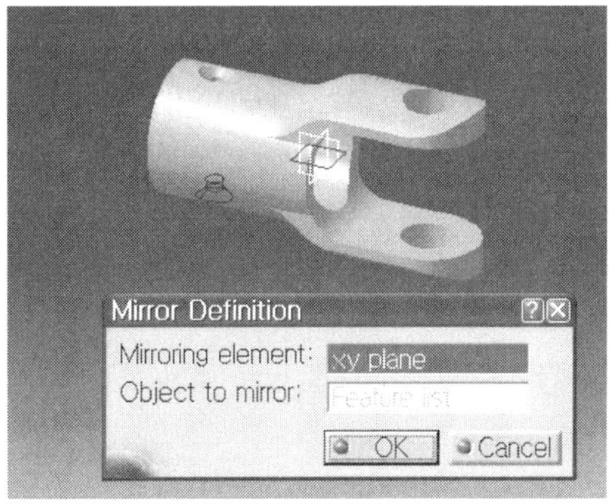

(32) 대칭, hole.1(스펙트리에서) xy 평면 클릭 또는 원형배열, 구멍(스펙트리에서), 2, 180, 대칭작업이 잘 되지 않으면 구멍과 yoke에 마우스 오른쪽 버튼, Local Update 실행

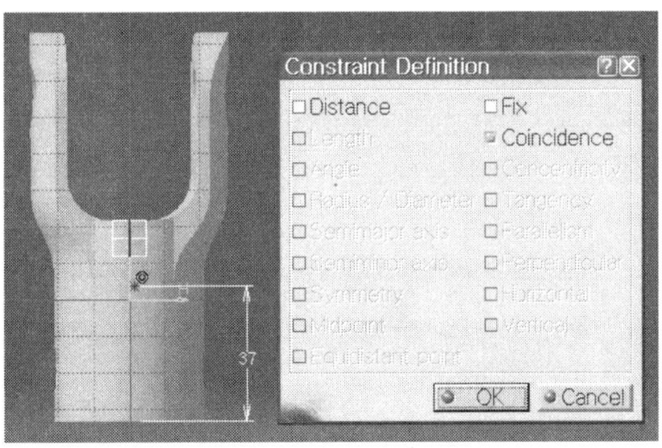

(33) 거리 37, yz 평면과 구멍중심 위치, 구속조건: 일치(Coincidence)

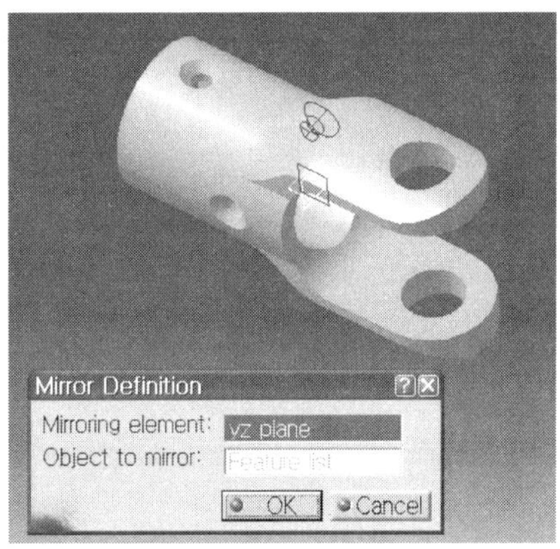

(34) 대칭, 구멍(스펙트리에서) xy 평면 클릭 또는 원형배열, 구멍(스펙트리에서), 2, 180, 대칭작업이 잘 되지 않으면 구멍과 yoke에 마우스 오른쪽 버튼, Local Update 실행, Center lines, Axis 선택

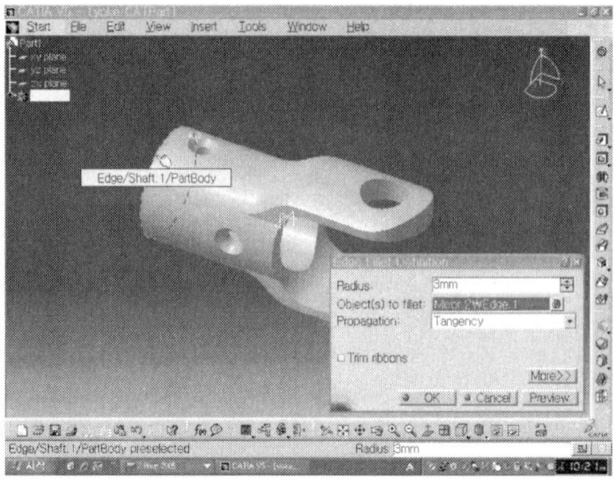

(35) Fillet(모깎기), 3

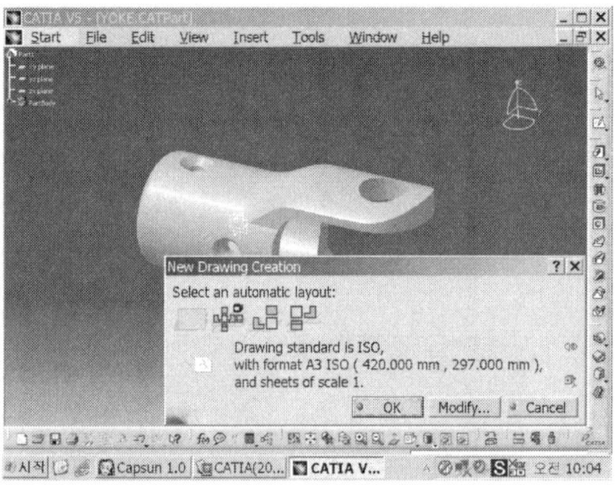

(36) Mechanical Design ▶ Drafting, 빈 도면 선택

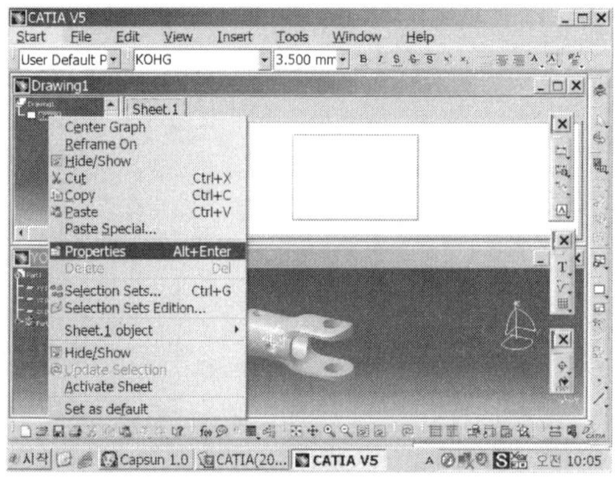

(37) Sheet1에 마우스 오른쪽 버튼을 눌러 특성(Properties) 선택

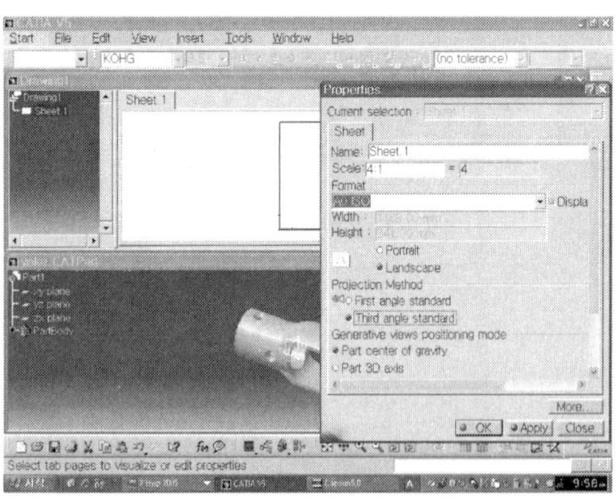

(38) Sheet1, 마우스 오른쪽 버튼, 축척 4:1, 3각법 선택

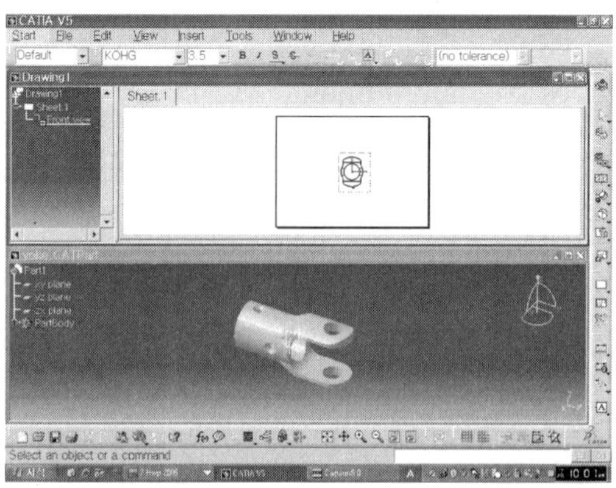

(39) 정면도, zx plane 클릭

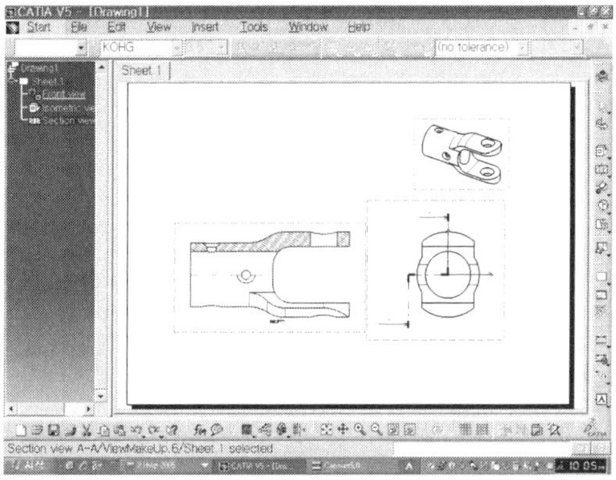

(40) 정면도에서 절단선 클릭, 마지막에 더블클릭, 등각투상, xy, yz, zx plane 또는 부품 클릭

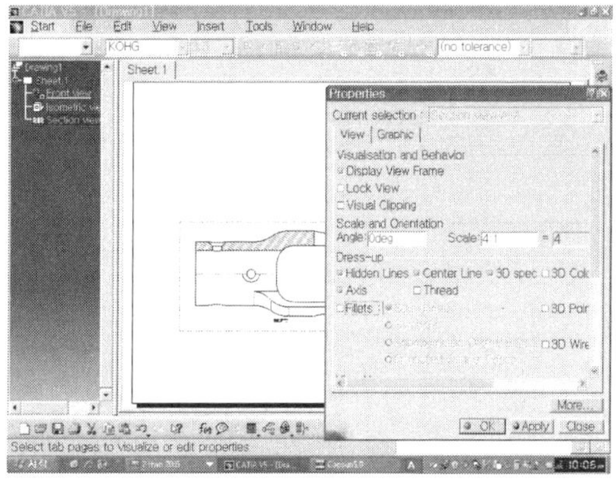

(41) 테두리선에 마우스 오른쪽 버튼, Hidden Line, Center Line, Axis 클릭, Fillet 제거

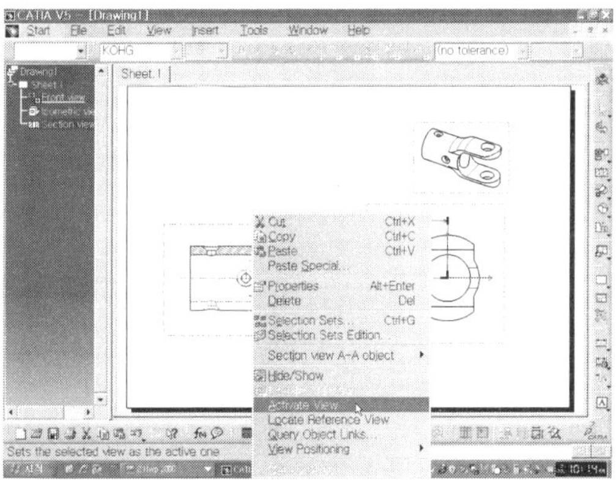

(42) 테두리선에 마우스 오른쪽 버튼, Activate View 선택

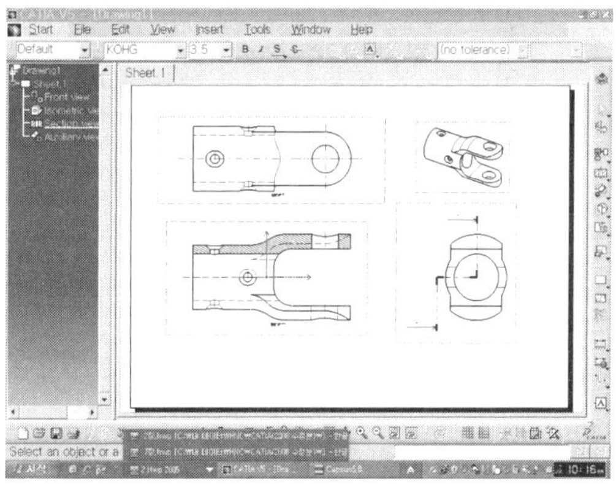

(43) 단면도, 절단성, 마지막에 더블클릭, 평면도, xy plane 클릭

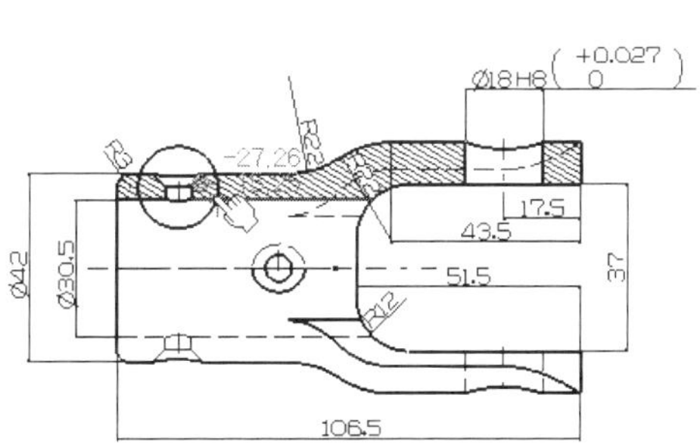

(44) 상세도, 중심점과 원을 클릭

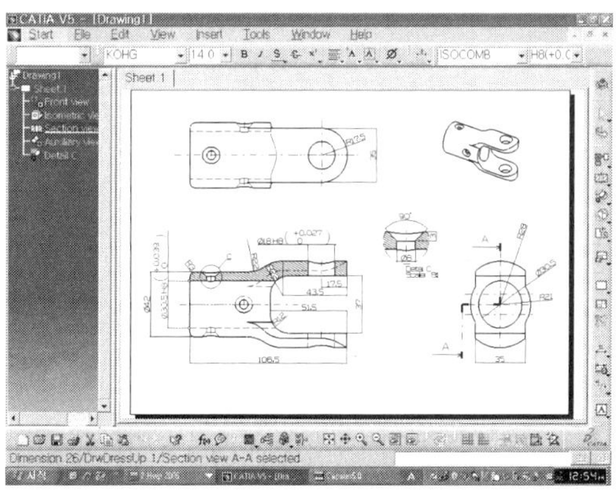

(45) 테두리선에 마우스 오른쪽 버튼을 눌러 특성(Properties) 선택, Hidden lines

그림 7.5 유니버설 조인트

Part4의 부품 일련번호가 맞지 않는 경우에는 그림 7.6(a), (b)에서와 같이 스펙트리의 Part4에 마우스 오른쪽 버튼을 누르고 메뉴에서 특성(Properties)을 선택하여 Product를 클릭하고 Part4를 Part5로 바꾸면 된다.

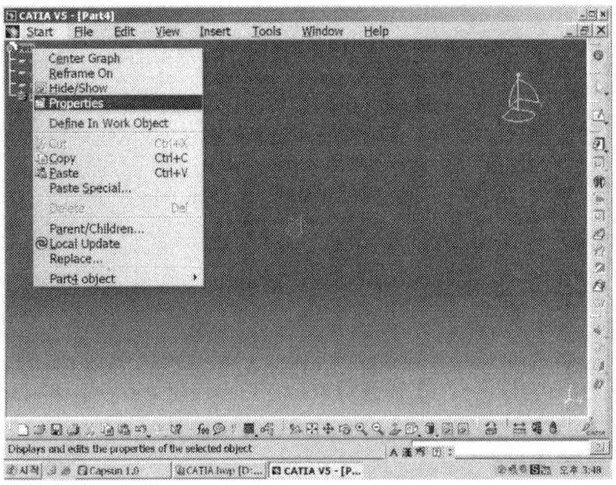

(a)

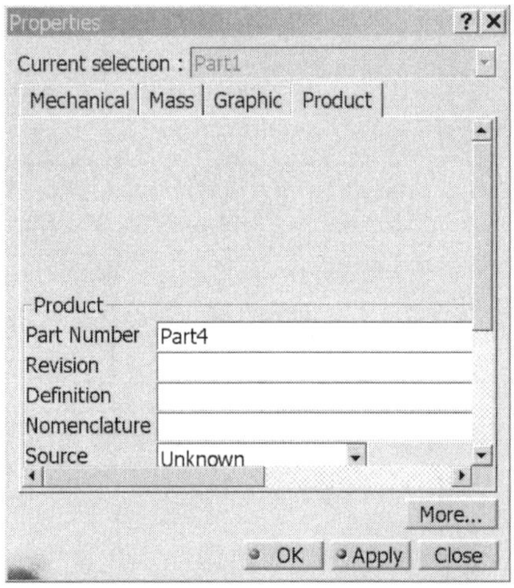

(b)

그림 7.6

예제 7.2 유니버셜 조인트(Universal joint) 조립도 및 도면작업

메뉴: Insert ▸ Existing Component [그림 7.7(a) 스펙트리의 Product1을 마우스로 클릭, 부품도면이 있는 디렉터리를 찾아 부품명 bush, headpin, pin, ring, yoke 등의 부품도를 클릭하여 열기한다.]

메뉴: Insert ▸ Existing Component [(b) 동일부품이 여러 개 필요한 경우에는 스펙트리의 Product1을 마우스로 클릭, yoke.CATPart를 다시 열기한다.]

Explode [(c)에서 분해, 예(y)]

Manipulation(자세 · 위치조정) [(d), (e)에서 부품을 축 또는 이동하거나, 축소, 확대시켜 가면서 필요한 축으로 회전시켜 조립할 때의 부품의 위치, 자세를 조정한다.]

메뉴: Insert ▸ Coincidence... [(f) 두 개의 요우크의 축을 일치시킨다.]

메뉴: Insert ▸ Coincidence... [(g), (h)에서 부시의 두 구멍의 축과 두개의 요우크의 구멍의 축을 각각 일치시킨다.]

CATIA V5 - [Product1]
Start File Edit View Insert Tools Analyze Window Help
Product1
Applications
File Selection
Bush.CATPart
Headpin.CATPart
Pin.CATPart
Ring.CATPart
Yoke.CATPart
Show Preview
Select a component file

(a)

CATIA V5 - [Product1]
Start File Edit View Insert Tools Analyze Window Help
Product1
Part1 (Part1.1)
Part2 (Part2.1)
Part4 (Part4.1)
Part3 (Part3.1)
Part5 (Part5.1)
Applications
File Selection
Show Preview
Select a component file

(b)

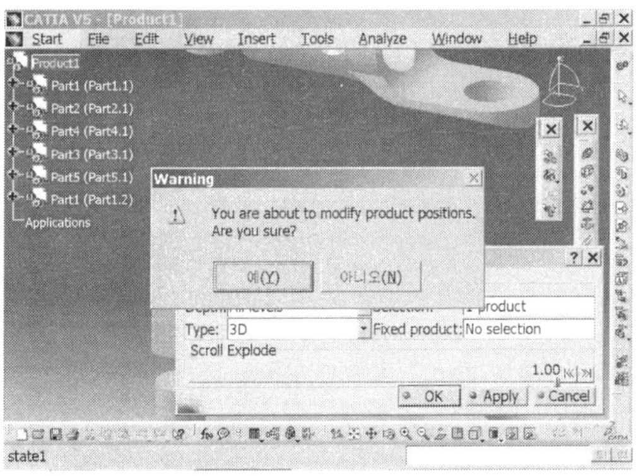
CATIA V5 - [Product1]
Start File Edit View Insert Tools Analyze Window Help
Product1
Part1 (Part1.1)
Part2 (Part2.1)
Part4 (Part4.1)
Part3 (Part3.1)
Part5 (Part5.1)
Part1 (Part1.2)
Applications
Warning
You are about to modify product positions.
Are you sure?
예(Y)
아니오(N)
Type: 3D
Fixed product: No selection
Scroll Explode
OK
Apply
Cancel
state1

(c)

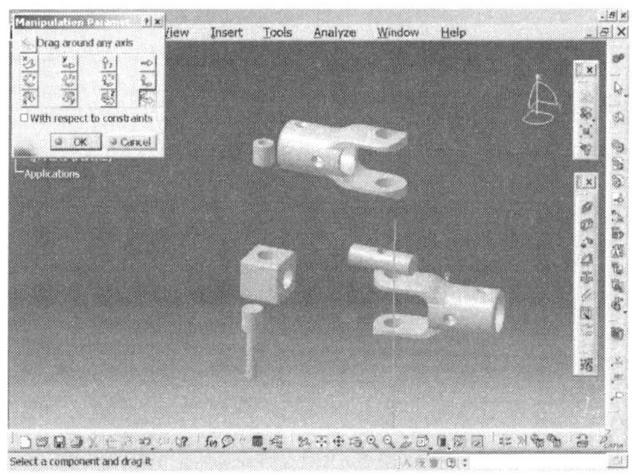
Manipulation Parameters
Drag around any axis
With respect to constraints
OK
Cancel
Applications
Select a component and drag it

(d)

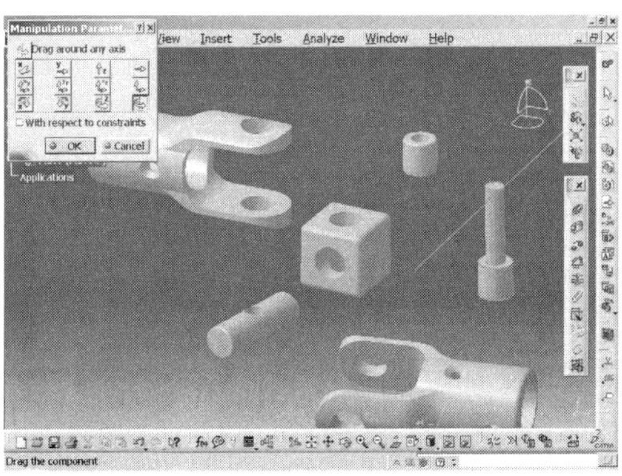
Manipulation Parameters
Drag around any axis
With respect to constraints
OK
Cancel
Applications
Drag the component

(e)

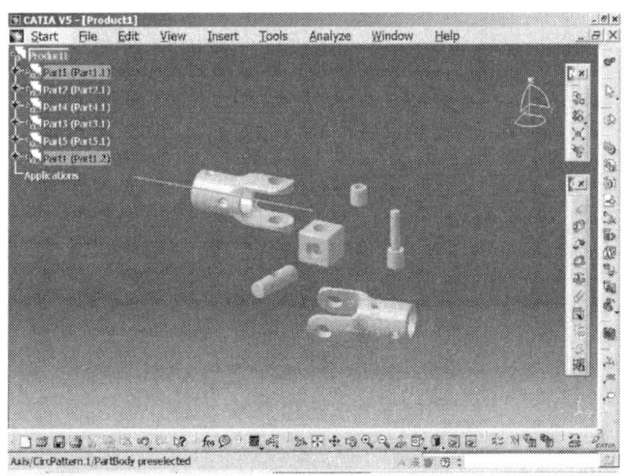
CATIA V5 - [Product1]
Start File Edit View Insert Tools Analyze Window Help
Product1
Applications

(f)

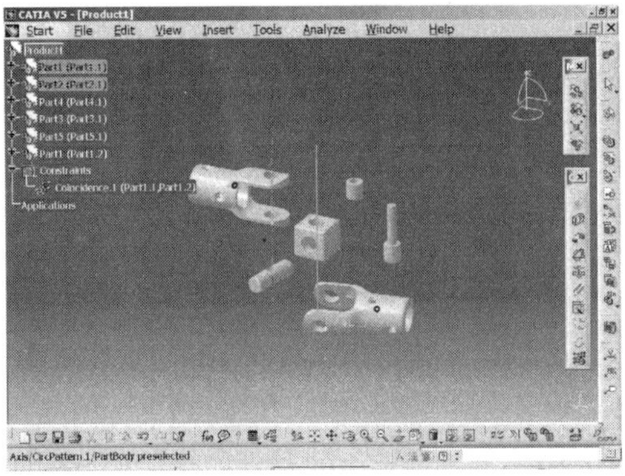

(g)

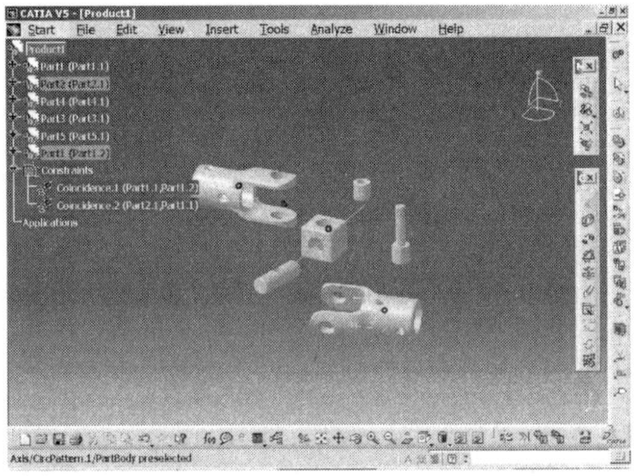

(h)

메뉴: Insert ▸ Coincidence... [(i), (j)에서 핀과 부시의 두 축을 각각 일치시킨다.]

메뉴: Insert ▸ Coincidence... [(k)에서 대갈핀과 핀의 구멍, (l)에서 링과 대갈핀의 두 축을 각각 일치시킨다.]

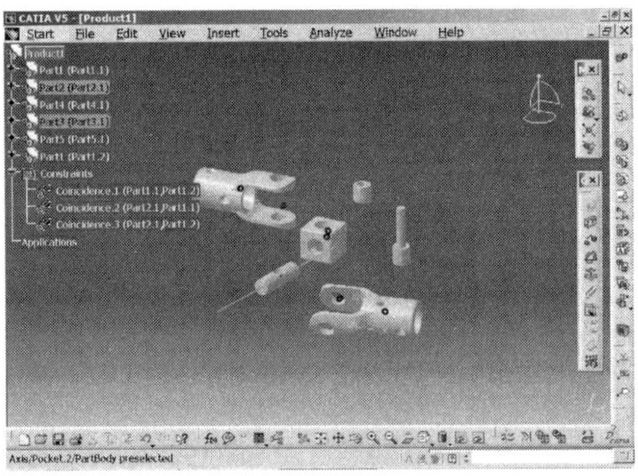

(i)

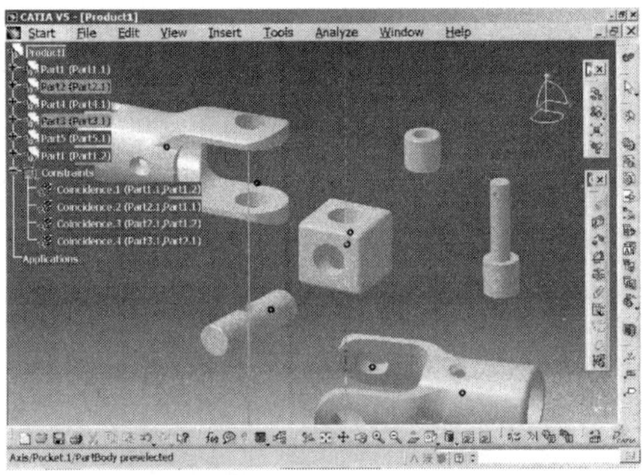

(j)

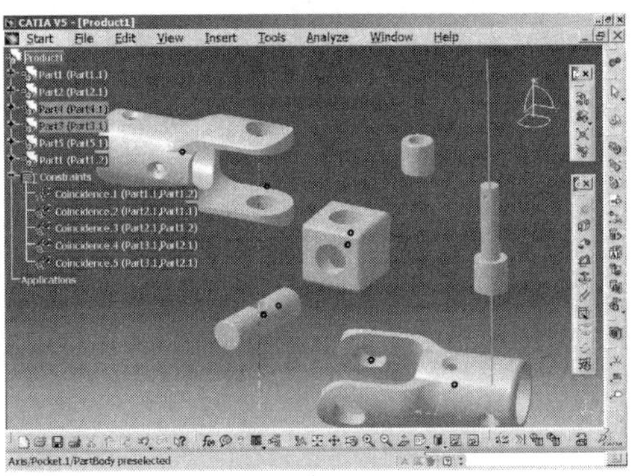

(k)

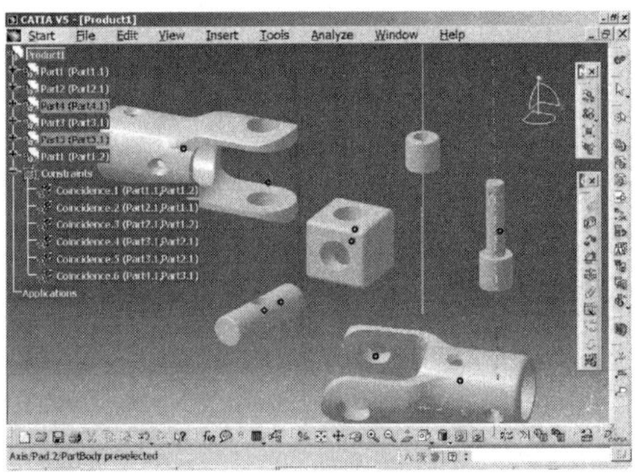

(l)

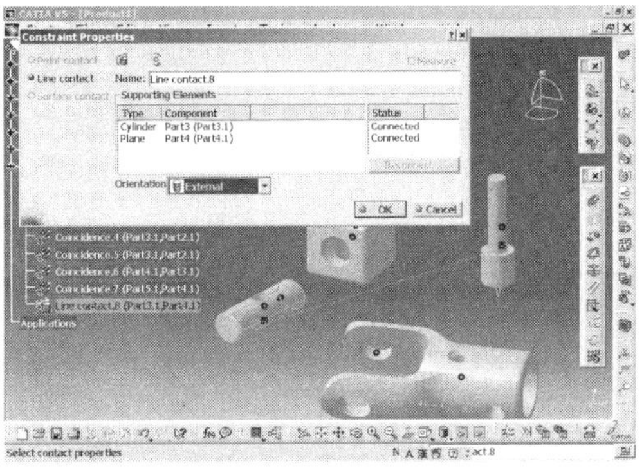

(m)

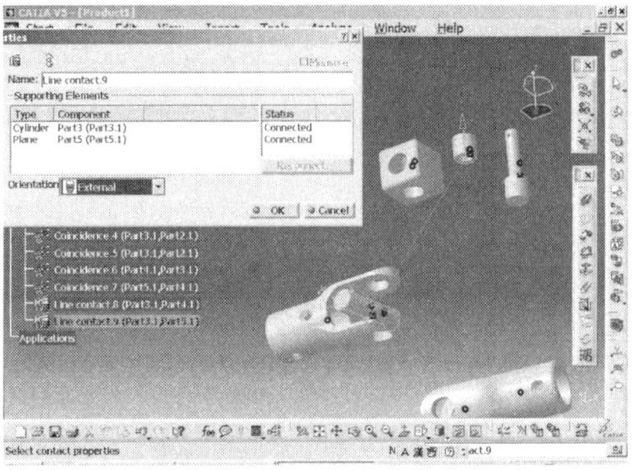

(n)

메뉴: Insert ▸ Contact... [(m), (n)에서 View ▸ Rotate하여 핀과 대갈핀, 핀과 링의 외면(External)을 접촉시킨다.]

메뉴: Insert ▸ Offset... [(o), (p)에서 View ▸ Rotate에 의해 회전시켜서 부시와 요우크의 두 면을 0.5mm씩 띠운다.]

메뉴: Insert ▸ Coincidence... [(q)에서 대갈핀의 구멍의 축과 요우크의 축을 일치시킨다.]

메뉴: Insert ▸ Change [(r)에서 스펙트리의 Coincidence.12(Part4.1, Part1.2)를 누르거나, 스펙트리의 Coincidence.12(Part4.1, Part1.2)를 마우스 오른쪽 버튼을 누르고 Coincidence.12와 구속변경(Change Constraints)을 선택, (s)의 구속변경(Change Constraints) 대화창에서 Parallelism(평행) 선택]

메뉴: Edit ▸ Update [(t)]

(u)에서 빈 도면, (v)에서 3각법(Third angle standard) 선택

메뉴: Insert ▸ Views ▸ Projections ▸ Front View [(w)에서 부품창 스펙트리의 yz plane을 클릭, 도면창에서 정면도를 클릭]

메뉴: Insert ▸ Views ▸ Projections ▸ Projection [(x)에서 도면창에서 투상도 위치와 투상도를 클릭]

메뉴: Insert ▸ Views ▸ Sections ▸ Offset section View [(y)]

⑥ 메뉴: Insert ▸ Annotation ▸ Text ▸ Balloon [풍선기호 및 치수 넣기]

(z)에서 배경창(Background)에 모드에서 표제란 넣기 및 수정, 완성도면

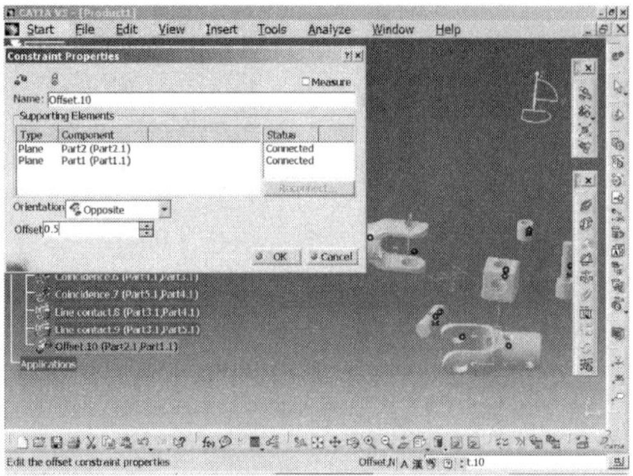

(o)

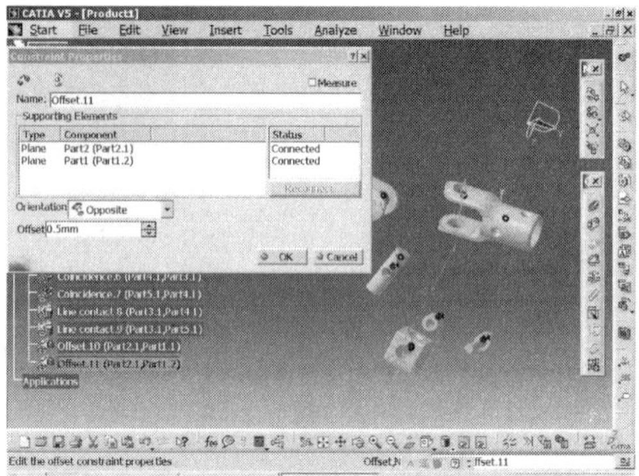

(p)

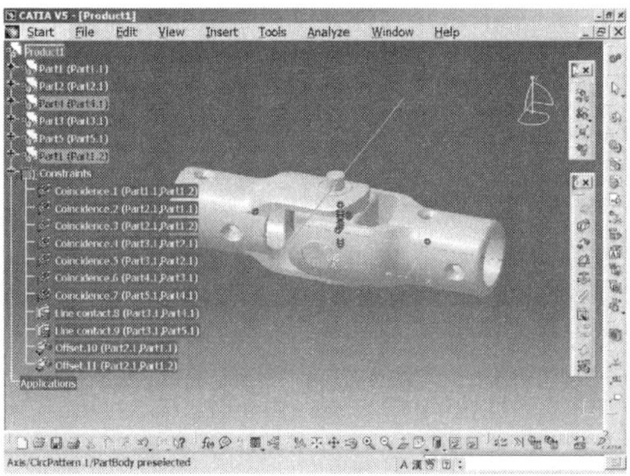

(q)

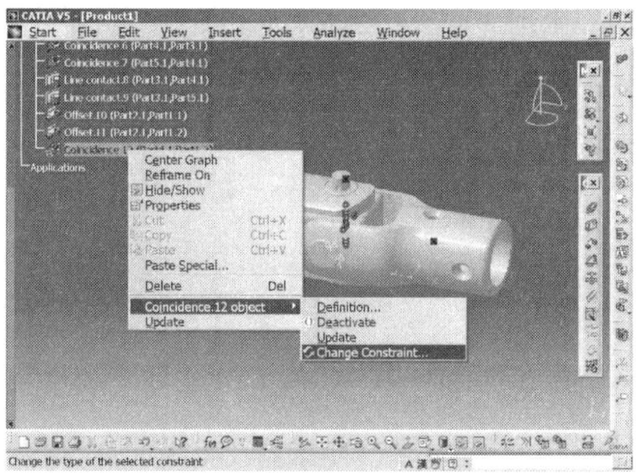

(r)

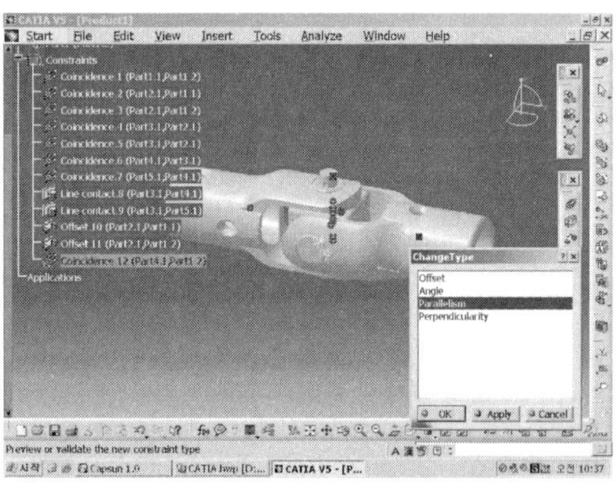

(s)

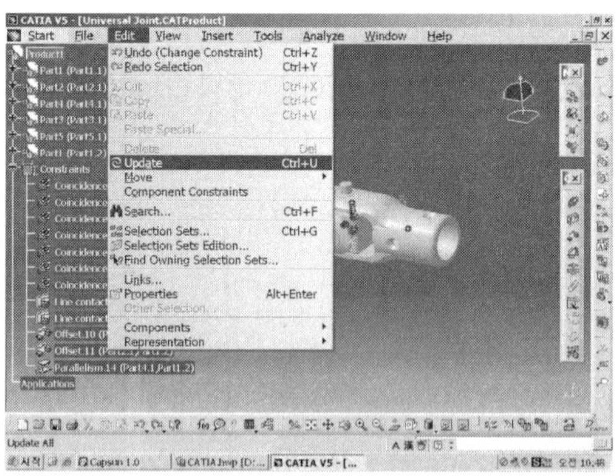

(t)

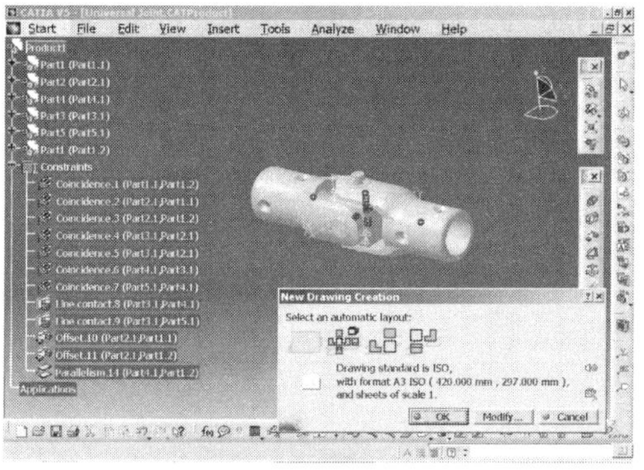

(u)

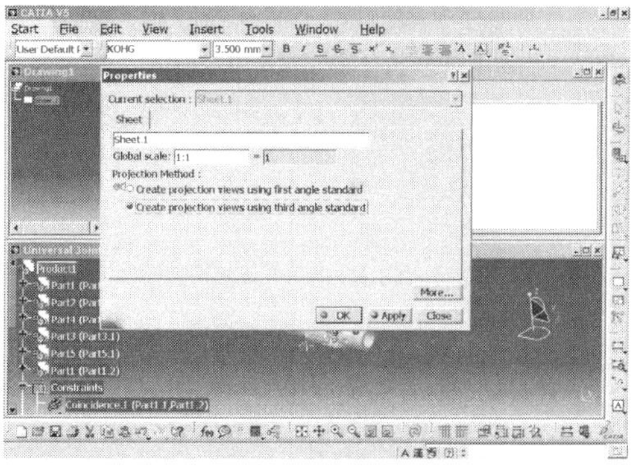

(v)

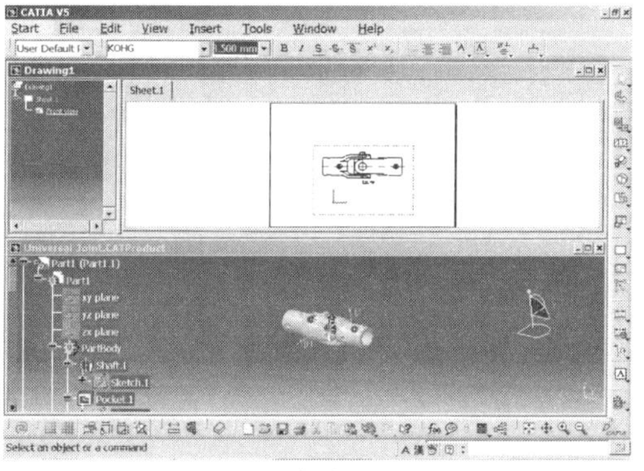

(w)

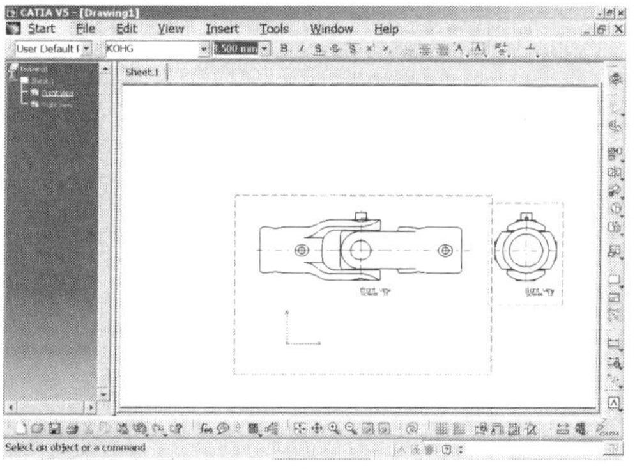

(x)

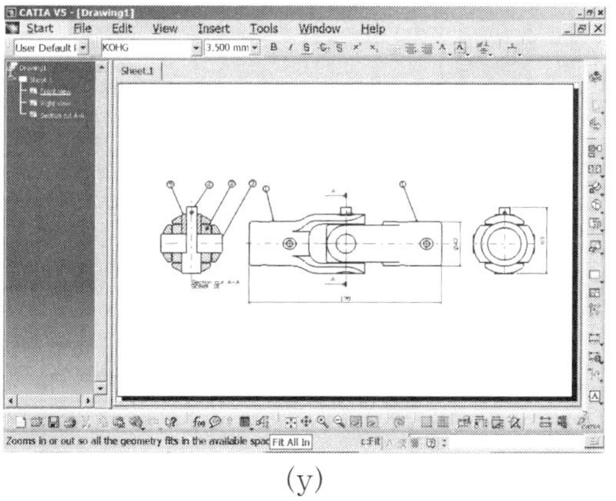

(y)

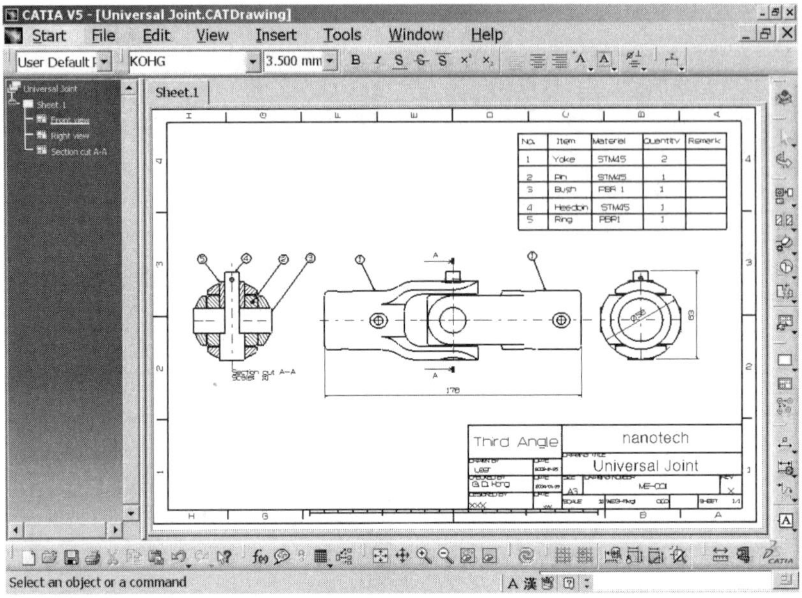

(z) 조립도면

그림 7.7

문제 7.2 핀_원판 부품도를 그려라.

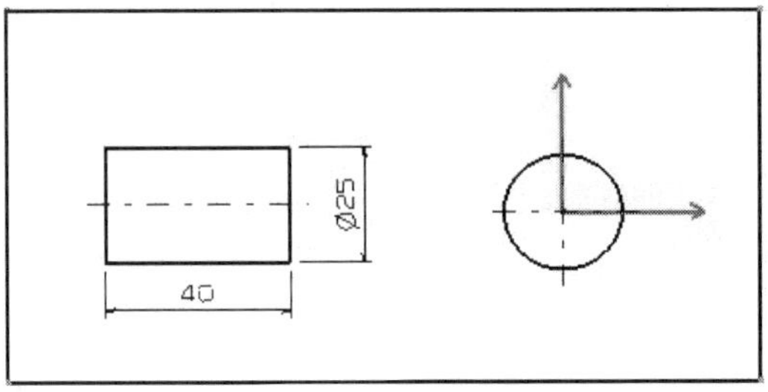

(a) 핀 1(Pin 1)

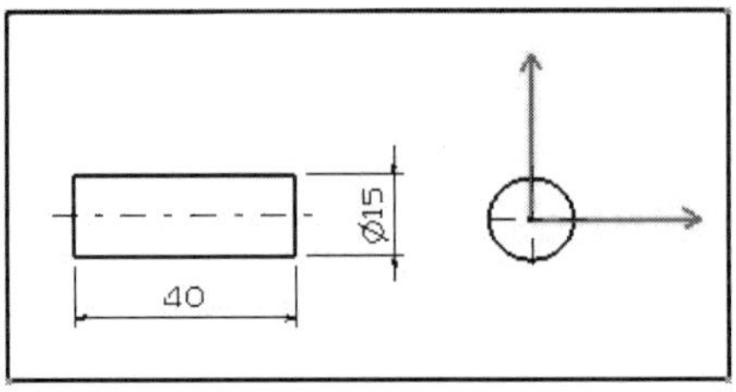

(b) 핀 2(Pin 2)

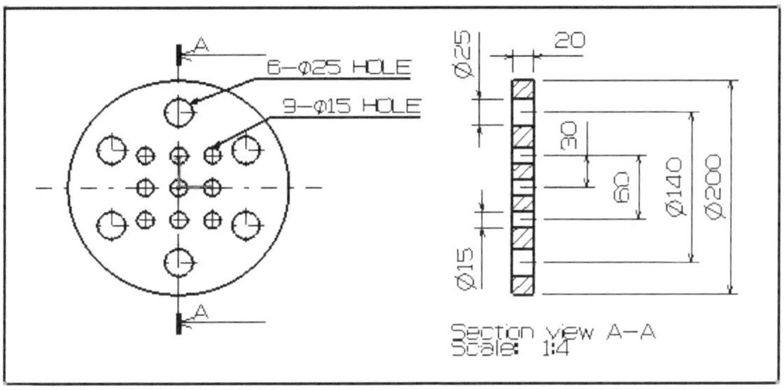

(c) 원판(Circular plate)

그림 7.8

예제 7.3 문제 7.2의 핀_원판 조립도

메뉴: Insert ▸ Existing Component [그림 7.9(a) 스펙트리의 Product1을 마우스로 클릭, 부품도면이 있는 디렉터리를 찾아 부품명을 클릭하여 조립할 부품들을 수집한다.]

Explode [(b)]

메뉴: Insert ▸ Coincidence... [핀 1과 구멍을 클릭]

메뉴: Insert ▸ Offset... [(c)에서 핀의 밑면과 원판의 밑면 클릭]

메뉴: Edit ▸ Update [(d)]

메뉴: Insert ▸ Reuse Pattern... [핀 1을 클릭, 스펙트리에서 Coincidence.1 (Part 2.1, Part 1.1을 클릭)

메뉴: Insert ▸ Coincidence... [(e)]

메뉴: Insert ▸ Offset... [(f)에서 핀의 밑면과 원판의 밑면 클릭]

메뉴: Edit ▸ Update [(g)]

메뉴: Insert ▸ Reuse Pattern... [핀 2를 클릭, 스펙트리에서 Coincidence.2 (Part 3.1, Part 1.1을 클릭)

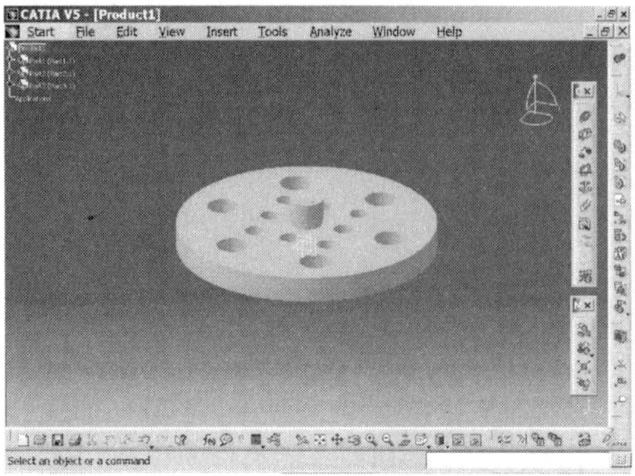
CATIA V5 - [Product1]
Start File Edit View Insert Tools Analyze Window Help
Select an object or a command

(a)

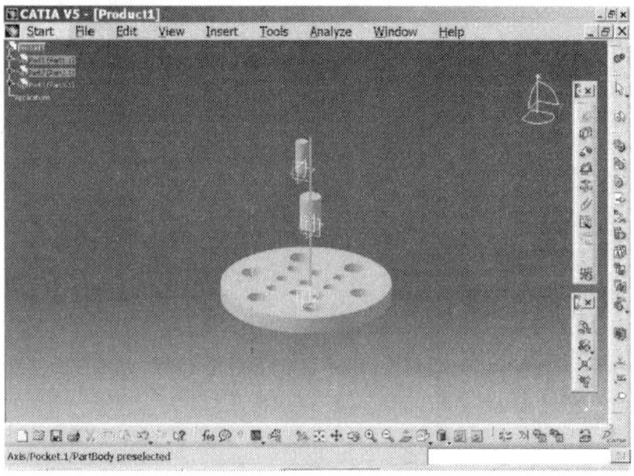
CATIA V5 - [Product1]
Start File Edit View Insert Tools Analyze Window Help
Axis/Pocket.1/PartBody preselected

(b)

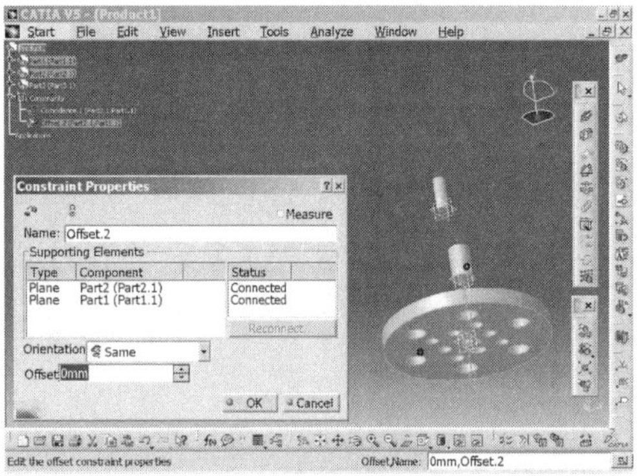
CATIA V5 - [Product1]
Start File Edit View Insert Tools Analyze Window Help
Constraint Properties
Measure
Name: Offset.2
Supporting Elements
Type Component Status
Plane Part2 (Part2.1) Connected
Plane Part1 (Part1.1) Connected
Reconnect...
Orientation Same
Offset 0mm
OK Cancel
Edit the offset constraint properties
Offset,Name: 0mm,Offset.2

(c)

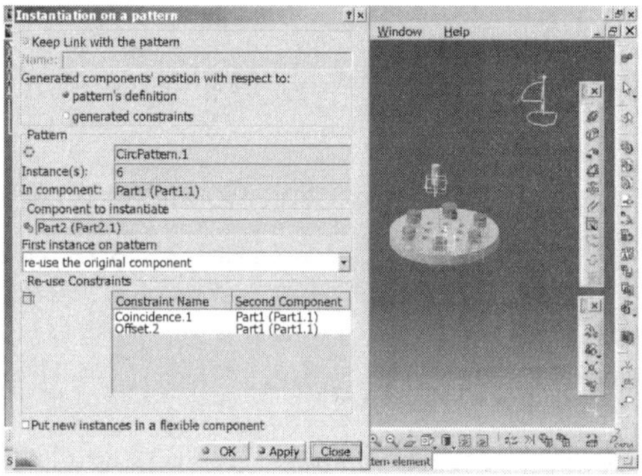
Instantiation on a pattern
Keep Link with the pattern
Name:
Generated components' position with respect to:
pattern's definition
generated constraints
Pattern
CircPattern.1
Instance(s): 6
In component: Part1 (Part1.1)
Component to instantiate
Part2 (Part2.1)
First instance on pattern
re-use the original component
Re-use Constraints
Constraint Name Second Component
Coincidence.1 Part1 (Part1.1)
Offset.2 Part1 (Part1.1)
Put new instances in a flexible component
OK Apply Close
Window Help

(d)

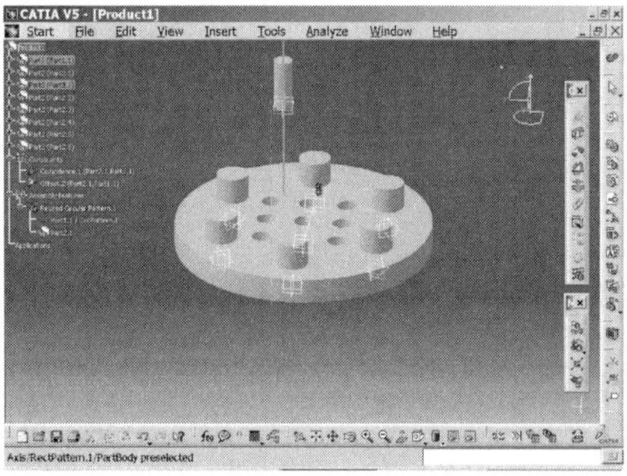
CATIA V5 - [Product1]
Start File Edit View Insert Tools Analyze Window Help
Axis/RectPattern.1/PartBody preselected

(e)

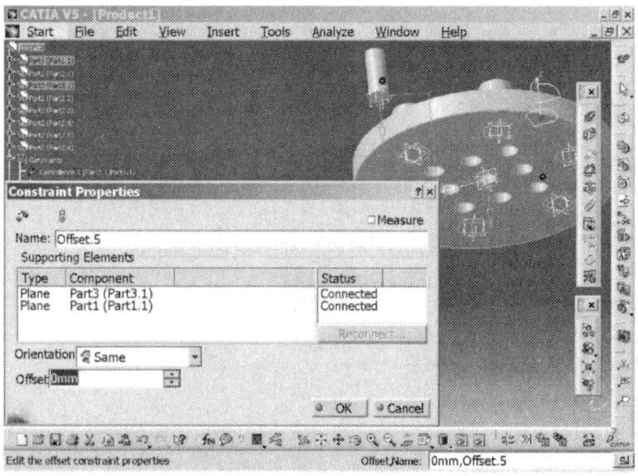
CATIA V5 - [Product1]
Start File Edit View Insert Tools Analyze Window Help
Constraint Properties
Measure
Name: Offset.5
Supporting Elements
Type Component Status
Plane Part3 (Part3.1) Connected
Plane Part1 (Part1.1) Connected
Reconnect...
Orientation Same
Offset 0mm
OK Cancel
Edit the offset constraint properties
Offset,Name: 0mm,Offset.5

(f)

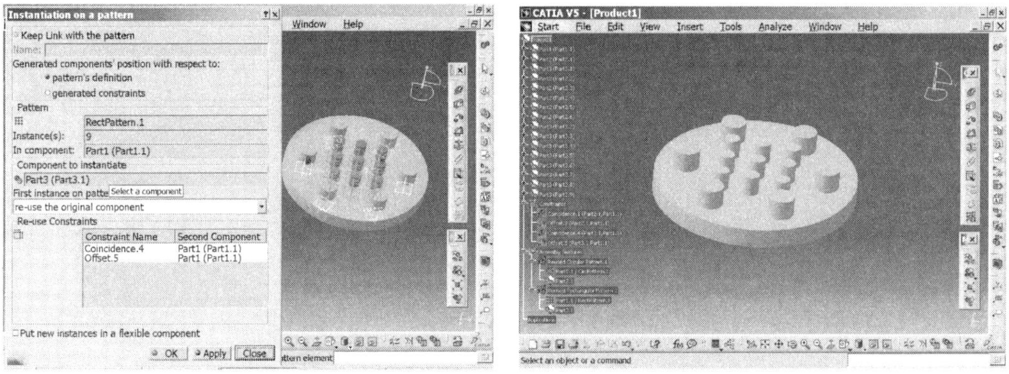

(g) (h)

그림 7.9

예제 7.4 유니버설 조인트의 충돌 검사

Explode [그림 7.10(a)]

(b)의 스펙트리에서 Line Contact.15 (Part3.1, Part5.1)를 키보드에서 삭제(Delete, Delete)

메뉴: Insert ▸ Contact... [(c)에서 View ▸ Rotate하여 링과 핀의 내면을 접촉시킨다.]

메뉴: Edit ▸ Update [(d)]

메뉴: Analyze ▸ Compute Crash... [스펙트리의 Part.3.1과 Part5.1을 선택, 적용(Apply), 결과(Result)를 확인]

Explode [(e)]

(f)의 스펙트리에서 Line Contact.15 (Part3.1, Part5.1)를 키보드에서 삭제(Delete, Delete)

메뉴: Insert ▸ Contact... [(c)에서 View ▸ Rotate하여 링과 핀의 외면을 접촉시킨다.]

메뉴: Analyze ▸ Compute Crash... [스펙트리의 Part.3.1과 Part5.1을 선택, 적용(Apply), 결과(Result)를 확인]

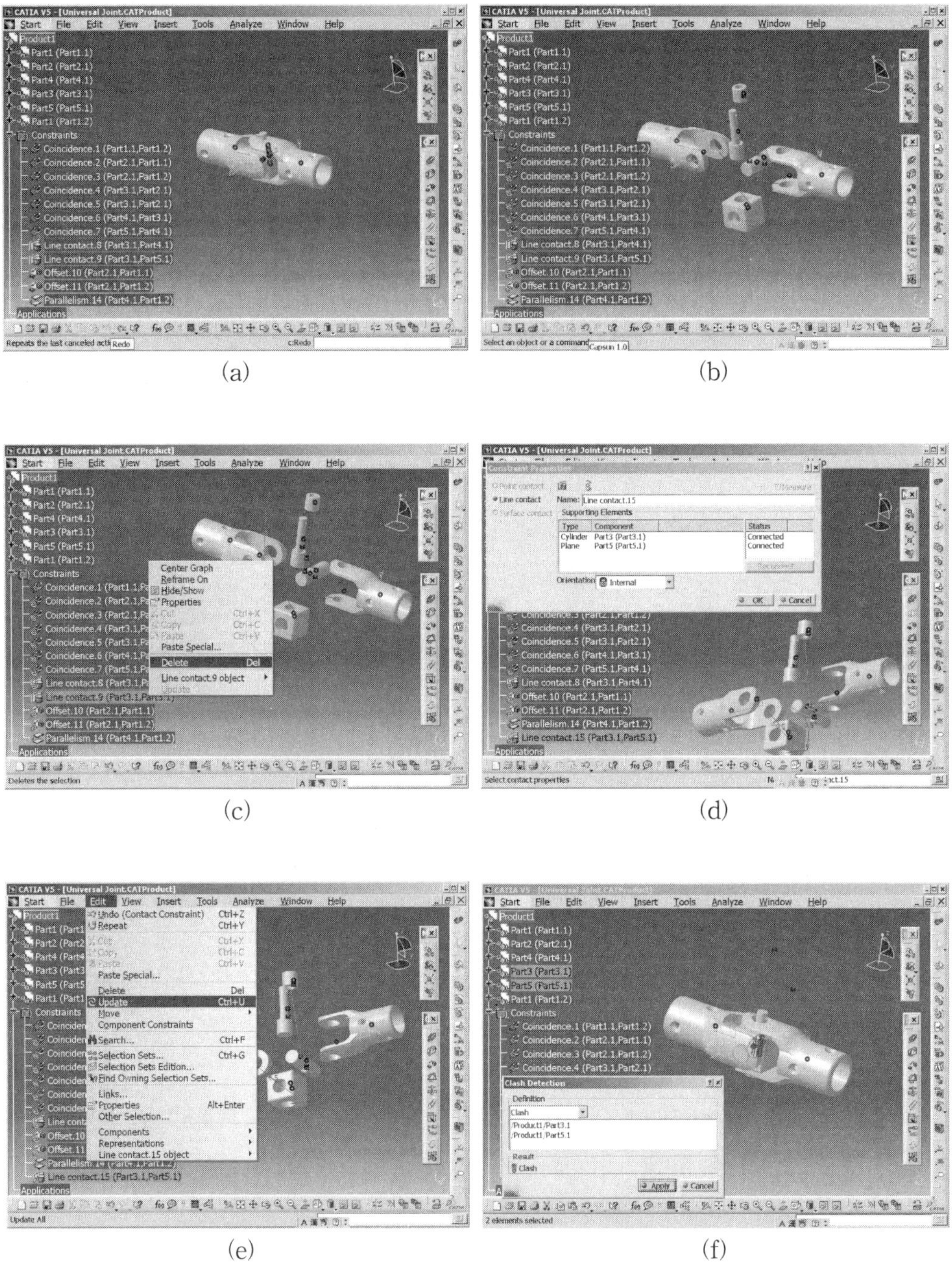

그림 7.10

문제 7.3 다음 두 도면을 보고 부품도를 완성하라.

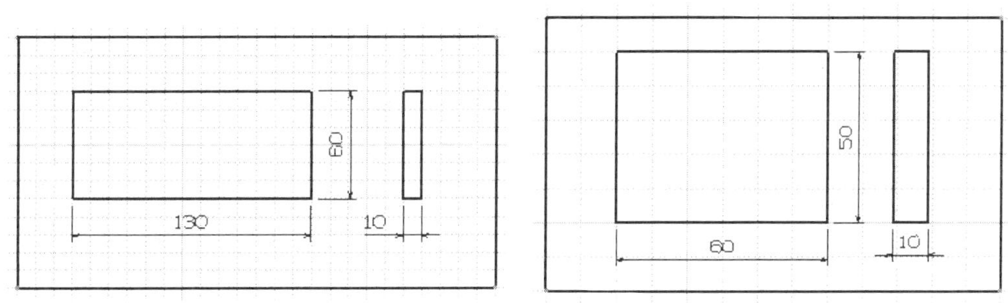

(a) 평면 1 (b) 평판 2

그림 7.11

예제 7.5 문제 7.3의 평판 용접

메뉴: Insert ▸ Existing Component [그림 7.12(a) 스펙트리의 Product1을 마우스로 클릭, 부품도면이 있는 디렉터리를 찾아 부품명을 클릭하여 조립할 부품들을 수집한다.]

Explode [(b)에서 분해]

메뉴: Insert ▸ Coincidence... [두 개의 모서리 선을 일치시킨다.]

메뉴: Insert ▸ Contact... [(c)]

메뉴: Insert ▸ Offset... [(d)에서 지정한 두면을 클릭, 거리 -60]

메뉴: Edit ▸ Update [(e)]

메뉴: Insert ▸ Annotation ▸ Weld Feature [(f)]

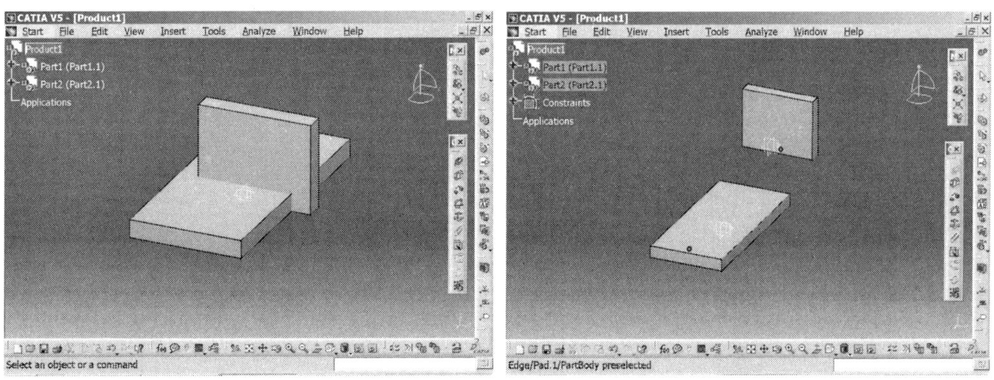

(a) (b)

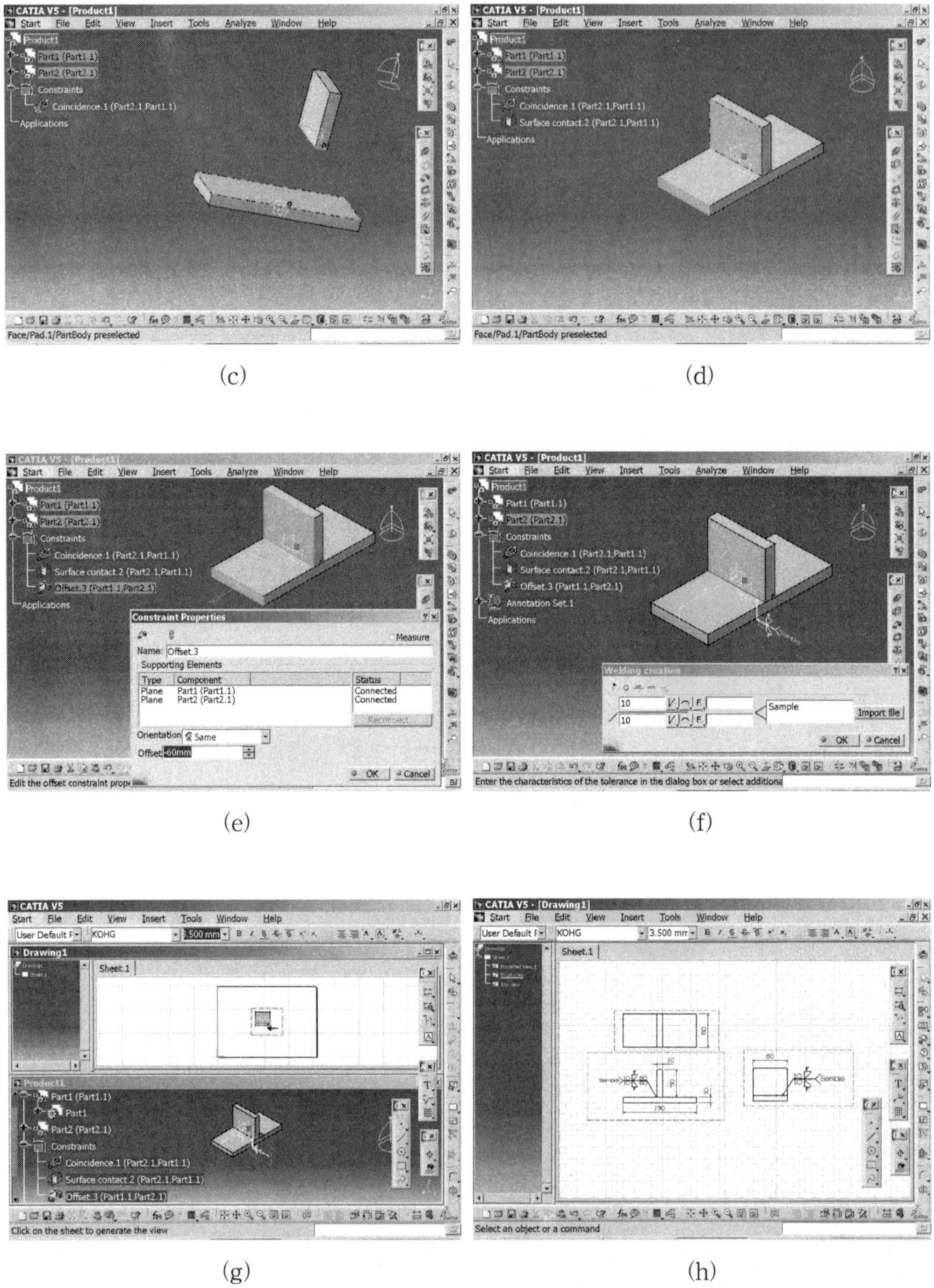

그림 7.12

문제 7.4 다음 볼트 너트의 부품도와 투상도를 작성하고 제품으로 조립하라.

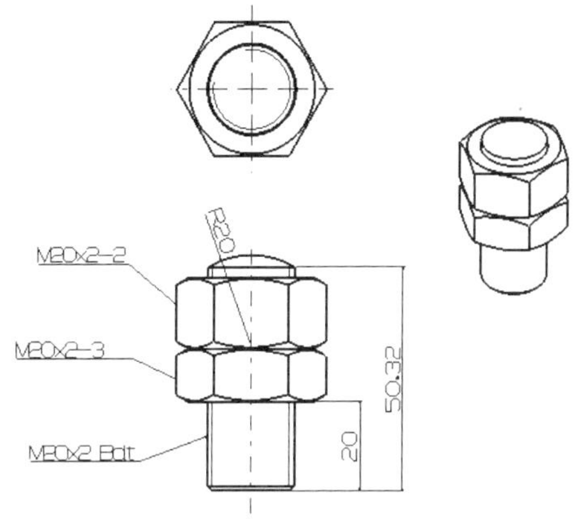

그림 7.13

문제 7.5 임의의 창작 제품을 모델링하여 투상도를 작성하고 제품으로 조립하라.

찾아보기

CATIA를 활용한 **기계제도**

2010년 9월 1일 인쇄
2010년 9월 5일 발행

지은이 | 김영석, 이종길
발행인 | 김 병 계
발행처 | 도서출판 보문당
등 록 | 1990년 6월 15일(제 1-1066호)
주 소 | 서울시 마포구 신수동 448-6 우) 121-110
전 화 | 704-7025 / 704-0635
팩 스 | 704-2324
전자우편 | bmdpub@empal.com

값 15,000 원

ISBN : 89-8413-097-4